전자회로

Floyd · Buchla

이상철 · 성현경 · 신재흥 · 박동영
변기영 · 최웅세 · 홍성일　　공역

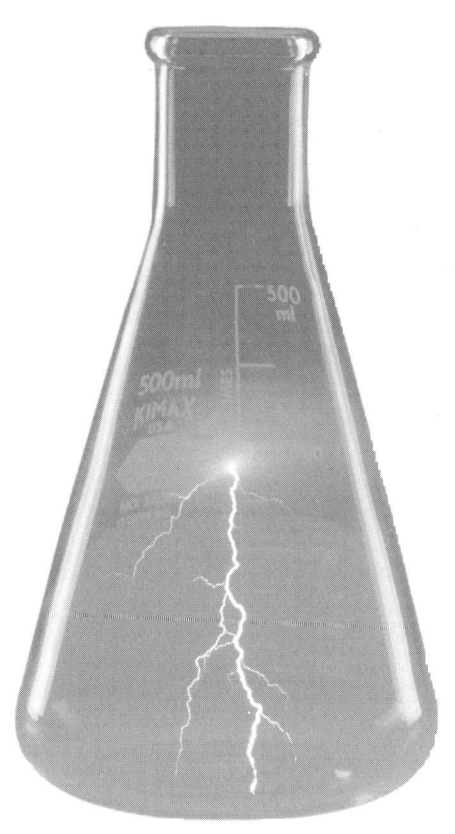

PEARSON
Prentice
Hall

ITC
INFO-TECH COREA

The Science of Electronics: Analog Devices

Authorized translation from the English language edition, entitled *The Science of Electronics: Analog Devices* by Floyd and Buchla published by Prentice-Hall, Inc., Copyright © 2005.

ISBN 0-13-087540-6

KOREAN language edition published by ITC Inc.,
Copyright © 2005

Printed in Korea

ISBN 89-90758-25-4

머리말

전자공학 시리즈 소개

전자회로 책은 전기전자공학개론과 디지털공학을 포함하는 전자공학 시리즈 중의 하나이다. 이 시리즈는 기본 전자공학 이론을 간단하고 명료하면서도 완전한 형식으로 설명하며 전자공학과 다른 분야와의 밀접한 관계도 설명한다. 이 책들은 전문대학 및 대학의 기초교재로서 적합하도록 집필되었다.

전기전자공학개론 책은 시리즈의 맨 첫 번째로서 기본 및 응용 단위, 일, 에너지, 그리고 에너지 보존 법칙과 같은 전자공학 관련 기본 물리학을 설명한다. 측정 과학에서 중요한 개념인 정확도, 정밀도, 유효 자릿수 및 측정 단위 등을 다룬다. 또한 수동 직류 회로 및 교류 회로, 자기 회로, 모터, 그리고 발전기 및 계기도 다룬다.

디지털공학 책은 수 체계, 부울 대수, 조합 논리, 및 순차 논리와 같은 전통적인 주제를 소개한다. 또한 기초 책에서 볼 수 없는 주제도 다룬다. 산업의 경향은 프로그램가능 소자, 컴퓨터 및 디지털 신호처리로 향하고 있다. 이들 각각의 주제에 대해 한 단원씩 할당되어 있다. 이들 주제가 복잡하지만 동일한 기본 방법으로 설명한다.

전자회로 책은 다이오드, 트랜지스터 및 이산 증폭기를 다루는 5개의 장과 연산증폭기(operational amplifier)를 다루는 6개의 장으로 구성되어 있다. 계측이 모든 과학 분야에서 아주 중요하기 때문에 마지막 장에서는 계측 및 제어 회로를 다루는데 여기에는 변환기(transducer)와 사이리스터(thyristor)도 포함된다.

이 시리즈의 모든 책의 각 장은 "과학 하이라이트"로 시작한다. 이 하이라이트는 과학적인 진보를 그 장에서 다루는 내용과 연관지어서 살펴본다. 과학 하이라이트에는 물리학, 화학, 생물학, 컴퓨터과학분야 등과 관련된 중요한 주제가 포함된다. 전자공학은 동적인 학문 분야이어서 우리는 여러분이 전자공학을 처음 배우는 학생들일지라도 전자공학 분야의 최첨단 발명 및 업적을 소개하려고 노력했다.

전자공학 시리즈의 주요 특징

- 각 장의 과학 하이라이드는 그 장에서 다루는 내용과 관련이 있는 분야의 과학적인 진척을 살펴본다.
- 읽기 편하고 그림과 본문이 조화롭게 배치되어 있다.
- "학생들에게"는 전자공학 분야의 전반적인 내용을 소개하는데, 여기에는 직업, 주요 안전 규칙 및 작업장 정보, 그리고 전자공학의 간략한 역사가 포함된다.

- 다양한 형태의 연습문제는 학습 지식을 증진시키고 진도를 확인해준다. 여기에는 풀이가 있는 예제, 예제 질문, 단원 복습 및 단원 질문, 단원 확인 문제, 기본 및 기본 플러스 문제, 그리고 Multisim 회로 시뮬레이션이 포함된다.
- 각 단원의 처음 두 쪽에는 그 단원의 개요, 주요 목표, 주요 용어 목록, 그 단원에 있는 해당 그림에 대한 컴퓨터 시뮬레이션 안내, 그리고 자매 실험실습 매뉴얼의 해당 과제의 제목을 가진 실험실 실험실습 안내가 들어 있다.
- 책에 있는 모든 컴퓨터 시뮬레이션은 학생으로 하여금 특정 회로가 실제로 어떻게 동작하는지를 볼 수 있게 해준다.
- 책의 가장자리에 있는 "안전 노트"는 학생들에게 계속해서 안전의 중요성을 일깨워준다.
- 책의 가장자리에 있는 "역사적 고찰"은 교재에서 언급한 개념 및 인물과 관련이 있다.
- "현장에서"는 일부 단원의 처음에 있으며 취업의 주요 양상을 설명한다.
- 주요 용어는 회색으로 인쇄되어 있으며 각 장의 끝에 있는 주요 용어 해설에 정의되어 있다.
- 모든 주요 용어와 볼드체 용어를 책의 끝에 모아 놓았다.
- 중요한 사실과 공식은 각 장의 끝에 요약되어 있다.

전자회로의 소개

이 책에서는 이산형 다이오드, 트랜지스터, op-amp, 변환기 및 사이리스터 등 전자회로에 이용되는 중요한 아날로그 장치를 설명하고 있다. 1장부터 5장까지는 이산장치 및 이산회로, 6장부터 11장까지는 op-amp 및 기타 집적회로, 12장에는 변환기와 사이리스터를 포함한 측정회로와 제어회로를 취급하고 있다.

이 책의 특징으로는 과학과 전자공학과의 관계를 설명한 것이다. 대부분의 전자공학 강의에는 과학과의 관계에 대해 소홀히 하는 경향이 있으나 여기서는 전자공학이 과학에 뿌리를 둔 것이라는 것을 과학 하이라이트를 통해 이해할 수 있도록 하였다.

이 책에서는 문제를 이해하는 데 도움이 될 수 있는 다양한 프로그램을 제시하고 있으며 강의 목표에 따라서는 일부 주제를 생략할 수 있도록 하였다.

학생용 참고자료

- David M. Buchla가 지은 *"The Science of Electronics: Analog Devices Lab Manual"*
- 웹사이트: *www.prenhall.com/SOE*. 이 웹사이트는 *"The Science of Electronics"* 시리즈를 위해 제작된 것으로서 다음과 같은 것들이 들어 있다.

- 교과서 및 실습 매뉴얼에 있는 예제에 맞게 설계된 컴퓨터 시뮬레이션 회로.
- 교재에서 설명된 내용을 학생들이 이해하고 있는지를 체크할 수 있는 진위형, 완성형 및 선택형 퀴즈.

- *Prentice Hall* 전자공학 슈퍼사이트, *www.prenhall.com/electronics.* 이 웹사이트는 수학 공부 도우미, 산업체 취업 기회 및 기타 유용한 정보를 제공해준다.

교수용 참고자료

- CD-ROM 으로 제공되는 파워포인트® 슬라이드.
- 웹사이트: *www.prenhall.com/SOE.* 이 웹사이트는 Syllabus Manager™로서 온라인으로 교수 요목을 작성할 수 있게 해준다. 이것은 온라인, 자기 주도적, 또는 여러 가지 컴퓨터 보조 형태로 가르치는 수업에 대해 아주 편리하다.
- 온라인 코스 지원. 교육 과정을 원격 강의 형태로 제공하려면 해당 Prentice Hall 영업 담당자에게 연락하기 바란다.
- 교수용 교재. 여기에는 모든 문제에 대한 해답이 들어 있다.
- 실험 매뉴얼 해답집. 모든 실험에 대한 해답집을 구할 수 있다.
- 테스트 항목 파일. 선택형, 진위형 및 완성형 문제의 문제 은행.
- Prentice Hall TestGen. 이것은 테스트 항목 파일의 전자식 버전으로서, 교수로 하여 금 문제를 선별할 수 있게 해준다.
- *Prentice Hall* 전자공학 슈퍼사이트. 교수는 이 사이트에 있는 다양한 자료를 액세스 할 수 있다. 사용자 이름과 암호는 해당 Prentice Hall 영업 담당자에 문의하기 바란다.

각 장의 특징

장 열기

각 장은 그림 P-1에 나타낸 바와 같은 두 페이지로 시작한다. 왼쪽 페이지에는 그 장의 절 목록과 그 장의 소개가 포함된다. 오른쪽 페이지에는 각 절의 주요 목표, 컴퓨터 시뮬레이션 디렉토리, 실험실습 디렉토리, 그리고 그 장에서 만나는 주요 용어의 목록이 포함된다. 일부 장에는 "현장에서"라는 것이 들어 있다.

P-1
장 열기

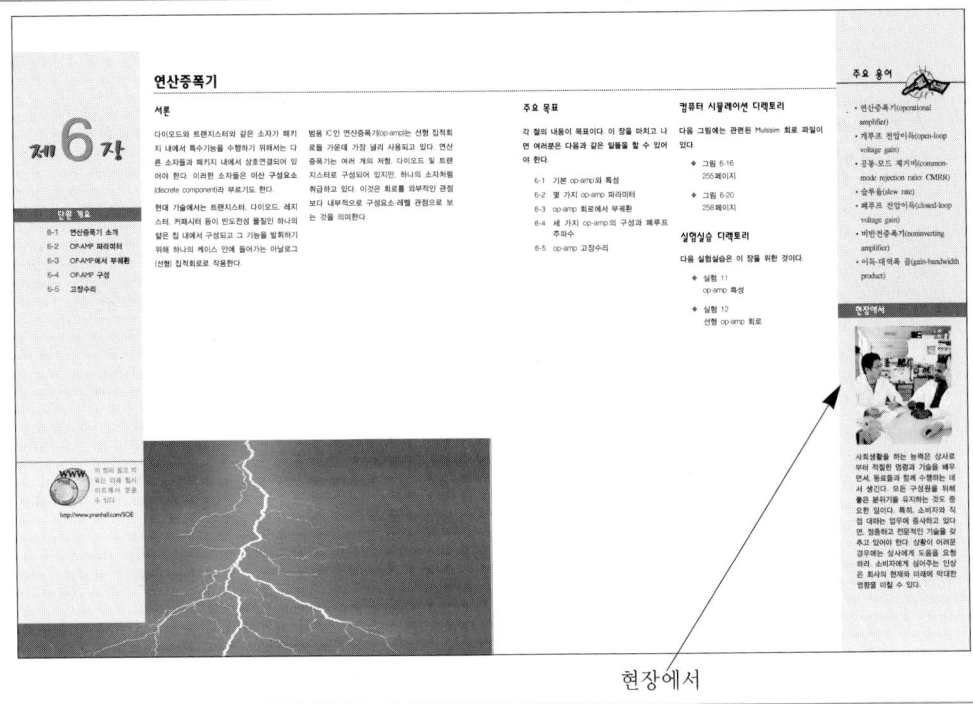

현장에서

과학 하이라이트

장 열기 바로 다음에는 Sci Hi가 있다. 이것은 고급 개념 그리고 교재에서 다루는 내용과 관련이 있는 주제를 설명한다. 대표적인 Sci Hi가 그림 P-2에 나타나 있다.

P-2
과학 하이라이트

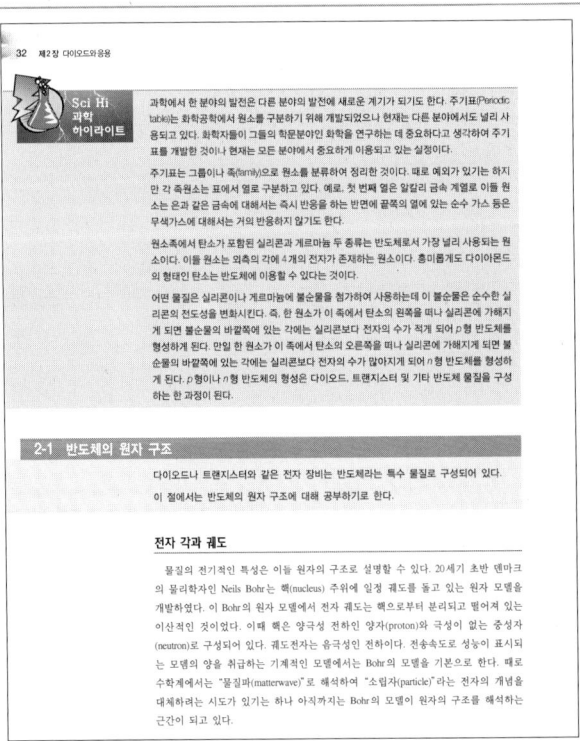

절 열기

각 장의 각 절은 일반적인 내용이 담긴 간단한 소개로부터 시작한다. 한 예가 그림 P-3에 나타나 있는데, 이것은 컴퓨터 시뮬레이션을 보여주고 있다. 컴퓨터 시뮬레이션은 책 전체에 걸쳐 해당 위치에 있다.

복습 질문

각 절은 그 절에서 설명한 주요 개념을 강조하는 5개의 문제로 구성된 복습 질문으로 끝난다. 이것도 그림 P-3에 나타나 있다. 절 복습 질문에 대한 해답은 그 장의 끝에 있다.

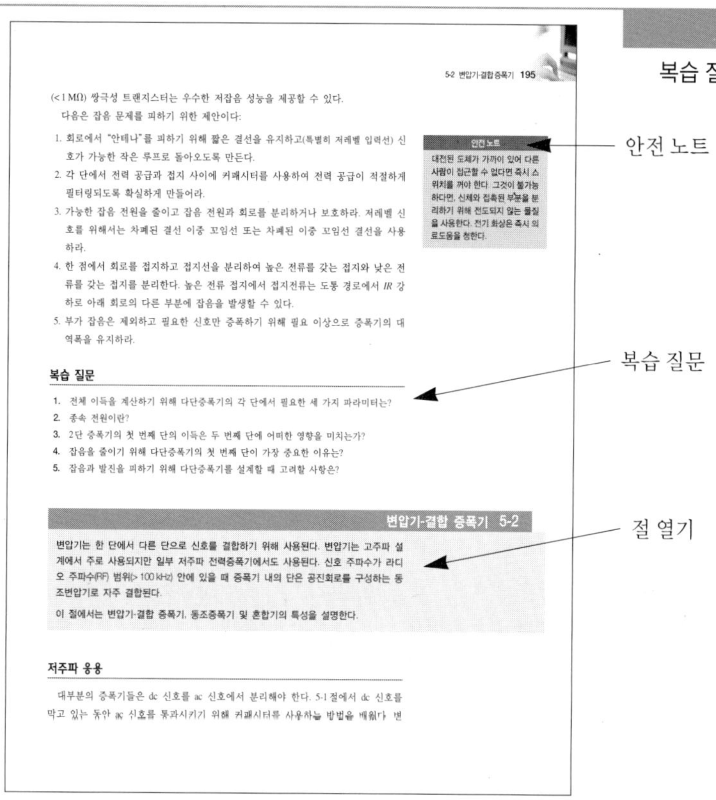

P-3

복습 질문 및 절 열기

← 안전 노트

← 복습 질문

← 절 열기

해설된 예제 및 질문

기본 개념 또는 특정 절차를 설명하기 위한 해설된 예제가 풍부하게 있다. 각각의 예제는 해당 예제와 관련된 질문으로 끝난다. 대표적인 예제가 그림 P-4에 나타나 있다.

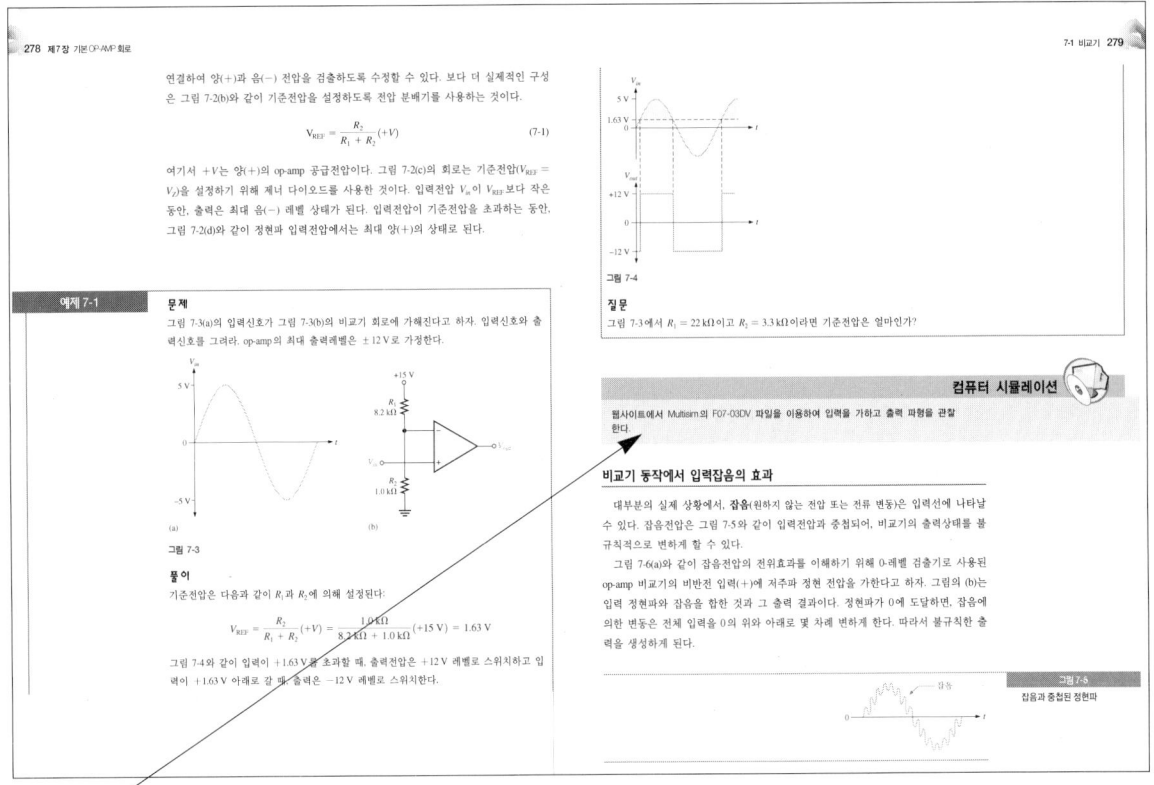

컴퓨터 시뮬레이션

컴퓨터 시뮬레이션

다양한 Multisim 회로가 온라인상에 제공된다. 파일 이름은 책에 있는 그림과 마찬가지로 Fxx-yyDG 형태로 되어 있는데 xx-yy는 그림 번호이고, DG는 이 책(전자회로)의 파일이라는 것을 나타낸다. 이러한 시뮬레이션은 교재의 해당 회로에 대한 동작을 확인하는 데 사용할 수 있다. 컴퓨터 시뮬레이션 특징의 한 예가 그림 P-3에 나타나 있다. Multisim 회로는 웹사이트 *www.prenhall.com/SOE*를 방문해서 이 책을 선택하여 액세스할 수 있다. 먼저 장을 선택한 다음, "Multisim"이라는 이름의 모듈을 클릭한다. 그러면 그곳에서 해당 장의 회로로 연결되는 소개 페이지를 보게 될 것이다.

고장수리

대부분의 장에는 그 장에서 다룬 내용과 관련이 있는 고장수리 기술과 테스트 계기의 사용법이 포함되어 있다. 그림 P-5에는 대표적인 고장수리 내용이 나타나 있다. 이 그림에는 안전 노트(Safety Note)도 나타나 있다. 안전 노트는 책 전체에 걸쳐 적절히 배치되어 있다.

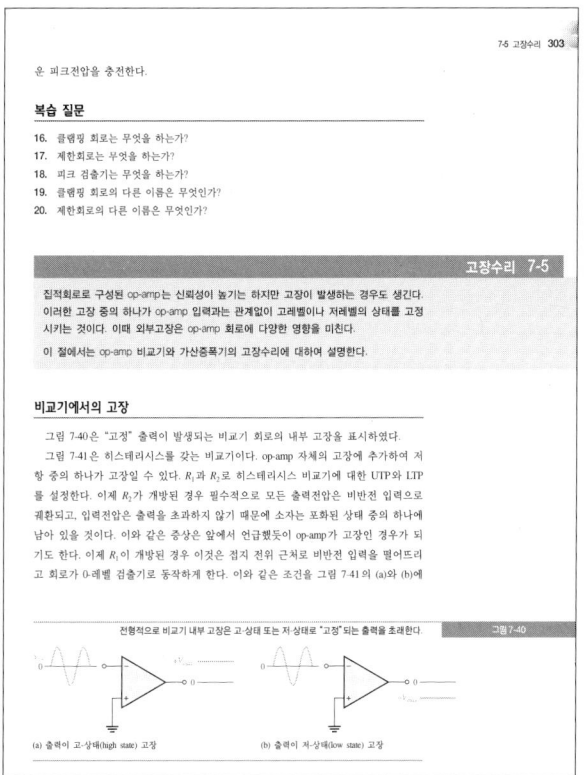

단원 복습 부분의 내부 페이지 내용:

7-5 고장수리 **303**

운 피크전압을 충전한다.

복습 질문

16. 클램핑 회로는 무엇을 하는가?
17. 제한회로는 무엇을 하는가?
18. 피크 검출기는 무엇을 하는가?
19. 클램핑 회로의 다른 이름은 무엇인가?
20. 제한회로의 다른 이름은 무엇인가?

고장수리 7-5

집적회로로 구성된 op-amp는 신뢰성이 높기는 하지만 고장이 발생하는 경우도 생긴다. 이러한 고장 중의 하나가 op-amp 입력과는 관계없이 고레벨이나 저레벨의 상태를 고정시키는 것이다. 이때 외부고장은 op-amp 회로에 다양한 영향을 미친다.

이 절에서는 op-amp 비교기와 가산증폭기의 고장수리에 대하여 설명한다.

비교기에서의 고장

그림 7-40은 "고정" 출력이 발생되는 비교기 회로의 내부 고장을 표시하였다.

그림 7-41은 히스테리시스를 갖는 비교기이다. op-amp 자체의 고장에 추가하여 저항 중의 하나가 고장일 수 있다. R_1과 R_2로 히스테리시스 비교기에 대한 UTP와 LTP를 설정한다. 이제 R_2가 개방된 경우 필수적으로 모든 출력전압은 비반전 입력으로 궤환되고, 입력전압은 출력을 초과하지 않기 때문에 소자는 포화된 상태 중의 하나에 남아 있을 것이다. 이와 같은 증상은 앞에서 언급했듯이 op-amp가 고장인 경우가 되기도 한다. 이제 R_1이 개방된 경우 이것은 접지 전위 근처로 비반전 입력을 떨어뜨리고 회로가 0-레벨 검출기로 동작하게 한다. 이와 같은 조건을 그림 7-41의 (a)와 (b)에

전형적으로 비교기 내부 고장은 고-상태나 저-상태로 "고정"되는 출력을 초래한다. **그림 7-40**

(a) 출력이 고-상태(high state) 고장 (b) 출력이 저-상태(low state) 고장

단원 복습

각 장의 끝에는 그 장의 중요한 개념을 강조할 목적을 갖는 특수한 부분이 있다. 몇 가지 특징이 그림 P-6에 나타나 있다. 단원 복습에는 다음과 같은 내용이 포함된다.

- 주요 용어(Key Terms Glossary). 그 장에서 회색 글씨로 표시되었던 용어를 여기서 정의하고 이 책의 끝에 있는 용어 해설에서도 정의한다.
- 요점(Important Facts). 그 장의 주요 사항을 요약한다.
- 공식 및 부울 법칙/규칙(Equations and Boolean Laws/Rules).
- 단원 확인(Chapter Checkup). 이것은 선택형 문제 집합이다. 해답은 각 장의 끝에 있다.
- 질문(Questions). 이것은 각 장과 관련이 있는 문제 모음이다. 홀수 번호의 문제에 대한 해답은 이 책의 끝에 실려 있다.

문제

교육학적인 특징은 기본(Basic) 및 기본-플러스(Basic-Plus)의 두 가지 수준의 문제로써 이어진다. 일반적으로 기본-플러스(Basic-Plus) 문제는 기본(Basic) 문제보다 좀더 어렵다. 모든 홀수 번호 문제에 대한 해답이 이 책의 끝에 실려 있다. 또한 고장이 포함된 Multisim 회로를 참조하는 고장수리 실습 문제가 대부분의 장에 포함되어 있다. 회로 파일은 접두어 TSP로 표시되어 있다.

해답

각 장에는 그 장의 문제 중에서 선택된 문제에 대한 해답이 실려 있다. 여기에는 다음과 같은 것이 포함되어 있다.

- 예제 질문에 대한 해답
- 복습 질문에 대한 해답
- 단원 점검에 대한 해답

권말 특징

- 부록 1: 대수와 데시벨

- 홀수번호 질문에 대한 해답
- 홀수번호 문제에 대한 해답
- 용어 해설
- 찾아보기

감사의 글

이 책은 많은 사람들의 작업과 기술의 산물이다. 우리는 여러분들이 학생들에게 전자공학의 각종 분야의 기본적인 내용을 가르치는 데 있어서 이 시리즈의 책과 그 외 모든 자료가 유용한 도구일 것이라는 것을 알게 되리라 믿는다.

이 책을 만드는 데 있어서 Prentice Hall의 Rex Davidson, Kate Linsner, Dennis Williams의 시간, 능력 및 노력이 많이 투여되었다. 우리는 Lois Porter가 다시 한번 원고 편집에 동의한 것에 대해 고맙게 생각한다. 그녀는 탁월하게 직무를 수행했으며 우리는 그녀가 세심하게 주의를 기울여준 데 대해 고맙게 생각한다. 또한 Jane Lopez는 그래픽을 훌륭하게 해냈다. 그 외에 이 책을 만드는 데 있어서 공이 많은 사람은 Yuba College의 Doug Joksch인데 이 분은 웹사이트용 Multisim 회로 파일 전부를 제작하고, 연습문제의 정확성을 점검하였다. 우리는 또한 이 프로젝트에 직접 참가한 그 외 모든 사람들에게 감사를 드린다.

우리는 훌륭한 책을 만들기 위해 많은 감수자들로부터의 제언에 의존한다. 많은 유용한 제언을 해주고 건설적인 비평을 해준 다음의 감수자들에게 고마움을 표시하고 싶다: Albuquerque Technical Vocational Institute의 Bruce Bush, Broome Community College의 Gary DiGiacomo, Richland College의 Brent Donham, South Plains College의 J. D. Harrell, Ivy Tech State College의 Benjamin Jun, Rogue Community College의 David McKeen, South Tennessee Community College의 Jerry Newman, Amarillo College의 Philip W. Pursley, Erie Institute of Technology의 Robert E. Magoon, Lane Community College의 Dale Schaper, Alfred State College의 Arlyn L. Smith.

Thomas Floyd
David Buchla

역자 머리말

1907년 Lee DeForest가 진공관에서 그리드의 미소신호로 대전류를 제어할 수 있는 기술을 발견한 이후 1세기 동안에 전자공학은 인간생활의 모든 분야에서 이용될 정도로 발전해 왔다.

최근에는 디지털 기술의 발전으로 인간의 생활이 더욱 편리하고 풍요롭게 되고 있으며 이러한 기술의 발전속도는 더욱 가속되리라 전망된다. 이렇게 발전된 기술은 다양한 분야의 과학기술이 동원되고 있지만 그 중에서도 전자공학은 핵심적인 부분이라고 생각할 수 있다.

본 교재는 Thomas L. Floyd와 David M. Buchla가 집필한 *The Science of Electronics* 시리즈의 Analog Devices 부분으로 전자공학의 이론을 명쾌하고 알기 쉽게 기술한 것으로 전자공학과 관련되는 여러 과학분야와의 관계까지도 설명하고 있다. 이러한 내용은 전자공학을 처음 접하게 되는 학생들에게는 전자의 개념부터 응용분야까지 다양한 내용을 이해하는 데 적절하리라 생각되어 번역을 하기에 이르렀다.

역자들의 부족한 지식과 능력으로 미흡한 부분이 많이 있을 것으로 생각된다. 그러나 이러한 부분은 지속적으로 수정하여 좋은 번역서가 되도록 노력할 것을 약속드리며, 마지막으로 출판하기까지 많은 노력을 기울여 주신 아이티씨의 관계자 여러분께 감사드린다.

2005년 2월
역자 일동

학생들에게

전자회로의 소개

우리는 이 책이 여러분들이 직업을 준비하는 데 있어서 효율적인 도구가 될 것이며, 더 깊이 연구하는 데 있어서 유용한 교과서가 될 것이라고 믿는다. 이 과정을 마치고 나면 이 책은 고급 과정 또는 직업 전선에 뛰어 든 후라도 가치 있는 참고서가 될 것이다. 우리는 이 책이 전자공학을 계속 공부하는 데 있어서 기초를 제공하기를 바란다.

전자공학의 대부분의 복잡한 시스템은 더 단순한 회로들의 집합으로 나뉘어질 수 있다. 이들 단순한 회로에는 수동 회로(저항, 커패시터, 인덕터)와 능동 회로(디지털 및 아날로그 소자를 포함하는 집적회로)가 들어 있다. 이들 주제에 대한 확고한 기초만 있으면, 대규모 시스템을 이해하는 것은 간단하다. 전자공학은 쉬운 과목이 아니다. 그러나 우리는 이 과목을 흥미 있고 유익하게 하는 방법을 제공하고, 또한 이 재미있는 분야의 경험에 필요한 준비를 제공하려고 노력했다.

이 책의 여러 예제는 자세하게 풀이되어 있다. 여러분들은 예제의 풀이 단계를 따라 해보아야 하며 관련 예제를 이해하는지를 점검해보아야 한다. 복습 질문을 풀어보고 해답과 맞추어봄으로써 각 절을 이해했는지를 점검해야 한다. 각 장의 끝에는 요약, 용어 해설, 공식, 질문, 문제, 해답이 있다. 여러분들이 모든 질문에 대답할 수 있고 또 각 장의 모든 문제를 풀 수 있다면, 그 장에서 설명한 모든 내용을 잘 이해했다고 할 수 있다.

전자공학 분야의 직업

전자공학 분야는 다양하며 관련 분야에서 경험할 기회도 많다. 전자공학은 현재 아주 많은 응용에서 발견되고 있고 또한 아주 빠르게 새로운 기술이 개발되고 있기 때문에 미래는 끝이 없다고 할 수 있다. 우리의 일상 생활에서 전자공학 기술에 의해 어느 정도까지 개선되지 않는 분야는 없다. 전기적 및 전자적 원리의 정통적인 그리고 기본적인 지식을 얻는, 그리고 계속해서 공부하고자 하는 사람은 항상 수요가 있을 것이다.

이 책에 있는 기본 원리들을 완전히 이해해야 한다는 것이 중요하다는 것은 아무리 강조해도 지나치지 않다. 대부분의 고용자들은 기초가 튼튼하고 그리고 새로운 개념과 기술을 습득하는 능력과 열성을 가진 사람을 채용하기를 좋아한다. 여러분이 기초 지식에 대해 잘 훈련되어 있다면, 고용자는 여러분을 특정 직업에 맞게 훈련시킨다.

(Fluke Corporation. Reproduced
with permission.)

전자공학 기술을 훈련받은 사람이 담당할 직업의 종류에는 여러 가지 형태가 있다. 일반 직업 기능은 BLS(Bureau of Labor Statistics) 직업 전망 핸드북에 기술되어 있는데 이것은 웹사이트 *http://www.gls.gov/oco*에서 구할 수 있다. BLS에 있는 두 가지 공학 기술자의 직업 설명은 다음과 같다.

- 전기 및 전자공학 기술자는 통신 장비, 레이더, 산업용 및 의료용 측정 또는 제어 소자, 항법 장비, 그리고 컴퓨터의 설계, 개발, 테스트, 제조를 돕는다. 이들은 장비를 조정, 검사 및 수리하기 위해 측정 및 진단 장치를 사용하여 제품을 평가 및 검사하는 일에 종사한다.
- 방송 및 음향 공학 기술자는 라디오 및 텔레비전 프로그램, 케이블 프로그램, 동영상을 녹음 및 전송하는 데 사용되는 전자 장비를 설치, 테스트, 수리, 배치 및 운전한다.

그 외에도 적절히 훈련된 사람에게는 다음과 같이 전자공학 분야의 직업이 많이 있다.

- 서비스 기술자(service technician)는 서비스를 위해 공급자 또는 생산자에게 되돌아온 상업용 및 민수용 전자 장비의 수리 및 조정에 참여한다.
- 산업 생산 기술자(industrial manufacturing technician)는 조립 라인 레벨에서의 전자 제품 검사에 참여하거나 또는 제품의 검사 및 생산에 사용되는 전자 및 전자 기계 시스템의 유지 및 고장수리에 참여한다.
- 실험실 기술자(laboratory technician)는 연구 및 개발 실험실의 새로운 또는 개량된 전자 시스템을 테스트하는 데 참여한다.
- 현장 서비스 기술자(field-service technician)는 소비자의 현장에서 전자 장비를 수리한다. 이들 시스템에는 컴퓨터, 레이더, 자동 은행 장비 및 보안 시스템이 포함된다.
- 사용자 지원 기술자(user-support technician)는 컴퓨터 또는 "하이테크(high-tech)" 전자 장비가 고장났을 때 최초로 호출되는 사람이다. 사용자 지원 기술자는 그 제품의 내부와 외부를 알고 있어야 하며 전화를 통하여 제품을 수리할 수 있어야 한다. 의사 소통 능력이 좋아야 한다.

전자공학과 관련된 직업에는 기술 작가, 기술 영업 사원, x-선 기술자, 자동차 수리공, 케이블 가설공 등 여러 가지가 있다.

전자공학의 역사

초기 전자공학 실험은 진공관에서의 전류에 관한 것이었다. Heinrich Geissler(1814−1879)는 유리관으로부터 공기를 대부분 제거하고 그 관에 전류를 흘리면 그 관이 빛을 낸다는 것을 발견하였다. 그 뒤, Sir William Crookes(1832−1919)는 진공관에서의 전류가 입자로 구성되어 있는 것 같다는 것을 발견했다. Thomas Edison(1847−1931)은 판

(plate)과 함께 탄소 필라멘트 전구(carbon filament bulb)를 실험하여 뜨거운 필라멘트로 부터, 양극으로 충전된 판으로 전류가 흐른다는 것을 발견하였다. 그는 이 아이디이에 대해 특허권을 얻었으나 사용하지는 않았다.

다른 초기 실험 과학자는 진공관에 흐르는 입자의 성질을 측정하였다. Sir Joseph Thompson(1856-1940)은 이 입자의 성질을 측정하였으며, 뒤에 이를 전자(electron)라 불렀다.

무선 전신 통신(wireless telegraphic communication)의 역사는 1844년부터 시작되었지만 근본적으로 전자는 진공관 증폭기의 발명과 함께 시작된 20세기 개념이다. 한 방향으로만 전류를 흐르게 할 수 있었던 초기의 진공관은 1904년에 John A. Fleming이 만들었다. Lee deForest는 진공관에 그리드(grid)를 추가했다. 오디오트론(audiotron)이라고 부르는 새로운 소자는 약한 신호를 증폭할 수 있었다. 제어 요소를 추가함으로써 deForest는 전자공학 혁명의 선구자가 되었다. 그의 이 계량된 소자 덕분에 대륙간 전화 및 라디오가 가능하게 되었다. 1912년에 California의 San Jose에서 한 아마추어 무선사가 음악을 정규적으로 방송하고 있었다!

1921년에 상무장관 Herbert Hoover는 첫 번째 면허를 한 라디오 방송국에 내주었다. 이후 20년 동안에 600건이 넘는 면허가 발급되었다. 1920년대 말에는 여러 가정에서 라디오를 가지게 되었다. 슈퍼헤테로다인 라디오(superheterodyne radio)라는 새로운 형태의 라디오가 Edwin Armstrong에 의해 발명되어 고주파 통신(high-frequency communication) 문제가 해결되었다. 1923년에 미국인 연구자 Vladimir Zworykin이 최초의 텔레비전 화상관(television picture tube)을 발명하였고 1927년에 Philo T. Farnsworth가 완전한 텔레비전 시스템을 위한 특허를 신청하였다.

1930년대에는 금속관(metal tube), 자동 이득 제어(automatic gain control), 꼬마 라디오(midget radio) 및 방향성 안테나(directional antenna)를 포함하여 라디오에서 많은 것들이 개발되었다. 또한 이 10년 농안에 최초의 전자식 컴퓨터의 개발이 시작되었다. 1939년에 마이크로파 발진기(microwave oscillator)인 마그네트론(magnetron)이 영국에서 Henry Boot와 John Randall에 의해 발명되었다. 같은 해에, 클라이스트론 마이크로파관(klystron microwave tube)이 미국에서 Russell과 Sigurd Varian에 의해 발명되었다.

1940년대에 제2차 세계대전이 일어났다. 이 전쟁으로 말미암아 전자공학이 빠르게 발전뇌었나. 마그네드론과 클리이스트론에 의해 레이더와 고주파 통신이 가능하세 되었다. 음극선관(cathode ray tube)은 레이더에 사용하기 위해 개선되었다. 컴퓨터는 이 전쟁 동안 계속해서 일을 하였다. 1946년에 John von Neumann은 최초의 프로그램 저장 컴퓨터(stored program computer)인 Eniac을 Pennsylvania 대학교에서 개발하였다. 가장 중요한 발명 중의 하나는 1947년에 있었던 트랜지스터(transistor)의 발명이었다. 발명자는 Walter Brattain, John Bardeen, William Shockley였다. 이 발명 때문에 이 세 사람은 모두 노벨상을 받았다. PCB(printed circuit board, 인쇄 회로 기판)도 1947년에 소개되었다. 트랜지스터의 상업 생산은 1951년에 Pennsylvania의 Allentown에서 시작되었다.

1950년대의 가장 중요한 발명은 집적회로(integrated circuit)이다. 1958년 9월 12일에 Texas Instruments의 Jack Kilby는 최초의 집적회로를 만들었다. 이 때문에 그는 2000년 가을에 노벨상을 받았다. 이 발명으로 인하여 글자그대로 현대 컴퓨터 시대가 열렸으며 의료, 통신, 제조 및 오락 산업에서 광범위한 변화가 일어났다. 집적회로는 "칩(chip)"이라고 부르게 되었으며 이러한 칩이 그동안 수십억 개 생산되었다.

1960년대에는 우주 개발 경쟁이 시작되고 제품의 소형화 및 컴퓨터 개발에 박차가 가해졌다. 우주 개발 경쟁은 전자공학의 급속한 변화를 주도하는 구동력이었다. 최초의 성공적인 "연산증폭기(op-amp)"는 1965년에 Fairchild Semiconductor의 Bob Widlar가 설계하였다. μA709라고 불렸던 이 연산증폭기는 대단히 성공적이었으나 "latch-up" 및 다른 문제점이 있었다. 그 뒤, 가장 유명했던 연산증폭기인 741이 Fairchild에서 만들어지고 있었다. 이 연산증폭기는 산업 표준이 되었으며 여러 해 동안 연산증폭기 설계에 많은 영향을 미쳤다. 원격으로 연결된 컴퓨터를 이용한 인터넷의 시초가 1960년대에 시작되었다. 시스템은 Lawrence Livermore National Laboratory에 있었는데 100 개가 넘는 터미널이 하나의 컴퓨터 시스템에 연결되었다. 1969년의 실험에서 UCLA와 Stanford의 연구자들 사이에 통신이 이루어졌다. UCLA 팀은 Stanford에 연결하기를 희망하여 그들의 터미널에 "login"이라는 단어를 입력하였다. 별도의 전화선을 통하여 다음과 같은 내용의 대화를 나누었다.

UCLA 팀은 전화를 통하여 "문자 L이 보입니까?"라고 물었다.
"예, 문자 L이 보입니다."
UCLA 팀은 문자 O를 입력하였다. "문자 O가 보입니까?"
"예, 문자 O가 보입니다."

UCLA 팀은 문자 G를 입력했다. 이때 시스템이 고장났다. 이것은 기술이었으나, 혁명은 계속되고 있었다.

1971년에, Fairchild로부터 나온 어떤 그룹이 만든 한 새로운 회사가 최초의 마이크로프로세서(microprocessor)를 소개하였다. 이 회사는 Intel이었으며 제품은 4004 칩이었는데 Eniac 컴퓨터와 동일한 처리 능력이 있었다. 같은 해에 Intel은 최초의 8 비트 프로세서 8008을 발표했다. 1975년에 최초의 개인용 컴퓨터가 Altair에 의해 소개되었으며 Popular Science 잡지는 1975년 1월호 표지 그림으로 이 컴퓨터를 실었다. 1970년대에는 또한 포켓 계산기도 소개되었으며 광학 집적회로가 새로 개발되었다.

1980년대에는 전체 미국 가정의 절반이 텔레비전 안테나 대신 유선으로 텔레비전을 시청하고 있었다. 1980년대에 전자제품의 신뢰성, 속도 및 소형화가 계속되었는데 여기에는 인쇄회로기판의 자동 검사 및 교정이 포함되었다. 컴퓨터는 계측의 한 부분이 되어 가상 계측(virtual instrumentation)이 생겨났다. 컴퓨터는 작업대에서 표준 도구가 되었다.

1990년대에는 인터넷이 광범위하게 이용되었다. 1993년에 웹사이트가 겨우 130개였는데 2001년에는 24,000,000개 이상으로 늘어났다. 1990년대에 회사들은 앞다투어 홈페이지를 개설하였으며 인터넷과 병행된 라디오 방송이 많이 개발되었다. 정보의 교환과 전자 상거래가 1990년대의 높은 경제 성장에 큰 영향을 주었다. 인터넷은 가장 중요한 과학 통신 도구 중의 하나가 되고 있기 때문에 특히 과학자와 기술자들에게 중요하다.

1995년에 FCC는 디지털 오디오 라디오 서비스(Digital Audio Radio Service)라고 부르는 새로운 서비스를 위한 스펙트럼 공간을 할당하였다. 디지털 텔레비전 표준이 미국의 차세대 텔레비전 방송을 위해 1996년에 FCC에 의해 채택되었다. 20세기가 지나갔을 때 역사가들은 오직 안도의 한숨을 내쉴 수 있었다. 어떤 사람이 말하기를 "나는 새로운 기술에 전적으로 찬성한다. 그러나 나는 새로운 기술이 옛 기술을 먼저 치워버리기를 바란다"라고 했다.

21세기가 2001년 1월 1일에 시작되었다. 주된 이야기는 인터넷이 폭발적으로 성장하고 있다는 것이었다. 간단히 말하면 이때부터 과학자들은 컴퓨터 네트워크에서 대량의 정보를 액세스할 수 있게 해줄 슈퍼컴퓨터 시스템을 계획하고 있었다. 새로운 세계적인 데이터 망은 World Wide Web보다 더 큰 자원이 될 것이다. 왜냐하면 이는 사람들에게 방대한 양의 정보를 액세스할 능력과 슈퍼컴퓨터에서 시뮬레이션을 실행하기 위한 자원을 제공해주기 때문이다. 21세기에서 연구는 새로운 기술을 사용하여 더 빠르고 더 작은 회로를 만드는 쪽으로 계속되고 있다. 한 가지 기대할 수 있는 연구 분야는 카본 나노 튜브(carbon nanotube)인데 이것은 어떠한 형태에서 반도체의 성질을 가지고 있음이 밝혀졌다.

차례

이 장의 참고 자료는 아래 웹사이트에서 얻을 수 있다.

http://www.prenhall.com/SOE

아날로그의 개념

서론

현대 전자 시스템을 최초로 개발한 사람은 1907년 진공관 그리드에서 미소 신호로 대전류를 제어할 수 있다는 것을 발견한 Lee DeForest이다. 이전에 Marconi와 여러 과학자들도 이러한 실험을 하였으나 그들은 미소 신호를 받아 증폭시키지는 못하였다. William Shockly, John Bardeen 및 Walter Brattain은 1947년 Bell 연구소에서 점접촉 트랜지스터의 발명으로 전자 시스템의 2차 혁명을 이루었다. 이 발명에 이어 1959년에 Texas Instruments의 Jack Kilby와 Fairchild Semiconductor의 Robert Noyce에 의해 IC가 발명되었다. 트랜지스터 발명을 2차 혁명이라면 IC는 3차 혁명이라 할 수 있다.

최근에는 고속 디지털 기술의 발전에 따라 기존의 압력, 유속 및 온도 등 자연적인 양의 아날로그로 측정하고 증폭시키는 처리 과정이 매우 편리하게 되었고 응용 방법에 따라, 디지털이든 아날로그이든 이들 신호를 처리하는 것이 보다 효과적으로 운영되고 있다. 아날로그 회로는 전동기 속도 제어, 고주파 시스템 등에 "실시간(real-time)"으로 전압이 가해지게 된다.

디지털 프로세싱은 수치제어방식으로 발전되면서 보다 효율적으로 운영되고 있으며, 아날로그 방식에서 발생되는 소음을 감소시키는 장점을 가지고 있다. 즉, 이 두 가지 방식은 서로 보완적인 관계가 있으므로 이를 취급하는 기술자는 두 방식에 대한 지식이 있어야 한다.

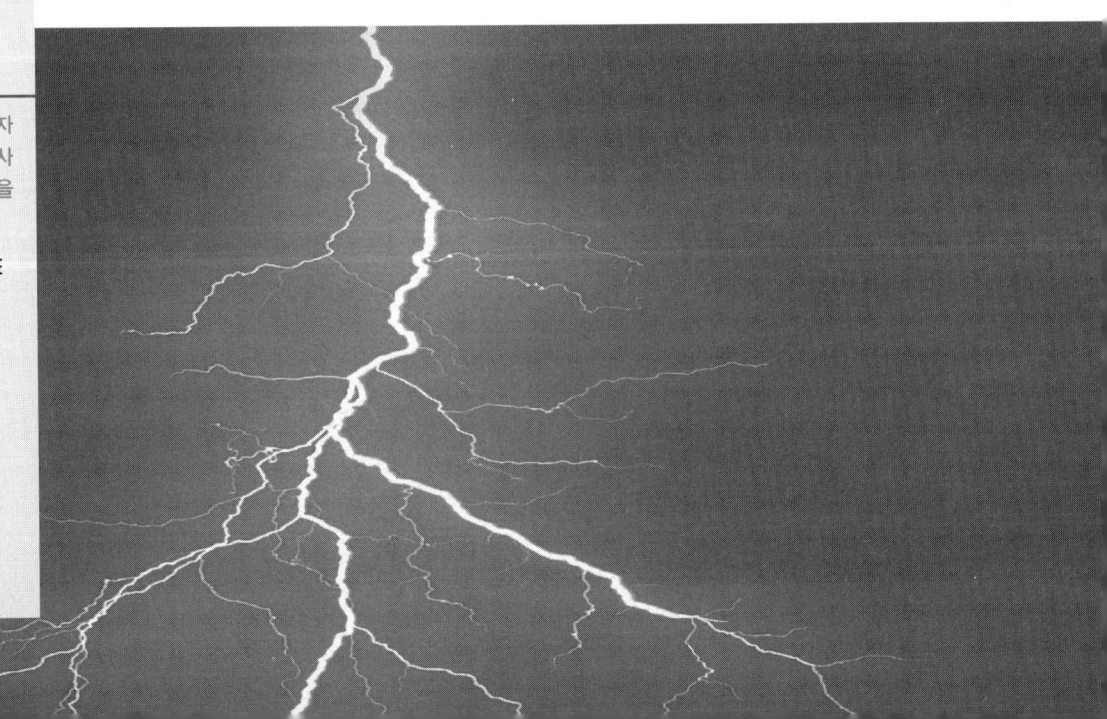

주요 목표

각 절의 내용이 목표이다. 이 장을 마치고 나면 여러분은 다음과 같은 일들을 할 수 있어야 한다.

1-1 IV 곡선으로 아날로그 회로에서 사용된 소자의 기능

1-2 아날로그 신호

1-3 아날로그 회로의 고장수리

실험실습 디렉토리

다음 실험실습은 이 장을 위한 것이다. 실험실습 매뉴얼은 "The Science of Electronics: Analog Devices Lab Manual, by David M. Buchla(ISBN 0-13-087559-7). © 2005 Prentice Hall 이다.

◆ 실험 1
파형과 측정

- AC 저항(AC resistance)
- 신호(signal)
- 아날로그 신호(analog signal)
- 디지털 신호(digital signal)
- 샘플링(sampling)
- 양자화(quantizing)
- 영역(domain)
- 스펙트럼(spectrum)

3개의 전극을 가진 유리관은 초기 전자장비 제품 중의 하나이다. Lee deForest는 1907년 진공관에 금속 그리드를 삽입하여 회로의 전류를 조정할 수 있는 방법을 고민하였다. 이 유리관의 기법을 근간으로 17세기에 Robert Boyle은 가스를 연구하기 위해 유리관에서 공기를 제거한 후 실험을 한 영국의 학자로 화학분야에서 유명한 법칙을 발견하였고, 후세에 그의 업적을 기리기 위해 그의 이름으로 명명되었다.

Boyle의 작업 후 1세기 후에 유리관을 제작하는 기술자인 Heinrich Geissler가 수은 진공 펌프를 이용하여 Boyle이 제작한 것보다 진공 성능이 우수한 진공관을 제작하였다. 이 진공관은 전극이 있는 것으로 전류가 흐를 때 저압가스가 있는 관 내부에서는 백열광이 타는 듯한 현상을 발견하였다. 이후 영국인 William Crookes는 Geissler의 펌프를 개량하여 진공도가 백만분의 1 이상인 진공관을 제작하였다. Crookes형의 관은 관 내부의 이온화한 가스로 인해 전극 사이에 전압을 가하면 아름다운 색이 발산한다는 것을 보여주었다. Crookes는 그의 관에서 몰타십자(Maltese cross) 형태의 그림자 형태로 실험을 한 결과 보이지 않는 미립자가 음극 단자에서 직선 모양으로 방출하는 것을 관찰하였다.

다이오드는 전류가 한 방향으로만 흐르는 장치이다. Crookes관은 이러한 목적으로 직접 사용되지는 않았으나 초기의 다이오드라고 할 수 있다. 오늘날 CRT(cathode ray tubes)는 TV에 사용되는데, 이는 관에 이온화한 가스를 제거한 고진공상태의 유리관이다. 이 관의 한쪽 끝에는 인으로 코팅시켜서 전자가 충돌할 때 TV의 화면을 만들어 내는 것이다.

1-1 전자장치와 전기량

전자공학에서는 사용하는 신호의 형태에 따라 디지털 전자와 아날로그 전자로 분류한다. 디지털 회로는 신호의 크기와 양이 이산값의 형태이고, 반면에 아날로그 회로는 연속적인 가변값이다. 디지털 전자는 컴퓨터와 계산기에서 수행하는 것과 같이 대수적이며 논리적인 동작을 하고, 아날로그 전자는 증폭기, 미분기 및 적분기와 같이 신호의 프로세싱 기능을 갖는다.

이 절에서는 아날로그 회로에서 사용되는 소자들의 기능을 IV 곡선으로 설명한다.

전자장치

20세기에 전자공학은 전극틈새(spark-gap) 송신기로부터 진공관, 트랜지스터 및 IC로 발전되어 왔다. IC는 보다 소형, 빠른 속도, 대용량 및 저가로 발전되고 있다. 트랜지스터와 IC는 이미 만들어진 제품 중에서 가장 중요한 역할을 하는 발명품이다.

IC는 실리콘의 작은 조각을 부착시키고 입력, 출력 및 전원 단자를 핀으로 묶어 부착한 완전한 기능을 갖는 장치이다. IC의 대부분은 두 가지의 전압만을 이용하는 디지털 IC(digital integrated circuit)와 연속적인 가변 입출력을 사용하는 아날로그 IC(analog integrated circuit)로 구분한다. 이 책에서는 아날로그 IC를 포함하는 여러 가지 아날로그 회로를 취급하는 것으로 이들 회로에는 트랜지스터, 아날로그 IC 및 기본 소자들이 포함된다.

저항, 다이오드 및 트랜지스터와 같은 전자회로의 기본 소자는 수학적인 방정식보다는 직관적인 방법인 그래프로 이들의 특성을 표시할 수 있다. 이 절에서는 저항과 다이오드의 그래프에 대해 공부하고, 3장에서는 트랜지스터의 동작에 대한 IV 곡선의 그래프를 공부하기로 한다.

선형방정식

기본 대수에서 선형방정식은 변수간의 직선으로 다음과 같이 나타낼 수 있다.

$$y = mx + b$$

여기서 y는 종속변수, x는 독립변수, m은 기울기, 그리고 b는 y축의 절편이다. 이 방정식이 원점을 통과하면 y축의 절편은 0이 되고 방정식은 다음과 같이 된다.

$$y = mx$$

이 식은 옴(Ohm)의 법칙 형태로 하면 다음과 같이 표시한다.

$$I = \frac{V}{R} \tag{1-1}$$

이 옴의 법칙에서 전류 I는 종속변수, 전압 V는 독립변수, 기울기는 저항의 역수인 $\frac{1}{R}$이 된다. 저항의 역수는 간단히 표시하면 컨덕턴스 G가 되며, 이 값을 대입하면 옴의 법칙에 대한 선형방정식은 다음과 같이 표시할 수 있다.

$$I = GV$$

선형 소자는 옴의 법칙에서 알 수 있듯이 전류는 인가전압에 비례하여 증가한다. 일반적으로 한 장비에서 두 개 변수간의 관계를 표시한 것을 특성곡선이라고 한다. 대부분의 전자 상비에서 특성곡선은 전압 V에 대한 전류 I의 관계로 표시된다. 예로, 그림 1-1의 직선은 2개 저항의 IV 특성곡선이다. 여기서 전류 I는 종속변수로 y축에 표시한다.

그림 1-2는 IV 특성을 측정하는 회로로 전압은 전압계 ⓥ, 전류는 전류계 ⓐ로 측정한다. 회로에서 전압을 변화시키면서 전류를 측정하여 IV 그래프를 작성한다. 그림 1-1은 2개 저항의 IV 특성곡선으로 정방향의 전압을 가할 때 저항에 흐르는 전류를 작성한 것이다.

만일 전원의 방향이 바뀌면 어떠한 현상이 발생될까? 이 경우에는 전류계의 접속 방향도 바꾸어 측정해야 한다. 저항에 가해지는 전압의 범위를 확대해야 하며 이때는 전압과 전류의 범위를 (一) 값으로 그림 1-3과 같이 표시하도록 한다.

그림 1-1

2개 저항의 IV 특성곡선

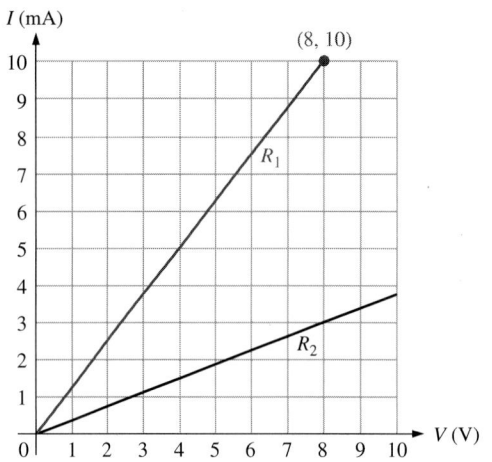

그림 1-2

1개 저항의 IV 특성 측정 회로

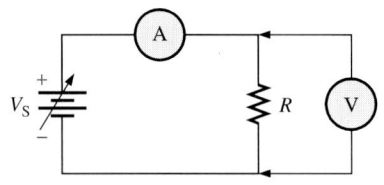

그림 1-3

(+) 및 (-) 값을 가한 경우 저항의 IV 특성곡선

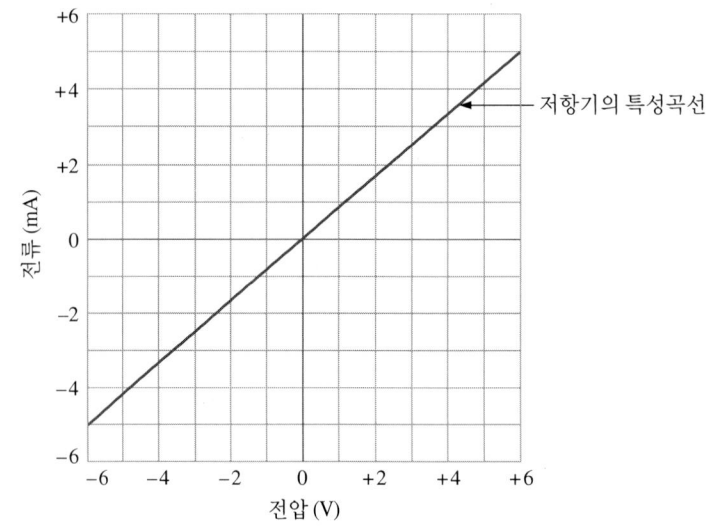

예제 1-1

문제

그림 1-1은 2개 저항의 *IV* 특성곡선이다. R_1의 컨덕턴스와 저항을 구하는 방법은?

풀이

컨덕턴스 G_1을 구하기 위해서는 저항 R_1의 *IV* 특성곡선의 기울기를 측정해야 한다. 이 기울기는 y축의 변수 Δy의 변화분을 x축의 변수 Δx의 변화분으로 나눈다.

$$기울기 \; = \frac{\Delta y}{\Delta x}$$

직선이므로 기울기는 상수로 임의의 두 지점을 이용하여 컨덕턴스를 결정한다. 그림 1-1 에서 한 지점을 $x = 8\,V$, $y = 10\,mA$로, 다른 한 지점을 원점인 $x = 0\,V$, $y = 0\,mA$로 정하면 기울기를 구할 수 있다. 즉, 컨덕턴스는 다음과 같다.

$$G_1 = \frac{10\,mA - 0\,mA}{8.0\,V - 0\,V} = \textbf{1.25 mS}$$

저항은 컨덕턴스의 역수이므로

$$R_1 = \frac{1}{G_1} = \frac{1}{1.25\,mS} = \textbf{0.8 k}\boldsymbol{\Omega}$$

질문
그림 1-1에서 저항 R_2의 컨덕턴스와 저항은 어떻게 구하나?

AC 저항

앞에서 공부한 바와 같이 저항의 특성곡선은 원점을 통과하는 직선이었다. 이때 선의 기울기는 상수이며 저항의 역수인 컨덕턴스로 표시된다. 임의의 지점에서 전류와 그 지점에서의 전압과의 비는 옴의 법칙인 $R = V/I$로 정의하며 dc 저항(dc resistance) 이라 한다.

그러나, 우리가 사용하는 대부분의 아날로그 장비는 전압에 비례하지 않는 특성을 가지고 있다. 이들 장비는 입력신호가 일정 범위 내에서 사용하는 아날로그 장비에서는 선형으로 취급하지만 본래는 비선형성이다.

그림 1-4는 비선형 아날로그 장치인 다이오드의 IV 특성곡선이다. 일반적으로 다이오드는 $\Delta V/\Delta I$와 같이 전류의 미소한 변화에 내해 미소한 전압이 변화하는 특성을 갖는 비선형 장비이다. 이와 같이 미소 전류 변화로 미소 전압 변화를 나눈 것을 아날로그 장비의 **ac 저항**(ac resistance)으로 정의하고 다음과 같이 표시한다.

$$r_{ac} = \frac{\Delta V}{\Delta I}$$

이 식에서 r을 **동적저항**(dynamic resistance)이라 한다. 이 저항은 측정되는 특정 지점의 특성곡선에 따라 정해지는 내부저항이다.

그림 1-4는 특정 지점에서 측정한 것으로 기울기가 급격히 변화하고 있다. 예로, 그림 1-4에서 삼각형 부분인 $x = 0.6\,V$, $y = 2\,mA$인 지점에서의 기울기인 전압의 변화분에 대한 전류 변화분을 계산해 보자. 전류 변화분은 $\Delta I = 3.4\,mA - 1.2\,mA = 2.2\,mA$,

그림 1-4

다이오드의 *IV* 특성곡선

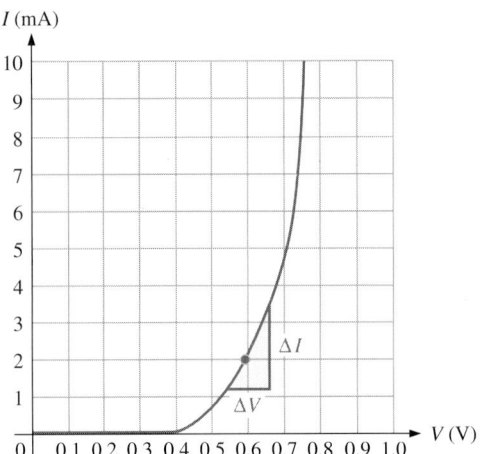

전압 변화분은 $\Delta V = 0.66\,V - 0.54\,V = 0.12\,V$ 이므로 $\Delta V/\Delta I = 2.2\,mA/1.2\,V = 18.3\,mS$ 가 된다. 이 값은 특정 지점의 컨덕턴스이다. 또한, 이 지점에서 컨덕턴스의 역인 저항값은 다음과 같다.

$$r = \frac{1}{g} = \frac{1}{18.3\,mS} = 54.5\,\Omega$$

관습적인 전류 대 전자 흐름

전류는 전하의 흐름비이다. 전류는 (+)에서 (−)로 이동하는 보이지 않는 물질로 Benjamim Franklin에 의해 처음으로 정의된 것을 기준으로 하고 있다. **관습적인 전류** (conventional current)는 해석을 하기 위해 전압원의 (+) 단자에서 출발하여 회로를 통과한 후 (−) 단자에 유입하는 것으로 가정하였다. 이러한 정의는 공학도 사이에서 사용하고 있으며 대부분의 책에서도 이러한 관점에서 이 흐름을 화살표 모양으로 표시하고 있다.

그러나 오늘날 이동전하는 (−) 성분으로 대전된 전자로 고체상태의 금속 성분인 도전체로 관습적인 전류에서 정의한 방향과는 반대인 회로의 (−)점에서 (+)점으로 이동하는 것으로 알려지고 있다. 대부분의 학교와 교재에서, **전자 흐름**은 전압원의 (−) 단자에서 인출되는 것으로 전류 흐름의 화살표를 그리고 있다.

불행하게도 지금까지도 회로에서 이러한 전류 흐름에 대해 관습적인 전류나 전자 흐름 중에 어느 것이 나은 것인지 하는 논쟁이 계속 진행되고 있는 실정이다. 이러한 것은 전류의 방향을 어떻게 표시하느냐 하는 것보다 실제적으로 전류를 측정할 때 전류계는 한 방향으로만 접속하여 측정할 수 있기 때문이다. 이 책에서는 화살표를 사용하는 대신에 전류계에 극성을 표시하기로 한다. 그림 1-5와 같이 전류의 경로는 전류계의 기호에 막대로 표시하는데 전류의 양에 따라 막대의 수를 정하기로 한다.

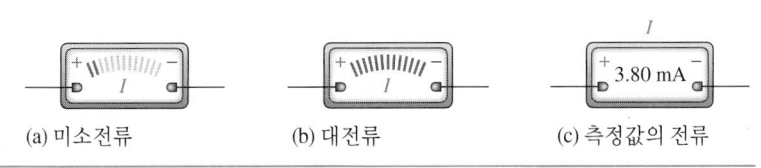

(a) 미소전류 (b) 대전류 (c) 측정값의 전류

그림 1-5
전류의 양에 따라 막대의 수를
표시한 전류계 기호

복습 질문

1. IC의 두 가지 분류법은?
2. IV 특성곡선에서 기울기가 표시하는 값은?
3. 고저항은 저저항에 비해 IV 특성곡선이 어떻게 다른가?
4. dc 저항과 ac 저항의 차이는?
5. 관습적인 전류 대 전자 흐름의 차이점은?

신호 1-2

신호란 정보를 전달하는 물리적인 양으로 시각, 청각 또는 기타의 방식으로 전달된다.
전자공학에서 **신호**란 도체나 전자장 등에 전파로 이동되는 정보이다.

아날로그 및 디지털 신호

전자공학에서 신호란 정보가 포함된 전압이나 전류이다. 전자 시스템에서 신호는
증폭기 등을 통해 그 형태를 변형하거나 증폭시키는 방법을 통해 진행되는 것으로 이
러한 진행에는 연속적인 아날로그 방식과 이산적인 디지털 방식이 있다.

신호는 연속적인 것과 불연속적인 것으로 분류할 수 있다. 연속신호는 중단이 없이
평활하게 진행되는 신호이고, 불연속신호는 특정한 값만을 갖는 신호이다. 연속이나
불연속이란 신호의 증폭이나 시간특성의 해석에 시용된다.

자연계에서 대부분의 신호는 일정 범위 내에서는 연속적인 값을 갖는데 이러한 연
속신호를 아날로그 신호(analog signal)라 한다. 아날로그 신호는 그림 1-6과 같이 샤프
트 인코더 전위차계에서 사용되는 한 예이다. 여기서 출력전압은 인가전압의 범위 내
에서는 연속적으로 변화한다. 즉, 아날로그 신호는 샤프트의 각 변위에 따라 정해진
다. 신호는 전압레벨과 같은 전위차계 인코더의 값과 같은 위치가 된다.

또한, 인코더의 다른 형태로는 그림 1-6(b)와 같은 임의의 단계에 따라 결정되는 것
으로, 값이 이들 단계에 따라 정해지는 것으로 디지털 신호(digital signal)라 한다. 이
디지털 신호는 불연속적인 신호로 특정 단계에 해당하는 값을 갖는다.

아날로그 회로는 아날로그 신호로 진행되며 일반적으로 구조가 간단하고 고속, 저
가이며 자연현상에서 쉽게 이용할 수 있는 장점이 있다. 이 신호는 선형함수, 파형, 전

그림 1-6

아날로그 및 디지털 샤프트 인
코더

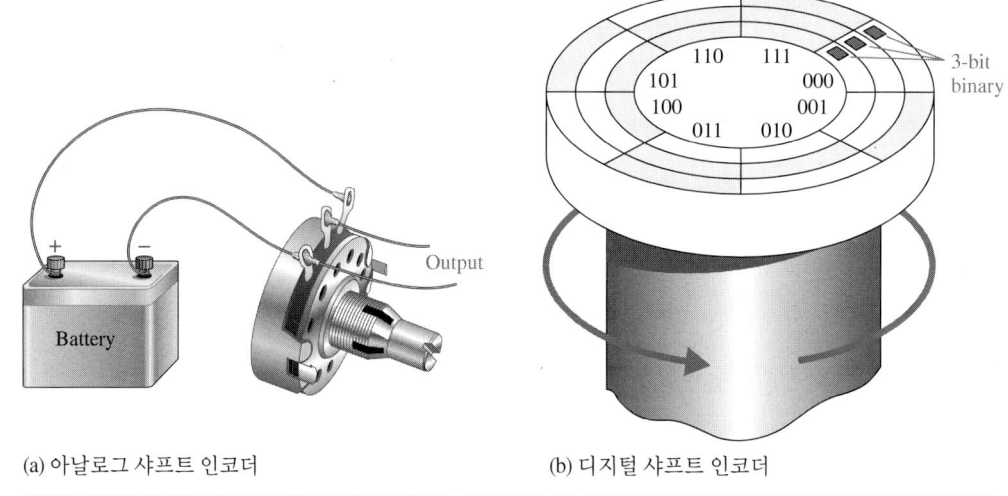

(a) 아날로그 샤프트 인코더 (b) 디지털 샤프트 인코더

압에서 전류 또는 전류에서 전압 및 복합 기능 등을 수행하는 데 사용한다. 이에 반해 디지털 회로는 잡음 소거, 비변환(no drift), 고속 연산 등의 디지털 신호에 대한 수학적인 계산에 사용된다. 그러나 대부분의 전자 시스템에서는 아날로그 신호와 디지털 신호를 혼합하여 성능을 개선시키고 가격을 낮추는 등의 최적화 방식을 사용하고 있다.

대부분의 신호는 압력, 온도 및 운동 등의 자연현상이다. 이들 신호들은 한 형태에서 다른 형태의 에너지로 변환시키는 **변환기**(transducer)에 의해 전기신호로 변환된다. 또한 역으로, 이러한 전기신호는 증폭기나 마이크로폰 등을 통해 전형적인 아날로그 신호로 변환되기도 한다. 때로 아날로그 신호는 저장, 프로세싱 또는 송신 등을 통해 디지털 신호로 변환되기도 한다.

2단계 공정인 아날로그에서 디지털로 변환시키는 데는 샘플링과 양자화가 필요하다. **샘플링**(sampling)은 아날로그 파형을 원래의 모양과 거의 같은 형태로 두면서 일정 시간 간격으로 자르는 공정이다. 이 공정에는 얼마간의 정보 손실이 발생하므로 잠음 감소, 디지털 저장 및 프로세싱 등에 치명적인 값을 끼치지 않도록 하여야 한다. 샘플링 후에는 신호에 대해 수치를 지정한다. 이러한 공정에는 디지털 컴퓨터나 다른 디지털 회로를 사용하며 이를 **양자화**(quantizing)라 한다. 그림 1-7은 샘플링과 양자화에

그림 1-7

아날로그 파형의 디지털화

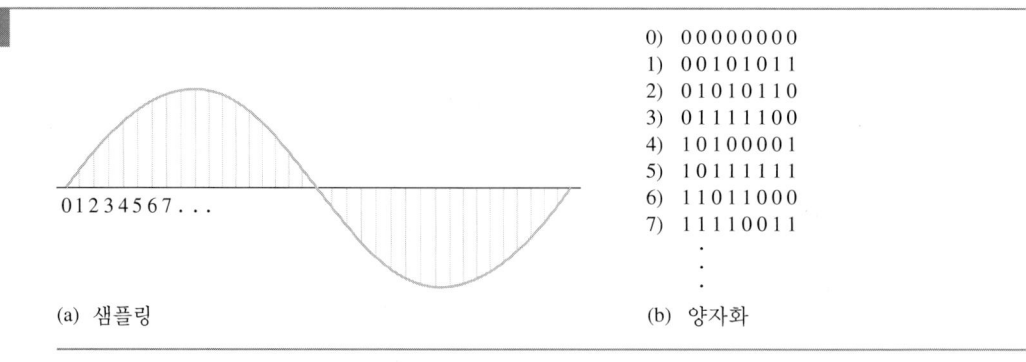

(a) 샘플링 (b) 양자화

대한 설명이다.

디지털 신호는 전자 제품을 사용하기 위해 원래의 아날로그 신호로 변환될 필요가 있는데, 한 예로 CD의 디지털화한 음이 스피커를 통해 들리기 위해서 아날로그 신호로 변환해야 하는 경우이다.

주기신호

정보를 운반하기 위해서는 전압이나 주파수와 같은 요소의 전파를 변화시킬 필요가 있다. 흔히 전기신호에서 일정한 시간 간격으로 반복되는 파형을 주기적이라고 한다. **주기**(Period, **T**)란 한 사이클이 완성되는 주기파의 시간이다. **사이클**(cycle)은 다른 동일한 파형으로 나타나는 시퀀스 값이다. 주기는 연속적인 사이클에 인접한 임의의 같은 두 지점을 측정하여 구할 수 있다.

주기 파형은 전자공학에서 널리 사용되는 파형으로, 실제 전자회로에서는 발진기로 주기 파형을 발생시킨다. 대부분의 발진기는 정사각, 사각, 삼각 및 톱니 등의 정현곡선 또는 비정현곡선 등의 여러 파형을 발생한다.

정현파형

정현파는 가장 기본적이며 중요한 파형이다. 전자공학에서 **정현파형**이란 sine이라고 하는 수학적인 트리거 함수와 같은 형태의 전압과 전류 파형이다. sine이란 삼각함수를 의미하는 것이며 한편 역으로도 사용되기도 하며 sine 형태의 파형을 의미한다. 정현파형은 레이저 광선의 발생, 전자레인지(tuning fork)의 진동 및 파형의 운동 등 물리현상으로 많이 표시되기도 한다.

벡터란 크기와 방향을 가진 물리량이다. 정현곡선은 그림 1-8과 같이 일정한 원운동을 회전시키는 회전벡터를 투영하여 작성할 수 있다. 이 점을 연속적으로 회전시키면 주기곡선이 발생되며 수학적으로 표시하면 다음과 같다.

$$y(t) = A \sin(\omega t \pm \phi) \tag{1-2}$$

여기서 $y(t)$는 수평축으로부터 생긴 곡선의 수직변수로 시간에 따라 변화하는 값으로 표시된 **함수 표시**(functional notation)라 한다. $y(t)$는 시간에 따라 신호가 변화하는 것을

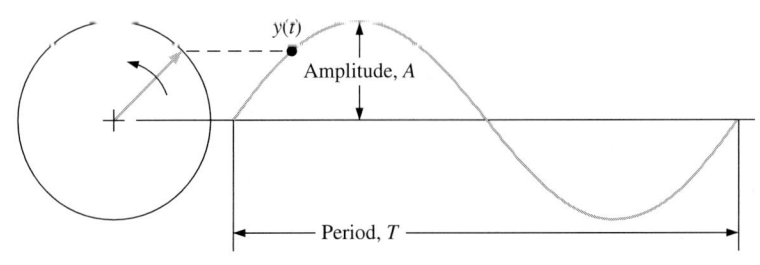

그림 1-8

회전벡터로부터의 정현파의 발생

강조하는 함수 표시를 나타내는 것으로 시간 항목을 강조하지 않는 경우에는 생략하기도 한다. 위 방정식에서 A는 진폭으로 수평축으로부터의 최대 변위, ω는 회전벡터의 각주파수[rad/s], t는 파형 임의의 한 지점의 시간, 그리고 ϕ는 위상각[rad]이다. 이때 위상각은 사이클의 한 부분으로 기본 주파수와 같은 주파수로부터 임의로 이동된 각도로 진행파가 $t = 0$ 이전에 시작하면 (+), 이후에 시작하면 (−) 값이 된다.

식 (1-2)는 주파수, 진폭 및 위상 등 3개의 기본 요소로 구성된 정현파이다.

주파수와 주기 회전벡터가 한 개의 사이클이 되면 2π[rad] 회전한 것이 된다. 1초당 발생되는 사이클의 수를 **주파수**(frequency)라 한다. 주파수[Hz]는 회전벡터의 각주파수 ω[rad/s]를 한 주파수의 rad 수인 2π[rad/cycle]로 나눈 것으로 식 (1-3)과 같다.

$$f(\text{Hz}) = \frac{\omega \ (\text{rad/s})}{2\pi \ (\text{rad/cycle})} \tag{1-3}$$

1초에 1사이클이 발생되면 1 [Hz]가 된다. 주기파의 주파수는 1초 동안의 사이클이고, 주기(T)는 한 사이클 동안의 시간이다. 그러므로 식 (1-4), (1-5)와 같이 주파수의 역수는 주기이고, 주기의 역수는 주파수가 된다.

$$T = \frac{1}{f} \tag{1-4}$$

$$f = \frac{1}{T} \tag{1-5}$$

예로, 임의 신호가 매 $10 \ \text{ms}$마다 반복한다면 이때의 주기는 10[ms]이고, 주파수는 다음과 같다.

$$f = \frac{1}{T} = \frac{1}{10 \ \text{ms}} = 0.1 \ \text{kHz}$$

순시값 그림 1-8과 같은 정현파의 전압을 표시하면 식 (1-2)는 다음과 같이 표시한다.

$$v(t) = V_p \sin(\omega t \pm \phi)$$

이 식에서 $v(t)$는 전압을 표시하는 변수로, 이 값은 시간의 함수로 **순시값**(instantaneous value)이라 한다.

피크값 정현파의 진폭은 그림 1-8과 같이 수평축으로부터 최대 변위가 된다. 전압파형에서 진폭은 **피크값**(peak value) V_p이다. 오실로스코프로 전압을 측정할 때는 peak-to-peak 전압인 V_{pp}로 측정하는 것이 편리한데 이 값은 피크값의 2배가 된다.

평균값 정현파에서 한 사이클 동안 (+)와 (−)의 진폭은 같다. 그러므로 정현파의 평

역사적 고찰

Heinrich Hertz(1857–1894)는 1888년 그의 실험실에서 최초로 전파의 발생과 검파를 증명하였다. 그는 코일에 흐르는 커패시터라고 하는 콘덴서에서 방전할 때 파를 발생시켰다. 그때 콘덴서는 작은 갭을 가진 금속판 사이에서 발생되는 불꽃을 이용한 것이었다. 충전은 불꽃이 발생될 때 커패시터와 코일 사이에 전류가 진동되는 값에 의해 충분한 양의 충전이 가능하였다. 그는 비슷하게 회로에서도 이러한 파형을 연구하였으며 Hertz의 전파에 대한 발명은 전자공학의 시대를 여는 선구가 되었다. 그러나 안타깝게도 그는 37세에 독이 들어 있는 음식으로 인해 죽음을 맞이하게 되었다. 주파수의 단위는 Hertz의 발명을 기리기 위해 그의 이름으로 명명되었다.

균값이 수학적으로는 0이 된다. 이에 따라 **평균값**은 부호를 무시하고 한 사이클 동안 값의 평균으로 구한다. 즉, 평균값은 모든 (−)의 값을 (+)로 바꾸어 계산한 다음 그 평균으로 구한다. 피크값을 사용하여 평균값을 구하면 다음과 같이 표시한다:

$$V_{avg} = \frac{2V_p}{\pi}$$

간단히 하면 다음과 같이 표시한다.

$$V_{avg} = 0.637V_p \tag{1-6}$$

평균값은 실제문제에서 유용하게 사용되는 값이다. 예로, 정류된 정현파가 전기도금에서 피복물질로 사용된다면 피복된 물질의 양은 평균전류와 다음과 같은 관계가 있다.

$$I_{avg} = 0.637I_p$$

실효값 직류전압을 저항에 인가하면 이 저항에서 전력이 방사되는데 이 값은 다음과 같은 공식을 사용하여 구할 수 있다.

$$P = IV \tag{1-7}$$

여기서 V는 저항 양단의 전압[V], I는 저항에 흐르는 전류[A] 그리고 P는 방사전력 [W]이다.

저항성 회로에서 전력은 정현파의 피크값에서 최대가 되고 0에서는 0이 된다. 직류와 교류의 전압과 전류를 비교해보면 교류 전압과 전류는 직류와 등가인 열량으로 정의할 수 있다. 이 등가 열은 **실효**(root-mean-square) 전압 또는 전류라 하는 계산으로 구할 수 있다. 정현파에서 실효전압은 피크값과 다음과 같은 관계가 있다:

$$V_{rms} = 0.707V_p \tag{1-8}$$

마찬가지로 실효값 또는 rms 전류는 다음과 같이 표시한다.

$$I_{rms} = 0.707I_p$$

문제   예제 1-2

다음과 같은 전압이 있다.

$$v(t) = 15 \text{ V} \sin(600t)$$

(a) 이 식에서 전압의 피크값과 평균값을 구하라. 이때 각 주파수는 [rad/s]이다.

(b) 10 ms인 순간의 순시값을 구하라.

풀이

(a) 방정식의 기본 형태는 다음과 같이 표시한다.

$$y(t) = A \sin(\omega t)$$

따라서, 피크값은 진폭 A이다. 즉,

$$V_p = \mathbf{15\ V}$$

평균값은 피크값과 다음과 같은 관계가 있으므로

$$V_{avg} = 0.637 V_p = 0.637(15\ \text{V}) = \mathbf{9.56\ V}$$

각주파수 ω는 **600 rad/s**이다.

(b) 10 ms에서 순시값은 다음과 같다.

$$v(t) = 15\ \text{V} \sin(600t) = 15\ \text{V} \sin(600\ \text{rad/s})(10\ \text{ms}) = -\mathbf{4.19\ V}$$

위 값에서 (−)는 이 순간 파형이 수평축 아래에 있다는 것을 의미한다.

질문
위 예제의 파형에서 rms 전압, 주파수[Hz] 및 주기는 얼마인가?

시간영역 신호

지금까지는 신호가 시간에 따라 변화하는 것으로 공부하였으나 때로는 시간과 결합되어 독립변수와 같이 사용되기도 한다. 그러나 오실로스코프와 같은 계측기에서는 시간함수로 기록될 수 있도록 설계되어 있으므로 시간과는 독립변수 상태가 된다. 이와 같이 독립변수로 설정된 값을 **영역**(domain)이라 한다. 시간에 따라 변하는 전압, 전류, 저항 및 기타 양들의 신호를 **시간영역 신호**(time-domain signal)라 한다.

주파수영역 신호

신호를 표시할 때는 수평축에 주파수, 수직축에 진폭을 표시한 도표를 사용한다. 주파수는 독립변수이므로 주파수영역에서 사용하는 계측기에서는 **스펙트럼**(spectrum)이라고 하는 진폭 대 주파수 도표를 사용한다. 스펙트럼 분석기는 신호의 스펙트럼을 분석하는 계측기이다. 이 계측기는 고주파 잡음의 시험, 송신기의 % 변조 검사 및 기타 응용기기 등 회로의 무선주파수대역에서 주파수응답을 분석하는 데 유용한 측정기기이다.

연속적인 정현파는 진폭, 주파수 및 위상각에 의해 정의되는 시변신호이다. 이 정현파는 또한 주파수 스펙트럼에서 한 개의 선으로 표시할 수 있다. 주파수영역에서

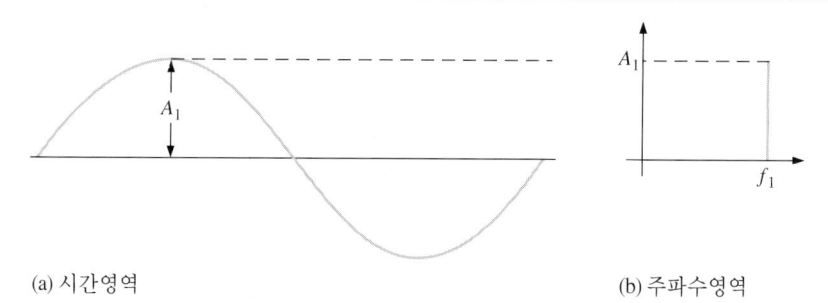

그림 1-9

정현파의 시간영역과 주파수
영역의 표시

(a) 시간영역   (b) 주파수영역

는 진폭과 주파수에 대한 정보는 제공하지만 위상각은 나타낼 수가 없다. 그림 1-9은 정현파의 두 가지 영역을 비교한 것으로 스펙트럼 상부의 선은 정현파의 진폭을 나타낸 것이다.

고조파

비정현 파형은 기본 주파수와 고조파 성분들로 구성된 파형이다. 기본 주파수란 일정한 주기로 반복하는 파형이고, **고조파**란 기본 파형에 정수를 곱한 고조파 성분인 정현파들을 의미한다. 흥미롭게도 이들 정수들은 기본 주파수와 모두 일정한 관계가 있다.

기수 고조파(odd harmonic)는 기본 주파수에 홀수 배를 한 것이다. 예로, 1 kHz의 구형파는 1 kHz의 기본파와 3 kHz, 5 kHz, 7 kHz의 고조파로 구성된 파형이다. 이 경우 3 kHz는 제3고조파, 5 kHz는 제5고조파라고 한다.

우수 고조파(even harmonic)는 기본 주파수에 짝수 배를 한 것이다. 예로, 한 파형의 기본파가 200 Hz이면 제2고조파는 400 Hz, 제4고조파는 800 Hz 그리고 제6고조파는 1,200 Hz이다.

순수한 정현파에서 어떤 변화가 생기게 되면 고조파가 발생된다. 비정현파는 기본파와 임의 고조파가 합성된 것이다. 파형에 따라 어떤 파형은 기수 고조파만을 어떤 파형은 우수 고조파만을 갖기도 하고, 두 종류의 고조파를 다 포함하는 경우도 있다.

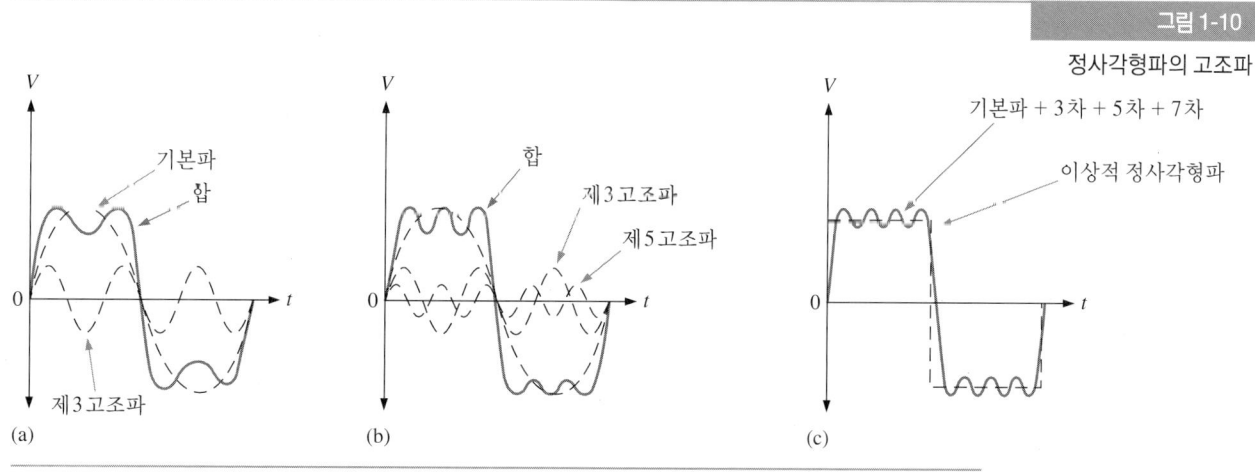

그림 1-10

정사각형파의 고조파

(a)   (b)   (c)

파형의 형태는 그 파형에 포함된 고조파 종류에 따라 결정된다. 일반적으로 기본파와 처음 몇 개의 고조파가 파형의 형태를 결정한다. 예로, 그림 1-10과 같이 정사각형파는 기본파와 기수 고조파로 구성되어 있다.

푸리에 급수

정현파를 제외한 모든 주파수는 여러 정현파로 구성된 복합파형이다. 열전도 분야

| 그림 1-11 | 반복파와 비반복파의 주파수 스펙트럼 비교 |

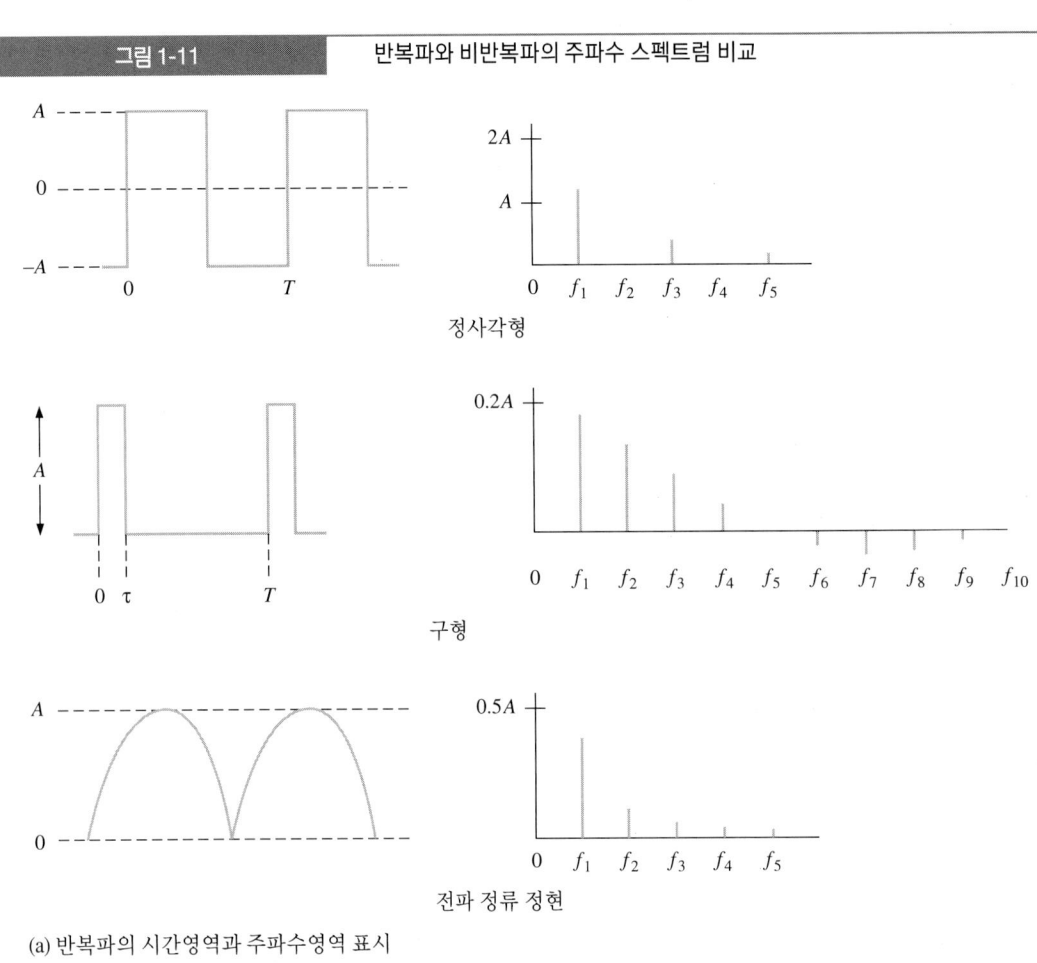

정사각형

구형

전파 정류 정현

(a) 반복파의 시간영역과 주파수영역 표시

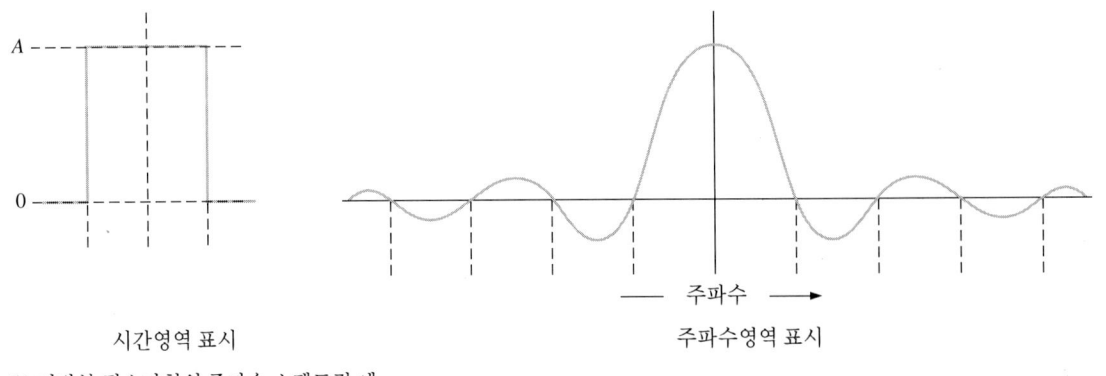

시간영역 표시　　　주파수영역 표시

(b) 비반복 펄스파형의 주파수 스펙트럼 예

를 연구하던 프랑스의 수학자인 Jean Fourier는 주기파의 표현에 푸리에 급수(Fourier series)라고 하는 삼각함수의 급수를 사용하였다. 푸리에 급수를 사용하면 복잡한 파형으로 구성된 정현파 각각의 진폭을 구할 수 있다.

푸리에에 의해 개발된 주파수 스펙트럼은 x축의 주파수에 대해 y축의 전압이나 전력의 진폭 스펙트럼을 표시한다. 그림 1-11(a)는 다른 주기를 갖는 파형들의 진폭 스펙트럼이다. 여기서 주의할 것은 주기파형인 모든 스펙트럼은 기본 주파수의 선을 기준으로 고조파를 그린다는 것이다. 이들 각각의 주파수는 스펙트럼 분석기로 측정할 수 있다.

음성이나 기타 과도파형과 같은 비주기성 신호는 스펙트럼으로 표시할 수는 있으나 반복파형인 경우의 스펙트럼은 일련의 선으로 표시할 수가 없다. 과도파형의 스펙트럼은 **푸리에 변환**(Fourier transform)이라는 다른 방법을 이용하여 구할 수 있는데 과도파형의 스펙트럼에는 고조파 성분의 파형보다는 연속적인 주파수가 많이 포함되어 있다. 그림 1-11(b)는 비반복 펄스에 대한 신호의 푸리에 쌍이다.

복습 질문

6. 아날로그 신호와 디지털 신호의 차이는?
7. 아날로그 신호에서 디지털 신호로 변환하는 데 필요한 두 단계는?
8. 정현파의 평균값 계산 방법은?
9. 고조파란 무엇인가?
10. 반복파형의 스펙트럼과 비반복파형의 스펙트럼의 차이는?

아날로그 회로의 고장수리 1-3

기술자는 정상적으로 동작이 되지 않는 회로나 시스템의 불량을 진단하고 수리할 수 있어야 한다. 고장수리에는 회로나 시스템의 불량을 수리하기 위한 논리적인 사고를 가져야 한다. 고장수리 기술은 매우 중요한 사항으로 이 책에서도 강조할 예정이다.

이 절에서는 아날로그 회로의 고장수리에 대한 과정을 설명한다.

분석, 계획 및 측정

회로에 고장이 발생되면 첫 단계는 고장 증세를 분석하는 것이다. 분석은 몇 번의 질의와 응답으로 시작할 수 있다. 회로가 사용된 것인가? 어떤 상태에서 고장이 발생되었는지? 어떤 고장들이 발생될 수 있는지? 이러한 Q & A 과정이 문제를 분석하는 과정이라 할 수 있다.

이러한 단서를 분석한 다음 두 번째 과정으로는 고장수리에 대한 체계적인 계획을 정하는 것으로 이러한 계획은 많은 시간을 절약할 수 있다. 이러한 계획에는 고장수리를 할 수 있도록 회로를 완전히 이해해야 한다. 회로 동작에 의문점이 있으면 설계도, 동작설명서 및 필요한 정보를 알아야 한다. 이렇게 해야 동작상의 문제인지 또는 회로에 문제가 있는지를 파악할 수 있다. 여러 검사지점에서 적절한 전압이나 파형이 있는지를 파악하는 것도 고장수리에 매우 유용한 사항이다.

논리적인 단계도 고장수리 계획에 매우 중요한 요소이기는 하나 그 자체로 문제를 해결하는 것은 아니다. 세 번째로는 전체를 측정하면서 표시를 하여 고장 가능성이 있는 부분을 좁혀가는 것이다. 이러한 측정법은 새로운 관점에서 문제가 있거나 가능성이 있는 지점을 해결하는 확실한 방법이다. 경우에 따라서는 전혀 예상하지 못한 결과를 당하는 경우도 있다. 이러한 측정방법은 고장내역을 분석하는 데 보다 많은 정보가 될 수 있다. 또한 새로운 정보 분석을 통해 문제점을 해결할 수도 있다.

분석과 계획은 사고하는 것이고 측정은 설명하는 중요한 과정이다. 예로, 그림 1-12와 같이 16개의 장식용 전구의 배선이 직렬로 연결된 회로에 220 V의 전압이 인가되었다고 하자. 회로를 한번 사용한 다음 다른 곳으로 이동하였다고 하자. 플러그를 끼우고 전원을 넣으니 램프가 점등되지 않았다. 어떻게 고장을 찾아야 하는가?

이 경우에는 이러한 것들을 생각할 수 있다. 회로를 이동하기 전에는 사용되었으므로 이러한 고장은 이곳에 전압이 들어오지 않는 경우이거나 이동 시에 전선이 끊어지든지 전선이 당겨져 떨어질 가능성이 있다. 또는 전등이 끊어지든가 전선을 접속한 부분이 풀어질 가능성도 있다. 이러한 가정들이 고장이 발생될 수 있는 원인이 된다. 여기서 회로는 한번 동작을 했으므로 원래 회로의 오접속이 있을 가능성은 배제한다. 직렬회로이므로 두 선이 같이 끊어질 가능성은 없다. 이러한 문제점을 분석한 후에는 고장수리를 해야 한다.

이때 첫 번째로 이동한 곳의 전압을 측정해본다. 만약 전압이 공급되고 있다면, 다음 문제는 전선줄이다. 전압이 공급되지 않는다면 건물 입력 패널이 있는 회로컷오프기를 검사한다. 컷오프기를 재동작시키기 전에는 컷오프기가 동작한 원인을 생각해본다.

그림 1-12

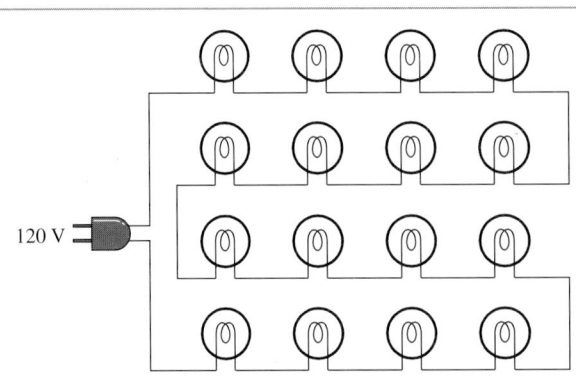

전압이 공급되고 있다면 다음으로는 전선줄이다. 그러면 전선줄을 전원에서 분리시킨 다음 저항을 측정한다. 다른 방법으로는 전선줄에 전압을 인가한 후에 여러 지점에서 전압을 측정한다. 저항이든 전압이든 간에 가능성이 있으면 시험을 할 수 있다. 때로 가능성이 있는 모든 경우를 포함한 고장수리 규범이 필요한 경우도 있다. 고장수리원은 시험 기법에 대해 계속 수정 보완해야 한다.

휴대용 디지털 멀티미터(DMM)가 있다고 하면 220 V 전원을 인가하는 즉시 확인할 수 있다. 그러면 앞에서 언급한 전압 문제는 필요 없다. 전선줄에 문제가 있으면 두 번째 단계부터 시작한다. 전압이 인가되고 있으면 전등이 없으므로 전류는 흐르지 않는다. 그러면 전선이 끊어졌든가 접속불량이다. 그러면 전등을 제거한 다음 중간지점 쯤에서 회로를 끊은 다음 회로의 저항을 측정한다.

생각을 많이 하면 노력을 줄일 수 있다. 기술은 구간점검이라는 공통적인 고장수리의 수칙을 사용해야 한다. 한 번에 전체 중 반 정도의 전구 저항을 측정해보면 그만큼 노동력을 줄일 수 있다. 이렇게 구간점검을 계속해 가면 적은 시험으로도 측정이 된다.

그러나 대부분의 고장이 이 예제의 것보다는 어려우므로 분석과 계획이 효과적인 고장수리의 중요한 요소이다. 측정이 끝나면 다시 계획을 세운다. 유능한 기술자는 고장에 대한 증상에 대해 적절한 대책이나 측정 방법을 줄인다.

납땜

제품을 수리할 때 회로기판에서 납땜으로 부착된 부품을 교체해야할 경우가 있다. 이 경우에는 과도한 힘을 가하거나 열이 가해져서 기판이 손상되지 않도록 해야 한다. 부착된 부품을 제거할 때는 납땜인두 팁 끝부분의 열을 이용한다.

새 부품을 부착하기 전에는 부품이 제거된 부분에 남아 있는 납을 제거한다. 이때는 주변 부품이 더렵혀지거나 열을 받지 않도록 주의해야 한다. 다음에는 수지용 클리너 또는 알코올 등을 사용하여 깨끗하게 표면을 처리한다. 납땜 시 부품 끝부분에 오염물질이 있으면 납땜이 잘 되지 않는 점을 고려하여 납땜용 납은 수지가 삽입된 원통형을 사용한다. 이때 산화납이 전자부품에 접촉되지 않도록 하며 작업대에 떨어지지 않도록 주의해야 한다. 납땜은 연결 부위에 정확히 되도록 해야 한다. 양호한 납땜은 납땜한 부위가 매끄럽고, 반들거리며 회로기판 삽입 부분까지 땜납이 흘러 들어가야 한다. 납땜 부분이 무디어 보이면 잘못된 것이다. 제품을 수리하나 보면 과도한 납의 사용으로 인접한 부분과 붙게 되거나 특히 IC 등에서는 인접한 2개의 핀이 단락될 수도 있다. 이러한 상태를 납 브리지라 하는데 가장 주의할 부분이다. 수리가 끝나면 알코올이나 기타 세척제로 기판을 깨끗이 청소한다.

기본 시험 장비

효과적인 고장수리를 위해서는 시험 장비가 있어야 하고 또한 이들 기기의 사양을 잘 알고 있어야 한다. 그림 1-13은 오실로스코프, 디지털 멀티미터 및 전원공급장치로 고장수리에 사용되는 기본 장비이다. 한 장비만으로는 모든 고장을 수리할 수 없으므로 모든 장비의 조작법에 익숙해야 한다. 모든 전자 측정 장비는 회로의 일부분이므로 측정값에 영향을 줄 수 있는 **측정 부하**(measurement loading)가 있다. 또한, 측정기에는 주파수 범위에 대한 규격이 있으므로 측정값의 신뢰를 위해서는 적절한 교정을 할 필요가 있다. 전문기술자는 전자계측기를 제작할 때 이러한 사항도 고려해야 한다.

아날로그 회로의 다목적 고장수리에는 오실로스코프와 디지털 멀티미터가 필요하다. 오실로스코프는 고장수리 시 잡음이나 고장지점을 신속히 나타낼 수 있는 2-ch인 것이 좋다. 이때 ×1(감도와 1:1), ×10(감도와 10:1)으로 전환이 가능한 프로브를 사

그림 1-13

측정기기

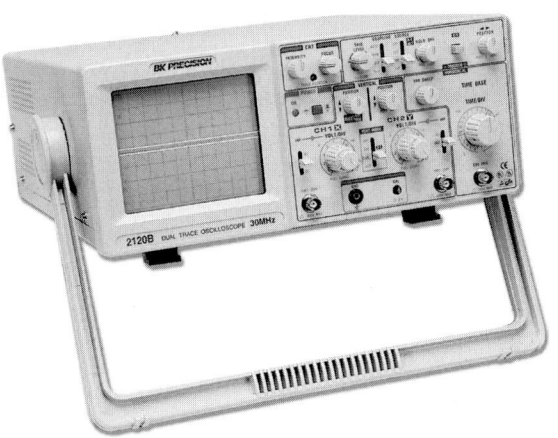

(a) 디지털 오실로스코프

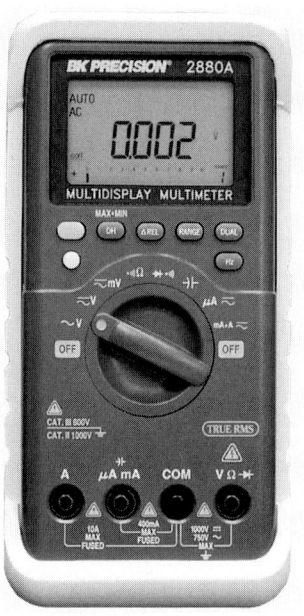

(b) 디지털 멀티미터

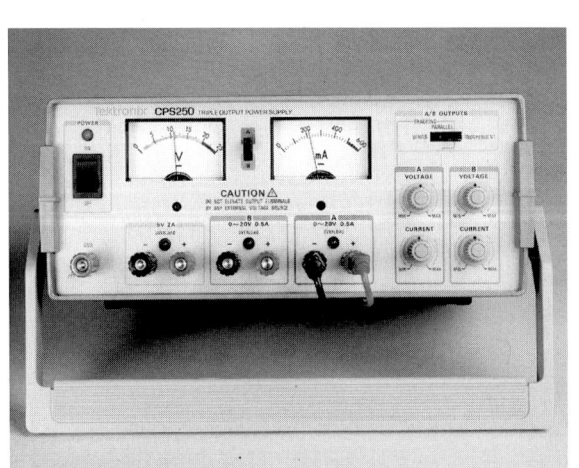

(c) 전원공급장치(3단자용)

용하면 신호의 크기를 파악하는 데 편리하다.

디지털 멀티미터는 높은 입력 임피던스를 가진 다목적 미터로 수 kHz 이상의 주파수를 사용하는 회로에서는 오차가 생길 수 있다. 최근에 생산되는 디지털 멀티미터는 연결시험, 다이오드 검사는 물론 용량 및 주파수 측정까지 할 수 있는 특성이 있다.

디지털 멀티미터가 측정에는 아주 우수한 기기인 반면에 VOM(Volt-Ohm-Milliammeter)은 디지털 멀티미터에 비해 응답이 빠른 장점을 가지고 있다. 디지털 멀티미터는 높은 임피던스 값을 갖는 고유특성을 가지고 있다. VOM은 아날로그 멀티미터로 눈금판에 있는 지침을 읽는 것으로 그림 1-14는 VOM의 한 종류 사진이다. VOM은 미소 접지용량으로 인해 디지털 멀티미터 정도로 정확하지는 않지만 별도의 전원은 사용하는 않는다. 또한, VOM은 능동 장비이므로 측정 시 회로에 신호를 가할 필요가 없다.

회로를 시험할 때는 대부분 시스템에 시험용 신호를 가한 다음 오실로스코프나 기타 계측기로 회로의 응답을 검토하는 것이다. 이러한 시험을 모의응답시험(stimulus-response testing)이라 하는데 완제품에서 많이 사용하고 이때에는 함수발생기를 모의 계측기로 많이 사용한다. 대부분의 함수발생기는 정현파, 정사각파 및 삼각파를 발생하며 주파수 범위도 1 Hz에서 50 MHz나 그 이상까지 광범위하게 변화한다. 고기능 함수발생기는 사용자의 선택에 따라서 앞의 파형 이외에도 펄스파나 램프파 등 다른 파형을 발생시키기도 하고 트리거나 게이트 출력을 발생시키기도 한다.

기본적인 함수발생기의 파형은 전자회로나 장비의 다양한 실험에 사용된다. 함수발생기의 공통점은 검사회로에 정현파를 가한 후에 그 응답을 검사하는 것이다. 이때 신호는 회로의 용량에 맞는 적절한 크기로 하며 가할 때 그 응답을 오실로스코프로

그림 1-14

일반 VOM

그림 1-15

대역 증폭기의 구형파

(a) 입력

(b) 출력: 저주파 감쇠

(c) 출력: 고주파 감쇠

관측하는 것이다. 이때 정현파 전압이 회로의 여러 지점에서 크기와 모양을 파악하고 고주파 진동과 같은 고장을 검사하는 데 편리하다.

보통 광대역 증폭기의 주파수응답을 측정하는 데는 정사각파를 가한다. 정사각파는 기본 주파수와 무한 개의 기수 주파수로 구성된 파형으로 이 파형을 회로에 가한 후에 출력을 검사한다. 이때 출력된 사각형의 형태에 따라 어떠한 주파수가 부분적으로 감쇠되고 있는지를 알 수 있다.

그림 1-15는 정사각파가 주파수에 따라 왜곡되는 감쇠 형태를 나타낸 것이다. 즉, 양호한 증폭기 회로인 경우에는 그림 1-15(a)와 같이 출력 파형도 입력과 같은 모양이 된다. 그림 1-15(b)와 같이 정사각파의 끝부분이 감쇠되고 있는 것은 이 회로에 저주파가 통과하지 못하는 것이며, 상승모서리 부분은 더 높은 주파수의 고조파가 포함된 것이다. 정사각파가 그림 1-15(c)와 같이 첨두치에 도달하기 전에 회전하는 것은 고주파가 감쇠되는 것으로 정사각파의 상승시간은 대역폭의 측정을 통해 알 수 있다.

회로의 직류 전압이나 전력 분배 시험을 위해서는 (+)와 (−) 출력으로 된 다중 출력전원장치가 필요하다. 이때 출력은 0 V에서 15 V까지 가변할 수 있어야 한다. 분리된 저압 전원공급장치는 논리회로나 아날로그 회로에서는 직류 전원을 수동으로 쉽게 조정할 수 있다.

복습 질문

11. 회로의 고장수리 첫 번째 단계는?

12. 전자회로에 사용하는 땜납의 종류는?

13. 구간점검이란?

14. 측정 부하란?

15. 정사각파로 시험할 때 증폭기의 응답은?

주요 용어

교류 저항(ac resistance)　전류의 변화에 따라 전압이 변화하는 비율로 동력(dynamic), 소신호(small signal) 및 전구 저항(bulk resistance)이라고도 한다.

도메인(domain)　독립변수로 설계된 값. 주파수 또는 시간이 좌표에 전형적으로 사용된다.

디지털 신호(digital signal)　특정 상태인 이산 수치값을 발생하는 연속적인 신호

샘플링(sampling)　원래의 신호와 거의 같게 샘플링 시간으로 아날로그 신호를 자르는 과정

스펙트럼(spectrum)　신호에서 증폭과 주파수의 관계를 나타내는 특성

신호(signal)　전자, 전류, 전압 등을 포함하는 정보

아날로그 신호(analog signal)　임의의 범위에서 연속적인 값을 갖는 신호

정량(quantizing)　샘플 데이터로 수를 지정하는 과정

요점

❏ 선형소자는 인가전압에 비례하여 전류가 증가한다.

❏ 아날로그 신호는 임의의 범위에서 연속적인 값을 갖고, 디지털 신호는 어떤 순간에만 값을 가지는 이산신호이다.

❏ 일정한 시간 간격으로 반복되는 파형을 주기적이라 한다. 사이클은 다른 동일한 파형이 발생되기 전에 파형으로 나타나는 시퀀스 값이다. 주기는 한 사이클의 시구간이다.

❏ 정현파는 전자회로에서 가장 많이 사용되는 기본 파형이다. 정현파는 주파수와 진폭을 갖는다.

❏ 시간에 따라 변화하는 전압, 전류, 저항 및 기타 양을 시간영역 신호라고 한다. 주파수가 단독으로 변화하면 주파수영역 신호가 된다. 신호는 시간영역이나 주파수영역으로 관측할 수 있다.

❏ 변환기는 물리적인 양을 전자 시스템을 이용하여 한 상태에서 다른 상태로 변환시키는 장비이다. 입력 변환기는 물리적인 양을 전압, 전류 및 저항 등의 전기적인 양으로 변화시킨다.

❏ 고장수리는 고장의 증상을 분석한 다음 체계적인 계획을 수립한다. 회로 전제를 고장 원인에 따라 순서대로 측정한다. 이러한 과정에서는 순서를 수정하거나 변경할 수 있다.

❏ 종합적인 고장수리에는 2채널의 오실로스코프와 디지털 멀티미터가 필수적이다. 가장 널리 이용되는 계측기로는 함수발생기와 전원공급장치가 있다.

공식

옴의 법칙:

$$I = \frac{V}{R} \tag{1-1}$$

정현파의 순시값:

$$y(t) = A \sin(\omega t \pm \phi) \tag{1-2}$$

라디안 주파수는 hertz[H]의 역이다:

$$f(\text{Hz}) = \frac{\omega \ (\text{rad} \ \ s)}{2\pi \ (\text{rad} \ \ \text{cycle})} \tag{1-3}$$

주기는 주파수의 역이다:

$$T = \frac{1}{f} \tag{1-4}$$

주파수는 주기의 역이다:

$$f = \frac{1}{T} \tag{1-5}$$

정현파에서는 첨두값에서 평균값을 구할 수 있다:

$$V_{(avg)} = 0.637V_p \tag{1-6}$$

전력 법칙:

$$P = IV \tag{1-7}$$

정현파에서는 첨두값에서 실효값(rms)을 구할 수 있다:

$$V_{rms} = 0.707V_p \tag{1-8}$$

단원 확인 문제

1. 선형방정식의 그래프는?
   (a) 항상 일정한 기울기   (b) 항상 원점을 통과
   (c) +로 기울어야 한다.   (d) (a), (b) 및 (c)이다.
   (e) 이들 중 답이 없다.
2. 교류 저항은?
   (a) 전압을 전류로 나눈 값이다.
   (b) 전류의 변화에 따라 나누어진 전압의 변화이다.

    (c) 전류를 전압으로 나눈 값이다.

    (d) 전압의 변화에 따라 나누어진 전류의 변화이다.

3. 이산신호란?

    (a) 매끄럽게 변화한다.

    (b) 임의의 값을 가진다.

    (c) 아날로그 신호와 같은 것이다.

    (d) (a), (b) 및 (c)이다.

    (e) 이들 중 답이 없다.

4. 신호의 수치를 지정하는 과정을

    (a) 샘플링이라고 한다.   (b) 멀티플렉싱이라고 한다.

    (c) 양자화라 한다.   (d) 디지털화라 한다.

5. 주기신호의 반복시간의 역을

    (a) 주파수라고 한다.   (b) 각주파수라고 한다.

    (c) 주기라고 한다.   (d) 진폭이라고 한다.

6. 정현파에서 첨두값이 10 V이면 실효값은?

    (a) 0.707 V   (b) 6.37 V

    (c) 7.07 V   (d) 20 V

7. 정현파의 V_{pp}가 325 V이면 실효값은?

    (a) 103 V   (b) 115 V

    (c) 162.5 V   (d) 460 V

8. 정현파의 방정식이 $v(t) = 200 \sin 500t$이면 첨두값은?

    (a) 100 V   (b) 200 V

    (c) 400 V   (d) 500 V

9. 고조파란?

    (a) 기본주파수의 정수배이다.

    (b) 시스템에 가해지는 잡음으로 원하지 않는 신호이다.

    (c) 과도신호이다.

    (d) 펄스이다.

10. 납땜 시 중요한 점은

    (a) 항상 산화 땜납을 사용해야 한다.

    (b) 납을 납땜인두의 철 부분에 직접 대고 납땜을 한다.

    (c) 냉각 시 접촉이 잘 되도록 접촉 부분을 흔든다.

    (d) (a), (b) 및 (c)이다.

    (e) 이들 중 답이 없다.

11. 그림 1-16과 같은 회로에 전원을 가하여 정상적으로 동작시킨 다음에 전구를 뺐다.
    이때 전구를 제거한 소켓에 인가되는 전압은?

    (a) 증가한다.   (b) 감소한다.

    (c) 변화 없음

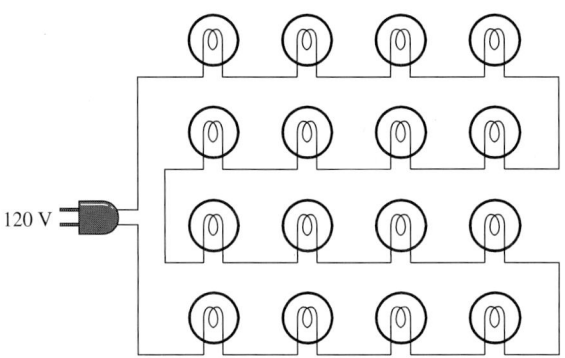

그림 1-16

12. 문제 11번에서 다른 전구에 인가되는 전압은?

(a) 증가한다.　　　　　　　(b) 감소한다.

(c) 변화 없음

13. 문제 11번에서 이 회로의 전압은?

(a) 증가한다.　　　　　　　(b) 감소한다.

(c) 변화 없음

14. 그림 1-16의 회로에서 한 소켓이 단락되어 그 전구가 끊어지고 나머지 전구는 그대로 점등되었다. 이 소트로 인해 다른 전구에 인가되는 전압은?

(a) 증가한다.　　　　　　　(b) 감소한다.

(c) 변화 없음

15. 문제 14번에서 전체 회로에 인가되는 전압은?

(a) 증가한다.　　　　　　　(b) 감소한다.

(c) 변화 없음

16. 문제 14번에서 다른 전구의 밝기는?

(a) 밝아진다.　　　　　　　(b) 흐려진다.

(c) 변화 없음

17. 그림 1-16 회로에서 전원부의 접속을 제거한 후에 저항을 측정하였다. 이때 소켓 중에서 한 개가 단락되면 전체 저항은?

(a) 증가한다.　　　　　　　(b) 감소한다.

(c) 변화 없음

18. 문제 17에서 전구 한 개가 끊어졌다면 전체 저항은?

(a) 증가한다.　　　　　　　(b) 감소한다.

(c) 변화 없음

질문

1. IC를 형태에 따라 두 종류로 분류하면?

2. 다이오드의 ac 저항은 ac 전압이 변화할 때 어떻게 변화하나?

3. 직선으로 표시되는 방정식에서 slope-intercept란?

4. 정현파에서 평균값과 실효값과의 차이는?

5. 변환기란?

6. 주기파란?

7. 기본파가 500 Hz인 삼각파에서 제5고조파의 크기는?

8. 정사각파에 있는 고조파의 종류는?

9. 정사각파의 신호가 오실로스코프에 입력이 되면 어떠한 정보를 알 수 있나?

10. 작업 시 static-sensitive 회로는 손상을 방지하기 위해 어떻게 보호하나?

11. 디지털 기억용 오실로스코프가 아날로그에 비해 중요한 이점 두 가지는?

12. 전자회로의 납땜 시 지켜야 할 주요사항은?

13. DMM으로 측정할 수 있는 값들은?

14. 함수발생기에서 발생하는 기본파형 3가지는?

문제

기본 문제

1. 22 kΩ인 저항의 컨덕턴스는?

2. 그림 1-4에서 $V = 0.7$ V, $I = 5.0$ mA인 경우 ac 다이오드의 저항은?

3. ac 전압이 감소함에 따라 ac 저항값이 감소되는 IV 특성곡선을 그려라.

4. 정현파의 전압이 $v(t) = 100$ V sin$(200\,t + 0.52)$이다.

   (a) 최대전압, 평균전압 및 주파수[rad/s]를 구하라.

   (b) 2.0 ms인 순간의 순시값을 구하라.

5. 문제 4에서 정현파의 주파수[Hz], 주기[s]를 구하라.

6. 오실로스코프에서 파형이 27 μs마다 반복될 때 주파수는?

7. 10 kHz 정현파의 주기는?

8. 1 kHz의 주파수는 1분에 몇 사이클이 되나?

9. 공급전압이 ac 115 V인 75 W의 백열전구의 전류는?

10. DMM은 정현파의 실효값을 측정하는 기기이다. 정현파의 전압이 DMM에서 3.5 V일 때 오실로스코프로 구하면 얼마인가?

11. 임의의 파에서 평균값에 대한 근의 비를 form factor라 한다. 정현파의 form factor는?

12. 램프에 12 V의 전압이 인가될 때 전류가 0.83 A이면 이때의 전력[W]은?

13. 문제 12에서 램프의 저항은?

기본-플러스 문제

14. 110 V, 100 W 정격인 2개의 전구가 직렬로 접속되어 110 V의 전압이 인가될 때 전류가 0.55 A이다. 각 전구의 소비전력은?

15. 2,000 rad/s의 파형이 있다.

    (a) Hz는?

    (b) 주기는?

16. 오실로스코프의 화면에 10 div.에서 5개의 사이클이 표시되고 있다. SEC/DIV이

$50~\mu s$/div로 설정되었다면 이 파형의 주파수는?

17. 그림 1-17은 셀렉터 스위치(SW1)를 통해 2채널 증폭기에 4개의 마이크로폰이 구성된 회로로 A, B set 모두 선택할 수 있고 증폭이 되고, 증폭기의 출력은 2개의 스피커에 연결되어 있다. 증폭기에는 단상전원, 마이크로폰에 2개의 배터리 전원이 공급되고 있다.

전원을 인가하였는데 소리가 나지 않는다고 가정하자. 이 경우 전원, 증폭기, 마이크로폰, 마이크로폰 배터리, 스위치 또는 기타 고장 등 각각에 대한 고장수리 계획을 세워라.

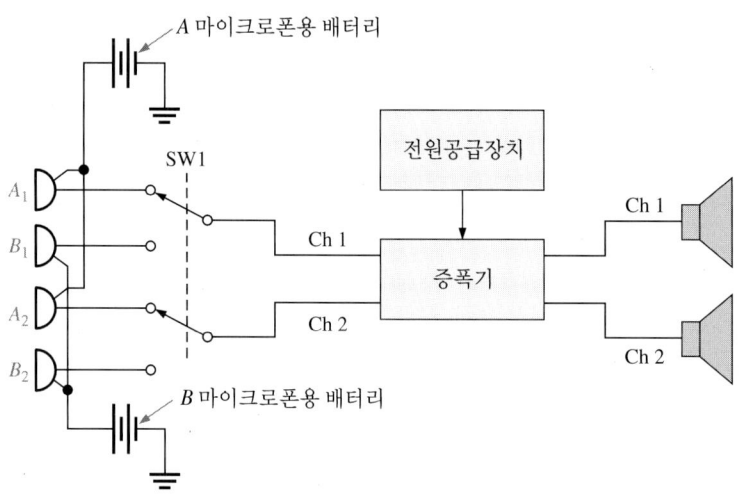

그림 1-17 2채널 증폭기와 4개의 마이크로폰으로 구성된 시스템

18. 문제 17에서 Ch1은 정상으로 동작하고 있으나 Ch2가 정상적으로 동작하지 못하는 경우 고장수리 계획을 세워라. 이 경우에는 고장이 난 부분을 찾기 위해 구간별로 구분해야 한다(구간점검이라는 용어를 생각해 보자).

해답

예제 질문

1-1: $G_2 = 375$ mS; $R_2 = 2.67$ kΩ

1-2: $V_{rms} = 10.6$ V; $f = 95$ Hz; $T = 10.5$ mS

복습 질문

1. 디지털과 아날로그

2. 컨덕턴스

3. 곡선의 기울기는 저항이 커질수록 작아진다.

4. 직류 저항은 전압을 전류로 나눈 값이다. 교류 저항은 전압의 **변화분**을 전류의 **변화분**으로 나눈 값이다.

5. 관습적인 전류의 흐름은 전하가 (+)에서 (−)로 흐르는 것이고, 전자의 흐름은 전하

가 (−)에서 (+)로 흐르는 것이다.

6. 아날로그 신호는 연속적으로 값을 갖는 것이고, 디지털 신호는 이산 부호를 갖는 정보이다.

7. 샘플링과 양자화

8. 평균값은 절대값을 기본으로 계산한 것으로 그 식은 $V_{avg} = 2\,V_p/\pi$이다.

9. 고조파는 기본파에 정수배를 한 다른 주파수이다.

10. 반복파형의 스펙트럼은 선형 스펙트럼, 비반복파형의 스펙트럼은 연속 스펙트럼이다.

11. 고장 징후를 파악하는 질문으로는 회로가 정상적으로 동작하였는가? 만일 그렇다면 어떠한 상태에서 고장이 발생되었는가? 고장나기 전의 징후는 어떠했는가? 이 고장원인을 알 수 있는가?

12. Rosin 코어

13. 구간점검이란 고장수리 시 회로를 반 정도로 분해한 다음 문제점을 해결하는 것이다.

14. 측정 부하란 계측기를 접속시킬 때 계측기 자체의 저항으로 인해 전압이 변화되는 현상이다.

15. 만일 주파수응답이 평활하다면 정사각파는 변화하지 않은 것이다. 그러나 평활하지 않다면 저주파나 고주파가 선택적으로 감쇠되는 것이다.

단원 확인 문제

1. (a)	**2.** (b)	**3.** (e)	**4.** (c)	**5.** (a)
6. (c)	**7.** (b)	**8.** (b)	**9.** (a)	**10.** (e)
11. (a)	**12.** (b)	**13.** (c)	**14.** (a)	**15.** (c)
16. (a)	**17.** (b)	**18.** (a)		

제 2 장

이 장의 참고 자료는 아래 웹사이트에서 얻을 수 있다.

http://www.prenhall.com/SOE

다이오드와 응용

서론

반도체는 도체와 절연체 중간 정도의 전기 전도성을 갖는 특수 결정물질이다. 이 결정물질에 필요한 양의 불순물을 가하여 이 전도성을 제어한다. 이 반도체는 다이오드, 트랜지스터 및 기타 중요한 전자부품의 형태로 제조되며 저가인 관계로 전자산업에 중추적인 역할을 한다.

다이오드는 한 방향 밸브와 같이 한쪽으로만 전류가 흐를 수 있는 중요한 반도체이다. 이 장에서는 다이오드와 트랜지스터의 중요한 개념인 pn 접합을 학습하게 된다. 다이오드는 한 개의 pn 접합인 반도체로 주요 특성과 그 응용에 대해 알아보도록 한다.

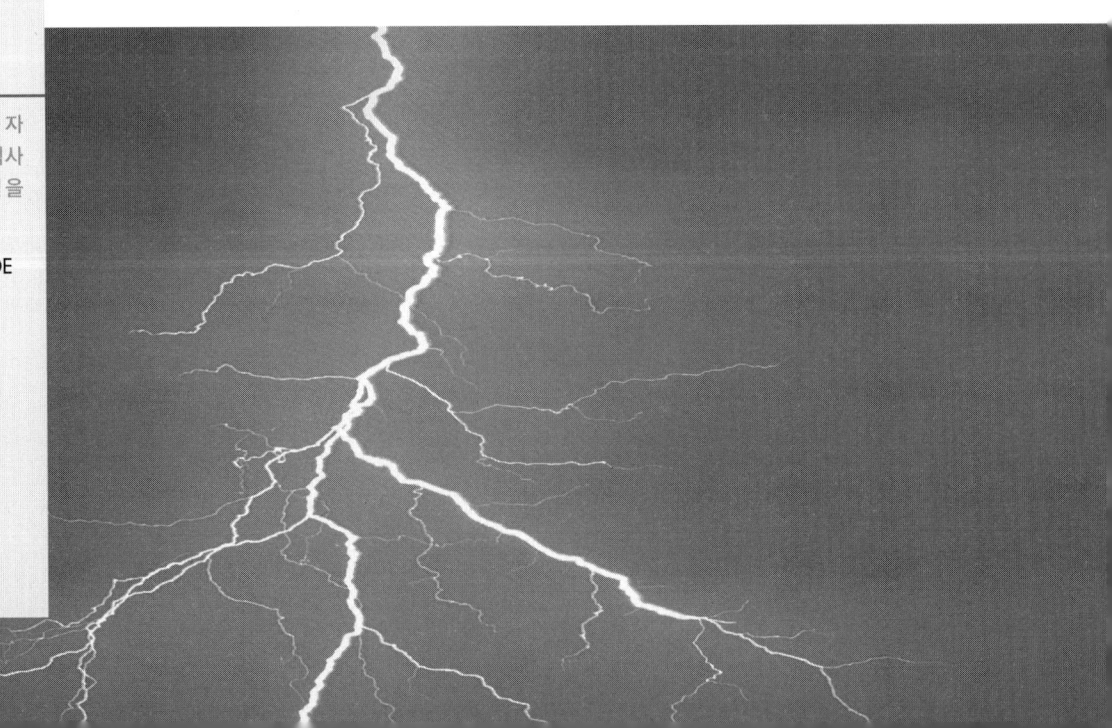

주요 용어

- 에너지(energy)
- 각(shell)
- 가전자(valence electron)
- 전도전자(conduction electron)
- 다이오드(diode)
- 장벽전위(barrier potential)
- 애노드(anode)
- 캐소드(cathode)
- 정류기(rectifier)
- 제너 다이오드(Zener diode)
- 집적회로(integrated circuit)

주요 목표

각 절의 내용이 목표이다. 이 장을 마치고 나면 여러분은 다음과 같은 일들을 할 수 있어야 한다.

2-1 반도체 원자 구조

2-2 pn 접합

2-3 반도체 다이오드의 바이어스

2-4 다이오드의 특성 해석

2-5 세 가지 정류회로의 동작 분석

2-6 필터와 조정기의 기능

2-7 전원공급장치 고장수리방법

컴퓨터 시뮬레이션 디렉토리

다음 그림에는 관련된 Multisim 회로 파일이 있다. Multisim 파일을 열기 위해서는 http://www.prenhall.com/SOE에 있는 웹사이트에서 이 책의 표지를 클릭하고, 이 장을 선택한 다음, "Multisim"을 클릭하고 해당 파일을 클릭한다.

실험실습 디렉토리

다음 실험실습은 이 장을 위한 것이다.

과학에서 한 분야의 발전은 다른 분야의 발전에 새로운 계기가 되기도 한다. 주기표(Periodic table)는 화학공학에서 원소를 구분하기 위해 개발되었으나 현재는 다른 분야에서도 널리 사용되고 있다. 화학자들이 그들의 학문분야인 화학을 연구하는 데 중요하다고 생각하여 주기표를 개발한 것이나 현재는 모든 분야에서 중요하게 이용되고 있는 실정이다.

주기표는 그룹이나 족(family)으로 원소를 분류하여 정리한 것이다. 때로 예외가 있기는 하지만 각 족원소는 표에서 열로 구분하고 있다. 예로, 첫 번째 열은 알칼리 금속 계열로 이들 원소는 은과 같은 금속에 대해서는 즉시 반응을 하는 반면에 끝쪽의 열에 있는 순수 가스 등은 무색가스에 대해서는 거의 반응하지 않기도 한다.

원소족에서 탄소가 포함된 실리콘과 게르마늄 두 종류는 반도체로서 가장 널리 사용되는 원소이다. 이들 원소는 외측의 각에 4개의 전자가 존재하는 원소이다. 흥미롭게도 다이아몬드의 형태인 탄소는 반도체에 이용할 수 있다는 것이다.

어떤 물질은 실리콘이나 게르마늄에 불순물을 첨가하여 사용하는데 이 불순물은 순수한 실리콘의 전도성을 변화시킨다. 즉, 한 원소가 이 족에서 탄소의 왼쪽을 떠나 실리콘에 가해지게 되면 불순물의 바깥쪽에 있는 각에는 실리콘보다 전자의 수가 적게 되어 p형 반도체를 형성하게 된다. 만일 한 원소가 이 족에서 탄소의 오른쪽을 떠나 실리콘에 가해지게 되면 불순물의 바깥쪽에 있는 각에는 실리콘보다 전자의 수가 많아지게 되어 n형 반도체를 형성하게 된다. p형이나 n형 반도체의 형성은 다이오드, 트랜지스터 및 기타 반도체 물질을 구성하는 한 과정이 된다.

2-1 반도체의 원자 구조

다이오드나 트랜지스터와 같은 전자 장비는 반도체라는 특수 물질로 구성되어 있다. 이 절에서는 반도체의 원자 구조에 대해 공부하기로 한다.

전자 각과 궤도

물질의 전기적인 특성은 이들 원자의 구조로 설명할 수 있다. 20세기 초반 덴마크의 물리학자인 Neils Bohr는 핵(nucleus) 주위에 일정 궤도를 돌고 있는 원자 모델을 개발하였다. 이 Bohr의 원자 모델에서 전자 궤도는 핵으로부터 분리되고 떨어져 있는 이산적인 것이었다. 이때 핵은 양극성 전하인 양자(proton)와 극성이 없는 중성자(neutron)로 구성되어 있다. 궤도전자는 음극성인 전하이다. 전송속도로 성능이 표시되는 모뎀의 양을 취급하는 기계적인 모델에서는 Bohr의 모델을 기본으로 한다. 때로 수학계에서는 "물질파(matterwave)"로 해석하여 "소립자(particle)"라는 전자의 개념을 대체하려는 시도가 있기는 하나 아직까지는 Bohr의 모델이 원자의 구조를 해석하는 근간이 되고 있다.

에너지(energy)는 일을 할 수 있는 능력으로 위치, 운동 및 물질의 양 등으로 구분할 수 있다. 전자는 원자 내에서 위치를 가지고 있기 때문에 위치에너지가 있다. 원자핵 가까이 있는 전자는 먼 궤도에 있는 전자에 비해 적은 에너지를 갖는다. 이러한 이산적인 궤도는 어떠한 에너지 준위가 원자 내부로 받아들일 수 있는가를 의미한다. 이러한 에너지 준위를 각(shell)이라 하며, 각각의 각은 전자를 최대한으로 가지려고 한다. 같은 각에 있는 전자들의 에너지 준위는 각 간의 에너지 준위에 비해 아주 적다. 각은 1, 2, 3, 4 등으로 표시되며, 그림 2-1과 같이 각 1은 핵에 가장 가까이 있다.

가전자, 전도전자 및 이온

핵으로부터 먼 궤도에 있는 전자는 핵으로부터 가까운 궤도에 있는 전자에 비해 결합력이 약하다. 이는 (+)로 대전된 핵과 (−)로 대전된 전자의 거리가 멀어짐에 따라 흡인력이 감소하는데 이는 바깥쪽의 각에 있는 전자는 안쪽 각에 있는 전자에 의해 핵이 대전됨에 따라 차폐상태가 되기 때문이다.

가장 바깥의 각에 있는 전자를 가전자(valence electron)라 한다. 이 가전자는 에너지 준위가 가장 크며 자체의 핵과는 상대적으로 느슨한 결합관계를 가지고 있다. 가전자는 다른 전자와 위치만 다를 뿐 다른 전자와 같다. 그림 2-1과 같은 실리콘 원자 구조에서는 각 3의 전자들이 가전자이다.

때로, 가전자가 원래의 원자로부터 이탈하기 위해서는 에너지가 필요하다. 전도전자(conduction electron)라고 하는 이 자유전자는 어떠한 원자와도 경계를 갖고 있지 않고 있다. (−)로 대전된 전자가 원자로부터 이탈되면 남아 있는 원래의 원자는 (+)로

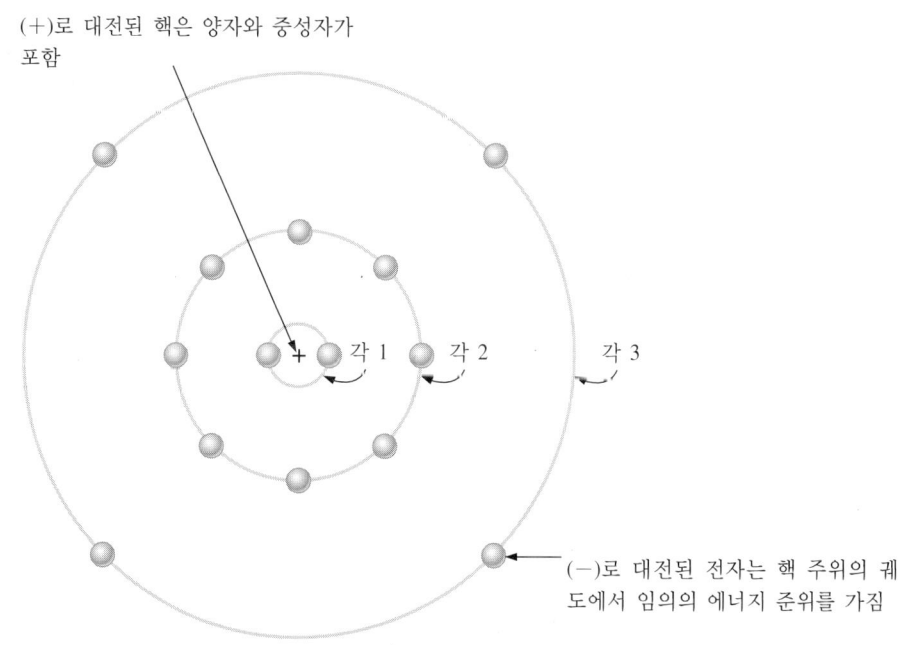

(+)로 대전된 핵은 양자와 중성자가 포함

각 1   각 2   각 3

(−)로 대전된 전자는 핵 주위의 궤도에서 임의의 에너지 준위를 가짐

그림 2-1

에너지 준위는 핵으로부터 멀어짐에 따라 증가한다. 중성인 실리콘 원자는 핵에 14개의 양자, 궤도에는 14개의 전자가 있다.

대전되고 이를 **양이온**(positive ion)이라 한다. 때로, 화학반응에서 이탈된 전자는 중성 원자에 자신이 흡입되어 **음이온**(negative ion)을 구성하기도 한다. 이온은 한 개의 원자나 원자의 그룹상태로 있으면서 양자나 전자 수의 불평형으로 인해 대전하려고 한다.

금속결합

금속은 상온에서 고체상태를 유지하려는 경향이 있다. 금속의 핵과 핵 가까이에 있는 각 전자는 고정된 격자 구조로 채워진다. 바깥쪽의 가전자는 결정체 원자의 모두에 대해 느슨하게 결합되어 있어 이동하기가 쉬운 상태로 된다. (−)로 대전된 전자의 "바다"는 주위 모든 금속의 (+) 이온과 금속결합상태를 유지한다.

금속 결정체에서 원자가 증가하게 되면 가전자들에 대한 임의의 에너지 준위는 가전자대역(valence band)이라고 하는 대역으로 흡수된다. 이들 가전자들은 금속의 열이나 전기적인 도전성에 따라 이동하게 된다. 가전자대역으로 이동이 되면 원자핵으로부터의 다음 준위는 **전도대역**이라고 하는 에너지대역으로 흡수된다.

그림 2-2는 3종류의 고체에 대한 에너지 준위를 표시한 것이다. 그림 2-2(a)와 같이 도체는 이들 대역이 겹쳐져 있다. 즉, 전자들은 흡수한 빛과 뒷쪽에서 받은 빛에 의해 가전자대와 전도대 사이를 쉽게 이동한다. 가전자대역과 전도대역 간에 전자의 왕복운동은 금속의 광택(luster) 정도에 따라 정해진다.

공유결합

결정(crystal) 형태인 고체원자는 원자끼리 강하게 결합된 3차원의 구조를 가지고 있다. 예로, 다이아몬드는 자신의 4개 가전자를 4개의 이웃원자와 결합된 형태이다. 이에 따라 각 원자에는 8개의 가전자가 생기게 되어 화학적으로 안정한 상태를 유지

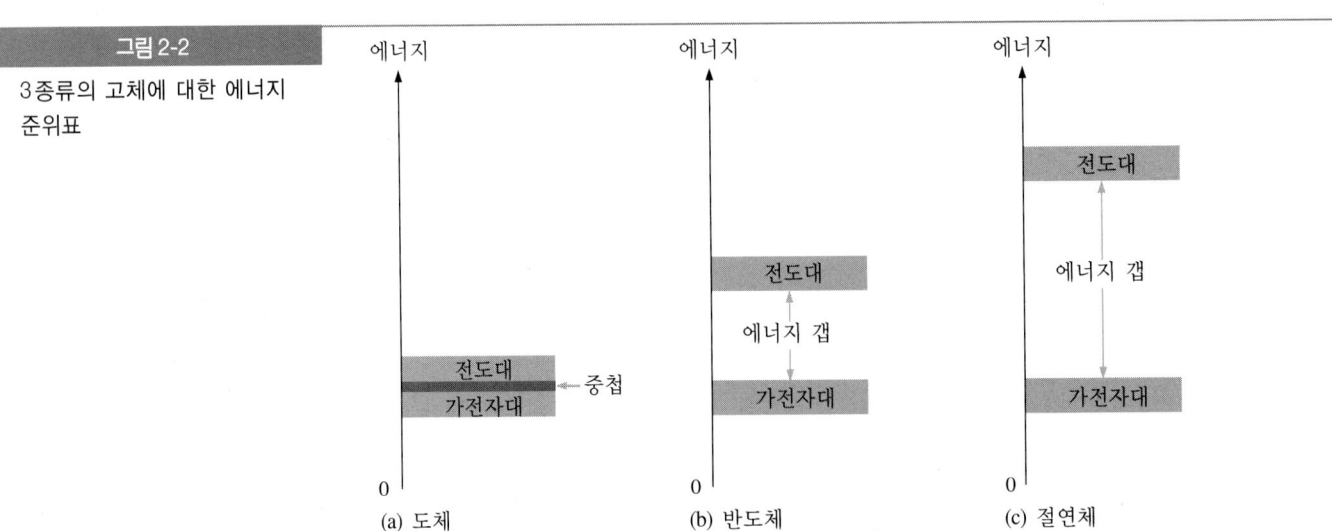

그림 2-2

3종류의 고체에 대한 에너지 준위표

(a) 도체   (b) 반도체   (c) 절연체

한다. 가전자는 이러한 분배로 강한 **공유결합**(covalent bond) 상대로 집합상태를 유지한다.

분배된 전자가 이동하지 못하면 각 전자는 결정체 원자들 사이에 공유결합으로 결합하게 된다. 그러므로 가전자대와 전도대 사이에는 큰 에너지 갭이 생기게 된다. 이에 따라 다이아몬드와 같은 결정체는 그림 2-2(c)와 같이 절연체의 에너지대역을 갖는 전기적으로 절연체 또는 비전도체이다.

전자 장비는 반도체라는 물질로 구성된다. 가장 많이 사용되는 반도체는 실리콘이며 게르마늄도 일부 사용되고 있다. 상온에서 실리콘은 공유결정 상태로 실제적인 원자 구조는 다이아몬드와 비슷하나 다이아몬드와 같이 강하게 결합되어 있지는 않다. 실리콘에서 각각의 원자는 그 주변에 있는 4개의 가전자와 공유하고 있다. 다른 결정물질과 마찬가지로 그림 2-2(b)와 같이 임의의 에너지 준위는 가전자와 전도대로 흡수된다.

도체와 반도체와의 중요한 차이는 다른 대역간의 갭이다. 반도체에서는 갭이 좁으므로 전자들은 열에너지가 가해지면 전도대에 쉽게 접근할 수 있다. 절대 영도에서 실리콘 결정체에 있는 전자는 모두 가전자대역에 있게 되나 상온에서는 전도대로 이동할 수 있는 충분한 에너지를 가지므로 더 이상 전도대역의 결정체 내에 원래의 원자와 장벽을 갖지 않게 된다.

전자와 정공 전류

전자가 전도대를 넘으면 가전자대는 **정공**(hole)이라는 공핍상태로 남게 된다. 모든 전자가 열이나 빛의 에너지에 의해 전도대역으로 이동하면 가전자대역에는 전자-정공 쌍이라는 하나의 정공이 남게 된다. 그러면 전도대의 전자는 에너지를 잃게 되어 가전자대역이 있는 정공으로 다시 이동하여 **재결합**(recombination)이 된다.

상온에서 **진성**(intrinsic) 실리콘은 어떤 순간에 많은 자유전자가 임의의 원자에 붙지 않고 금속을 통해 이동을 하는 경우가 있으며, 또한 전자가 전도대역을 넘을 때 같은 수의 정공이 가전자대역을 형성하기도 한다. 순수한 실리콘은 전도대역에서 전자를, 가전자대역에서 정공을 가지고 있다.

그림 2-3과 같이 진성 실리콘의 양단에 전압이 인가되면 전도대역에 열의 발생으로 자유전자는 (+) 방향으로 쉽게 이동한다. 이러한 자유전자의 이동은 반도체에서 **전자전류**(electron current)라는 한 종류의 전류가 된다.

가전자내에도 자유전자에 의해 정공이 존재하면 다른 종류의 전류가 발생된다. 가전자대역에 남아 있는 전자들은 자신의 원자에 흡인되어 결정체에서 이동하지 못한다. 그러나 가전자는 바로 이웃한 정공으로는 이동할 수 있어 에너지 준위에 미소한 변화가 발생하며 이러한 이동이 정공으로 계속 반복하게 된다. 즉, 그림 2-4와 같이 결정 구조에서 정공이 한 장소에서 다른 장소로 계속 이동함에 따라 **정공전류**(hole current)라는 전류가 발생된다.

그림 2-3 순수 실리콘의 전자전류. 자유전자는 이동하는 형태의 "꼬리"가 있다.	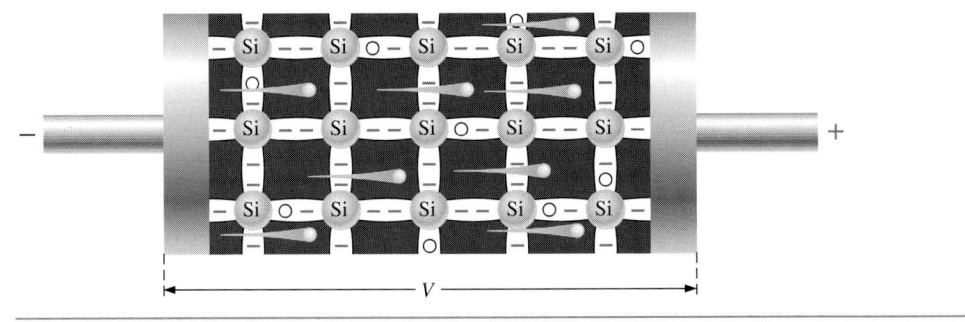

그림 2-4

순수 실리콘의 정공전류

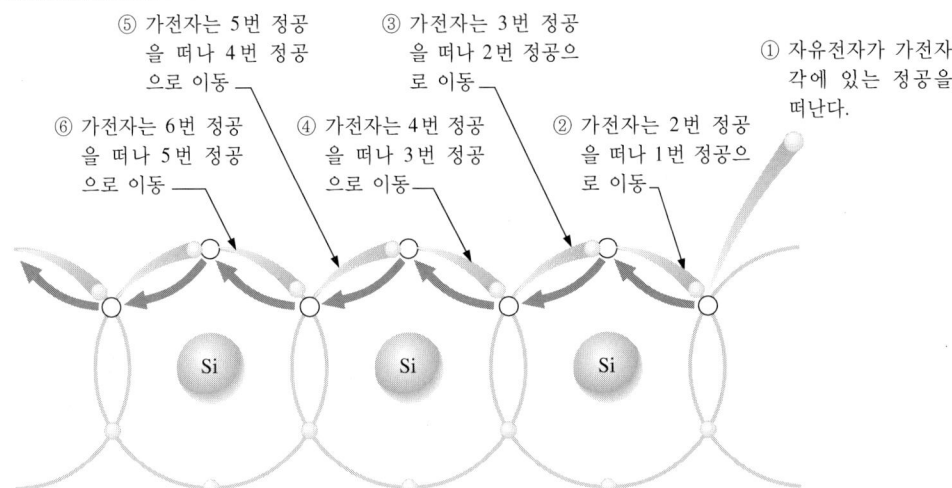

⑤ 가전자는 5번 정공을 떠나 4번 정공으로 이동

③ 가전자는 3번 정공을 떠나 2번 정공으로 이동

① 자유전자가 가전자각에 있는 정공을 떠난다.

⑥ 가전자는 6번 정공을 떠나 5번 정공으로 이동

④ 가전자는 4번 정공을 떠나 3번 정공으로 이동

② 가전자는 2번 정공을 떠나 1번 정공으로 이동

가전자는 왼편에서 오른편으로 뒤의 정공을 떠나 다음 정공을 채운다. 따라서 정공은 오른편에서 왼편으로 이동한다. 그림에서 회색 화살표는 정공의 이동이다.

복습 질문

1. 원자란? 각이란?
2. 진성 반도체에서 자유전자가 존재하는 대역은? 정공이 존재하는 대역은?
3. 진성 반도체에서 정공은 어떻게 생기나?
4. 전류는 절연체에 비해 반도체에서 잘 흐르는가?
5. 공유결합과 금속결합의 차이점은?

2-2 PN 접합

진성 실리콘은 양도체는 아니다. 실리콘 결정에 소량의 불순물을 가하면 이 물체의 전기적 특성이 극적으로 변화하게 된다. 생산 과정에서 다른 불순물이 포함된 실리콘 층은 pn 접합(pn junction)이라는 경계면을 형성한다. 그러면 놀랍게도 다이오드나 트랜지스터로 동작을 할 수 있는 pn 접합의 특성이 발휘된다.

이 절에서는 pn 접합의 특성을 공부하기로 한다.

도핑

　실리콘이나 게르마늄의 전도성은 순수 반도체 물질에 가해지는 불순물의 양에 따라 급속히 증가한다. **도핑**(doping)이라고 하는 이러한 공정은 전류 캐리어의 수를 증가시켜 전도성을 증가시키고 저항성을 감소시킨다. 불순물은 n형과 p형으로 분류한다.

　순수한 반도체에서 전도대역 전자들의 수를 증가시키기 위해서는 **도너**(donor)라는 5가 불순물의 일정한 양이 실리콘 결정에 가해지는 것이다. 이들은 비소, 인, 안티몬과 같은 5개의 가전자를 가진 원자이다. 이들 각 5가의 원자는 주위에 있는 4개의 실리콘 원자와 공유결합을 형성하고, 여분의 1개의 전자만 남게 된다. 이 여분의 전자는 결정 내의 어느 원자와도 결합을 하지 못하고 전도 자유전자가 된다. 이러한 n 물질의 전자를 **다수 캐리어**(majority carrier)라고 하며 정공을 **소수 캐리어**(minority carrier)라 한다.

　순수한 실리콘에서 정공의 수를 증가시키려면 **억셉터**(acceptor)라고 하는 3가의 불순물 원자가 제조하는 동안 가해져야 한다. 이들은 알루미늄, 붕소, 갈리움과 같은 3가의 가전자를 가진 원자이다. 이들 각 3가의 원자는 주위에 있는 4개의 실리콘 원자와 공유결합을 형성한다. 즉, 불순물 원자의 가전자 3개는 모두 공유결합에 사용되었다. 결정 구조에서는 4개의 전자가 필요하나 정공에는 3가 원자가 더해지게 된다. 이렇게 p 물질에서 억셉터는 가전자대에 여분의 정공이 생기므로 p 물질에서는 정공이 다수 캐리어, 전자가 소수 캐리어가 된다.

　p형이나 n형 물질을 생성하는 과정에서는 전체적으로는 전기적으로 중성상태를 유지한다. 즉, n형 물질의 결정에서 여분의 전자는 도너 핵인 (+) 전하가 가해짐으로써 균형상태를 유지한다.

PN 접합

　진성 실리콘의 반이 n형, 나머지 반이 p형으로 도핑되면 두 개의 영역간에 **pn 접합**(pn junction)이 형성된다. n 영역에서는 자유전자가 다수 캐리어이며, 열에 의해 발생되는 정공은 소수 캐리어로 약간만 존재하게 된다. 이와 반대로 p 영역에서는 정공이 다수 캐리어이며 열에 의해 발생되는 전자는 소수 캐리어로 약간만 존재하게 된다. *pn* 접합은 다이오드의 기본 형태로 모든 반도체를 이용한(solid-state) 장비의 기본동작이 된다. **다이오드**(diode)는 한쪽 방향으로만 전류가 흐르는 장비이다.

공핍영역

　pn 접합이 형성되면 그림 2-5(a)와 같이 접합 근처에 있는 전도전자의 일부는 p 영역 내로 가로질러 이동하여 접합 가까이에 있는 정공과 재결합을 한다. 각각의 전자가 접합을 통과하여 정공과 재결합하기 위해서는 5가 원자는 접합 가까이 있는 n 영

그림 2-5　　*pn* 접합의 형성

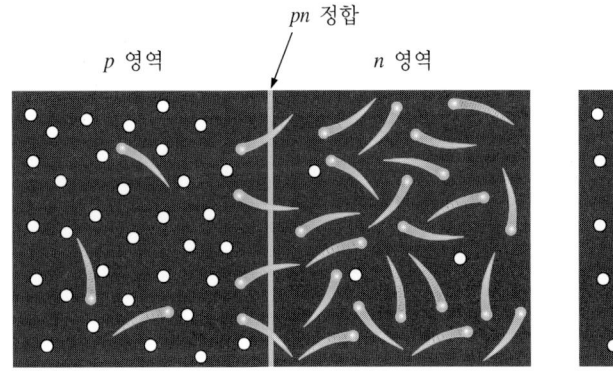

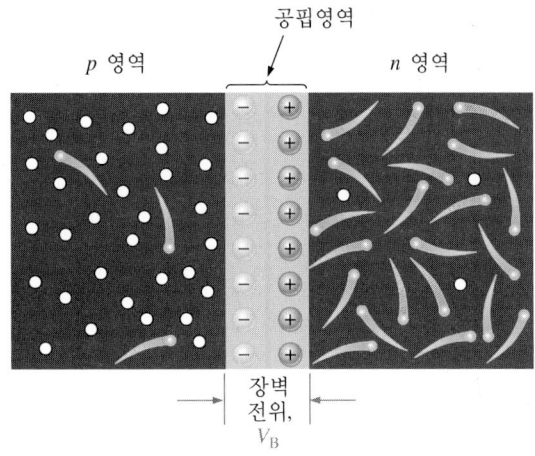

(a) 접합이 형성되는 순간 *pn* 접합 가까이 있는 *n* 영역의 자유전자는 접합을 가로질러 확산이 시작되어 접합가까이에 있는 *p* 영역이 있는 정공으로 떨어진다.

(b) 모든 전자는 접합을 가로질러 정공과 결합하고, 정전하는 *n* 영역에 남고 음전하가 *p* 영역에서 생성됨으로써 장벽전위가 형성된다. 이러한 작용은 장벽전위보다 큰 전압이 가해지기 전까지 계속된다.

역에 순수 (+) 전하로 남게 되고 *p* 영역에서 전자가 정공과 재결합할 때 3가 원자는 순수 음전하가 필요하게 된다. 결과적으로 양이온은 접합의 *n* 쪽에, 음이온은 접합의 *p* 쪽에 존재하게 된다. 이에 따라 접합부의 양쪽에는 양이온과 음이온이 존재하게 됨으로써 양단에는 **장벽전위**(barrier potential, V_B)가 생기게 된다. 장벽전위는 온도의 변화에 따라 변화하나 상온에서 실리콘은 0.7 V, 게르마늄은 0.3 V 이다. 그러나 게르마늄은 거의 사용되고 있지 않으므로 다이오드 회로에서 전위장벽을 계산할 때는 보통 0.7 V를 사용한다.

　　n 영역에서 전도전자가 *p* 영역으로 이동하기 위해서는 양이온의 흡인력이나 음이온의 반발력보다 커야 한다. 이온층이 형성되면 그림 2-5(b)와 같이 접합 양편의 면적은 임의의 전도전자나 정공에 대한 기본적인 공핍층이 형성되며 이를 **공핍영역**(depletion region)이라 한다. 경계면을 통과하기 위해서는 장벽전위보다 큰 전압이 필요하다.

복습 질문

6.　*n* 형 반도체는 어떻게 형성되는가?

7.　*n* 형 반도체를 형성하는 데 필요한 불순물은?

8.　*p* 형 반도체는 어떻게 형성되는가?

9.　*p* 형 반도체를 형성하는 데 필요한 불순물은?

10.　실리콘에서 장벽전위는?

반도체 다이오드의 바이어스　2-3

한 개의 *pn* 접합인 반도체 다이오드는 평형상태에서 *pn* 접합의 양단으로 전류가 흐르지 않는다. 반도체 다이오드의 가장 유용한 기능은 바이어스에 의해 정해진 대로 한 방향으로만 전류가 흐르는 것이다.

이 절에서는 반도체 다이오드를 바이어스하는 방법을 공부할 것이다.

순방향 바이어스

전자공학에서 바이어스(bias)란 전자 장비에서 직류전압을 공급할 수 있도록 동작조건을 설정하는 것이다. **순방향 바이어스**(forward bias)는 *pn* 접합면을 통해 전류가 흐를 수 있는 동작조건이다.

그림 2-6은 반도체 다이오드에서 순방향 바이어스에 필요한 직류 전원의 극성을 나타낸 것이다. (−) 전원은 캐소드 단자인 *n* 영역에, (+) 전원은 애노드 단자인 *p* 영역에 연결되어 있다. 이때 반도체 다이오드에 순방향 바이어스가 인가되면 애노드에는 (+), 캐소드에는 (−)가 증가한다.*

순방향 바이어스의 발생: 직류 전원이 다이오드에 순방향으로 연결되면 전원의 (−) 측은 정전기의 반발력으로 인해 *n* 영역에 있는 전도전자를 접합 방향으로 밀어내고, (+) 측은 *p* 영역에 있는 정공을 접합 방향으로 밀어낸다. 이때 장벽전위보다 큰 바이어스 전압이 가해지면 전자는 공핍영역을 통과할 수 있는 힘을 갖게 되어 접합을 통과하여 *p* 영역에 있는 정공과 결합한다. 전자가 *n* 영역을 떠나게 되면 *n* 영역에는 더 많은 전자가 (−) 전원 측으로부터 흘러들어오게 된다. 이에 따라 다수 캐리어인 전자의 이동에 의해 *n* 영역을 통과하는 전류가 발생하게 된다. *p* 영역으로 들어간 전도전자는 정공과 결합하여 가전자가 되고, 이들 가전자는 정공에서 정공으로 (+)인

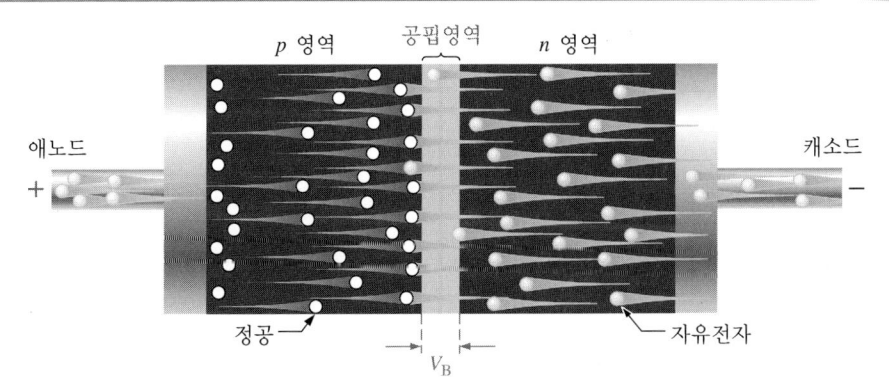

그림 2-6

순방향 바이어스 반도체 다이오드의 전자 흐름

---

* 화학자들은 **애노드**와 **캐소드**를 전기화학전지에서 발생되는 화학반응의 형태로 정의한다. 이때 애노드는 도너로, 캐소드는 억셉터로 작용하는 단자이다.

애노드 접촉면을 향하여 이동하게 된다. 이들 가전자의 이동으로 반대편에 있는 정공도 같은 방법으로 이동하게 된다. 즉, 다수 캐리어인 정공의 이동에 의해 p 영역에서 발생된 전류는 접합을 향하게 된다.

역방향 바이어스

역방향 바이어스(reverse bias)는 pn 접합을 통해 전류를 흐르지 못하도록 하는 바이어스 조건이다. 그림 2-7(a)는 반도체 다이오드에서 역방향 바이어스에 필요한 직류 전원의 극성을 나타낸 것이다. $(-)$ 전원은 캐소드 단자인 p 영역에, $(+)$ 전원은 애노드 단자인 n 영역에 연결되어 있다. 이때 반도체 다이오드에 역방향 바이어스가 인가되면 애노드에는 $(-)$, 캐소드에는 $(+)$가 증가한다.

역방향 바이어스의 발생: 직류 전원이 다이오드에 역방향으로 연결되면 정전기의 반대 극성에 대한 흡인력에 의해 $(-)$ 측은 p 영역에 있는 정공을 흡인하여 pn 영역으로부터 멀어지고 $(+)$ 측은 전자를 흡인하여 pn 영역으로부터 멀어지게 된다. 즉, 전자와 정공이 접합으로부터 멀어짐에 따라 n 영역에는 보다 많은 $(+)$ 이온이 생기게 되고, p 영역에도 보다 많은 $(-)$ 이온이 생기게 되어 공핍영역이 넓어진다. 이에 따라 그림 2-7(b)와 같이 공핍영역은 이 영역간의 전위차가 외부 바이어스 전압과 같아질 때까지 넓어지게 된다. 공핍영역은 다이오드에 역방향 바이어스가 인가될 때 $(+)$, $(-)$ 이온 간에 층이 형성되는 것으로 절연체와 같은 작용을 한다.

그림 2-7
역방향 바이어스

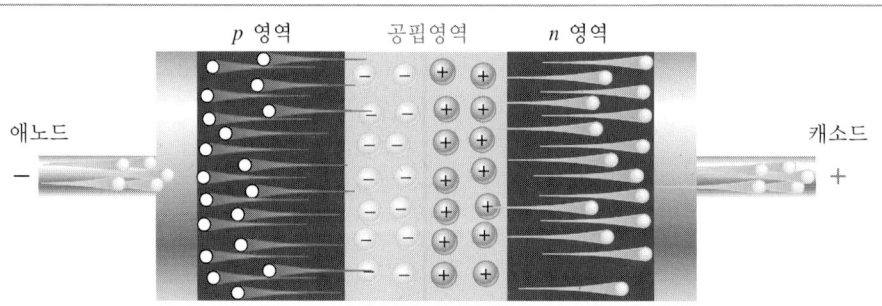

(b) 넓은 공핍영역에 과도전류가 있다.

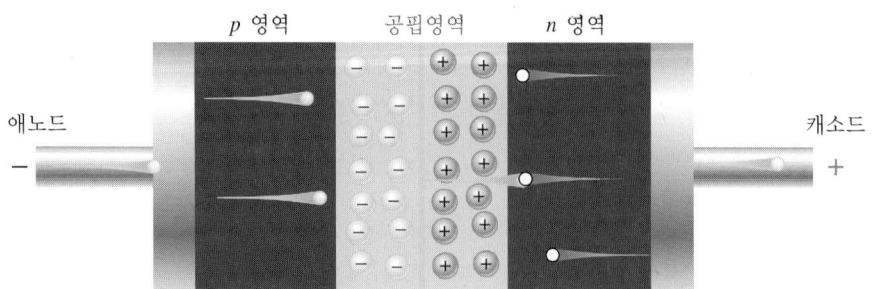

(c) 장벽전위와 바이어스 전압이 같아질 때 다수 캐리어는 소멸된다. 즉, 다수 캐리어로 인해 역방향 전류가 매우 적다.

피크역전압

다이오드가 역바이어스로 되었을 때, 다이오드는 허용할 수 있는 최대 역전압까지 견딜 수 있어야 하고, 이 역전압이 계속 증가하면 파괴된다. 다이오드 최대 정격전압을 피크역전압(peak inverse voltage, PIV)이라 한다. PIV는 용도에 따라 정해지는 값으로 대부분의 경우에 PIV 정격은 역전압보다 높다.

역 브레이크다운

만일 외부의 역바이어스 전압이 크게 증가하면 애벌런치 브레이크다운(avalanche breakdown)이 일어난다. 즉, 소수 전도대에 있는 전자는 다이오드의 (+) 끝으로 이동을 가속시키기 위해서는 외부 전원으로부터 충분한 에너지를 받을 필요가 있다. 이 전자는 이동하는 동안 원자와 충돌하게 되고 전도대 안으로 들어가 원자가 전자와 충돌할 수 있는 충분한 에너지를 전달한다. 그러면 그곳에는 2개의 전도대가 생긴다. 이 각각의 전자는 원자와 충돌하고 전도대 안으로 들어가 2개 이상의 가전자와 충돌하게 된다. 그러면 그곳에는 4개의 전도대 전자가 생기게 되고 계속해서 이 과정이 반복됨에 따라 속도도 빠르게 되어 결과적으로는 애벌런치 효과(avalanche effect)라는 역전류가 신속히 발생된다.

대부분의 다이오드 회로는 역 브레이크다운에서는 동작하지 않도록 설계되어 있으며 이 역 브레이크다운 전압이 인가되면 파괴될 수도 있다. 역 브레이크다운이 다이오드에 손상을 주지는 않으나 전류 한계로 과도한 열이 발생되지 않도록 해야 한다. 제너 다이오드는 다이오드의 한 종류로 큰 전류값을 제한할 때 역 브레이크다운으로 동작할 수 있도록 설계된 다이오드이다.

복습 질문

11. 순방향 바이어스의 조건은?
12. 역방향 바이어스의 조건은?
13. 다수의 전류 캐리어가 접합을 향하는 바이어스의 조건은?
14. 공핍영역을 확대시켜주는 바이어스의 조건은?
15. 애벌런치 브레이크다운이란?

다이오드의 특성 2-4

특성곡선이란 다이오드의 전류 - 전압 관계를 그래프로 나타내는 것이다. 오프셋이라는 간단한 모델로 실제 다이오드 회로의 기본 파라미터를 거의 근사하게 계산할 수 있는 IV 특성을 알 수 있다.

이 절에서는 다이오드의 IV 특성곡선을 설명한다.

다이오드의 기호

그림 2-8(a)는 일반형 다이오드의 기호이다. 다이오드는 애노드(anode)와 캐소드(cathod)라는 2개의 단자가 있으며, 그림과 같이 각각 A와 K로 표시한다. 기호의 화살표 방향은 캐소드를 향하도록 한다.

그림 2-8(b)는 순방향 바이어스 다이오드에 저항을 연결하여 전원을 인가한 회로이다. 애노드는 캐소드에 대해 전류계에 값이 표시된 것과 같이 다이오드가 도체로 작용되므로 (+) 극이 된다. 즉, 다이오드가 순방향 바이어스이면 애노드와 캐소드 사이에 항상 장벽전위가 생긴다는 것을 알 수 있다. 그림에서 V_R은 저항기 양단에 인가되는 전압, V_B는 장벽전위이다.

그림 2-8(c)는 다이오드에 역방향 바이어스 다이오드가 인가된 회로이다. 이때 애노드는 캐소드에 대해 (−) 극이 되고, 다이오드는 전류계에 표시된 것과 같이 도체로 작용하지 않는다. 이때 바이어스 전압 전체가 다이오드에 인가된다. 따라서, 이 회로에는 전류가 흐르지 않으므로 저항기 양단에는 전류가 흐르지 않는다.

그림 2-8	다이오드 기호와 바이어스 회로. V_{BIAS}는 바이어스용 배터리의 전압, V_B는 장벽전위, 저항기는 순방향 전류를 제한하여 안전한 값을 유지시킨다.

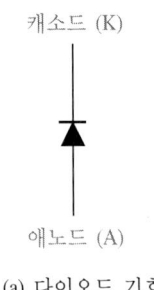

(a) 다이오드 기호

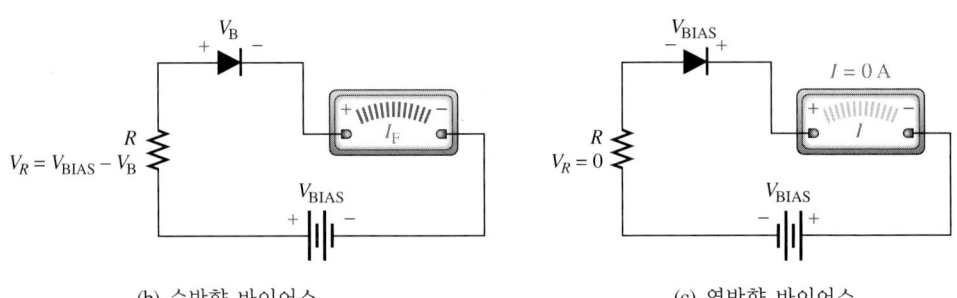

(b) 순방향 바이어스   (c) 역방향 바이어스

그림 2-9	

다이오드의 종류와 단자 표시. 대부분의 다이오드는 캐소드 단자에 선이 그어져 있다.

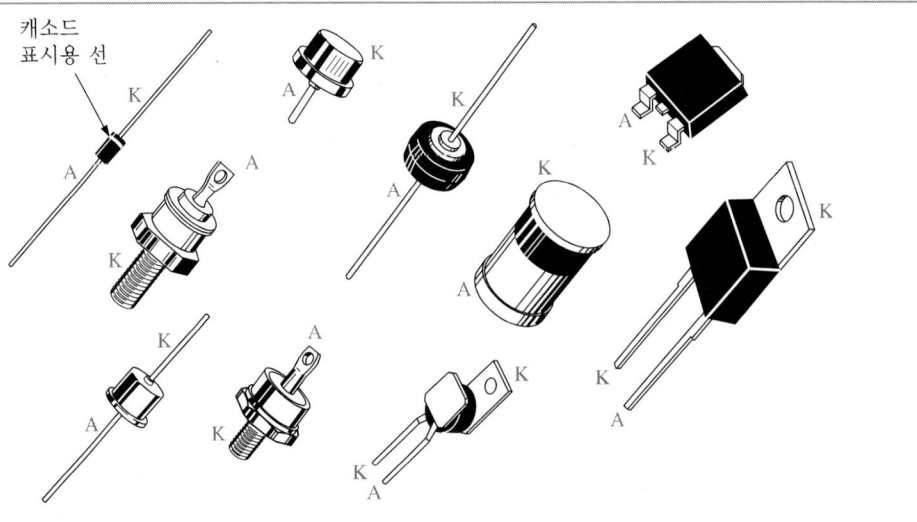

그림 2-9는 여러 종류의 다이오드를 표시한 것이다. 여기서 A는 애노드, K는 캐소 드이다.

다이오드 특성곡선

그림 2-10은 전형적인 다이오드의 순방향 및 역방향 IV 특성곡선이다. 특성곡선의 1상한 부분은 순방향 바이어스인 경우에 나타나는 특성이다. 그림에서 알 수 있듯이 장벽전위 이하의 순방향 전압(V_F)에서는 순방향 전류(I_F)가 거의 0이 된다. 그러나 순 방향 전압이 장벽전위 전압인 0.7 V로 증가함에 따라 순방향 전류는 증가하기 시작한 다. 순방향 전압이 장벽전위 전압과 같게 되면 전류는 급격히 증가하게 되고 이때는 직렬 저항으로 전류를 제한해야 한다. 순방향 바이어스로 다이오드에 인가된 전압은 장벽전위와 거의 같은 값을 유지하나 전류는 조금씩 증가하게 된다. 이렇게 다이오드 에 순방향 바이어스로 인한 장벽전압을 **다이오드 강하**(diode drop)라 한다.

특성곡선의 3상한 부분은 역방향 바이어스인 경우에 나타나는 특성이다. 그림에서 알 수 있듯이 역방향 전압이 증가함에 따라 전류는 브레이크다운 전압에 도달할 때까 지는 거의 0이 된다. 그러나 브레이크다운이 발생되면 다이오드에는 보호장치를 설치 하지 않으면 파괴될 정도의 큰 전류가 흐르게 된다. 일반적으로 브레이크다운 전압은 대부분의 정류기용 다이오드에서 50 V를 넘지 않는다. 또한 대부분의 전자회로에서 다이오드의 특성을 해석할 때 역 브레이크다운 영역은 사용하지 않는다.

오실로스코프를 이용한 특성곡선 측정

그림 2-11은 오실로스코프를 이용하여 다이오드의 순방향 특성곡선을 구하는 접속 회로이다. 동작전압 V_{P-P}는 5 V이고 중앙선의 눈금은 0 V이다. 이 눈금을 0으로 한 이

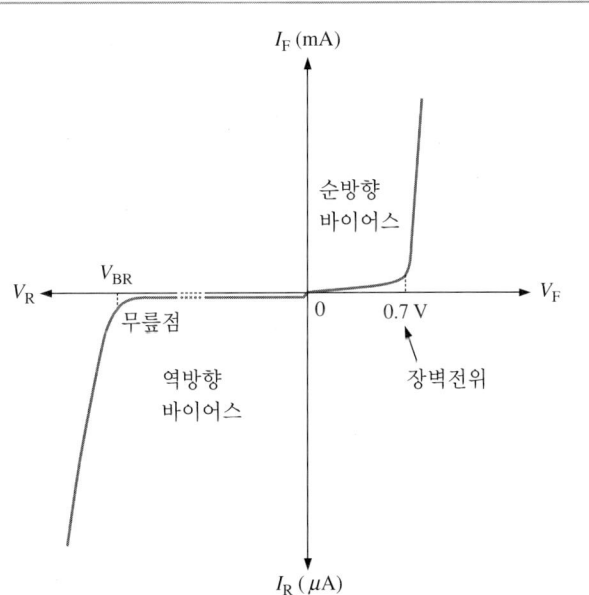

그림 2-10

다이오드 특성곡선. 순방향 및 역방향 전압에 내한 특싱이 다 르다.

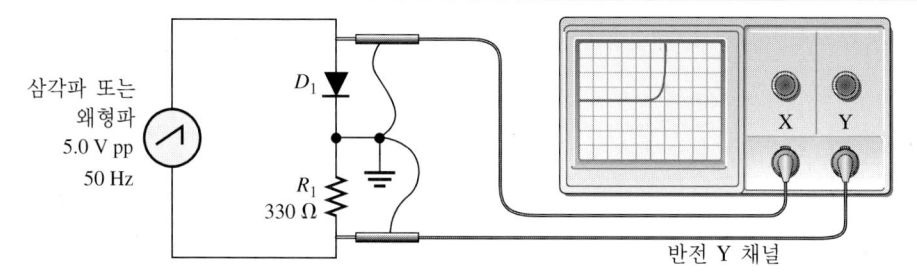

그림 2-11

다이오드의 *IV* 특성곡선. 오실 로스코프는 X-Y 모드가 있으 며 Y 채널은 반전이 가능하다.

유는 다이오드에 순방향 바이어스와 역방향 바이어스가 계속 인가되기 때문이다. 오 실로스코프에는 X-Y 모드가 있는데 ch.1(X mode)은 다이오드 양단에 인가되는 전압 이고, ch.2(Y mode)는 전류에 비례하는 신호를 나타낸다. 신호발생기의 공통단자는 오 실로스코프의 접지단자와 같이 사용한다. ch.2는 적절한 방향으로 신호를 반전시켜 표시할 수 있다.

저항계나 멀티미터를 이용한 다이오드 시험

내부에 배터리가 장착된 대부분의 아날로그 저항계는 다이오드의 순방향 바이어스 나 역방향 바이어스를 쉽게 파악할 수 있다. 아날로그 저항계로 다이오드를 검사할 때는 $R \times 100$ 레인지를 선택하여 실시하고, 다음에는 리드를 반대로 접속하여 실시한 다. 이렇게 하면 미터의 내부 전원이 한쪽 방향에서는 다이오드에 순방향 바이어스가 되고 반대방향에서는 다이오드에 역방향 바이어스가 된다. 결과적으로, 다이오드 한 방향의 저항값은 다른 방향에 비해 1,000배나 그 이상으로 매우 작다. 정확한 값은 미 터의 내부전압, 레인지의 선택 범위 및 다이오드의 형태에 따라 결정되는데 결과적으 로는 시험만 한다고 생각하면 된다.

디지털 멀티미터로 측정하는 경우 양호한 다이오드이면 시험전압이 다이오드에 표 시된다. 이때 리드를 반대방향으로 접속하면 미터의 값은 과부하를 표시한다. 즉, 다 이오드 측정은 저항을 측정하는 것보다 간단하다.

다이오드 오프셋 모델

다이오드는 열리거나 닫히는 스위치와 같은 작용을 한다. 즉, 그림 2-12와 같이 다 이오드가 순방향 바이어스이면 도통상태이고 역방향 바이어스이면 개방상태가 된다. 물론, 이상적인 모델에서는 장벽전위, 내부저항 및 기타 영향은 무시하나 실제적으로 내부영향이 필요한 경우에는 장벽전위를 고려하기도 한다. 다이오드 *IV* 특성의 간략 화한 근사법으로 **다이오드 오프셋 모델**(diode offset model)이라는 기법을 이용하면 간 단히 계산이 가능하면서도 비교적 정확하게 회로의 동작을 예측할 수 있다.

그림 2-13은 다이오드 오프셋 모델이다. 이 근사법을 보면 그림 2-13(a)와 같이 순

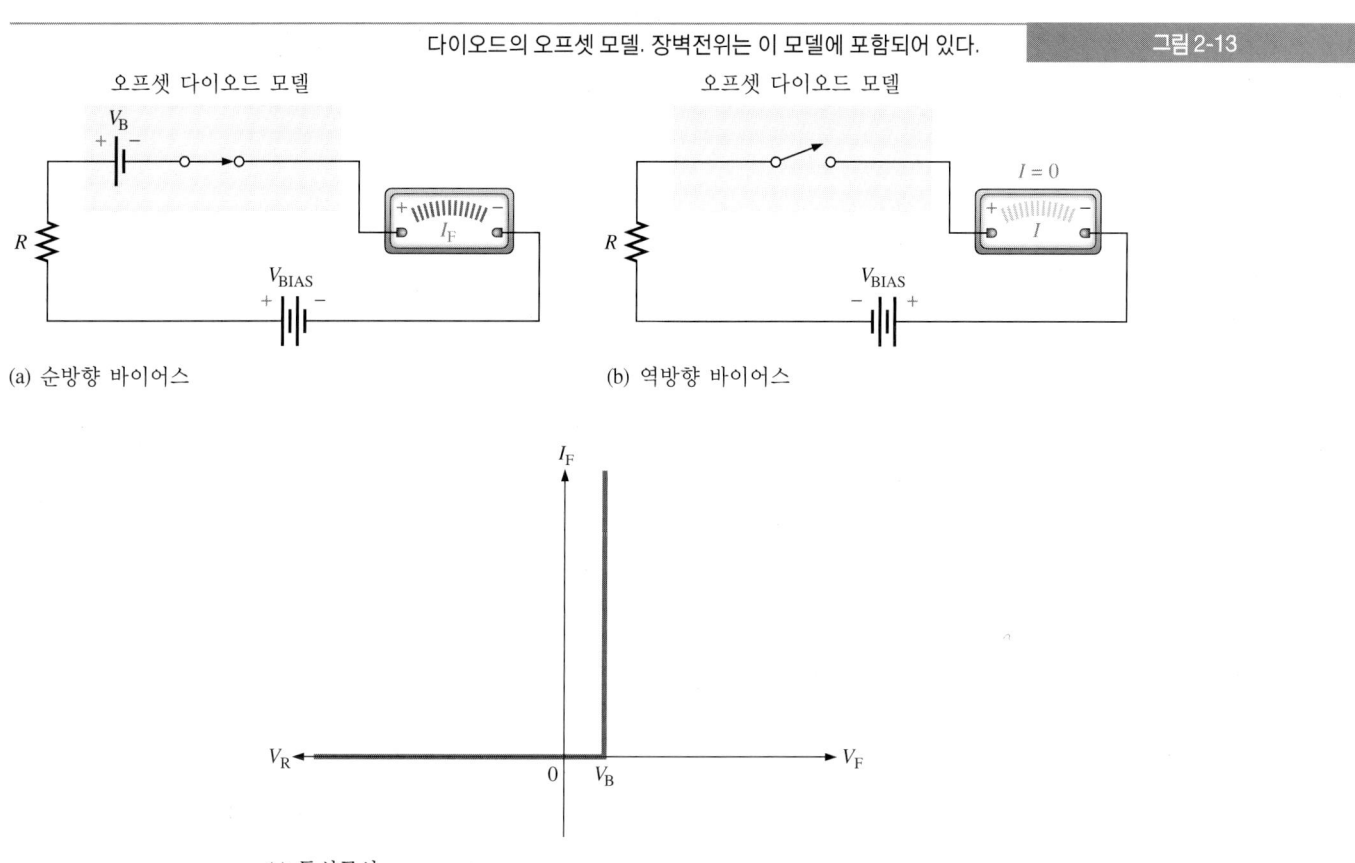

그림 2-12

다이오드의 스위치 작용

이상적인 다이오드 모델

(a) 순방향 바이어스

이상적인 다이오드 모델

(b) 역방향 바이어스

(c) 이상적인 특성곡선

그림 2-13

다이오드의 오프셋 모델. 장벽전위는 이 모델에 포함되어 있다.

오프셋 다이오드 모델

오프셋 다이오드 모델

(a) 순방향 바이어스

(b) 역방향 바이어스

(c) 특성곡선

방향 바이어스 다이오드는 장벽전위 V_B와 같은 소용량의 "배터리"와 직렬로 연결된 스위치가 닫혀 있다. 등가 배터리의 (+) 단자는 애노드로 향하고 있다. 이때 장벽전위가 전압원은 아니므로 전압계로는 측정할 수 없다. 즉, 순방향 바이어스 전압 V_{BIAS}는 다이오드가 도통하려면 장벽전위보다는 높아야 하므로 순방향 바이어스가 인가되어 도통이 되면 오프셋 배터리의 영향은 받지 않게 된다. 역방향 바이어스 다이오드는 그림 2-13(b)와 같이 스위치가 개방상태로 되며 장벽전위는 역방향 바이어스에 영향을 주지 않는 이상적인 경우가 된다. 그림 2-13(c)는 특성곡선으로 특별한 언급이 없는 한 이 책에서는 이 모델을 사용하기로 한다.

다이오드의 형

다이오드의 가장 중요한 특성 중의 하나는 한 방향으로만 전류가 흐른다는 것이며, 이로 인해 비선형성 등 여러 가지 특성으로 인해 많은 회로에 이용되고 있다. 다음은 다이오드의 종류이다:

- 정류용 다이오드(rectifier diode): 전원회로에서 대전류 공급용
- 신호용 다이오드(signal diode): 미소 전류 및 스위칭용 속도제어용
- 제너 다이오드(zener diode): 정밀한 브레이크다운 전압으로 역방향에서 도통하도록 설계된 다이오드로 전원공급조절기에 사용
- 발광 다이오드(light-emitting diodes): 도통이 될 때 빛을 방출하는 특수 물질이 포함된 다이오드로 디스플레이나 표시용으로 사용
- 광 다이오드(photodiode): 역방향 바이어스로 동작되며, 빛이 증가함에 따라 역전류가 증가
- 버랙터 다이오드(varactor diode): 동조회로에 이용되는 미소 가변용량으로 동작되는 다이오드

복습 질문

16. 다이오드가 동작되는 두 가지 조건은?
17. 다이오드 특성곡선은 어떤 영역에서 정상적으로 동작되지 않는가?
18. 저항계로 다이오드를 측정하는 방법은?
19. 다이오드를 눈으로 구분하는 가장 간단한 방법은?
20. 어떤 근사법이 다이오드 오프셋 모델에서 사용되는가?

그림 2-14

다이오드 기호

  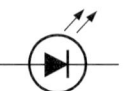  

(a) 정류 또는 신호 다이오드 (b) 제너 다이오드 (c) LED (d) 광 다이오드 (e) 버랙터 다이오드

전원공급장치는 교류전압을 사용하는 모든 전기용품에서는 기본적인 요소이다. 이는 교류전압을 사용하기에 적당한 값으로 변압한 후에 정류회로, 필터 및 조정기를 사용하여 직류전압으로 변환한다.

이 절에서는 반파, 전파 및 브리지 정류기 회로를 설명한다.

반파정류기

정류기는 교류전압을 직류전압으로 변환하는 전자회로이다. 그림 2-15는 반파정류 (half-wave rectification) 과정을 표시한 것이다. **반파정류기**에서 교류 전원은 다이오드와 저항기에 직렬로 연결되어 있다. 이 다이오드는 **정류 다이오드**(rectifier diode)라는 대전류용이다. 정현 입력전압이 (+) 성분으로 인가되면 그림 2-15(a)와 같이 다이오드는 순방향 바이어스 상태가 되어 저항기로 전류가 흐른다. 출력전압은 다이오드의 다이오드 강하를 제외한 피크전압이 된다.

$$V_{p(out)} = V_{p(in)} - 0.7 \text{ V} \tag{2-1}$$

이때 전류는 입력전압의 (+) 반주기 동안의 파형과 같은 모양으로 부하에 흐른다. 정현 입력전압이 그림 (b)와 같이 (−) 값인 사이클 반주기 동안은 다이오드에 역방향

그림 2-15
반파정류기의 동작

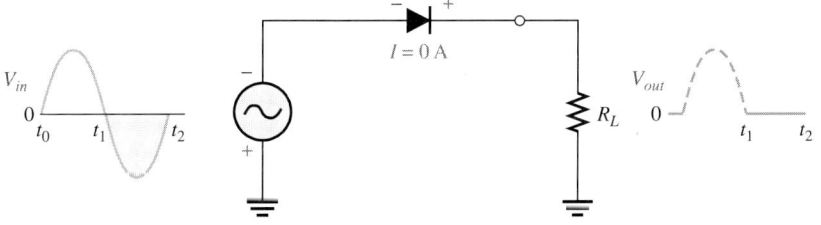

(a) 입력전압이 (+)인 동안 다이오드는 전도

(b) 입력전압이 (+)인 동안 다이오드는 전도되지 않아 출력전압은 0

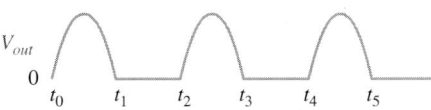

(c) 3개 입력 사이클의 반파 출력전압

바이어스가 되어 전류는 흐르지 않고 이에 따라 부하저항에 인가되는 전압도 0이 된다. 즉, 실제적으로 (+)인 반 사이클 동안만 한 개의 다이오드 강하만큼 감소된 전압이 부하에 인가되어 그림 (c)와 같이 맥동 직류전압이 만들어진다. 다이오드는 (−) 사이클 동안 브레이크다운 없이 전원으로부터 피크역전압에 견디어야 한다.

예제 2-1

문제

그림 2-16과 같은 회로에서 정류기의 피크 출력전압과 피크역전압(PIV)을 구하라. 또한 다이오드와 부하저항기에 인가되는 파형을 그려라.

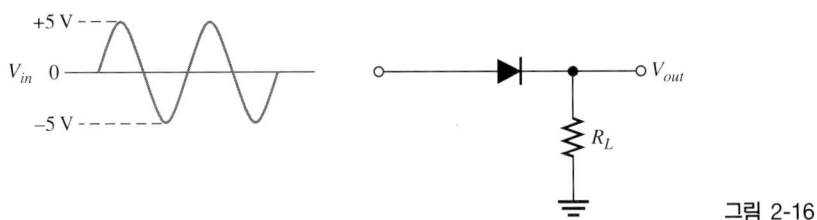

그림 2-16

풀이

피크 반파 출력전압은 다음과 같다.

$$V_p = 5\,\mathrm{V} - 0.7\,\mathrm{V} = \mathbf{4.3\,V}$$

PIV는 역방향 바이어스일 때 다이오드에 인가되는 최대 전압이다. 따라서, PIV는 (−)의 반 사이클 동안의 최대 전압으로 다음과 같다.

$$PIV = V_p = \mathbf{5\,V}$$

다이오드와 부하저항기에 인가되는 전압파형은 그림 2-17과 같다. 여기서 다이오드에 부하저항기의 전압을 더하면 입력전압도 얻을 수 있다.

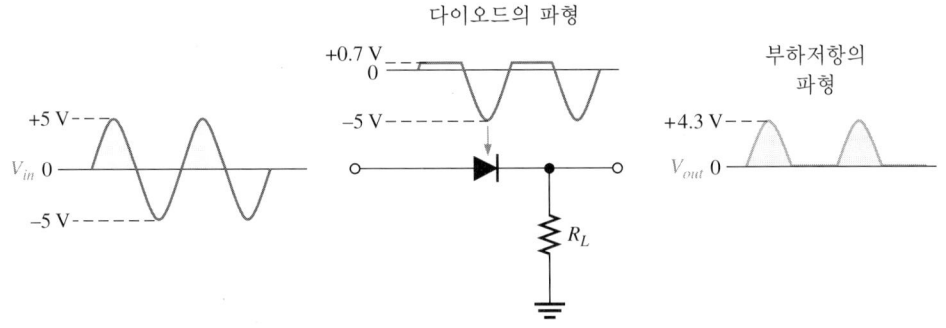

그림 2-17

질문

그림 2-16에서 피크전압이 3 V인 경우 정류기의 피크 출력전압과 PIV를 구하라.

컴퓨터 시뮬레이션

웹사이트에서 Multisim의 R02-16DV 파일을 이용하여 R_L에 인가되는 전압을 측정한다.

전파정류기

반파정류와 전파정류의 차이로 반파정류기는 앞부분의 사이클 동안만 전류를 흐르게 하는 반면에 **전파정류기**는 입력의 전체 사이클이 부하에 한 방향의 전류를 흐르도록 하는 것이다. 결과적으로 전파정류기는 그림 2-18과 같은 중간 탭 전파정류기와 같이 모든 반 사이클의 입력 맥동전압을 직류 출력전압으로 바꾼다.

중간탭(center-tapped) 전파정류기는 그림 2-18과 같이 변압기 2차측의 중간에 탭을 내고 각각의 회로에 다이오드를 접속한 것이다. 입력신호는 변압기를 통해 2차측에 정합되어 있다. 그림과 같이 중간탭과 2차 권선의 각 끝부분 사이에는 전체 2차 전압의 반이 인가된다.

입력전압의 (+)인 반 사이클 동안 2차측의 극성은 그림 2-19(a)와 같이 된다. 이러

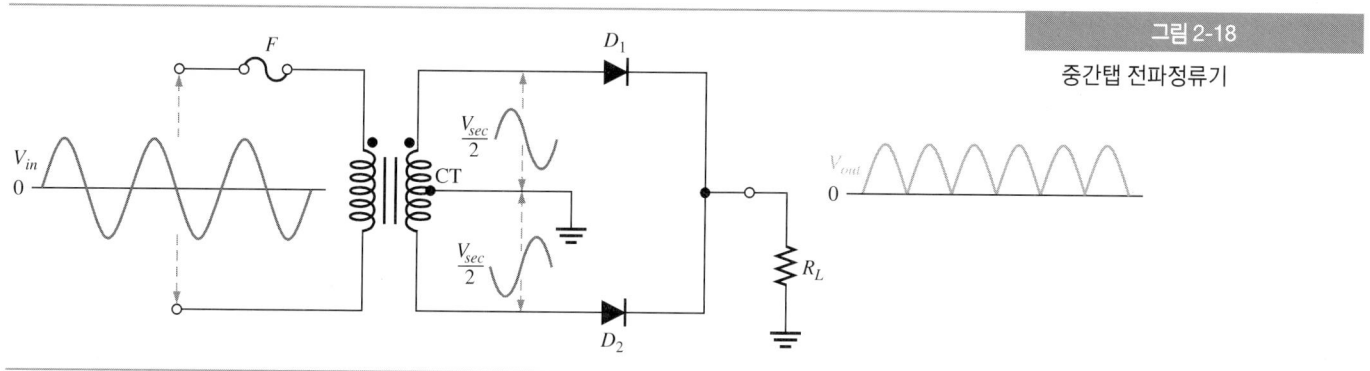

그림 2-18

중간탭 전파정류기

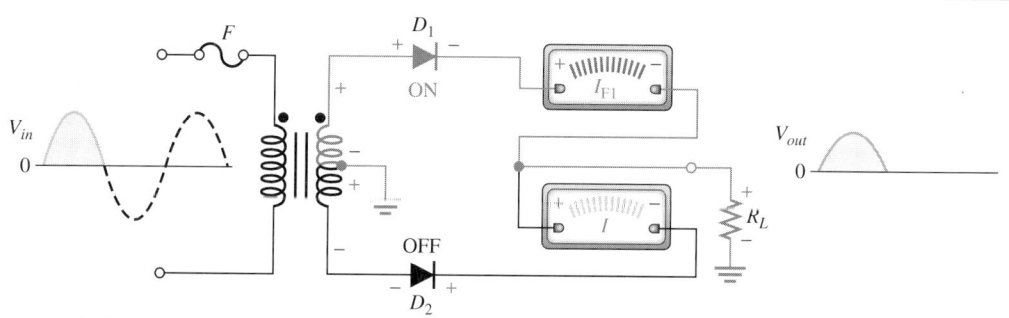

그림 2-19

2차측의 도통 경로는 회색임

(a) (+)의 반 사이클 동안 D_1은 순방향 바이어스, D_2는 역방향 바이어스

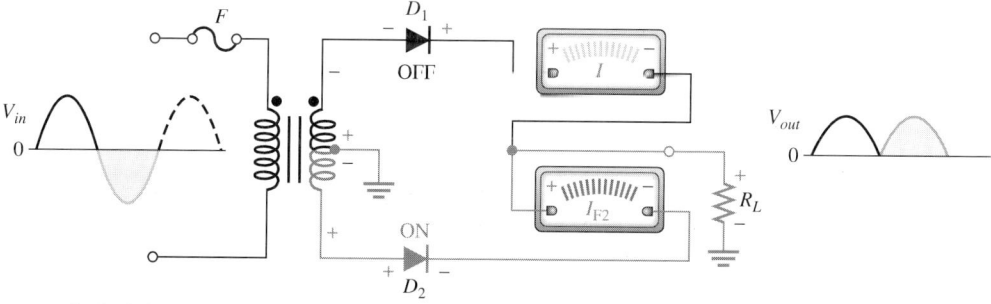

(b) (−)의 반 사이클 동안 D_2는 순방향 바이어스, D_1은 역방향 바이어스

한 조건에서 윗부분의 다이오드 D_1은 순방향 바이어스, 아랫부분의 다이오드 D_2는 역방향 바이어스가 된다. 이때 전류 경로는 윗부분 다이오드 D_1과 부하저항기로 통하게 된다.

입력전압의 ($-$) 반 사이클 동안 2차측의 극성은 그림 2-19(b)와 같이 된다. 이러한 조건에서 윗부분의 다이오드 D_1은 역방향 바이어스, 아랫부분의 다이오드 D_2는 순방향 바이어스가 된다. 이때 전류 경로는 아랫부분 다이오드 D_2와 부하저항기로 통하게 된다.

입력 사이클의 ($+$), ($-$) 구간 동안 전류는 부하와 같은 방향이 되므로 부하에 인가되는 전압은 전파정류된 직류전압이 된다.

전파 출력전압에서 권수비

만약 변압기의 권수비가 1이면 정류된 출력전압의 피크값은 1차 전압에서 다이오드 강하를 제외한 피크값의 반이 된다. 이 값은 입력전압의 반이 2차 권선의 각 반의 권선에 인가되기 때문이다.

피크 입력전압과 같은 피크 출력전압을 얻기 위해서는 권수비가 2인 승압변압기를 사용하면 된다. 이 경우 2차측의 전체 전압은 2차측의 2배이므로 2차측 각각에 인가되는 전압은 입력전압과 같다.

피크역전압(PIV)

전파정류기에서 각 다이오드는 순방향 바이어스와 역방향 바이어스가 교대로 반복된다. 이때 각 다이오드가 역방향 바이어스 전압에 견디어야 하는 피크역전압은 전체 2차 전압의 피크값(V_{sec})이 된다.

즉, 중간탭 전파정류기에서 각 다이오드에 인가되는 피크역전압은 다음과 같다.

$$PIV = V_{p(out)}$$

예제 2-2

문제

(a) 그림 2-20 회로에서 25 V의 피크 정현파가 1차 권선에 인가될 때 2차 권선과 R_L에 인가되는 전압파형을 그려라.

(b) 다이오드의 최소 PIV 정격은 얼마인가?

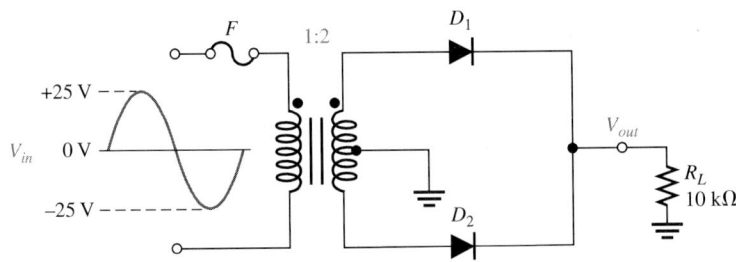

그림 2-20

풀이

(a) 파형은 그림 2-21과 같다.

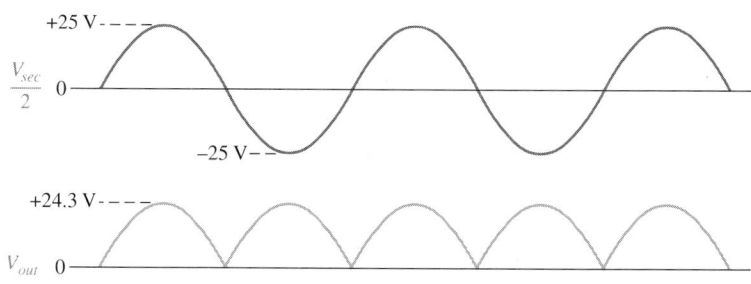

그림 2-21

(b) 2차측의 전체 전압은 다음과 같다.

$$V_{p(sec)} = \left(\frac{N_{sec}}{N_{pri}}\right) V_{p(in)} = 2(25)\ V = 50\ V$$

2차측의 각 단자에 인가되는 피크값은 25 V이다. 이상적인 모델의 경우이면 한 개의 다이오드가 단락되는 경우에 다른 다이오드에 2차측 전체 전압이 인가된다. 따라서, 최소 PIV 정격이 50 V인 각 다이오드를 사용해야 한다.

질문

그림 2-20에서 160 V의 피크 입력이 가해진다면 어떤 정격의 다이오드를 사용해야 하나?

컴퓨터 시뮬레이션

웹사이트에서 Multisim의 F02-20DV 파일을 이용하여 오실로스코프로 출력전압을 관찰한다.

브리지 정류기

그림 2-22와 같이 브리지 정류기는 4개의 다이오드를 사용하는 회로로 중간탭 변압기가 필요하지 않으므로 전원공급장치에 가장 많이 사용한다. 이 4개의 다이오드는 내부에서 브리지 형태로 배선을 하여 한 개의 패키지로 이용되고 있다. 이 브리지 정류기는 정현파의 반 사이클마다 출력을 발생시키기 때문에 전파정류기가 된다.

동작 원리: 입력 사이클이 (+)이면 그림 2-22(a)의 회색과 같이 D_1과 D_2가 순방향 바이어스로 전류가 흐른다. 그러면 R_L에 입력전압과 같은 모양의 전압이 인가된다. 이때 D_3과 D_4는 역방향 바이어스 상태이다. 입력 사이클이 (−)이면 그림 2-22(b)의 회색과 같이 D_3과 D_4는 순방향 바이어스로 전류가 흐른다. 그러면 R_L에는 입력 사이클이 (+)인 동안과 같은 방향의 전압이 인가된다. 입력 사이클이 (−)인 동안에 D_1과 D_2

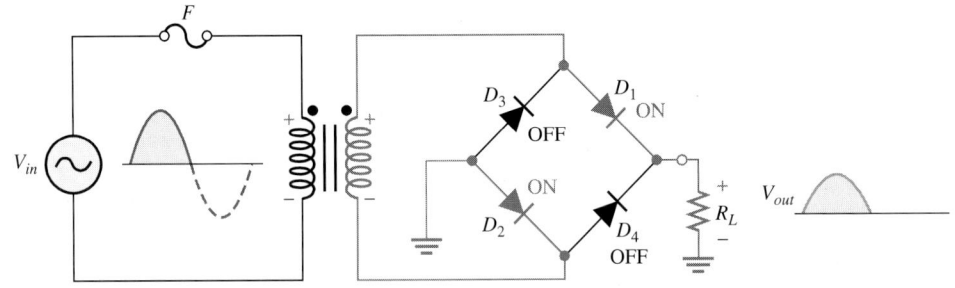

그림 2-22
전파정류기의 동작. 2차측의 도통 경로는 회색임.

(a) 입력이 (+)인 반 사이클 동안은 D_1과 D_2가 순방향 바이어스로 전류가 흐르고, D_3과 D_4는 역방향 바이어스로 전류가 흐르지 않는다.

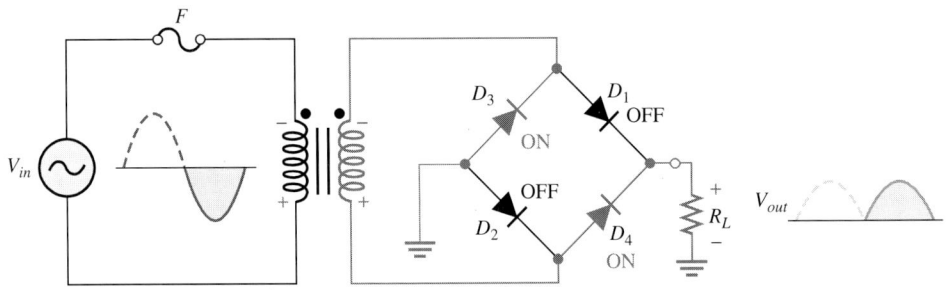

(b) 입력이 (−)인 반 사이클 동안은 D_3과 D_4가 순방향 바이어스로 전류가 흐르고, D_1과 D_2는 역방향 바이어스로 전류가 흐르지 않는다.

는 역방향 바이어스 상태이다. 즉, 전파정류된 출력전압은 R_L의 양단에 인가된다.

브리지 출력전압

다이오드 강하를 무시한다면 전체 2차측 전압 V_{sec}는 다음과 같이 부하저항기 양단에 인가된다.

$$V_{out} = V_{sec}$$

그림 2-22와 같이 2개의 다이오드가 (+) 또는 (−) 반주기 동안 항상 저항기에 직렬로 연결되어 있다. 이들 다이오드 강하를 고려하여 계산하면 출력전압은 다음과 같다.

$$V_{out} = V_{sec} - 1.4\,\text{V} \tag{2-2}$$

피크역전압

다이오드 D_1과 D_2가 순방향 바이어스이면 D_3과 D_4는 역전압이 인가된다. 이상적인 경우로 다이오드 D_1과 D_2가 단락상태라면 피크역전압은 2차측의 피크전압이 된다.

$$\text{PIV} = V_{p(out)}$$

복습 질문

21. 반파, 전파 및 브리지 정류기 중에서 입력전압과 변압기의 권수비가 같을 때 가장 큰 전압이 발생되는 정류기는?

22. 브리지 정류기에 사용히는 다이오드의 PIV는 중간탭 정류기 다이오드에 비해 PIV가 어떠한가?

23. 반파정류기에서 PIV가 발생되는 시점은 입력 사이클이 (+) 부분일 때인가? (−) 부분일 때인가?

24. 반파정류기에서 부하에 흐르는 전류는 입력의 몇 %인가?

25. 중간탭 변압기가 필요한 정류기는?

필터와 조정기 2-6

전원공급기에서 정류 후 파형은 커패시터를 이용하여 필터링이나 평활하게 할 필요가 있다. 필터링을 한 후에 조정기는 부하가 변화하더라도 일정 전압을 유지할 수 있어야 한다. 이를 위해 소형 기기에는 제너 다이오드나 IC 조정기가 사용되기도 한다.

이 절에서는 필터와 전원조정기를 설명한다.

대부분의 전기용품은 원활한 동작을 위해 직류 전원이 필요하다. 전원공급기는 상용주파수인 60 Hz의 교류 전원을 공급받아 안정된 직류로 일정 전원을 공급한다. 정류기는 교류 전원을 맥동 직류 전원으로 변환하기 때문에 필터는 맥동 성분의 직류 전원을 평활하게 한 후에 전원공급기로 보낸다. 필터는 부하 변동 등으로 인해 전압이 안정한 상태로 유지할 수 없는 등 교류 전원이 변화되는 부분까지 모든 진동을 제거하지는 못하기 때문에 마지막 부분에 조정기를 설치한다.

커패시터, 인덕터 또는 이들의 결합으로 필터링을 보완할 수 있다. 커패시터 필터는 염가로 가장 많이 사용되고 있는 형태이다.

커패시터 필터

그림 2-23은 커패시터 필터를 사용한 반파정류기이다. 그림 2-23(a)와 같이 입력이 상승하는 처음 1/4 사이클인 (+) 동안 다이오드는 순방향 바이어스로 커패시터는 입력 피크전력에서 다이오드 강하를 제외한 전압이 충전된다. 입력전압이 그림 2-23(b)와 같이 피크값에서 감소하기 시작하면 커패시터는 이 충전된 상태를 유지하고 다이오드에는 여방향 바이어스가 걸리게 된다. 이 사이클의 나머지 구간에서부터 다음의 사이클이 시작하여 커패시터의 전압보다 높아질 때까지 커패시터는 RC 시성수 값에 따라 부하저항에 방전을 하게 된다. 시정수가 크면 커패시터의 방전시간은 길어진다.

그림 2-23(c)와 같이 다음 사이클의 피크 동안 다이오드는 다이오드 강하를 제외한 입력전압이 커패시터 전압을 초과하면 순방향 바이어스 상태가 된다.

그림 2-23

반파정류기의 커패시터 필터
회로

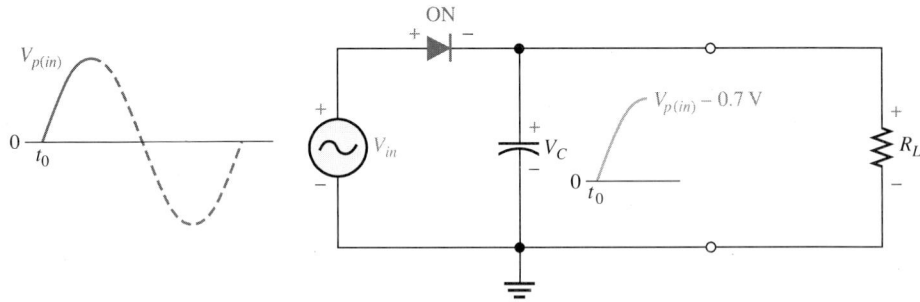

(a) 전원이 다이오드에 순방향 바이어스이면 커패시터는 초기 충전

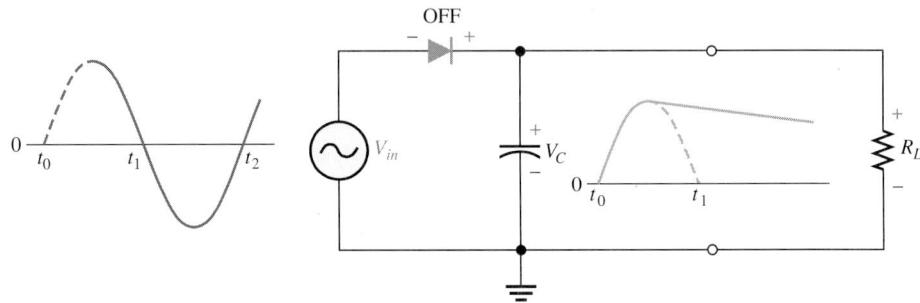

(b) 다이오드가 역방향 바이어스이면 커패시터는 (+) 피크값 이후에 R_L을 통해 방전, 이 방전은 입력전압
이 회색의 실선 부분 동안 계속된다.

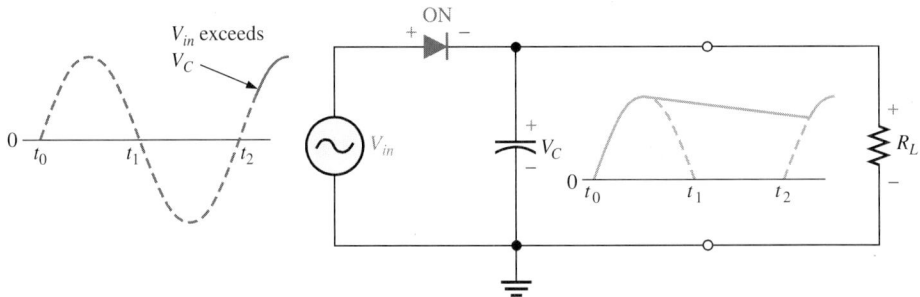

(c) 다이오드가 순방향 바이어스에서 입력전압이 커패시터 전압보다 높은 실선 부분에서는 충전. 이때 다이
오드는 커패시터의 전압이 입력전압보다 커질 때까지 두 번째 사이클에서는 역방향 바이어스 상태이다.

리플전압

위의 설명에서 알 수 있듯이, 커패시터는 사이클의 시작에서 빠르게 충전되고 (+)
피크 후에 다이오드가 역방향 바이어스이면 부하저항 R_L을 통해 서서히 방전한다. 이
충전과 방전으로 인해 커패시터의 전압이 변화하는 것을 **리플전압**(ripple voltage)이라
한다.

입력 주파수가 가해지면 전파정류기의 출력 주파수는 반파정류기에 비해 2배가 된
다. 결과적으로 전파정류기는 피크값간의 시간이 짧아서 필터링하기에 용이하다. 전
파정류기에서 부하저항과 필터용 커패시터의 용량이 같다면 반파정류기에 비해 리플
전압이 적다. 즉, 그림 2-24와 같이 전파 펄스간의 구간이 작아 커패시터의 방전시간
이 짧아짐으로 인해 리플이 적어진다.

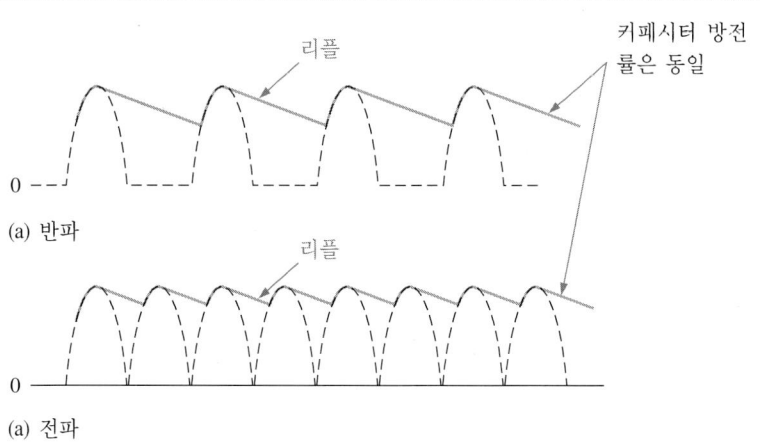

그림 2-24
동일한 입력전압과 같은 용량의 커패시터에서 반파정류기와 전파정류기의 리플전압 비교

제너조정기

제너 다이오드(zener diode)는 역방향에서 도통될 수 있도록 특별히 설계된 다이오드이다. 제너란 정밀하게 브레이크다운 전압을 조절할 수 있는 유용한 조정기이다.

그림 2-25는 역방향 바이어스 부분의 제너 특성으로, 순방향 바이어스의 특성곡선은 일반 다이오드와 같다. 그림에서 역전압 V_R이 증가하면 역전류 I_R은 특성곡선의 무릎점(knee)까지는 미소하게 증가하고 이 점에서부터 브레이크가 시작된다. 무릎점의 바닥으로부터 제너 브레이크다운 전압 V_Z는 I_Z가 증가함에 따라 일정값을 유지할 정도로 미소하게 증가한다. 이 특성곡선에서 일정한 전압 영역이 제너가 조정기 성능을 유지하는 것이다.

제너 다이오드는 안정한 전원을 사용하는 제품의 **전압조정기**(voltage regulation)에 사용된다. 그림 2-26은 제너 다이오드가 변화하는 입력에 대해 일정한 직류전압으로 조정되는 것을 설명하는 회로이다. 즉, 입력전압이 일정 범위 내에서 변화하면 제너

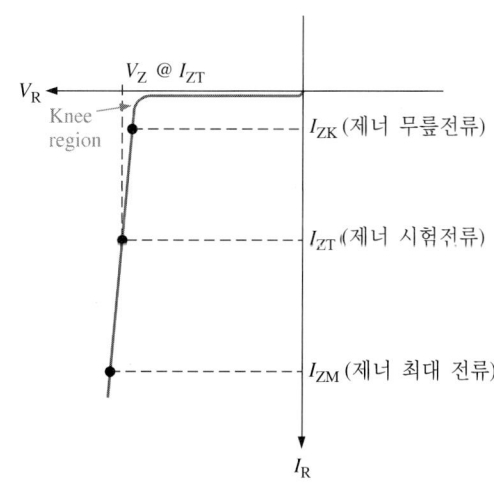

그림 2-25
제너 다이오드의 역특성. V_Z는 시험전류 I_{ZT} 규격에서 V_{ZT}로 설계

그림 2-26

입력전압 변화에 따른 제너조
정기의 동작

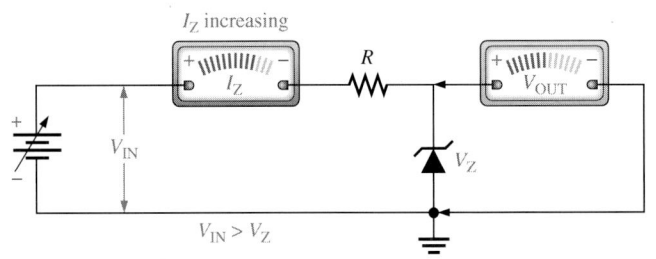

(a) 입력전압이 증가하여도 출력전압은 일정값을 유지($I_{ZK} < I_Z < I_{ZM}$)

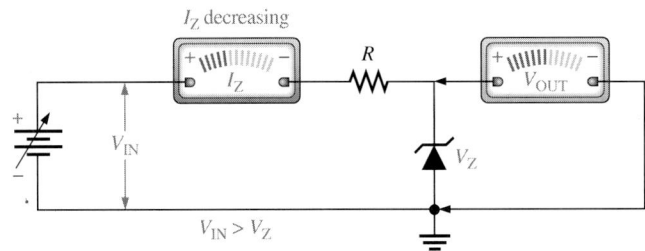

(b) 입력전압이 감소하여도 출력전압은 일정값을 유지($I_{ZK} < I_Z < I_{ZM}$)

다이오드는 출력 단자에 일정전압을 유지한다. 그러나 V_{IN}이 변화하면 I_Z도 비례적으로 변화한다. 그러므로 일정 범위의 입력 변화는 제너가 $V_{IN} > V_Z$인 조건에서 동작할 수 있도록 최대 전류 I_{ZK}와 최소 전류 I_{ZM}에 의해 설정된다. 여기서 R은 직렬 제한 저항기이다. DMM 기호에서 막대표는 상대적인 값과 경향을 표시한 것이다. 대부분의 DMM은 아날로그 값을 디지털에서도 알 수 있도록 그래프로 표시한다.

예제 2-3

문제

그림 2-27은 출력이 10 V로 유지할 수 있도록 설계된 제너 다이오드 조정기 회로이다. 제너 전류가 최소(I_{ZK}) 4 mA, 최대(I_{ZM}) 40 mA 라고 하면 이들 전류에 대한 최소 및 최대 입력전압은?

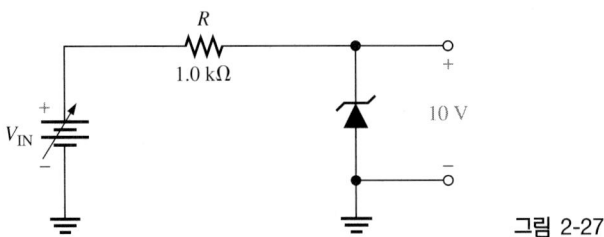

그림 2-27

풀 이

최소 전류가 흐르는 경우 1.0 KΩ의 저항기에 인가되는 전압은

$$V_R = I_{ZK}R = (4 \text{ mA})(1.0 \text{ k}\Omega) = 4 \text{ V}$$

$V_R = V_{IN} - V_Z$이므로

$$V_{IN} = V_R + V_Z = 4 \text{ V} + 10 \text{ V} = \mathbf{14 \text{ V}}$$

최대 전류가 흐르는 경우 1.0 KΩ의 저항기에 인가되는 전압은

$$V_R = (40 \text{ mA})(1.0 \text{ k}\Omega) = 40 \text{ V}$$

따라서,

$$V_{IN} = 40 \text{ V} + 10 \text{ V} = \mathbf{50 \text{ V}}$$

이 문제에서 알 수 있듯이 이 제너 다이오드는 입력전압이 14 V에서 50 V로 변화함에도 불구하고 출력전압은 거의 10 V를 유지한다. 즉, 출력전압은 제너 다이오드의 내부저항으로 인해 10 V에서 아주 미소하게 변화한다.

질문

그림 2-28의 회로에서 최소 전류 I_{ZK}가 2.5 mA, 최대 전류 I_{ZM}가 35 mA이면 제너 다이오드에서 조정될 수 있는 최소 및 최대 입력전압은?

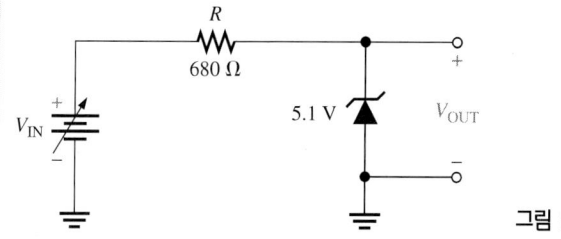

그림 2-28

컴퓨터 시뮬레이션

웹사이트에서 Multisim의 F02-28DV 파일을 이용하여 V_{IN}이 14 V, 50 V인 경우 V_{OUT}를 측정한다.

IC 소정기

제너조정기는 미소전류를 사용하는 제품에는 매우 유용하다. 대부분의 기기에서 리플을 제거하는 가장 효과적인 방법은 IC 조정기와 커패시터 필터를 결합한 회로이다. 일반적으로 **IC**(integrated circuit)는 실리콘의 얇은 칩 한 개로 구성된 기능성 회로이다. IC 조정기는 정류기의 출력측 단자에 접속되어 입력, 부하전류 및 온도의 변화에도 불구하고 일정한 출력전압을 유지한다. 커패시터 필터는 입력 리플을 소성기에서 사용이 가능한 레벨까지 감소시킨다. 즉, 대용량의 커패시터와 IC 조정기의 결합회로는 염가이면서도 소형 전원공급기에서는 우수한 성능을 보여준다.

가장 많이 사용되는 IC 조정기는 입력 단자, 출력 단자 및 기준(조정) 단자로 구성되어 있다. 커패시터 필터는 조정기에 가해지는 입력의 리플이 10% 이하가 되도록 하고 조정기에서는 무시할 정도로 리플을 감소시킨다. 또한 대부분의 조정기는 제너 다

이오드, 단락회로 보호장치 및 과전류 컷오프회로 등으로 구성되어 있으며 내부의 전압 기준이 있다. 조정기는 (+) 및 (−)를 포함하여 여러 종류의 전압을 이용할 수 있도록 최소한도의 외부 부품을 사용하여 출력을 조정할 수 있도록 설계한 것이다. 전형적으로, IC 조정기는 리플이 5 A 이상인 부하전류에서 안정된 전압을 출력으로 공급한다.

예로, 3단자 조정기에는 출력을 가변하면서 1 A까지의 부하전류를 사용할 수 있는 78XX와 79XX 시리즈가 있다. 위 부호에서 끝부분에 있는 2개의 숫자는 출력전압으로 7812는 +12 V의 출력전압을 표시한다. (−) 출력은 79XX로, 예로 7912는 −12 V의 출력을 표시한다. 이들 조정기의 출력전압은 입력전압이나 출력측의 부하가 변화하는 경우에도 정상값의 오차는 3% 이내가 된다. 그림 2-29는 78XX의 사용전압과 단자를 표시한 것이다.

그림 2-30은 7805 조정기로 +5 V의 고정전압에서 사용한다. 3개의 단자에는 원활한 전원의 공급을 위해 외부 단자에 커패시터만 연결하고, 필터링은 입력전압과 접지사이에 대용량의 커패시터를 사용한다. 때로는 회로에는 표시되지는 않았지만 필터용 커패시터가 IC 조정기에 발생되는 진동을 방지하기 위해서 소용량의 커패시터를 병

| 그림 2-29 | 78XX 시리즈 조정기의 사용 전압과 패키지. 79XX는 78XX와 다름 |

형번호	출력전압
7805	+5.0 V
7806	+6.0 V
7808	+8.0 V
7809	+9.0 V
7812	+12.0 V
7815	+15.0 V
7818	+18.0 V
7824	+24.0 V

핀 1. 출력
    2. 접지
    3. 입력

(3개 모두 플라스틱형)
핀 1. 입력
    2. 접지
    3. 출력
(열흡수면은 2번 핀)

핀 1. V_{OUT} 5. NC
    2. Gnd 6. Gnd
    3. Gnd 7. Gnd
    4. NC 8. V_{IN}

| 그림 2-30 | 7805 조정기를 사용한 +5 V 전원장치 |

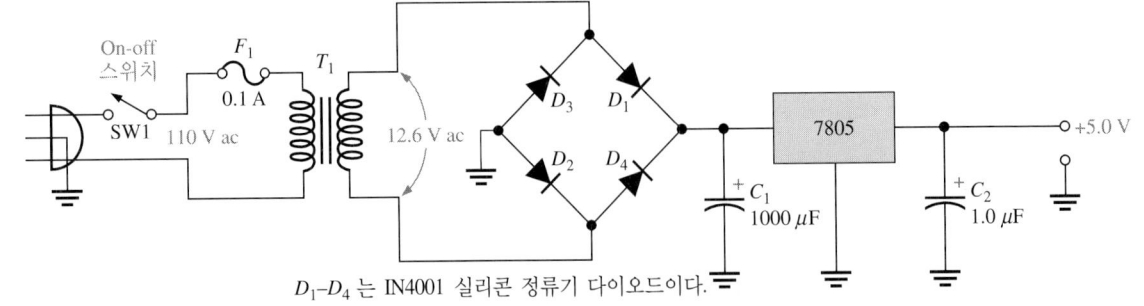

D_1–D_4는 IN4001 실리콘 정류기 다이오드이다.

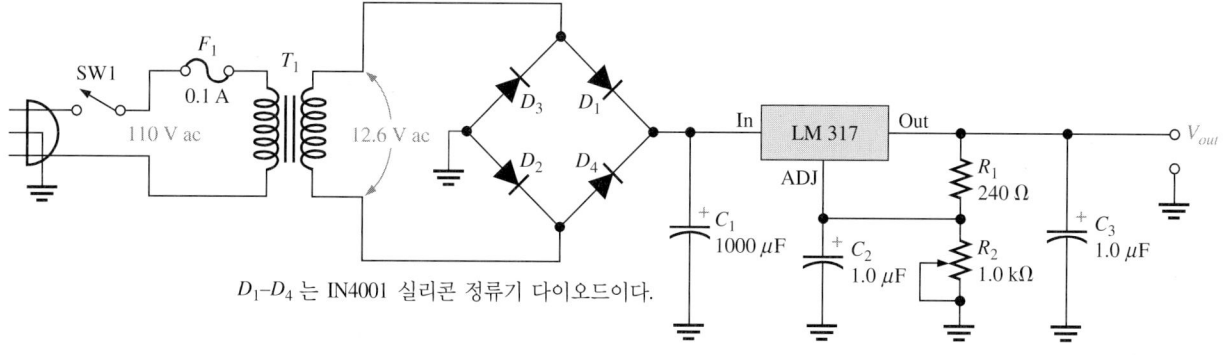

1.25에서 6.5 V로 가변되는 전원공급장치　　그림 2-31

D_1–D_4 는 IN4001 실리콘 정류기 다이오드이다.

렬로 접속하기도 한다. 이 커패시터는 IC 조정기의 끝지점에 배치시킨다. 즉, $0.1\,\mu F \sim$ $1.0\,\mu F$ 출력용 커패시터는 출력측의 과도응답을 개선시키는 데 사용된다.

3단자 조정기에는 그림 2-31과 같이 전압 조절이 가능한 다른 형이 있는데, 이 전원장치는 가변저항기 R_2를 조정하여 출력전압을 조절할 수 있다. 이 가변저항기 R_2는 0에서 $1.0\,k\Omega$까지 조정이 가능하다. LM317 조정기는 출력과 조절 단자 간에 $1.25\,V$의 일정한 전압을 유지한다. 이때 저항기 R_1에는 $1.25\,V/240\,\Omega = 52\,mA$의 전류가 흐른다. 조절기 단자에서 소비되는 전류를 무시한다면 R_2에 흐르는 전류는 R_1에 흐르는 전류와 같게 된다. 따라서, 출력은 R_1과 R_2에 인가되는 전압으로 다음과 같다.

$$V_{out} = 1.25\ V\left(\frac{R_1 + R_2}{R_1}\right)$$

전원공급장치의 출력전압은 저항비에 $1.25\,V$를 곱한 값이 된다. 그림 2-31에서 가변저항기 R_2에 인가되는 최소 전압은 $1.25\,V$, 최대 전압은 $6.5\,V$가 된다.

퍼센트 조정기

%로 표시되는 조정기는 전압조정기의 성능을 파악하는 데 사용된다. 이 값은 입력 조정기 또는 출력조정기의 항으로 표시할 수 있다. **선로조정**(line regulation) 규정은 입력전압이 변화할 때 출력전압의 변화량을 표현하는 것이다. 입력전압의 변화량에 대한 출력전압의 변화량의 변화율로 다음과 같이 표시한다.

$$선로조정 = \left(\frac{\Delta V_{OUT}}{\Delta V_{IN}}\right)100\% \qquad (2\text{-}3)$$

부하조정(load regulation)은 부하전류의 변화에 따른 출력전압의 변화율을 나타내는 것으로 보통은 무부하 상태인 최소 전류에서 전부하 상태인 최대 전류까지의 변화를 나타낸 것으로 다음과 같이 계산되며 %로 표시한다.

$$\text{부하조정} = \left(\frac{V_{\text{NL}} - V_{\text{FL}}}{V_{\text{FL}}} \right) 100\% \tag{2-4}$$

여기서 V_{NL}은 무부하 출력전압, V_{FL}은 전부하 출력전압이다.

예제 2-4

문제

7805 IC 조정기에서 무부하 출력전압이 5.185 V, 전부하 출력전압이 5.152 V라고 한다. 이 때 부하조정 %와 제조규격은?

풀이

$$\text{부하조정} = \left(\frac{V_{\text{NL}} - V_{\text{FL}}}{V_{\text{FL}}} \right) 100\% = \left(\frac{5.185 \text{ V} - 5.152 \text{ V}}{5.152 \text{ V}} \right) 100\% = \mathbf{0.64\%}$$

데이터시트에서는 부하전류가 5 mA에서 1.0 A까지 변화될 때 출력전압의 최대 변동분을 표시한다. 또한 이 값에서는 최대 2%(평균적으로는 4%)의 최대 부하조정을 나타내므로 계산된 값 이하의 규격품을 사용하면 된다.

질문

조정기의 무부하 출력전압이 24.8 V, 전부하 출력전압이 23.9 V일 때 % 부하조정은?

   IC 조정기는 전류원, 자동컷오프, 전류제한 등 필요한 사항이나 규격에 맞추어 사용한다. 대전류, 고효율 및 고전압이 필요한 기기인 경우는 보다 복잡한 IC 회로와 이산형 트랜지스터 등을 사용한다.

복습 질문

26. 커패시터용 필터의 출력에 리플전압이 발생하는 이유는?

27. 커패시터 필터 정류기의 부하저항이 감소되면 리플전압에 어떤 영향을 주나?

28. 3단자 조정기가 제너 다이오드에 비해 우수한 점은?

29. 선로조정과 부하조정의 차이점은?

30. 그림 2-31에서 R_1에 인가되는 전압은?

2-7 전원공급장치의 고장수리

전원공급은 모든 전자 장비에 필수적인 사항으로 이 절에서는 몇 가지 자주 발생되는 고장의 유형에 따라 단계별 고장수리에 대하여 학습하기로 한다.

이 절에서는 전원공급장치의 고장수리 단계를 설명한다.

1-3절에서 언급한 바와 같이 전자회로의 고장수리에 대한 첫 단계는 고장상태를 분석하는 것이다. 이 고장상태를 알면 고장수리에 대한 체계적인 계획을 세울 수 있다. 작업을 하지 않으면서 회로에 대한 계획을 세우는 것은 작업을 하면서 세우는 것과는 확연히 다르다. 즉, 과거의 고장 이력, 비슷한 고장 등을 파악하는 것만으로도 고장의 증상을 파악하는 데 도움이 된다.

회로를 잘 이해하는 것은 고장수리나 회로 설계에 많은 도움이 된다. 즉, 고장 유형별로 회로나 시스템의 구조, 복잡성, 고장상태 및 개개인의 기술력 등에 알맞은 계획을 세우는 것이다.

고장수리 계획

위에서 언급한 것 이외에도 효과적인 고장수리를 위해서는 논리적인 사고와 계획에 따라 퓨즈가 끊어진 것과 같은 간단한 문제는 쉽게 발견할 수 있다. 예로, 전원장치가 동작하지 못하는 경우에는 다음과 같이 고장수리 계획을 세운다:

1단계: 고장을 보고한 사람에게 고장상태에 대한 질문을 한다. 전원을 인가한 순간인지 또는 최대 부하상태로 2시간 동안 동작을 하였는지 등 고장 발생시기를 확인한다. 또한 연기를 보고 알았는지 또는 저전압이 발생되어 알았는지 하는 고장발생 상태 등을 질문한다.

2단계: 전원 검사: 전원코드가 끼워져 있는지 또는 퓨즈가 끊어진 것은 아닌지를 확인한다. 또한 제어가 맞은 동작으로 설정되었는지를 검사하는데 경우에 따라서는 이렇게 간단한 것이 고장의 원인이 되기도 한다. 때로는 운전자가 올바르게 설정하여 운전하는 것을 이해하지 못하는 경우도 있다.

3단계: 센서류 검사: 전원 검사 이외에도 가장 간단한 수리 방법으로는 분명히 문제가 되는 곳을 검사하는 것이다. 전원을 끊은 뒤에 전원공급장치를 개방하여 전선의 손상, 납땜 불량, 퓨즈의 개방 등을 육안으로 검사한다. 또한, 어떤 부품에 고장이 발생되면 이 부품이 단락이나 개방되었을 때 발생되는 연기 등으로도 그 원인을 알 수 있다. 때로, 고장은 온도에 의해서도 발생되므로 과열된 부품에 대해서는 조심스럽게 만져서도 알 수 있다.

4단계: 부품 파손. 전압이 대기상태이거나 잔류하고 있는 상태에서 전원을 공급해본다. 1-3절에서 설명한 바와 같이 회로이 중간 부분부터 검사를 하거나 이상전압이 측정될 때까지 입력측으로부터 계속해서 시험 부분을 나누어가면서 전압을 검사한다. 어떤 경우에는 전압을 쉽게 측정할 수 없는 경우보다 어렵기는 하나 잔류하고 있는 전압을 측정함으로써 어느 부분이나 어떤 부품이 떨어졌는지를 알 수 있다.

안전 노트
전자 장비를 수리하거나 드릴, 톱, 해머, 공기호스 또는 그라인더 등의 공구를 사용할 때는 보안경을 착용하여 눈을 보호할 필요가 있다. 물건을 절단할 때는 가느다란 전선 등으로 회로기판늘 고정시켜야 한다. 눈 보호 장비를 착용하는 것 외에도 아랫부분으로 자르도록 한다.

전원공급장치의 고장

고장수리 계획을 확인하는 과정에서는 잘못 분석하게 되는 경우가 종종 발생한다. 만일 증상을 발견하면 의문점을 가지도록 한다. 예로 **회로에서 부품 x에 고장이 발생하면 어떤 현상이 생길 수 있나?** 그리고 다른 전압이나 파형이 발생되면 고장에 대한 분석을 할 수 있다. 예로, 조정기의 입력에 큰 리플이 생긴다고 가정하자. 이때 회로의 동작 원리를 안다면 커패시터가 원인이 됨을 알 수 있다. 다음은 전원공급장치의 4가지 고장에 대한 고장 분석의 예이다.

퓨즈 컷오프 또는 회로차단기 동작

과전류 보호장치는 모든 전자 장비에 필수적인 것으로 이들 장비는 고장이나 과부하 시에 장비의 손상을 방지하며 치명적인 고장의 가능성을 감소시킨다. 과부하 보호장치에는 퓨즈, 회로차단기, 반도체를 이용한 한류장치 및 열적과부하장치 등이 있다.

회로차단기는 교류 선로에서 전류가 15 A 이상인 경우에 개방되는 보호장치로 각 전기기기에는 전류용량이 충분하므로 모든 장비에 별도로 설치하지는 않는다.

단선 퓨즈는 변압기의 1차측에 사용하며 전원장치의 최대 전력 정격에서 일정한 전류를 공급하는 교류 220 V의 정격에 사용한다. 때로 퓨즈는 출력 단자가 여러 개인 단권변압기의 2차측에 사용하기도 한다. 퓨즈는 통상 정격전류의 120%까지의 전류에서 2시간 동안 흐를 수 있는 용량을 정격으로 정하고 있다. 퓨즈에는 fast형과 slow형이 있다. fast형은 과부하 상태가 시작되는 수 ms 이내에 동작하는 형이고, 대부분의 전자 장비에서 사용되고 있는 slow형은 전원이 처음 가해질 때 발생되는 과부하 상태에서는 동작하지 않는 것이다.

퓨즈 점검은 비교적 간단하다. 유리형 퓨즈는 시각 검사나 저항계로 검사할 수 있다. 또한 전원이 공급된다면 퓨즈가 개방된 단자 이후로는 전압이 유기되지 않는다. 통상적으로 퓨즈는 단락이나 과부하로 인해 끊어지기도 하나 유리형 퓨즈인 경우에는 깨어지는 경우도 있다.

끊어진 퓨즈를 교체하기 전에는 그 원인을 조사해 보아야 한다. 단순히 끊어진 경우이면 아주 드문 경우이기는 하지만 노후되어 끊어질 수도 있다. 그러나 심하게 녹아 내부가 완전히 증발한 것과 같이 녹았다면 어떤 다른 문제가 발생한 것이다.

저항계로 검사결과 단락상태이면 부하, 필터용 커패시터 및 기타 부품이 단락된 경우이다. 과열이 되었거나 손상된 부품은 시각 검사로도 구분할 수 있을 정도로 표시가 난다. 퓨즈를 교체할 때는 제작 시에 정해진 규격과 동일한 형을 사용해야 한다. 다른 정격의 퓨즈를 사용하면 기기에 치명적인 고장이 발생할 수 있다.

다이오드 개방

그림 2-32와 같은 전파용 중간탭 정류기에서 다이오드 D_1이 개방되었다고 하자.

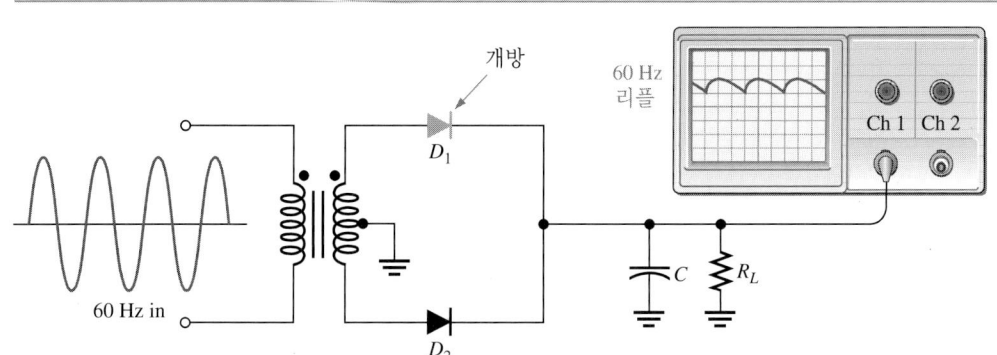

그림 2-32
중간탭 전파정류기에서 다이
오드가 개방되었을 경우의 파
형

(a) 리플은 감소되고 주파수는 60 Hz보다 큰 120 Hz가 발생된다.

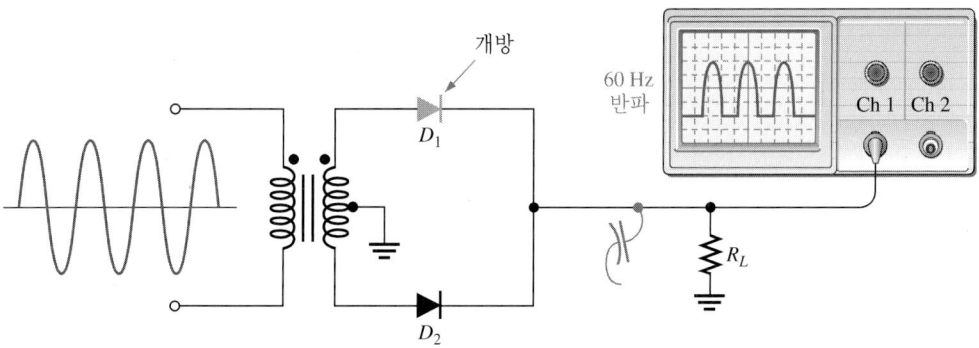

(b) C가 개방되면 60 Hz인 반파전압이 된다.

이 경우에는 다이오드 D_2가 (−) 사이클에서만 도통된다. 그림 (a)와 같이 출력측에 발진기를 연결하여 분석하면 60 Hz의 입력 주파수에 비해 큰 120 Hz의 리플전압이 발생하는 것을 알 수 있다. 위 회로에서 필터용 커패시터가 개방되면 파형은 그림 (b) 와 같다.

이 회로에서 필터용 커패시터의 반파신호는 보통의 전파신호에 비해 방전시간이 길어짐에 따라 큰 리플전압이 발생된다. 기본적으로 다이오드 D_2가 개방되어도 파형 은 같다.

브리지 정류기에서 다이오드가 개방되면 중간탭 정류기와 같은 증상이 발생된다. 다이오드가 개방되면 입력의 반 사이클 동안은 R_L에 흐르는 전류가 컷오프된다. 이에 따라 반파출력이 발생하게 되고 60 Hz에 리플전압은 증가하게 된다.

일반적으로 전파전원장치에서 다이오드가 개방 여부를 시험하는 가장 쉬운 방법은 리플전압을 측정하는 것이다. 만일 리플 주파수가 입력이 교류 주파수와 같다면 다이 오드가 개방되었는지 접속에 문제가 있는지 확인한다.

다이오드 단락

다이오드가 단락되면 양방향에 극히 적은 저항으로 인해 고장의 원인이 된다. 브리 지 정류기에서 다이오드가 단락되면 퓨즈가 끊어지거나 다른 회로 보호장치가 동작

그림 2-33

브리지 다이오드에서 다이오
드가 단락된 경우

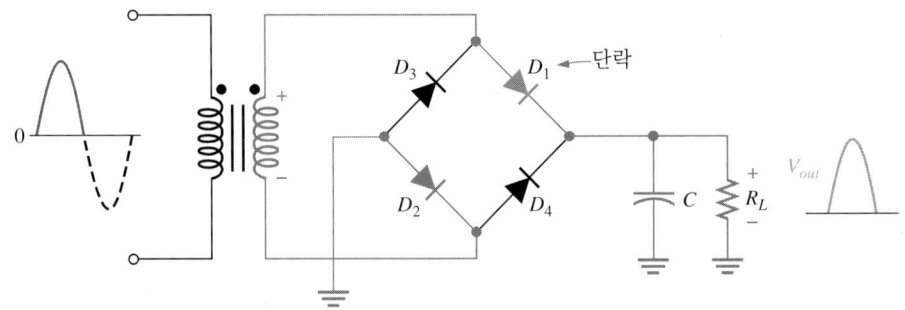

(a) (+) 반 사이클: 단락된 다이오드는 순방향 바이어스된 상태로 부하전류는 정상적으로 동작. D_3과
D_4는 역방향 바이어스

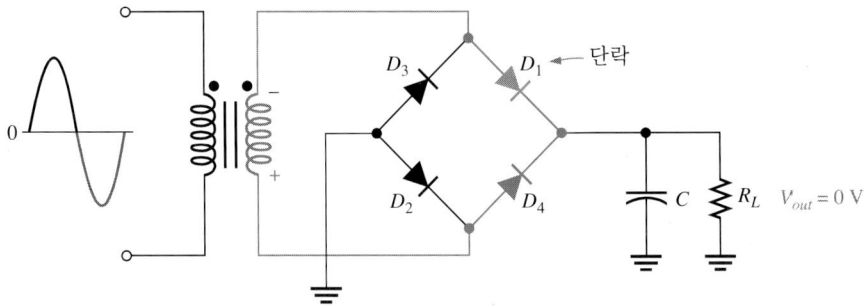

(b) (−) 반 사이클: 단락된 다이오드는 순방향 다이오드 D_4를 통해 2차측에 연결됨에 따라 D_1, D_4 또
는 변압기가 소손되거나 퓨즈가 끊어진다.

하게 된다. 만일 전원장치가 퓨즈에 의해 보호되지 않는다면, 단락된 다이오드는 그림
2-33과 같이 변압기를 소손시키든지 직렬로 연결된 다른 다이오드가 끊어지는 원인
이 되기도 한다.

그림 2-33(a)에서 (+) 반 사이클 동안에 전류는 단락 다이오드를 통해 순방향 바이
어스로 부하에 흐른다. 그러나 그림 2-33(b)와 같이 (−) 반 사이클 동안에는 전류가
D_1, D_4를 통하여 단락됨에 따라 2차측을 소손시킨다. 따라서, 단락된 다이오드를 발
견하면 나머지 다이오드도 검사하여야 한다.

필터용 커패시터의 단락 또는 누설

전해 커패시터에 고장이 발생되면 단락되거나 큰 "누설"전류가 흐르게 된다. 고장
의 원인으로는 극성이 바뀌었을 경우 발생된다. 이러한 고장은 새로운 회로를 구성할
때 종종 발생되는 것으로 보통은 과전류로 인해 회로가 끊어진다. 커패시터의 누설전
류는 부분적인 고장의 형태로 이로 인해 시정수가 감소되어 출력에 리플전압을 발생
시킨다. 누설되는 커패시터는 쉽게 뜨거워지는데 과열상태를 육안으로는 알 수가 없
다. 전압조정기에 퓨즈가 없다면 단락된 커패시터는 과전류로 인해 변압기나 다이오
드를 끊어주게 되어 출력에 직류전압이 나오지 않는다.

고장난 커패시터를 교체할 때는 커패시터의 크기는 물론 전압 정격을 확인해야 한

다. 만일 사용 전압이 커패시터의 정격보다 높으면 다시 같은 고장의 원인이 된다. 또한, 커패시터의 극성을 확인하는 것도 중요하다. 전해 커패시터는 폭팔의 위험성이 있으므로 기판의 뒷면에 설치한다.

전원공급장치의 고장수리

전원공급장치를 수리할 때도 증상을 파악하는 것이 중요하다. 그림 2-30과 같이 퓨즈는 회로기판의 앞쪽 부분에 연결되어 있어서 즉시 알 수 있다. 다음에 "전압조정기는 전원을 접속할 때까지는 잘 동작하였다. 아마도 과전류가 흐른 것 같다"라고 생각할 수 있다. 여기서는 원인이 될만한 것을 가정해 보아야 한다. 첫 번째로는 문제점이 될만한 부하를 제거한 다음 시험을 한다. 만일 이상이 없다면 전압을 가하고 회로를 시험한다.

만일 퓨즈의 상태는 양호한데 전원이 전혀 공급되지 않는다면 각 부품별로 전압을 측정해 본다. 예로, 변압기의 1차측 전압을 측정하여 정상이라면 2차측 전압을 측정한다. 이때 1차측 전압이 나오지 않으면 스위치와 변압기 간의 접속상태를 검사한다. 교류 선로가 개방되면 전체 전압이 개방된 상태가 된다.

그러나 1차 전압은 이상이 없는데 2차 전압이 공급되지 않는다면 변압기의 1차측이나 2차측의 권선 중 하나가 끊어진 것으로, 이 경우에는 저항계로 확인한다. 부품을 교체하기 전에는 반드시 고장 원인을 찾아 보아야 한다. 가끔이기는 하지만 변압기가 정상적으로 동작하는 데도 불구하고 고장이 발생될 때가 있다. 이러한 증상은 회로 내의 다른 부품이 단락된 것으로 다이오드나 커패시터를 확인해 본다.

앞에서 설명한 바와 같이 고장수리의 정확한 전략은 각 단계별로 특수한 시험이나 고장상태를 파악하여 원인을 찾는 것이다. 즉, 요점은 원인이 되는 것을 찾아 문제점을 줄여가는 논리적인 시험법을 이용해야 한다는 것이다.

복습 질문

31. 전원공급장치에서 퓨즈가 중요한 이유는?
32. 그림 2-31의 전원공급장치 회로에서 R_1이 끊어지면?
33. 전파 브리지 정류기에 60 Hz의 전원전압이 공급될 때 출력이 60 Hz 리플이라면 무슨 고장인가?
34. 전파정류기의 출력 리플이 성격보나 큰 120 Hz라면 고장이 의심되는 부품은?
35. 전해 커패시터를 교체하기 전에 극성을 검사하는 이유는?

단원 복습

주요 용어

IC(integrated circuit) 여러 소자가 실리콘 단일 칩 한 개에 설계된 회로

가전자(valence electron) 원자의 궤도나 최외각에 있는 전자

각(shells) 원자핵에서 전자 궤도의 에너지 레벨

다이오드(diode) 전류가 한 방향으로만 흐르도록 설계된 장비

바이어스(bias) 다이오드나 기타 전자 장비에서 원하는 모드로 동작할 수 있도록 직류전압을 가하는 것

애노드(anode) 다이오드의 순방향 바이어스 상태에서 다른 단자에 비해 (+) 성분이 많은 단자

에너지(energy) 일을 할 수 있는 힘

장벽전위(barrier potential) pn 접합에서 공핍영역의 전압

전도전자(conduction electron) 원자 구조의 가전자 중 이탈되는 전자로 물질의 원자 구조상 한 원자에서 다른 원자로 자유롭게 이동하며, 자유전자라고도 한다.

정류기(rectifier) 교류를 직류로 변환시키는 회로

제너 다이오드(Zener diode) 전압의 공급에 역 브레이크다운으로 동작하는 다이오드

캐소드(cathod) 다이오드의 순방향 바이어스 상태에서 다른 단자에 비해 (−) 성분이 많은 단자

요점

❏ 원자의 Bohr 모델은 양으로 대전된 양자와 음으로 대전된 전자에 둘러싸인 중성자로 구성되어 있다.

❏ 원자각은 에너지대역이다. 전자가 포함된 최외각이 가전자 각이다.

❏ 실리콘은 우수한 반도체 재료이다.

❏ 반도체 결정 구조 내에 있는 원자는 공유결합으로 결합되어 있다.

❏ 전자-정공 쌍은 열을 발생한다.

❏ p형 반도체는 진성 반도체에 3가의 불순물을 가하여 만든다.

❏ n형 반도체는 진성 반도체에 5가의 불순물을 가하여 만든다.

❏ 공핍영역은 다수 캐리어가 없는 pn 접합 인근의 영역이다.

❏ 순방향 바이어스는 pn 접합을 통해 다수 캐리어가 흐르는 것이다.

❏ 역방향 바이어스는 다수 캐리어 흐름을 막는 것이다.

❏ pn 접합을 다이오드라고 한다.

❏ 역 브레이크는 역 바이어스 전압이 규정값을 넘을 때 발생된다.

❑ 정류기에는 반파, 중간탭 및 브리지 정류기가 있다. 중간탭과 브리지 정류기는 전파정류기이다.

❑ 반파정류기에서 다이오드는 입력 사이클의 반 동안은 도통하여 출력에 공급한다. 이때 출력 주파수는 입력 주파수와 같다.

❑ 중간탭 정류기와 브리지 정류기의 각 다이오드는 입력 사이클의 반 동안은 도통하나 전체 전류로 나누어지는 것은 아니다. 전파정류기의 출력 주파수는 입력 주파수의 2배가 된다.

❑ 피크역전압은 역바이어스 다이오드에 인가될 수 있는 최대 전압이다.

❑ 커패시터 입력 필터는 입력의 피크값과 거의 같은 출력전압을 공급한다.

❑ 리플전압은 필터 커패시터의 충방전에 의해 발생된다.

❑ 제너 다이오드는 역 브레이크다운으로 동작한다.

❑ 제너 다이오드는 제어전류의 규정 범위 이상의 값은 제거하여 일정 전압을 유지시킨다.

❑ 제너 다이오드는 기준전압과 기본적인 전원공급회로에 사용한다.

❑ 다이오드 기호는 그림 2-34와 같다.

그림 2-34
다이오드 기호

(a) 정류/신호용 다이오드   (b) 제너 다이오드   (c) 버랙터   (d) LED 다이오드   (e) 광 다이오드

❑ 3단자용 IC는 불규칙한 직류 입력을 받아 일정한 값의 직류 출력을 발생한다.

❑ 입력전압의 범위를 넘는 출력 공급전원을 입력 또는 line 공급전원이라 한다.

❑ 부하전류의 범위를 넘는 출력 공급전원을 부하 공급전원이라 한다.

공식

반파와 전파 정류기의 피크 출력전압:

$$V_{p(out)} = V_{p(in)} - 0.7\ \text{V} \qquad\qquad (2\text{-}1)$$

브리지 정류기의 피크 출력전압:

$$V_{out} = V_{sec} - 1.4\ \text{V} \qquad\qquad (2\text{-}2)$$

선로조정기의 % 율:

$$선로조정 = \left(\frac{\Delta V_{\text{OUT}}}{\Delta V_{\text{IN}}} \right) 100\% \qquad\qquad (2\text{-}3)$$

부하조정기의 % 율:

$$부하조정 = \left(\frac{V_{NL} - V_{FL}}{V_{FL}} \right) 100\% \tag{2-4}$$

단원 확인 문제

1. 중성원자가 가전자를 잃거나 얻게 되면 원자는?
   (a) 공유결합 상태가 된다.   (b) 금속이 된다.
   (c) 결정이 된다.   (d) 이온이 된다.

2. 반도체 결정 내에 있는 원자는 ( )으로 유지한다.
   (a) 금속결합   (b) 원자 내에 생기는 분자상태
   (c) 공유결합   (d) 원자가결합

3. 자유전자는 ( ) 내에 존재한다.
   (a) 원자대역   (b) 전도대역
   (c) 가장 낮은 대역   (d) 재결합 대역

4. 정공은?
   (a) 원자가 대역에서 공핍상태이다.
   (b) 전도대에서 공핍상태이다.
   (c) 양전자이다.
   (d) 전도대역의 전자이다.

5. 공핍대와 전도대 사이에서 에너지 갭이 가장 넓은 것은?
   (a) 반도체   (b) 절연체
   (c) 도체   (d) 진공

6. 진성 반도체에 불순물 원자를 가하는 공정은?
   (a) 재결합   (b) 결정화
   (c) 결합   (d) 도핑

7. 반도체 다이오드에서 pn 접합을 구성하고 있는 양이온과 음이온 가까이에 있는 영역은?
   (a) 중성구역   (b) 재결합구역
   (c) 공핍대   (d) 발산구역

8. 반도체 다이오드에서 두 가지 바이어스 조건은?
   (a) (+)와 (−)   (b) 블록과 비블록
   (c) 개방과 폐로   (d) 순과 역

9. 순방향 바이어스 실리콘 다이오드에 인가되는 전압은?
   (a) 0.7 V   (b) 0.3 V
   (c) 0 V   (d) 바이어스 전압에 따라 결정

10. 그림 2-35에서 순방향 바이어스인 다이오드는?
   (a) D_1 (b) D_2

(c) D_3 (d) D_1 및 D_3

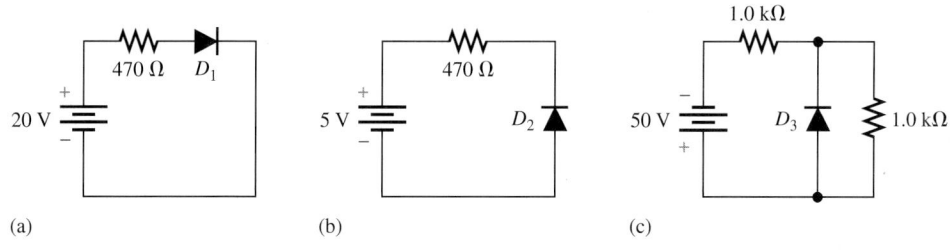

(a)   (b)   (c)

그림 2-35

11. 아날로그 저항계의 (+) 리드를 다이오드의 캐소드에, (−) 리드를 이미터에 접속하면 저항계에 표시되는 저항값은?

(a) 매우 적다.

(b) 대단히 크거나 개방된다.

(c) 처음에는 높다가 $100\,\Omega$ 정도로 감소한다.

(d) 점차적으로 증가한다.

12. $60\,Hz$ 정현입력이 전파정류기에 가해지면 출력 주파수는?

(a) $30\,Hz$ (b) $60\,Hz$

(c) $120\,Hz$ (d) $0\,Hz$

13. 중간탭 전파정류기에서 다이오드 한 개가 개방되면 출력은?

(a) $0\,V$ (b) 반파정류가 된다.

(c) 진폭은 증가한다.   (d) 영향이 없다.

14. 브리지 정류기에서 입력전압이 (+)인 반 사이클 동안은?

(a) 한 개의 다이오드가 순방향 바이어스이다.

(b) 전체 다이오드가 순방향 바이어스이다.

(c) 모든 다이오드가 역방향 바이어스이다.

(d) 2개의 다이오드가 순방향 바이어스이다.

15. 정류된 전압이 변화해도 직류전압이 일정하게 유지되는 것은?

(a) 필터링   (b) 교류에서 직류로 변환

(c) 댐핑   (d) 리플 억제

16. IC 조정기의 출력에 연결된 소용량 커패시터의 목적은?

(a) 과도응답을 개선   (b) 부하의 출력신호를 정합

(c) 교류 필터링   (d) IC 조정기의 보호

17. 제너 다이오드는 ( )로 동작하기 위해 설계된 다이오드이다.

(a) 제너 브레이크다운   (b) 순방향 바이어스

(c) 역방향 바이어스   (d) 애벌런치 브레이크다운

18. 제너 다이오드가 사용되는 곳은?

(a) 한류용   (b) 전원 분배

(c) 전압조정기   (d) 가변저항기

질문

1. 이온이란?
2. 구리의 화학적인 결합 형태는?
3. 전도대와 원자가 전자의 차이는?
4. 진성 실리콘이란?
5. 전자전류와 정공전류이 차이는?
6. 도너라도 하는 불순물은?
7. pn 접합에서 공핍영역의 형성은?
8. 다이오드에 역방향 바이어스가 인가될 때 공핍영역은?
9. 역방향 바이어스 다이오드에 최대 전압이 인가되면?
10. 오실로스코프에서 다이오드의 IV 특성곡선은 어떻게 구하나?
11. p형 물질에서 다수 캐리어는?
12. 다이오드에서 선을 표시한 부분의 명칭은?
13. 반파정류와 전파정류의 차이점은?
14. 브리지 정류기가 중간탭 정류기에 비해 유리한 점은?
15. 리플전압이란?
16. 7905 조정기의 출력전압은?
17. 역 브레이크다운 영역에서 정상적으로 동작하는 다이오드는?
18. 미소 가변 커패시터로 동작하는 다이오드는?
19. 광 다이오드에 사용하는 바이어스는?
20. 전원장치에 고장이 발생했을 때 고장수리의 첫 번째 단계는?
21. 브리지 정류기에서 다이오드가 개방되었을 때의 증상은?

문제

기본 문제

1. 그림 2-36과 같이 피크전압이 주어졌을 때 부하전압과 전류를 그려라.

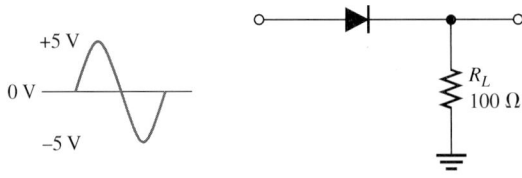

그림 2-36

2. 그림 2-37과 같은 회로에서 R_L의 피크전압과 피크전류를 구하라.

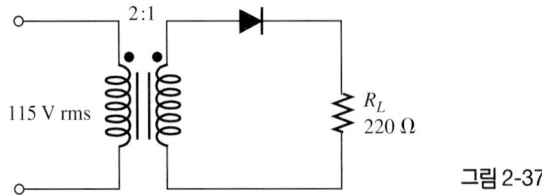

그림 2-37

3. 그림 2-38과 같은 회로에서 다음을 구하라.

(a) 이 회로의 이름은?

(b) 2차측 전체 피크전압

(c) 2차측 각 다이오드에 인가되는 피크전압은?

(d) R_L에 인가되는 전압파형을 그려라.

(e) 각 다이오드에 흐르는 전류는?

(f) 각 다이오드에 인가되는 PIV는?

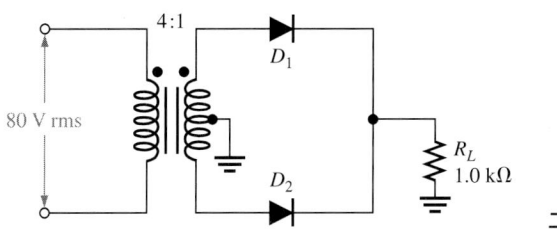

그림 2-38

4. 중간탭 정류기에서 전파전압 중 (−)값이 가해질 때 부하저항에 인가되는 전압의 파형을 그려라.

5. 브리지 정류기에서 출력전압이 직류 50 V인 경우 필요한 최소 PIV 정격은?

6. 필터용 커패시터에 이상적인 직류전압을 위한 입력의 피크값과 평균값은?

7. 전압조절기의 무부하 전압이 15.5 V, 전부하 전압이 14.9 V인 경우 % 부하 정격은?

8. 전압조절기의 % 부하 정격이 0.5%, 무부하 전압이 12.0 V인 경우 전부하 출력전압은?

9. 그림 2-39 회로에서 제너 다이오드의 정격이 5.0 V이다. 제너 저항이 0, 제너 전류가 2 mA에서 30 mA로 변화할 때 이들 전류에 대한 입력전압의 최소값과 최대값은?

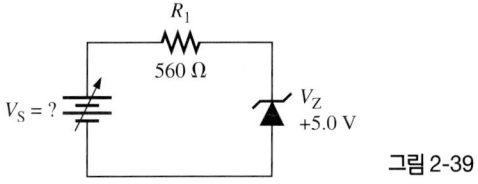

그림 2-39

10. 제너조정기의 전압이 무부하에서 8.0 V, 500 Ω의 부하에서 7.8 V일 때 % 부하 정격은?

11. 계측기의 눈금이 그림 2-40과 같을 때 문제가 있는 것은? 또한, 이 부품을 제거하는 방법을 설명하라.

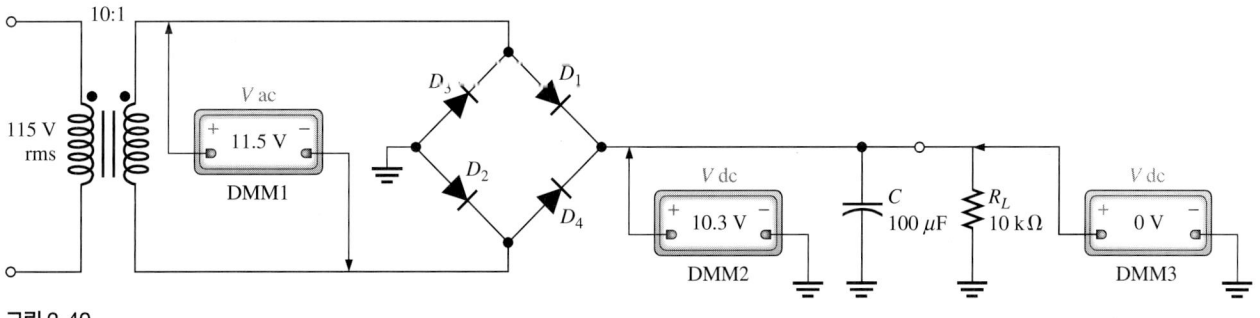

그림 2-40

12. 그림 2-41은 정류기의 출력파형이다. 각 정류기별로 정상 여부를 판정하고 만일 정상이 아니라면 어떠한 고장상태인가를 설명하라. 각 화면은 5 ms/div로 설정되어 있다고 가정한다.

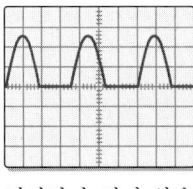 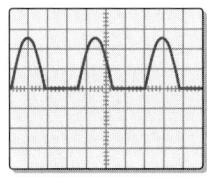 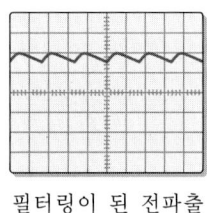

필터링이 되지 않은 반파출력　필터링이 되지 않은 전파출력　필터링이 된 전파출력　필터링이 된 반파출력

그림 2-41

13. 그림 2-31의 가변 출력전압 조정기에서 출력전압을 5.0 V로 할 경우 R_2는?

14. 그림 2-31의 가변 출력전압 조정기에서 저항기 R_2를 1.5 kΩ으로 하였을 경우 최대 출력전압은?

15. 그림 2-42 회로에서 1, 2, 3 지점의 전압이 다음과 같다고 하자. 이때 이들 값이 맞는 것인지? 또는 고장이라면 어떠한 고장인지와 수리방법을 설명하라. 이 회로에서 IN963A는 브레이크다운 전압이 12 V인 제너 다이오드이다.

(a) $V_1 = 110$ V rms, $V_2 \cong 30$ V dc, $V_3 \cong 12$ V dc

(b) $V_1 = 110$ V rms, $V_2 \cong 30$ V dc, $V_3 \cong 30$ V dc

(c) $V_1 = 0$ V, $V_2 = 0$ V, $V_3 = 0$ V

(d) $V_1 = 110$ V(실효값), $V_2 \cong 30$ V 120 Hz인 전파 피크전압, $V_3 \cong 12$ V, 120 Hz인 펄스 전압

(e) $V_1 = 110$ V rms, $V_2 = 0$ V, $V_3 = 0$ V

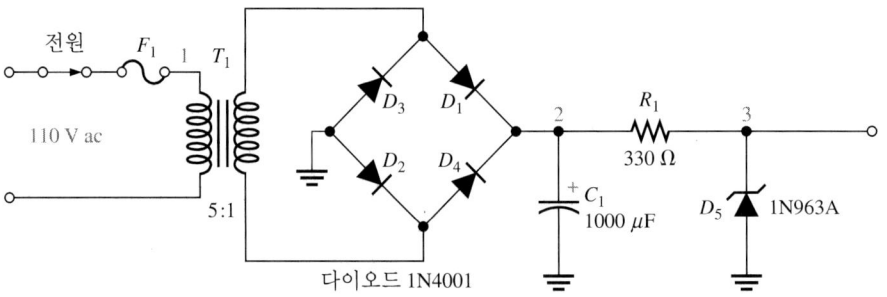

그림 2-42

예제 질문

2-1: 2.3 V, 3.0 V

2-2: 320 V

2-3: 6.8 V, 28.9 V

2-4: 3.7%

복습 질문

1. 원자의 에너지 준위

2. 전도대, 가전자대

3. 전자는 온도가 상승함에 따라 가전자대의 공핍영역을 떠나 전도대역으로 이동한다.

4. 가전자대와 전도대 사이의 갭은 절연체보다는 반도체에서 좁다.

5. 금속결합은 느슨하게 결합되어 자유롭게 이동할 수 있는 전자, 공유결합은 결정 내의 원자에 의해 분배된 이동하지 않는 전자이다.

6. 반도체성 물질에 5가의 불순물을 주입

7. 비소, 인, 안티몬

8. 반도체성 물질에 3가의 불순물을 주입

9. 알루미늄, 붕소, 갈리움

10. 0.7 V

11. 순방향 바이어스는 애노드에 (+), 캐소드에 (−)를 가하는 것으로 차이점은 장벽전위를 넘을 수 있게 충분히 가하는 것이다.

12. 역방향 바이어스는 애노드에 (−), 캐소드에 (+)를 가하는 것

13. 순방향

14. 역방향

15. 충분한 역방향 바이어스가 다이오드에 가해지면 전류는 급격히 증가

16. 순방향 바이어스 및 역방향 바이어스

17. 역 브레이크다운 영역

18. 아날로그 계측기에서 $R \times 100$을 선택하여 순방향과 역방향의 저항을 측정한다. 읽은 값에 배율을 곱한다.

19. 스위치로

20. 장벽전위

21. 브리지

22. 적다.

23. (−) 교빈값의 피크

24. 필터가 없을 경우 50%

25. 중간 탭 전파

26. 커패시터의 충전과 방전

27. 리플의 증가

28. IC 조정기는 리플 감소, 선로와 부하 정격, 온도 보호 및 큰 부하전류에서 제너조정기보다 우수

29. 선로조정: 가변 입력에서 출력전압 고정
    부하조정: 가변 부하전류에서 출력전압 고정

30. 1.25 V

31. 교류 선로용 퓨즈는 전원공급장치를 손상시킬 수 있는 대전류 보호

32. 출력은 전위가 변하여도 1.25 V 이상은 변화하지 않음.

33. 다이오드 개방

34. 필터용 커패시터

35. 극성이 바뀌면 커패시터는 과열되고 폭발

단원 확인 문제

1. (d)	**2.** (c)	**3.** (b)	**4.** (a)	**5.** (b)
6. (d)	**7.** (c)	**8.** (d)	**9.** (a)	**10.** (d)
11. (b)	**12.** (c)	**13.** (b)	**14.** (d)	**15.** (a)
16. (a)	**17.** (a)	**18.** (c)		

쌍극성 접합 트랜지스터

서론

트랜지스터는 크게 쌍극성 접합 트랜지스터(BJT)와 전계효과 트랜지스터(FET) 두 가지로 분류하며, 이 장에서는 BJT에 대해 공부하기로 한다. 쌍극성 접합 트랜지스터는 1947년 빛기술의 선구자인 Bell 연구소에서 발명하였다. 이 트랜지스터는 지난 세기의 가장 중요한 발명품 중의 하나로 현대 전자공학의 새로운 분야를 개척하였고 현재도 전자회로의 기본적인 소자로 자리잡고 있다. 이 장에서는 쌍극성 접합 트랜지스터의 동작과 바이어스에 대하여 공부하기로 한다. 즉, 공통 이미터, 공통 베이스, 공통 컬렉터 등 BJT 증폭기의 3가지 기본형에 대해 설명하고, 기본적인 스위칭 회로와 패키지 표시 방법에 대해서도 공부하기로 한다.

이 장의 참고 자료는 아래 웹사이트에서 얻을 수 있다.

http://www.prenhall.com/SOE

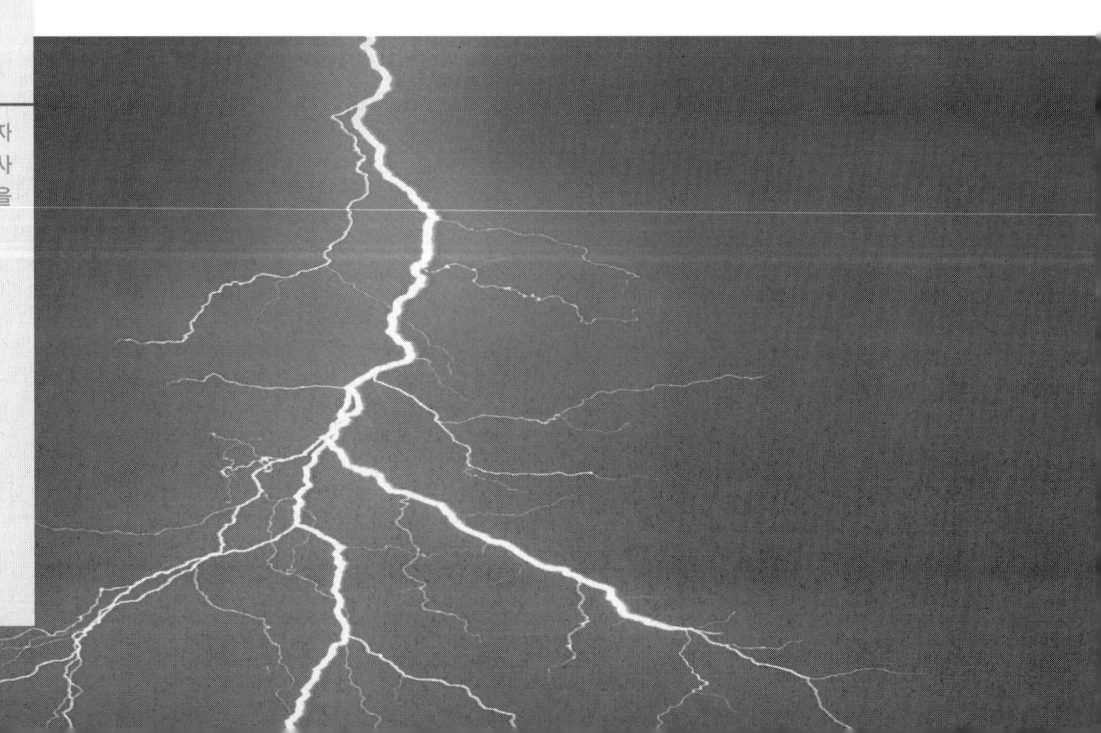

주요 용어

- 쌍극성 접합 트랜지스터
  (bipolar junction transistor)
- 이미터(emitter)
- 베이스(base)
- 컬렉터(collector)
- β_{DC}(DC beta)
- 컷오프(cutoff)
- 포화(saturation)
- 증폭기(amplifier)
- 이득(gain)
- β_{ac}(AC beta)
- 공통 이미터(common-emitter)
- 공통 베이스(common-base)
- 공통 컬렉터(common-collector)

현장에서...

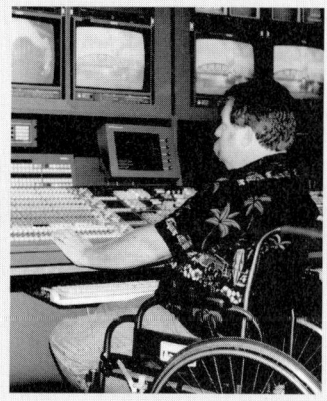

기술력에는 여러분이 종사하고 있는 전자공학 분야의 능력도 포함된다. 여러분이 작업하여 생산되고 있는 생산품에 대해서 가능한 많은 부분을 알고 있어야 하며 당신의 지식을 이용하여 직입 중에 발생될 수 있는 문제점을 해결할 수 있는 능력이 있어야 하고, 이를 위해서는 더욱 진보된 지식이 필요하다. 또한 작업에 사용되는 기기와 계측기의 사용법에 대해서도 숙달되어 있어야 한다. 이를 위해 당신의 기술력을 향상시킬 수 있는 방법으로 회사나 학교 등에서 계속 교육을 받도록 노력해야 한다.

주요 목표

각 절의 내용이 목표이다. 이 장을 마치고 나면 여러분은 다음과 같은 일들을 할 수 있어야 한다.

3-1 쌍극성 접합 트랜지스터의 구조와 동작

3-2 세 가지 바이어스의 바이어스 방법

3-3 증폭기의 정의와 고려사항

3-4 소신호 증폭기의 동작 분석

3-5 BJT의 스위칭 회로 이용법

3-6 트랜지스터 패키지의 표시

컴퓨터 시뮬레이션 디렉토리

다음 그림에는 관련된 Multisim 회로 파일이 있다.

실험실습 디렉토리

다음 실험실습은 이 장을 위한 것이다.

탄소 나노 튜브는 미세한 탄소의 구조물로 1991년 발견된 이래 전기와 기계분야는 물론 화학 및 전자 공학의 발전에 많은 기여를 하였다. 나노 튜브는 "buckyball"의 후속 물질로 탄소 60개의 분자로 구성되어 있으며 축구공과 같은 형태이다. 나노 튜브는 작은 chicken-wire 실린더와 비슷하며 buckyball과 나노 튜브로 빌딩 블록 형태인 육면체에 6개 탄소 원자로 구성된 그룹으로 구성되어 있다.

과학자들은 나노 튜브가 어떻게 육면체로 이루어졌으며 또한 그것의 전기적 특성에 대해 많은 관심을 가지고 연구하였다. 그 결과 6개가 직선 형태의 열 모양이면 도체와 같은 작용을 하며 또한 나선형 모양이면 반도체 특성을 갖는다는 것을 규명하였다.

육면체의 직선형 열과 나선형 열이 접합된 천연 나노 튜브는 정류 다이오드 특성을 갖는다. 또한 나노 튜브의 다른 특징으로는 트랜지스터로 작용하는 것이다. 이 나노 튜브의 구체적인 특성과 제어 방법을 이용하여 실제 회로에 이용할 수 있는 많은 연구도 있었고 위와 같은 문제가 해결된다면 나노 튜브는 지금까지 사용되고 있는 실리콘을 대체할 수 있을 것으로 예상된다.

또한 이와 관련된 분야로 나노 튜브는 전계에서 전자를 방출한다는 것을 연구하는 것이다. 이러한 특성은 전자가 평판 디스플레이에 매우 필요한 것으로 아마도 스크린의 전자총을 대신할 것으로 예상되며 이에 따라 여러 연구 기관에서 나노 튜브의 이용 방법을 연구하고 있다.

3-1 쌍극성 접합 트랜지스터의 구조

쌍극성 접합 트랜지스터는 형태에 따라 동작특성이 결정된다.

이 절에서는 쌍극성 접합 트랜지스터의 기본 구조와 동작특성에 대해 설명한다.

쌍극성 접합 트랜지스터(BJT)는 이미터, 베이스, 컬렉터라는 도핑된 반도체 영역으로 구성되어 있으며 이들 3개의 영역은 2개의 pn 접합으로 분리되어 있다. 그림 3-1은 두 종류의 쌍극성 트랜지스터로 한 개의 얇은 p 영역에 의해 분리된 2개의 n 영역

그림 3-1

쌍극성 접합 트랜지스터

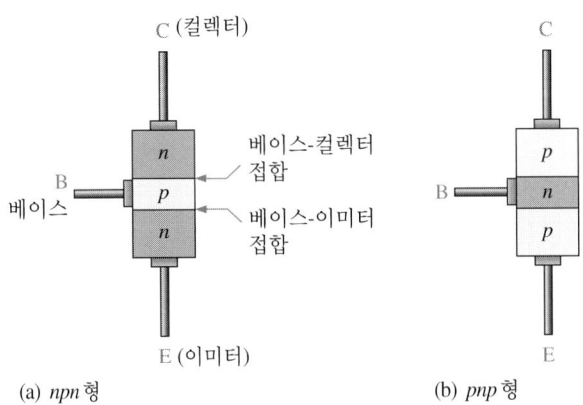

(a) npn형   (b) pnp형

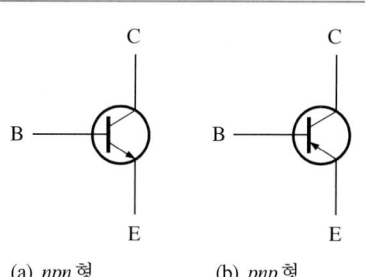

그림 3-2

표준 쌍극성 접합 트랜지스터 기호

(a) *npn*형　　　(b) *pnp*형

으로 구성된 *npn*형이고, 다른 하나는 한 개의 얇은 *n*영역에 의해 분리된 2개의 *p*영역으로 구성된 *pnp*형이다. 두 가지 모두 많이 사용되기는 하나 *npn*형이 보다 많이 사용되고 있으므로 이 책에서도 이 형을 기준으로 사용할 예정이다.

　그림 3-1(a)와 같이 베이스 영역과 이미터 영역이 결합된 *pn* 접합을 베이스-이미터 접합, 베이스 영역과 컬렉터 영역이 결합된 *pn* 접합을 베이스-컬렉터 접합이라 한다. 이들 접합은 2장에서 취급한 다이오드 접합과 같이 베이스-이미터와 베이스-컬렉터 간에 다이오드와 같은 동작을 한다. 각 영역은 E, B 및 C의 부호를 사용하며 각 리드선으로 연결되어 있다. 이미터와 컬렉터 영역은 같은 종류의 물질이지만 도핑 레벨과 기타 특성은 다르다.

　그림 3-2는 *npn* 및 *pnp* 쌍극성 트랜지스터의 기호이며, 여기서 *npn*형은 화살표 방향이 바깥으로 향하고 있다. **쌍극성**(bipolar)이란 트랜지스터 내에 캐리어로 전자와 정공의 2개가 사용된다는 것이다.

트랜지스터의 동작

　트랜지스터가 적절히 동작하기 위해서는 2개의 *pn* 접합에 외부에서 적절한 직류 바이어스 전압이 공급되어야 한다. 그림 3-3은 *npn* 및 *pnp* 트랜지스터에 바이어스를 가한 것으로 두 가지 형 모두 베이스-이미터 접합에는 순방향 바이어스, 베이스-컬렉터 접합에는 역방향 바이어스가 가해진다. 보통 *npn* 및 *pnp* 트랜지스터에는 순방향 바이어스가 사용되나 바이어스 전압의 극성과 전류의 방향은 서로 반대가 된다.

　접합에 순방향 및 역방향 바이어스가 인가될 때 *npn* 트랜지스터 내부에서는 어떤

그림 3-3

쌍극성 접합 트랜지스터의 순방향-역방향 바이어스

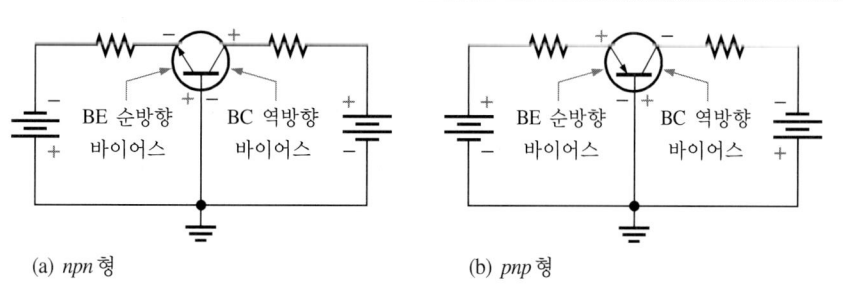

(a) *npn*형　　　(b) *pnp*형

그림 3-4 BJT의 동작상태. 베이스 영역은 매우 좁으나 그림에서는 실제보다는 크게 그렸다.

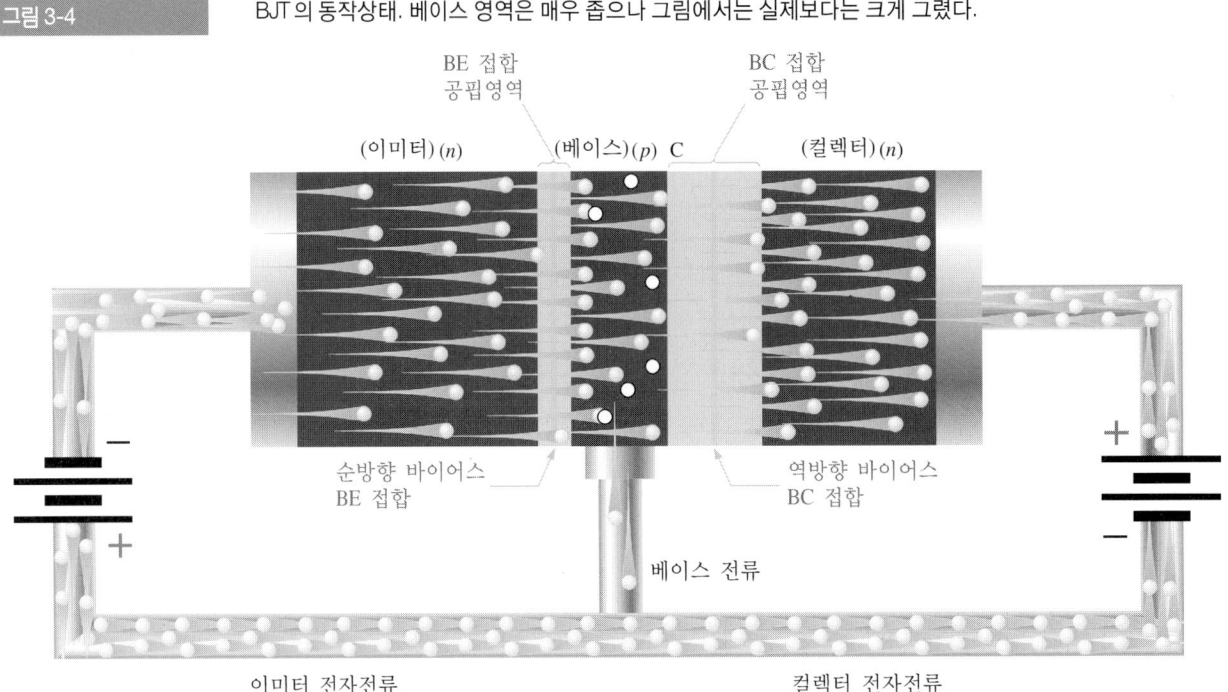

현상이 발생되는가를 시험해 보자. 이때 *pnp* 트랜지스터이면 극성만 반대이지 특성은 같다. 그림 3-4와 같이 베이스에서 이미터로 순방향 바이어스는 좁은 BE 공핍영역으로, 베이스에서 컬렉터로 역방향 바이어스는 넓은 BC 공핍영역으로 가해진다. 다량으로 도핑된 *n*형 이미터 영역은 전도대가 충만한 순방향 바이어스를 통해 *p*형의 베이스 영역으로 순방향 바이어스 다이오드와 같이 쉽게 방사하게 된다.

베이스 영역은 매우 좁으면서 얇게 도핑되어 있으므로 극히 제한적인 정공만을 가지게 된다. 이에 따라 BE 접합을 통해 흐르는 전자 중에 단지 몇 % 정도만 베이스 내에서 이용할 수 있는 정공과 결합하게 된다. 즉, 그림 3-4와 같이 이들은 상대적으로 적은 재결합 전자가 미소 베이스 전류를 형성하여 베이스 리드선을 따라 가전자로 흘러 나간다.

이미터에서 좁고 약하게 도핑되어 베이스로 흐르는 전자의 대부분은 재결합을 하지 못하고 BC 공핍영역으로 방사된다. 이 영역에서 한번은 양이온과 음이온 사이의 흡인력에 의해 설정된 전계에 의해 역방향 바이어스의 BC 접합을 통해 당겨진다. 실제로 전자는 컬렉터에 공급된 전압의 흡인력에 의해 역방향 바이어스인 BC 접합에 인가된 전압에 의해 당겨진다. 컬렉터 영역을 통과하여 이동된 현재의 전자는 컬렉터 리드를 통해 외부의 직류 전원의 (+) 단자로 흐른다. 이에 따라 그림과 같이 컬렉터 회로에는 컬렉터 리드선을 통한 전자의 흐름이 형성된다. 이때 컬렉터 전류의 총량은 베이스 전류의 총량에 따라 정해지는 것으로 직류 컬렉터 전압과는 별개가 된다.

그림 3-4의 아랫부분: 적은 베이스 전류는 큰 컬렉터 전류를 제어할 수 있다. 이는

제어 요소가 베이스 전류이므로 이 값은 보다 큰 컬렉터 전류를 제이힌다는 것으로 BJT가 기본적으로는 전류증폭이기 때문이다. 대전류에 대한 소전류의 개념은 1장에서 deForest's control grid와 유사한 내용이다.

트랜지스터 전류

키르히호프의 전류 법칙에서 "한 접속점에 유입하는 전류의 총합은 그 접속점을 통하여 유출하는 전류의 총합과 같다"라고 한다. 이 법칙을 *npn*과 *pnp* 트랜지스터에 이용하면 이미터 전류 I_E는 컬렉터 I_C와 베이스 I_B의 합이 된다.

$$I_E = I_C = I_B \tag{3-1}$$

여기서 베이스 전류 I_B는 I_C나 I_E에 비해서는 매우 작으므로 트랜지스터 회로를 해석할 때에는 보통 $I_E \cong I_C$로 한다. 그 예로 그림 3-5(a), (b)와 같이 *npn*과 *pnp* 트랜지스터 단자의 미터에 전류의 양이 굵은 막대로 표시된다. 여기서는 *npn*과 *pnp* 트랜지스터에 따라 전류계와 전압계의 극성이 반대가 되는 것과 첨자를 사용할 때 직류값은 대문자로 표시하는 것에 대해 주의하여야 한다.

β_{DC}

트랜지스터가 임의의 범위에서 동작할 때 컬렉터 전류는 베이스 전류에 비례한다. 트랜지스터의 전류이득인 β_{DC}는 직류 컬렉터 전류에 대한 직류 베이스 전류의 비로서 다음과 같다.

$$\beta_{DC} = \frac{I_C}{I_B} \tag{3-2}$$

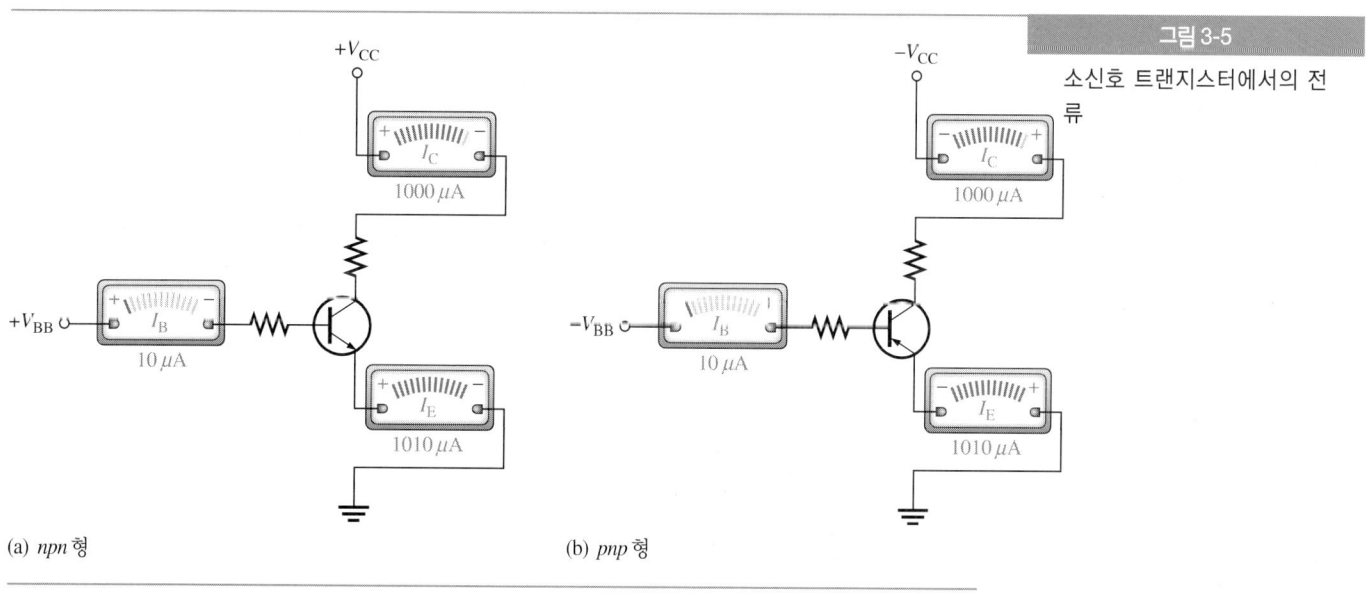

그림 3-5
소신호 트랜지스터에서의 전류

(a) *npn*형   (b) *pnp*형

β_{DC}는 전류이득이라고 하는 비례상수로 보통 데이터시트(data sheet)에서는 h_{FE}로 표시되며, 트랜지스터는 임의의 선형 범위 내에서 동작할 수 있는 값이다. 이러한 경우에 컬렉터 전류는 베이스 전류의 곱으로 표시된다. 한 예로, 그림 3-5에서 $\beta_{DC} = 100$이면 $I_C = 100I_B$가 된다.

β_{DC}의 값은 트랜지스터의 형에 따라 전력용 트랜지스터의 경우 20 정도로부터 소신호 트랜지스터의 200까지 광범위하게 변화한다. 심지어는 같은 형의 트랜지스터에서도 아주 다른 값을 갖는 경우도 있다. 전류이득이 증폭기로 사용되는 트랜지스터에 필요하기는 하지만 동작을 하기 위해 β_{DC}값이 정해지는 것은 아니다.

트랜지스터 전압

그림 3-6은 바이어스가 된 트랜지스터의 3단자의 전압인 이미터 전압 V_E, 컬렉터 전압 V_C 및 베이스 전압 V_B을 표시한 것이다. 여기서 한 개의 첨자로 표시된 것은 접지를 기준으로 한 값이다. 또한, 컬렉터의 공급 전원은 V_{CC}와 같이 2개의 첨자를 사용하였다. 이때 컬렉터에 인가되는 전압은 직류 공급전압에서 저항 R_C의 전압강하를 제외한 값으로 다음과 같다.

$$V_C = V_{CC} - I_C R_C$$

키르히호프의 전압 법칙은 "폐경로에서 공급전압과 주위의 전압강하의 합은 0이다"라고 한 것과 같이 앞의 방정식에서 이 경우는 $V_C = V_{EC}$가 된다.

앞에서 설명한 바와 같이 베이스-이미터 다이오드는 트랜지스터가 정상적으로 동작할 때 순방향 바이어스가 된다. 순방향 바이어스가 되면 베이스-이미터 다이오드의 전압강하 V_{BE}는 약 0.7 V가 된다. 즉, 베이스 전압은 이미터 전압보다 한 개의 다이오드 강하만큼 크며 식으로 표시하면 다음과 같다.

$$V_B = V_E + V_{BE} = V_E + 0.7\,\text{V}$$

그림 3-6은 이미터가 기준점 단자인 접지이므로 $V_E = 0$ V, $V_B = 0.7$ V가 된다.

그림 3-6

바이어스 전압

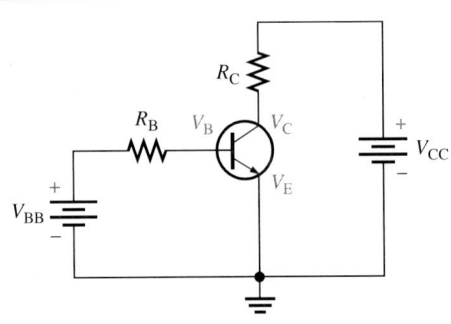

예제 3-1

문제

그림 3-7에서 $\beta_{DC} = 48$인 경우 I_B, I_C, I_E 및 V_C를 구하라.

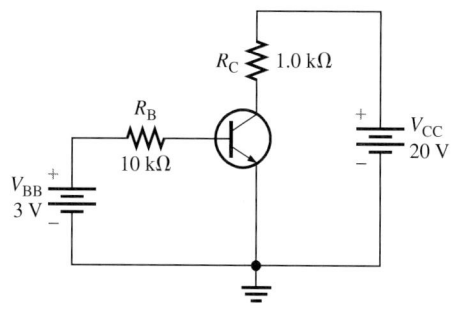

그림 3-7

풀이

$V_E = 0$는 접지이므로 $V_B = 0.7\,V$이다. R_C에 인가되는 전압은 $V_{BB} - V_B$이므로 I_B는 다음과 같이 구한다.

$$I_B = \frac{V_{BB} - V_B}{R_B} = \frac{3\,V - 0.7\,V}{10\,k\Omega} = \mathbf{0.23\,mA}$$

그러면 I_C, I_E 및 V_C는 다음과 같이 구한다.

$$I_C = \beta_{DC}\,I_B = 48(0.23\,mA) = \mathbf{11.0\,mA}$$
$$I_E = I_C + I_B = 11.0\,mA + 0.23\,mA = \mathbf{11.3\,mA}$$
$$V_C = V_{CC} - I_C\,R_C = 20\,V - (11.0\,mA)(1.0\,k\Omega) = \mathbf{9.0\,V}$$

질문

그림 3-7에서 $R_B = 22\,k\Omega$, $R_C = 220\,\Omega$, $V_{BB} = 6\,V$ 및 $V_{CC} = 9\,V$인 경우 I_B, I_C, I_E, V_{CE} 및 V_{CB}를 구하라.

컴퓨터 시뮬레이션

웹사이트에서 Multisim의 F03-07DV 파일을 이용하여 DMM으로 V_B, V_C를 확인한다.

BJT의 특성곡선

베이스-이미터 특성

그림 3-8은 베이스-이미터 접합의 특성 IV 곡선이다. 그림에서 알 수 있듯이 이 곡선은 일반 다이오드 특성곡선과 같은 형태이다. 다이오드의 오프셋 모델에 대한 특성은 2장에서 이미 취급한 바 있다. 즉, BJT에서 고장수리를 하는 경우 트랜지스터가 도통되면 베이스-이미터 접합에 0.7 V의 전압이 인가되는 것을 이미 알고 있을 것이다. 이 경우 이 전압이 0 V가 되면 트랜지스터는 도통되는 것이 아니고 0.7 V 이상이면 트랜지스터의 베이스-이미터 접합은 개방상태이다.

그림 3-8

베이스-이미터 특성

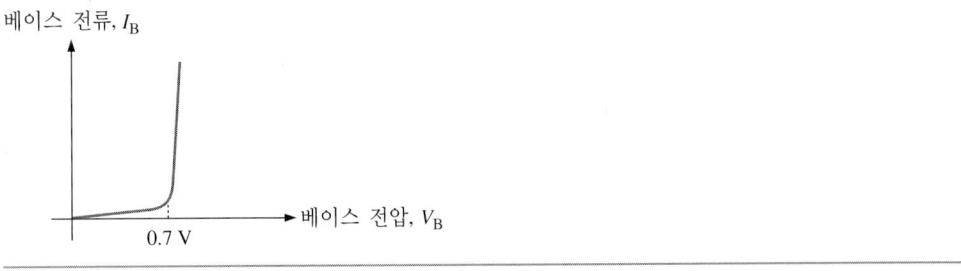

컬렉터 특성

컬렉터 전류는 베이스 전류에 $I_C = \beta_{DC}I_B$로 비례한다. 즉, 베이스에 전류가 흐르지 않으면 컬렉터 전류는 0이 된다. 컬렉터 특성을 알아보기 위해서는 설정된 베이스 전류가 일정한 값을 유지해야 한다. 그림 3-9는 베이스 전류 I_B가 일정할 때 V_{CE} 변화분에 대한 I_C의 변화를 나타낸 컬렉터의 IV 곡선으로 이를 **컬렉터 특성곡선**(collector characteristic curve)이라 한다.

이 회로에서는 공급 전원 V_{BB}와 V_{CC}는 조정이 가능하다. V_{BB}가 I_B의 특정값으로 설정되면 I_{CC}는 0으로 $I_C = 0$, $V_{CE} = 0$이 된다. 또한, V_{CC}가 증가함에 따라 V_{CE}는 증가하고 I_C는 그림 3-9(b)와 같이 A와 B점 사이의 값을 갖게 된다.

그림 3-9

컬렉터 특성곡선

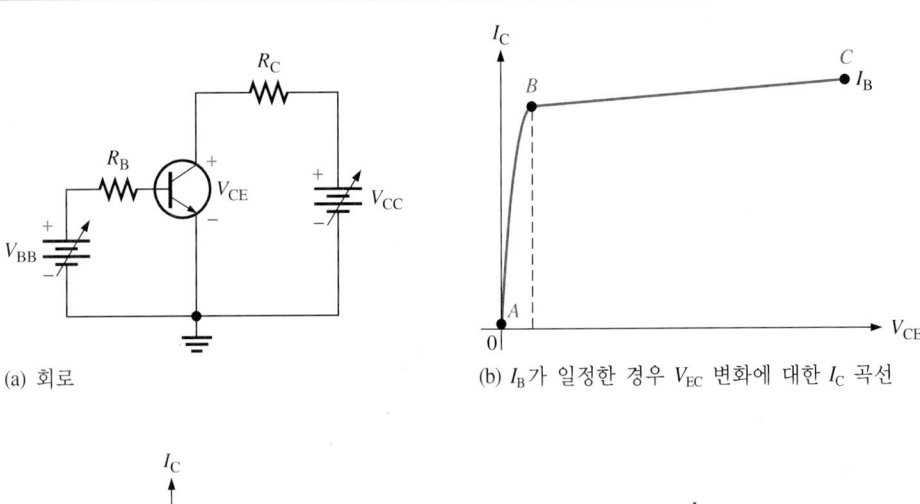

(a) 회로　　　　　　　　(b) I_B가 일정한 경우 V_{EC} 변화에 대한 I_C 곡선

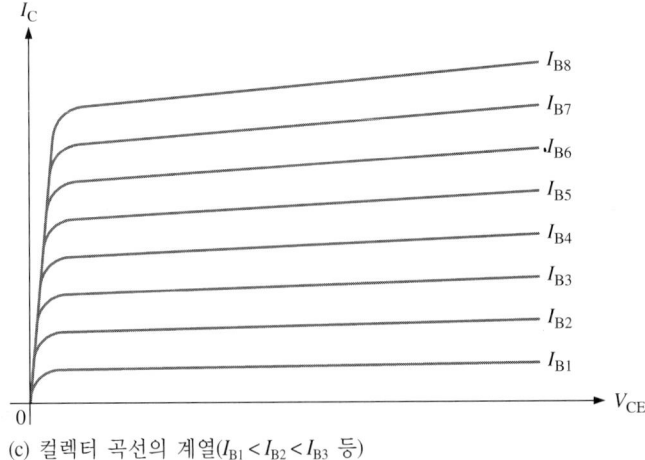

(c) 컬렉터 곡선의 계열($I_{B1} < I_{B2} < I_{B3}$ 등)

V_{CE}가 0.7 V에 도달하면 베이스-컬렉터 접합은 역방향 바이어스가 되고, 컬렉터 전류는 $I_C = \beta_{DC}I_B$의 관계에 의해 최대값에 이르게 된다. 이상적인 경우 I_C는 V_{CE}가 계속 증가함에 따라 그림의 곡선 B와 C점 사이와 같이 거의 일정값을 유지한다. 그러나 실제적으로 I_C는 베이스 영역에서 재결합을 위해 약간의 정공이 남아 있는 관계로 베이스-컬렉터의 공핍영역이 확대되어도 V_{CE}의 증가에 비해 미소한 증가에 그친다. 이 경사도는 forward early 전압으로 J. M. Early로 정의되는 파라미터에 의해 결정된다.

그림 3-9(c)는 I_B를 여러 값으로 설정한 경우의 I_C와 V_{CE}의 특성곡선이다. 이들 특성곡선은 임의의 트랜지스터에 대해서는 동일한 형태로 3개 변수의 상관관계를 표시한다. 즉, I_B를 일정 값으로 유지시키면 I_C와 V_{CE} 간의 관계를 알 수 있다.

문제   **예제 3-2**

그림 3-10에서 I_B가 5 μA에서 25 μA까지 5 μA씩 변화할 때 컬렉터 곡선의 계열을 작성하라.

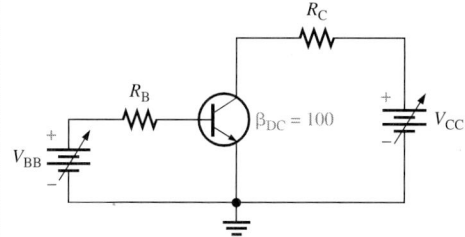

그림 3-10

풀이

표 3-1은 $I_C = \beta_{DC}I_B$로의 관계를 이용한 I_C를 계산한 것이고, 그림 3-11은 예제에 대한 특성곡선이다. forward early 전압을 계산한 결과 이 특성곡선은 앞에서 설명한 바와 같이 서서히 증가하는 상태를 나타낸다.

표 3-1

I_B	I_C
5 μA	0.5 mA
10 μA	1.0 mA
15 μA	1.5 mA
20 μA	2.0 mA
25 μA	2.5 mA

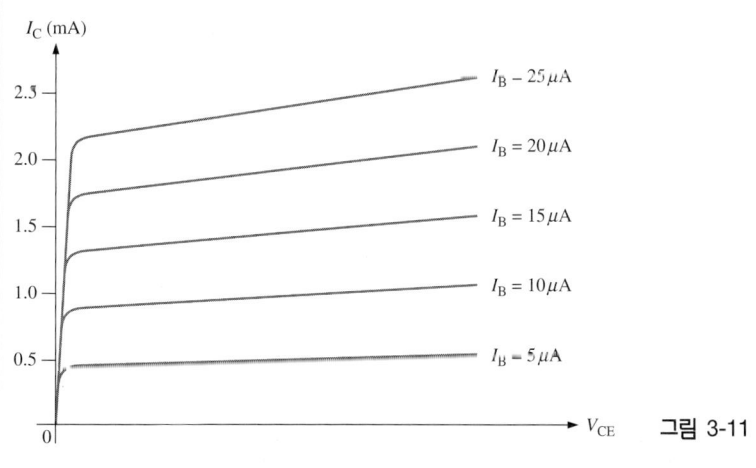

그림 3-11

질문

이상적인 경우 I_B가 0이 되면 점은?

컷오프와 포화

I_B가 0이 되면 트랜지스터는 **컷오프**(차단)되어 컬렉터에는 평상시에는 보통 무시하는 미소량의 누설전류 I_{CEO}를 제외하면 전류는 흐르지 않는다. 컷오프상태에서 베이스-이미터 및 베이스-컬렉터 접합은 역방향 바이어스 상태가 된다. 고장수리의 경우 컷오프되면 컬렉터 전류가 0이 되므로 컬렉터 저항에는 전압강하도 없다. 즉, 컬렉터와 이미터 간의 전압은 공급전압과 거의 같게 된다.

반대의 경우를 가정해 보면, 그림 3-9에서 베이스-이미터 접합이 순방향 바이어스이면 베이스 전류가 증가되고 이에 따라 컬렉터 전류가 증가하여 V_{EC}는 R_C 단자의 전압강하가 증가되어 V_{EC}는 감소된다. 키르히호프의 전압 법칙에 의해 R_C에 인가되는 전압이 증가하면 트랜지스터에 인가되는 전압은 감소하게 된다. 이상적인 경우 베이스 전류가 크게 증가하면 컬렉터와 이미터 사이에 전압이 거의 0이 되므로 V_{CC}는 R_C에서 강하되는데 이러한 현상을 **포화**(saturation)라 한다. 즉, 포화상태가 되면 공급전원 V_{CC}는 컬렉터 저항 R_C에 인가된다. 이때의 포화전류는 옴의 법칙에 의해 다음과 같다.

$$I_{C(sat)} = \frac{V_{CC}}{R_C}$$

베이스 전류가 한번 포화상태로 되면 이후에는 베이스 전류가 증가하여도 컬렉터 전류에 더 이상 영향을 주지 않게 되어 $I_C = \beta_{DC} I_B$ 관계는 더 이상 성립하지 않게 된다. V_{CE}가 포화되면 $V_{CE(sat)}$는 이론적으로는 0이 되고 베이스-컬렉터 접합은 순방향 바이어스 상태가 된다.

트랜지스터를 수리하는 경우에 컷오프와 포화상태를 파악하면 매우 편리하다. 즉, 트랜지스터가 컷오프되면 컬렉터와 이미터 간에는 전체 공급 전원이 인가되고, 포화상태이면 컬렉터와 이미터 간에는 약 0.1 V 정도의 매우 적은 전압만 인가된다.

DC 부하 선로

그림 3-12와 같은 테브냉 회로에서는 전원이 저항과 직렬로 연결되어 있다. 이 회로는 임의의 선형상태에서 동작상태를 해석하기 위해 2단자 회로로 원래의 회로를 단순화시킨 회로이다. 이를 이용한 IV 특성곡선은 회로의 전압과 전류의 관계를 테브냉 회로로 구성하여 작성한다.

선형회로인 경우 출력 단자에서 볼 때 회로 임의의 점에서 전압과 전류는 직선 형태로 표시된다. 단순히 두 점을 생각하면 (1) 출력 단자가 단락되었을 때, (2) 출력 단자가 무부하 상태이면 개방이다. 단락상태의 경우 옴의 법칙인 V_{TH}/R_{TH}을 이용하면 전압은 0 V이고 이때 전류는 최대가 된다. 또한, 개방상태이면 전류는 0이 되고 전압은 단순히 테브냉 전압 V_{TH}이다. 그림 3-12(a)는 테브냉 회로, 3-12(b)는 부하 선로이다.

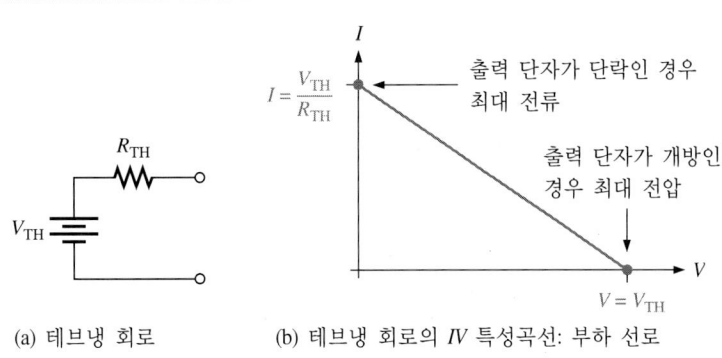

그림 3-12
테브냉 회로와 IV 특성곡선

(a) 테브냉 회로　　　(b) 테브냉 회로의 IV 특성곡선: 부하 선로

출력 단자에 있는 임의의 부하는 이 선로상의 전압과 전류가 값을 갖는다.

부하 선로는 트랜지스터 회로를 해석하는 데 유용한 도구로 대부분 회로에서 부하 선로는 작성하지 않지만 회로의 동작을 고려하여 설계할 때는 유용하게 이용할 수 있다. 트랜지스터가 출력 단자에 있는 경우에는 외부 회로와의 단락, 개방 및 임의 값을 알 수 있으며 부하 지점 어느 곳에서나 IV 특성을 구할 수 있다.

그림 3-13(a)는 그림 3-6의 회로에서 컬렉터를 테브냉 회로로 정리한 것으로 컬렉터 회로는 짙은 회색으로, 베이스 회로는 연한 회색으로 표시하였다. 여기서 트랜지스터와 베이스 회로는 컬렉터를 테브냉 회로의 부하로 작용할 수 있도록 하였다. 따라서 최대 전류와 최소 전류는 트랜지스터의 컬렉터와 이미터 사이의 부하가 개방 또는 단락상태에 따라 계산되는 컬렉터 테브냉 회로에 의해 정해지는 것임을 알 수 있다. 즉, 최소 전류는 0이고 최대 전류는 V_{CC}/R_C가 된다. 즉, 컷오프와 포화는 앞에서도 설명하였듯이 테브냉 회로에 의해서만 정해지는 것으로 트랜지스터는 이들 점에 대한 영향은 없다. 그림 3-13(b)와 같이 이 회로의 직류 부하 선로는 컷오프와 포화 간에 직선이 된다.

임의의 부하에 IV 특성곡선을 구해 보면 부하 선로는 같은 형태의 직선이 된다. 그림 3-13(c)는 이상적인 컬렉터 특성곡선의 부하 선로가 중첩된 것으로 임의의 I_C에 대한 V_{CC}는 직류로 동작하는 한 감소하는 직선 형태가 된다.

트랜지스터의 직류 부하곡선과 특성곡선은 트랜지스터의 동작에서 어떠한 관계가 있는지를 알아보기로 한다. 그림 3-14(a)와 같은 트랜지스터 시험회로가 있다고 하자. 그래프로 해를 구하면 그림 3-14(b)와 같이 특성곡선에서 직류 부하 선로의 전압과 전류를 이용하여 구할 수 있다. 부하 선로를 구하는 방법은 다음과 같다.

우선 부하 선로에서 차단점을 결정한다. 트랜지스터가 컷오프되면 컬렉터 전류는 흐르지 않는다. 이에 따라 컬렉터-이미터 전압과 전류는 다음과 같이 된다.

$$V_{CE(cutoff)} = V_{CC} = 12\,V$$

그리고

$$I_{C(cutoff)} = 0\,mA$$

그림 3-13

베이스-이미터 특성

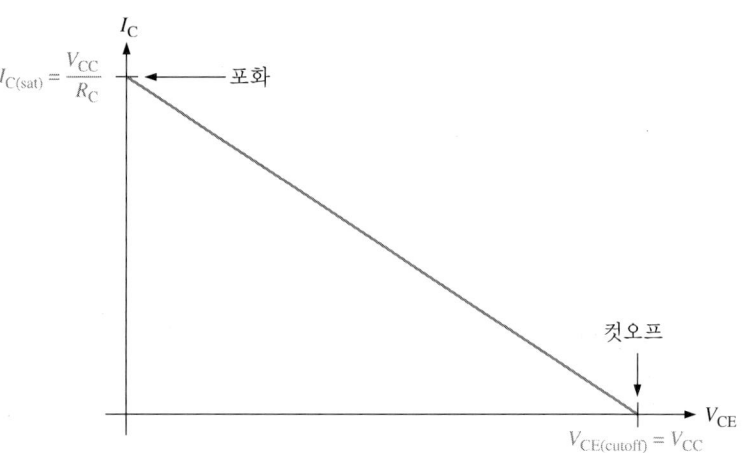

부하   테브냉 회로

(a) 컬렉터 회로로 짙은 회색은 테브냉 회로.   (b) 회로 (a)의 DC 부하 선로
     여기서 베이스 회로의 트랜지스터는 테브
     냉 회로에서 부하로 작용한다.

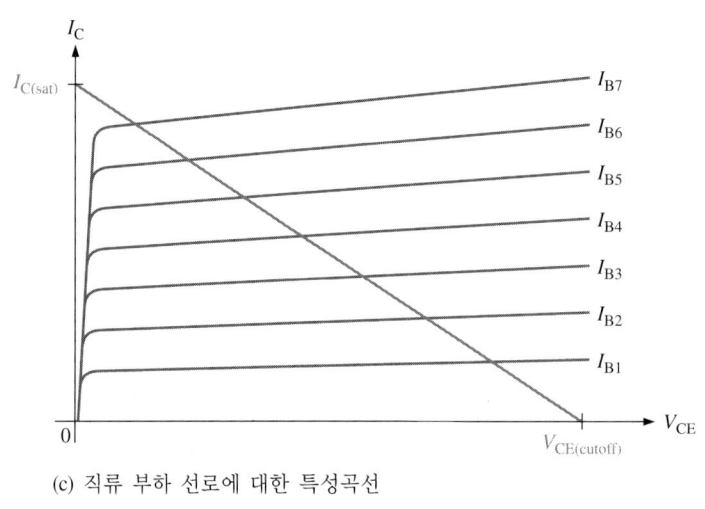

(c) 직류 부하 선로에 대한 특성곡선

다음 부하 선로에서 포화점을 결정한다. 트랜지스터가 포화되면 V_{CE}는 0이 되므로 V_{CC}는 R_C에 인가된다. 컬렉터 전류의 포화값 $I_{C(sat)}$는 컬렉터 저항에 옴의 법칙을 이용하여 구할 수 있다.

$$I_{C(sat)} = \frac{V_{CC}}{R_C} = \frac{12 \text{ V}}{2.0 \text{ k}\Omega} = 6.0 \text{ mA}$$

이 값은 I_C의 최대값으로 V_{CC}나 R_C의 변화 없이는 증가하지 못한다.

차단점과 포화점은 직류 부하 선로에서 정해지는 것으로 회로의 동작 가능한 모든 점을 선으로 작성할 수 있다.

그림 3-14

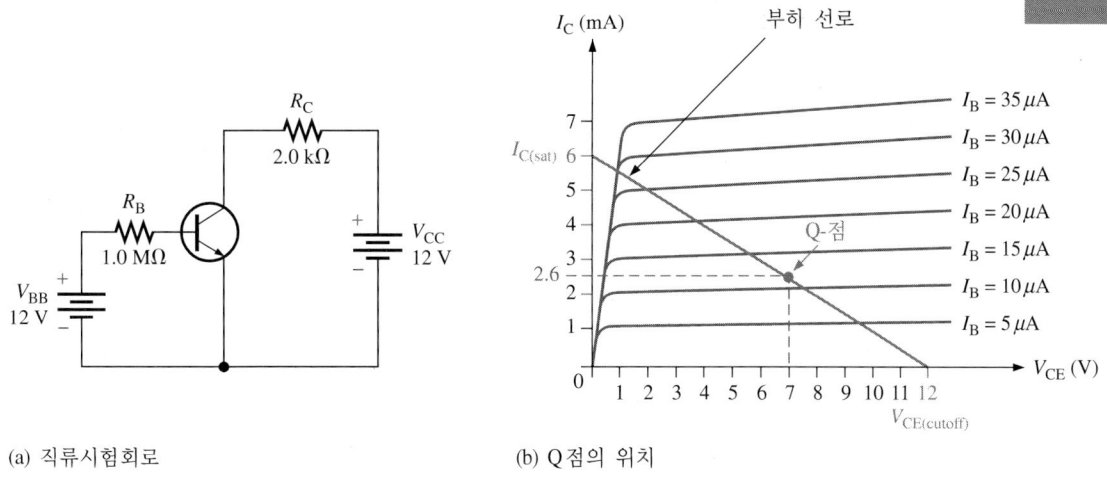

(a) 직류시험회로   (b) Q점의 위치

Q점

실제 회로에서는 컬렉터 전류를 구하기 전에 베이스 전류 I_B를 구해야 한다. 원래 의 회로를 보면 베이스의 공급 전원 V_{BB}는 순방향 바이어스인 이미터 접합에서 베이 스 저항 R_B에 인가된다. 즉, 베이스 저항에 인가되는 전압은 다음과 같다.

$$V_{R_B} = V_{BB} - V_{BE} = 12 \text{ V} - 0.7 \text{ V} = 11.3 \text{ V}$$

옴의 법칙을 이용하면, 베이스 전류는 다음과 같이 구한다.

$$I_B = \frac{V_{R_B}}{R_B} = \frac{11.3 \text{ V}}{1.0 \text{ M}\Omega} = 11.3 \text{ } \mu\text{A}$$

부하 선로에 교차하는 실제 베이스 전류의 점은 정지점 또는 Q점이 된다. 그림 3-14(b)의 그래프에서 Q점은 베이스 전류가 10 μA와 15 μA 사이의 중간점에 있음을 알 수 있다. Q점의 좌표는 이 점에서의 I_C와 V_{CE}의 값으로 I_C는 약 2.6 mA, V_{CE}는 약 7.0 V임을 알 수 있다.

그림 3-14(b)는 이 회로의 동작조건을 표시한 것이다. 부하 선로는 회로 동작을 그 래프로 표시하였으나 이 값은 수학적인 방법을 이용하여 이상적인 값만을 구한 것이 다. 즉, 부하 선로는 트랜지스터의 직류 조건을 표시하는 유용한 그래프라는 것을 알 수 있다.

복습 질문

1. 3개의 BJT 전류 이름은?
2. 포화와 컷오프의 차이점을 설명하라.
3. β_{DC}의 정의는?

4. 부하 선로란?

5. Q점이란?

3-2 BJT 바이어스 회로

바이어스란 트랜지스터가 동작할 수 있도록 적절한 직류전압을 가하는 것이다. 또한, 바이어스는 트랜지스터를 동작시키는 기본회로로 바이어스 회로 선택에는 응용회로에 따라 여러 방법이 있다.

이 절에서는 BJT의 3가지 바이어스 방법에 대한 원리를 설명하고 각 방법의 장단점을 설명한다.

선형증폭기에서는 신호가 (+) 및 (−)로 변화가 있어야 하나 트랜지스터는 한 방향으로만 전류가 흐를 수 있다. 따라서 트랜지스터가 교류 신호를 증폭시키기 위해서 교류 신호는 동작점으로 설정한 직류레벨에 중첩되어야 한다. 즉, 임의의 값으로 설정한 바이어스 회로는 트랜지스터가 컷오프나 포화되지 않으면서 (+) 및 (−) 방향으로 교류 신호를 변화시킨다.

베이스 바이어스

가장 간단한 바이어스 회로가 **베이스 바이어스** 회로이다. 그림 3-15(a)와 같은 *npn* 트랜지스터에서 저항 R_B는 베이스와 공급 전원 사이에 연결되어 있다. 이 회로는 그림 3-9(a)와 같은 회로의 특성곡선을 작성할 때 사용한다. 이 회로가 그림 3-9(a)와 다른 점은 베이스와 컬렉터에 한 개의 전원 V_{CC}가 공급되는 것이다. 이 바이어스 기법은 간단하기는 하나 선형증폭기에서는 적절치 않다.

pnp 트랜지스터는 그림 3-15(b)와 같이 (−) 전원을 또는 그림 3-15(c)와 같이 이미터에 (+) 전원을 공급할 수 있도록 설정할 수 있다. 또한 어느 방법이든 베이스-이미터

그림 3-15

베이스 바이어스

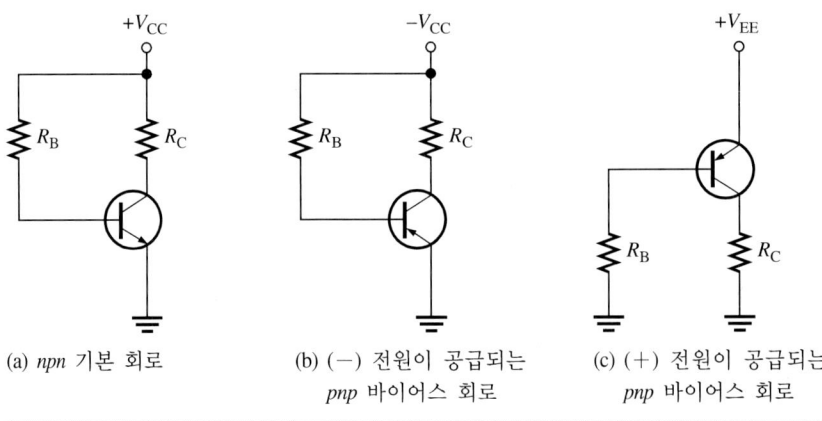

(a) *npn* 기본 회로

(b) (−) 전원이 공급되는
pnp 바이어스 회로

(c) (+) 전원이 공급되는
pnp 바이어스 회로

접합으로 베이스로 전류의 경로가 정해진다. 즉, 회로 특성이 선형이라고 하면 컬렉터 전류는 베이스 전류에 비해 β_{DC}만큼 크다.

$$I_C = \beta_{DC} I_B$$

베이스 저항 R_B에 흐르는 베이스 전류 I_B를 옴의 법칙을 이용하여 대입하면 컬렉터 I_C는 다음과 같다.

$$I_C = \beta_{DC} \left(\frac{V_{R_B}}{R_B} \right)$$

$$I_C = \beta_{DC} \left(\frac{V_{CC} - V_{BE}}{R_B} \right) \tag{3-3}$$

이 식으로부터 트랜지스터가 베이스 바이어스인 경우 컬렉터 전류는 포화상태가 되지 않도록 할 수 있다. 이미터 저항이 없는 경우라면 이 공식은 증폭기로도 이용이 가능하다.

앞에서 설명한 바와 같이 트랜지스터는 여러 가지 전류이득을 갖는다. 같은 형태의 트랜지스터에서도 β_{DC}는 3가지 값으로 변화된다. 더욱이 전류이득은 온도의 함수가 되므로 베이스-이미터 전압은 감소하고 β_{DC}는 증가한다. 결과적으로 컬렉터 전류는 베이스 바이어스인 회로에 따라 큰 폭으로 변화시킬 수 있다. 특정 β_{DC}에 의해 동작하기 때문에 베이스 바이어스 회로는 거의 사용되지 않고 있는 실정이다.

바이어스에는 한 개의 저항만을 사용하기 때문에 베이스 바이어스는 트랜지스터가 포화나 컷오프가 필요한 제품들의 스위칭 회로에서는 매우 유용하다. 스위칭 증폭의 경우에 식 (3-3)은 사용하지 않는다.

예제 3-3

문제

2N3904 트랜지스터의 제품규격 중 β_{DC}는 $100 \sim 300$으로 그림 3-16과 같이 베이스 바이어스 회로에 사용되었을 경우 이 트랜지스터의 최대 및 최소 컬렉터 전류를 구하라. (이 회로가 그림 3-14 회로에 비해 전원이 한 개인 점만 다르다.)

풀이

베이스-이미터 접합이 순방향 바이어스이므로 0.7 V의 전압강하가 발생한다. 그러므로 R_B에 인가되는 전압은 다음과 같다.

$$V_{R_B} = V_{CC} - V_{BE} = 12\ V - 0.7\ V = 11.3\ V$$

옴의 법칙을 이용하면 베이스 저항에 흐르는 전류는 다음과 같다.

$$I_B = \frac{V_{R_B}}{R_B} = \frac{11.3\ V}{1.0\ M} = 11.3\ \mu A$$

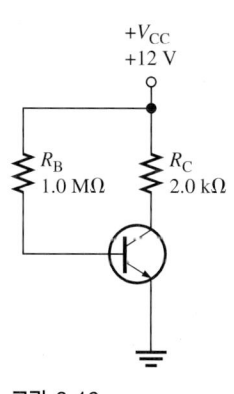

그림 3-16

선형회로에서 컬렉터 전류는 베이스 전류의 β_{DC}배가 된다. 따라서 베이스 전류의 최소 및 최대값은 다음과 같다.

$$I_{C(min)} = \beta_{DC}I_B = (100)(11.3\ \mu A) = \textbf{1.13 mA}$$

최대 컬렉터 전류는

$$I_{C(max)} = \beta_{DC}I_B = (300)(11.3\ \mu A) = \textbf{3.39 mA}$$

즉, β_{DC}의 300% 변화에 따라 컬렉터 전류도 300% 변한다.

질문

그림 3-16 회로에서 컬렉터 전류가 2.5 mA이면 이 트랜지스터의 β_{DC}는?

전압-분배기 바이어스

베이스 바이어스의 단점은 특성이 β_{DC}에 의해 정해진다는 것이다. 안정도를 높이기 위해서는 **전압 분배기 바이어스**(voltage-divider bias)를 사용할 수 있다. 전압 분배기 바이어스는 β_{DC}와는 별도로 바이어스를 하며 한 개의 전원만을 이용하기 때문에 바이어스 회로에 널리 사용된다. 전압 분배기 바이어스의 방정식을 보면 그림 3-17(a)와 같이 β_{DC}나 트랜지스터의 다른 파라미터와는 관련이 없다.

dc/ac 회로에서 가장 많이 사용되고 있는 전압 분배기 법칙을 이용하면 직렬로 연결된 저항에 인가되는 전압을 구할 수 있다. 즉, 출력전압은 전체 저항에 대한 출력저항의 값에 입력전압을 곱한 것으로 다음과 같다.

$$V_{OUT} = \left(\frac{R_2}{R_1 + R_2}\right)V_{IN}$$

즉, 전압 분배기 법칙에서 전압비를 설정하면 그림 3-17(a)에서는 출력저항 R_2에 인가되는 전압을 분자로, 전체 저항을 분모로 계산한다.

그림 3-17
전압 분배기

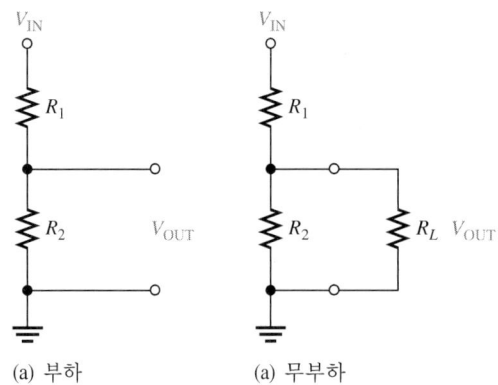

(a) 부하   (a) 무부하

그림 3-17(b)와 같이 부하저항 R_L이 전압 분배기의 출력과 병렬로 연결되면 이 부하의 영향으로 인해 출력전압은 감소한다. **부하효과**(loading effect)는 부하가 연결됨으로써 회로의 파라미터를 변화시킨다. 즉, 부하저항이 분배기의 저항에 비해 크게 되면 부하의 영향은 미소하여 무시할 수도 있다.

그림 3-18은 전압 분배기의 바이어스 회로이다. 그림에서 전압 분배저항 R_1, R_2는 미소전류가 필요한 임의의 부하에 대해 베이스 전압과 거의 같은 값을 유지함에 따라 순방향 바이어스인 베이스-이미터 간의 전압은 매우 작다. 전압 분배기의 바이어스 상태에서 트랜지스터는 전압 분배기의 고저항 부하로 작용하므로 이 값은 베이스 전압의 무부하 값에 비해서 약간 작다. 잘 설계된 전압 분배기 바이어스 회로에서는 이로 인한 영향이 미소하기 때문에 무시하기도 한다. 이 경우 부하효과는 R_1, R_2에 의해 최소화할 수 있다. 이를 위해 이들 저항기에서 전류는 β_{DC}가 다른 트랜지스터를 사용할 때 베이스 전압이 진동을 피하기 위해서는 베이스 전류에 비해 10배 이상은 되어야 한다. 즉, 베이스전압이 베이스전류의 영향을 상대적으로 덜 받기 위한 것으로 stiff라고 부른다.

전압 분배기 바이어스 회로의 파라미터 계산은 전압 분배기 법칙과 옴의 법칙으로 구한다. 특별한 부하효과가 없다면 전압 분배기 법칙은 베이스 전압으로 계산하면 된다. 그림 3-18 회로에서 전압 분배기 법칙을 이용하면 베이스에 인가되는 전압은 다음과 같다.

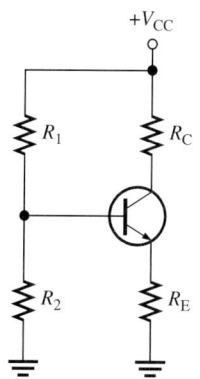

그림 3-18

전압 분배기 바이어스

$$V_B = \left(\frac{R_2}{R_1 + R_2} \right) V_{CC} \tag{3-4}$$

이미터 전압은 베이스 전압에 비해 한 개의 다이오드 강하만큼 작다.

$$V_E = V_B - V_{BE}$$
$$V_E = V_B - 0.7 \text{ V} \tag{3-5}$$

이미터 선압을 알면 이미터 전류는 다음과 같다.

$$I_E = \frac{V_E}{R_E}$$

컬렉터 전류는 이미터 전류와 거의 같다.

$$I_C \cong I_E$$

그러면 컬렉터 전압은 V_{CC}에서 옴의 법칙으로 구한 컬렉터 저항에 인가되는 전압만큼 작은 것으로 다음과 같다.

$$V_C = V_{CC} - I_C R_C \tag{3-6}$$

컬렉터-이미터 간의 전압을 구하면 전압 V_{CE}는 컬렉터 전압 V_C에서 이미터 전압 V_E을 뺀 것이 된다.

$$V_{CE} = V_C - V_E$$

예제 3-4는 회로의 직류 파라미터를 구하는 과정을 설명한 것이다.

예제 3-4

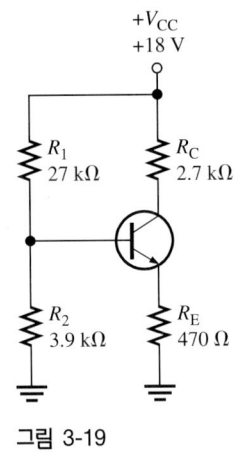

그림 3-19

문제

그림 3-19의 회로에서 V_B, V_E, I_E, I_C 및 V_{CE}를 구하라.

풀이

전압 분배기 법칙을 이용하여 베이스 전압을 구한다.

$$V_B = \left(\frac{R_2}{R_1 + R_2} \right) V_{CC} = \left(\frac{3.9 \text{ k}\Omega}{27 \text{ k}\Omega + 3.9 \text{ k}\Omega} \right) 18 \text{ V} = \mathbf{2.27 \text{ V}}$$

이미터 전압은 베이스 전압에 비해 다이오드 한 개의 강하만큼 작다.

$$V_E = V_B - V_{BE} = 2.27 \text{ V} - 0.7 \text{ V} = \mathbf{1.57 \text{ V}}$$

다음 이미터 전류는 옴의 법칙으로부터 구한다.

$$I_E = \frac{V_E}{R_E} = \frac{1.57 \text{ V}}{470 \text{ }\Omega} = \mathbf{3.34 \text{ mA}}$$

근사식을 이용하면 $I_C \cong I_E$ 로

$$I_C = \mathbf{3.34 \text{ mA}}$$

컬렉터 전압은

$$V_C = V_{CC} - I_C R_C = 18 \text{ V} - (3.34 \text{ mA})(2.7 \text{ k}\Omega) = 8.98 \text{ V}$$

컬렉터-이미터 전압은 다음과 같다.

$$V_{CE} = V_C - V_E = 8.98 \text{ V} - 1.57 \text{ V} = \mathbf{7.41 \text{ V}}$$

질문

그림 3-19에서 공급 전원이 +12 V인 경우 V_B, V_E, I_E, I_C 및 V_{CE}를 구하라.

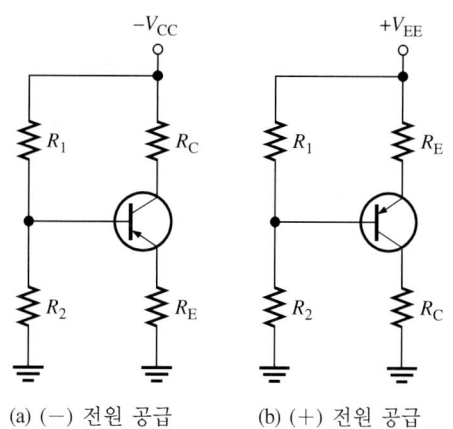

그림 3-20

pnp 트랜지스터의 전압 분배기

(a) (−) 전원 공급   (b) (+) 전원 공급

문제

그림 3-21의 *pnp* 회로에서 V_B, V_E, I_E, I_C 및 V_{CE}를 구하라.

예제 3-5

풀이

전압 분배기 법칙을 이용하여 베이스 전압을 구한다.

$$V_B = \left(\frac{R_2}{R_1 + R_2}\right) V_{CC} = \left(\frac{4.7 \text{ k}\Omega}{27 \text{ k}\Omega + 4.7 \text{ k}\Omega}\right)(-12 \text{ V}) = \mathbf{-1.78 \text{ V}}$$

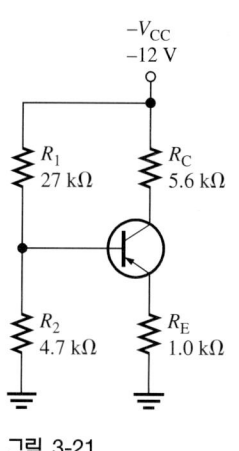

V_E의 공식은 *npn* 트랜지스터와 같으나 이미터 전압이 순방향 바이어스인 *pnp* 트랜지스터에서는 다이오드 1개의 강하만큼 전압이 크다.

$$V_E = V_B - V_{BE} = -1.78 - (-0.7 \text{ V}) = \mathbf{-1.08 \text{ V}}$$

그림 3-21

다음 이미터 전류는 옴의 법칙으로부터 구한다.

$$I_E = \frac{V_E}{R_E} = \frac{-1.08 \text{ V}}{1.0 \text{ k}\Omega} = \mathbf{-1.08 \text{ mA}}$$

근사식을 이용하면 $I_C \cong I_E$로

$$I_C = \mathbf{-1.08 \text{ mA}}$$

컬렉터 전압은

$$V_C = V_{CC} = I_C R_C = -12 \text{ V} - (-1.08 \text{ mA})(5.6 \text{ k}\Omega) = -5.96 \text{ V}$$

컬렉터-이미터 전압은 다음과 같다.

$$V_{CE} = V_C - V_E = -5.96 \text{ V} - (-1.08 \text{ V}) = \mathbf{-4.88 \text{ V}}$$

이 문제에서는 V_{CE}가 *pnp* 회로에서 (−) 전원이 공급되는 것에 주의하여야 한다.

질문

그림 3-19에서 $R_E = 1.2 \text{ k}\Omega$으로 변화할 때 V_B, V_E, I_E, I_C 및 V_{CE}를 구하라.

이미터 바이어스

이미터 바이어스(emiter bias)는 한 개의 저항기에 (+)와 (−) 전원이 동시에 가해지는 바이어스로 베이스에 접지 전원을 공급하여 안정한 상태를 유지하는 바이어스 회로이다. 이 형은 IC 회로를 이용한 대부분의 증폭기에서 사용한다. 이 시스템은 대단히 안정된 상태를 유지하는 장점이 있는 반면에 공급 전원이 2개인 것이 단점이다.

그림 3-22는 *npn* 및 *npn* 트랜지스터의 이미터 바이어스 회로이다. 다른 바이어스 회로와 같이 *npn*과 *pnp*를 사용할 수 있는 것은 동일하나 공급 전원의 극성이 다르다는 차이가 있다.

안정된 바이어스를 유지하기 위해 베이스 저항에 인가되는 전압을 몇 십분의 1로 강하시킨다. *npn* 트랜지스터의 경우 이미터 전압은 R_B에서 미소한 강하 및 0.7 V의 베이스-이미터 접합의 순방향 바이어스 강하로 인해 약 −1 V 정도가 되며, *pnp* 트랜지스터의 경우는 +1 V 정도가 된다. 고장수리 시 트랜지스터가 도통되고 바이어스 전압이 정상이라면 이미터 전압을 확인하면 편리하다.

이미터 전류는 이미터 저항기에 대한 옴의 법칙을 이용하여 다음과 같이 구한다.

$$I_C = \frac{V_{R_E}}{R_E}$$

이미터 전류는 $I_C \cong I_E$의 관계를 이용하여 구하고 컬렉터 전압은 다음과 같이 구한다.

$$V_C = V_{CC} - I_C R_C$$

이에 대한 이상적인 경우는 다음의 예제에서 구하도록 한다.

그림 3-22	
이미터 바이어스 회로	

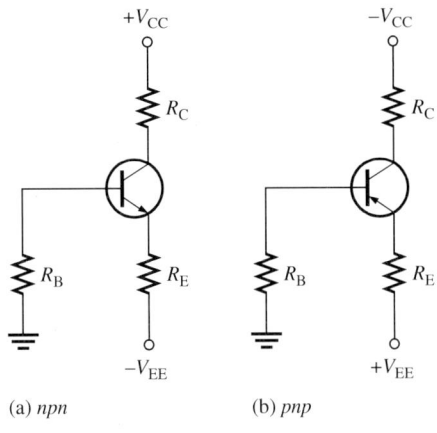

(a) *npn*   (b) *pnp*

문제

그림 3-23의 이미터 바이어스 회로에서 V_B, I_E, I_C 및 V_{CE}를 구하라.

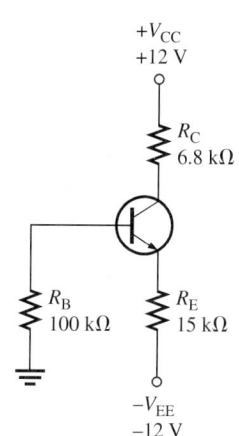

예제 3-6

그림 3-23

풀이

$V_E \cong -1\,V$이므로 R_E에 인가되는 전압은 11 V이다. 이미터 전류 I_E는 옴의 법칙을 이용하여 구한다.

$$I_E = \frac{V_{R_E}}{R_E} = \frac{11\,V}{15\,k\Omega} = \mathbf{0.73\,mA}$$

컬렉터 전류 I_C는 이미터 전류 I_E와 같다.

$$I_C \cong \mathbf{0.73\,mA}$$

컬렉터 전압은 다음과 같이 구한다.

$$V_C = V_{CC} - I_C R_C = 12\,V - (0.73\,mA)(6.8\,k\Omega) = 7.0\,V$$

V_{CE}는 다음과 같이 V_C에서 V_E를 빼면 구할 수 있다.

질문

그림 3-23의 회로에서 트랜지스터의 베이스가 접지되었다면 V_E는?

컴퓨터 시뮬레이션

웹사이트에서 Multisim의 F03-23DV 파일을 이용하여 베이스, 이미터 및 컬렉터 전압을 구한다.

바이어스 트랜지스터의 고장수리

베이스의 고장수리는 일정한 순서대로 진행한다. 바이어스인 트랜지스터에서 발생되는 고장의 대부분은 최대 전류가 흐르는 포화나 도통이 되지 않는 컷오프상태이다. 이때 고장수리 시작단계는 트랜지스터의 동작이 정상상태에 가깝다면 베이스, 이미터 및 컬렉터의 전압을 순서대로 검사한다. 이들의 전압은 트랜지스터의 규정 전압과 β에 의해 정해지나 보통 10% 내외의 오차이면 정상으로 생각하면 된다. 만일 이들의 전압이 정상이라면, 이 회로는 기능적으로 문제가 없는 것이다.

그림 3-24는 전압 분배기 바이어스에서 저항이 개방된 경우의 전압을 확인하는 회로이다. 여기서 (a), (b)는 베이스 전압이 0 V이거나 V_{CC}로 되어 바이어스 회로에 문제가 발생한 것을 쉽게 알 수 있다.

그림 3-24

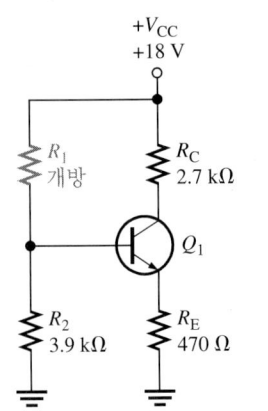

(a) 고장상태: R_1
개방, 트랜지스터는 컷오프상태,
$V_B = 0$ V
$V_E = 0$ V
$V_C = 18$ V

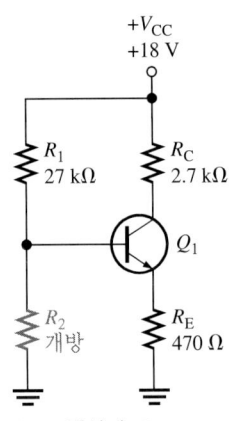

(b) 고장상태: R_2
개방, 트랜지스터는 포화상태,
$V_B = +18$ V
$V_E = 17.3$ V
$V_C = 17.3$ V

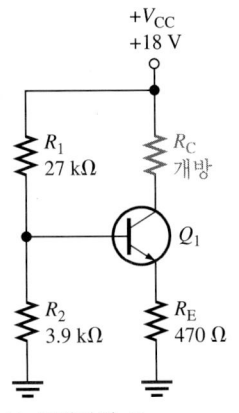

(c) 고장상태: R_C
개방, 트랜지스터는 컷오프상태,
$V_B = 0.9$ V
$V_E = 0.2$ V (due to less current)
$V_C = 0.2$ V

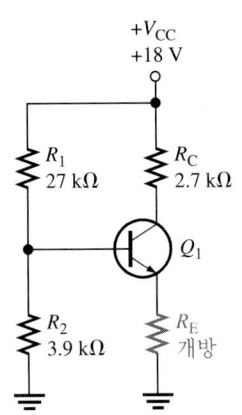

(d) 고장상태: R_E
개방, 트랜지스터는 컷오프상태,
$V_B = 2.3$ V
$V_E = 1.9$ V
$V_C = 18$ V

그림 3-24(c)와 같이 컬렉터 저항이 개방되면 컬렉터 전류는 이미터 저항으로 흐르지 않으므로 이미터 전압은 없게 된다. 베이스 전압의 변화는 바이어스의 "stiffness"에 의해 정해지고 이 stiffness 바이어스로 베이스 전압이 강하하기는 하나 미소한 영향만 미칠 뿐이다. 컬렉터 저항이 개방되면 컬렉터 단자는 접지 전위와 거의 같은 전압을 갖게 된다.

그림 3-24(d)와 같이 이미터 저항 R_E가 개방되면 베이스 전압은 정상이나 이미터 전압은 전체에 인가되는 전압이 되므로 정상상태보다는 높게 된다. 컬렉터 전압이 $+18$ V로 정해지면 트랜지스터는 컷오프된다. 물론, 다른 문제점이 발생될 수도 있으나 측정한 파라미터값을 분석하여 고장점을 찾으면 된다.

복습 질문

6. BJT에서 바이어스 회로의 형태는?
7. stiff 전압 분배기 바이어스에서 V_{CE}를 측정하는 방법은?
8. *pnp* 트랜지스터의 이미터 바이어스에서 직류 이미터 전압은?
9. 전압 분배기 바이어스에 비해 베이스 바이어스가 유리한 점은?
10. 그림 3-25의 회로에서 R_2가 개방되었을 때 베이스, 이미터 및 컬렉터 전압은?

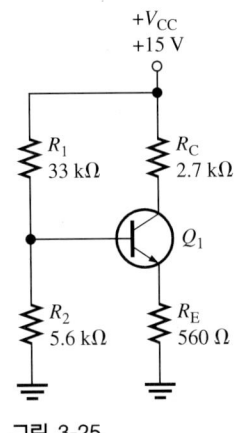

그림 3-25

아날로그 전자회로에서 선형증폭기는 기본적인 회로이다. 이 회로는 소신호를 지속적으로 대신호로 바꾸는 것이다. 어떠한 바이어스가 필요한 동작을 할 수 있는지를 트랜지스터의 동작을 통해 알아보기로 한다.

선형증폭기

선형증폭기(amplifier)는 입력신호를 사용하기에 적합한 크기의 신호로 변화시키는 것이다. 이상적인 선형증폭기에서는 잡음이나 왜곡이 없으며 출력은 시간에 따라 정해진다. 이때 증폭의 양을 **이득**(gain)이라 한다.

대부분의 증폭기는 교류전압과 전력을 증폭시킬 수 있도록 설계되어 있다. 전압증폭기의 경우 출력신호 V_{out}는 입력신호 V_{in}에 비례하며, 입력전압에 대한 출력전압의 비를 **전압이득**(voltage gain)이라 한다.

$$A_v = \frac{V_{out}}{V_{in}} \tag{3-7}$$

여기서 A_v는 전압이득, V_{out}는 출력신호 전압, V_{in}는 입력신호 전압이다.

비선형증폭기

증폭기는 입력신호에 대해 출력신호가 일정한 비율로 변화하지 않는 경우에도 사용된다. 이들 증폭기는 아날로그 전자기기에서 중요한 요소로 파형 및 스위칭이다.

파형(waveshaping) **증폭기**는 파형의 모양을 변화시키고, 스위칭(switching) **증폭기**는 다른 파형으로부터 구형파(retangular) 출력을 발생하는 데 사용한다. 예로, 입력파형으로는 정현파, 삼각파 또는 톱니파 등 임의의 파형이 될 수 있으며 구형파는 디지털 전자제품의 제어신호로 사용된다.

예제 3-7

문제

선형증폭기의 입력신호가 그림 3-26과 같이 오실로스코프에 표시되어 있다. 이 증폭기의 전압이득은 얼마인가?

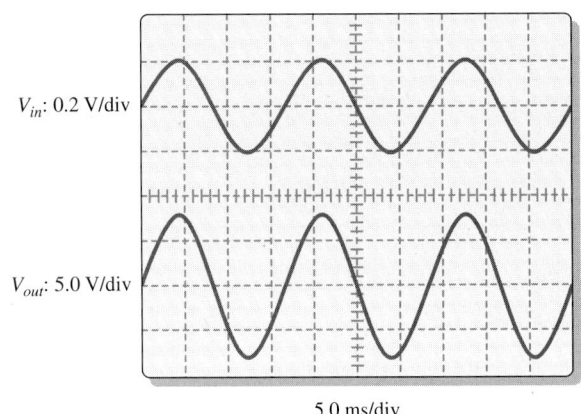

V_{in}: 0.2 V/div

V_{out}: 5.0 V/div

5.0 ms/div

그림 3-26 오실로스코프 파형

풀이

입력신호는 2.0 V_{P-P}/div이므로

$$V_{in} = 2.0 \text{ div} \times 0.2 \text{ V/div} = 0.4 \text{ V}$$

출력신호는 3.2 V_{P-P}/div이므로 출력파형과 증폭률은 다음과 같다.

$$V_{out} = 3.2 \text{ div} \times 5.0 \text{ V div} = 16 \text{ V}$$

$$A_v = \frac{V_{out}}{V_{in}} = \frac{16 \text{ V}}{0.4 \text{ V}} = \mathbf{40}$$

전압이득은 전압간의 비율로 입력과 출력의 값이 같이 실효값이거나 피크-피크이며 단위는 없다.

질문

증폭기의 입력이 20 mV이고 전압이득이 300인 경우 입력신호는?

다른 이득 파라미터로 **전력이득**(power gain)은 입력 전력에 대한 출력 전력의 비로 A_p로 표시한다. 전력은 전압과 전류의 실효값을 사용하여 계산하며 이때에도 단위는 없다. 시간의 함수인 전력이득은 다음과 같이 표시한다.

$$A_p = \frac{P_{out}}{P_{in}} \tag{3-8}$$

여기서 A_p는 전력이득, P_{out}는 출력전력, P_{in}는 입력전력이다.

전력은 전자공학에서 표준 전력관계를 표시한 것이며, 예로 전압과 전류가 주어지면 다음과 같이 표시할 수 있다.

$$A_p = \frac{I_{out}V_{out}}{I_{in}V_{in}}$$

여기서 I_{out}는 출력신호 전류, I_{in}는 입력신호 전류이다. 전력이득은 $P = V^2/R$의 관계를 이용하여 다음과 같이 표시할 수 있다.

$$A_p = \left(\frac{V_{out}^2/R_L}{V_{in}^2/R_{in}} \right)$$

여기서 R_L은 증폭기의 부하저항, R_{in}은 증폭기의 입력저항이다. 즉, 전력이득은 필요한 내용에 따라 결정하는 것으로 직류 전원의 신호를 출력으로 변환시키는 것이다.

DC와 AC의 표시

직류값은 트랜지스터의 동작 조건을 설정할 때만 이용된다. 이들 직류의 전압과 전류의 값은 V_E, I_E, I_C 및 V_{CE} 등과 같이 첨자에 대문자를 사용하고, 교류에서 실효값, 피크-피크 전압과 전류 등은 V_e, I_e, I_c 및 V_{ce}와 같이 첨자에 소문자를 사용한다. 또한 전압, 전류 및 저항 등도 직류 또는 교류 관점에서 다른 값으로 표시할 때가 있다. 순시값은 v_e, i_e, i_c 및 v_{ce}와 같이 문자와 첨자에 이탤릭체 소문자를 사용한다.

따라서 R_C는 직류 컬렉터 저항이고 R_c는 교류 컬렉터 저항이다. 여기서는 증폭기를 구분하는 방법에 대해서도 알아야 하는데 트랜지스터 등가회로의 한 부분인 내부저항은 r'_e와 같이 소문자의 이탤릭체 표시한다. 또한, r'_e는 교류 이미터 저항, $R_{in(tot)}$는 한 전원의 전체 저항으로 표시한다.

직류와 교류와의 다른 표시에 β가 있다. 즉, β_{DC}는 컬렉터 전류 I_C와 베이스 전류 I_B를 정의한 것이고, β_{ac}는 베이스 전류 I_b의 변화분에 대한 컬렉터 전류 I_c의 변화 비로 정의된다. β_{ac}는 제품 규격집에서는 h_{fe}로도 표시되며 수식은 다음과 같다.

$$\beta_{ac} = \frac{I_c}{I_b} \tag{3-9}$$

트랜지스터에서 β_{DC}와 β_{ac} 간의 차이로 특성곡선에서는 비선형인 관계로 약간의 차이가 있을 뿐이다. 대부분 설계에서 이들 특성의 차이는 중요한 사항이 아니며 데이터시트를 읽을 때 이해를 돕는 정도이다.

AC 등가회로

트랜지스터 증폭기의 분석이나 고장수리의 첫 번째 단계는 직류의 조건을 알아보는 것이다. 직류전압이 정상이면 다음 단계는 교류 신호를 검사하는 것이다. 등가 교류 회로는 직류 회로와는 매우 다른 특성을 가지고 있다. 예로, 콘덴서는 직류의 통과를 방해하는 개방회로로 표시되지만 교류에서는 대부분 단락회로로 취급되고 있는 이유만으로도 교류와 직류의 등가회로는 매우 다름을 알 수 있다.

dc/ac 회로에서 중첩의 원리를 선형회로에서는 전압과 전류를 구할 때 한 개의 전압원이나 전류원으로 취급하였고 이때 다른 전원은 0으로 가정하였다. 그러나 교류 파라미터를 계산할 때는 단락회로로 취급하여 공급 전원을 0으로 하여 마치 한 개의 전원으로만 동작하게 되는 파라미터로 계산한다. 이때 전원이 단락되었다는 의미는 교류 신호에서 V_{CC}가 접지된 것과 같은 **교류 접지상태**로 본다. 접지점의 개념에서 보면 교류 신호에서는 접지가 되나 직류에서는 접지가 없다. 이러한 이유로 교류 접지는 교류 신호에서 공통 기준점이라 할 수 있다.

정합용 콘덴서와 통과용 콘덴서

그림 3-27의 회로는 그림 3-18의 기본 BJT 증폭기 회로에 교류 전원, 3개의 콘덴서 및 부하저항을 첨가시킨 회로로 이미터 저항은 2개로 분해시켰다.

이때 교류 전원은 **정합 콘덴서**(coupling capacitor)라고 하는 증폭기에 직렬로 연결된 콘덴서 C_1과 C_3을 통하게 된다. 콘덴서가 교류에서는 단락상태로 직류에서는 개방상태로 표시되기 때문에 정합용 콘덴서는 교류 신호를 통과시키는 반면 직류전압은 컷오프시킨다. 입력용 정합 콘덴서 C_1은 전원으로부터 공급된 교류 신호를 베이스로 통과시키는 반면, 직류 바이어스 전압으로부터 컷오프시킨다. 출력의 정합용 콘덴서 C_3은 부하로 신호를 통과시키지만 공급 전원으로부터는 컷오프된다. 즉, 정합 콘덴서는 신호 경로에 직렬로 연결되었음을 알 수 있다.

그러나 C_2는 이미터에 연결된 저항과 병렬로 연결되어 있어 교류 신호를 두 번째 이미터 저항 R_{E2}로 통과시키기 때문에 **통과용 콘덴서**(bypass capacitor)라 한다. 통과용 콘덴서는 증폭기의 이득을 증가시키는 것으로 교류에서는 단락상태로 콘덴서의 양 끝은 교류 신호로 접지되어 있다. 이에 따라 고장수리 시에 통과용 콘덴서 어느 측에서도 교류 신호의 값이 없으므로, 만일 값이 측정된다면 콘덴서는 개방된 것이다.

그림 3-27

기본적인 트랜지스터 증폭기

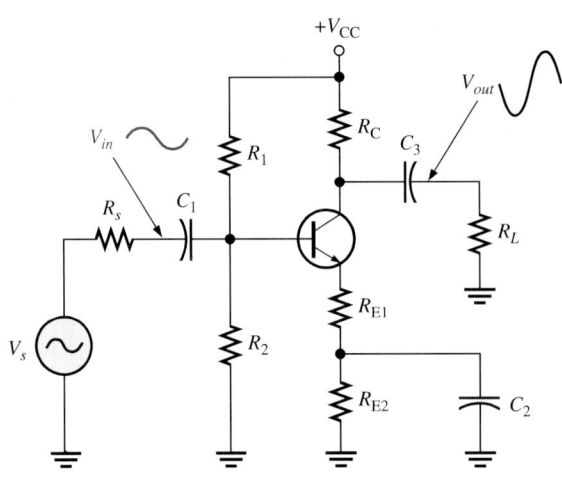

증폭

그림 3-27에서 신호원 V_s는 베이스 전류의 Q점에 의해 이미터 전류와 컬렉터 전류가 보다 많이 변화한다. 그러나 컬렉터 전류가 증가하면 컬렉터 전압은 반대로 감소하게 된다. 이에 따라 정현 컬렉터-이미터 전압은 베이스 전압에 비해 180° 늦은 Q점 근방에 이르게 된다. 트랜지스터는 베이스와 컬렉터 간의 신호를 바꾸며 베이스에서의 작은 변화를 주어 컬렉터 전압에서 큰 신호가 발생하는 증폭이 이루어지고 있다.

입력 및 출력 전압

증폭기에서 고려할 두 가지 사항으로는 유도성과 용량성 리액턴스가 포함된 **임피던스**(impedance) 성분인 입력저항과 출력저항이다. 증폭기는 신호원과 부하 사이에서 사용되는 것으로 전원은 마이크로폰이다. 일반적으로 증폭기는 정합 임피던스가 공동으로 사용되는 특정 주파수에서 예외인 경우가 있기는 하지만 앞단으로부터 부하의 영향을 최소로 받는 것이 좋다. 부하효과란 부하의 연결로 인해 회로의 파라미터가 변화하는 것으로 실제적으로는 부하의 영향이 10% 이하이며 이 정도로는 큰 문제가 없다.

부하효과를 최소화하기 위해 증폭기의 입력저항을 전원의 출력저항에 비해 크게 할 때가 있는데 이 경우에는 증폭기의 설계 시 미리 조절할 필요가 있다. 예로, 전압분배기 바이어스에서 스티프(stiff) 바이어스 스트링은 트랜지스터가 독립적으로 동작될 수 있는 안정한 바이어스를 위해 사용한다. 그러나 스티프 바이어스는 저저항으로 전원전압 보다는 전원용 부하로 인가되는 경우가 있다. 출력저항을 정할 때 고려할 사항으로는 저출력의 저항값을 갖는 증폭기는 고출력 저항보다도 작은 부하를 가지려는 경향이 있다. 실제로 이상적인 증폭기는 존재하지 않지만 이 경우라면 입력저항은 무한대이고 출력저항은 0이 된다. op-amp를 공부할 때 어떠한 특성이 이상적인 증폭기에 가까운지를 고려해 보자.

복습 질문

11. β_{DC}와 β_{ac}와의 차이는?

12. 이상적인 선형증폭기의 두 가지 특징은?

13. 비선형증폭기를 사용한 제품 두 가지는?

14. 전압이득의 단위는?

15. 징합용 콘덴서와 통과 콘덴시의 차이는?

3-4 소신호 증폭기

공통-이미터 증폭기는 소신호 증폭기에 가장 많이 사용하는 증폭기 방식이다. 다른 방식으로는 공통-이미터와 공통-컬렉터 증폭기가 있다.

이 절에서는 소신호 증폭기의 동작을 분석하기로 한다.

공통 이미터 증폭기

공통 이미터(CE) 증폭기는 입출력 기준 단자를 이미터로 하는 BJT 증폭기에서 가장 널리 사용하는 방식이다. 그림 3-28(a)의 CE 증폭기는 증폭 후에 부하저항에서 출력신호를 반전시킨 것이다. 이때 입력신호 V_{in}은 바이어스 값의 근처에서 변화하는 베이스 전류에 따라 정합 콘덴서 C_1을 통해 베이스에 인가된다. 컬렉터 전류의 변동은 트랜지스터를 통과하는 전류이득으로 인해 베이스 전류에서 변화하는 값보다 크게 된다. 즉, 이 값은 베이스 신호 전압보다도 큰 컬렉터 전압을 발생시킨다. 컬렉터에서 변환된 전압은 출력전압 V_{out}로 부하에 콘덴서 C_3을 통해 정합된다.

그림 3-28(a)의 증폭기 회로를 보면 더욱 자세히 알 수 있다. 트랜지스터 증폭기의 파라미터를 계산할 때는 항상 직류 파라미터로 계산해야 한다. 예제 3-4는 이 회로에서 직류를 계산한 예이다. 즉, 이미터에는 470 Ω의 저항이 2개로 구성되어 있으나 이 값의 변화는 직류 파라미터에는 영향을 주지 않는다. 그러나 교류에서는 영향을 줄 수 있다. 예제 3-4에서 직류 파라미터의 값으로 $I_C = 3.34 \text{ mA}$, $V_C = 8.98 \text{ V}$ 및 $V_{CE} = 7.41 \text{ V}$이다. Q점은 I_C와 V_{CE}가 정의된 점으로 여기서는 I_{CQ}, I_{CEQ}라 하자.

그림 3-28

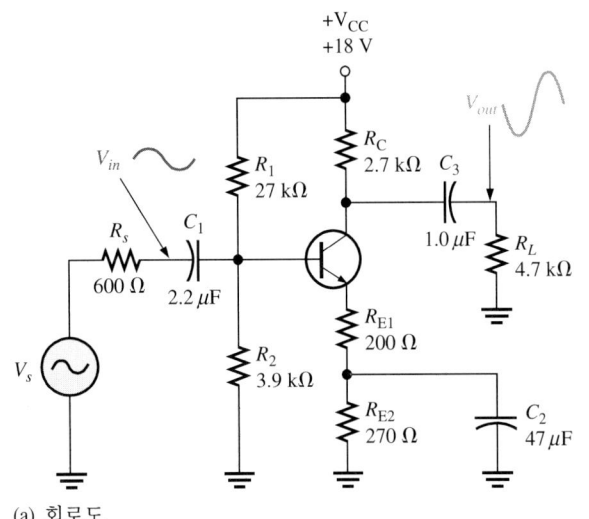

(a) 회로도

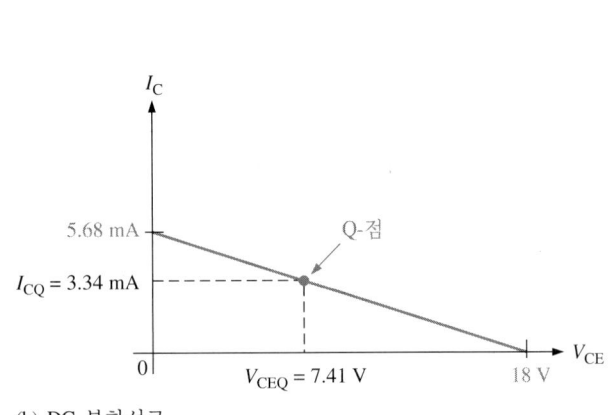

(b) DC 부하선로

직류 파라미터의 그래프를 보면 회로의 포화전류 및 컬렉터-이미터 전압에 의해 결정할 수 있는데 포화전류는 이 전압이 거의 0이 될 때의 전류이다.

$$I_{C(sat)} = \frac{V_{CC}}{R_C + R_{E1} + R_{E2}} = \frac{18 \text{ V}}{2.7 \text{ k}\Omega + 200 \text{ }\Omega + 270 \text{ }\Omega} = 5.68 \text{ mA}$$

컷오프에서는 전류가 없으므로 전체 공급전압 V_{CC}는 컬렉터와 이미터 사이에 인가된다. 즉, 포화와 컷오프인 두 점은 그림 3-28(b)와 같이 직류 부하 선로를 구성하게 된다. Q점은 미리 계산한 부하 선로에 위치하게 된다.

AC 등가회로

교류 신호는 직류 회로와는 여러 점에서 다르다. 그림 3-28(a)에서 중첩의 원리를 이용하면 콘덴서는 단락상태이므로 교류 신호의 입장에서는 CE 증폭기를 다시 작성하면 그림 3-29와 같이 된다. 이때 공급 전원은 그림과 같이 교류 접지로 대체될 수 있다. 이때 콘덴서는 단락상태이므로 R_{E2}는 C_2를 통과하므로 단락상태가 된다.

교류 등가회로에서 보면 베이스-이미터 다이오드는 내부저항으로 표시되어 있다. 이 내부저항 r'_e는 증폭기의 이득과 입력 임피던스로 작용함으로써 교류 등가회로에 포함된다. 즉, 교류 저항이므로 이를 **동적 이미터 저항**이라고 한다. 이때 교류 저항은 직류 이미터 전류와는 다음과 같은 관계가 있다:

$$r'_e = \frac{25 \text{ mV}}{I_E} \tag{3-10}$$

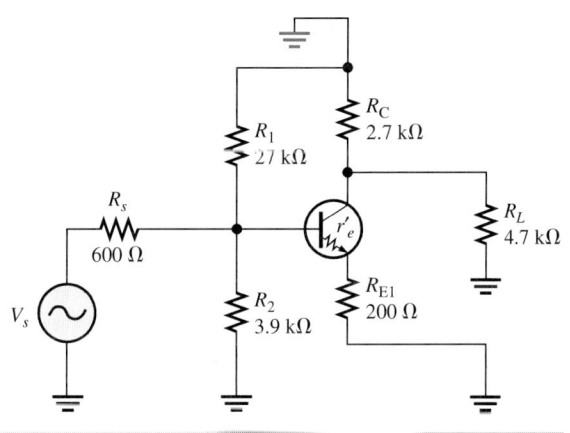

그림 3-29

그림 3-28(a)의 교류 등가회로

예제 3-8	

문제

그림 3-28(a)의 회로에서 동적 이미터 저항 r'_e를 구하라.

풀이

예제 3-4에서 이미터 전류는 3.34 mA였다. 이 값을 식 (3-10)에 대입하면,

$$r'_e = \frac{25\ mV}{I_E} = \frac{25\ mV}{3.34\ mA} = \textbf{7.5 }\boldsymbol{\Omega}$$

질문

이미터 전류가 100 μA인 트랜지스터의 r'_e는?

전압이득

CE 증폭기에서 전압이득 A_v는 입력신호전압에 대한 출력신호전압 V_{out}의 비로 V_{out}/V_{in}이다. 출력전압 V_{out}는 컬렉터에서 입력전압 V_{in}은 베이스에서 측정한다. 베이스-이미터 접합이 순방향 바이어스이므로 이미터에서 신호전압은 베이스에서 신호전압과 거의 근사하게 $V_b = V_e$이다. 즉, 전압비는 다음과 같다.

$$A_v = -\frac{V_c}{V_e} = -\frac{I_c R_c}{I_e R_e}$$

$I_c \cong I_e$이므로 전압이득은 교류 이미터 저항에 대한 교류 컬렉터 저항의 비로 다음과 같이 간단하게 된다.

$$A_v = -\frac{R_c}{R_e} \tag{3-11}$$

이득 공식에서 (−)는 역관계로 출력신호의 위상이 입력신호와 다르다는 것이다. 이득은 2개 교류 저항간의 비율로 표시할 수 있다. 컬렉터 회로에서 컬렉터 저항은 부하와 병렬인 상태가 되므로 $R_C \parallel R_L$이 된다. 이미터 회로에서는 내부 베이스-이미터 다이오드 저항 r'_e와 임의의 저항이 포함되어 콘덴서를 통과하지 않게 된다. 내부저항 r'_e는 교류 이미터 회로에서 통과되지 않는 이미터 저항과 직렬 형태로 표시된다.

식 (3-11)과 같은 공식을 사용하면 CE 증폭기의 전압이득은 간단히 구할 수 있다. 고장수리에도 어떠한 신호가 들어오는지를 확인해야할 필요가 있다. 이득 계산에 사용하는 컬렉터와 이미터 저항은 회로 측면에서 보면 **총 교류** 저항이 된다. 그림 3-28 회로에서 비통과저항 R_{E1}은 이득은 감소시키지만 안정한 이득값을 유지하며 또한 이 저항은 증폭기의 입력저항을 높여 주기도 한다. 그러나 r'_e의 불확실한 값을 벗어나려는 경향 때문에 **스왐핑 저항**(swamping resistor)이라고 한다.

문제

그림 3-28(a)의 회로에서 A_v를 구하라.

풀이

이미터 회로에서 교류저항 R_e는 비도통저항 R_{E1}과 직렬로 연결된 r_e'으로 구성되어 있다. 예제 3-8에서 $r_e' = 7.5 \, \Omega$이므로 R_e는 다음과 같다.

$$R_e = r_e' + R_{E1} + 7.5 \, \Omega + 200 \, \Omega = 207.5 \, \Omega$$

트랜지스터의 컬렉터로부터 교류저항을 구하면,

$$R_c = R_C \| R_L = 2.7 \, \text{k}\Omega \| 4.7 \, \text{k}\Omega = 1.71 \, \text{k}\Omega$$

이를 식 (3-11)에 대입하면,

$$A_v = -\frac{R_c}{R_e} = -\frac{1.71 \, \text{k}\Omega}{207.5 \, \Omega} = \mathbf{-8.3}$$

여기서 (−) 부호는 증폭기의 신호가 반전되었다는 것을 의미한다.

질문

그림 3-28(a)에서 통과용 콘덴서가 개방되었다고 하면 이득은?

컴퓨터 시뮬레이션

웹사이트에서 Multisim의 F03-28DV 파일을 이용하여 이득이 −8.3임을 확인한다.

입력저항

증폭기에서 입력저항 $R_{in(tot)}$는 전원저항과 직렬로 연결되어 부하와 같은 작용을 한다. 입력저항은 전원저항에 비해 아주 높으며 대부분의 저항은 입력에서 나타나므로 부하에 미치는 영향은 매우 적다. 만일 입력저항이 전원저항에 비해 작다면 전원전압의 대부분은 자체와 직렬로 된 저항에서 강하되어 증폭기의 증폭이 작게 된다.

CE 증폭기의 문제점 중 하나는 입력저항이 β_{ac}에 의존한다는 것이다. 즉, 이 파라미터가 크게 변화하면 β_{ac}를 알 수 없으므로 증폭기의 정확한 입력저항을 계산할 수가 있다. 그럼에도 불구하고 β_{ac}의 영향을 최소화하기 위해서는 이미터 회로에 스웜핑 저항을 더하여 전체 입력저항을 증가시키는 것이다. 이렇게 함으로써 입력저항의 값을 측정할 수 있으며 대부분의 경우 증폭기에 필요한 값을 갖도록 결정할 수 있다.

그림 3-30은 그림 3-28(a)의 CE 증폭기 회로에서 입력 부분만을 그린 회로도이다. 여기서 R_C는 역방향 바이어스인 베이스-컬렉터 접합이 되므로 입력부는 아니다. 교류 입력신호 측에서 보면 3개의 저항이 접지되어 있다. 전원으로부터 보면 이 3개의 병

그림 3-30

3-28(a)의 CE 증폭기 회로의
등가 입력회로

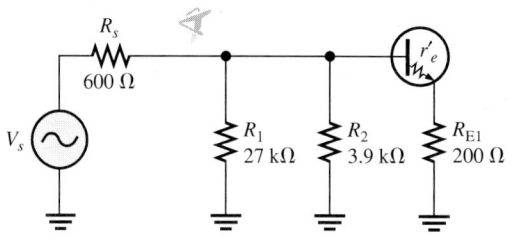

렬 경로는 R_1, R_2 및 트랜지스터의 베이스-이미터를 통하고 있다. 이들 3개의 병렬 경로는 회로의 입력저항으로 구성되어 있는데, 여기서 바이어스 저항을 포함한 전체 입력저항을 R_{in}이라 하자. 그러나 베이스-이미터 경로에서는 트랜지스터의 전류이득 때문에 β_{ac}에 의해 정해진다. 그러나 등가저항 R_{E1}과 r'_e는 전류이득이므로 이미터에서보다는 베이스에서 더 크게 나타난다. 이미터에서 저항은 베이스의 등가저항에서 얻은 값에 β_{ac}배를 한다. 그러므로 입력저항은 다음과 같다.

$$R_{in(tot)} = R_1 \| R_2 \| [\beta_{ac}(r'_e + R_{E1})] \tag{3-12}$$

예제 3-10

문제

그림 3-28(a)에서 $\beta_{ac} = 120$인 경우 $R_{in(tot)}$는?

풀이

내부 교류 이미터 저항 r'_e는 예제 3-8에서 7.5 Ω이므로 식 (3-12)에 대입하면,

$$R_{in(tot)} = R_1 \| R_2 \| [\beta_{ac}(r'_e + R_{E1})]$$
$$= 27\,k\Omega \| 3.9\,k\Omega \| [120(7.5\,\Omega + 200\,\Omega)] = \textbf{3.0 k}\boldsymbol{\Omega}$$

질문

그림 3-28(a)에서 $\beta_{ac} = 200$인 경우 $R_{in(tot)}$는?

출력저항

CE 증폭기의 출력저항은 그림 3-31과 같이 출력측의 정합용 콘덴서로부터 역으로 구할 수 있다. 트랜지스터는 컬렉터 저항과 병렬로 연결된 전류원으로 표시된다. 이상적인 전류원인 경우 내부저항은 무한대가 된다. CE 증폭기에 대한 출력저항은 컬렉터 저항 R_C와 비슷하게 됨을 알 수 있다.

AC 부하 선로

고장수리 시에는 회로의 전압과 전류값을 신속히 측정하는 것이 유용하다. 기술자들이 잘 사용하지는 않으나 부하 선로는 트랜지스터 동작을 이해하는 데 유용한 도구로 클리핑 레벨(clipping level)과 같이 회로의 동작 한계를 파악할 수 있다.

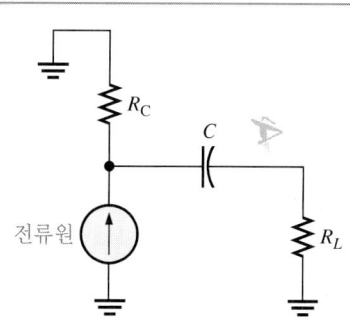

그림 3-31

부하측에서 본 CE 증폭기의
등가 교류 출력회로

직류 부하 선로는 컬렉터 저항 R_C와 직렬로 연결하여 기본적인 트랜지스터 회로로 생각할 수 있다. 그림 3-13(a)와 같이 이들 직렬결합은 테브냉 회로로 구성하여 포화 시에 y축에 직류 부하 선로를 구성할 수 있다. 그림 3-13(b)에서 부하 선로는 부하로 동작하듯이 트랜지스터와는 독립적이다.

교류에서 테브냉 저항은 콘덴서와 내부 이미터 저항 r'_e로 복잡하다. 고주파에서 인덕터는 부하 역할, r'_e는 트랜지스터 내부에 있기는 하나 테브냉 회로의 한 부분으로 취급되고 있다. 용량성 저항과 통과용 콘덴서는 실제 회로에 이용되고 있다. 콘덴서는 교류 회로에서 단락상태로 취급되고 있으므로 컬렉터-이미터 회로의 교류저항 R_{ac}는 감소하게 된다.

Q점은 교류 신호가 감소되어 0이 되므로 양 부하 선로가 같게 되면 이때 동작은 Q 점에서 일어나게 된다. 교류 포화전류는 교류저항이 보다 적으므로 직류 포화전류에 비해서는 크다. 또한, 교류 컬렉터-이미터 차단전압은 직류 컬렉터-이미터 차단전압보다는 작다. 교류 부하 선로는 교류 신호의 모든 가능한 동작점에 위치하게 된다.

교류의 포화점과 차단점은 교류 부하 선로로 계산할 수 있다. 교류 부하 선로는 y축에 $I_{c(sat)}$로 표시한다. 이 점은 직류의 Q점 I_{CQ}에서 시작됨에 따라 정해지고 그림 3-

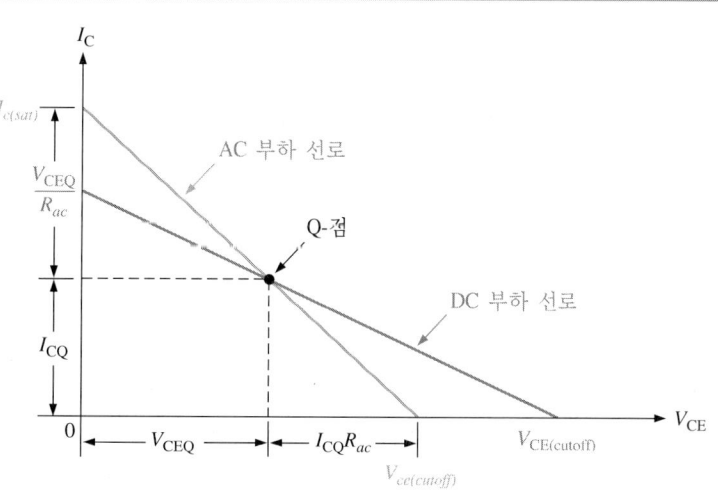

그림 3-32

직류와 교류 선로

그림 3-33

AC 부하 선로의 베이스 전류의 변화에 따른 트랜지스터 특성곡선

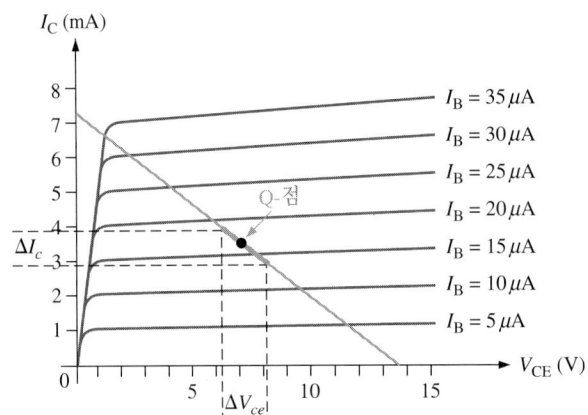

32에서 알 수 있듯이 컬렉터-이미터 회로의 R_{ac}의 교류 저항을 포함하고 있다. 교류 포화에 대한 방정식은 다음과 같다.

$$I_{c(sat)} = I_{CQ} + \frac{V_{CEQ}}{R_{ac}}$$

교류 부하 선로는 x 축에 $V_{ce(cutoff)}$로 표시한다. 이 점은 직류의 Q점 V_{CEQ}에서 시작하여 교류 저항 R_{ac}를 포함하는 것으로 이 교류 컷오프 시의 방정식은 다음과 같다.

$$V_{ce(cutoff)} = V_{CEQ} + I_{CQ}R_{ac}$$

증폭기의 동작상태를 확인하는 방법으로는 교류 부하 선로에서 트랜지스터의 특성 곡선 설정값을 중첩해 보는 것이다. 그림 3-33은 그림 3-28(a)에서 CE 증폭기로 사용하는 전형적인 트랜지스터 회로이다. 선로는 I_C축에 베이스 전류의 피크값에서 시작하여 V_{CE}축으로 교류 부하 선로가 감소하고 있다. 즉, 컬렉터 전류와 컬렉터-이미터 전압의 피크-피크 값의 변화를 표시한다. 이 예에서 알 수 있듯이 트랜지스터의 입력 신호에 I_B가 13 μA에서 18 μA까지 변화하면 출력측의 컬렉터 전류는 2.9 mA에서 3.9 mA까지 변하게 된다. 또한, V_{CE}는 6.3 V에서 8.1 V로 변화하게 된다. 교류 부하 선로 또한 신호가 증폭기의 선형 범위를 초과할 때는 쉽게 알 수 있으므로 전류와 전압의 범위에 따라 해당 신호로 수행할 수 있다.

공통 컬렉터, 공통 베이스 증폭기

CE 증폭기가 가장 많이 사용되고 있음에도 불구하고 두 가지 다른 방식의 증폭기도 이용되고 있다. 그 첫째가 컬렉터가 접지되어 있는 **공통 컬렉터**(commom-collector: CC) 증폭기이다. 이 증폭기의 입력신호는 베이스에서 가해져서 이미터로 흐른다. 그림 3-34는 전형적인 공통 컬렉터 증폭기 회로와 등가 교류회로이다. 특히, CC 증폭기에는 컬렉터 저항이 없다. 즉, 출력에서 전력을 소비함에 따라 불필요하며 나머지 2개

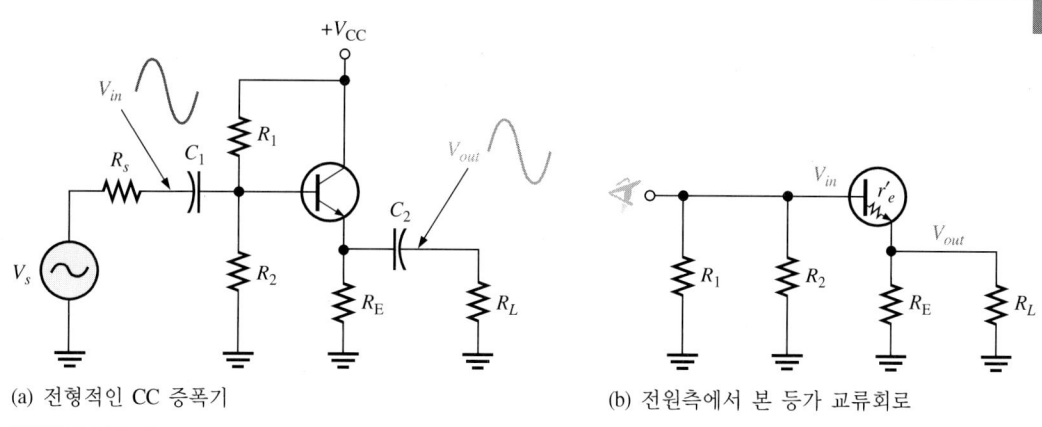

그림 3-34
CC 증폭기

(a) 전형적인 CC 증폭기   (b) 전원측에서 본 등가 교류회로

의 부품으로는 저항과 통과용 콘덴서가 있을 뿐이다.

CC 증폭기의 출력은 이미터로부터 전해지며 이 값은 트랜지스터에서는 무시할 수 있을 정도로 미소한 전압강하가 있는데 이를 제외하면 입력전압과 거의 동일하다. 즉, 이미터에서 출력이 입력으로 대치되기 때문에 CC 증폭기는 **이미터-폴로워**(emitter-follow)라고도 한다. 따라서 CC 증폭기의 이득은 다음과 같다.

$$A_v \cong 1 \tag{3-13}$$

여기서 출력전압이 입력전압과 같다면 사용되는 이유가 궁금하게 되는데 이 CC 증폭기는 전압이득이 아니라 전류이득을 고려한 것이다. 즉, 전류이득은 부하저항에 대한 AC 입력저항의 비율이 되므로 소형 스피커와 같이 저임피던스로 구동이 필요한 소형 전력증폭기에 유용하다는 것이다. CC 증폭기는 5장의 전력증폭기에서 다시 논의하기로 한다.

또 다른 증폭기로는 **공통-베이스**(common-base, CB) 증폭기가 가끔 사용된다. 이 증폭기는 베이스가 교류 접지된 증폭기이다. 공통-베이스 증폭기는 전압이득을 갖는 것으로 입력저항이 적고 고주파 영역과 같이 특별한 경우를 제외하고는 별 이득이 없다. CB 증폭기는 저저항 전원을 구동하는 경우에만 유용한 것으로 부하는 입력신호의 증폭을 억제하는 데 사용된다. 일반적으로 전원저항 R_s는 50 Ω 이하가 된다.

그림 3-35는 전형적인 CB 증폭기와 이 증폭기의 등가회로이다. CB 증폭기의 전압이득에 대한 방정식은 CE 증폭기와 거의 동일하다. 이득 방정식에서 CE 증폭기는 출력이 (−) 부호로 반전되나 CB 증폭기는 다음과 같이 바꾸지 않는다.

$$A_v = \frac{R_c}{R_e} \tag{3-14}$$

CB 증폭기의 장점은 CE 증폭기보다 고주파 응답을 가지는 것이다. 이러한 이유로 동조증폭기와 같이 특정 무선주파수에서 증폭할 수 있도록 설계한 곳에서 사용한다.

표 3-2는 기본적인 세 가지 증폭기의 중요한 파라미터를 요약한 것으로 비교값은

그림 3-35

CB 증폭기

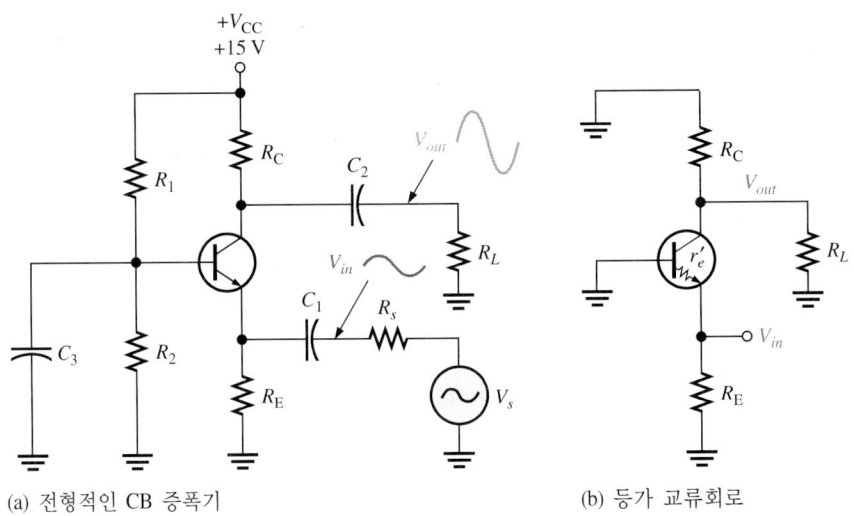

(a) 전형적인 CB 증폭기   (b) 등가 교류회로

표 3-2   증폭기의 교류 파라미터. 전압 분배기 바이어스가 CE와 CB 증폭기에서는 비통과 이미터 저항을 증폭기에 사용한다고 가정한 것임

	CE	**CC**	**CB**
전압이득	$A_v = -\dfrac{R_c}{R_e}$ 크다	$A_v \cong 1$ 작다	$A_v = \dfrac{R_c}{R_e}$ 크다
입력저항	$R_{in(tot)} = R_1 \parallel R_2 \parallel [\beta_{ac}(r_e' + R_{E1})]$ 중간	$R_{in(tot)} = R_1 \parallel R_2[\beta_{ac}(r_e' + R_E \parallel R_L)]$ 크다	$R_{in(tot)} = r_e' + R_{E1}$ 매우 작다
출력저항	R_C 크다	$\cong r_e'$ 작다	R_C 크다
V_{in}과 V_{out} 간의 위상관계	$180°$ 반전	$0°$ 비반전	$0°$ 비반전

임력과 출력저항을 이용하였다.

복습 질문

16. CE 증폭기의 입력 단자와 출력 단자는 트랜지스터의 어느 부분이 되나?

17. CE 증폭기에서 신호가 반전되는 이유는?

18. 증폭기에서 높은 입력저항이 유리한 점은?

19. CE 증폭기에서 이득은 어떻게 정해지나?

20. 직류 부하 선로와 교류 부하 선로가 교차하는 점의 이득은?

스위치로서의 BJT 3-5

디지털을 이용한 회로가 처음에는 통신 시스템에 대규모로 이용되었으나 오늘날에는 IC 를 이용한 스위칭 회로로 컴퓨터 시스템에 많이 이용되고 있다. 이산형 트랜지스터 스 위칭 회로는 정격전압과 다른 전압을 공급하거나 높은 전류를 공급할 때 IC 회로로부터 신호를 받아 사용한다.

이 절에서는 BJT가 어떻게 스위칭 회로로 이용할 수 있는가에 대해 설명한다.

그림 3-36은 트랜지스터가 스위치로 동작되는 개념을 설명하는 회로로 **스위치** (switch)는 열려 있거나 닫혀 있는 두 가지 상태로 동작하는 장치이다. 그림 3-36(a)에 서 트랜지스터는 *pn* 접합이 순방향 바이어스가 아니기 때문에 오프셋상태이다. 따라 서, 이 상태에서는 컬렉터와 이미터 간에 등가회로에서와 같이 열려 있다. 그림 3-36(b)에서 트랜지스터는 *pn* 접합이 순방향 바이어스이므로 포화상태로 베이스 전류는 컬렉터 전류가 포화될 정도의 충분한 전류가 흐르게 된다. 이상적으로, 이 조건에서는 컬렉터와 이미터 간에는 등가회로에서 스위치가 닫힌 것과 같은 단락상태로 된다. 실 제적으로 트랜지스터가 포화될 때는 보통 0.1 V의 전압강하가 발생한다. 앞에서 설명 한 바와 같이 트랜지스터는 베이스-이미터 접합의 순방향 바이어스가 인가되지 않을 때는 오프셋상태이다.

누설전류를 무시한다면 전체 전류는 0이 되므로 다음과 같이 V_{CE}는 $V_{CE(cutoff)}$와 같다.

$$V_{CE(cutoff)} = V_{CC}$$

이미터 접합이 순방향 바이어스로 베이스 전류가 컬렉터 전류를 최대로 증가시키면 트랜지스터는 포화된다. V_{CE}가 포화상태에서는 매우 적으므로 전원전압의 전체는 컬 렉터 저항에 인가된다. 그러면 컬렉터 전류는 다음과 같이 근사적으로 구할 수 있다.

$$I_{C(sat)} \cong \frac{V_{CC}}{R_C}$$

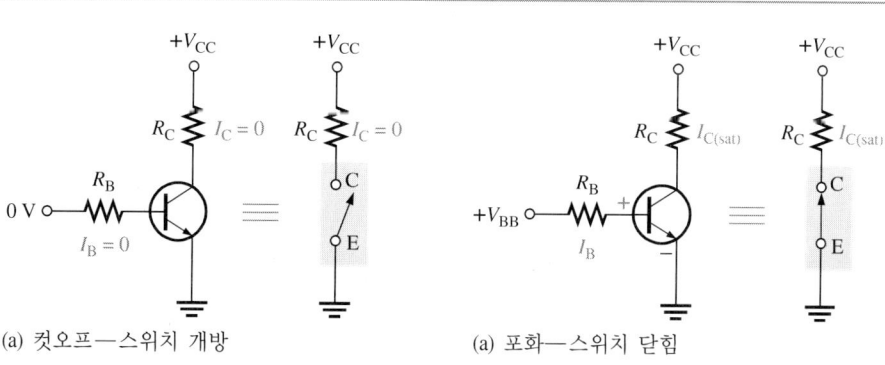

그림 3-36

이상적인 트랜지스터의 스위 칭 동작

(a) 컷오프—스위치 개방 (a) 포화—스위치 닫힘

포화될 때 필요한 베이스 전류의 최대값은 다음과 같다.

$$I_{B(min)} \cong \frac{I_{C(sat)}}{\beta_{DC}}$$

여기서 다른 트랜지스터가 포화될 수 있도록 하기 위해 $I_{B(min)}$보다는 크다.

예제 3-11

+V_{CC}
+10 V

R_C ⊰ 1.0 kΩ

R_B

V_{IN} o—⟍

그림 3-37

문제

(a) 그림 3-37의 트랜지스터 스위칭 회로에서 $V_{IN} = 0\,V$일 때 V_{CE}는?

(b) β_{DC}가 200일 때 이 트랜지스터가 포화되는 데 필요한 I_B의 최소값은?

(c) $V_{IN} = 5\,V$일 때 R_B의 최대값은?

풀이

(a) $V_{IN} = 0\,V$이면 트랜지스터는 스위치가 열린 것과 같이 오프셋상태이므로 $V_{CE} = V_{CC} = \mathbf{10\,V}$이다.

(b) $V_{CE(sat)} = 0\,V$이므로

$$I_{C(sat)} \cong \frac{V_{CC}}{R_C} = \frac{10\,V}{1.0\,k\Omega} = 10\,mA$$

$$I_{B(min)} = \frac{I_{C(sat)}}{\beta_{DC}} = \frac{10\,mA}{200} = \mathbf{0.05\,mA}$$

이 값은 트랜지스터가 포화점에서 구동하는 데 필요한 값이다. 이때 I_B가 더욱 증가하여도 I_C는 증가하지 않는다.

(c) 트랜지스터가 포화되면 $V_{BE} = 0.7\,V$이다. 그러면 R_B에 인가되는 전압은 다음과 같다.

$$V_{R_B} = V_{IN} - V_{BE} = 5\,V - 0.7\,V = 4.3\,V$$

R_B의 최대값은 0.05 mA의 I_B가 흐르는 데 필요한 최소값으로 옴의 법칙을 이용하여 구하면 다음과 같다.

$$R_B = \frac{V_{R_B}}{I_B} = \frac{4.3\,V}{0.05\,mA} = \mathbf{86\,k\Omega}$$

질문

그림 3-37에서 $\beta_{DC} = 125$, $V_{CE(sat)} = 0.2\,V$이면 트랜지스터가 포화되는 데 필요한 I_B의 최소값은?

컴퓨터 시뮬레이션

웹사이트에서 Multisim의 R03-37DV 파일을 이용하여 트랜지스터가 포화될 때 V_{IN}의 값을 측정한다.

단일 트랜지스터 스위칭 회로의 개선

그림 3-36의 스위칭 회로에서 **하한계**(threshold) 전압은 off에서 on이나 on에서 off 로 변화하게 된다. 그러나 트랜지스터는 컷오프나 포화상태에서 동작할 수 있으므로 하한계가 절대점이 되지는 않는 관계로 스위칭 회로는 불안한 상태를 유지한다. 따라 서 두 번째 트랜지스터가 이러한 하한계 전압을 정확히 하여 스위칭 작용을 개선시킨 다. 그림 3-38은 출력에 LED를 사용한 회로로 하한계 동작에 대한 설정과 분석이 필 요한 경우에 사용한다. 즉, V_{IN}이 아주 낮으면 Q_1은 off될 정도로 베이스 전류가 적어 지고 Q_2는 R_2를 통해 충분한 전류가 흐름에 따라 포화상태로 되어 LED가 동작된다. Q_1이 포화점에 접근함에 따라 Q_2의 베이스 전압은 강하되어 포화상태에서 컷오프상 태로 급속히 진행되어 Q_2의 출력전압은 강하되고 LED는 소등된다.

다른 종류의 스위칭 회로로는 히스테리시스를 가하는 것이다. 스위칭 회로에서 **히 스테리시스**(hysteresis)는 출력이 이미 크거나 작은 상태에 따라 정해지는 것으로 그림 3-39는 이러한 상태를 표시한 것이다. 즉, 입력전압이 증가하면 스위칭을 하기 전에 상부 하한계로 인가된다. 즉, 아래의 하한계에서는 동작하지 않으므로 A 또는 B에서 는 스위칭이 되지 않는다. 신호가 점 C에서와 같이 상부 하한계로 인가되면 출력이 스위칭되어 하한계는 적은 값으로 변화된다. 그러나 D점에서는 출력이 바뀌지 않으

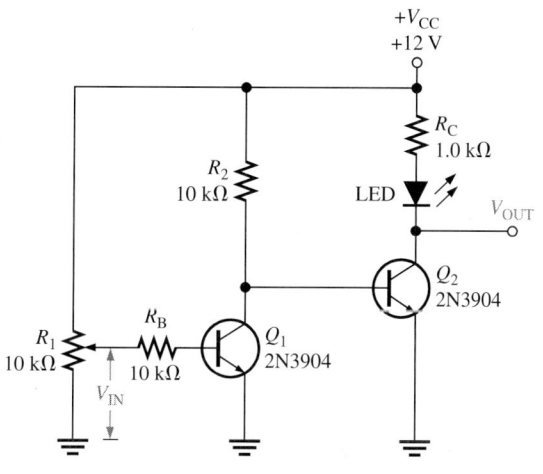

그림 3-38

하한계가 된 2개 트랜지스터의 스위칭 회로

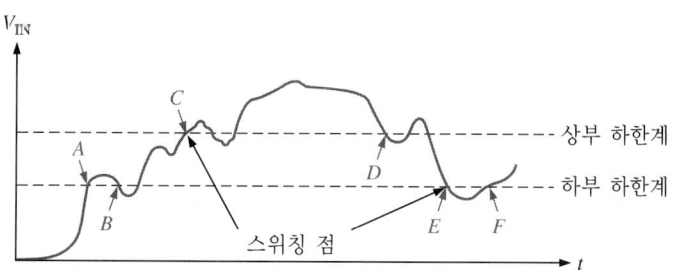

그림 3-39

히스테리시스가 점 C 및 E에서는 발생하고 기타 지점에서는 발생하지 않는다.

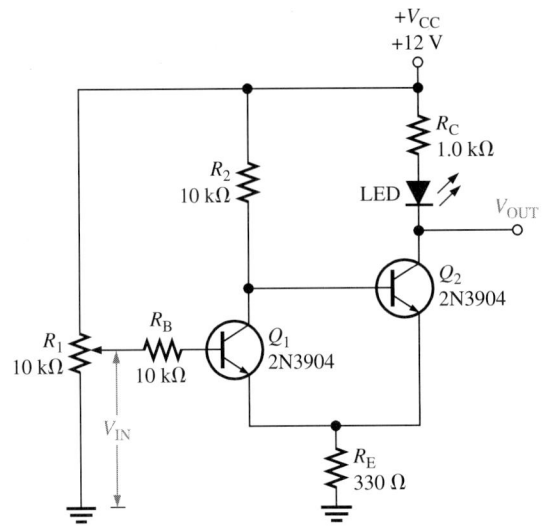

그림 3-40

히스테리시스 스위칭 회로

므로 원래의 상태인 E점으로 되돌아가기 전에 하부 하한계로 인가된다. 그러면 하한계는 상한으로 변화하게 되고 점 F에서는 스위칭이 발생되지 않는다. 스위칭 회로에서 히스테리시스의 가장 큰 장점은 잡음의 영향을 받지 않는 것으로 위에서 알 수 있듯이 출력은 잡음의 변화에도 불구하고 두 가지 상태로만 변화하는 것을 알 수 있다.

그림 3-40은 히스테리시스가 포함된 트랜지스터 회로이다. 이때 전원을 한 방향으로 가하면 전원이 잡음(noisy)상태가 되어도 출력 스위치가 한번 동작한 것이 된다. 2개 트랜지스터의 하한계에 대한 다른 포화전류에 의해 트랜지스터가 포화상태로 되어도 출력은 컷오프상태로 된다.

복습 질문

21. 트랜지스터가 스위칭 회로로 사용될 때 동작하게 되는 두 가지 상태는?

22. 컬렉터 전류가 최대값에 도달할 때는?

23. 컬렉터 전류가 거의 0에 도달할 때는?

24. V_{CE}가 V_{CC}와 같게 되는 때는?

25. 스위칭 회로에서 히스테리시스란?

3-6 트랜지스터 패키지와 단자 표시

트랜지스터에는 많은 종류가 있으며 여러 형태의 패키지로 이용되고 있다. 전선부착돌출 또는 열흡수 등은 보통 전력용 트랜지스터이고 저전력 및 중간 용량의 트랜지스터는 작은 금속체나 플라스틱 케이스에 부착되고 고주파용은 별도의 패키지로 구분할 수 있도록 하고 있다.

이 절에서는 여러 가지 트랜지스터의 패키지에 대해 설명한다.

트랜지스터의 범주

트랜지스터는 보통 일반용/소신호 장비, 전력용 장비 및 무선장비용 장비 등 3가지 범주로 구분한다. 또는 크기에 따리 구분하기도 하고 독특한 형태로 나누기도 하는 등 같은 용도의 트랜지스터에도 여러 형태의 패키지가 있다. 이들은 보통 외부의 외관(overlap)에 따라 3가지로 구분하는데 회로기판을 보면 부착하는 방법에 따라서도 쉽게 구별할 수도 있다.

일반용/소신호 트랜지스터

일반용/소신호 트랜지스터는 중소용량의 증폭기 또는 스위칭 회로에 사용한다. 이들 패키지는 플라스틱이나 금속 케이스로 되어 있으며 경우에 따라서는 여러 개의 트랜지스터가 한 개의 패키지 안에 있다. 그림 3-41은 플라스틱 케이스형, 그림 3-42는 금속캔형, 그림 3-43은 다중 트랜지스터 패키지이다. 다중 트랜지스터 패키지의 형태 중에는 DIP(dual-in-line)형과 SO(small outline)형이 IC 회로로 많이 사용되고 있다. 핀 배열은 이미터, 베이스 및 컬렉터 순서로 표시된 것임을 알 수 있다.

전력용 트랜지스터

전력용 트랜지스터는 보통 1 A 이상의 대전류나 고전압이 가해지는 회로에 사용한다. 예로, 스테레오 시스템의 최종 보드부에는 스피커를 동작시키기 위해 전력용 트랜

플라스틱으로 성형된 일반용/소신호 트랜지스터. 구형과 신형 *JEDECTO* 의 번호는 주어졌으나 데이터시트에서 확인해야 한다.　　　　　　　　　　　　　　　　　　　　　　　　**그림 3-41**

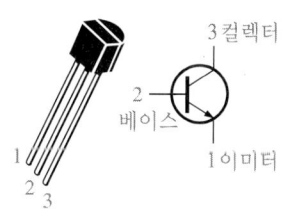

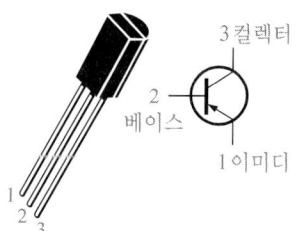
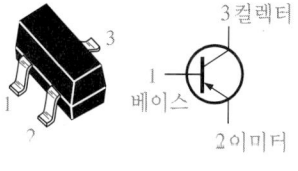

(a) TO-92 또는 TO-226AA　　　　(b) TO-92 또는 TO-226AE　　　　(c) SOT-23 또는 TO-236AB

금속 피복 일반용/소신호 트랜지스터　　　　　　　　　　　　**그림 3-42**

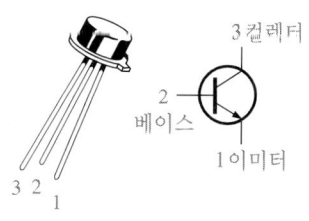

(a) TO-18 또는 TO-206AA　　　　(b) 핀 배열(하부도) 탭에 가장
　　　　　　　　　　　　　　　　가까운 부분이 이미터

| 그림 3-43 | 다중 트랜지스터 패키지 |

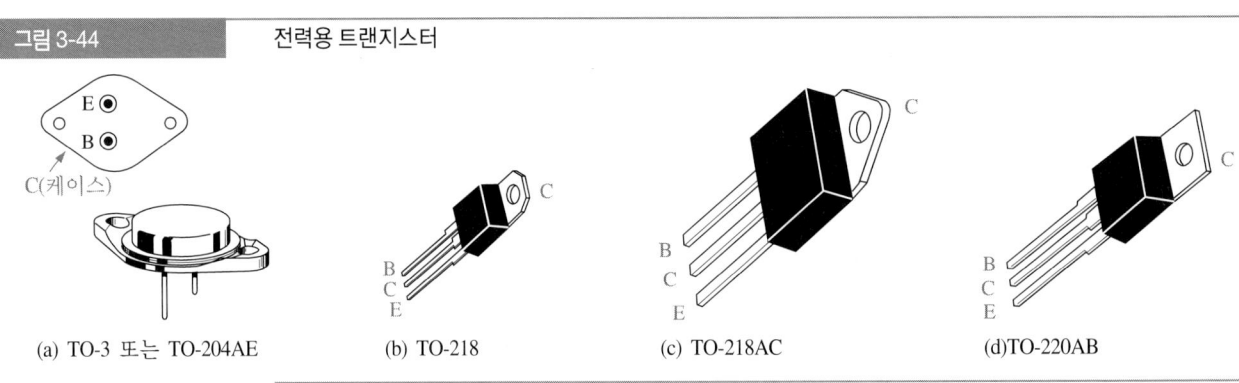

(a) 2중 금속 캔 탭이 1번

(b) DIP 및 flat-pack, 1번에 점이 있음

(c) 표면 부착용 기법을 이용한 SO

| 그림 3-44 | 전력용 트랜지스터 |

(a) TO-3 또는 TO-204AE   (b) TO-218   (c) TO-218AC   (d)TO-220AB

| 그림 3-45 |

RF 트랜지스터

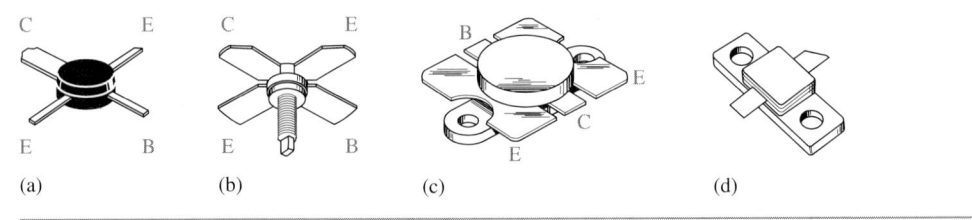

(a)   (b)   (c)   (d)

지스터를 사용한다. 그림 3-44는 보통 사용되고 있는 전력용 트랜지스터이다. 가장 많이 사용되고 있는 트랜지스터는 금속탭이나 금속 케이스가 컬렉터와 공통 단자로 사용되며 이 부분은 열방사 시에 열을 흡수할 수 있게 제작된 것이다.

RF 트랜지스터

RF 트랜지스터는 고주파에서 동작하는 것으로 통신시스템과 기타 여러 목적으로 사용되고 있다. 이 트랜지스터는 특수한 외관과 리드선으로 구성되어 있으며 고주파 파라미터를 최적화하는 데 사용하는 것이다. 그림 3-45는 RF 트랜지스터의 외관이다.

복습 질문

26. BJT의 넓은 의미로 본 3가지 범주는?

27. 한 개의 트랜지스터 금속 케이스의 경우 부하는?

28. 4각 DIP 패키지 트랜지스터에서 핀 1의 용도는?

29. 전력용 트랜지스터에서 금속 부착 탭이나 케이스는 트랜지스터의 어느 영역인가?

30. RF 트랜지스터의 설치 목적은?

주요 용어

ac 베타(β_{ac}) 쌍극성 접합 트랜지스터에서 베이스 전류의 변화분에 대한 컬렉터 전류 변화분의 비

dc 베타(β_{dc}) 쌍극성 접합 트랜지스터에서 베이스 전류 변화분에 대한 컬렉터 전류 변화분의 비

공통 베이스(common-base) 베이스가 교류신호의 공통 단자로 사용되는 BJT 증폭기

공통 이미터(common-emitter) 이미터가 교류신호의 공통 단자로 사용되는 BJT 증폭기

공통 컬렉터(common-collector) 컬렉터가 교류신호의 공통 단자로 사용되는 BJT 증폭기

베이스(base) BJT에서 반도체 영역 중의 하나

쌍극성 접합 트랜지스터(bipolar junction transistor) 2개의 *pn* 접합에 의해 도핑이 된 3개의 반도체 영역으로 구성된 트랜지스터

이득(gain) 증폭의 양으로 입력량에 대한 출력량의 비율. 예로, 전압이득이란 입력전압과 출력전압과의 비

이미터(emitter) BJT에서 반도체 영역 중의 하나

증폭기(amplifier) 증폭을 할 수 있도록 설계된 전자회로

컬렉터(collector) BJT에서 반도체 영역의 하나

컷오프(cutoff) 트랜지스터의 비도통상태

포화(saturation) BJT에서 컬렉터 전류가 베이스 전류에 관계없이 최대로 되는 상태

요점

❏ BJT는 이미터, 베이스 및 컬렉터의 3개 영역으로 구성되어 있다. 쌍극이란 전자전류, 정공전류 두 가지 전류의 형태에 따라 형이 정해진다.

❏ BJT의 3개 영역은 2개의 *pn* 접합으로 분리된다.

❏ BJT에는 *npn*과 *pnp*의 두 가지 형이 있다.

❏ 정상적인 동작에서 베이스-이미터(BE) 접합은 순방향 바이어스, 베이스-컬렉터(BC) 접합은 역방향 바이어스이다.

❏ BJT에는 베이스 전류, 이미터 전류 및 컬렉터 전류 등 3개의 전류가 있다. 이들 간에는 $I_E = I_C + I_B$의 관계가 있다.

❏ BJT의 특성곡선은 베이스 전류가 설정되어 있을 때 I_C와 V_{CE}의 관계를 표시한 것이다.

❏ BJT가 컷오프되면 컬렉터에는 극히 작은 누설전류 I_{CEO}를 제외하면 전류는 흐르지 않고 V_{CE}는 최대가 된다.

❏ BJT가 포화상태가 되면 외부회로에 가해진 최대 전류가 흐른다.

❏ 부하 선로는 컷오프와 포화를 포함한 회로의 모든 동작점을 표시한다. 부하 선로에서 베이스 전류가 교차하는 점을 Q점 또는 정지점이라 한다.

❏ 베이스 바이어스는 공급 전원과 베이스 단자 간에 저항을 이용한다.

❏ 전압 분배기 바이어스는 베이스 회로에 전압 분배기 형태로 2개의 저항을 사용한 가장 안정한 형태이다.

❏ 이미터 바이어스는 베이스 단자와 접지 사이에 저항을 사용하여 (+)와 (−) 전원을 사용하는 안정한 바이어스이다.

❏ 첨자에 DC값은 대문자, AC값은 소문자에 *이탤릭체*를 사용한다.

❏ 정합 콘덴서는 교류신호를 인입하고 인출하도록 증폭기와 직렬로 연결되어 있다.

❏ 바이패스 콘덴서는 저항 주위에 교류 경로가 될 수 있도록 저항과 병렬로 연결되어 있다.

❏ 공통 이미터, 공통 컬렉터 및 공통 베이스는 교류신호의 공통단자에 관한 기준을 정하는 것이다.

❏ CE 증폭기와 CB 증폭기의 전압이득은 저항비로 구한다.

❏ CC 증폭기의 전압이득은 거의 1이다.

❏ 스위칭 회로에서 트랜지스터가 컷오프되고 포화되는 것은 스위치가 열리고 닫히는 것과 등가이다.

공식

트랜지스터의 전류관계:

$$I_E = I_C + I_B \tag{3-1}$$

β_{DC}:

$$\beta_{DC} = \frac{I_C}{I_B} \tag{3-2}$$

베이스 바이어스의 컬렉터 전류:

$$I_C = \beta_{DC}\left(\frac{V_{CC} - V_{BE}}{R_B}\right) \tag{3-3}$$

전압 분배기 바이어스의 베이스 전압:

$$V_B = \left(\frac{R_2}{R_1 + R_2}\right)V_{CC} \tag{3-4}$$

전압 분배기 바이어스의 이미터 전압:

$$V_E = V_B - 0.7\text{ V} \tag{3-5}$$

CE와 CB 증폭기의 컬렉터 전압:

$$V_C = V_{CC} - I_C R_C \tag{3-6}$$

증폭기의 전압이득:

$$A_v = \frac{V_{out}}{V_{in}} \tag{3-7}$$

증폭기의 전력이득:

$$A_p = \frac{P_{out}}{P_{in}} \tag{3-8}$$

β_{ac}:

$$\beta_{ac} = \frac{I_c}{I_b} \tag{3-9}$$

교류 이미터 저항:

$$r_e' = \frac{25\text{ mV}}{I_E} \tag{3-10}$$

CE 증폭기의 전압이득:

$$A_v = -\frac{R_c}{R_e} \tag{3-11}$$

전압 분배기 바이어스에서 CE 증폭기의 입력저항:

$$R_{in(tot)} = R_1 \parallel R_2 \parallel [\beta_{ac}(r_e' + R_{E1})] \tag{3-12}$$

CC 증폭기의 전압이득:

$$A_v \cong 1 \tag{3-13}$$

CB 증폭기의 전압이득:

$$A_v = \frac{R_c}{R_e} \tag{3-14}$$

단원 확인 문제

1. *npn* BJT에서 *n*영역은?

   (a) 컬렉터와 베이스   (b) 컬렉터와 이미터

   (c) 베이스와 이미터   (d) 컬렉터, 베이스 및 이미터

2. *pnp* 트랜지스터에서 *n*영역은?

   (a) 베이스   (b) 컬렉터

   (c) 이미터   (d) 케이스

3. *npn* 트랜지스터가 정상동작을 하기 위해서는 베이스가

   (a) 연결되지 않아야 한다.

   (b) 이미터에 대해 (−)이어야 한다.

   (c) 이미터에 대해 (+)이어야 한다.

   (d) 컬렉터에 대해 (+)이어야 한다.

4. β_{DC}란?

   (a) 이미터 전류에 대한 컬렉터 전류

   (b) 베이스 전류에 대한 컬렉터 전류

   (c) 베이스 전류에 대한 이미터 전류

   (d) 입력전압에 대한 출력전압

5. BJT의 정상동작에서 크기가 거의 비슷한 전류는?

   (a) 컬렉터와 베이스   (b) 컬렉터와 이미터

   (c) 베이스와 이미터   (d) 입력과 출력

6. 트랜지스터의 베이스 전류가 포화점 이하로 되면 컬렉터 전류는?

   (a) 증가하고 이미터 전류는 감소

   (b) 감소하고 이미터 전류는 감소

   (c) 증가하고 이미터 전류는 고정

   (d) 증가하고 이미터 전류는 증가

7. 트랜지스터의 포화상태를 알 수 있는 방법은?

   (a) 컬렉터와 이미터 간의 전압이 극히 작은 것으로

   (b) 컬렉터와 이미터 간의 V_{CC} 값으로

   (c) 0.7 V의 베이스와 이미터 간의 강하로

   (d) 이들 중 답이 없다.

8. CE 증폭기의 전압이득은?

   (a) 교류 입력저항에 대한 교류 컬렉터 저항의 비

   (b) 교류 입력저항에 대한 교류 이미터 저항의 비

   (c) 직류 이미터 저항에 대한 직류 컬렉터 저항의 비

   (d) 이들 중 답이 없다.

9. CC 증폭기의 전압이득은?

   (a) 입력신호에 의해 결정

   (b) 트랜지스터의 β값에 의해 결정

(c) 약 1

(d) 이들 중 답이 없다.

10. CE 증폭기의 이미터에서 접지로 연결된 콘덴서는?

(a) 정합 콘덴서 (b) 비정합 콘덴서

(c) 통과 콘덴서 (d) 동조 콘덴서

11. CE 증폭기의 이미터에서 접지로 연결된 콘덴서가 제거되면 전압이득은?

(a) 증가 (b) 감소

(c) 변화 없음 (d) 에러 발생

12. CE 증폭기에서 컬렉터 저항이 증가하면 전압이득은?

(a) 증가 (b) 감소

(c) 영향이 없음 (d) 에러 발생

13. CE 증폭기의 입력저항은 다음의 영향을 받는다.

(a) 바이어스 저항

(b) 컬렉터 저항

(c) 바이어스 저항과 컬렉터 저항

(d) 이들 중 답이 없다.

14. CE 증폭기의 출력신호는 항상

(a) 입력신호와 위상이 같다.

(b) 입력신호와 위상이 다르다.

(c) 입력신호에 비해 작다.

(d) 입력신호와 크기가 같다.

15. CC 증폭기의 출력신호는 항상

(a) 입력신호와 위상이 같다.

(b) 입력신호와 위상이 다르다.

(c) 입력신호에 비해 크다.

(d) 입력신호와 크기가 같다.

16. CE 증폭기에 비해 CB 증폭기는

(a) 입력저항이 작다.

(b) 전압이득이 보다 크다.

(c) 전류이득이 보다 크다.

(d) 입력저항이 크다.

17. 정상적인 트랜지스터의 스위치에 비해 히스테리시스 성분이 포함된 트랜지스터 스위치는?

(a) 높은 입력 임피던스를 갖는다.

(b) 스위칭시간이 짧다.

(c) 출력전류가 크다.

(d) 2개의 하한계를 갖는다.

18. 그림 3-46에서 R_2가 개방되면 V_B는?

(a) 증가한다.   (b) 감소한다.

(c) 변화가 없다.

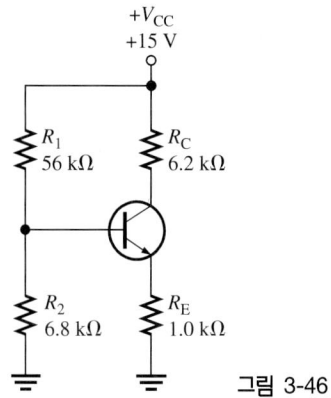

그림 3-46

19. 그림 3-46에서 R_2가 개방되면 V_C는?

    (a) 증가한다.   (b) 감소한다.

    (c) 변화가 없다.

20. 그림 3-46에서 R_C가 개방되면 V_B는?

    (a) 증가한다.   (b) 감소한다.

    (c) 변화가 없다.

21. 그림 3-46에서 R_C가 개방되면 V_C는?

    (a) 증가한다.   (b) 감소한다.

    (c) 변화가 없다.

질문

1. BJT의 베이스 전류, 이미터 전류 및 컬렉터 전류 중 가장 큰 값을 갖는 것은?

2. *pnp* 트랜지스터와 *npn* 트랜지스터의 설계상 다른점은?

3. BJT 접합은 정상적인 경우 순방향 바이어스인가? 역방향 바이어스인가?

4. BJT의 베이스-이미터 특성곡선의 모양은?

5. 직류 부하 선로가 x축과 만나는 점의 명칭은?

6. 직류 부하 선로가 y축과 만나는 점의 명칭은?

7. 선형 제품에서 사용하는 바이어스 중에서 베이스 바이어스가 가장 좋은 이유는?

8. 베이스 바이어스에서 β가 크면 V_{CE}에 어떤 영향을 주나?

9. 스티프 바이어스란?

10. 베이스-이미터 바이어스 회로에서 내부 교류저항을 구하는 방법은?

11. h_{fe}란?

12. 이미터 저항의 **부분통과란**?

13. 직류 공급 전원이 교류 접지라고 하는 이유는?

14. 스왐핑이란?

15. CE 증폭기에서 이득을 구하는 방법은?

16. 증폭기에서 입력저항이 클 때 유리한 점은?

17. 증폭기에서 출력저항이 적을 때 유리한 점은?

18. CC 증폭기에서 출력 단자는?

19. CB 증폭기에서 출력 단자는?

20. 포화된 트랜지스터에서 V_{CE} 값은?

기본 문제 | 문제

1. $I_E = 5.34\,\text{mA}$, $I_B = 47.5\,\mu\text{A}$인 경우 I_C는?

2. 어떤 트랜지스터의 $I_C = 25\,\text{mA}$, $I_B = 200\,\mu\text{A}$인 경우 β_{DC}는?

3. 어떤 트랜지스터 회로에서 베이스 전류는 $30\,\text{mA}$인 이미터 전류의 2%이다. 이때 컬렉터 전류는?

4. 그림 3-47의 회로에서 V_E 및 I_C는?

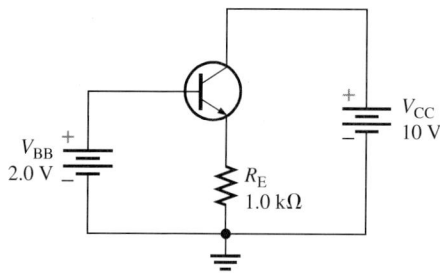

그림 3-47

5. 그림 3-48의 트랜지스터 회로에서 $\beta_{DC} = 75$인 경우 I_B, I_C 및 V_C는?

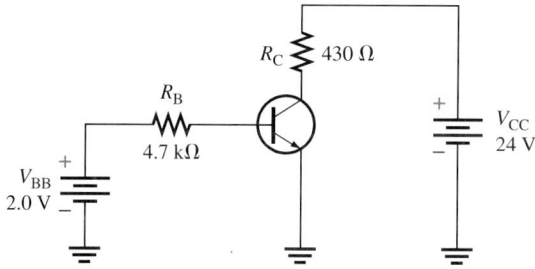

그림 3-48

6. 그림 3-49의 트랜지스터 회로에서 직류 부하 선로를 작성하라.

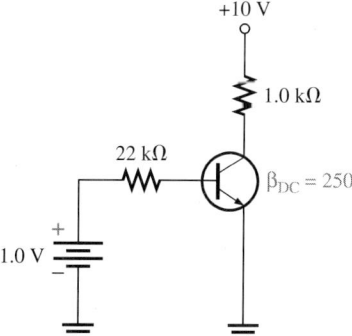

그림 3-49

7. 그림 3-49에서 I_B, I_C 및 V_C는?

8. 그림 3-50의 베이스가 바이어스인 *npn* 트랜지스터 회로에서 $\beta_{DC} = 100$인 경우 I_C 및 V_{CE}는?

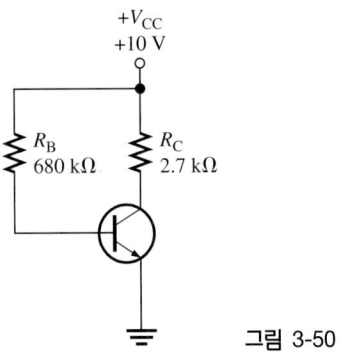

그림 3-50

9. 문제 8에서 $\beta_{DC} = 300$인 경우 I_B, I_C 및 V_C는? (이 경우는 트랜지스터가 포화상태이다.)

10. 그림 3-51의 베이스가 바이어스인 *pnp* 트랜지스터 회로에서 $\beta_{DC} = 200$인 경우 I_C 및 V_{CE}는?

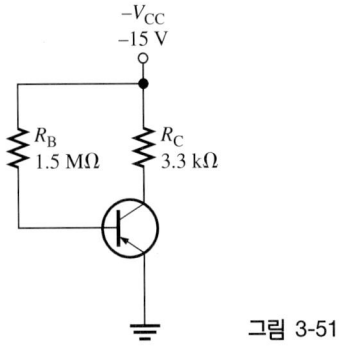

그림 3-51

11. 그림 3-51의 회로에서 다음의 각 조건이 발생될 때 컬렉터 전류가 증가, 감소 또는 일전한지의 여부를 판단하라.

(a) 베이스가 접지에 단락되면

(b) R_C가 감소하면

(c) 트랜지스터의 β가 증가하면

(d) R_B가 감소하면

12. 그림 3-52의 전압 분배기 회로에서 V_B, V_E 및 V_C는?

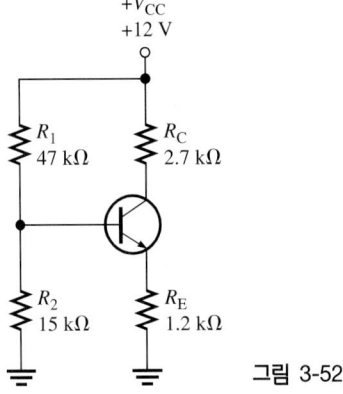

그림 3-52

13. 그림 3-53의 전압 분배기 회로에서 I_C 및 V_{CE}는?

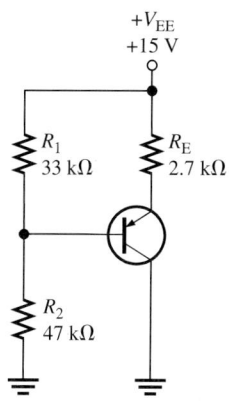

그림 3-53

14. 그림 3-53에서 부하 선로의 끝 지점에서 $I_{C(sat)}$ 및 $V_{CE(cutoff)}$는?

15. 그림 3-54의 이미터 바이어스 회로에서 I_C, V_{CE}는?

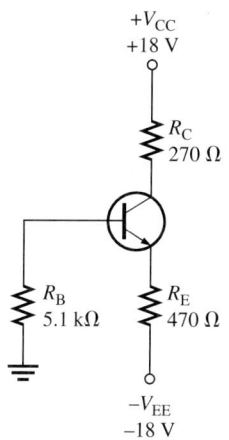

그림 3-54

16. 그림 3-55 회로에서 접지에서 본 V_B, V_E 및 V_C는?

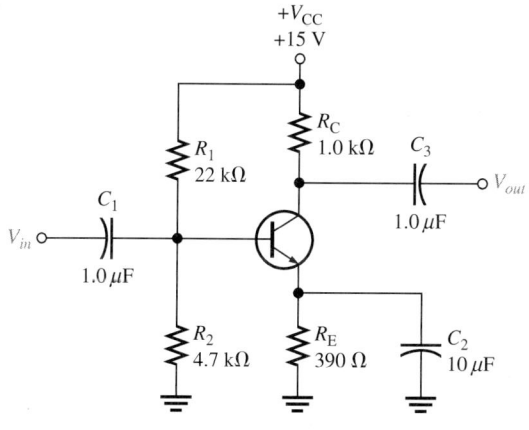

그림 3-55

17. 그림 3-55의 CE 증폭기 회로에서 전압이득은?

18. 그림 3-56의 회로의 증폭기 형은? 또한 I_C는?

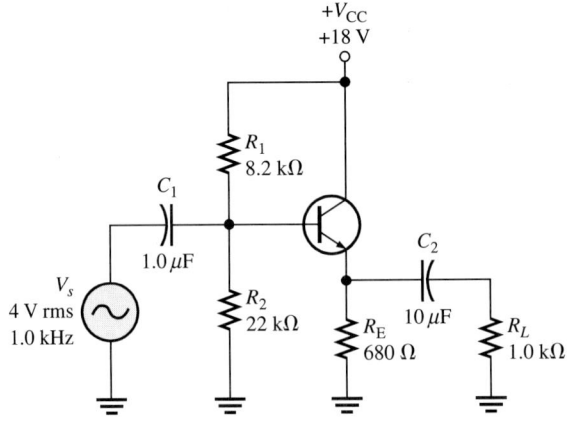

그림 3-56

19. 그림 3-57의 회로의 증폭기 형은? 또한 I_C는?

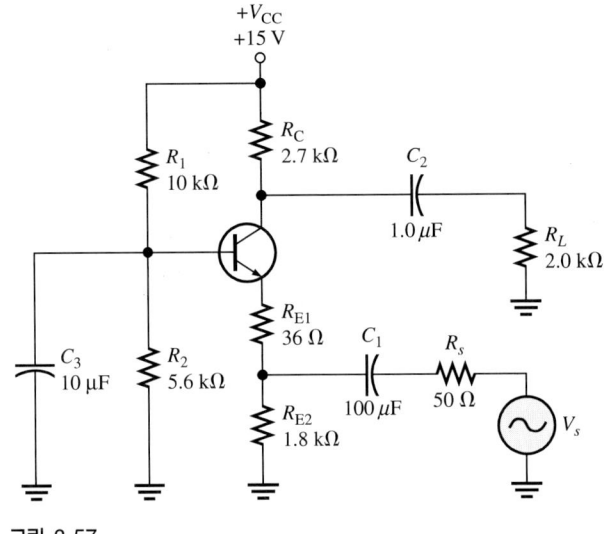

그림 3-57

20. 그림 3-38에서 Q_1, Q_2에 대한 $I_{C(sat)}$는?

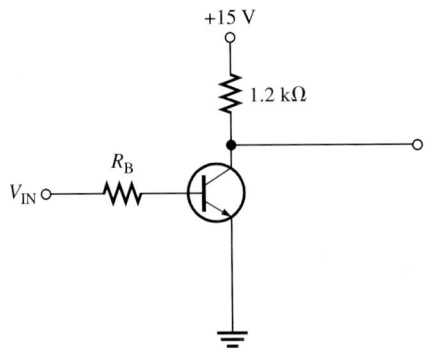

그림 3-58

21. 그림 3-58의 트랜지스터 회로에서 $\beta_{DC} = 100$이다. V_{IN}이 5 V일 때 포화될 수 있는 R_B의 최대값은?

22. 그림 3-59는 트랜지스터의 아랫부분이다. 이 단자의 이름은?

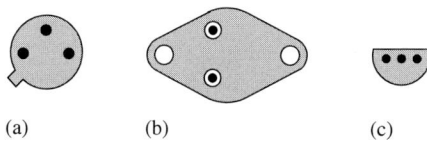

(a)　　　　　(b)　　　　　(c)

그림 3-59

23. 그림 3-60의 각 트랜지스터들의 범주는?

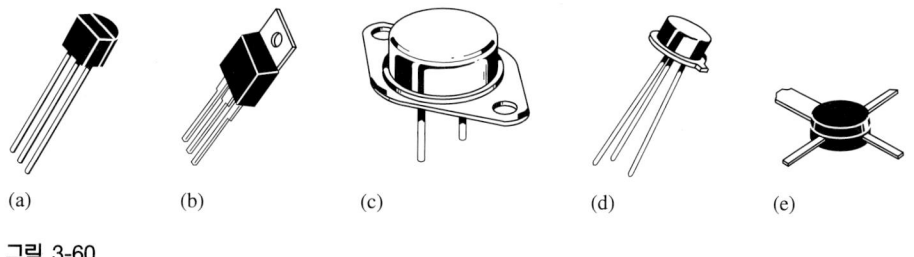

(a)　　　　(b)　　　　(c)　　　　(d)　　　　(e)

그림 3-60

기본-플러스 문제

24. 그림 3-54의 회로에서 R_C를 330 Ω으로 교체하면
   (a) I_C, V_{CE}는?
   (b) 이 변경 후에 R_C의 방사열은?

25. 그림 3-61 회로에서 이득회로에서 교류로 접지되는 가변저항 R_E는 100 Ω이다. 이 전위차계의 저항을 조절하여 R_E를 접지로 통과시키면 전체 저항 R_E는 직류에서는 일정한 값을 갖는다. 이때 이 증폭기의 최대 및 최소 이득은?

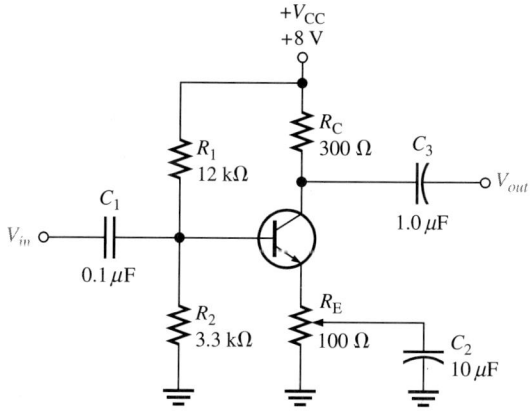

그림 3-61

26. 그림 3-61에서 증폭기 출력의 부하저항을 600 Ω으로 교체하면 최대 이득은?

27. 그림 3-40 회로에서 Q_1이 포화, Q_2가 컷오프상태이면
   (a) Q_1의 이미터 전압은?
   (b) Q_1이 off되면 V_{IN}은?

28. 그림 3-33의 부하 선로에서 베이스 전류가 10 μA에서 25 μA까지 변화하면 V_{CE}는?

해답

예제 질문

3-1: $I_B = 0.241$ mA, $I_C = 21.7$ mA, $I_E = 21.9$ mA, $V_{CE} = 4.23$ V, $V_{CB} = 3.53$ V

3-2: x축을 따라서

3-3: 221

3-4: $V_B = 1.51$ V, $V_E = 0.81$ V, $I_E = 1.73$ mA, $I_C = 1.73$ mA, $V_{CE} = 6.51$ V

3-5: $V_B = -1.78$ V, $V_E = -1.08$ V, $I_E = 0.90$ mA, $I_C = 0.90$ mA, $V_{CE} = -5.88$ V

3-6: $V_E = -0.7$ V

3-7: 6.0 V

3-8: 250 Ω

3-9: 이득이 -3.65로 감소된다.

3-10: 3.15 kΩ

3-11: 78.4 μA

복습 질문

1. 이미터, 베이스 및 컬렉터

2. 포화는 전도가 가장 잘되는 상태로 컬렉터에서 이미터 사이의 전압이 0이 되는 것이고, 컷오프는 컬렉터에 전류가 흐르지 않아 공급 전원이 컬렉터와 이미터 사이에 인가되는 것.

3. BJT에서 베이스 전류에 대한 컬렉터 전류의 비

4. y축에 포화와 x축에 컷오프를 그린 선으로 동작 가능한 직류의 동작점을 나타낸 것.

5. Q점은 베이스 전류 특성과 부하 선로의 교차점

6. 베이스, 전압 분배기 및 이미터

7. 다음 단계는 (+) 전원이 공급될 때 npn 트랜지스터에서

   (a) 전압 분배식을 이용하여 베이스 전압을 계산한다.

   (b) 0.7 V를 빼서 이미터 전압을 구한다.

   (c) 이미터 저항에 옴의 법칙을 이용하여 컬렉터 전류를 구한다.

   (d) 컬렉터 전류를 이용하여 컬렉터 저항에 인가되는 전압을 구한다.

   (e) 컬렉터 전압을 구하기 위해 공급 전원으로부터 컬렉터 저항에 인가되는 전압강하를 뺀다.

   (f) V_{CE}를 구하기 위해 컬렉터 전압에서 이미터 전압을 뺀다.

8. 약 +1 V, 이 값은 베이스 저항이 접지되어 몇십분의 1 정도 강하가 생긴다는 가정하에서의 값이다.

9. 전압 분배기 바이어스가 보다 안정한 것으로 이 값은 기본적으로 β와는 별개이다.

10. 트랜지스터는 포화된다. $V_B = 3.3$ V, $V_E = 2.6$ V, $V_C = 2.7$ V

11. β_{DC}는 I_B에 대한 I_C의 비이고 β_{ac}는 I_b에 대한 I_c의 비이다.

12. 이상적인 증폭기는 잡음이나 왜곡이 없다. 또한, 입력저항은 무한대, 출력저항은 0으로 입력값과 같다.

13. 파형과 스위칭

14. 전압이득은 단위가 없다.

15. 정합 콘덴서는 신호에 직렬로 트랜지스터에 통과시키는 것이고 통과 콘덴서는 신호에 병렬로 연결되어 저항 주위의 교류 경로를 제공한다.

16. 입력 단자는 베이스, 출력 단자는 컬렉터이다.

17. 컬렉터 회로의 전류는 입력신호에 따른다. 전류가 증가하면 컬렉터 전압은 감소하고 또한 역으로도 된다. 결과적으로 출력은 입력에 대해 반전한다.

18. 높은 입력 저항은 전원에서 부하효과를 감소시킨다.

19. 교류 컬렉터 저항은 이미터 저항에 의해 분배된다.

20. Q점

21. 포화는 on, 컷오프는 off

22. 포화

23. 컷오프

24. 컷오프

25. 2개의 다른 스위칭 하한계

26. BJT의 3개 범주로는 소신호/일반용, 전력용 및 RF용

27. 시계방향으로 이미터, 베이스 및 컬렉터(아래에서 볼 때)

28. dot

29. 전력용 트랜지스터에서 부착 탭이나 케이스는 컬렉터 단자에 연결되어 있다.

30. 무선주파수나 마이크로 주파수를 증폭시키기 위해

단원 확인 문제

1. (b)	**2.** (a)	**3.** (c)	**4.** (b)	**5.** (b)
6. (d)	**7.** (a)	**8.** (d)	**9.** (c)	**10.** (c)
11. (b)	**12.** (a)	**13.** (a)	**14.** (a)	**15.** (a)
16. (a)	**17.** (d)	**18.** (a)	**19.** (b)	**20.** (b)
21. (b)				

전계-효과 트랜지스터

이 장의 참고 자료는 아래 웹사이트에서 얻을 수 있다.

http://www.prenhall.com/SOE

서론

이 장에서는 3장에서 소개했던 쌍극성 접합 트랜지스터(bipolar junction transistor: BJT)와는 완전히 다른 원리로 동작하는 전계-효과 트랜지스터를 소개한다. FET는 BJT의 등장 이후 10여 년 후에 발명되었지만 1960년대까지 범용적으로 사용되지는 않고 있다. 스위칭과 같은 응용분야에서 FET는 BJT보다 특성이 우수하다. 응용분야에 따라서는 두 타입을 혼합하여 사용한다.

주요 목표

각 절의 내용이 목표이다. 이 장을 마치고 나면 여러분은 다음과 같은 일들을 할 수 있어야 한다.

4-1 전계-효과 트랜지스터(FETs)의 분류

4-2 JFET의 특성 곡선과 공통 JFET 파라미터

4-3 자기 바이어스와 전압-구동 바이어스를 사용하는 JFET 바이어스 방법

4-4 금속-산화물 반도체 전계-효과 트랜지스터(MOSFET)의 특성

4-5 0(zero) 바이어스, 전압-구동 바이어스 또는 전류-소스 바이어스를 사용하는 D-MOSFET와 전압-구동 바이어스를 사용하는 E-MOSFET를 바이어스하는 방법

4-6 이득과 입력저항을 포함하는 기본적인 동작 파라미터를 결정하기 위한 공통 소스와 공통 드레인 FET 증폭기 해석

4-7 두 가지 타입의 FET 스위칭 회로

컴퓨터 시뮬레이션 디렉토리

다음 그림에는 관련된 Multisim 회로 파일이 있다.

◆ 그림 4-11
145페이지

◆ 그림 4-33
161페이지

실험실습 디렉토리

다음 실험실습은 이 장을 위한 것이다.

◆ 실험 7
JFET 바이어싱

◆ 실험 8
JFET 증폭기

주요 용어

- 전계-효과 트랜지스터(field-effect transistor)
- 소스(source)
- 드레인(drain)
- 게이트(gate)
- 접합 전계-효과 트랜지스터 (junction field-effect transistor)
- 저항성 영역(ohmic region)
- 일정-전류 영역(constant-current region)
- 핀치-오프 전압(pinch-off voltage)
- 트랜스컨덕턴스 (transconductance)
- 금속-산화물 전계-효과 트랜지스터(MOSFET)
- 공핍 모드(depletion mode)
- 성장 모드(enhancement mode)
- 공통 소스(common-source)
- 공통 드레인(common-drain)

자계를 육안으로 확인하는 방법 중의 하나로는 막대자석 주변에 쇳가루가 정렬되는 것을 보는 것이다. 전계도 위의 경우와 비슷한 방법으로 볼 수 있다. 간단한 실험으로 반대 극성으로 충전된 막대자석을 절연 액체통에 넣고 잔디씨앗을 액체통에 넣으면 이 씨앗들은 전계를 따라 정렬이 된다. 막대자석의 극성에 따라 자석 사이의 전계는 양극에서 음극으로 "힘의 선"이 그려진다. 막대자석 사이의 전위는 전압의 단위인 주울/쿨롬(에너지/전하)의 단위를 갖는다.

대규모 실험으로는 상승 공기 입자와 하강 공기 입자들 사이의 마찰로 인하여 구름과 지구 사이에서 생성되는 번개에 전계가 존재한다는 증거이다. 지구상에 존재하고 있는 수많은 검은 구름에는 초당 약 100 번개 볼트가 있다. 이 번개 볼트는 구름들 사이나 구름에서 지구로 또는 지구에서 구름으로 돌아다닌다. 벼락이 칠 때 전위차는 천만 볼트에서 1억 볼트 범위이다.

구름보다도 대기 중에서 더 높은 전계 구조로 나타나는 현상이 오로라이다. 그림과 같이 오로라는 양과 음의 구조를 가진다. 양으로 충전된 구조는 전자를 위쪽으로 가속하는 상향 전계 요소를 갖는다. 이와 같은 구조는 전자를 아랫방향으로 가속하는 반대 극성으로 충전된 구조로 확산하는 오로라에 내장된 "검은 오로라"가 포함되어 있을지도 모른다.

4-1　전계-효과 트랜지스터의 구조

전류 제어 소자인 바이폴라 접합 트랜지스터를 생각해 보자. 즉, 베이스 전류는 컬렉터 전류의 양을 제어한다. 전계-효과 트랜지스터(FET)는 게이트 전압이 이를 통해 흐르는 전류의 양을 제어하는 전압 제어 소자이다. BJT와 FET 모두는 증폭기 및 스위칭 응용에 사용될 수 있다.

이 절에서는 전계 효과 트랜지스터(FET)에 대한 기본적인 분류방법을 설명한다.

FET 계열

전계-효과 트랜지스터는 BJT와는 다른 원리로 동작하는 반도체이다. FET에서 좁은 도통 채널은 소스(source)와 드레인(drain)이라는 단자에 연결되어 있다. 이 채널은 n-형 물질이나 p-형 물질로 만들어진다. 전계-효과라는 이름이 의미하는 것처럼 채널에서 도통은 게이트(gate)라고 불리는 세 번째 단자에 공급되는 전압에 의해 형성되는 전계에 의해 제어된다.

FET는 두 종류로 분류된다. JFET(접합 JFET)는 게이트 채널로 pn 접합을 형성한다. MOSFET(금속 산화물 반도체 FET)라는 또 다른 FET는 채널에서 도통전류를 제어하기 위해 절연된 게이트를 사용한다. 절연은 유리(SiO_2)의 극히 얇은 층(<1 μm)이다. 그림 4-1은 FET 계열의 종류를 설명하는 것이다. 공핍형 MOSFET는 특별한 형태의 고주파에서 사용되는 것 이외에는 거의 사용되지 않고 있다. 나머지 형은 모두 n-채널이다. p-채널 형식은 단지 Multisim과 같은 시뮬레이션에서 실험할 수 있는 정도이다.

FET는 BJT에 비해 몇 가지의 장점으로 컴퓨터 집적회로(IC) 등에 많이 사용되고 있다. 디지털 회로에서 MOSFET는 몇 가지 이유로 트랜지스터에서 많이 사용되고 있다. 즉, MOSFET는 BJT보다 소형이며, 생산이 용이하며 저항이나 다이오드 없이도 간단히 회로를 동작할 수 있다. 대부분의 마이크로프로세서와 컴퓨터 메모리는 FET 기술을 사용한다.

BJT와 비교하여 FET 계열은 훨씬 더 다양하다. FET의 다양한 형들을 구분하는 특

전계-효과 트랜지스터의 분류　　　　　　　　　　　　　　그림 4-1

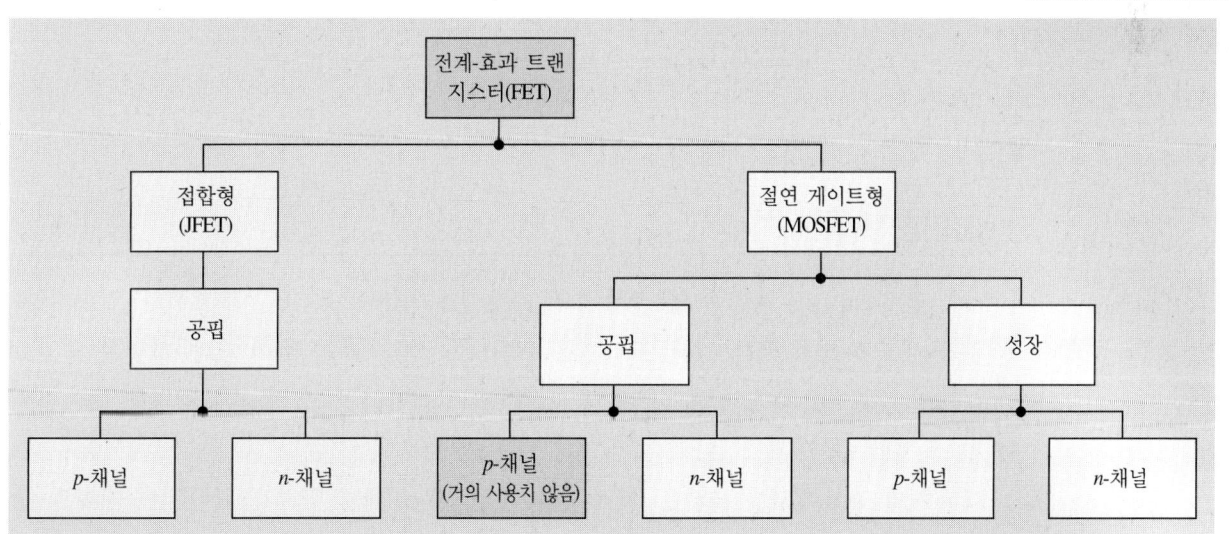

역사적 고찰

Julius Lilienfeld는 BJT가 발명되기 이전부터 FET를 생각하곤 하였다. 그는 FET에 대해 1925년에 캐나다에서 특허를 출원하고 FET를 미국에서 출원하였다. 그는 FET 소자로 신호 증폭을 입증할 수 있었다. 미국 특허 응용은 "Method and Apparatus for Controlling Electric Currents"로 제목이 붙여졌고 분명하게 전계-효과 트랜지스터라고 기술하였다. 1960년대까지 FET는 시장성이 없었지만 10여 년 후에 BJT는 상업적으로 유용하게 되었다.

성은 dc 동작이다. JFET는 E-MOSFET와는 다르게 바이어스된다. 다행히 바이어스 회로는 쉽게 이해할 수 있다. 바이어스 회로를 공부하기 전에 FET 계열을 형성하는 트랜지스터들의 특성을 설명하기로 한다.

모든 FET들은 공통적으로 매우 높은 입력저항과 낮은 전기적 잡음이 있다. 또한, JFET와 MOSFET는 동일한 방법인 ac 신호로 응답하고 비슷한 ac 등가회로를 갖는다. 입력 pn 접합은 항상 역바이어스로 동작하기 때문에 JFET는 높은 입력저항을 얻는다. MOSFET는 절연된 게이트의 높은 입력저항으로 인해 이득은 높지 않다. 또한 BJT는 FET보다 훨씬 더 선형적이다. 응용하는 데 있어서 일부 분야에서는 FET가 우수하지만 대부분의 분야에서는 BJT가 우수하다. 대부분의 설계에서 두 형식의 장점을 이용하기 위해 FET와 BJT를 혼합하여 사용하고 있다.

복습 질문

1. FET의 단자 세 개의 이름은?
2. FET의 두 종류는?
3. 절연된 게이트 FET의 다른 이름은?
4. MOSFET가 트랜지스터의 형으로 가장 많이 IC에 사용되는 이유는?
5. BJT와 FET의 중요한 차이점은?

4-2 JFET 특성

JFET 특성곡선은 저항영역, 일정전류 영역, 항복영역(breakdown region)으로 구분하나 일반적으로 저항영역이나 일정전류 영역에서 동작한다.

이 절에서는 특성곡선의 해석 방법과 JFET 파라미터를 설명한다.

JFET 동작

그림 4-2(a)는 n-채널 접합 **전계-효과 트랜지스터(JFET)**의 기본 구조이다. 접속 단자는 n-채널의 양쪽 끝에 있다. 드레인은 위쪽, 소스는 아래쪽 끝에 있다. 채널은 도체로 n-채널 JFET에서는 정공이 캐리어이다. 외부 전압이 없이도 채널은 양방향으로 전류를 도통할 수 있다.

n-채널 소자에서 p 물질은 pn 접합을 형성하는 n-채널 안으로 확산되어 게이트 단자로 연결된다. 그림 4-2(a)의 다이어그램은 하나의 게이트가 제작시에 내부로 연결되어 두 영역으로 확산되는 p-물질이다. 이중-게이트 JFET라고 하는 특수용 JFET는 이들 영역의 각각에 분리된 단자를 갖고 있다. 실제 구조에서는 양쪽 p영역에 연결되어

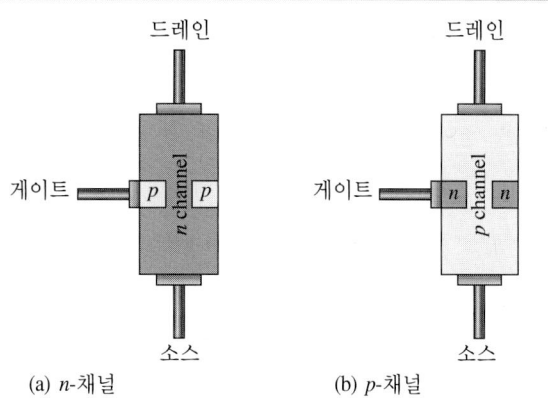

그림 4-2

두 가지 형의 JFET의 기본 구조

(a) *n*-채널 　　　 (b) *p*-채널

있지만 이 그림에서는 한쪽으로만 연결하였다. 그림 4-2(b)는 *p*-채널 JFET이다.

　JFET의 동작을 설명하기 위해, 그림 4-3(a)는 정상 동작전압이 *n*-채널 소자에 공급되고, V_{DD}는 소스에서 드레인으로 전자가 흐르도록 양(+)의 드레인-소스 전압이 공급된다. *n*-채널 JFET에서 게이트-소스 접합의 역방향 바이어싱은 음(−)의 게이트 전압

그림 4-3

채널폭, 저항 및 드레인 전류에 대한 V_{GG}의 영향($V_{GG} = V_{GS}$)

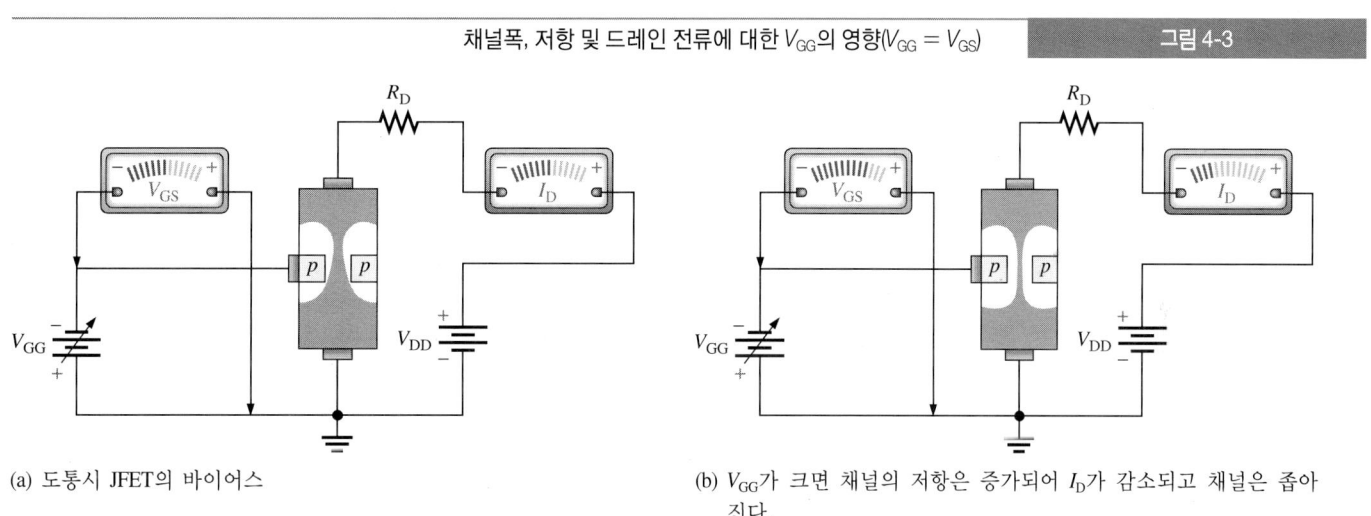

(a) 도통시 JFET의 바이어스

(b) V_{GG}가 크면 채널의 저항은 증가되어 I_D가 감소되고 채널은 좁아진다.

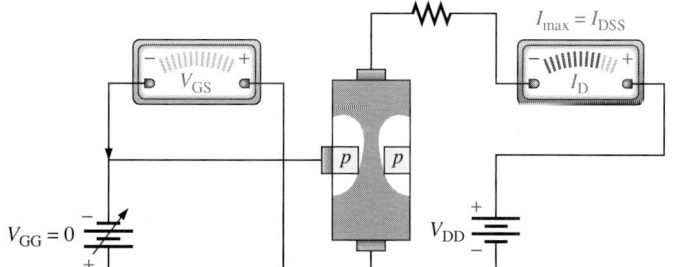

(c) V_{GG}가 적으면 채널의 저항은 감소되어 I_D가 감소되어 채널을 넓힌다.

그림 4-4

JFET 기호

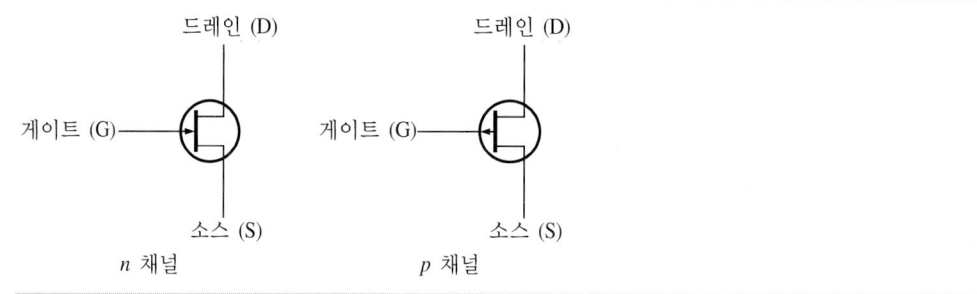

으로 이루어진다. 그림과 같이 V_{GG}는 게이트와 소스 사이에 역방향 바이어스 전압으로 한다. 즉, FET에서는 순방향 바이어스 접합이 될 수 없음을 주의하라. 이것이 FET와 BJT 사이의 중요한 차이 중 하나이다.

채널폭과 그에 따른 채널저항은 게이트 전압을 변화시켜서 제어되고 드레인 전류 I_D의 양을 제어하게 된다. 이 개념은 그림 4-3(b)와 (c)에 나타내었다. 즉, 채널폭은 게이트 전압에 의해 제어된다는 것이다.

JFET 기호

그림 4-4는 n-채널과 p-채널 JFET에 대한 기호이다. 게이트 끝이 n 채널은 "안쪽"으로 p 채널은 "바깥쪽"으로 되어 있다.

드레인 특성곡선

드레인 특성곡선은 BJT에서 컬렉터 전류 I_C에 대한 컬렉터-이미터 전압 V_{CE}와의 관계와 같이 드레인 전류 I_D에 대한 드레인-소스 전압 V_{DS}간의 관계를 표시하는 그래프이다. 그러나 BJT 특성과 FET 특성 사이에 몇 가지 중요한 차이가 있다. FET가 전압 제어 소자이기 때문에 FET 특성(V_{GS})에 대한 변수가 BJT 경우의 베이스 전류(I_B) 대신 게이트 전압의 단위를 갖는다. p-채널 소자는 반대 극성을 갖지만 동일한 방법으로 동작한다. 일반적으로 n-채널 JFET이 p-채널에 매우 우수한 규격을 갖는 관계로 더 많이 사용된다.

게이트-소스 전압이 $0(V_{GS} = 0\,V)$인 지점에서 n-채널 JFET를 보기로 하자. 이 $0\,V$는 두 입력이 접지되어 있는 그림 4-5(a)에서처럼 게이트와 소스가 단락될 때 발생된다. V_{DD}(그리고 V_{DS})가 $0\,V$에서 증가하면, I_D는 그림 4-5(b)의 그래프와 같이 두 입력이 접지되어 A와 B 구간에서는 비례하여 증가한다. 이 영역에서 채널저항은 공핍영역에 영향을 줄 만큼 충분히 크지 않기 때문에 상수이다. 이 영역은 V_{DS}와 I_D가 옴의 법칙과 관련되어 있기 때문에 **옴 영역**(ohmic region)이라고 부른다. 저항값은 게이트 전압에 의해 바뀔 수 있다. 따라서 JFET가 이 영역에서 동작할 때 전압-제어 저항처럼 사용

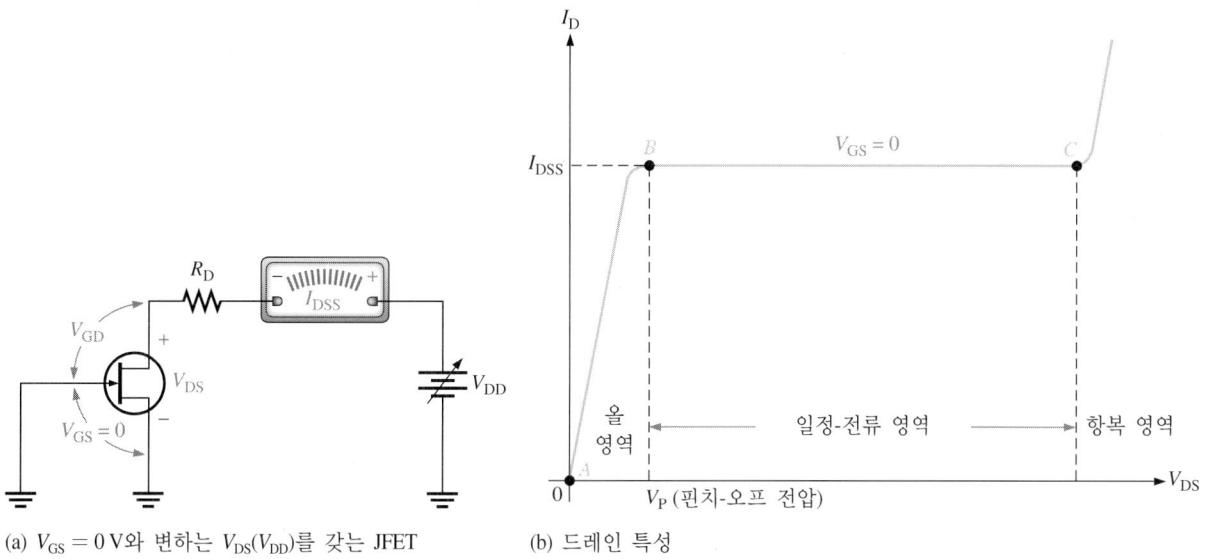

(a) $V_{GS} = 0\,V$와 변하는 $V_{DS}(V_{DD})$를 갖는 JFET　　　(b) 드레인 특성

하는 것이 가능하다.

　그림 4-5(b)의 B에서 곡선의 레벨은 변하지 않고 I_D는 일정값이 된다. V_{DS}가 B에서 C로 증가함에 따라 게이트에서 드레인(V_{GD})으로의 역방향 바이어스 전압은 V_{DS}가 증가한 만큼 충분히 큰 공핍영역을 만든다. 따라서 I_D는 비교적 일정한 형태를 유지한다. 이 영역을 **일정-전류 영역**(constant-current region)이라고 한다.

핀치-오프 전압

　그림 4-5(b)에서 $V_{GS} = 0\,V$에 대한 I_D가 일정한 값을 유지하기 시작하는 지점에서 V_{DS}의 값이 **핀치-오프 전압**(pinch-off voltage) V_P이다. 핀치-오프 전압은 n-채널 JFET에서는 양(+)의 값을 갖는다. 주어진 JFET에 대하여 V_P는 일정한 값을 갖는다. V_{DS}가 핀치-오프 전압이상에서 지속적인 증가를 하여도 거의 일정한 드레인 전류를 유지한다. 게이트가 단락되었을 때 드레인-소스 전류인 이 값은 I_{DSS}이고, JFET 데이터시트에 표시된다. I_{DSS}는 표시된 JFET의 외부회로와 관계없이 생성할 수 있는 최대 드레인 전류이고, 이 값은 $V_{GS} = 0\,V$인 조건도 데이터시트에 표시되어 있다.

　그림 4-5(b)에서 V_{DS}가 계속 증가함에 따라 I_D가 매우 빠르게 증가하기 시작할 때 C점에서 힝복(breakdown)이 발생힌다. 힝복은 소자에 회복힐 수 없는 피해를 초래할 수 있기 때문에, JFET는 항상 항복점 아래에서 동작하도록 통상적으로 상수-전류 영역(그래프에서 B와 C 사이)에서 동작하도록 한다.

그림 4-6 V_{GS}가 음(−)의 값으로 증가되는 만큼 더 낮은 V_{DS}에서 핀치-오프 발생

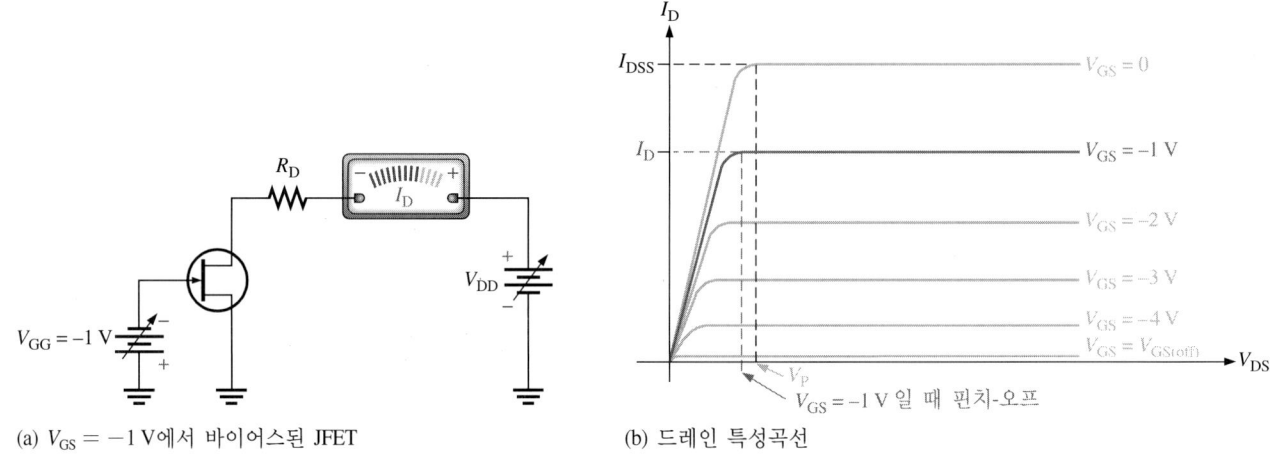

(a) $V_{GS} = -1\,V$에서 바이어스된 JFET   (b) 드레인 특성곡선

V_{GS}의 I_D 제어

그림 4-6(a)와 같이 게이트에서 소스로 바이어스 전압 V_{GG} 연결이 인가되었다고 하자. V_{GG}를 음(−)의 값으로 증가하도록 V_{GS}를 설정하면 그림 4-6(b)와 같이 드레인 특성곡선을 구할 수 있다. V_{GS} 크기가 음(−)의 값으로 증가되는 만큼 채널이 협소하게 I_D가 감소하는 것을 알 수 있다. V_{GS}가 증가하면 JFET가 V_P보다 적은 V_{DS}의 값에서 핀치-오프됨을 알 수 있다. 즉, 드레인 전류의 양은 V_{GS}에 의해 제어된다.

컷오프 전압

I_D를 거의 0으로 하는 V_{GS}의 값이 컷오프 전압 $V_{GS(off)}$이다. JFET는 $V_{GS} = 0\,V$와 $V_{GS(off)}$ 사이에서 동작되어야 한다. 이 범위의 게이트-소스 전압에서, I_D는 I_{DSS}의 최대값에서 거의 0의 최소값으로 변한다.

앞의 경우와 같이 n-채널 JFET에서, V_{GS}가 음(−)으로 증가할수록 일정-전류 영역에서 I_D는 점차 감소하기 시작한다. V_{GS}가 충분히 큰 음(−)의 값을 가질 때 I_D는 공핍영역의 확산이 일어난다. 특성곡선상의 아래 선은 이 조건을 나타낸다.

핀치-오프와 컷오프의 비교

핀치-오프 전압은 드레인 특성을 측정한다. n-채널 소자에서, 핀치-오프 전압은 $V_{GS} = 0\,V$일 때 드레인 전류가 일정하게 되는 양(+)의 전압이다. 컷오프는 드레인 특성에서 측정할 수 있도록 드레인 전류를 0으로 감소시키는 음(−)의 게이트-소스 전압이다.

$V_{GS(off)}$와 V_P는 부호는 반대이지만 크기는 항상 같다. 데이터시트에서 $V_{GS(off)}$ 또는 V_P가 보통 정해지지만 항상 정해지는 것은 아니다. 그러나 하나를 알면, 나머지 값은 알

수 있나. 예로, $V_{GS(off)} = -5\,V$이면 $V_P = +5\,V$이다.

	예제 4-1

문제

그림 4-7의 n-채널 JFET에서, $V_{GS(off)} = -4\,V$, $I_{DSS} = 12\,mA$이다. 소자가 일정-전류 영역에서 동작하기 위한 V_{GS}의 최소값을 구하라.

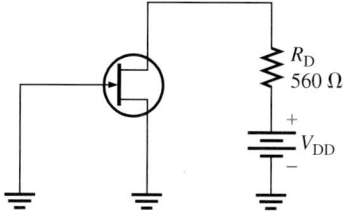

그림 4-7

풀이

$V_{GS(off)} = -4\,V$이므로 $V_P = 4\,V$이다 JFET가 일정-전류 영역 안에 있기 위한 V_{DS}의 최소 값은

$$V_{DS} = V_P = 4\,V$$

이다. $V_{GS} = 0\,V$인 상수-전류 영역에서

$$I_D = I_{DSS} = 12\,mA$$

드레인 저항에서 전압강하는

$$V_{R_D} = (12\,mA)(560\,\Omega) = 6.7\,V$$

이다. 드레인 회로 주변에 키르히호프의 법칙을 적용하면,

$$V_{DD} = V_{DS} + V_{R_D} = 4\,V + 6.7\,V = \mathbf{10.7\,V}$$

이 된다. 이것은 $V_{DS} = V_P$로 소자를 일정-전류 영역 안에 두기 위한 V_{DD}의 최소값이다.

질문

V_{DD}가 15 V로 증가되면, 드레인 전류는 얼마인가?

JFET 트랜스컨덕턴스 곡선

회로를 보는 유용한 방법은 주어진 입력에 대한 출력을 보는 것이다. 이 특성을 전달곡선(transfer curve)이라고 부른다.

JFET는 입력은 게이트 음(−)의 전압에 의해 제어되고 출력은 드레인 전류이기 때문에, 전달곡선에서 x축은 V_{GS}, y축은 I_D의 궤적이 그려진다. 출력 단위(mA)에 대한 입력 단위(V)로 컨덕턴스의 단위(mS)이다. 입력에서의 전압이 전류처럼 출력으로 전달되는 것으로 생각할 수 있다. 따라서 접두어 "전달"은 **트랜스컨덕턴스**(transconductance)라는 단어를 형성하기 위해 **컨덕턴스**라는 용어를 사용한다. 트랜스컨덕턴스 곡선은 어떤 FET의 V_{GS}에 대한 I_D의 궤적이다. 트랜스컨덕턴스는 데이터시트에서 g_m이나 y_{fs}로 표시된다.

그림 4-8(a)는 n-채널 JFET에 대한 대표적인 곡선이다. 일반적으로 모든 형태의 FET는 이와 유사한 형태의 트랜스컨덕턴스 곡선의 특성을 갖는다. 즉, 범용 n-채널 JFET에 대한 전형적인 곡선이 된다.

그림 4-8(b)와 같이 트랜스컨덕턴스 특성은 드레인 특성과 직접적으로 관련되어 있다. 두 궤적 모두 수직축은 I_D이다. 트랜스컨덕턴스는 ac 파라미터로 게이트-소스 전압의 작은 변화에 대한 드레인 전류에서의 변화로 표시되며 곡선의 한 지점에서 찾을 수 있다.

$$g_m = \frac{\Delta I_D}{\Delta V_{GS}}$$

위 식을 간단하게 표시하면 다음과 같다.

$$g_m = \frac{I_d}{V_{gs}} \tag{4-1}$$

트랜스컨덕턴스 곡선은 출력전류와 입력전압 사이의 관계가 비선형으로 직선은 아니다. FET가 비선형 트랜스컨덕턴스 곡선을 갖는다는 것은 중요한 것으로 이 곡선은 입력신호의 왜곡이 심해지는 경향이 있다는 것을 의미한다. 예로, 라디오 주파수 믹서의 경우처럼 왜곡이 항상 나쁜 것은 아니다. 이러한 특성에서는 JFET가 BJT에 대하여 유리하다.

| 그림 4-8 | 전형적인 n-채널 JFET에 대한 특성곡선 |

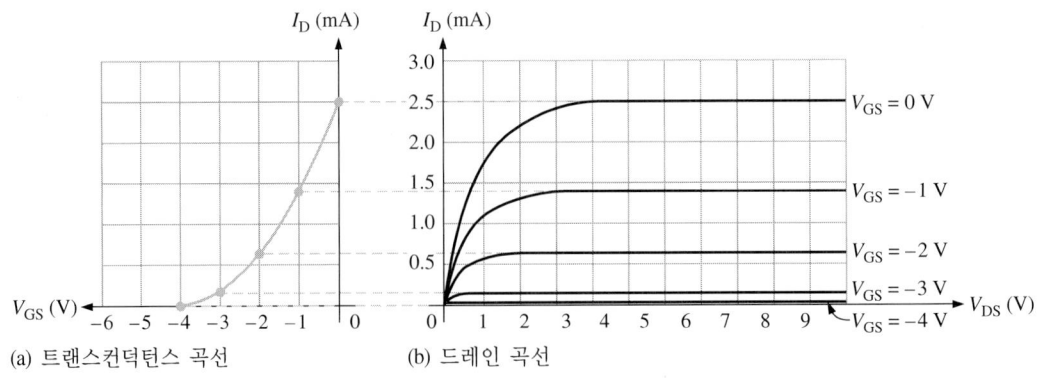

(a) 트랜스컨덕턴스 곡선   (b) 드레인 곡선

문제

그림 4-9의 곡선에서 $I_D = 1.0\,\text{mA}$인 경우 트랜스컨덕턴스를 구하라.

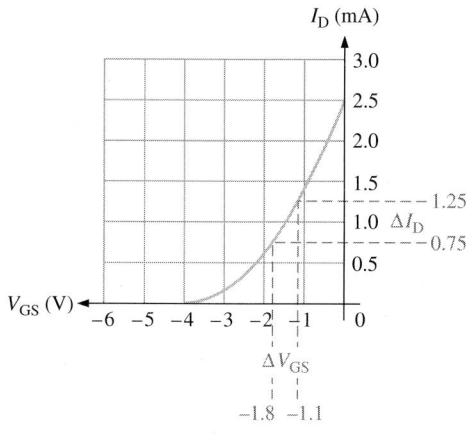

그림 4-9

풀이

I_D에서의 작은 변화를 선택하고 1.0 mA에서 V_{GS}에서의 해당하는 변화로 나누어라. 그래 프 방법은 그림 4-9에 나타내었다. 그래프로부터 트랜스컨덕턴스는

$$g_m = \frac{\Delta I_D}{\Delta V_{GS}} = \frac{1.25\,\text{mA} - 0.75\,\text{mA}}{-1.1\,\text{V} - (-1.8\,\text{V})} = \textbf{0.714 mS}$$

질문

$I_D = 1.5\,\text{mA}$에서 트랜스컨덕턴스는 얼마인가?

JFET 입력저항

역방향 바이어스되었을 때 pn 접합은 매우 높은 저항값을 갖는다. JFET는 역방향 바이어스되어 게이트-소스 접합으로 동작한다. 따라서, 게이트에서 입력저항은 매우 높다. 매우 높은 입력저항이 순방향 바이어스로 이는 베이스-이미터로 접합된 바이폴 라 접합 트랜지스터에 비해 JFET가 갖는 중요한 장점이다.

JFET 데이터시트는 어떤 게이트-소스 전압에서 게이트 역방향 전류 I_{GSS}에 따라 정해지는 입력저항을 결정한다. 입력저항은 다음의 식을 사용하여 결정할 수 있다. 수직선은 절대값을 의미한다.

$$R_{IN} = \left| \frac{V_{GS}}{I_{GSS}} \right| \qquad (4\text{-}2)$$

예로, 2N5457 데이터시트에는 $V_{GS} = -15\,\text{V}$에서 $-1\,\text{nA}$의 최대 I_{GSS}가 표시되어 있다. 이 값들을 사용하여 다음과 같이 입력저항을 구한다.

$$R_{IN} = \left| \frac{V_{GS}}{I_{GSS}} \right| = \frac{15\,V}{1\,nA} = 15\,G\Omega$$

위의 결과에서 알 수 있는 것처럼 JFET의 입력저항은 믿을 수 없을 정도로 높다. 그러나 전형적인 응용에서 전체 입력저항은 게이트에 연결된 저항을 포함한다. 그 결과 $1 - 10\,M\Omega$ 범위의 전체 입력저항을 갖는다.

복습 질문

6. JFET에 대한 전달곡선의 또 다른 이름은?
7. p-채널 JFET는 V_{GS}로 양(+)의 전압을 요구하는가? 또는 음(−)의 전압을 요구하는가?
8. JFET에서 드레인 전류를 제어하는 방법은?
9. JFET의 핀치-오프 지점에서 드레인-소스 전압이 7 V이다. 게이트-소스 전압이 0이면 V_P는 얼마인가?
10. n-채널 JFET의 V_{GS}가 음(−)으로 증가되면 드레인 전류는 증가하는가? 또는 감소하는가?

4-3 JFET 바이어싱

이 절에서는 dc 바이어스 JFET에 대하여 설명하기로 한다. 바이어싱의 목적은 드레인 전류를 필요한 값으로 설정하기 위해 적절한 dc 게이트-소스 전압을 선택하는 것이다. 게이트가 역방향-바이어스되었기 때문에, 바이폴라 접합 트랜지스터에서 바이어스하는 방법이 JFET에서는 사용되지 않는다.

이 절에서는 자기-바이어스와 전압-분배기 바이어스를 사용하여 JFET를 바이어스하는 방법을 설명한다.

자기-바이어싱 JFET

FET를 바이어싱하는 방법은 비교적 쉽다. n-채널 JFET는 다음의 예에서 설명하기로 한다. p-채널 JFET는 극성이 역방향으로 되어 있는 것만 다르다. 역방향 바이어스를 설정하기 위해서는 n-채널 JFET에 대한 음(−)의 V_{GS}가 필요하다. 그림 4-10과 같이 자기-바이어스 배열을 사용한다. 게이트는 접지에 연결된 저항 R_G에 의해 0 V로 바이어스된다. 역방향 누설전류 I_{GSS}는 R_G에 매우 낮은 전압이 인가되기는 하나 대부분의 경우에 무시할 정도의 값이다. R_G에는 전류가 거의 흐르지 않기 때문에 R_G에서 전압강하가 발생하지 않는 것으로 가정할 수 있다. R_G의 목적은 뒤에 추가되는 어떤 ac 신호에 영향을 미치지 않도록 0 V를 게이트에 가하는 것이다. 게이트 전류가 무시할 정도로 적기 때문에 매우 높은 입력저항으로 낮은 주파수의 ac 신호를 발생하려면 보통 $1.0\,\text{M}\Omega$으로 R_G는 커질 수 있다.

게이트가 $0\,\text{V}$라면 게이트-소스 접합에서 필요한 음($-$)의 바이어스를 어떻게 얻을 수 있는가? 답은 필요한 역방향 바이어스가 생성되도록 게이트에 대하여 소스가 양($+$)이 되도록 하는 것이다. 그림 4-10의 n-채널 JFET에 대하여 I_D는 접지에 대하여 소스 단자가 양($+$)이 되도록 R_S에서 전압강하를 발생시킨다. $V_\text{G} = 0\,\text{V}$, $V_\text{S} = I_\text{D}R_\text{S}$이므로, 게이트-소스 전압은

$$V_\text{GS} = V_\text{G} - V_\text{S} = 0 - I_\text{D}R_\text{S}$$

이다. 따라서,

$$V_\text{GS} = -I_\text{D}R_\text{S}$$

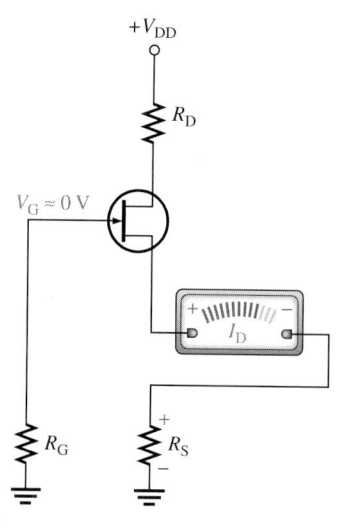

그림 4-10

자기-바이어스된 n-채널 JFET

이 결과는 필요한 역방향 바이어스를 가하려면 게이트-소스 전압은 음($-$)이 되어야 하는 것을 보여준다. 예로, n-채널 JFET가 사용되었다. p-채널 JFET 역시 역방향 바이어스가 필요하므로 모든 전압의 극성은 n-채널 JFET의 극성과 반대이다.

접지에 대한 드레인 전압은 다음과 같이 결정된다.

$$V_\text{D} = V_\text{DD} - I_\text{D}R_\text{D} \tag{4-3}$$

$V_\text{S} = I_\text{D}R_\text{S}$이므로, 드레인-소스 전압은

$$V_\text{DS} = V_\text{D} - V_\text{S}$$

$$V_\text{DS} = V_\text{DD} - I_\text{D}(R_\text{D} \quad R_\text{S}) \tag{4-4}$$

이다.

문제

예제 4-3

그림 4-11에서 V_DS, V_GS를 구하라. 이 회로에서 특정 JFET에 대한 내부 파라미터는 약 $5.0\,\text{mA}$의 드레인 전류가 발생되는 것으로 가정된다. 심지어 동일한 타입이지만 다른 JFET는 파라미터 값의 변화 때문에 이 회로에 연결되었을 때 같은 결과가 생성되지 않을 수도 있다.

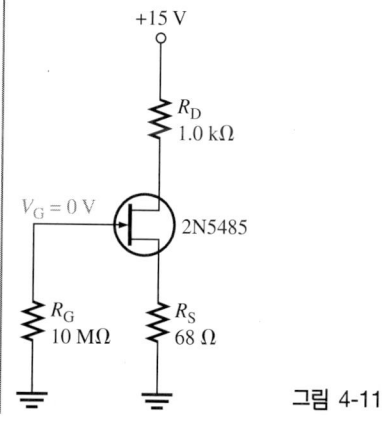

그림 4-11

풀이

$$V_S = I_D R_S = (5.0 \text{ mA})(68 \ \Omega) = 0.34 \text{ V}$$
$$V_D = V_{DD} - I_D R_D = 15 \text{ V} - (5.0 \text{ mA})(1.0 \text{ k}\Omega) = 10.0 \text{ V}$$

따라서,

$$V_{DS} = V_D - V_S = 10.0 \text{ V} - 0.34 \text{ V} = \textbf{9.66 V}$$

이고,

$$V_{GS} = V_G - V_S = 0 \text{ V} - 0.34 \text{ V} = \textbf{- 0.34 V}$$

질문

$I_D = 3.0 \text{ mA}$이면 그림 4-11에서 V_{DS}와 V_{GS}는 얼마인가?

컴퓨터 시뮬레이션

웹사이트에서 Multisim의 F04-11DV 파일을 이용하여 게이트-소스 전압이 음(−)인 것을 확인한다.

그래프 방법

저항 R에 대한 IV 특성곡선은 $1/R$의 기울기를 갖는 직선이었다. 자기-바이어스 저항의 궤적과 트랜스컨덕턴스 곡선을 비교하기 위해 같은 그래프에 작성해 보았다. 이때 저항은 $-1/R$의 기울기가 된다.

자기-바이어스 저항(R_S)의 값을 선택하는 방법을 설명하기 위해서는 전형적인 JFET에 대한 트랜스컨덕턴스 곡선을 사용할 수 있다. 그림 4-12와 같이 트랜스컨덕턴스 곡선은 같다고 가정한다. 원점에서 $V_{GS(off)}(-4 \text{ V})$와 $I_{DSS}(2.5 \text{ mA})$가 교차하는 지점까지 직선을 그려라. 이 선의 기울기의 역수가 R_S의 값이 된다.

$$R_S = \frac{|V_{GS\,(off)}|}{I_{DSS}} = \frac{4 \text{ V}}{2.5 \text{ mA}} = 1.6 \text{ k}\Omega$$

$V_{GS(off)}$에는 절대값이 사용된다. 결과적으로, 1.6 kΩ 저항은 표준 5% 정도의 오차 이내이면 가능하다. 또한 1.5 kΩ은 표준 10% 저항을 선택할 수도 있다. 두 선이 교차하는 지점은 바이어스를 결정하는 Q-점에 나타난다. Q-점은 V_{GS}와 I_D에 대한 특별한 관계로 나타낸다. $I_D = 0.95 \text{ mA}$에서는 $V_{GS} = -1.5 \text{ V}$가 된다.

자기-바이어스는 다양한 JFET 사이에 서로 다른 소자 특성을 보상하는 데 유용하다. 예로, 트랜지스터를 더 낮은 트랜스컨덕턴스를 갖는 것으로 교체하였다고 가정하자. 그러면 결과적으로 R_S에서보다 작은 전압강하가 발생되도록 새로운 드레인 전류

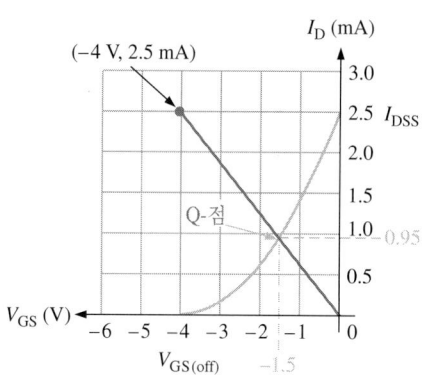

그림 4-12

자기-바이어스의 그래프 해석

는 작아지게 된다. 이와 같이 감소한 전압은 새로운 트랜지스터의 낮은 트랜스컨덕턴스를 보상하기 위해 JFET를 더 on시키는 경향이 있다. 트랜스컨덕턴스 곡선 범위의 효과는 예제로 설명하는 것이 가장 좋다.

예제 4-4

문제

2N5457 범용 JFET의 규격은 다음과 같다: $I_{DSS(min)} = 1\,mA$, $I_{DSS(max)} = 5\,mA$, $V_{GS(off)(min)} = -0.5\,V$, $V_{GS(off)(max)} = -6\,V$. 이 JFET의 자기-바이어스 저항을 선정하라.

풀이

소신호 JFET의 I_{DSS}와 $V_{GS(off)}$의 범위는 매우 크다. 최상의 저항을 선택하기 위해 기술된 $V_{GS(off)}$와 I_{DSS}의 극단적인 값을 조사한다.

$$R_S = \frac{|V_{GS\,(off)(min)}|}{I_{DSS\,(min)}} = \frac{0.5\,V}{1.0\,mA} = 500\,\Omega$$

$$R_S = \frac{|V_{GS\,(off)(max)}|}{I_{DSS\,(max)}} = \frac{6\,V}{5.0\,mA} = 1.2\,k\Omega$$

이 특정 값들 사이의 표준규격인 **820 Ω**을 선택한다. 이 값이 트랜스컨덕턴스 곡선에서 보는 것과 같은지 확인하기 위해, 이 저항으로 곡선을 그리고, 최대값과 최소값 Q-점을 연결한다. 이렇게 그려진 것이 그림 4-13이다. 최대값과 최소값 사이의 큰 차이가 없음에도 불구하고 820 Ω 저항은 적절한 선택임을 알 수 있다.

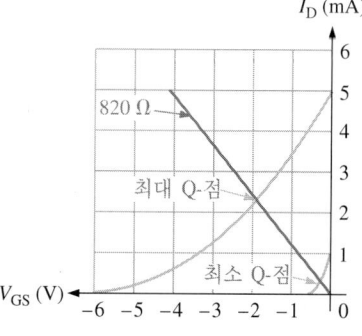

그림 4-13

Q-점에 대한 트랜스컨덕턴스의 효과

질문

820 Ω 저항으로 자기-바이어스된 2N5457에서 예상되는 가장 큰 I_D와 가장 작은 I_D는 얼마인가?

전압-분배기 바이어스

자기-바이어스는 여러 조건을 만족시키지만 동작점은 트랜스컨덕턴스에 의존한다. 바이어스는 게이트가 양(+)의 전압이 되도록 게이트 회로에 전압 분배기를 추가하여 보다 안정되게 만들 수 있다. JFET는 음(−)의 게이트-소스 바이어스로 동작해야 하기 때문에, 일반적인 자기-바이어스에서 사용되었던 것보다 더 큰 소스저항을 사용하였다. 이 회로는 그림 4-14에서 보여주며, 게이트 전압은 R_1과 R_2에 전압-분배기 공식을 이용한다.

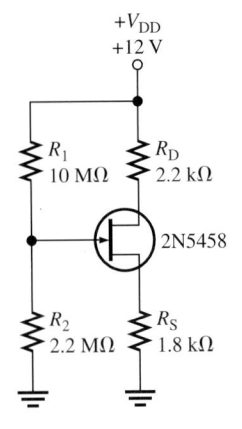

$$V_G = \left(\frac{R_2}{R_1 + R_2} \right) V_{DD} \qquad (4\text{-}5)$$

전압-분배기 바이어스 동작 방법을 설명하기 위해 식 (4-5)에서 게이트 전압을 구한다.

$$V_G = \left(\frac{R_2}{R_1 + R_2} \right) V_{DD} = \left(\frac{2.2\ \text{MΩ}}{10\ \text{MΩ} + 2.2\ \text{MΩ}} \right) 12\ \text{V} = 2.2\ \text{V}$$

그림 4-14

전압-분배기 바이어스와 자기-바이어스

소스와 게이트 사이에 필요한 음(−)의 바이어스를 생성하기 위해서는 최소 2.2 V를 공급해야 하기 때문에, 소스저항은 기본적인 자기-바이어스에서 사용되었던 것보다 더 크다. JFET의 폭넓은 변이 때문에 정확한 소스전압을 예상하는 것은 불가능하다. 2N5458에서는 약 3 V의 소스전압이 적절하게 된다.

JFET 회로의 문제를 해결하려면, 소스전압이 게이트 전압보다 크거나 같아야 한다. 드레인 전류가 R_D와 R_S 모두에 흐르면 I_D는 JFET의 트랜스컨덕턴스에 정해지므로, V_D와 V_S의 정확한 값은 회로값으로부터 결정할 수 없다. 일반적으로 JFET 선형증폭기는 V_{DS}가 V_{DD}의 약 25%에서 50%의 범위에 있도록 설계되어야 한다. 트랜지스터에 대한 파라미터를 알 수 없으면 바이어스는 V_{DS}를 조사하여 정확하게 설정되었는지 확인할 수 있다.

복습 질문

11. 자기-바이어스 저항의 적절한 값을 선택하기 위해 사용할 수 있는 JFET에 대한 두 가지 파라미터는 무엇인가?

12. 그림 4-10에서 게이트 저항의 목적은?

13. JFET를 위해 사용된 바이어스 회로가 BJT를 위한 바이어스 회로로 사용할 수 없는 이유는?

14. 자기-바이어스된 n-채널 JFET 회로에서 $I_D = 8\,mA$이고 $R_S - 1.0\,k\Omega$일 때 V_{GS}는 얼마인가?

15. JFET에서 자기-바이어스를 위해 필요한 소스저항보다 전압-분배기 바이어스를 위해 필요한 소스저항이 큰 이유는?

MOSFET 특성 4-4

금속-산화물 반도체 전계-효과 트랜지스터(MOSFET)는 전계-효과 트랜지스터의 중요한 FET로 pn 접합 구조를 갖지 않는 것이 JFET와 다르다. 즉, MOSFET의 게이트는 매우 얇은 이산화실리콘(SiO$_2$)층으로 채널과 분리되어 있다. MOSFET의 두 가지 형으로는 공핍형(D)과 성장형(E)이다.

이 장에서는 MOSFET의 특성을 설명한다.

공핍형 MOSFET(D-MOSFET)

그림 4-15는 **MOSFET**의 한 종류인 구조를 나타낸 공핍형 MOSFET(D-MOSFET) 구조이다. 드레인과 소스는 기판(substrate) 물질 속으로 확산되어 분리된 게이트에 인접한 좁은 채널로 연결되어 있다. n-채널과 p-채널 모두를 그림에 표시하였지만 n-채널 소자만 제조규격이 표시되어 있다. p-채널 D-MOSFET는 Multisim과 같은 컴퓨터 시뮬레이션 프로그램에서 시뮬레이션을 할 수 있기 때문에 이에 대한 설명만 하기로 한다. 다음의 설명은 n-채널 D-MOSFET과 관련된 것이다.

D-MOSFET는 공핍 모드 또는 성장 모드 두 가지로 동작할 수 있으므로 때로 **공핍-성장 MOSFET(depletion-enhancement MOSFET)**라고도 한다. 게이트가 채널과 분리되어 있기 때문에 양(+) 또는 음(−)의 게이트 전압이 공급될 수 있다. n-채널 MOSFET는 음(−)의 게이트-소스 전압이 공급될 때 **공핍모드**로 동작하고 양(+)의 게이트-소스 전압

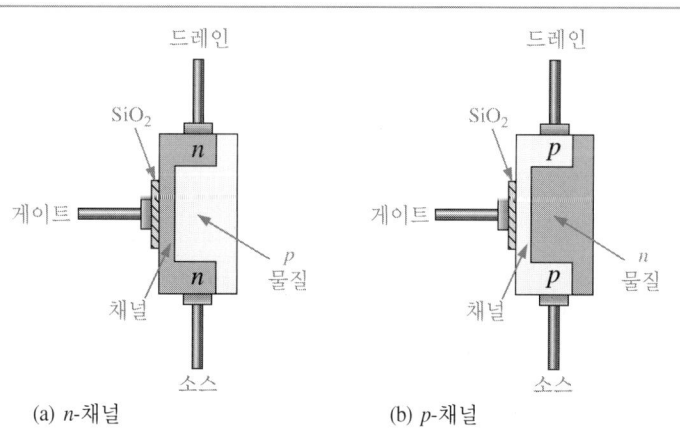

그림 4-15

D-MOSFET의 구조, SiO$_2$ 층을 구별하기 쉽게 하기 위해 크게 표시하였다.

(a) n-채널   (b) p-채널

이 공급될 때 성장모드로 동작한다. 일반적으로 이 소자들은 공핍모드에서 동작한다.

공핍모드

평행판 커패시터의 한쪽은 게이트에, 다른 한쪽을 채널에 연결되어 있다. 층을 분리하는 SiO_2은 절연체이다. 음(−)의 게이트 전압으로 인해 채널에 도통전자가 채워진다. n-채널은 전자의 일부가 공핍됨에 따라 채널의 도전률은 감소된다. 게이트에 음(−)의 전압이 커질수록 n-채널 전자의 공핍도 점점 더 커진다. 충분한 음(−)의 게이트-소스 전압인 $V_{GS(off)}$에서 채널은 완전히 공핍되고 드레인 전류는 0이다. 그림 4-16(a)는 공핍모드이다. n-채널 JFET처럼 n-채널 D-MOSFET는 $V_{GS(off)}$와 0 V 사이의 게이트-소스 전압에서 드레인 전류가 흐른다. 또한, D-MOSFET는 0 V 이상 V_{GS}의 값에서 도통한다.

성장모드

그림 4-16(b)와 같이 n-채널 소자가 양(+)의 게이트 전압으로 더 많은 도통전자가 채널 안으로 유입되어 채널 도전율이 증가하게 된다.

D-MOSFET 기호

그림 4-17은 n-채널과 p-채널 D-MOSFET에 대한 기호이다. 화살표로 가리키는 기판은 보통 내부에서는 소스에 연결되어 있다. 기판의 화살표가 안쪽 방향이면 n-채널, 바깥 방향이면 p-채널이다.

MOSFET는 JFET처럼 전계-효과 소자이기 때문에 JFET와 비슷한 특성을 갖는다. 그림 4-18은 일반적인 n-채널 D-MOSFET에서 I_D에 대한 V_{GS}의 전달 특성이다. 즉, 그림

그림 4-16 n-채널 D-MOSFET의 동작

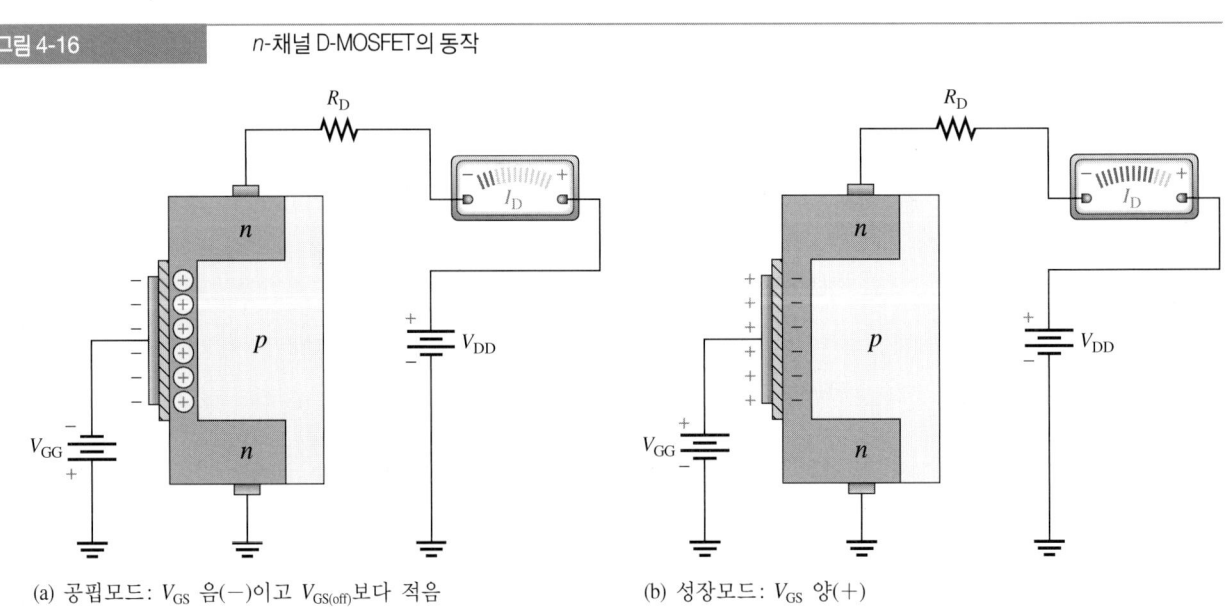

(a) 공핍모드: V_{GS} 음(−)이고 $V_{GS(off)}$보다 적음   (b) 성장모드: V_{GS} 양(+)

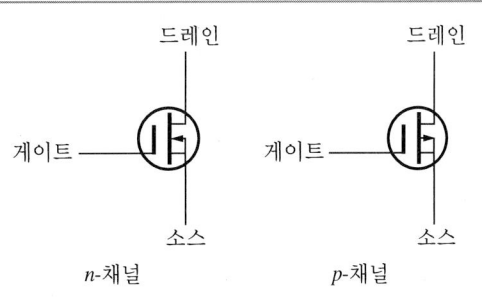

그림 4-17

D-MOSFET 기호

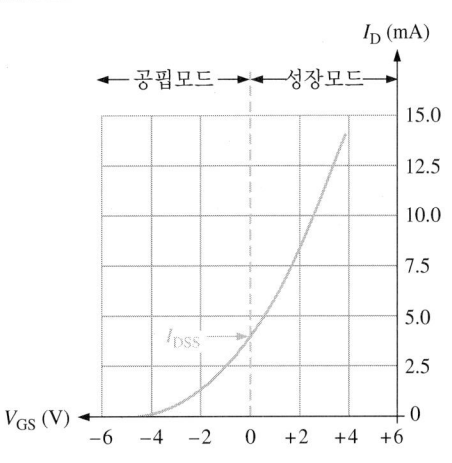

그림 4-18

전형적인 D-MOSFET에 대한 전달 특성

4-8(a)의 n-채널과 같은 모양을 갖지만, V_{GS}의 음($-$) 값과 양($+$) 값 모두가 공핍영역과 성장영역에서 동작을 표현하는 전달 특성이다. 이 특성곡선은 V_{GS}가 0 V일 때 I_D는 약 4.0 mA가 된다. 즉, D-MOSFET는 I_{DSS}보다 더 높은 전류에서 동작이 허용되지만, JFET에서는 허용되지 않는다.

성장 MOSFET(E-MOSFET)

이 타입의 MOSFET는 성장모드에서만 동작하고 공핍모드에서는 동작하지 않는다. 물리적인 채널을 가지지 않는 것이 D-MOSFET와 구조적으로 다른 것이다. 그림 4-19(a)에서 기판이 SiO_2 층까지 완전히 확장된 것에 주의하라.

그림 4-19(b)와 같이 n-채널 소자에 문턱전압 $V_{GS(th)}$ 이상의 양($+$)의 게이트 전압은 SiO_2 층에 인접한 기판영역에 음전하의 얇은 층을 생성하여 채널을 유도한다. 채널의 도전율은 게이드-소스 진입을 증가시킴에 따라 증가한다. 따라서 채널 인으로 더 많은 전자를 끌어들인다. 문턱전압 이하의 게이트 전압에서는 채널이 형성되지 않는다.

그림 4-20은 n-채널과 p-채널 E-MOSFET에 대한 기호이다. 끊어진 선은 물리적 채널이 없음을 기호화한 것이다.

게이트에 전압이 공급되었음에도 채널이 닫혀 있기 때문에 E-MOSFET는 정상적으

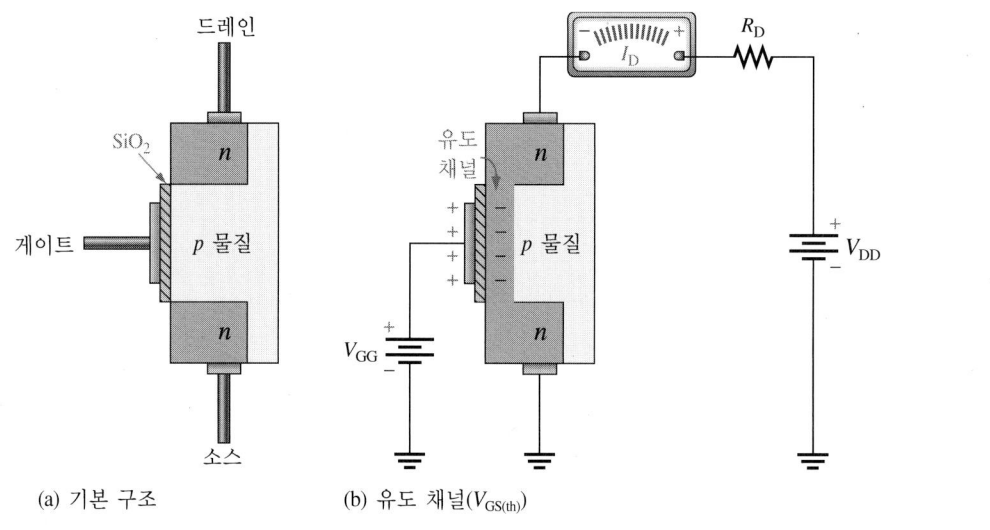

그림 4-19

E-MOSFET 구조와 동작(*n*-채널)

(a) 기본 구조　　　(b) 유도 채널($V_{GS(th)}$)

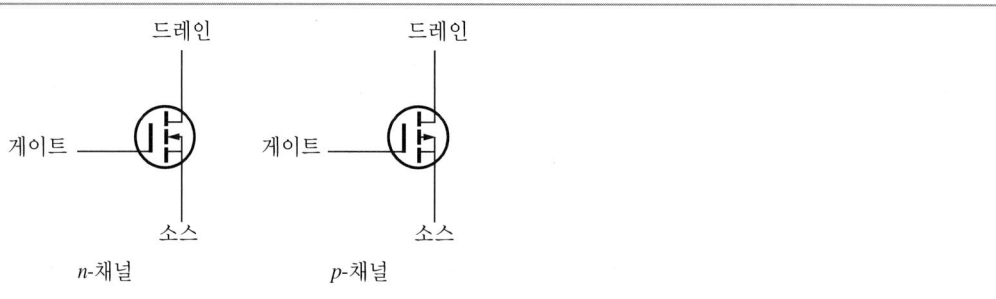

그림 4-20

E-MOSFET 기호

n-채널　　　　　　*p*-채널

로 꺼진 소자처럼 생각할 수 있다. JFET와 D-MOSFET는 같은 모양의 전달 특성을 갖지만, *n*-채널 소자의 게이트는 도통을 위해 양(+) 값이 될 수 있도록 해야 한다. 이는 $V_{GS(off)}$ 사양이 *n*-채널 E-MOSFET에 대해 양(+) 전압이 되어야 한다는 것을 의미한다. 그림 4-21은 전형적인 특성을 나타낸 것이다. 그림 4-18의 D-MOSFET 특성과 비교해 보라.

그림 4-21

전형적인 E-MOSFET에 대한 전달 특성

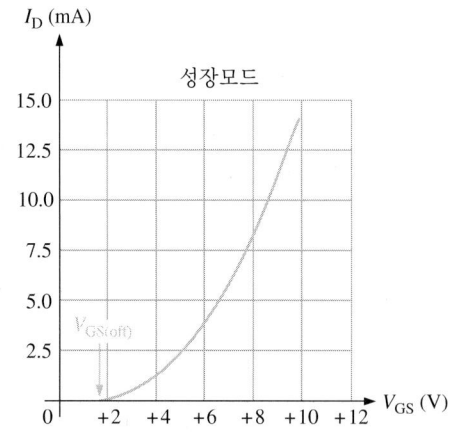

취급주의

MOSFET의 게이트는 채널과 분리되어 있기 때문에, 입력저항이 매우 높다. MOSFET에 대한 게이트 누설전류 I_{GSS}는 pA 범위인 데 비해 JFET에 대한 게이트 역방향 전류가 nA 범위 안에 있다. 분리된 입력 게이트 구조는 게이트에 연속하여 매우 얇은 분리층으로 커패시터를 형성한다. 이 커패시턴스는 매우 높은 입력저항을 제거할 수 있는 높은 전압의 정전하를 축적할 수 있어 때에 따라서는 소자가 망가질 수 있다. 이러한 항복현상을 **정전기 방전**(electrostatic discharge) 또는 ESD라고 부른다. ESD는 MOSFET 고장의 가장 큰 원인이다. ESD와 MOSFET 소자에 대한 가능한 손상을 피하기 위해 다음과 같은 주의를 해야 한다:

1. 금속-산화 반도체 소자는 전도성이 컷오프되어 있는 포장재에 싸서 보관해야 한다.
2. 조립하거나 실험에 사용된 모든 기구와 금속 의자는 접지에 연결되어야 한다.
3. 조립자나 취급자의 손목은 도선과 매우 높은 직렬 저항으로 접지에 연결되어야 한다.
4. 전원이 켜져 있는 동안 회로에서 MOS 소자(이 문제에 있어서 다른 소자도)를 절대 제거하지 말라.
5. dc 전원 공급이 꺼져 있는 동안 MOS 소자에 신호를 공급하지 말라.

복습 질문

16. MOSFET의 두 가지 타입 이름과 제조시 주요한 차이를 기술하라.
17. D-MOSFET에서 게이트-소스 전압이 0이면, 드레인에서 소스로 흐르는 전류가 흐를 수 있는가? ($V_D > V_P$)
18. E-MOSFET에서 게이트-소스 전압이 0이면, 드레인에서 소스로 흐르는 전류가 흐를 수 있는가? ($V_D > V_P$)
19. D-MOSFET가 I_{DSS}보다 더 높은 전류가 흐를 수 있고 드레인 전류 내에 남아 있을 수 있는가?
20. ESD란 무엇인가?

4-5 MOSFET 바이어싱

BJT와 JFET에 대한 바이어스는 ac 신호의 안정적인 동작점을 제공하는 동작조건으로 설정된다. MOSFET 바이어싱 회로는 이미 BJT와 JFET에서 본 것과 유사하다. 특정 바이어스 회로는 사용된 MOSFET의 전원 수와 MOSFET의 형태(공핍 또는 성장)에 의해 정해진다.

이 절에서는 0 바이어스, 전압-구동 바이어스 또는 전류-소스 바이어스를 사용하는 D-MOSFET와 전압-분배기 바이어스를 사용하는 E-MOSFET를 바이어스하는 방법을 설명한다.

D-MOSFET 바이어스

D-MOSFET는 V_{GS}의 양(+)의 값이나 음(−)의 값 모두에서 동작할 수 있다. V_{GS}가 음(−)일 때 동작은 공핍모드에 있고 양(+)일 때, 동작은 성장모드에 있다. D-MOSFET는 두 모드에서 동작할 수 있는 장점이 있고 이와 같이 동작할 수 있는 유일한 타입의 트랜지스터이다.

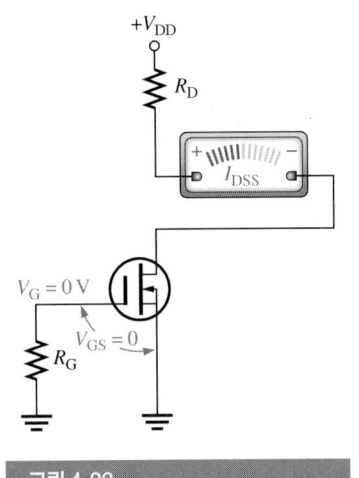

그림 4-22

0-바이어스된 D-MOSFET

0 바이어스

가장 기본적인 바이어스 방법은 $V_{GS} = 0\,\text{V}$로 설정한다. 이때 게이트에서 ac 신호는 이 바이어스점의 위와 아래로 게이트-소스 전압을 바꾼다. 그림 4-22에 회로를 나타내었다. 회로가 효율적이고 단순하기 때문에, 0 바이어스는 D-MOSFET를 바이어싱하기 위한 좋은 방법이다. 동작점은 공핍동작과 성장동작 사이에 설정한다. $V_{GS} = 0\,\text{V}$이기 때문에, $I_D = I_{DSS}$이다. 드레인-소스 전압은 다음과 같이 표현된다.

$$V_{DS} = V_{DD} - I_{DSS}R_D$$

예제 4-5

문제

그림 4-23의 회로에서 드레인-소스 전압을 결정하라. MOSFET 데이터시트에는 $I_{DSS} = 12\,\text{mA}$로 되어 있다.

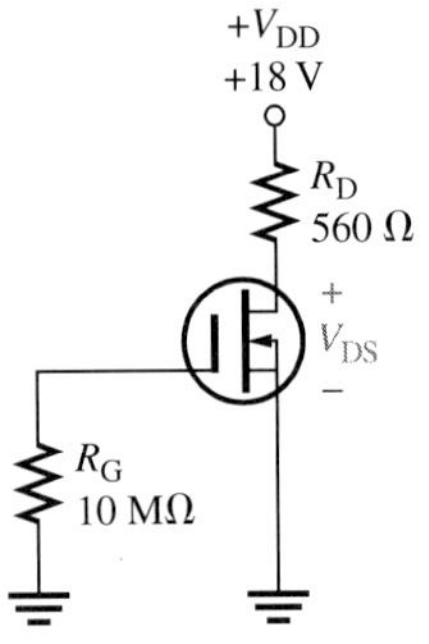

풀이

$I_D = I_{DSS} = 12\,\text{mA}$이기 때문에, 드레인-소스 전압은

$$V_{DS} = V_{DD} - I_{DSS}R_D = 18\,\text{V} - (12\,\text{mA})(560\,\Omega) = \mathbf{11.28\,V}$$

이다.

질문

그림 4-23에서 $I_{DSS} = 20\,\text{mA}$일 때, V_{DS}는 얼마인가?

그림 4-23

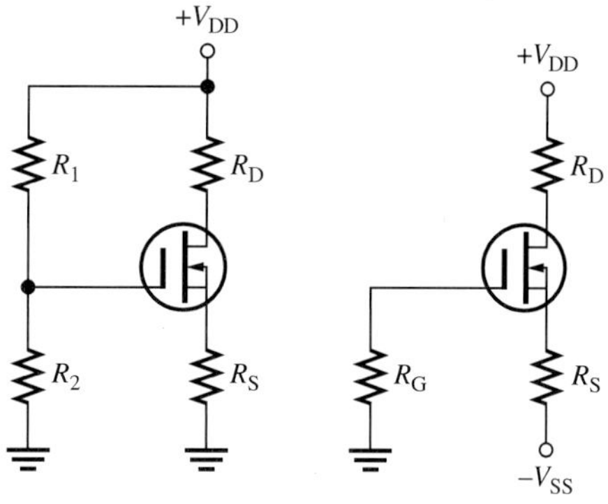

그림 4-24

다른 D-MOSFET 바이어스 회로

(a) 자기-바이어스를 사용한 전압 분배기

(b) 소스 바이어스

다른 바이어스 배열

D-MOSFET는 공핍모드 또는 성장모드에서 동작할 수 있다. 이러한 다양성 때문에, D-MOSFET에는 다양한 바이어스 회로가 적용될 수 있다. 그림 4-24는 바이어싱을 위한 두 가지 일반적인 방법을 예시하였지만 실제에서는 다른 방법을 볼 수 있다.

그림 4-24(a)와 같은 바이어스 회로는 JFET와 같이 전압-분배기와 자기-바이어스의 조합을 사용한 회로이다. 게이트에서 전압은 무시할 정도의 부하효과 때문에 FET 소자에 대하여 매우 정밀한 전압-분배기 공식에 의해 계산된다. 게이트 전압은 JFET에 대한 것과 같다.

$$V_G = \left(\frac{R_2}{R_1 + R_2} \right) V_{DD}$$

전압 분배기를 형성하는 저항은 게이트 단자의 높은 입력저항 때문에, M-Ω 범위로 매우 크다. 다른 단자의 전압은 지정된 소자의 파라미터에 따라 정해진다.

양(+)과 음(−) 전원이 사용될 때는 그림 4-24(b)와 같은 소스-바이어스 배열이 자주 사용된다. BJT의 이미터 바이어스와 유사하다. 이상적인 경우 게이트 회로는 개방회로로 취급할 수 있다. 따라서, 게이트 전압은 접지 전위에 있을 것으로 생각한다. 연산증폭기에서 주로 사용되는 다른 바이어스 방법으로 전류-소스 바이어싱이 있다. 이 방법은 전류 소스처럼 동작하는 부가저항이 필요하기 때문에, 이산회로에서 일반적인 방법은 아니다. 그림 4-25(a)에서 BJT는 D-MOSFET를 위한 전류 소스처럼 동작한다. 전류는 R_E에 옴의 법칙을 적용하여 결정한다. 그림 4-25(b)에서 JFET는 MOSFET에 대한 전류 소스처럼 사용된다. 이 경우에 전류는 JFET의 I_{DSS}와 소스저항 값에 따라 정해진다. 예제 4-6은 BJT에 대한 전류를 구하는 방법이다.

그림 4-25

D-MOSFET에 대한 전류-소스 바이어싱, 전류-소스 바이어싱은 집적회로에서 일반적으로 사용한다.

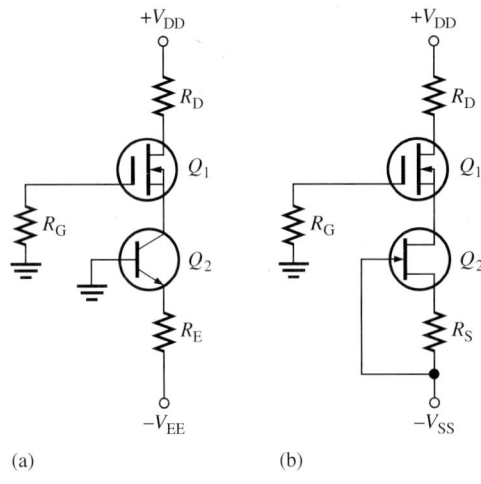

(a)   (b)

예제 4-6

그림 4-26

문제

그림 4-26에서 D-MOSFET의 드레인 전류는 얼마인가?

풀이

Q_2의 베이스가 접지되어 있다. 따라서, 이미터는 -0.7 V이다. R_E에 걸리는 전압은

$$V_{R_E} = -0.7\text{ V} - (-15\text{ V}) = 14.3\text{ V}$$

이다. 이미터 저항에 흐르는 전류는

$$I_{R_E} = \frac{14.3\text{ V}}{27\text{ k}\Omega} = 0.53\text{ mA}$$

이다.

　　D-MOSFET는 BJT에 대한 부하로 동작한다. 결과적으로, 드레인 전류는 이미터 전류와 거의 같다.

$$I_D = I_{R_E} = \textbf{0.53 mA}$$

질문

R_D에 걸리는 전압은 얼마인가?

E-MOSFET 바이어스

　　E-MOSFET는 문턱전압 값 $V_{GS(th)}$보다 큰 V_{GS}를 가져야 한다. 그림 4-27은 전압 분배기를 사용하여 n-채널 E-MOSFET를 바이어스하는 가장 일반적인 방법이다. 전압 분배기 바이어스 배열에서 게이트 전압은 $V_{GS(th)}$를 초과하여 소스전압보다 양(+)이 된다.

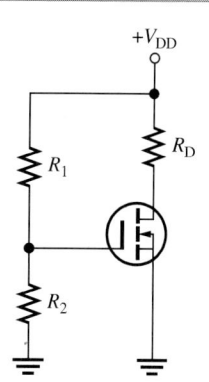

그림 4-27

전압 분배기를 사용하는 E-MOSFET 바이어싱

복습 질문

21. $V_{GS} = 0$ V에서 바이어스된 D-MOSFET에 대하여 드레인 전류는 0, I_{GSS} 또는 I_{DSS}와 같은가?

22. E-MOSFET가 0 바이어스를 사용할 수 없는 이유는?

23. 공핍모드와 성장모드에서 동작할 수 있는 MOSFET의 타입은 무엇인가?

24. $V_{GS(th)} = 2$ V를 갖는 n-채널 E-MOSFET에서 도통하기 위해 V_{GS}가 초과해야 하는 값은 얼마인가?

25. 전류-소스 바이어싱이란 무엇인가?

FET 선형증폭기 4-6

전계-효과 트랜지스터인 JFET와 MOSFET는 바이폴라 접합 트랜지스터의 CE, CC 및 CB 증폭기와 같이 세 가지 회로로 구성하여 선형증폭기처럼 사용할 수 있다. FET 구성 방법에는 공통-소스(CS), 공통-드레인(CD) 및 공통-게이트(CG)가 있다. CS와 CD 증폭기는 제1단 증폭기에 많이 사용한다. CG 증폭기는 다른 타입에 비해 장점이 적기는 하지만, 특수 분야에 응용된다.

이 절에서는 이득과 입력저항을 포함하여 기본적인 동작 파라미터를 결정하기 위한 CS와 CD 증폭기를 해석하는 방법을 설명한다.

FET의 트랜스컨덕턴스

그림 4-8(a)와 같은 FET의 전달 특성을 표시한 트랜스컨덕턴스 곡선이다. FET는 전압-제어되는 소자이기 때문에 BJT와는 기본적으로 다르다. 출력 드레인 전류는 입력 게이트 전압에 의해 제어된다. ac 파라미터처럼 트랜스컨덕턴스는 다음과 같이 정의된다.

그림 4-28

n-채널 FET와 BJT에 대한 전달곡선 비교

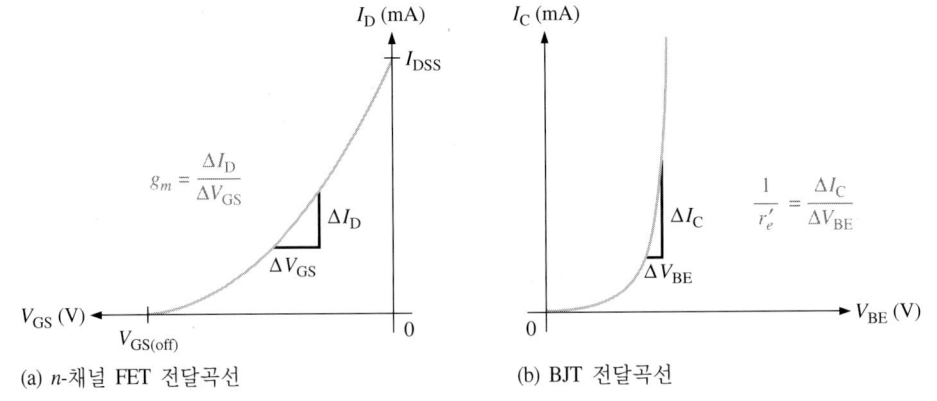

(a) *n*-채널 FET 전달곡선   (b) BJT 전달곡선

$$g_m = \frac{I_d}{V_{gs}}$$

출력전류(I_d)를 입력전압(V_{gs})으로 나눈 식을 고려해 보면, 트랜스컨덕턴스 그 자체가 FET의 이득이 된다. 단위가 없는 숫자인 β_{ac}와 달리 트랜스컨덕턴스(g_m)는 저항의 역수인 도전율의 단위를 갖는다. 그림 4-28(a)와 같이 특정 FET의 트랜스컨덕턴스는 직접 측정할 수도 있다. 트랜스컨덕턴스는 전달곡선의 기울기로 상수는 아니지만 드레인 전류에 의존한다는 것을 알 수 있다.

그림 4-28(b)의 BJT 전달곡선은 FET와 유사하다. 베이스-이미터 *pn* 접합에 공급되는 베이스 전압과 dc 이미터 전류는 ac 저항에 따라 정해진다. 이 작은 ac 저항은 BJT 증폭기의 이득을 결정하는 중요한 요소가 된다.

g_m의 **역수**는 BJT의 r'_e와 유사하다. FET에 대한 ac 모델 g_m은 중요한 파라미터 중의 하나이다. BJT 증폭기에서 FET 증폭기로 변이를 하기 위해서는 FET의 ac 소스저항이 파라미터를 정의하는 데 유용하다.

$$r'_s = \frac{1}{g_m} \qquad (4\text{-}6)$$

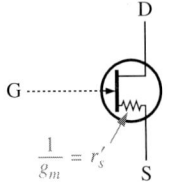

그림 4-29

내부 소스저항 r'_s는 BJT의 r'_e와 유사하다. 점선은 입력저항이 극히 높기 때문에 게이트 전류는 무시할 수 있다.

r'_s의 개념은 BJT와 유사한 전압 이득 방정식을 유도한다. 그림 4-29는 JFET에 대한 r'_s의 특징이다. 그림에서 게이트는 점선이다. 입력저항은 거의 무한대이다. 게이트 전압은 드레인 전류를 제어하지만, 그 값은 무시할 정도의 전류이다. 그러나 FET에 대한 r'_s는 BJT에 대한 r'_e만큼 예상할 수 있는 것은 아니고 그림 4-28의 궤적에서 나타낸 것처럼 일반적으로 r'_e보다 크다. 데이터시트에 이 파라미터 값은 없지만 g_m에 대한 값의 범위는 알 수 있다. 따라서, g_m 값의 역수를 취함으로써 r'_s의 대략적인 값을 얻을 수 있다. 예로, y_{gs}가 데이터시트에 2000 μS로 나와 있다면, $r'_s = 500\ \Omega$이다.

공통-소스 증폭기

JFET

그림 4-30은 자기-바이어스된 n-채널 JFET로된 **공통-소스(CS)** 증폭기이다. ac 소스는 게이트와 용량성으로 결합되어 있다. 저항 R_G에는 (a) I_{GSS}가 극히 작기 때문에 거의 0 V dc로 게이트 전압을 유지하고, (b) V는 수 MΩ의 큰 값으로 ac 신호 소스의 로딩을 방해하는 두 가지 목적에 사용된다. 바이어스 전압은 R_S에서 전압을 강하하여 유지한다. 바이패스 커패시터 C_2는 ac 접지로 FET의 소스를 효과적으로 유지한다.

신호전압은 드레인 전류에서 변화를 일으키는 Q-점 값의 상하의 게이트-소스 전압이 조절되도록 한다. 드레인 전류가 증가하는 만큼 드레인 전압(접지에 대하여)을 감소하게 하는 R_D에서 전압강하도 증가하게 된다.

드레인 전류는 게이트-소스 전압에 의한 위상에서 Q-점 값 상하로 작용한다. 드레인-소스 전압과 같이 게이트-소스 전압에 대한 위상도 180° 변한다.

D-MOSFET

그림 4-31은 게이트에 용량성으로 결합된 ac 소스를 가진 0-바이어스 n-채널 D-MOSFET이다. 게이트는 거의 0 V dc이고, 소스 단자의 전압은 $V_{GS} = 0$ V로 유지하기 위해 접지되어 있다.

신호전압은 V_{gs}가 I_d의 0 V 상하값으로 정해진다. V_{gs}에서 음($-$) 스윙은 공핍모드를 생성하고 I_d를 감소시킨다. V_{gs}에서 양($+$) 스윙은 성장모드를 생성하고 I_d를 증가시킨다.

E-MOSFET

그림 4-32는 게이트에 용량성으로 결합된 ac 신호 소스를 가진 전압-분배기 바이어스된 n-채널 E-MOSFET이다. 게이트는 $V_{GS} > V_{GS(th)}$와 같은 양($+$) 전압으로 바이어스되어 있다. JFET와 D-MOSFET처럼 신호전압은 Q-섬 값 상하로 V_{gs}에서 스윙한다. 차

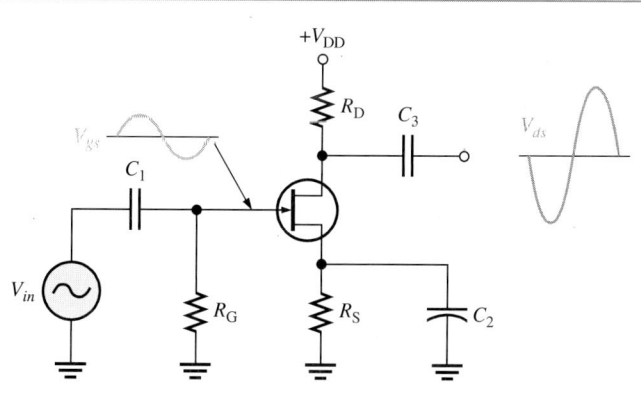

0 바이어스된 D-MOSFET 공
통-소스 증폭기

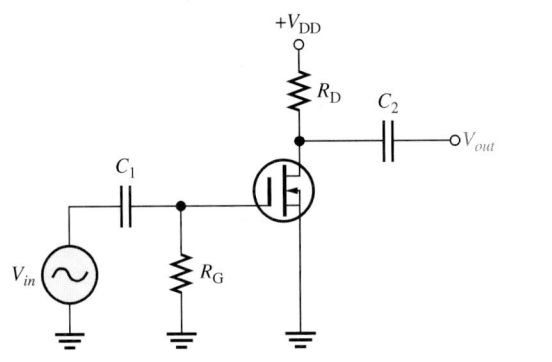

전압-분배기 바이어스된 공
통-소스 E-MOSFET 증폭기

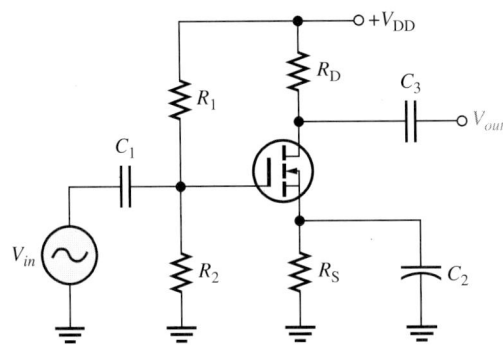

레로 이 스윙이 I_d에 값이 정해지지만 전체적으로 성장모드에서 동작한다.

전압이득

증폭기의 전압이득 A_v는 V_{out}/V_{in}이다. CS 증폭기의 경우, V_{in}은 바이패스 커패시터로 인해 V_{gs}와 같고 V_{out}은 ac 드레인 저항 R_d에 걸리는 신호전압과 같다. 부하가 없는 CS 증폭기인 경우에 ac와 dc 드레인 저항은 $R_d = R_D$이 된다. 따라서, $V_{out} = I_d R_d$이다.

$$A_v = \frac{V_{out}}{V_{in}} = \frac{I_d R_d}{V_{gs}}$$

$g_m = I_d/V_{gs}$이므로, 공통-소스 전압이득은

$$A_v = -g_m R_d \tag{4-7}$$

이다. 식 (4-7)은 CS 증폭기의 전압이득방정식이다. 반전증폭기라는 것을 나타내기 위해 식 (4-7)에 음(−) 부호가 붙어 있다. CS 증폭기에 대한 이득은 ac 저항의 비율처럼 공통-이미터(CE) 증폭기와 같이 표현할 수 있다. g_m을 $1/r_s'$로 대체함으로써 전압이득은 다음과 같이 쓸 수 있다.

$$A_v = -\frac{R_d}{r_s} \qquad (4\text{-}8)$$

CE 증폭기에 대한 전압이득 $A_v = -R_c/R_e$으로 주어진 식 (3-11)과 이 식을 비교해보면 두 식은 ac 저항의 비로 전압이득이 된다.

입력저항

CS 증폭기에서 입력은 게이트이므로 트랜지스터 입력저항은 극히 높다. 이렇게 극단적으로 높은 저항은 JFET에서 역방향 바이어스된 *pn* 접합과 MOSFET에서 분리된 게이트 구조에 의해 발생된다. 실제로 트랜지스터의 입력회로에서 자주 볼 수 있다.

트랜지스터의 내부저항이 무시되었을 때 입력저항은 바이어스 저항으로만 결정되는 신호 소스로 볼 수 있다. 자기-바이어스에서는 간단히 게이트 저항 R_G이다. 전압-분배기 바이어스에서 두 개의 전압-분배기 저항은 ac 소스에 병렬이 된다. 즉, 입력저항은 R_1과 R_2의 병렬결합이다.

$$R_{in} \cong R_1 \| R_2$$

문제

(a) 그림 4-33에서 증폭기의 전체 출력전압(dc + ac)은 얼마인가? 이때 g_m은 2500 μS이고 I_D는 1.7 mA이다.

(b) 신호 소스로 보이는 입력저항은 얼마인가?

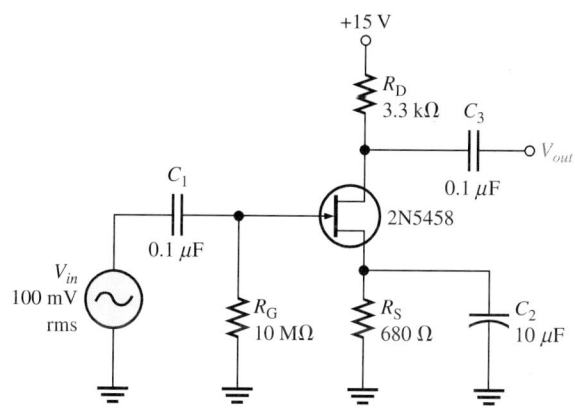

그림 4-33

풀이

(a) 먼저, dc 출력전압을 구한다.

$$V_D = V_{DD} - I_D R_D = 15\,V - (1.7\,mA)(3.3\,k\Omega) = 5.6\,V$$

그 다음에 전압이득을 구한다.

$$A_v = -g_m R_d = -(2500 \ \mu S)(3.3 \ k\Omega) = -8.25$$

전압이득은 r_s'를 계산하고 ac 드레인 저항과 ac 소스저항의 비를 사용하여 구할 수 있다.

$$r_s' = \frac{1}{g_m} = \frac{1}{2500 \ \mu S} = 400 \ \Omega$$

$$A_v = -\frac{R_d}{r_s'} = -\frac{3.3 \ k\Omega}{400 \ \Omega} = -8.25$$

출력전압은 입력전압에 이득을 곱한 것이다.

$$V_{out} = A_v V_{in} = (-8.25)(100 \ mV) = -825 \ mV \ rms$$

음(−)의 부호는 출력 파형이 반전되었다는 것을 의미한다.

전체 출력전압은 **5.6 V**의 dc 레벨로 상승하는 $0.825 \ V \times 2.828 = $ **2.33 V** 피크-피크 값을 갖는 ac 신호이다.

(b) 입력저항은

$$R_{in} \cong R_G = 10 \ M\Omega$$

이다.

질문

소스저항이 더 크게 되면, g_m에서는 어떤 일이 발생하는가? 이것이 이득에 영향을 미치는가?

컴퓨터 시뮬레이션

웹사이트에서 Multisim의 F04-33DV 파일을 이용하여 ac와 dc 출력전압을 측정한다.

공통-드레인(CD) 증폭기

그림 4-34는 **공통-드레인(CD)** JFET 증폭기이다. 이 회로에서는 자기-바이어싱이 사용되었다. 입력신호는 결합커패시터를 통해 게이트에 공급되고 출력은 부하로 사용된 커패시터를 통해 연결되어 있다. 드레인 저항은 없다. 이 회로는 BJT 이미터-폴로워와 유사하기 때문에 **소스-폴로워**라고 부른다. 이 회로의 매우 높은 입력저항 때문에, FET 회로에서 널리 사용된다.

그림 4-34

JFET 공통-드레인 증폭기(소스-폴로워)

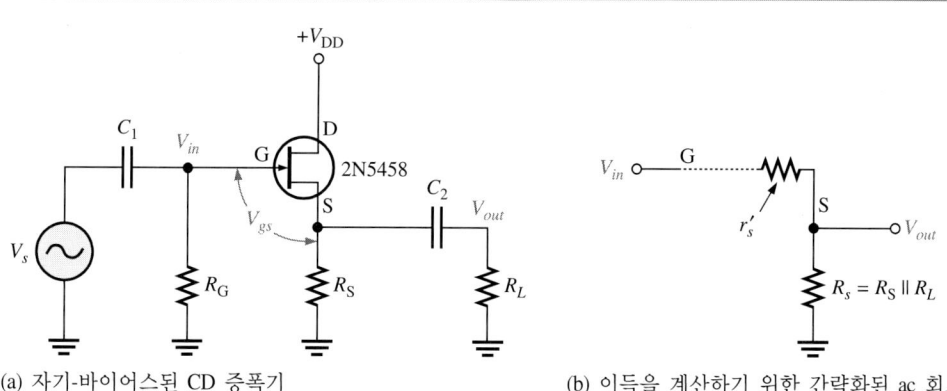

(a) 자기-바이어스된 CD 증폭기　　　　　　(b) 이득을 계산하기 위한 간략화된 ac 회로

전압이득

모든 증폭기와 같이 전압이득은 $A_v = V_{out}/V_{in}$이다. 이미터-폴로워와 마찬가지로 소스-폴로워도 이상적으로는 전압이득이 1이지만, 실제는 0.5와 1 사이로 1보다는 적다. 그림 4-34(b)와 같이 전압이득을 비교하기 위해 ac 등가회로에 전압-분배기 법칙을 적용할 수 있다. 게이트 저항은 ac에 영향을 미치지 않기 때문에 그림에는 표시하지 않았다. 게이트 입력은 ac 입력신호가 개방된 것처럼 보여서 점선으로 나타내었다. 부하와 소스저항은 병렬연결이고 내부저항 r'_s(또는 $1/g_m$)는 직렬로 등가 ac 소스저항 R_s와 결합되게 할 수 있다. 입력은 R_s와 r'_s에 모두 인가되지만 출력은 R_s에만 인가된다. 따라서, 출력전압은

$$V_{out} = V_{in}\left(\frac{R_s}{r'_s + R_s}\right)$$

이다. V_{in}을 나누어서 전압이득을 위한 식을 유도한다.

$$A_v = \frac{R_s}{r'_s + R_s} \tag{4-9}$$

이득은 ac 저항의 비로 나타낼 수 있다. 이 식은 전압-분배기 법칙을 이용하여 구한다.

다른 전압-이득 식은 다음과 같다:

$$A_v = \frac{g_m R_s}{1 + g_m R_s} \tag{4-10}$$

이 식은 식 (4-9)와 동일한 결과가 나온다.

입력저항

입력신호가 게이트에 공급되기 때문에 입력저항은 앞에서 다루었던 CS 증폭기와 같은 입력신호원이 된다. 실제 트랜지스터에서는 입력의 매우 높은 저항을 무시할 수

있다. 입력저항은 CS 증폭기와 같이 바이어스 저항에 의해 결정된다. 자기-바이어스에서 입력저항은 게이트 저항 R_G와 같다.

$$R_{in} \cong R_G$$

전압-분배기 바이어스에서 전압-분배기 저항들은 접지에 병렬 경로처럼 소스로 취급된다. 따라서, 전압-분배기 바이어스에 대한 입력저항은

$$R_{in} \cong R_1 \| R_2$$

이다.

예제 4-8

문제

그림 4-35의 p-채널 JFET는 2000 μS와 6000 μS 사이의 트랜스컨덕턴스를 가진다. 최소와 최대 전압이득을 구하라.

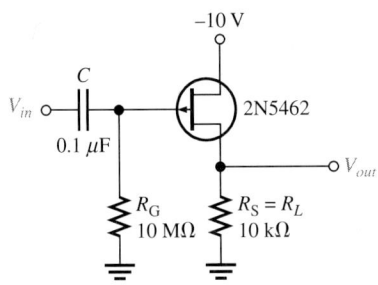

그림 4-35

풀이

r_s'의 최대값은

$$r_s' = \frac{1}{g_m} = \frac{1}{2000\ \mu S} = 500\ \Omega$$

ac 소스저항 R_s는 단순히 부하저항 R_L이다. 식 (4-9)에 대입하면 최소 전압이득은

$$A_{v(min)} = \frac{R_s}{r_s' + R_s} = \frac{10\ k\Omega}{500\ \Omega + 10\ k\Omega} = \mathbf{0.95}$$

이다. r_s'의 최소값은

$$r_s' = \frac{1}{g_m} = \frac{1}{6000\ \mu S} = 167\ \Omega$$

이다. 그래서 최대 전압이득은

$$A_{v(max)} = \frac{R_s}{r_s' + R_s} = \frac{10\ k\Omega}{167\ \Omega + 10\ k\Omega} = \mathbf{0.98}$$

이다.

　이득이 1보다 약간 적은 것에 주의하라. r'_s가 ac 소스저항에 비해 적을 때는 $A_v = 1$이다. 출력전압이 소스이기 때문에 게이트(입력) 전압의 위상 안에 있다.

질문

그림 4-35의 증폭기에서 소스로 보이는 입력저항은 대략 얼마인가?

복습 질문

26.　CS 증폭기에 대한 이득은 어떻게 계산하는가?

27.　CD 증폭기에 대한 이득은 어떻게 계산하는가?

28.　입력신호가 반전되지 않는 형태(CS 또는 CD)는 어떤 것인가?

29.　전압-구동기-바이어스된 CS 또는 CD 증폭기에 대한 입력저항은 어떻게 구하는가?

30.　증폭기의 첫 번째 단으로 훌륭한 선택이 되는 FET의 특성의 무엇인가?

FET 스위칭 회로　4-7

FET를 사용하는 스위칭 회로에는 아날로그 스위치와 디지털 스위치 두 가지가 있다. 스위칭 회로는 아날로그와 디지털 회로 사이의 인터페이스에서 사용된다. 대부분 스위칭 응용에서는 구동전류가 필요치 않기 때문에, FET는 BJT보다 우수하다. 스위칭 회로도 대전류를 제어하는 산업분야에 많이 사용된다.

이 절에서는 FET 스위칭 회로의 두 가지 타입에 대하여 설명한다.

Solid-state 스위치형

　FET의 스위칭 응용은 두 가지 방법으로 구분된다. 첫 번째 타입은, ac 신호를 통과시키거나 컷오프하기 위해 FET가 켜졌을 때는 FET의 낮은 내부 드레인-소스저항과 꺼졌을 때는 높은 드레인-소스저항을 갖는 **아날로그 스위치**이다. 아날로그 스위치는 신호에 직접 직렬로 연결되어 있고 스위치가 단락되면, 신호는 파형의 극성과 크기가 변화 없이 부하로 전달된다. 이상적인 경우 스위치가 개방되면 신호는 완벽하게 컷오프되어야 하고 스위치는 개방회로처럼 되어야 한다. FET는 이상적인 경우와 같이 완벽하게 일치할 수는 없지만, 매우 빠르게 제어되는 장점이 있다. 일반적으로 아날로그 스위치는 저전력 저전압 응용에 사용된다. 예로, 아날로그-디지털 변환기에서 여러 입력 중 하나만 켜기 위해 사용된다.

　스위칭 회로의 두 번째 타입은 모터와 같은 소자로 전류를 흐르게 하거나 컷오프하는 **디지털 스위치**(때로는 dc 또는 논리 스위치라 한다)이다. FET 디지털 스위치는 전류와 전압이 큰 전력용 스위칭 회로에 많이 사용된다. 제어전압은 스위치가 개방 또는 단락으로 나타나게 한다. 제어신호는 필요한 기능을 수행하기 위해 그 자체가 중요한 구동 능력을 갖지 않는 컴퓨터나 논리회로에서 발생된다. FET 디지털 스위치는 게이트에 공급된 전압에 의해 드레인의 전류를 제어한다.

아날로그 스위치

JFET 아날로그 스위치

그림 4-36(a)는 n-채널 JFET 아날로그 스위치 회로, 그림 4-36(b)는 등가회로이다. JFET는 게이트에 공급된 제어전압의 on과 off 상태 사이에서 스위칭된다. JFET를 on 하기 위해서는 V_{GS}을 0 V로 한다. 그 이유는 입력전압의 변화 때문에 전위 문제를 일으킬 수 있고, 순방향 바이어스는 게이트-소스 pn 접합을 일으킬 수 있기 때문이다. 이 경우에는 소스와 게이트 단자 사이에 저항을 연결하고 V_{GS}가 양(+)으로 되는 것을 방지하기 위해 게이트 회로에 다이오드를 추가하는 것이다. JFET를 off시키기 위해 채널은 핀치-오프되어야 한다. 이는 신호의 가장 낮은 값과 핀치-오프 전압 V_P를 합한 것보다 더 음(−)으로 제어전압을 발생시키는 것으로 가능하기 때문이다.

JFET는 아날로그 스위치로 매우 적합하다. 게이트에 흐르는 전류가 없기 때문에 다른 신호로부터 영향을 컷오프하기 위해 높은 off 저항을 갖고 있다. 제어신호가 공급되었을 때 드레인과 소스 사이의 채널저항($r_{DS(off)}$)은 비교적 작지만 상수이다. 부하가 $r_{DS(on)}$보다 클 때의 출력전압은 거의 입력전압과 같다.

on 상태 채널저항은 $V_{GS(off)}$와 I_{DSS} 파라미터의 함수이다. $r_{DS(on)}$에 대한 식은

$$r_{DS(on)} = -\frac{V_{GS(off)}}{2I_{DSS}} \tag{4-11}$$

이다.

그림 4-36

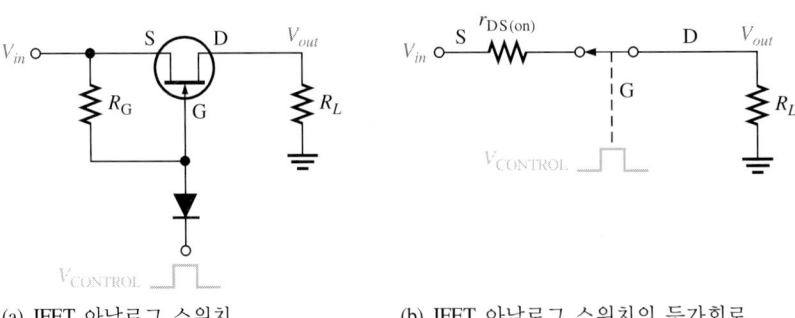

(a) JFET 아날로그 스위치　　　　　(b) JFET 아날로그 스위치의 등가회로

 JFET 스위치는 IC 형태도 가능하다. JFET 스위치의 빠른 스위칭은 표준 논리 계열에서 얻을 수 있는 제어전압으로 가능하다. JFET 스위치의 단점은 언어신호의 상태가 변했을 때, 신호선에 나타나는 스위칭이 이동될 수 있는 가능성이 있다는 것이다. 그러나 JFET는 우수한 스위칭 장점으로 인해 기구 시스템을 위한 스위칭 응용에 널리 사용된다.

	예제 4-9

문 제

그림 4-37의 트랜스컨덕턴스 곡선에서 JFET에 대한 $r_{DS(on)}$을 계산하라.

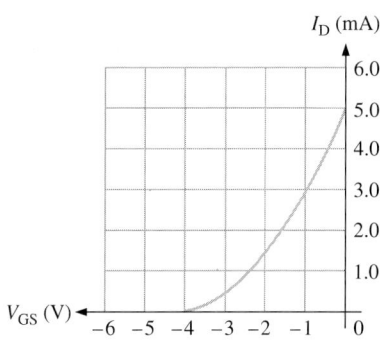

그림 4-37

풀 이

그래프에서 $V_{GS(off)} = -4\,V$이고 $I_{DSS} = 5.0\,mA$이다. $r_{DS(on)}$에 대한 식으로 대치하면,

$$r_{DS(on)} = -\frac{V_{GS(off)}}{2I_{DSS}} = -\frac{-4\,V}{2(5.0\,mA)} = \mathbf{400\,\Omega}$$

질 문

예제에서 JFET 스위치에 10 KΩ 부하저항이 연결되어 있다면, 출력에 나타나는 입력전압 부분은 얼마인가?

MOSFET 아날로그 스위치

 MOSFET는 아날로그 스위칭 응용에도 널리 사용된다. MOSFET는 JFET보다 더 간단한 회로로서 양(+)과 음(−) 모두 제이할 수 있다. 그림 4-38은 *p*-채널 E-MOSFET를 사용하는 MOSFET 스위치 회로이다. MOSFET 스위치의 단점은 on-상태 저항이 JFET의 on-상태 저항보다 더 크다는 것이다. 그러나 높은 전류 아날로그 신호를 스위칭하는 경우 게이트에 전류를 공급하지 않는 제어회로로 10 A 이상을 스위칭하는 것이 전력 MOSFET에서는 가능하나 JFET에서는 불가능하다.

그림 4-38

p-채널 E-MOSFET 아날로그 스위치

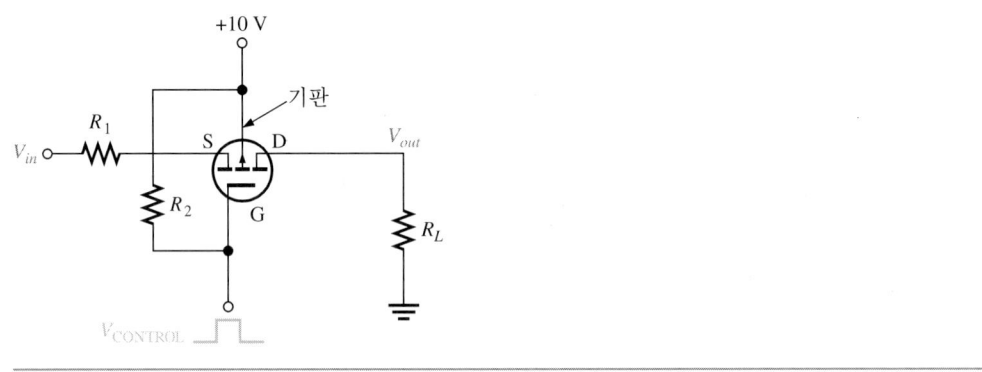

Solid-state 계전기

아날로그 스위치에는 solid-state 계전기(solid-state relay(SSR))도 있다. SSR은 입력회로와 전력 MOSFET 출력이 광 분리자(optical isolator)와 함께 패키지로 되어 있다. 기계적인 릴레이는 아날로그 신호의 저레벨 멀티플렉싱과 같은 응용분야에서 필수적으로 사용되었다. 그러나 컷오프시 극히 높은 과도저항으로 인해 SSR이 기계적인 릴레이 대신 많이 사용된다.

디지털 스위치

이산 MOSFET 스위치

이상적으로 디지털 스위치는 개방되거나 단락된다. 실제로 FET 스위치의 동작은 트랜지스터의 특성곡선에 그려진 부하선으로 기술할 수 있다. 그림 4-39(a)는 소전력에 응용되는 스위칭 트랜지스터 회로이다. 그림 4-39(b)는 회로에 대한 부하선을 특성곡선 위에 중첩시킨 것이다. 드레인 저항은 13 V에서 대략 200 mA를 필요로 하는 부하가 된다. 전원은 트랜지스터에서 전압강하를 고려하여 +13 V보다 높게 설정한다. 그 이유는 트랜지스터가 on일 때, $V_{DS(on)}$으로 표시한 것에서 미소한 강하(약 1 V)가 있기 때문이다. 게이트 회로에서 직렬저항은 설계자가 MOSFET를 보호하기 위해 추가하는 선택사항이다. 또한, 도식기호에는 드레인과 소스 사이에 역방향 바이어스된 다이오드가 있다. 이것은 트랜지스터 바디가 다이오드를 형성하도록 내부적으로 소스에 연결되어 있다.

어떤 소자에서 MOSFET 스위치는 규격 이내에서 동작되어야 한다. off 상태에서 MOSFET는 드레인과 소스 단자 사이에 인가되는 공급전압에 견딜 수 있어야 한다. 데이터시트에서, 이 최대 전압은 게이트와 소스가 단락되었을 때 최대 드레인-소스 전압인 $V_{(BR)DSX}$로 표시된다.

MOSFET 스위치는 전력 응용에서 BJT 스위치와 비교하여 몇 가지 장점이 있다. 한 가지 장점은 입력이 전압이기 때문에 BJT의 경우 전류인 데 비하여 구동하기가

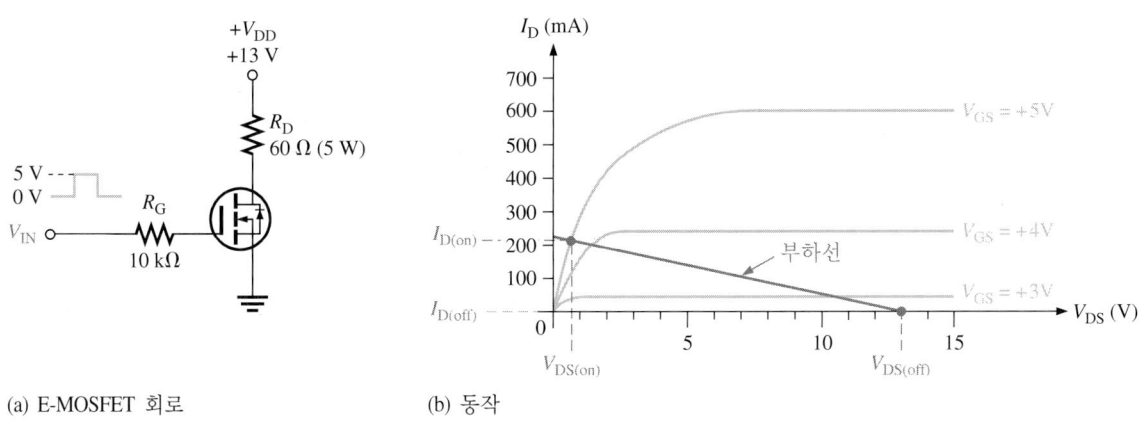

(a) E-MOSFET 회로   (b) 동작

더 용이하다. 저전력인 경우에는 별 문제가 없지만, 부하전류가 수 A를 초과하면, BJT는 MOSFET의 단순한 전압제어와 비교하여 과중한 구동 전류를 필요로 한다. 또 다른 장점은 일반적으로 MOSFET는 **열폭주**(thermal runaway)의 영향을 BJT에 비해 받지 않는다. 즉, 소자가 가열되면 이전보다 점점 더 가열되어 더 많은 전류를 흐르 게 하는 경향이 있다. 열폭주 문제를 회피하는 방법으로는 적은 전류 내에서 도통을 시작하도록 하는 것이다.

IC 스위칭 회로

  FET 스위칭 회로는 IC에서 폭넓게 사용된다. MOSFET가 논리회로에서 스위칭을 위해 어떻게 사용되는지 알아보자. IC 논리회로는 출력이 부하선의 한쪽 끝에 있는 디지털 스위치의 형태이다. 논리의 가장 일반적인 타입 중의 하나는 CMOS라고 불리 는 p-타입과 n-타입인 E-MOSFET이다. CMOS는 컴퓨터 메모리나 다른 많은 IC 논리 회로에 사용된다. 트랜지스터의 두 가지 타입은 기본적인 CMOS 이미터를 나타낸 그 림 4-40(a)와 유사한 하프-브리지(half-bridge)라고 불리는 배열로 연결되어 있다. 컨버 터의 기능은 입력과 정반대가 되는 논리레벨이 출력에 나타나도록 한다.

  매우 짧은 스위칭 시간을 제외하고, 두 트랜지스터가 동시에 도통되지는 않는다. V_{DD}로 표시된 양(+) 전력 공급은 Q_1의 소스(p-채널 소자)에 연결되어 있고 접지는 Q_2 의 소스(n-채널 소자)에 연결되어 있다. 양(+) 전력 공급은 일반적으로 "드레인" 전압 V_{DD}로 표시된다(n-타입 소자가 사용되는 경우에도). 두 트랜지스터의 게이트는 입력에 함께 연결되어 있고 드레인은 출력에 함께 연결되어 있다. 양(+) 게이트-소스 전압은 n-채널 E-MOSFET를 on시키지만 p-채널 E-MOSFET는 off시킨다.

  on시키는 입력전압이 거의 접지에 가까우면 Q_2를 off시키기 위해 양(+)의 게이트 전압이 필요하고 Q_1은 on(게이트가 소스에 대하여 음(−)이기 때문에)된다. 이것이 출력 을 전력 공급전압 V_{DD}와 거의 같게 한다. 이 조건에 대한 스위치 표현은 그림 4-40(b)

그림 4-40   CMOS 인버터 회로

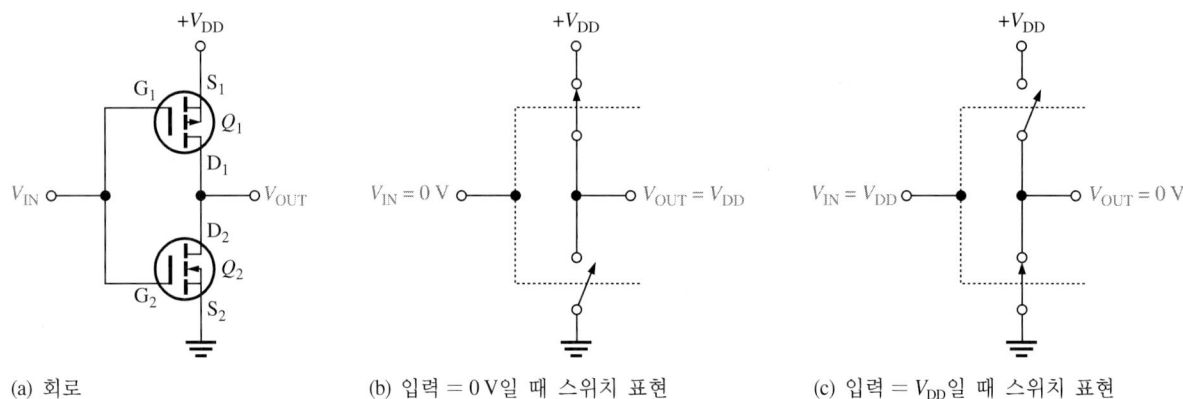

(a) 회로   (b) 입력 = 0 V일 때 스위치 표현   (c) 입력 = V_{DD}일 때 스위치 표현

와 같다. 입력전압이 Q_2의 문턱전압을 지나 상승하면 Q_2는 도통한다. 그리고 증가하는 입력전압은 Q_1에서 도통을 감소시킨다. 이와 같은 빠른 스위칭 동작은 공급전압의 약 절반에서 발생한다. 이때 그림 4-40(c)와 같이 아래 트랜지스터는 단락처럼 보이고, 위 트랜지스터는 개방처럼 보인다. 그 결과 출력은 0 V가 된다.

복습 질문

31. 아날로그와 디지털 스위치의 차이는?

32. 이상적인 아날로그 스위치의 특성은?

33. JFET 아날로그 스위치에 대한 on-상태 저항은 어떻게 구하는가?

34. 디지털 스위치에서 MOSFET가 BJT에 대해서 갖는 장점은 무엇인가?

35. CMOS 인버터는 어떻게 동작하는가?

단원 복습

주요 용어

게이트(gate)   전계·효과 트랜지스터의 세 단자 중의 하나. 게이트에 공급되는 전압이 드레인 전류를 제어

공통-드레인(common-drain; CD)   드레인이 ac 접지 단자인 FET 증폭기 구성

공통-소스(common-source; CS)   소스가 ac 접지 단자인 FET 증폭기 구성

공핍모드(depletion mode)   채널 도전율을 감소시키는 것과 같이 극성을 갖는 0-게이트 전압으로 on되고, 게이트 전압이 증가하면 off되는 FET의 분류. 모든 JFET와 일부 MOSFET는 공핍모드 소자이다.

금속-산화물 전계·효과 트랜지스터(MOSFET)   FET의 두 가지 주요 타입 중의 하나.

채널을 유도하는 게이트를 분리하기 위해 SiO_2 층을 사용한다. MOSFET는 공핍 모드와 성장모드 모두로 동작

드레인(drain)   전계-효과 트랜지스터의 세 단자 중의 하나로 채널의 한쪽 끝

상수-전류 영역(constant-current region)   드레인 전류가 드레인-소스 전압과 무관하게 되는 FET의 드레인 특성 영역

성장모드(enhancement mode)   게이트 전압을 응용하여 채널을 형성하는 MOSFET로 채널 도전율이 증가

소스(source)   전계-효과 트랜지스터의 세 단자 중 하나. 채널의 한쪽 끝.

저항성 영역(ohmic region)   채널저항이 게이트 전압에 의해 변경될 수 있도록 V_{DS}의 낮은 값으로 FET의 드레인 특성 영역. 이 영역에서 FET는 전압-제어 저항으로 동작.

전계-효과 트랜지스터(field-effect transistor: FET)   게이트 단자에서 전압이 소자를 통해 흐르는 전류의 양을 제어하는 전압-제어 소자

접합 전계-효과 트랜지스터(junction field-effect transistor: JFET)   채널 내의 전류를 제어하기 위해 역방향 바이어스된 pn 접합으로 동작하는 FET의 타입. 공핍 모드 소자.

트랜스컨덕턴스(transconductance)   FET의 이득. 게이트-소스 전압에서의 변화를 드레인 전류에서의 작은 변화로 나누어서 결정된다. 도전율로 측정.

핀치-오프 전압(pinch-off voltage)   게이트-소스 전압이 0일 때 드레인 전류가 상수로 되는 FET의 드레인-소스 전압값

요점

❑ FET는 JFET와 MOSFET로 분류할 수 있다. JFET는 입력에서 역방향 바이어스된 게이트-소스 *pn* 접합, MOSFET는 분리된 게이트 입력을 갖는다.

❑ MOSFET는 공핍모드와 성장모드로 분류된다. D-MOSFET는 드레인과 소스 사이에 물리적인 채널을 갖고 E-MOSFET는 갖지 않는다.

❑ 모든 FET는 *n*-채널이나 *p*-채널이다.

❑ BJT의 이미터, 컬렉터 그리고 베이스에 대응하는 FET상의 세 단자는 소스, 드레인 및 게이트이다.

❑ JFET는 역방향 바이어스된 게이트-소스 *pn* 접합 때문에 매우 높은 입력저항을 갖는다. MOSFET는 분리된 게이드 입력 때문에 매우 높은 입력저항을 갖는다.

❑ JFET는 일반적으로 on 소자이다. 드레인 전류는 게이트-소스 *pn* 접합상에 바이어스의 양에 의해 제어된다.

❑ D-MOSFET는 일반적으로 on 소자이다. 드레인 전류는 게이트-소스 *pn* 접합상의 바이어스의 양에 의해 제어된다. D-MOSFET는 게이트-소스 *pn* 접합에서 순방향 바이

어스나 역방향 바이어스로 될 수 있다.

❑ E-MOSFET는 일반적으로 off 소자이다. 드레인 전류는 게이트-소스 *pn* 접합에서 순 방향 바이어스의 양으로 제어된다.

❑ FET에 대한 드레인 특성곡선은 일반적인 동작에 대하여 저항성 영역과 상수-전류 영역으로 나누어진다.

❑ 트랜스컨덕턴스 곡선은 드레인 전류와 게이트-소스 전압의 궤적이다.

❑ MOSFET 소자는 정전기를 피하기 위해 특별한 취급 과정이 필요하다.

❑ JFET는 자기-바이어스 또는 자기-바이어스와 전압-분배기 바이어스의 조합으로 바이어스될 수 있다.

❑ D-MOSFET는 양(＋), 음(－) 또는 0 게이트-소스 전압으로 동작할 수 있다. 따라서 0 바이어스, 자기-바이어스로 전압 분배기 또한 소스 바이어스에 의해 바이어스될 수 있다.

❑ E-MOSFET를 바이어싱하기 위한 가장 일반적인 방법은 전압-분배기 바이어스이다.

❑ 공통-소스(CS) 증폭기는 높은 전압이득과 높은 입력저항을 갖는다.

❑ 공통-드레인(CD) 증폭기는 일정한(또는 적은) 전압이득과 높은 입력저항을 갖는다.

❑ CS와 CD 증폭기의 전압이득은 ac 저항(내부저항을 포함하는)의 비율로 계산할 수 있다.

❑ 아날로그 스위치는 신호를 통과시키거나 통제한다.

❑ 디지털 스위치는 소자를 on하거나 off한다.

❑ 디지털 스위치는 포화영역이나 컷-오프 영역에서 동작하도록 설계한다.

❑ MOSFET는 높은 전류 응용을 위한 디지털 스위치처럼 중요한 장점을 갖는다.

공식

FET의 트랜스컨덕턴스:

$$g_m = \frac{I_d}{V_{gs}} \tag{4-1}$$

입력저항은 게이트-소스 전압을 게이트-역방향 전류로 나눈 것이다.

$$R_{IN} = \left| \frac{V_{GS}}{I_{GSS}} \right| \tag{4-2}$$

FET에 대한 DC 드레인 전압:

$$V_D = V_{DD} - I_D R_D \tag{4-3}$$

FET에 대한 DC 드레인-소스 전압:

$$V_{DS} = V_{DD} - I_D(R_D + R_S) \qquad \textbf{(4-4)}$$

전압-구동기 바이어스에서 게이트 전압:

$$V_G = \left(\frac{R_2}{R_1 + R_2}\right)V_{DD} \qquad \textbf{(4-5)}$$

전압이득을 계산하기 위해 등가 내부 ac 소스저항:

$$r_s' = \frac{1}{g_m} \qquad \textbf{(4-6)}$$

CS 증폭기에 대한 전압이득:

$$A_v = -g_m R_d \qquad \textbf{(4-7)}$$

CS 증폭기에 대한 또 다른 전압이득:

$$A_v = -\frac{R_d}{r_s'} \qquad \textbf{(4-8)}$$

CD 증폭기에 대한 전압이득:

$$A_v = \frac{R_s}{r_s' + R_s} \qquad \textbf{(4-9)}$$

CD 증폭기에 대한 또 다른 전압이득:

$$A_v = \frac{g_m R_s}{1 + g_m R_s} \qquad \textbf{(4-10)}$$

채널 저항:

$$r_{DS(on)} = -\frac{V_{GS(off)}}{2I_{DSS}} \qquad \textbf{(4-11)}$$

단원 확인 문제

1. 게이트-소스 전압이 0일 때 일반적으로 on되는 트랜지스터의 타입은?

   (a) JFET   (b) D-MOSFET

   (c) E-MOSFET   (d) (a)의 (b)

   (e) (a)와 (c)

2. D-MOSFET에 사용할 수 있는 바이어스 방법은?

   (a) 전압구동기   (b) 전류 소스

   (c) 자기   (d) 모두 해당

3. 정상 동작에서 JFET에 대한 게이트-소스 *pn* 접합은?

(a) 역방향 바이어스   (b) 순방향 바이어스

(c) (a) 또는 (b)   (d) 모두 아니다

4. JFET의 게이트와 소스 사이의 전압이 0일 때 드레인 전류는?

(a) 0   (b) I_{DSS}

(c) I_{GSS} (d) 모두 아니다

5. n-채널 D-MOSFET가 0 바이어스를 가질 수 있는 한 가지 이유는?

(a) 공핍모드나 성장모드로 동작할 수 있다.

(b) 분리된 게이트를 갖지 않는다.

(c) 채널을 갖지 않는다.

(d) 0 바이어스로 동작될 때 드레인 전류가 흐르지 않는다.

6. BJT보다 우수한 FET의 특징은?

(a) 높은 이득   (b) 낮은 왜곡

(c) 높은 입력저항   (d) 모두 해당

7. 높은 전압이득과 높은 입력저항을 갖는 증폭기는?

(a) 공통-드레인   (b) 공통-소스

(c) (a)와 (b)   (d) 모두 아니다

8. 입력과 출력 사이에 신호를 반전하는 증폭기는?

(a) 공통-드레인   (b)공통-소스

(c) (a)와 (b)   (d) 모두 아니다

9. 게이트에 전압이 공급됨에도 불구하고 폐쇄된 채널을 갖는 트랜지스터는?

(a) JFET   (b) D-MOSFET

(c) E-MOSFET   (d) 위의 세 가지 모두

(e) 모두 아니다

10. 게이트-소스 전압이 0일 때 드레인 전류가 상수가 되는 FET의 드레인-소스 전압의 값을 무엇이라 부르는가?

(a) 바이어스 전압   (b) 핀치-오프 전압

(c) 포화전압   (d) 컷-오프 전압

11. 공통-드레인 증폭기의 전압이득이 초과할 수 없는 값은?

(a) 1   (b) 2

(c) 10   (d) 20

12. 아날로그-디지털 변환기(ADC)의 입력에 주어진 신호를 연결하기 위해 사용할 수 있는 전자 스위칭 회로의 타입은?

(a) 아날로그 스위치   (b) 디지털 스위치

(c) 논리 스위치   (d) 바이폴라 스위치

13. 그림 4-41에서 p-채널 E-MOSFET의 기호는?

(a) a   (b) b

(c) c   (d) d

(e) e   (f) f

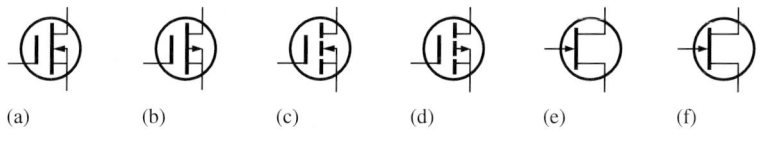

그림 4-41

14. 그림 4-41에서 *n*-채널 D-MOSFET에 대한 기호는?

(a) a   (b) b

(c) c   (d) d

(e) e   (f) f

15. CMOS 스위칭 회로에 사용된 소자의 타입은?

(a) *n*-채널 D-MOSFET

(b) *p*-채널 D-MOSFET

(c) (a)와 (b)

(d) (a)와 (b) 모두 아니다

16. 그림 4-42에서 R_G가 10 MΩ 대신 1.0 MΩ이면 게이트 전압은?

(a) 증가한다   (b) 감소한다

(c) 변하지 않는다

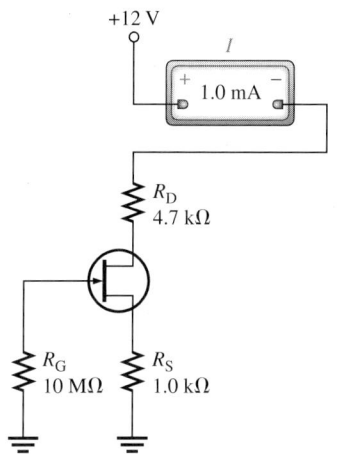

그림 4-42

17. 문제 16에서 R_G가 변하면 드레인 전류는 어떻게 되는가?

(a) 증가한다   (b) 감소한다

(c) 변하지 않는다

18. 문제 16에서 R_G가 변하면 입력저항은 이떻게 되는가?

(a) 증가한다   (b) 감소한다

(c) 변하지 않는다

질문

1. JFET와 MOSFET의 차이점은 무엇인가?
2. 입력에서 역방향 바이어스된 pn 접합으로 도통되는 트랜지스터의 타입은?
3. 분리된 게이트를 갖는 트랜지스터의 타입은?
4. JFET와 MOSFET의 극단적으로 높은 입력저항에 대하여 설명하라.
5. JFET의 내부구조에서 소스와 드레인을 연결하는 것은 무엇인가?
6. JFET의 드레인 회로에서 게이트 제어전류가 흐르면 전압은 어떻게 되는가?
7. 기호에서 바깥쪽 방향으로 그려진 화살표를 가진 JFET의 타입은?
8. JFET 특성곡선에서 세 개의 영역은 무엇인가?
9. JFET가 "일반적으로 on" 소자로 고려되는 이유는?
10. p-채널 JFET의 게이트-소스 전압이 항상 0이거나 양(+)이어야 하는 이유는?
11. I_{DSS}는 무엇을 의미하는가?
12. I_{GSS}는 무엇을 의미하는가?
13. $V_{GS(off)}$는 무엇을 의미하는가?
14. JFET에 대한 필수 바이어스 조건인 소스와 접지 사이의 작은 저항은 어떻게 정해지는가?
15. 자기-바이어스에서 커다란 게이트 저항의 목적은 무엇인가?
16. $|V_{GS(off)}|$의 평균을 I_{DSS}로 나눈 것을 자기-바이어스 저항에 대한 정당한 값이 하는 이유는?
17. JFET에서 전압-분배기 바이어스가 사용되면, 소스저항을 가져야 하는 이유는?
18. E-MOSFET에서 전압-분배기 바이어스가 사용되면, 소스저항을 가질 필요가 없는 이유는?
19. D-MOSFET에 대한 기호와 E-MOSFET에 대한 기호는 어떻게 다른가?
20. 게이트 전압이 0일 때 도통되는 MOSFET의 타입은?
21. 공핍 또는 성장 모드로 동작할 수 있는 MOSFET의 타입은?
22. 높은 값의 직렬저항을 갖는 ESD 방지를 위해 사용되는 손목 띠가 필수적인 이유는?
23. FET에서 드레인 전류의 변화를 게이트 전압에서의 변화로 나누어 얻어지는 파라미터는 무엇인가?
24. CS 증폭기의 이득을 구하는 방법은?
25. CD 증폭기에 대한 또 다른 이름은?
26. 아날로그 스위치는 무엇인가?
27. FET 아날로그 스위치에서 $r_{DS(on)}$이 중요한 특성이 되는 이유는?
28. MOSFET 스위치가 off이면 소스와 드레인 사이의 전압은?
29. MOSFET 스위치가 on이면 소스와 드레인 사이의 전압은?
30. MOSFET 디지털 스위치에 대한 두 가지 동작조건은 무엇인가?

기본 문제

1. *p*-채널 JFET의 V_{GS}가 $+1\,V$에서 $+3\,V$로 증가되었다.
   (a) 공핍영역은 좁아지는가 넓어지는가?
   (b) 채널저항은 증가하는가 감소하는가?
   (c) 트랜지스터에 더 많은 전류가 흐르는가? 적은 전류가 흐르는가?

2. JFET가 $-5\,V$의 핀치-오프 전압을 갖는다고 하자. $V_{GS} = 0$일 때, I_D가 상수가 되는 점에서의 V_{DS}값은?

3. *n*-채널 JFET가 자기-바이어스를 사용하여 $V_{GS} = -2\,V$로 바이어스되어 있다. 게이트 저항은 접지에 연결되어 있다.
   (a) V_S값은?
   (b) V_P가 $6\,V$이면 $V_{GS(off)}$의 값은?

4. 어떤 *p*-채널 JFET가 $V_{GS(off)} = +6\,V$를 갖는다. $V_{GS} = +8\,V$일 때, I_D값은?

5. 그림 4-43의 JFET는 $V_{GS(off)} = -4\,V$와 $I_{DSS} = 2.5\,mA$를 갖는다. 0에서 시작하여 전류계가 안정된 값에 도달할 때까지 공급전압을 증가시키는 것으로 가정한다. 이때
   (a) 전압계의 값은?
   (b) 전류계의 값은?
   (c) V_{DD}는 얼마인가?

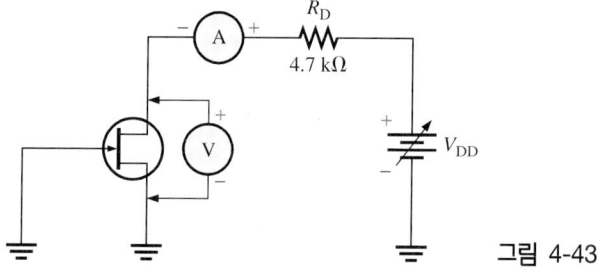

그림 4-43

6. JFET가 그림 4-44에 나타낸 트랜스컨덕턴스 곡선을 갖는 것으로 가정한다.
   (a) I_{DSS}는 얼마인기?
   (b) $V_{GS(off)}$는 얼마인가?
   (c) 2.0 mA의 드레인 전류에 대한 트랜스컨덕턴스는 얼마인가?

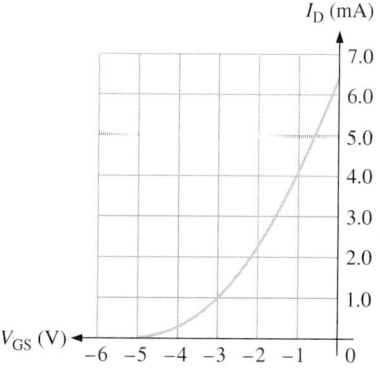

그림 4-44

7. 그림 4-44와 같은 트랜스컨덕턴스 곡선을 갖는 JFET가 그림 4-45와 같은 회로에 연결되어 있다고 가정한다.

(a) V_S는 얼마인가?

(b) I_D는 얼마인가?

(c) V_{DS}는 얼마인가?

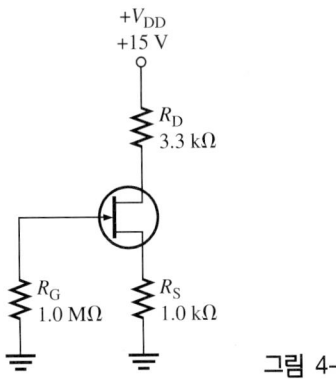

그림 4-45

8. 그림 4-45에서 JFET를 더 낮은 트랜스컨덕턴스를 갖는 것으로 교체하였다고 가정하면?

(a) V_{GS}의 값의 변화는?

(b) V_{DS}의 값의 변화는?

9. 그림 4-46의 각 회로에서 V_{DS}와 V_{GS}를 결정하라.

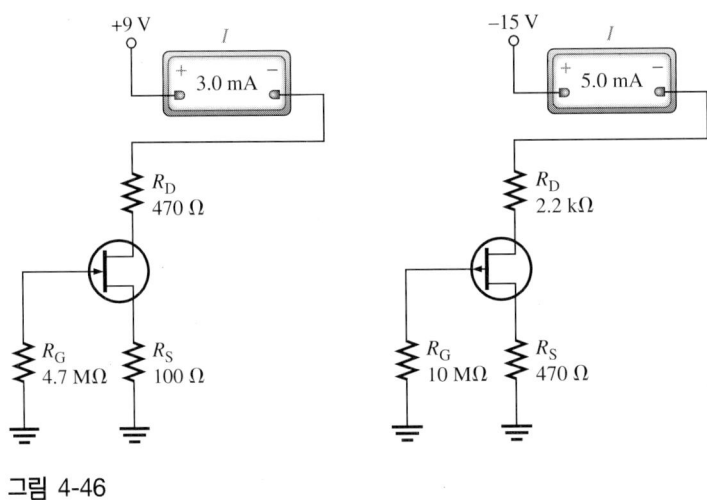

그림 4-46

10. n-채널과 p-채널 D-MOSFET와 E-MOSFET에 대한 기호와 단자 이름을 표시하라.

11. E-MOSFET가 $V_{GS(th)} = 3\,\text{V}$를 갖는다. 소자가 on되기 위한 최소 V_{GS}는 얼마인가?

12. 그림 4-47의 각 D-MOSFET가 바이어스되어 있는 모드(공핍, 성장, 둘 다 아님)를 결정하라.

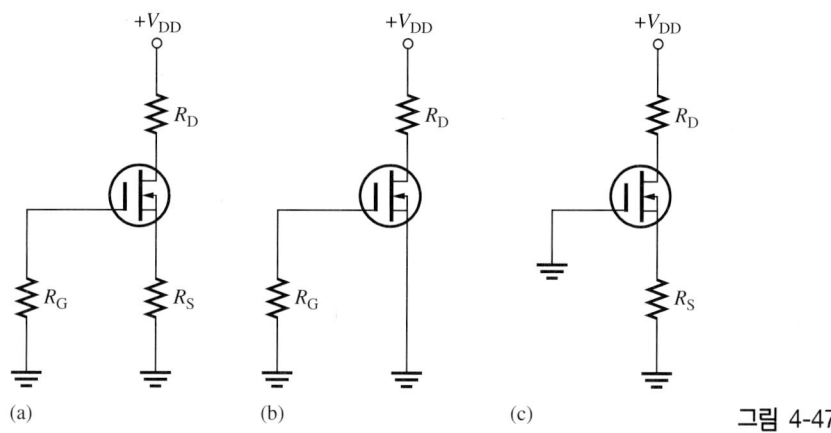

(a)　　　(b)　　　(c)　　　**그림 4-47**

13. 그림 4-48의 각 E-MOSFET는 n-채널인가 또는 p-채널 소자인가에 따라 +5 V 또는 −5 V의 $V_{GS(th)}$를 갖는다. 각 MOSFET가 on인가 off인가를 결정하라.

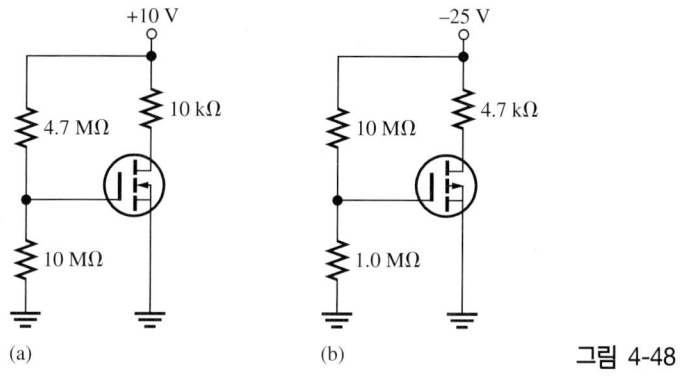

(a)　　　(b)　　　**그림 4-48**

14. (a) 그림 4-49에서 $V_{GS} = -2.0\,V$로 가정한다. V_G, V_S 그리고 V_D를 결정하라.

(b) $g_m = 3000\,\mu S$라면 전압이득은 얼마인가?

(c) V_{out}은 얼마인가?

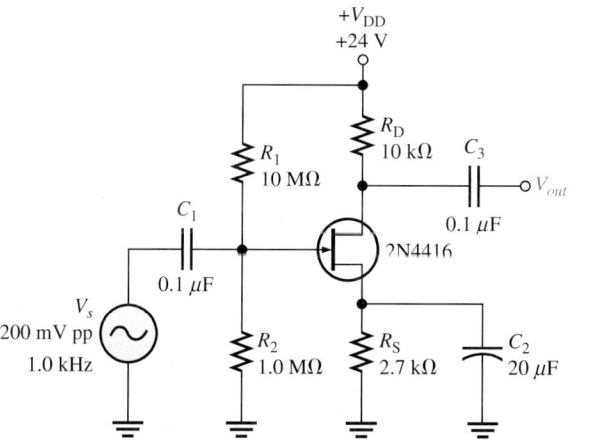

그림 4-49

15. 27 kΩ 부하가 출력에서 접지로 연결되어 있을 때, 그림 4-49의 증폭기의 이득을 결정하라. $g_m = 3000\ \mu S$이다.

16. 그림 4-49에서 R_1이 개방되면 다음의 값은 어떻게 변화하나?

(a) V_G

(b) A_v

(c) I_D

17. 그림 4-50에서 D-MOSFET의 소스전압이 1.6 V인 경우

(a) I_D와 V_{DS}는?

(b) $g_m = 2000\ \mu S$라면, 전압이득은?

(c) 증폭기의 입력저항은?

(d) D-MOSFET는 공핍모드에서 동작하고 있는가, 성장모드에서 동작하고 있는가?

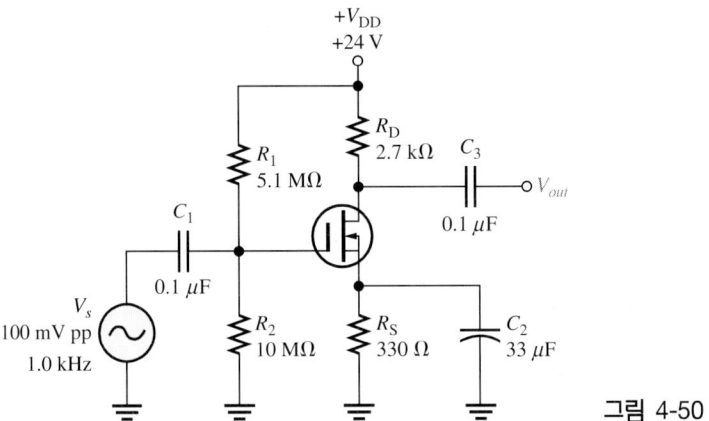

그림 4-50

18. 5.1 kΩ 부하가 V_{out}과 접지 사이에 연결되어 있을 때 문제 17의 (a)와 (b)를 반복하라.

기본-플러스 문제

19. JFET 데이터시트에 $V_{GS(off)} = -8\ V$, $I_{DSS} = 10\ mA$ 및 $I_{GSS} = 1.0\ nA$이다.

(a) $V_{GS} = 0$일 때, 핀치-오프 이상의 V_{DS}의 값에 대한 I_D는 얼마인가?

(b) $V_{GS} = -4\ V$일 때, R_{IN}은 얼마인가?

20. 그림 4-51에서 전류-소스 바이어스된 JFET에 대한 I_D와 V_D를 구하라.

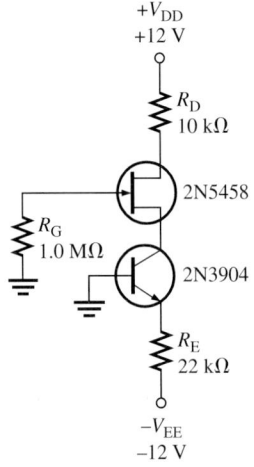

그림 4-51

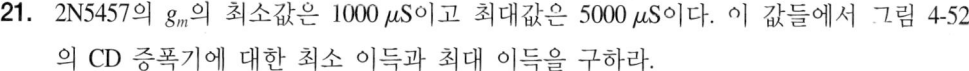

21. 2N5457의 g_m의 최소값은 $1000\,\mu S$이고 최대값은 $5000\,\mu S$이다. 이 값들에서 그림 4-52의 CD 증폭기에 대한 최소 이득과 최대 이득을 구하라.

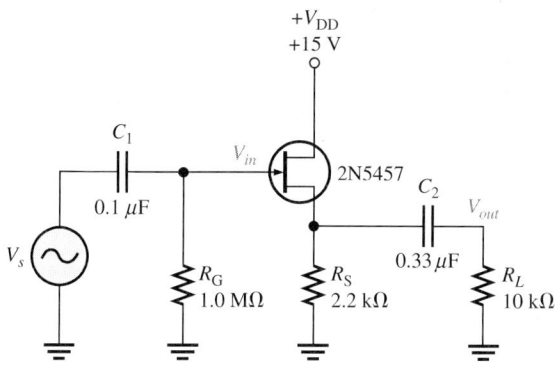

그림 4-52

22. 그림 4-53의 증폭기에서 Q_1의 g_m을 $1500\,\mu S$로 가정한다.

(a) I_D를 계산하라.

(b) $g_m = 1500\,\mu S$라면 전압이득은 얼마인가?

(c) V_{out}은 얼마인가?

(d) C_2의 목적은 무엇인가? C_2가 개방되면 어떤 일이 발생하는가?

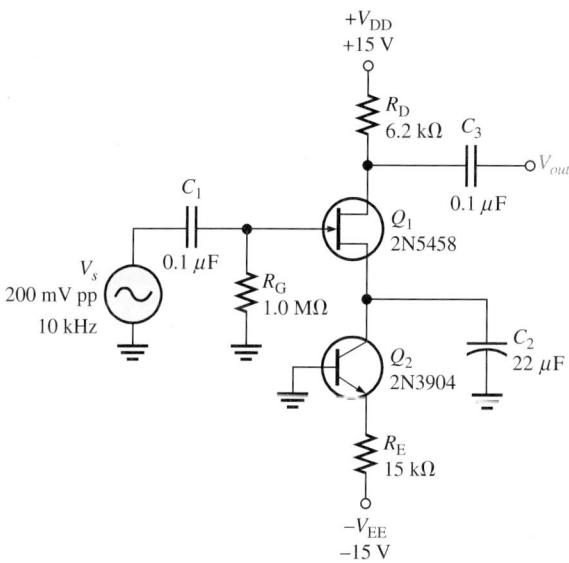

그림 4-53

23. 그림 4-53의 증폭기가 출력전압을 갖지 않는 것으로 가정한다. 드레인 전압이 $+15\,V$일 때 나타나는 dc 조건을 조사하라. 이것을 설명할 수 있는 적어도 세 가지 오류를 지적하라.

24. 그림 4-53 회로에서 dc 전압과 ac 입력전압은 정확하고 V_{out}이 매우 작다고 가정한다. 이것을 설명할 수 있는 오류는 무엇인가?

25. 그림 4-53 회로에서 게이트-소스 pn 접합이 순방향 바이어스되기 전에 Q_1이 가질 수 있는 I_{DSS}의 최소값은 얼마인가?

26. 2N5555는 n-채널 JFET 스위칭 트랜지스터이다. 데이터시트에서 $r_{DS(on)(max)} = 150\,\Omega$과 $I_{DSS(min)} = 15\,mA$이다. 또한, 온도 100°C에서 $V_{GS} = -10\,V$일 때, 최대 드레인 전류가 $2.0\,\mu A$이다. 아래에 주어진 최악의 조건이 그림 4-54의 아날로그 스위치 회로에 사용되었다고 가정하자.

(a) $V_{GS} = 0\,V$일 때 출력전압은 얼마인가?

(b) $V_{GS} = -10\,V$일 때 출력전압은 얼마인가?

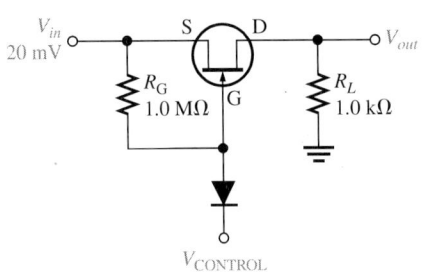

그림 4-54

예제 질문

4-1: I_D는 약 12 mA에 남아 있다.

4-2: $\approx 1.0\,mS$

4-3: $V_{DS} = 6.34\,V$, $V_{GS} = -0.66\,V$

4-4: $I_{D(min)} \cong 0.3\,mA$; $I_{D(max)} \cong 2.3\,mA$

4-5: 6.8 V

4-6: 5.3 V

4-7: 큰 소스저항은 트랜스컨덕턴스를 (약간) 감소시킨다. 그 결과로 이득이 감소될 것이다.

4-8: $10\,M\Omega$

4-9: 0.96

복습 질문

1. 드레인, 소스 및 게이트
2. JFET와 MOSFET
3. MOSFET
4. BJT보다 면적이 줄어들고 IC로 생산하기가 용이하고 회로를 단순하게 만들 수 있다.
5. BJT는 전류에 의해 제어되고 FET는 전압에 의해 제어된다. BJT 회로는 더 높은 이득을 갖지만 입력저항은 더 낮아진다.
6. 트랜스컨덕턴스 곡선
7. 양(+)
8. 게이트-소스 전압에 의해
9. 7 V

10. 감소한다.

11. $V_{GS(off)}$와 I_{DSS}

12. 게이트를 고정 0 V에 연결한다.

13. BJT에 대한 바이어스 회로는 순방향 바이어스 베이스-이미터 *pn* 접합으로 설계된다. FET에 대한 바이어스 회로는 역방향 바이어스 게이트-소스 *pn* 접합으로 설계된다.

14. $-8\,V$

15. 전압-분배기 바이어스에서 소스저항은 양(+)의 게이트 전압을 극복하고 게이트-소스 전압을 음(−)으로 만들 수 있도록 충분한 전압을 개발해야만 한다.

16. 공핍 MOSFET와 성장 MOSFET. D-MOSFET는 물리적인 채널을 갖지만 E-MOSFET는 없다.

17. 예; 전류는 I_{DSS}

18. 아님

19. 예

20. 민감한 소자를 파괴할 수 있는 정전기 방전

21. I_{DSS}

22. 일반적으로 off 소자이다. on되기 위해서는 순방향 바이어스되어야 한다.

23. D-MOSFET

24. $+2\,V$

25. 어떤 트랜지스터가 다른 트랜지스터의 전류 소스처럼 동작하는 바이어싱의 타입

26. 이득은 트랜스컨덕턴스(g_m)와 ac 드레인 저항(R_d)의 곱이거나 ac 드레인 저항(R_d)과 내부 ac 소스저항(r'_s)의 비이다.

27. 이득은 $A_v = g_m R_s/(1 + g_m R_s)$와 같이 트랜스컨덕턴스와 소스저항으로 계산할 수 있고 ac 소스저항(R_s)과 ac 소스저항과 내부 소스저항(r'_s)의 비로 계산할 수 있다.

28. CD

29. 병렬 전압-구동기 저항들의 저항이다.

30. 높은 입력전압과 낮은 잡음

31. 아날로그 스위치는 신호를 통과시키거나 컷오프한다. 디지털 스위치는 소자를 on하거나 off한다.

32. 단락되었을 때 신호에 저항이 없다. 개방되었을 때 저항은 무한대이다.

33. $r_{DS(on)} = -V_{GS(off)}/(2I_{DSS})$

34. 전압으로 제어되고 구동전류는 없다. 큰 전류로 소자를 제어할 수 있고 열폭주를 피할 수 있다.

35. *n*-채널과 *p*-채널 E-MOSFET는 공통 게이트와 드레인으로 연결되어 있고, 출력은 드레인에 연결되어 있다. *n*-채널 소스는 접지에 연결되어 있고 *p*-채널 소스는 양(+) 공급전압에 연결되어 있다. 입력이 전력 공급전압의 반보다 더 클 때, 출력이 거의 접지에 가깝도록 만드는 *n*-채널 소자가 on된다. 입력이 전력 공급전압의 반보다 작으면 출력이 전력 공급전압에 가깝게 하는 *p*-채널 MOSFET가 on된다.

단원 확인 문제

1. (a)	**2.** (d)	**3.** (a)	**4.** (b)	**5.** (a)
6. (c)	**7.** (b)	**8.** (b)	**9.** (c)	**10.** (b)
11. (a)	**12.** (a)	**13.** (d)	**14.** (a)	**15.** (d)
16. (c)	**17.** (c)	**18.** (b)		

제 5 장

다단, 전력 및 차동증폭기

서론

스피커나 기타 부하에 전력을 공급하는 증폭기들에는 몇 단의 전압증폭기와 한 단의 전력증폭기가 있어야 한다. (여기서 단이란 트랜지스터나 다른 능동 소자를 포함한 증폭기의 한 기능부분이다.) 이 장에서는 용량성 결합, 변압기 결합 및 직접 결합을 사용하여 단을 결합하는 방법을 배운다.

다음에는 전력 증폭기의 두 가지 타입인 A급과 B급에 대하여 배운다. 또한, 차동증폭기를 설명한다. 차동증폭기는 계측 시스템에서 폭넓게 사용되는 집적회로(IC)의 첫 번째 단이 된다.

이 장의 참고 자료는 아래 웹사이트에서 얻을 수 있다.

http://www.prenhall.com/SOE

주요 목표

각 절의 내용이 목표이다. 이 장을 마치고 나면 여러분은 다음과 같은 일들을 할 수 있어야 한다.

5-1 용량성으로 결합된 다단증폭기에 대한 ac 파라미터 결정

5-2 변압기-결합 증폭기, 동조증폭기 (tuned amplifier) 및 혼합기의 특성

5-3 직접-결합 증폭기에 대한 dc와 ac를 결정하고 부궤환의 바이어스와 이득의 안정화

5-4 A급 전력증폭기에 대한 dc와 ac 파라미터 결정과 ac 부하선에 따른 동작

5-5 B급 전력증폭기와 AB급 전력증폭기(바이폴라와 FET 모두)의 dc, ac 파라미터 계산과 부하선로 기술

5-6 공통-모드 잡음을 감소시킬 수 있는 방법을 포함한 차동증폭기의 동작 설명

컴퓨터 시뮬레이션 디렉토리

다음 그림에는 관련된 Multisim 회로 파일이 있다.

실험실습 디렉토리

다음 실험실습은 이 장을 위한 것이다.

Western Electric Co.의 기술자인 Harold Black는 증폭기의 성능을 개선하는 분야를 담당하고 있었다. 그는 증폭기의 성능을 개설하는 하나의 방법으로 출력의 일부분을 위상을 변화시켜 입력에 가하면 위상차를 없앨 수 있지 않을까 하는 생각을 하게 되었고, 이러한 생각은 1927년 Lackawanna에 출장 중에 *New York Times*의 기사로 게재되기에 이르렀다. 이러한 개념이 현대 전자공학에서 가장 중요한 용어 중의 하나인 *부궤환*(negative feedback)이다.

부궤환은 장거리 전화의 서비스 질을 향상시키기 위해 처음으로 적용되었지만 전자공학 이외의 많은 과학분야에도 적용되었다. 이 부궤환은 생물역학, 생체공학, 디지털 컴퓨터 및 자동제어 등의 분야에 널리 사용되고 있다. 부궤환의 기본적인 예의 하나는 공기 조절 시스템이다. 이 시스템은 순환하는 온도를 측정하여 온도가 너무 높을 때에는 신호를 가하여 시스템을 조정하는 것이다. 이때 궤환은 동작을 억제시키기 위해 부(−)의 신호를 주는 것이다.

부궤환이 자연적으로 발생되는 다른 과학분야에는 LeChatelier 원리라고 하는 화학분야가 있다. 어떤 반응에서, 반응은 농도, 압력 또는 온도에 의해 변경된다. LeChatelier 원리는 본래의 것이 바뀌어 새로운 상태의 평형을 유지하는 시스템으로 화학분야에서 사용되었다.

5-1 용량성으로 결합된 증폭기

두 개나 그 이상의 트랜지스터는 다단증폭기라는 증폭기를 구성하기 위해 연결된다. 용량성 결합은 다음 단에 ac 신호를 전달하기 위해 널리 사용되는 방법이다.

이 절에서는 용량성으로 결합된 다단증폭기에서 ac 파라미터를 결정하는 방법을 설명한다.

증폭기 모델

증폭기(amplifier)는 부하를 사용하기 위해 신호의 크기를 증가시키는 소자이다. 증폭기는 트랜지스터, 저항 그리고 다른 구성 요소들이 복잡하게 배열되어 있지만, 간단하게 설명하면 전원과 부하의 동작을 분석할 때 필요한 것이다. 증폭기는 그림 5-1과 같이 전선과 부하 사이의 인터페이스라고 생각할 수 있다. 더 복잡한 증폭기인 경우 dc/ac 학습에서 배운 등가회로의 개념을 적용할 수 있다. 증폭기를 등가회로로 구성하면 성능과 관련된 방정식을 간략화할 수 있다.

전원으로부터 가해진 입력신호는 증폭기의 입력 단자에 가해지고 출력은 다음 단자에서 얻을 수 있다(이때 단자가 식에서는 개방전원으로 표시된다). 증폭기의 입력 단자는 전원측의 입력저항 R_{in}으로 표시한다. 증폭기에서 전원측 저항은 전압 분배기로 구성되어 있기 때문에 입력저항은 입력전압처럼 취급한다.

그림 5-1과 같이 증폭기의 출력은 테브냉 전원처럼 보인다. 이 전원의 크기는 부하

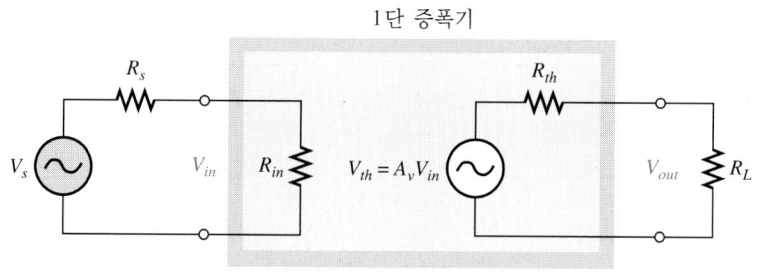

그림 5-1
등가 입력저항과 종속된 출력 회로를 나타내는 기본적인 증폭기 모델

가 없을 때 이득(A_v)과 입력전압에 따라 정해진다. 따라서 증폭기의 출력회로(테브냉 등가로 그려진)는 종속 전원을 포함한다고 말한다. 종속 전원의 값은 회로 내의 다른 부분의 전압에 의존한다. 그림 5-1에는 테브냉 회로에 대한 전압값이 표시되어 있다.

종속단

테브냉 모델은 해석을 위하여 증폭기를 "뼈대"(중요 요소)로 줄인 것이다. 전원과 부하의 영향에 대한 간략화된 모델을 추가하면, 간략화된 모델은 2개 이상이 하나의 증폭기로 구성되어 종속되어 있을 때 내부 부하를 해석하는 것에도 유용하다. 신호를 증폭하기 위한 각 기능적인 부분을 **단**(stage)으로 생각할 수 있다. 그림 5-2와 같이 종속된 두 단을 고려해 보자. 전체 이득은 3개 루프의 각각으로부터의 부하에 의해 영향을 받는다. 루프는 단순한 직렬회로이므로 전압은 전압 분배기 법칙으로부터 쉽게 계산할 수 있다.

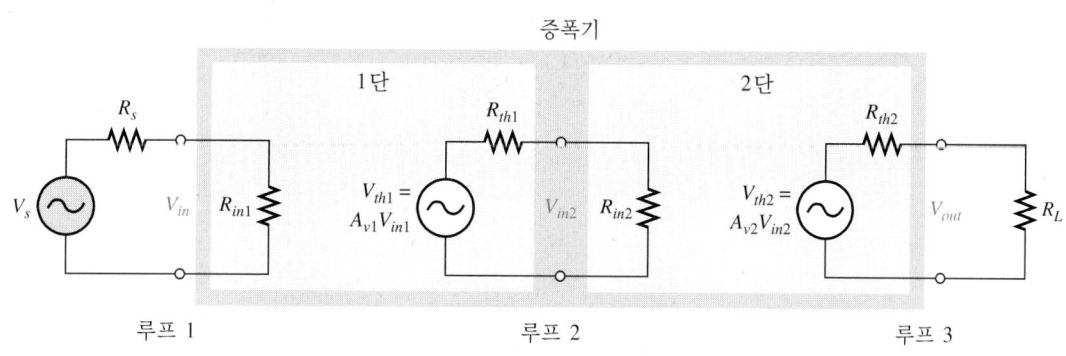

예제 5-1

문제

그림 5-3과 같이 10 mA의 테브냉(부하가 없는) 전원 V_s와 50 kΩ의 테브냉 전원측 저항을 갖는 변환기가 2단 종속증폭기에 연결되어 있다고 하자. 1.0 kΩ 부하에 걸리는 전압을 계산하라.

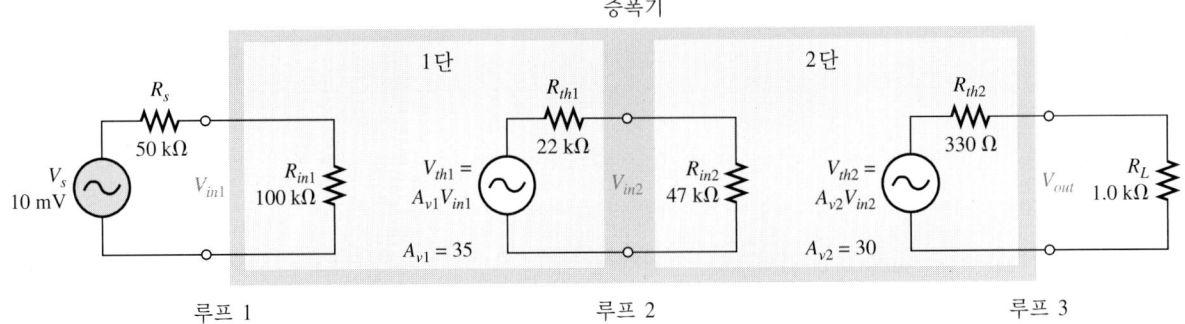

그림 5-3 2단 종속증폭기

풀이

루프 1에 적용된 전압 분배기 법칙으로부터 1단의 입력전압을 계산한다.

$$V_{in1} = V_s \left(\frac{R_{in1}}{R_{in1} + R_s} \right) = 10 \text{ mV} \left(\frac{100 \text{ kΩ}}{100 \text{ kΩ} + 50 \text{ kΩ}} \right) = 6.67 \text{ mV}$$

1단에 대한 테브냉 전압은 다음과 같다.

$$V_{th1} = A_{v1} V_{in1} = (35)(6.67 \text{ mV}) = 233 \text{ mV}$$

다음에는 루프 2에 적용된 전압 분배기 법칙으로부터 2단의 입력전압을 계산한다.

$$V_{in2} = V_{th1} \left(\frac{R_{in2}}{R_{in2} + R_{th1}} \right) = 233 \text{ mV} \left(\frac{47 \text{ kΩ}}{47 \text{ kΩ} + 22 \text{ kΩ}} \right) = 159 \text{ mV}$$

2단에 대한 테브냉 전압은 다음과 같다.

$$V_{th2} = A_{v2} V_{in2} = (30)(159 \text{ mV}) = 4.77 \text{ V}$$

다시 한 번 더 루프 3에 전압 분배기 법칙을 적용하면 1.0 kΩ 부하에 걸리는 전압은 다음과 같다.

$$V_{R_L} = V_{th2} \left(\frac{R_L}{R_L + R_{th2}} \right) = 4.77 \text{ V} \left(\frac{1.0 \text{ kΩ}}{1.0 \text{ kΩ} + 330 \text{ Ω}} \right) = \mathbf{3.59 \text{ V}}$$

질문

5.0 mV의 테브냉 전원전압과 100 kΩ의 전원저항을 갖는 변환기가 예제의 증폭기에 연결되어 있다고 가정한다. 1.0 kΩ의 부하에 걸리는 전압은 얼마인가?

트랜지스터 증폭기

증폭기의 성능을 향상시키기 위해서는 2개 이상의 트랜지스터를 연결시킬 수도 있다. 결과적으로 증폭기의 첫 번째 단은 전원측의 부하영향을 피하기 위해 매우 높은 입력저항을 가져야 한다. 또한, 첫 번째 단은 매우 작은 신호전압이 잡음에 의해 문제가 될 수도 있기 때문에 낮은 잡음으로도 동작할 수 있도록 설계해야 한다. 다음 단은 왜곡이 추가되지 않고 신호의 진폭을 증가시키도록 설계되어 있다.

증폭기에 이득을 추가하는 가장 간단한 방법은 그림 5-4와 같이 두 단을 용량성으로 결합하는 것이다. 이 경우 단은 첫 번째 단의 출력이 두 번째 단의 입력에 연결되는 동일한 CE 증폭기이다. 용량성 결합은 커패시터가 dc를 억제하기 때문에 한 단의 dc 바이어스가 다른 단의 dc 바이어스에 영향을 미치는 것을 방지한다. dc 경로가 개방되어 있더라도 결합 커패시터 C_3는 ac 신호에 거의 방해를 받지 않으며 다음 단으로 신호를 전파한다.

컴퓨터 시뮬레이션

웹사이트에서 Multisim 파일 F05-04DV를 이용하여 증폭기에 대한 이득을 측정한다.

회로해석은 dc 조건에서 시작한다. 양쪽 단의 베이스 전압을 계산하기 위해, 전압 분배기 법칙을 사용한다.

$$V_B \cong \left(\frac{R_2}{R_1 + R_2} \right) V_{CC} = \left(\frac{10\ \text{k}\Omega}{47\ \text{k}\Omega + 10\ \text{k}\Omega} \right) 10\ \text{V} = 1.7\ \text{V}$$

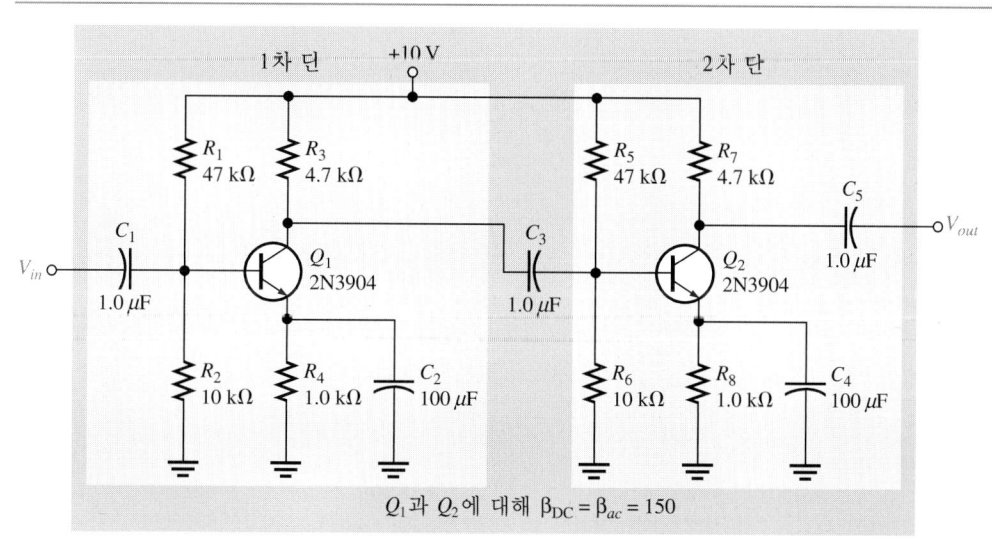

그림 5-4

2단 CE 증폭기

이 값은 부하가 없는 전압 분배기이므로 약간 높다. 베이스-이미터 다이오드의 전압 강하 0.7 V를 제하면 이미터 전압은 1.0 V이다.

$$I_E = \frac{V_E}{R_E} = \frac{1.0\ V}{1.0\ k\Omega} = 1.0\ mA$$

즉, 이미터 전류는 컬렉터 전류와 거의 같다.

부하의 영향

증폭기는 파라미터 블록도로도 표시할 수 있다. ac 모델은 단순히 직렬저항을 갖는 종속전압 전원이다(테브냉 회로). 증폭기의 전체 이득을 계산하기 위해서 원래 회로의 각 트랜지스터 단은 비슷한 방법으로 모델화할 수 있다. 무부하 전압이득($A_{v(NL)}$), 전체 입력저항($R_{in(tot)}$) 및 출력저항(R_{out})의 세 가지 파라미터에 대해 알 수 있어야 한다. 무부하 출력전압은 입력전압과 무부하 이득의 곱이 된다. 그림 5-4의 2단 CE 증폭기를 예로 사용하면 그림 5-5는 2단 중의 한 단에 대하여 모델이다.

우선 첫째 단의 무부하 이득을 구한다. 두 개의 단이 동일하기 때문에 무부하 이득은 모두 같다. 두 번째 단의 입력저항은 첫 번째 단의 부하처럼 동작한다. 따라서, 첫 번째 단의 무부하 이득은 2단의 $R_{in(tot)}$ 같은 부하저항을 갖는 것으로 가정하여 계산할 수 있다. 그러나 첫 번째 단의 이득보다 낮은 이득은 무부하 이득 계산과 개별적으로 고려해야 한다. 이 개념의 설명은 기본적인 증폭기 모델에서 전체 이득을 결정하는 것을 간략화할 수 있는 한 방법이다.

CE 증폭기의 무부하 이득은 ac 컬렉터 전류와 ac 이미터 저항의 비이다. 무부하 이득은 r_e'에 의해 정해지는 I_E에 따라 정해진다. 따라서 이 계산은 근사값으로 구할 수 있다.

무부하 이득을 계산해야 하므로 ac 컬렉터 저항 R_C는 4.7 kΩ인 실제 컬렉터 저항과 같다. ac 이미터 저항은 대략

$$r_e' \cong \frac{25\ mV}{I_E} = \frac{25\ mV}{1.0\ mA} = 25\ \Omega$$

이다. 무부하 이득 $A_{v(NL)}$은 대략

그림 5-5	증폭기 단
1단 증폭기 모델	

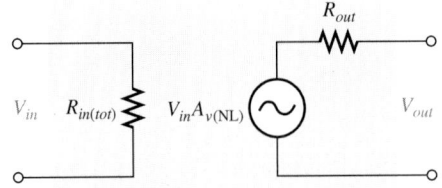

$$A_{v(NL)} = -\frac{R_c}{R_e} = -\frac{R_C}{r'_e} = -\frac{4.7 \text{ k}}{25} = -188$$

이다. 전압-분배기 바이어스를 갖는 입력저항과 스왐핑 저항이 없는 경우의 식은

$$R_{in(tot)} = R_1 \| R_2 \| (\beta_{ac}r'_e)$$

이다. 그림 5-4에서 증폭기의 입력저항을 대입하고 β_{ac}를 150으로 가정하면,

$$R_{in(tot)} \cong 47 \text{ k}\Omega \| 10 \text{ k}\Omega \| [150(25 \text{ }\Omega)] \cong 2.58 \text{ k}\Omega$$

이다.

　출력저항은 컬렉터 회로 다음의 저항으로 단순한 컬렉터 저항이다.

$$R_{out} = R_C = 4.7 \text{ k}\Omega$$

이 값들은 그림 5-6과 같은 모델에 대입될 수 있다.

　그림 5-7에 두 단의 증폭기가 연결되어 있다. 이 그림에서 각 단에 대해 무부하 이득은 테브냉 전원 아래에 나타내었고 모델은 전체 이득을 구하기 위해 사용된다. 전체 이득은 세 항의 곱이 된다.

1. 첫 번째 단의 무부하 전압이득
2. 첫 번째 단의 출력저항으로 두 번째 단의 입력저항을 구성하는 전압 분배기의 이득

증폭기 단

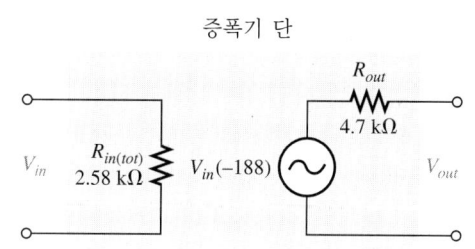

그림 5-6

그림 5-4에서 증폭기의 한 단에 대한 값들

증폭기

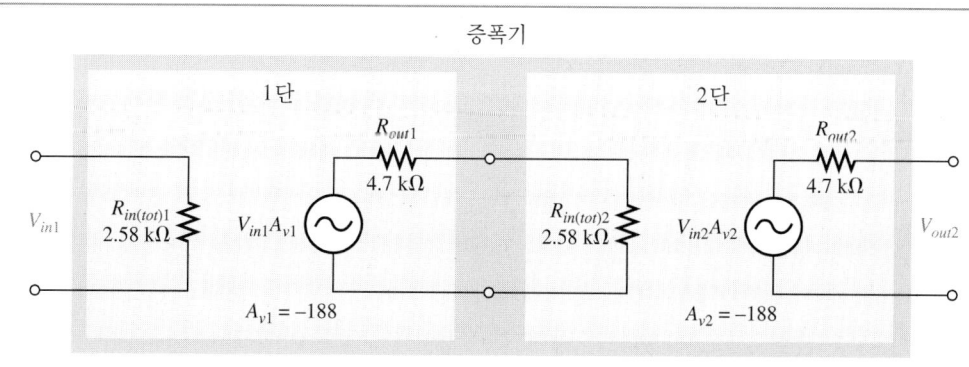

그림 5-7

그림 5-4에서 완전한 2단 증폭기의 AC 모델

3. 두 번째 단의 무부하 이득

부하저항이 출력에 부가된다면 다른 전압-분배기 항으로도 포함할 수 있다.

각 단의 무부하 이득은 이전에 계산했던 것처럼 -188이다. 단들 사이의 전압 분배기는 부하효과가 된다. 두 번째 단에 대한 $R_{in(tot)2}$와 첫 번째 단에 대한 R_{out1}으로 구성된다. 이 전압 분배기의 이득(감쇠)은

$$A_{v(divider)} = \frac{R_{in(tot)2}}{R_{out1} + R_{in(tot)2}} = \frac{2.58\ k\Omega}{4.7\ k\Omega + 2.58\ k\Omega} = 0.35$$

이다.

즉, 전체 전압이득은 세 가지 이득의 곱이다.

$$A_{v(tot)} = A_{v1}A_{v(divider)}A_{v2} = (-188)(0.35)(-188) \cong 12,400$$

전압이득을 가리키는 이 곱은 매우 큰 값이 된다. 예제에서 $100\ \mu V$의 입력신호가 첫 번째 단에 적용되고 입력 베이스 회로의 감쇠가 무시된다면, $(100\ \mu V)(12,400) = 1.24\ V$의 전압이 두 번째 단에서 출력으로 인가된다. 이때 이득은 r'_e의 값과 사용된 특정 트랜지스터의 특성에 따라 정해지기 때문에 이 답은 근사값이 된다. 이득이 감소하는 관계에서, 이미터 회로에 스왐핑 저항을 부가하면 안정성은 증가된다. 이에 따라 특정 트랜지스터와 무관하게 회로가 일정한 이득을 발생하도록 제작되는 경향이 있다.

불필요한 발진과 잡음

다단증폭기는 원하지 않는 발진을 피하기 위해 잘 설계되어야 한다. 큰 값의 신호가 작은 값의 신호 회로에 가해질 때 대 신호는 원하지 않는 궤환 경로에 따라 작은 신호에 반대되는 영향을 미칠 수 있다. 이 문제는 궤환 경로가 더 많은 낮은 저항을 갖는 경향이 있기 때문에 고주파 증폭기에서 만들어진다. 예로, 기판에서 다단증폭기를 구성할 때 궤환과 잡음 문제를 발생시킬 수 있는 열들 사이에는 표류 커패시턴스 (stray capacitance)를 갖고 있다. 표류 커패시턴스는 각 단에서 V_{CC}와 접지 사이에 커패시터를 연결하여 여러 단을 분리하는 데 도움이 된다. 이러한 예는 상업용 인쇄회로 기판에서 자주 볼 수 있다. 커패시터는 2단에 적용되는 V_{CC}에 매우 가깝게 연결되어야 하고 도선의 길이도 짧아야 한다.

불필요한 발진에 추가하여 잡음전압(원하지 않는 전기적 외란)은 다단증폭기에서 문제가 될 수 있다. 잡음이 신호를 방해할 정도로 크다면 신호와 잡음의 비로 결정한다. 신호가 작을 때 작은 잡음전압은 신호가 클 때보다 더 큰 영향을 미친다. 이것은 증폭기의 첫 번째 단이 매우 작은 신호레벨을 갖기 때문에 가장 중요한 단이라는 것을 의미한다. FET는 고임피던스 전원의 장점을 가지지만 전원 임피던스가 낮을 때

($< 1\,M\Omega$) 쌍극성 트랜지스터는 우수한 저잡음 성능을 제공할 수 있다.

다음은 잡음 문제를 피하기 위한 제안이다:

1. 회로에서 "안테나"를 피하기 위해 짧은 결선을 유지하고(특별히 저레벨 입력선) 신호가 가능한 작은 루프로 돌아오도록 만든다.

2. 각 단에서 전력 공급과 접지 사이에 커패시터를 사용하여 전력 공급이 적절하게 필터링되도록 확실하게 만들어라.

3. 가능한 잡음 전원을 줄이고 잡음 전원과 회로를 분리하거나 보호하라. 저레벨 신호를 위해서는 차폐된 결선 이중 꼬임선 또는 차폐된 이중 꼬임선 결선을 사용하라.

4. 한 점에서 회로를 접지하고 접지선을 분리하여 높은 전류를 갖는 접지와 낮은 전류를 갖는 접지를 분리한다. 높은 전류 접지에서 접지전류는 도통 경로에서 IR 강하로 아래 회로의 다른 부분에 잡음을 발생할 수 있다.

5. 부가 잡음은 제외하고 필요한 신호만 증폭하기 위해 필요 이상으로 증폭기의 대역폭을 유지하라.

안전 노트
대전된 도체가 가까이 있어 다른 사람이 접근할 수 없다면 즉시 스위치를 꺼야 한다. 그것이 불가능하다면, 신체와 접촉된 부분을 분리하기 위해 전도되지 않는 물질을 사용한다. 전기 화상은 즉시 의료도움을 청한다.

복습 질문

1. 전체 이득을 계산하기 위해 다단증폭기의 각 단에서 필요한 세 가지 파라미터는?

2. 종속 전원이란?

3. 2단 증폭기의 첫 번째 단의 이득은 두 번째 단에 어떠한 영향을 미치는가?

4. 잡음을 줄이기 위해 다단증폭기의 첫 번째 단이 가장 중요한 이유는?

5. 잡음과 발진을 피하기 위해 다단증폭기를 설계할 때 고려할 사항은?

변압기-결합 증폭기 5-2

변압기는 한 단에서 다른 단으로 신호를 결합하기 위해 사용된다. 변압기는 고수파 설계에서 주로 사용되지만 일부 저주파 전력증폭기에서도 사용된다. 신호 주파수가 라디오 주파수(RF) 범위($> 100\,kHz$) 안에 있을 때 증폭기 내의 단은 공진회로를 구성하는 동조변압기로 자주 결합된다.

이 절에서는 변압기-결합 증폭기, 동조증폭기 및 혼합기의 특성을 설명한다.

저주파 응용

대부분의 증폭기들은 dc 신호를 ac 신호에서 분리해야 한다. 5-1절에서 dc 신호를 막고 있는 동안 ac 신호를 통과시키기 위해 커패시터를 사용하는 방법을 배웠다. 변압기도 dc를 억제하고(변압기는 직접 경로를 제공하지 않기 때문에) ac를 통과시킨다.

임피던스는 리액턴스와 저항이 결합되는 것으로 ac 전류를 억제할 때 사용한다. 변압기의 결합으로 입력과 출력의 저항이라기보다는 임피던스라고 하는 것이 일반적이다.

변압기는 회로의 한 부분과 다른 부분과의 임피던스를 정합시키는 기기이다. 변압기의 2차측의 부하는 1차측에서 볼 때의 변압기에 의해 부하값이 바뀐다. 강압 변압기는 다음 식으로 바뀐다. 강압 변압기는 다음 식과 같이 1차측에서 보면 실제보다 부하가 더 크게 계산된다.

$$R'_L = \left(\frac{N_{pri}}{N_{sec}}\right)^2 R_L \tag{5-1}$$

여기서 R'_L은 1차측의 반사저항, N_{pri}/N_{sec}는 1차와 2차의 권수비이다. 그리고 R_L은 2차쪽의 부하저항이다.

변압기는 입력, 출력, 또는 회로의 한 부분에서 다른 부분으로 ac 신호를 정합시키기 위해 사용한다. 전력용 변압기에서는 임피던스를 일치시켜 최대 전력이 부하에 전달되게 할 수 있다. 변압기는 어떤 선로에 전원의 임피던스를 정합시키기 위하여 사용될 수도 있다. 단권변압기는 낮은 임피던스 회로(< 200 Ω)에서 주로 사용된다. 전압증폭기에서 변압기는 다음 단의 전력이 아닌 전압을 상승시키기 위해 사용된다.

그림 5-8은 2단 증폭기의 변압기 결합예이다. 소용량의 저주파 변압기는 신호를 증폭기에 결합하는 마이크나 변환기에 자주 사용된다.

변압기의 결합은 *RC* 결합보다 효율은 좋지만 다음과 같은 문제점으로 인해, 저주파 설계에는 사용되지 않는다. 첫째, 변압기는 커패시터보다 고가이고 부피가 크다.

| 그림 5-8 | 입력, 결합 그리고 출력 변압기를 나타내는 기본적인 변압기 결합증폭기 |

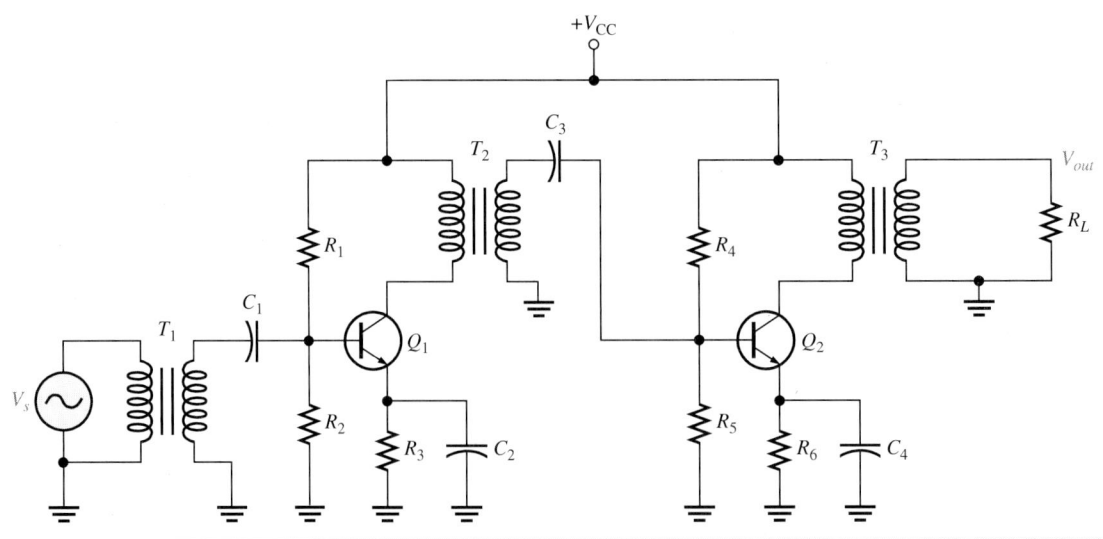

둘째, 코일의 리액턴스에 의해 고주파에서는 응답이 불량하다. 이러한 이유로 저주파 변압기 결합은 일부 A급 전력증폭기 외에는 많이 사용되지 않고 있다.

| | 예제 5-2 |

문제

그림 5-8의 2단의 요소값이 다음과 같다고 가정하자: $R_4 = 5.1 \text{ k}\Omega$, $R_5 = 2.7 \text{ k}\Omega$, $R_6 = R_E = 680 \, \Omega$ 그리고 $R_L = 50 \, \Omega$. 변압기 T_3은 $5:1$ 강압 변압기이고 $V_{CC} = 12 \text{ V}$이다.

(a) V_{CE}를 구하라.

(b) 2단의 이득을 계산하라.

풀이

(a) 바이어스 저항에 전압 분배기 공식을 적용하여 베이스 전압을 구한다.

$$V_B = \left(\frac{R_5}{R_4 + R_5} \right) V_{CC} = \left(\frac{2.7 \text{ k}\Omega}{5.1 \text{ k}\Omega + 2.7 \text{ k}\Omega} \right) 12 \text{ V} = 4.2 \text{ V}$$

그 다음 이미터 전압과 전류를 계산한다.

$$V_E = V_B - V_{BE} = 4.2 \text{ V} - 0.7 \text{ V} = 3.5 \text{ V}$$
$$I_E = \frac{V_E}{R_E} = \frac{3.5 \text{ V}}{680 \, \Omega} = 5.15 \text{ mA}$$

이미터 전류는 컬렉터 전류와 거의 같다. 변압기 1차의 dc 저항은 작아서 무시할 수 있다. 이 과정에서 변압기는 V_{CE}에 영향이 없다. 즉, 컬렉터에서 이미터까지 전압은 V_{CC}와 이미터 저항에서 강압 사이의 차이이다.

$$V_{CE} \cong V_{CC} - V_E = 12 \text{ V} - 3.5 \text{ V} = \mathbf{8.5 \text{ V}}$$

(b) 1차 부하저항의 반사저항과 ac 이미터 저항을 계산한다.

$$R_L' = \left(\frac{N_{pri}}{N_{sec}} \right)^2 R_L = \left(\frac{5}{1} \right)^2 50 \, \Omega = 1.25 \text{ k}$$

$$r_e' = \frac{25 \text{ mV}}{I_E} = \frac{25 \text{ mV}}{5.15 \text{ mA}} = 4.85 \, \Omega$$

컬렉터 회로의 ac 저항을 이미터 회로의 ac 저항으로 나누어 이득을 계산한다.

$$A_v = \frac{R_L'}{r_e'} = \frac{1.25 \text{ k}\Omega}{4.85 \, \Omega} = \mathbf{257}$$

질문

R_4를 더 큰 저항으로 바꾸면 이득은 어떻게 되는가?

변압기-결합 증폭기의 흥미있는 점은 ac 부하선이 dc 부하선만큼 기울기가 크지 않다는 것이다. ac 포화전류가 dc 포화전류보다 작고 ac 전압이 컷오프 전압(V_{CC})보다는 크다.

고주파 응용

100 kHz보다 높은 주파수를 흔히 라디오 주파수(RF)라고 말한다. 이 주파수에서 변압기는 크기가 작고, 제한된 주파수대역에서 신호가 결합하는 중요한 이점을 가지고 있다. 라디오 주파수에서 변압기 1차는 공진회로를 형성하는 커패시터와 병렬로 연결된다. 때로 커패시터와 병렬로 연결된 2차 권선은 공진회로처럼 연결된다.

dc/ac에서 병렬 공진회로는 공진 주파수에서 최대 임피던스를 갖는 LC 결합이다. 공진 주파수에서 높은 임피던스는 증폭기의 이득이 공진 주파수 근처 주파수에서 매우 높다는 것을 의미한다. 이는 1000이나 그 이상 높은 이득으로 효과적인 협대역 증폭기(전형적으로 10 kHz) 성능을 낼 수 있다는 것이다. 더욱이 증폭기는 다른 주파수를 증폭하는 것이 아니라 필요한 신호를 포함하는 주파수의 좁은 대역을 증폭하기 위해 만들어진 것이다.

동조증폭기

동조증폭기는 저주파 증폭기와는 다르다. 저주파 증폭기에서는 대역 외의 신호는 제거하는 대신에 특정 주파수의 대역을 증폭하도록 설계되어 있다. 저주파 증폭기는 ac 신호에 높은 임피던스를 공급하기 위해 부하에 병렬 공진회로를 사용한다. 따라서, 공진 주파수에서 높은 이득이 생성된다. 동조회로의 중앙 주파수는 기본적인 공진 주파수 공식으로 계산할 수 있다.

$$f_r = \frac{1}{2\pi\sqrt{LC}} \tag{5-2}$$

동조회로의 대역폭은 공진회로의 Q(선택도)에 의해 결정된다. 선택도(Q)는 주파수에서 저장된 최대 에너지와 손실된 에너지의 비로 단위가 없는 수이다. 실제적으로 인덕터가 거의 Q를 결정한다. 결과적으로, Q는 유도성 리액턴스 X_L과 저항 R의 비율로 표시된다. 또한, 이것은 공진 주파수 f_r과 대역폭 BW의 비이다.

$$Q = \frac{X_L}{R} = \frac{f_r}{BW} \tag{5-3}$$

그림 5-9와 같이 병렬 공진회로의 응답은 회로의 Q에 의존한다. RF에 대한 Q는 인덕터의 타입에 의존하고 페라이드-코어 인덕터는 50에서 250까지의 범위를 가지며 공기-코어 인덕터는 더 높은 범위를 갖는다.

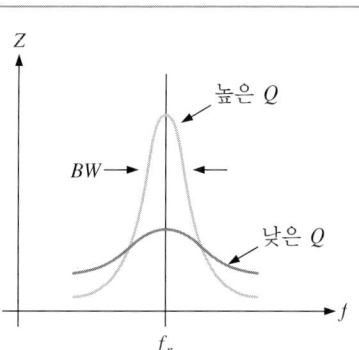

그림 5-9

주파수 함수로 병렬 공진 회로
의 임피던스

신호를 처리하는 동안, 보통 라디오 주파수는 발진기로 RF를 혼합하여 낮은 주파
수로 변환된다. 새로 생성된 낮은 주파수를 **중간 주파수** 또는 IF라고 부른다. 동조 변
압기 결합은 RF 증폭기와 IF 증폭기 모두에서 중요하다.

　IF를 사용하는 주요한 장점은 고정된 주파수이고 주어진 RF 신호(설계 제한 내에서)
를 동조회로에서 변경할 필요가 없다는 것이다. 발진기로 RF에 "트랙"을 발생시켜
만든다. IF가 고정되어 있기 때문에 제어하도록 사용자가 조작할 필요 없이 고정된
공진회로로 증폭하는 것이 용이하다. 제1차 세계대전 동안 Major Edwin Armstrong에
의해 처음 개발된 이 개념은 대부분의 통신 장비에서 사용되고 있으며 고주파 시험
장비의 중요한 부품인 스펙트럼 분석기에 사용된다.

　그림 5-10은 첫 번째 단의 입력과 두 번째 단의 출력에 공진회로를 사용하는 2단
동조증폭기이다. 변압기 결합은 단들 사이에서 사용된다. 이것과 유사한 회로는 대부
분의 통신 장비의 부분으로 RF 증폭기와 혼합으로 구성된다. RF 증폭기는 한 스테이
션에서 고주파 신호와 동조하고 증폭한다. **혼합기**는 이 신호 발진기에서 발생된 정현
파를 결합하는 비선형회로이다.

　발진기의 주파수는 RF와 달리 고정된 주파수로 설정된다. RF와 발진기 신호가 비
선형회로에서 혼합될 때는 입력신호의 합과 차인 두 개의 새로운 주파수를 발생한다.
두 번째 공진회로는 다른 모든 신호는 제거하는 반면에 입력신호 차동 주파수에는 동
조된다. 이 차동 주파수가 IF 증폭기 부분에 의해 더 증폭된 IF 신호이다. IF 부분의
장점은 한 주파수를 처리하기 위해 특별히 설계된 것이다.

　그림 5-10의 회로를 더 알아보자. 짙게 음영 처리된 부분에 나타낸 1차 동조회로는
한 스테이션을 동조하기 위해 C_1이 공진할 수 있도록 T_1의 1차측에 연결되어 있다.
공진 주파수에 해당되지 않는 스테이션은 공진회로에 의해 제거된다. 이때 Q_1은 안정
된 전압-분배기 바이어스로 바이어스되어 있다. 컬렉터 저항은 없지만 대신에 ac 신호
는 부하처럼 변압기 T_2의 1차에 접속되어 있다. 이 단의 이득은 컬렉터 회로에서의
저항 R_3와 r'_e로 구성되는 ac 이미터 저항으로 나누어 결정한다.

　RF 신호는 연하게 음영 처리된 부분에 나타난 혼합기 단의 발진기에서 온 신호와

그림 5-10 RF 단과 믹서로 구성된 동조증폭기

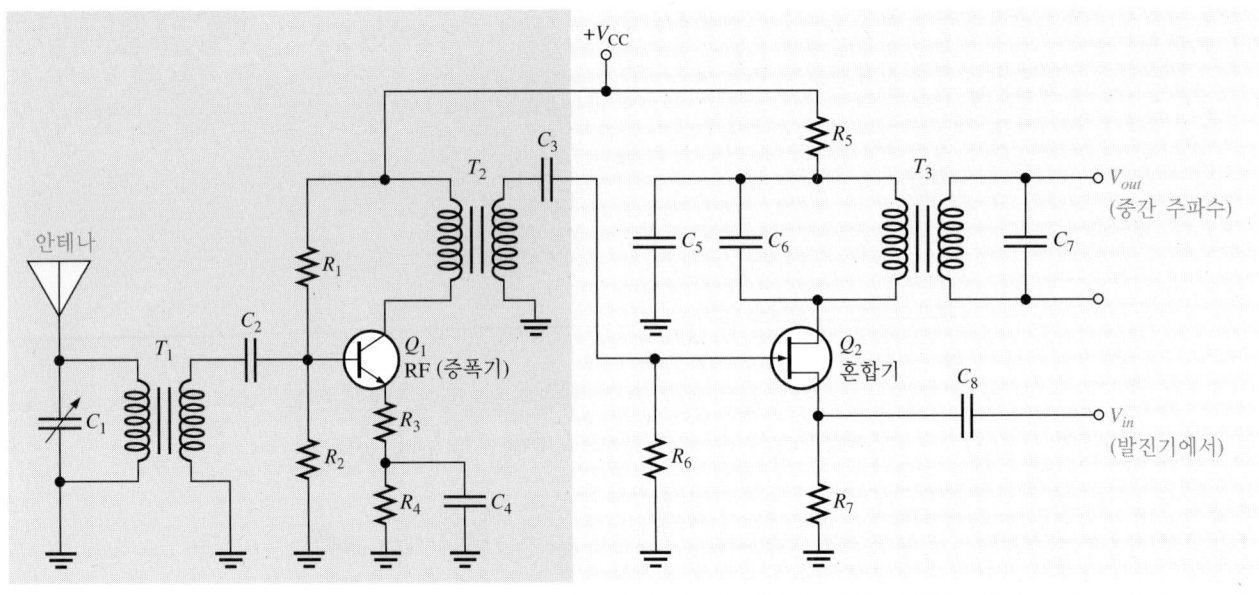

결합되는 변압기 T_2에 의해 Q_2의 게이트로 전달된다. Q_2는 RF 신호를 위한 CS 증폭기이지만 발진기 신호를 위한 CG 증폭기는 아니다. Q_2의 출력에서 공진회로는 필요로 하는 차동 주파수로 동조된다. 따라서, Q_2의 출력은 더 큰 증폭을 위해 다음 단으로 보내지는 중간 주파수이다. 중간 주파수를 발생시키기 위해 Q_2는 비선형증폭기로 동작해야 한다. FET는 비선형 특성곡선을 가지고 있기 때문에 가능하다.

그림 5-10에서 저항 R_5는 전원에서 전압과 직렬로 연결되어 있다. 저역 통과 필터 (low-pass filter)에서 이 저항과 C_5는 다른 증폭기로부터 회로를 분리하고 원하지 않는 진동을 방지하는 데 도움을 주는 **비정합망**(decoupling network)이라고 부른다. 저항은 작은 값(전형적으로 100 Ω)을 갖고 커패시터는 동작 주파수에서 저항보다 10% 정도 적은 리액턴스를 갖도록 선택한다. (예를 들면, 100 Ω 저항은 대략 10 Ω의 리액턴스를 갖는 커패시터로 우회될 수 있다.)

그림 5-11은 IF 증폭기이다. IF 변압기는 선택된 특정 중간 주파수를 위해 설계된 변압기이다. 이 경우에는 일반 IF 주파수인 455 kHz로 동조되어 있다. IF 증폭기는 모든 면에서 RF 증폭기이다. IF와 RF 증폭기 사이의 유일한 차이는 주어진 회로에서 그것이 수행하는 기능이다. IF 증폭기는 중간 주파수를 선택적으로 증폭하는 동조 입력회로와 동조 출력회로를 사용한다. 1차 공진회로를 만드는 커패시터와 변압기는 차폐를 위해 금속 내부에 있다. 정확한 중간 주파수는 코어의 안과 밖으로 움직이는 동조 슬러그로 조정된다. 비정합망에는 R_3과 C_3이 포함된다. IF 회로를 동조할 때 장비 부하로 인해 회로 응답이 바뀌는 것을 피하기 위해 고임피던스, 저커패시턴스 테스트 장비를 사용하는 것이 중요하다.

그림 5-11

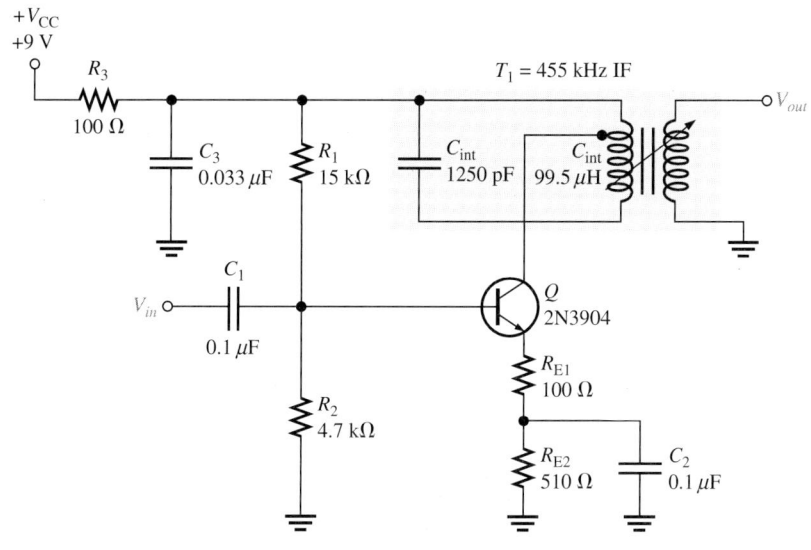

복습 질문

6. RF 신호와 IF 신호 사이의 차이는 무엇인가?

7. 혼합기의 기능은 무엇인가?

8. 혼합기에서 혼합되는 두 신호는 무엇인가?

9. 동조 변압기의 2차에서 부하저항은 동조회로에 Q에 대해 어떠한 영향을 주나?

10. IF 단을 시험하기 위해 사용되는 장비가 저임피던스, 고커패시턴스이어야 하는 이유는?

직접-결합 증폭기 5-3

신호를 결합시키는 다른 방법 중의 하나는 직접 결합이다. 직접 결합에는 단 사이에 결합 커패시터나 변압기가 없다. 입력과 출력 신호가 결합되는 방법에 따라 증폭기는 dc를 줄이는 모든 범위의 주파수로 동작할 수 있다.

이 절에서는 직접-결합 증폭기에 대한 dc와 ac 파라미터를 결정하는 방법과 바이어스와 이득을 안정시키기 위해 부궤환을 사용하는 방법을 설명한다.

부궤환

궤환은 시스템의 출력과 원하는 출력을 비교하는 것이다. 전자시스템에서 **부궤환** (negative feedback)은 입력의 일부분을 줄이는 방법을 사용하여 입력으로 궤환시키는 정정신호이다. 그림 5-12는 부궤환의 개념을 예시한 것이다. 출력의 샘플이 입력에 추가되는(대수적으로) 곳을 합산점이라고 부른다(어떤 경우에는 증폭기의 내부에 있다). 부

그림 5-12

부궤환

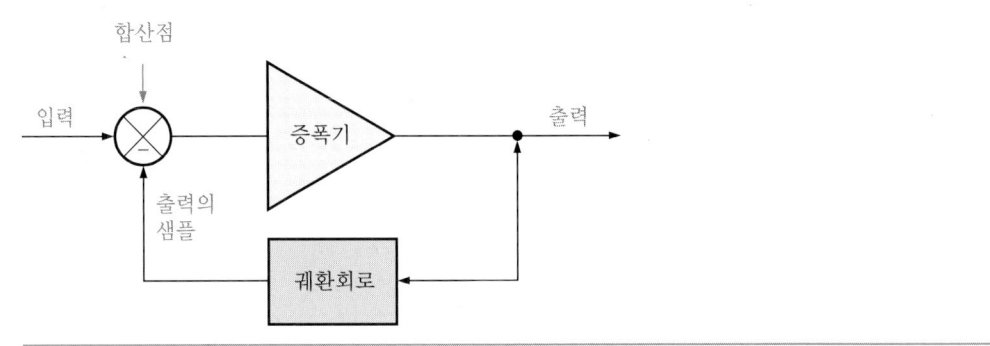

궤환은 이득을 감소시키지만 개선된 안정성과 왜곡을 감소시키는 것을 포함하는 많은 긍정적인 효과를 갖는다. 부궤환은 전자적 제어와 다른 시스템("과학 하이라이트"를 참조) 내에서 가장 중요한 개념 중의 하나이다.

대부분의 증폭기에서는 부궤환이 이득을 제어하거나 왜곡을 감소시키거나 안정성을 증가시키기 위해 사용된다. 부궤환은 실현되지 않았을지 모르지만 그림 3-29에서 우회되지 않는 이미터 저항(R_{E1})은 부궤환의 형태이다. 부궤환은 바이어스 안정성을 위해 사용될 수 있고 이 절에서는 직접-결합 증폭기에 적용된다.

그림 5-13은 궤환이 없는 직접-결합 증폭기 회로이다. 궤환이 없는 이 증폭기를 살펴본 후에 궤환으로 성능을 향상시키는 방법을 살펴보기로 한다. 직접 결합은 Q_1의 컬렉터에서 Q_2의 베이스까지이다. 단이 직접 결합되어 있기 때문에 Q_2에 대한 바이어스 전류는 Q_2를 위한 바이어스 저항값과 단 사이의 결합 커패시터를 제거하는 Q_1에 의해 정해진다. 이때 직접결합이 되어 있지만 외부 신호 전원과 부하가 dc 전압으로 인한 혼란을 방지하기 위해 ac 결합 입력과 출력신호 사이에 특별한 증폭기가 필요하다.

그림 5-13

궤환이 없는 직접-결합 증폭기

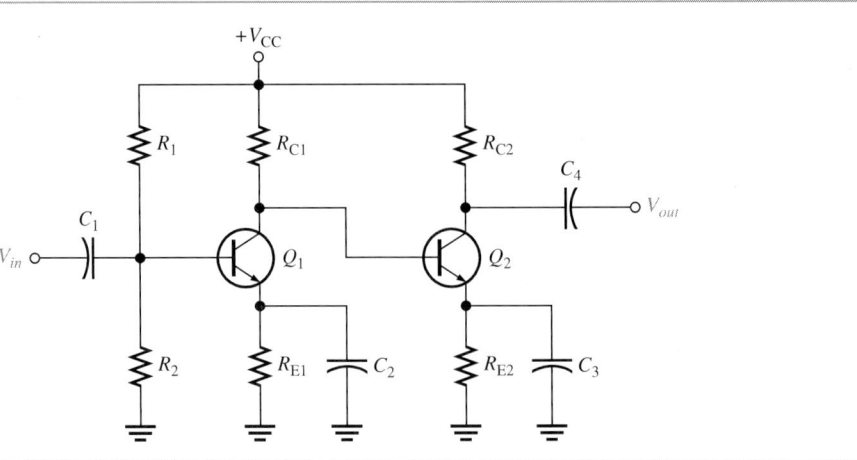

Q_2의 비이어스는 Q_1의 컬렉터 저항 R_{C1}을 통해 공급된다. 트랜지스터 Q_1은 전압-분배기 바이어스를 갖는 β의 변위 때문에 선형증폭기에서는 사용되지 않는 방법인 베이스 바이어스를 사용한다. 또한, 온도 변화는 회로의 정상동작을 방해하게 된다. 이 특수 증폭기는 용량성 결합증폭기에 비해 적은 구성 요소를 가지고 있지만 위에서 말한 결점이 장점보다 많다. 부궤환을 추가하는 비교적 간단한 변화로 β 의존도와 표류 문제를 해결할 수 있다.

바이어스 안정성을 위한 부궤환

그림 5-14의 회로는 그림 5-13 회로에서 부품을 줄이면서 증폭기의 바이어스 안정도를 향상할 수 있도록 변경한 것이다. 입력과 출력 신호는 바이어스 전압으로 인한 혼란을 방지하기 위해 용량성으로 결합되어 있다. 두 개의 트랜지스터가 있기 때문에 회색으로 표시된 궤환회로는 하나의 트랜지스터에 대해서는 부가이득의 장점을 갖고 β에서 온도 변화에 대해서도 우수한 안정성을 갖는다. 이 회로는 전형적인 값을 얻을 수 있도록 구성 요소들이 특정한 값을 갖는다.

그림 5-14에서 궤환 동작이 어떻게 일어나는지 보기로 하자. Q_2 또는 $I_{C(Q2)}$의 컬렉터 전류가 R_{C1}에 의해 Q_2의 베이스에는 순방향 바이어스가 걸린다. 이 전류는 Q_2의 이미터 전압을 증가시키고 Q_1을 on시킨다. Q_1에 도통전류가 증가하면 Q_2의 바이어스는 감소되어 컬렉터 전압을 감소시킨다. 이러한 동작은 특정 설계값으로 결정된 안정점으로 Q_2에서 바이어스를 감소시킨다. $I_{C(Q1)}$은 Q_1에서 컬렉터 전압의 안정한 값과 Q_2에서 안정된 베이스 전압을 생성하는 β의 값과는 무관하다. 따라서, 베이스 바이어스와 관련된 β 종속 문제는 더 이상 요소가 아니다.

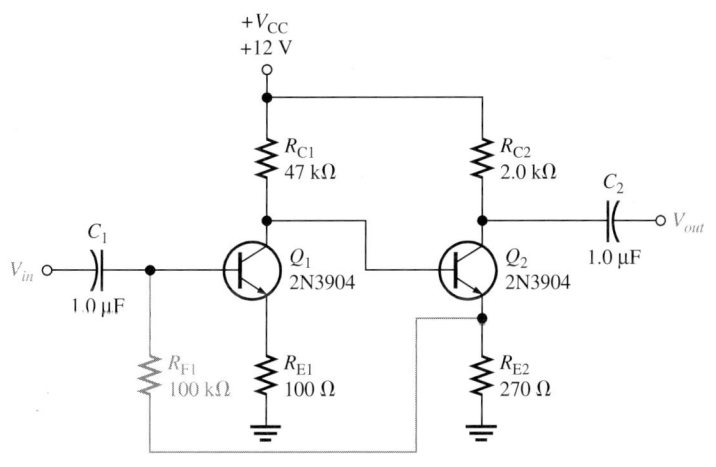

안정된 바이어스로 된 부궤환
직접결합 증폭기

그림 5-15

이득 안정성을 향상시키기 위해 그림 5-14의 회로 변경

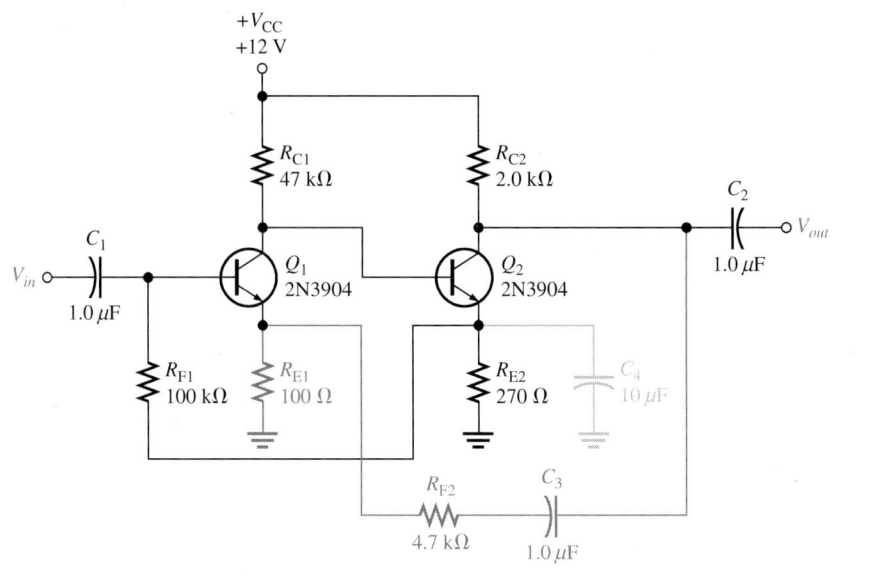

이득 안정성을 위한 부궤환

그림 5-14의 증폭기에서 부궤환은 특정 β에 의존하지 않는 우수한 바이어스 안정성을 제공했다. 부궤환은 ac 신호에 부궤환을 사용하여 β와 무관한 우수한 이득 안정성을 제공한다. 또한, 부궤환은 전압이득을 안정시키는 자기-정정 동작을 만든다. 그림 5-15에서 이것을 이루는 방법을 설명하였다.

컴퓨터 시뮬레이션

웹사이트에서 Multisim의 F05-15DV 파일을 이용하여 입력과 출력 신호를 관찰하고, 이득을 측정한다.

먼저 바이패스 커패시터 C_4가 더 높은 전압이득을 위하여 R_{E2}에 병렬로 연결되어 있다. 이것은 궤환이 추가될 때 더 큰 이득의 안정성을 발생한다. 궤환이 없는 이득은 개루프 전압이득(open-loop voltage gain)이라고 부른다. 그림 5-15의 증폭기에 이미터 커패시터를 추가하면 약 2배의 개루프 전압이득이 증가된다. Q_1으로 돌아가는 출력 ac 신호의 일부분을 되돌리기 위해 C_3와 R_{F2}로 구성된 새로운 경로가 추가되어 있다. 궤환되는 부분은 R_{F2}와 R_{E1}으로 구성되는 전압 분배기에 의해 결정된다. 그림 5-15의 증폭기에서 궤환전압 V_f는 출력전압과 궤환 부분을 곱한 것과 같다. 궤환전압은 단순히 전압 분배기에서 유도된다는 것으로 이해할 수 있다.

$$V_f = \left(\frac{R_{E1}}{R_{E1} + R_{F2}} \right) V_{out}$$

이 궤환전압은 원래 입력신호를 상쇄하는 경향이 있다. 개루프 전압이득으로 증폭된 신호에는 입력과 부궤환 신호 사이에 작은 **차이**가 존재한다. 그 결과 증폭기 회로의 전압이득은 궤환의 크기에 의해 제어된다. 궤환에서 순수한 이득(net gain)을 **폐루프 전압이득**(closed-loop voltage gain)이라 한다. 폐루프 전압이득은 되돌려지는 출력신호의 크기에 의해 결정된다.

개루프 전압이득이 크다는 의미는 Q_1의 입력에서 궤환신호와 입력신호의 차이가 적다는 것이다. 그림 5-15의 증폭기에서 Q_1의 베이스와 이미터의 ac 신호는 거의 같은 진폭을 갖는다.

이득 안정성을 이루기 위한 부궤환 동작을 알아보기로 한다. 열(r'_e를 더 작게 만드는) 로 인해 전압이득이 증가했다고 가정하자. 증가된 개루프 이득은 출력전압을 증가시키고 차례로 부궤환 전압을 증가시킨다. 이것은 Q_1에서 차동 전압(difference voltage)을 감소시킨다. 따라서, 이득에서 근본적인 변화는 부궤환의 자기-정정 동작에 의해 거의 완전히 상쇄된다.

원래 회로에서 트랜지스터 중의 하나를 더 낮은 β의 값을 갖는 것으로 대치했다고 가정하자. 이 경우에는 증폭기의 개루프 이득을 감소시킨다. 더 큰 차동 전압으로 인해 더 낮은 β의 원래 효과는 출력전압에서 작은 망효과를 갖고, 따라서 이득 안정성이 이루어진다.

증폭기의 회로 전압이득은 궤환 부분의 역수와 거의 같다. 그림 5-15의 증폭기에서 회로 이득은 다음과 같다.

$$A_v = \left(\frac{R_{E1} + R_{F2}}{R_{E1}} \right) = \left(\frac{100\ \Omega + 4.7\ k\Omega}{100\ \Omega} \right) = 48$$

단순히 R_{F2}의 값을 변경하여 이득을 바꾸는 것은 쉽다. 사실 이득제어는 R_{F2}의 자리에 가변저항을 사용하여 쉽게 할 수 있다. 이 회로는 실험실 매뉴얼에 있는 실험 9의 목적이다.

복습 질문

11. 직접-결합 증폭기의 주요한 장점은 무엇인가?

12. 부궤환이 바이어스나 이득 안정성을 만들 수 있는 방법은?

13. 바이어스 안정성을 향상시키기 위한 것이 아니라 이득 안정성을 향상시키기 위해 CE 증폭기의 이미터 회로에 바이패스 커패시터를 부가하는 이유는 무엇인가?

14. 그림 5-15 회로에 대한 이득을 결정하는 방법은?

15. 그림 5-15 회로에서 R_{F2}가 이득에 영향을 미치는 방법은? 답을 설명하라.

5-4 A급 전력증폭기

선형영역에서 출력신호가 입력신호를 복사하여 증폭되고 동작할 수 있도록 바이어스
된 증폭기가 A급 증폭기이다. 앞 절에서 배운 내용과 공식은 A급 동작에 적용한다. 전
력증폭기는 부하에 전력을 전달하는 증폭기이다.

이 절에서는 A급 전력증폭기에 대한 dc와 ac 파라미터를 계산하는 방법과 ac 부하선
에 따른 동작을 설명한다.

소신호 증폭기에서 ac 신호는 전체 ac 부하선로에서 작은 비율로 이동한다. 출력신
호가 보다 크고 ac 부하선의 한계에 접근할 때, 증폭기는 **대신호**(large-signal) 타입이
다. 대신호 증폭기와 소신호 증폭기가 항상 활성 영역에서 동작하면 모두 **A급**(Class
A)으로 취급한다. A급 전력증폭기는 부하에 전력을 공급하는(전압이라기보다는) 대신
호 증폭기이다. 우선적으로, 구성 요소에서 열 발산의 문제(> 1/4 W)를 고려하는 경우
라면 증폭기는 전력증폭기이다. 가장 유용한 A급 증폭기 중의 하나는 공통-컬렉터 증
폭기이다.

열 발산

전력용 트랜지스터는 내부적으로 과도하게 생성된 열을 발산해야만 한다. 쌍극 전
력용 트랜지스터에서 컬렉터 단자는 임계접합이다. 이러한 이유로 트랜지스터는 항상
컬렉터 단자에 연결되어 있다. 모든 전력용 트랜지스터의 경우는 전력용 증폭기와 외
부 열흡수장치 사이에 큰 접촉 영역을 갖도록 설계한다. 트랜지스터에서 열은 열흡수
장치를 통해 흐르고 주변 공기 속으로 발산된다. 열흡수장치는 크기, 핀의 수 그리고
물질의 종류에 따라 변한다. 크기는 열 발산 요구와 트랜지스터가 동작하는 최대 순
환 온도에 따라 정해진다. 대전력 응용에서는 냉각팬이 필요하다.

중앙에 맞추어진 Q-점

dc와 ac 부하선은 Q-점을 통과한다. Q-점이 ac 부하선의 중앙에 있을 때 최대 A급
신호를 얻을 수 있다. 그림 5-16(a)와 같이 증폭기에 대한 부하선 그래프를 보면 이 개
념을 알 수 있다. 이 그래프는 ac 부하선의 중앙에 Q-점을 갖는 것을 보여준다. 컬렉
터 전류는 Q-점 값 I_{CQ}에서 포화값 $I_{c(sat)}$ 위까지 그리고 0의 컷오프 값의 아래까지 변
할 수 있다. 마찬가지로 컬렉터-이미터 전압은 Q-점 값에서 컷오프 값 $V_{ce(outoff)}$ 위까지
그리고 0에 가까운 포화값 아래까지 변할 수 있다. 그림 5-16(b)는 이 동작을 나타낸
것이다. 컬렉터 전류의 피크값은 I_{CQ}와 같고 컬렉터-이미터 전압의 피크값은 이 경우
에 V_{CEQ}와 같다. 이 신호는 A급 증폭기에서 얻을 수 있는 최대값이다. 실제적으로 출

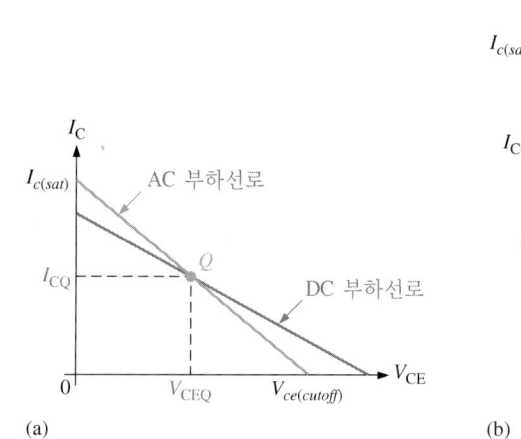

(a)

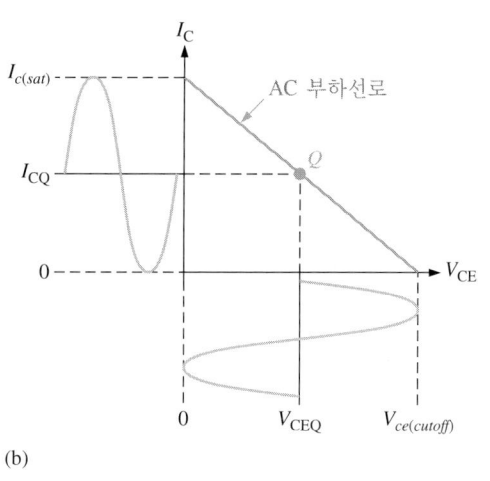

(b)

그림 5-16

Q-점이 ac 부하선의 중앙에 있을 때 A급 출력의 최대값

력은 완전히 포화 또는 컷오프에 도달할 수 없다. 따라서, 실제 최대값은 약간 적다.

  Q-점이 ac 부하선의 중앙에 있지 않으면 출력신호는 제한된다. 그림 5-17은 중앙에서 컷오프 쪽으로 이동된 Q-점을 갖는 부하선을 나타낸 것이다. 이 경우에 출력 변이는 컷오프에 의해 제한된다. 컬렉터 전류는 아래로는 0 근처와 I_{CQ} 위로 같은 크기까지만 진동한다. 컬렉터-이미터 전압은 위로는 컷오프 값까지 그리고 V_{CEQ} 아래로는 같은 크기만큼만 진동할 수 있다. 이러한 상황을 그림 5-17(a)에 나타내었다. 증폭기가 이것보다 더 크게 구동된다면 그림 5-17(b)와 같이 컷오프에서 "잘려지게" 된다.

  그림 5-18은 중심에서 포화방향으로 움직인 Q-점을 갖는 부하선을 보여준다. 이 경우에 출력 변이는 포화에 의해 제한된다. 컬렉터 전류는 위로는 포화 근처까지 아래로는 I_{CQ}로 같은 크기로 진동할 수 있다. 컬렉터-이미터 전압은 아래로는 포화값까지 위로는 V_{CEQ}까지 같은 크기로만 진동할 수 있다. 포화는 그림 5-18(a)에 나타내었다. 증폭기가 더 크게 구동되면 그림 5-18(b)와 같이 포화에서 "잘려지게" 된다.

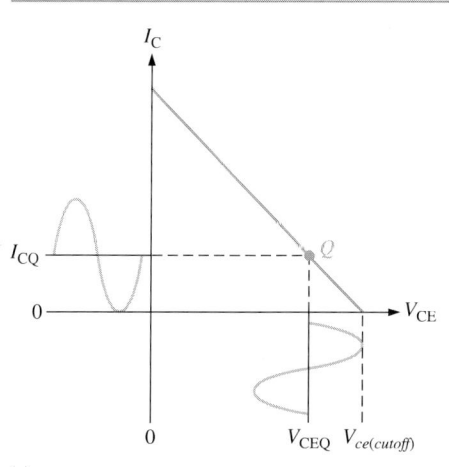

(a)

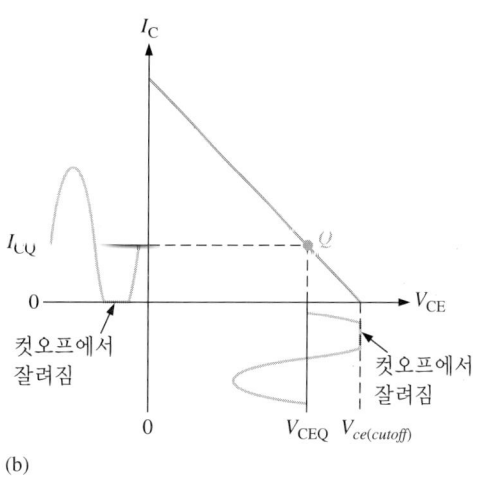

(b)

그림 5-17

컷오프에 가까워진 Q-점

그림 5-18

포화에 가까워진 Q-점

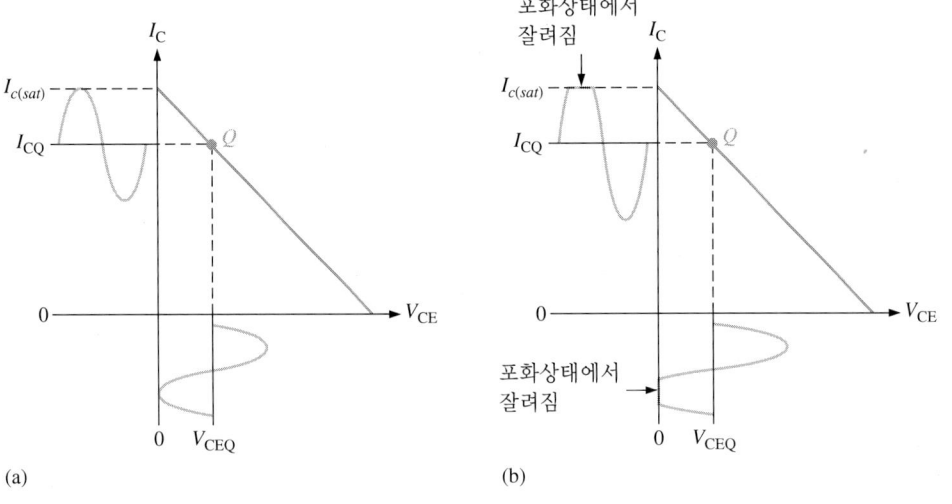

(a)

(b)

전압이득

증폭기의 전력이득은 부하에 전달되는 전력과 입력전력과의 비이다. 부하에 전달되는 전력은 출력전력과 같다. 즉,

$$A_p = \frac{P_{out}}{P_{in}} = \frac{P_L}{P_{in}} \tag{5-4}$$

식 (5-4)에 $P_L = V_L^2/R_L$과 $P_{in} = V_{in}^2/R_{in}$로 대치하면 저항비를 사용하는 전력이득을 구할 수 있다.

$$A_p = \frac{V_L^2}{V_{in}^2}\left(\frac{R_{in}}{R_L}\right)$$

$$A_p = A_v^2\left(\frac{R_{in}}{R_L}\right) \tag{5-5}$$

식 (5-5)는 증폭기에서 전력이득은 전압이득의 제곱에 입력저항과 출력 부하저항의 비를 곱한 것이다. 이 식은 모든 증폭기에 적용될 수 있다. 예를 들면, $10\,k\Omega$의 입력저항과 $100\,\Omega$의 부하저항을 갖는 공통-컬렉터(CC) 증폭기를 가정해 보자. CC 증폭기는 거의 1의 전압이득을 가지기 때문에 전력이득은 $1^2(10\,k\Omega/100\,\Omega) = 100$이다. CC 증폭기에서 A_p는 입력저항과 출력 부하저항의 비와 거의 같다. (R_{in}은 3-4절에서 기술하였다.)

DC 정적 전력

신호 입력을 갖지 않는 트랜지스터의 전력 발산은 Q-점 전류와 전압의 곱이다.

$$P_{DQ} = I_{CQ}V_{CEQ} \tag{5-6}$$

A급 전력증폭기가 부하에 전력을 공급할 수 있는 유일한 방법은 적어도 부하전류의 피크전류만큼 큰 정적 전류를 유지하는 것이다. 신호는 트랜지스터에 의해 발산되는 전력을 증가시키지는 않지만 실제로는 전체 전력이 줄어드는 만큼만 발산이 발생하게 된다. 식 (5-3)에 주어진 정적 전력은 A급 증폭기가 처리해야 하는 최대 전력이다.

출력 전력

일반적으로 출력신호 전력은 실효 부하전류와 실효 부하전압의 곱이다. 최대점이 잘려지지 않는 ac 신호는 Q-점이 ac 부하선의 중앙에 있을 때 생긴다. Q-점이 ac 부하선의 중앙에 있다고 가정하면 최대 전류와 전압의 실효값으로부터 최대 출력을 구할 수 있다. A급 증폭기에서 나오는 최대 전력은 $P_{out(max)} = (0.707I_c)(0.707V_c)$이다.

$$P_{out(max)} = 0.5I_{CQ}V_{CEQ} \tag{5-7}$$

2단 A급 증폭기

그림 5-19는 2단 A급 증폭기이다. 입력신호는 전치증폭기 또는 다른 전원으로부터 얻어야 한다. 출력은 작은 스피커이다. 1단을 구성하는 Q_1은 전압증폭기인 CE 증폭기이다. 2단은 전력증폭기 단이고 CC 증폭기를 수정한 것이다. 이것은 **달링턴 쌍** (Darlington pair)이라고 불리는 배열로 연결된 두 개의 트랜지스터 Q_2와 Q_3로 구성된나. 달링턴 쌍은 두 개의 종속 트랜지스터로 연결되어 있다. 따라서, 1단의 이미터는 2단의 베이스를 구동한다. 컬렉터는 CC 증폭기처럼 사용된 트랜지스터의 높은 등가 β를 형성하도록 서로 연결된다. 즉, 이 단의 전압이득은 모든 CC 증폭기와 같으나 전력이득은 더 크다. 이 방법은 증폭기의 입력저항을 증가시키고 부하로 합리적인 크기의 전력을 전달하도록 사용되는 방법이다.

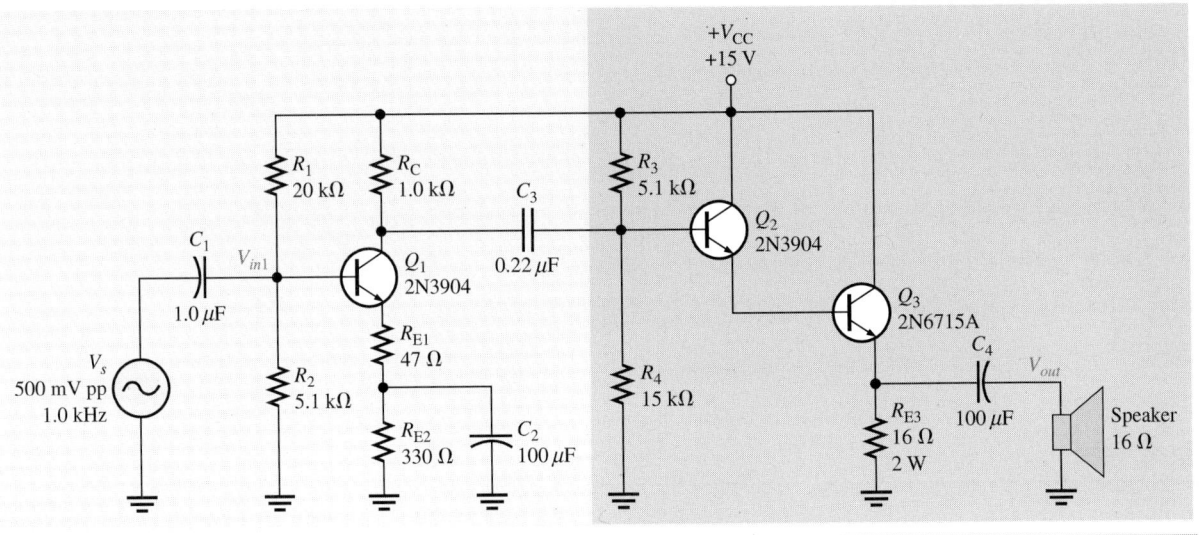

그림 5-19   2단 A급 전력증폭기

컴퓨터 시뮬레이션

웹사이트에서 Multisim의 F05-19DV 파일을 이용하여 입력, C_3 및 출력에서 신호를 관찰하고 전체 이득을 측정한다.

그림 5-19의 전력증폭기는 그림 5-20과 같이 서로 연결된 두 개의 종속 증폭기로 모델화한 회로이다. CE 전압증폭기는 연하게 음영처리된 부분이고(1단), CC 전력증폭기(달링턴 쌍으로 구성되는)는 짙게 음영처리된 부분이다(2단). 이 증폭기의 전체 전압이득은 전체 부하효과를 고려하는 알맞은 −15 V이지만 전력이득은 상당히 더 크다. 전력이득을 계산하기 위해 식 (5-5)를 사용한다.

$$A_p = A_v^2 \left(\frac{R_{in}}{R_L} \right) = (-15)^2 \left(\frac{2.9 \text{ k}\Omega}{16 \text{ }\Omega} \right) = 41,000$$

그림 5-20   증폭기 모델(V_{in}은 1단에 대하여 V_{in1}으로 나타내었다).

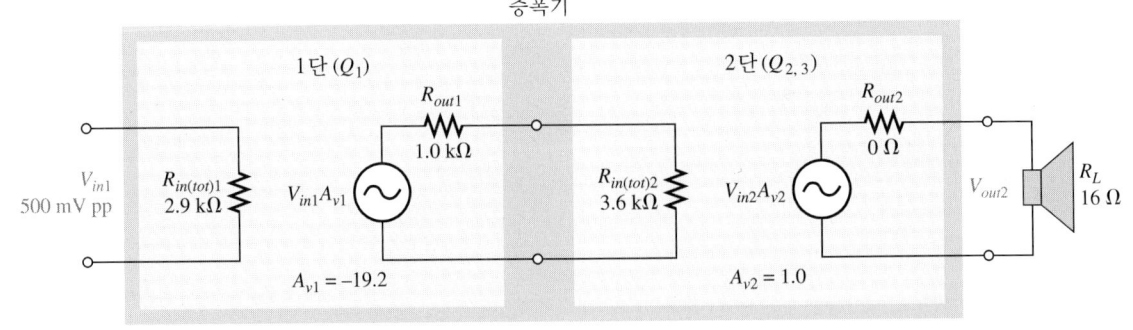

효율

증폭기의 효율(efficiency)은 부하에 공급되는 신호 전력과 dc 공급에서의 전력의 비이다. 최대 신호 전력은 식 (5-7)에 의해 구할 수 있다. 평균 전원전류 I_{CC}는 I_{CQ}와 같고 공급전압은 적어도 $2V_{CEQ}$이다. 따라서, dc 전력은

$$P_{DC} = I_{CC}V_{CC} = 2I_{CQ}V_{CEQ}$$

이다. 용량성으로 결합된 부하의 최대 효율은

$$eff_{max} = \frac{P_{out}}{P_{DC}} = \frac{0.5I_{CQ}V_{CEQ}}{2I_{CQ}V_{CEQ}} = 0.25$$

이다.

용량성으로 결합된 A급 증폭기의 최대 효율은 0.25 또는 25%보다 높지 않으며 실제에서는 상당히 적다(약 10%). 효율은 부하로 가는 신호가 변압기 결합에 의해 더 높게 만들 수 있지만, 변압기 결합에도 단점이 있다. 이들 단점은 크기와 비용뿐만 아니라 변압기 코어가 포화되기 시작할 때 전위 왜곡의 문제가 있다. 일반적으로 A급 전력증폭기의 낮은 효율은 단지 수 와트 정도의 부하 전력을 요구하는 소용량 전력증폭기에서만 유용하다.

예제 5-3

문제

그림 5-19의 증폭기에서 dc 0.6 A의 전류가 흐른다고 가정하자. 전력증폭기의 효율을 결정하라.

풀 이

효율은 부하에서 신호 전력과 dc 전원에 의해 공급된 전력의 비이다. 입력전압은 176 mV rms인 500 mV 피크-피크이다. 따라서, 입력 전력은

$$P_{in} = \frac{V_{in}^2}{R_{in}} = \frac{(176\,\text{mV})^2}{2.9\,\text{k}\Omega} = 10.7\,\mu\text{W}$$

이고, 출력 전력은

$$P_{out} = P_{in}A_p = (10.7\,\mu\text{W})(41{,}000) = 0.44\,\text{W}$$

이다. 전력 공급으로부터 전력은

$$P_{DC} = I_{CC}V_{CC} = (0.6\,\text{A})(15\,\text{V}) = 9\,\text{W}$$

이다. 따라서, 이 입력에 대한 증폭기의 효율은

$$eff = \frac{P_{out}}{P_{DC}} = \frac{0.44\,\text{W}}{9\,\text{W}} \cong \textbf{0.05}$$

이다. 이것은 5%의 효율을 나타낸다.

질문

R_{E3}를 스피커로 대체했다면, 효율은 어떻게 되는가? 이렇게 했을 때의 단점은 무엇인가?

복습 질문

16. 히트 싱크의 목적은 무엇인가?
17. BJT의 도선은 어떤 용기에 연결되는가?
18. A급 증폭기에서 클리핑의 두 가지 타입은 무엇인가?
19. A급 증폭기의 이론적 최대 효율은 얼마인가?
20. CC 증폭기의 전력이득을 저항의 비율로 표현하는 방법은?

5-5 B급 전력증폭기

증폭기가 입력 사이클의 180° 범위 내에서 동작할 수 있도록 바이어스되는 증폭기가 B급 증폭기이다. 효율은 B급 증폭기가 A급 증폭기에 비해 좋다. 즉, 주어진 입력 전력의 크기에 대하여 더 큰 출력 전력을 얻을 수 있다. B급 증폭기는 일반적으로 입력 파형의 양(+)과 음(−) 부분을 번갈아 증폭하는 두 개의 능동소자로 구성되어 있다. 이러한 구성을 푸시-풀이라고 부른다.

이 절에서는 B급과 AB급 전력증폭기에 대한 dc와 ac 파라미터를 계산하는 방법과 부하선을 설명한다.

B급(Class B) 동작은 출력전류가 입력 사이클의 절반 동안만 변하도록 Q-점이 컷오프에 위치할 때의 동작과 관련된 것이다. 선형증폭기에서 하나는 양(+) 사이클을 증폭하고, 다른 하나는 음(−) 사이클을 증폭하는 두 소자의 완전한 사이클을 위해 필요하다. 이러한 배열로 효율이 증가되므로 전력증폭기에서는 장점이 된다. 학습범위를 쌍극성 트랜지스터로 제한하였지만 바이폴라 또는 MOSFET 트랜지스터 모두 전력증폭기로 사용될 수 있다.

Q-점이 컷오프에 있다

B급 증폭기는 컷오프에서 바이어스되므로 $I_{CQ} = 0$이고 $V_{CEQ} = V_{CE(cutoff)}$이다. A급 증폭기와는 달리 신호가 없을 경우에는 dc 전류나 전력 소비가 없다. 신호가 B급 증폭기가 전도 상태에서는 선형영역에서 동작한다. 그림 5-21은 CC 증폭기(이미터-폴로워) 회로이다.

그림 5-21
공통-컬렉터 B급 증폭기

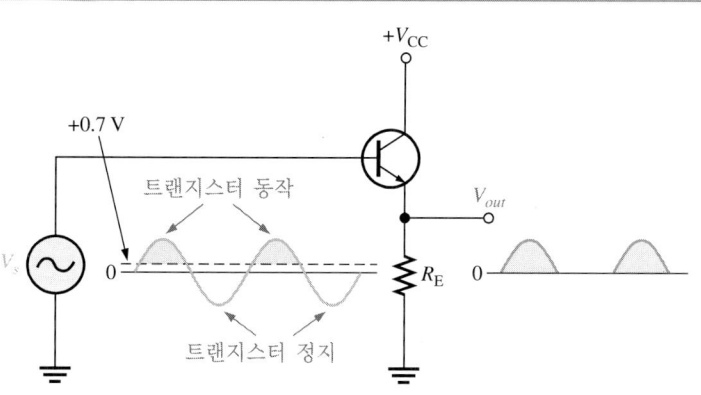

푸시-풀 동작

그림 5-21의 회로는 사이클의 양(+)의 반에서 동작한다. 전체 사이클을 증폭하기 위해서는 음(−)의 반에서 동작하는 두 번째 B급 증폭기를 추가하는 것이 필요하다. 두 개의 B급 증폭기가 함께 동작하는 조합을 푸시-풀(push-pull) 동작이라고 부른다.

푸시-풀 증폭기를 함께 사용하는 가장 일반적인 방법은 두 개의 **상보형 대칭 트랜지스터**를 사용하는 것으로, 이러한 경우로는 *npn/pnp* BJT의 정합 쌍이나 *n*-채널/*p*-채널 FET의 정합 쌍이 있다. 그림 5-22는 두 개의 이미터-폴로워를 사용하여 양(+)과 음(−) 전력 공급을 하는 푸시-풀 B급 증폭기의 가장 일반적인 형태이다. 하나의 이미터-폴로워는 입력 사이클의 양(+)의 반에서 동작하는 *npn* 트랜지스터를 사용하고, 다른 하나는 입력 사이클의 음(−)의 반에서 동작하는 *pnp* 트랜지스터를 사용하기 때문

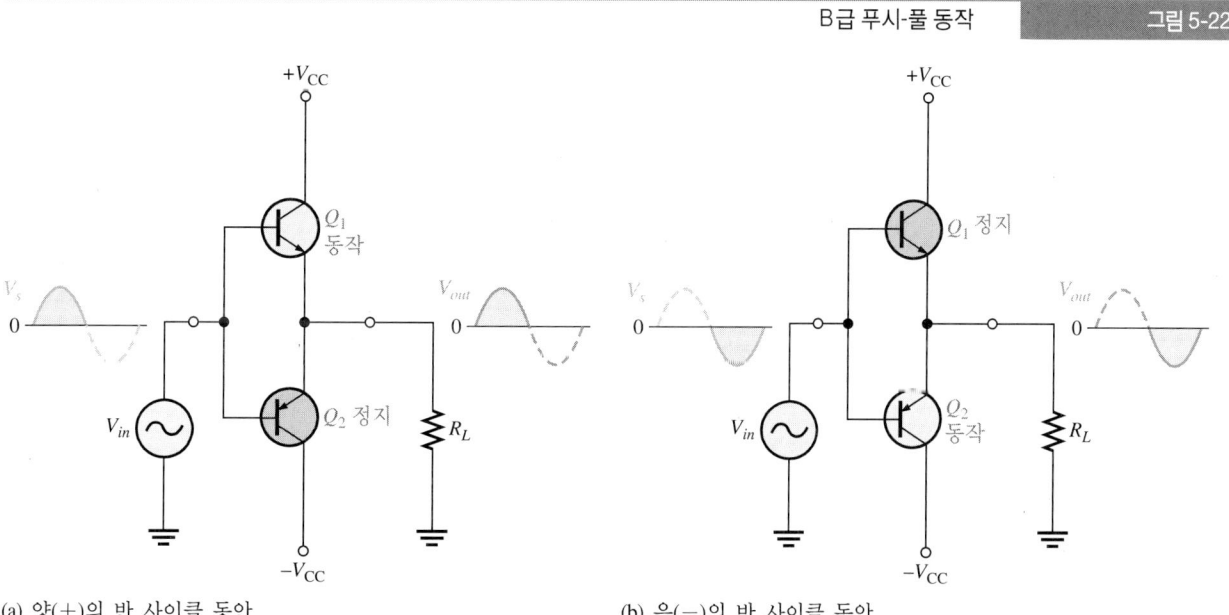

(a) 양(+)의 반 사이클 동안   (b) 음(−)의 반 사이클 동안

그림 5-23

B급 증폭기에서 크로스오버
왜곡

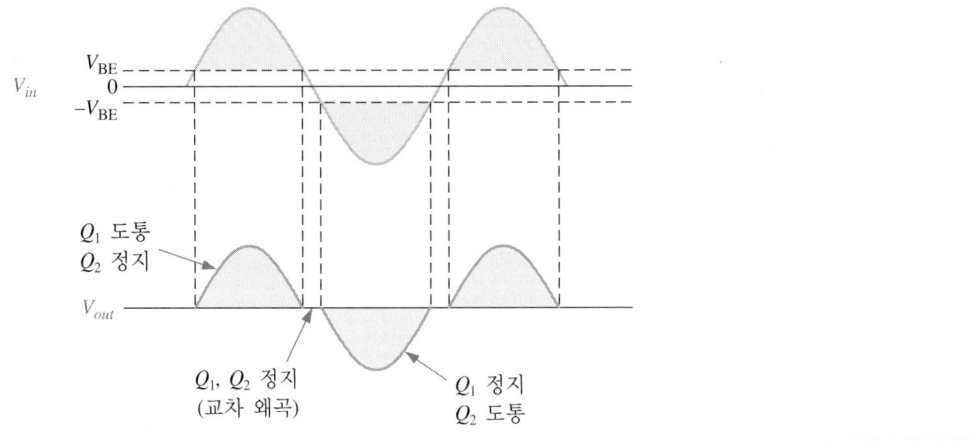

에 상보적인 증폭기이다. 이 회로에서는 dc 베이스 바이어스 전압($V_B = 0$)이 없다. 따라서, 신호전압만이 트랜지스터를 전도로 유도할 수 있다. 트랜지스터 Q_1은 입력 사이클의 양(+)의 반 동안만 동작하고 Q_2는 음(−)의 반 동안만 동작한다.

교차 왜곡

dc 베이스 전압이 0일 때, 입력 신호전압은 트랜지스터가 도통되기 전에 V_{BE}를 초과해야 한다. 그 결과 그림 5-23에 나타낸 것처럼 어떤 트랜지스터도 도통되지 않는 입력의 양(+)과 음(−) 교체 사이에 시간 간격이 있다. 출력 파형에서 초래되는 왜곡을 **교차 왜곡**(crossover distortion)이라고 부른다.

푸시-풀 증폭기 바이어싱

교차 왜곡을 극복하기 위해 바이어싱은 트랜지스터의 V_{BE}를 정확히 극복할 수 있도록 조정되어야 한다. **AB급**(Class AB)이라는 수정된 동작 형태를 만든다. AB급 동작에서 푸시-풀 단은 입력신호가 없을 때에도 약간 도통되도록 바이어스된다. 그림 5-24와 같이 전압-분배기와 다이오드 배열로 만들 수 있다. D_1과 D_2의 다이오드 특성이 트랜지스터 베이스-이미터 접합 특성과 밀접한 관계를 가지므로, 다이오드의 전류와 트랜지스터에서의 전류는 같다. 이것을 전류 미러(current mirror)라고 부른다. 전류 미러는 필요한 AB급 동작을 생성하고 크로스오버 왜곡을 제거한다.

바이어스 경로에서 R_1과 R_2는 양(+)과 음(−) 공급전압에서는 같은 값이 된다. 이것은 0 V와 같은 A점에서 전압에 초점을 맞추고 입력 결합 커패시터의 필요성을 제거한다. 출력에서 dc 전압 역시 0 V이다. 두 개의 다이오드와 두 개의 트랜지스터는 같은 것이고, D_1에서 전압강하는 Q_1의 V_{BE}와 같고, D_2에서 전압강하는 Q_2의 V_{BE}와 같다고 가정한다. 이때 그 값들은 같기 때문에 다이오드 전류는 I_{CQ}와 같게 된다. 다이

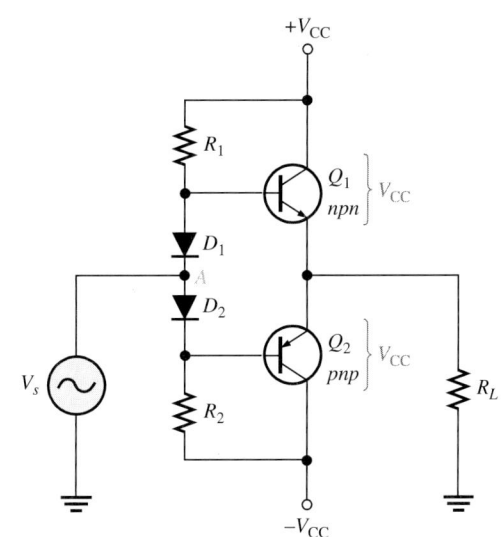

그림 5-24

교차 왜곡을 제거하기 위한 푸
시-풀 증폭기 바이어싱

오드 전류와 I_{CQ}는 다음과 같이 R_1과 R_2에 옴의 법칙을 적용하여 구할 수 있다:

$$I_{CQ} = \frac{V_{CC} - 0.7 \text{ V}}{R_1}$$

AB급 동작에서 필요한 작은 전류는 교차 왜곡 현상을 제거하지만 트랜지스터의 전압강하가 다이오드 전압강하와 일치하지 않거나 다이오드가 트랜지스터로 열평형 되지 않으면, 열적으로 불안정한 가능성이 있다. 전력용 트랜지스터에서 열은 베이스-이미터 전압을 감소시키고 전류를 증가시키는 경향이 있다. 다이오드가 같은 정도로 뜨거워지면 전류는 안정되지만, 주변보다 온도가 낮으면 I_{CQ}는 훨씬 더 증가하게 된다. 열이 제어되지 않으면 더 많은 열이 생기게 되고 열폭주가 시작될 것이다. 이러한 상태가 발생되지 않도록 하기 위해서 다이오드는 트랜지스터와 같은 열환경을 가져야 한다. 심한 경우에는 각 트랜지스터 이미터에 적은 저항을 연결하여 열폭주를 완화할 수 있다.

AC 동작

그림 5-24의 AB급 증폭기에서 Q_1에 대한 ac 부하선을 고려해 보자. Q-점은 컷오프 보다 약간 위에 있다. (실제 B급 증폭기에서는 Q-점이 컷오프에 있다.) 2-공급 동작에 대한 ac 컷오프 전압은 마지막 식에서 주어진 깃치럼 I_{CQ}에 대한 V_{CC}이다 푸시-풀 승쪽기에서 2-공급 동작에 대한 ac 포화전류는

$$I_{c(sat)} = \frac{V_{CC}}{R_L} \tag{5-8}$$

이다.

그림 5-25 상보적 대칭 푸시-풀 증폭기에 대한 부하선, *npn* 트랜지스터에 대한 부하선만 나타내었다.

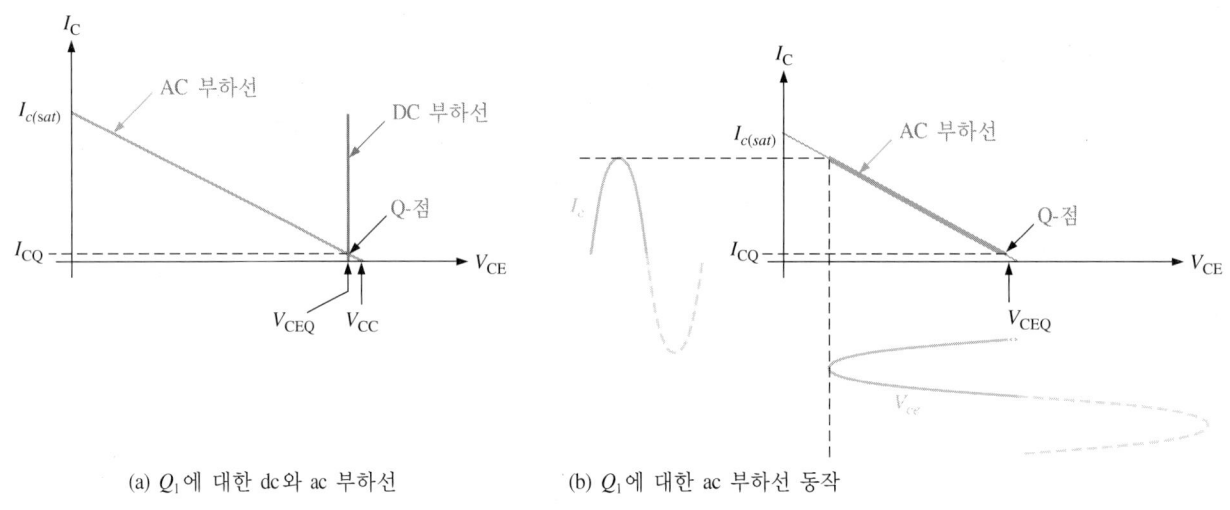

(a) Q_1에 대한 dc와 ac 부하선 (b) Q_1에 대한 ac 부하선 동작

그림 5-25(a)는 *npn* 트랜지스터에 대한 ac와 dc 부하선이다. dc 부하선은 V_{CEQ}와 dc 포화전류 $I_{C(sat)}$을 지나는 선을 그려서 구할 수 있다. 그러나 컬렉터에서 이미터로 두 트랜지스터가 단락되었다면, 공급에서 최대 전류가 발생하여 나타낸 것처럼 dc 부하선은 거의 수직으로 컷오프를 통과한다. 열폭주에 의한 것처럼 dc 부하선에 따른 동작은 트랜지스터가 파괴될 정도의 높은 전류를 생성할 수 있다.

그림 5-25(b)는 B급 증폭기의 Q_1에 대한 ac 부하선을 나타내었다. 이 경우, 신호는 굵은 선으로 나타낸 ac 부하선의 영역에서 진동하도록 적용한다. ac 부하선의 위쪽 끝에서 트랜지스터(V_{ce})에 걸리는 전압은 최소값이고 출력전압은 최대값이다.

최대 조건에서 트랜지스터 Q_1과 Q_2는 컷오프 근처에서 포화 근처로 교대로 구동된다. 입력신호의 양(+)의 교번 동안 Q_1 이미터는 0의 Q-점 값에서 $-V_{CC}$보다 약간 작은 양(+)의 피크전압을 생성하여 거의 V_{CC}까지 구동된다. 마찬가지로, 입력신호의 교번 동안 Q_2 이미터는 0 V의 Q-점 값에서 $-V_{CC}$와 거의 같은 음(-) 피크전압을 생성하는 $-V_{CC}$ 근처까지 구동된다. 포화전류에 가깝게 동작하는 것은 가능하지만 이런 형태의 동작은 증가된 신호 왜곡을 유발한다.

식 (5-8)에 주어진 ac 포화전류 역시 피크 출력전류이다. 각 트랜지스터는 반드시 전체 부하선에 대해 동작할 수 있다. A급 동작에서 트랜지스터는 역시 전체 부하선에 대해 동작할 수 있지만 중요한 차이를 갖고 있다. A급 동작에서 Q-점은 중앙 근처에 있고 신호가 없을 때에도 트랜지스터 내에 전류가 흐르고 있다. B급 동작에서는 신호가 없을 때 트랜지스터는 극히 작은 전류만 갖고 있어서 적은 전력만이 소비된다. 따라서, B급 증폭기의 효율은 A급 증폭기보다 훨씬 더 높다. B급 증폭기의 최대 이론적 효율은 79%라는 것을 알 수 있다.

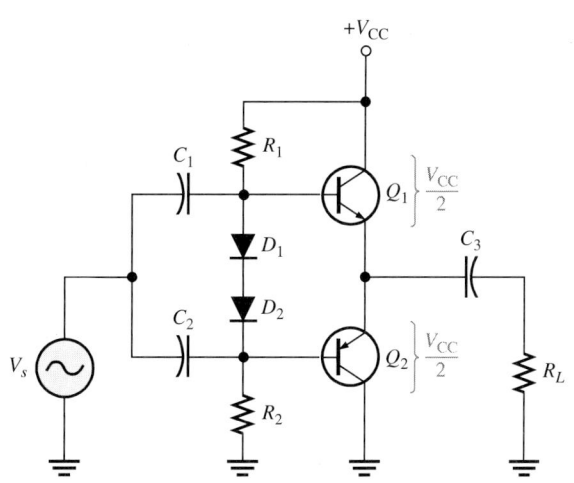

그림 5-26

단일 종단 푸시-풀 증폭기

단일-공급 동작

그림 5-26과 같이 상보적 대칭 트랜지스터를 사용하는 푸시-풀 증폭기는 단일 전압원으로 동작될 수 있다. 바이어스에 두 개의 공급전원이 사용된 0 V 대신에 $V_{CC}/2$로 출력 이미터 전압을 강제로 설정하는 것을 제외하고 회로 동작은 이전에 기술했던 것과 같다. 출력은 0 V로 바이어스되지 않기 때문에, 입력과 출력에 대한 용량성 결합은 전원과 부하저항에서 바이어스 전압을 억제시키는 것이 필요하다. 이상적인 경우 출력전압은 0에서 V_{CC}까지 진동할 수 있지만 실제로는 이러한 이상적인 값에 도달할 수 없다.

문제

예제 5-4

그림 5-27과 같은 회로의 이상적인 최대 피크 출력전압과 전류를 구하라.

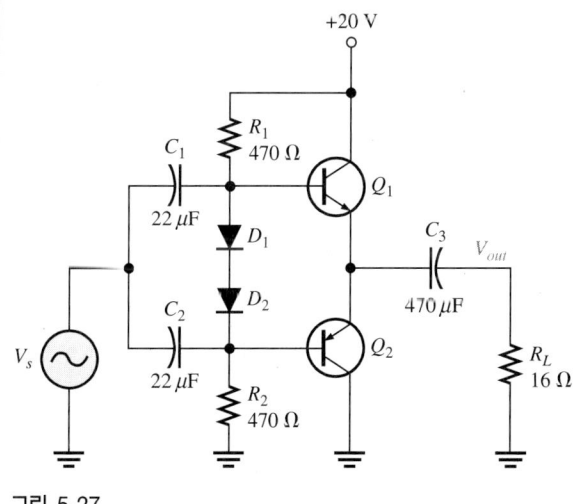

그림 5-27

풀 이

이상적인 최대 피크 출력전압은

$$V_{p(out)} \cong V_{CEQ} \cong \frac{V_{CC}}{2} = \frac{20 \text{ V}}{2} = \textbf{10 V}$$

이다. 이상적인 최대 피크전류는

$$I_{p(out)} \cong I_{c(sat)} \cong \frac{V_{CEQ}}{R_L} = \frac{10 \text{ V}}{16 \text{ } \Omega} = \textbf{0.63 A}$$

이다. 전압과 전류의 실제 최대값은 약간 더 작다.

질 문

V_{CC}가 +30 V로 상승했다면 최대 피크 출력전압과 전류는 얼마인가?

컴퓨터 시뮬레이션

웹사이트에서 Multisim의 F05-27DV 파일을 이용하여 각 트랜지스터를 관찰하고, 입력, 베이스 그리고 출력에서 신호를 관찰한다.

복습 질문

21. B급과 AB급 동작의 차이는 무엇인가?
22. B급 상보적 대칭증폭기에서 단일-공급 동작에 비해 2-공급 동작의 장점은 무엇인가?
23. 교차 왜곡은 무엇이고 그것을 피하는 방법은 무엇인가?
24. B급 증폭기에 대한 이론적인 최대 효율은 얼마인가?
25. 그림 5-26과 같은 회로에서 열폭주를 피하는 방법은 무엇인가?

5-6 차동증폭기

차동증폭기는 많이 사용되는 중요한 증폭기이다. 차동증폭기는 두 개의 입력에서 나타나는 신호의 차이를 증폭하는 기능에 따라 정해진 명칭이다. 두 입력신호의 차이가 있는 경우에만 증폭되고 똑같은 신호가 입력에 가해지게 되면 증폭이 일어나지 않는다.

이 절에서는 공통-모드 잡음을 크게 감소시킬 수 있는 방법을 포함한 차동증폭기의 동작을 설명한다.

기본 동작

그림 5-28은 차동증폭기(diff-amp) 회로와 기호이다. 다른 증폭기들과는 달리 기본적으로 차동증폭기에는 두 개의 입력과 두 개의 출력이 있다. 트랜지스터는 같은 특성을 갖도록 완전하게 일치되어야 한다. 또한, 차동증폭기에서는 컬렉터 저항이 일치되고 같은 저항을 갖는다고 가정한다. 두 트랜지스터는 공통-이미터 저항 R_E를 공유한다.

동작을 이해하기 위해 두 트랜지스터 베이스에 접지를 하였다고 가정한다. 이미터 전압은 베이스-이미터 접합을 가로지르는 다이오드 전압강하가 있기 때문에 $-0.7\,V$이다. 이미터 전류는 같고($I_{E1} = I_{E2}$) 각 공통-이미터 저항에 전류의 반이 있다. 각 트랜지스터에서 이미터와 컬렉터 전류는 거의 같고(작은 베이스 전류를 무시하여) 이미터 저항에 전류의 반이 있다. 컬렉터 전류가 같기 때문에 컬렉터 전압 역시 같다.

접지에서 Q_1의 베이스를 제거하고 그것을 작은 양(+) 전압(1볼트의 수십분의 1)에 연결하여 어떻게 되는지 조사해 보자. 이미터 전압을 약간 증가시키면, 베이스에는 양(+) 전압 때문에 Q_1이 더 많이 도통된다. 이미터 전압이 약간 더 높지만 R_E의 전체 전류는 거의 같다. 이미터 전류는 나누어져서 Q_1에 더 많은 전류가 흐르고 Q_2에는 더 적게 흐르게 된다. 그 결과 Q_2의 컬렉터 전압은 강하되고 Q_2의 컬렉터 전류는 증가한다. 그림 5-29(a)에 이 상황을 나타내었다.

Q_1의 베이스가 접지에 있고 작은 양(+) 전압이 Q_2의 베이스에 있다고 가정하자. 상황은 이전의 것과 유사하지만 이번에는 Q_2가 더 많이 도통되고 Q_1은 덜 도통된다. 그 결과 Q_1의 컬렉터 전압은 증가하고 Q_2의 컬렉터 전압은 감소한다. 그림 5-29(b)에 이러한 상황을 나타내었다.

그림 5-28

기본적인 차동증폭기

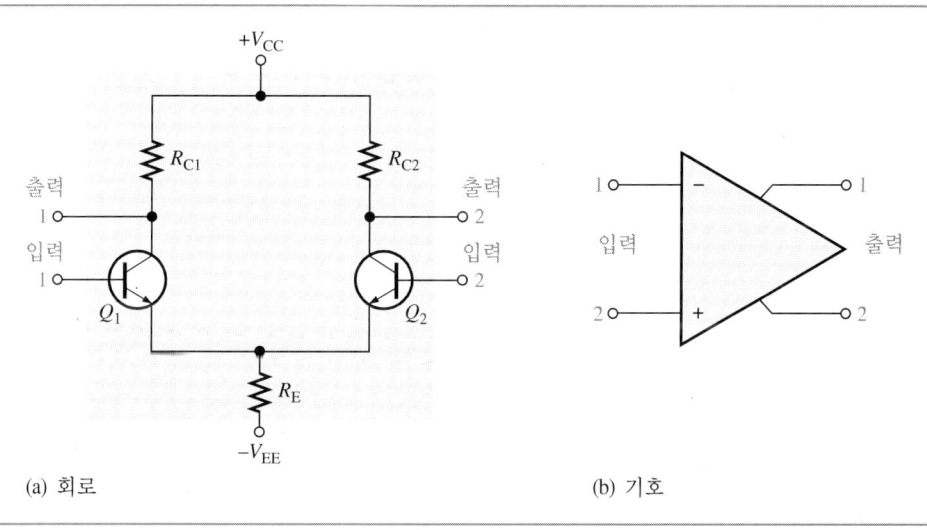

(a) 회로   (b) 기호

| 그림 5-29 | 작은 전압이 베이스 중의 하나에 연결되었을 때 전류에 의한 영향을 보여주는 차동증폭기의 기본 동작 |

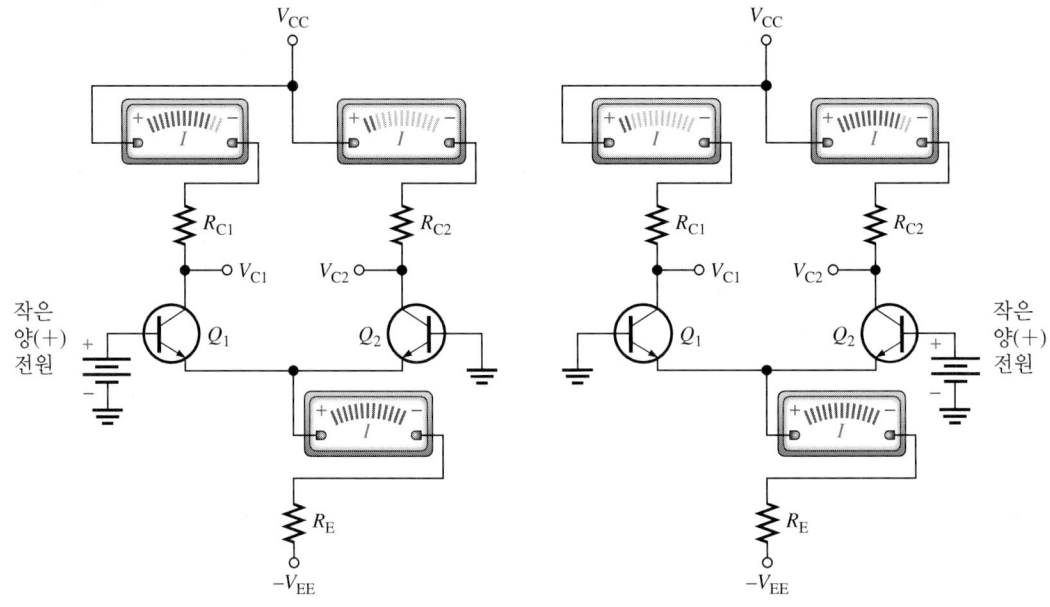

(a) Q_{B2}가 접지되었을 때, Q_{B1}에 작은 양(+) 전원   (b) Q_{B1}이 접지되었을 때, Q_{B2}에 작은 양(+) 전원

단일 동작의 모드

단일-종단 입력

그림 5-30(a)와 같이 단일-종단 모드에서 한 입력은 접지되어 있고 신호전압은 다른 한 입력에만 공급되고 있다. (a)에서 신호전압이 입력 1에만 공급되는 경우를 나타낸 것처럼 반전되고 증폭된 신호전압이 출력 1에 나타난다. 반전되는 이유는 그 자체의 베이스가 입력에 대한 공통-이미터(CE) 증폭기처럼 보이기 때문이다. 또한, 이때 회로의 한 입력에 대한 공통-컬렉터처럼 동작하기 때문에, 신호전압은 Q_1의 이미터에서 위상이 나타난다. Q_1과 Q_2의 이미터가 공통이기 때문에 이미터 신호는 공통-베이스 (CB) 증폭기처럼 기능을 수행하고 신호를 반전하지 않는 Q_2의 입력이 된다. 신호는 Q_2에 의해 증폭되고 출력 2에 반전되지 않은 상태로 나타난다. 이 동작을 (a)에 나타 내었다.

그림 5-30(b)처럼 입력 1이 접지되고 신호가 입력 2에 가해지는 경우, 트랜지스터의 역할은 반대로 된다. 이때 Q_2가 출력 2에 대하여 CE 증폭기처럼 동작하기 때문에, 반 전되고 증폭된 신호전압이 출력 2에 나타난다. Q_2는 이미터에서 얻은 신호에 대해서 CC 증폭기처럼 동작하고 Q_1은 이 신호에 대하여 CB 증폭기처럼 동작한다. 따라서, 반전되지 않고 증폭된 신호가 출력 1에 있다. 이 동작을 (b)에 나타내었다.

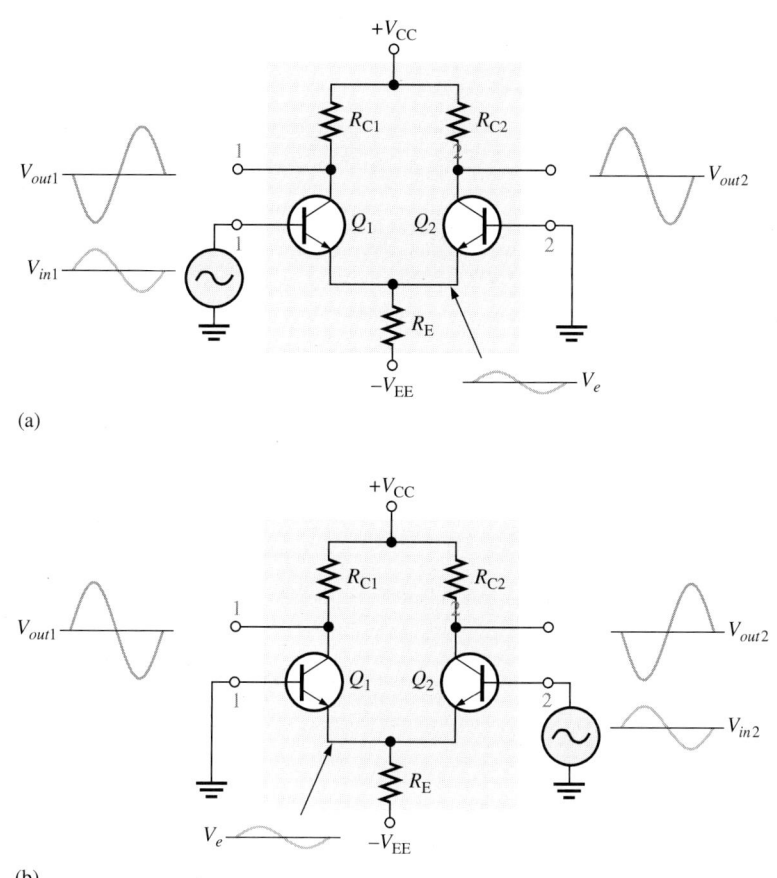

그림 5-30
차동증폭기의 단일-종단 동작

(a)

(b)

차동 입력

   그림 5-31(a)와 같이 **차동-모드**(differential-mode) 조건에서는 두 개의 반대-극성 신호가 입력에 제공된다. 이런 종류의 동작은 **두-종단**(double-ended)이라고도 한다. 이미 앞에서 본 것처럼 각 입력이 출력에 영향을 미친다.

   그림 5-31(b)는 단일-종단처럼 혼자 동작하여 입력 1에서의 신호에 내한 출력신호를 나타낸다. 그림 5-31(c)는 단일-종단처럼 혼자 동작하여 입력 2에서의 신호에 대한 출력신호를 나타낸다. 출력에서 신호들이 동일한 극성으로 (b)와 (c)에서도 같음을 주의하라. 이 동일한 값은 출력 2에서도 마찬가지이다. 출력 1의 신호와 출력 2의 신호를 중첩시키면 그림 5-31(d)에 나타낸 것과 같은 전체 차동 동작을 얻는다.

공통-모드 입력

   그림 5-32(a)와 같이 차동증폭기 동작의 가장 중요한 특징 중의 하나는 두 개의 같은 신호가 두 개의 입력에 공급되는 **공통-모드**(common-mode) 조건을 고려해봄으로써 기본적인 동작을 이해할 수 있다.

| 그림 5-31 | 차동증폭기의 차동-모드 동작 |

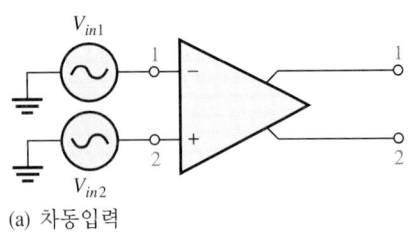

(a) 차동입력

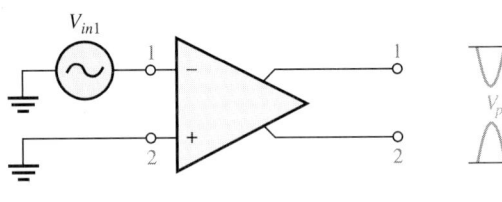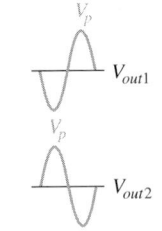

(b) V_{in1}에 의한 출력

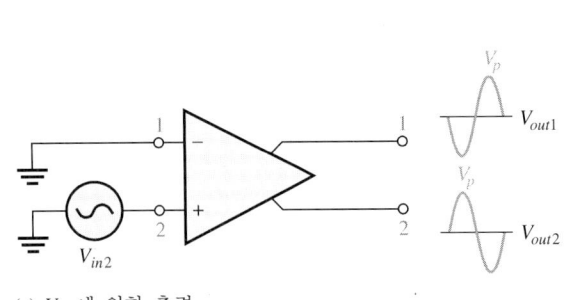

(c) V_{in2}에 의한 출력

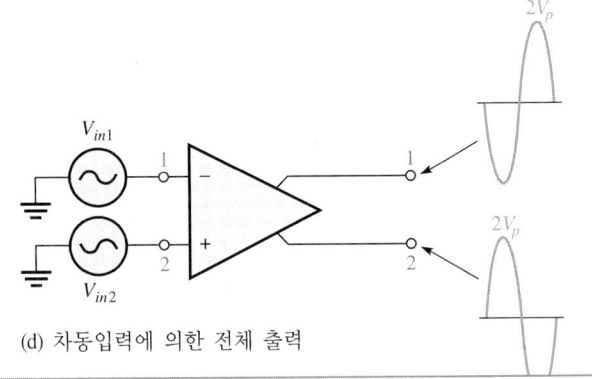

(d) 차동입력에 의한 전체 출력

| 그림 5-32 | 차동증폭기의 공통-모드 동작 |

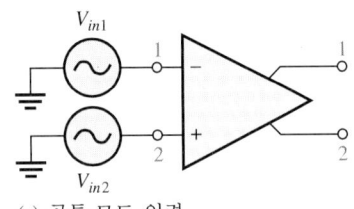

(a) 공통-모드 입력

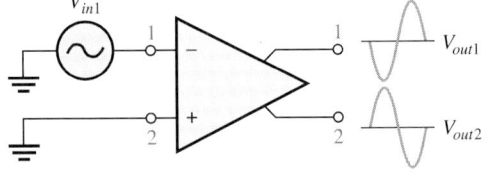

(b) V_{in1}에 의한 출력

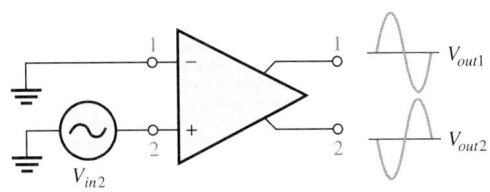

(c) V_{in2}에 의한 출력

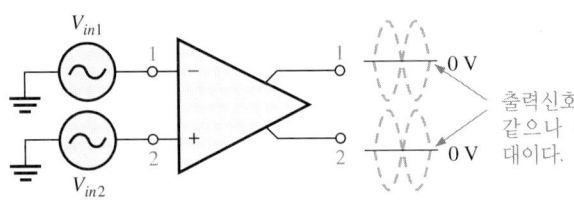

(d) 공통-모드 신호가 제공되었을 때, 출력은 없다.

그림 5-32(b)는 입력 1의 신호에 의한 출력신호를 나타내고 그림 5-32(c)는 입력 2의 신호에 의한 출력신호를 나타낸다. 출력 1에서 대응하는 신호는 반대 극성이고 출력 2에서의 신호도 마찬가지이다. 입력신호가 양 입력에 공급되었을 때 출력은 중첩되고 그림 5-32(d)에 나타낸 것처럼 0 출력전압이 되어 신호는 없다.

이러한 동작을 **공통-모드 제거**(common-mode rejection)라고 부른다. 원하지 않은 신호가 두 차동증폭기 입력에 공통석으로 나타나는 상황에 있을 때가 중요하다. 공통-모드 제거는 이러한 원하지 않는 신호가 출력에서 필요한 신호를 찌그러뜨려 나타나지 않도록 한다는 것을 의미한다. 일반적으로 공통-모드 신호는 인접한 선, 또는 60 Hz 전력선, 또는 다른 전원으로부터 입력선으로 방출된 에너지를 받아들인 결과이다.

공통-모드 제거비

의도된 신호가 한 입력에만 나타나거나 두 입력신호선에 반대 극성을 갖는 신호로 나타난다. 이 의도된 신호는 증폭되고 앞에서 기술한 것처럼 출력에 나타난다. 두 입력신호선에 같은 극성으로 나타나는 의도하지 않은 신호(잡음)는 차동증폭기에 의해 반드시 제거되고 출력에 나타나지 않는다. 공통-모드 신호를 제거하는 증폭기의 성능 측정은 공통-모드 제거비(CMRR)라고 부르는 파라미터이다.

이상적으로 차동증폭기는 필요한 단일-종단 또는 차동에 대한 매우 높은 이득을 제공하고 공통-모드 신호에 대해서는 0 이득을 제공한다. 그러나 실제 차동증폭기는 높은 차동전압이득(통상 수천)을 제공하는 반면에 매우 작은 공통-모드 이득(통상 1보다 훨씬 적은)을 나타낸다. 공통-모드 이득에 대한 차동이득이 높으면 높을수록 공통-모드 신호 제거에 대한 차동증폭기의 성능은 더 좋다. 원하지 않는 공통-모드 신호를 제거하는 차동증폭기 성능의 좋은 척도는 차동이득 $A_{v(d)}$와 공통-모드 이득 A_{cm}의 비율이라는 것의 의미한다. 이 비가 공통-모드 제거비 CMRR이다.

$$CMRR = \frac{A_{v(d)}}{A_{cm}}$$ (5-9)

	예제 5-5

문제

차동증폭기가 2000의 차동 전압이득을 가지고 0.2의 차동-모드 이득을 갖는다. CMRR을 구하라.

풀이

$A_{v(d)} = 2000$이고 $A_{cm} = 0.2$이다. 따라서,

$$CMRR = \frac{A_{v(d)}}{A_{cm}} = \frac{2000}{0.2} = \mathbf{10,000}$$

질문

8500이 차동 전압이득과 0.25의 공통-모드 이득을 갖는 증폭기의 CMRR을 구하라.

예를 들어, 10,000 CMRR은 원하는 입력신호(차동)가 원하지 않는 잡음(공통-모드)보다 10,000배 이상 증폭된다는 것을 의미한다. 그래서 예제처럼 차동 입력신호의 진폭과 공통-모드 잡음이 같다면 원하는 신호는 진폭에서 잡음보다 10,000배 더 크게 출력에 나타난다. 따라서 잡음이나 간섭은 완벽하게 제거된다.

복습 질문

26. 입력이 모두 접지되어 있으면 차동증폭기의 이미터 저항에서의 전류와 각 트랜지스터의 이미터에서 전류비는 무엇인가?
27. 동일한 입력이 차동증폭기의 입력에 제공되면, 이상적인 증폭기의 출력은 어떻게 되는가?
28. 차동증폭기의 차동-모드 입력과 공통-모드 입력의 차이는 무엇인가?
29. 단일-종단 입력신호가 의미하는 것은?
30. 공통-모드 제거비라는 단어가 의미하는 것은?

단원 복습

주요 용어

A급(class A) 항상 활성 영역에서 동작하는 증폭기

AB급(class AB) 약간 도통상태로 바이어스되어 있는 증폭기; Q-점이 약간 컷오프 위에 있다.

B급(class B) 출력전류가 입력 사이클의 반 동안만 변하도록 Q-점이 컷오프에 위치한 증폭기

개루프 전압이득(open-loop voltage gain) 외부 궤환이 없는 증폭기의 전압이득

공통-모드 제거비(common-mode rejection ratio: CMRR) 공통-모드 신호를 제거하는 증폭기 능력의 크기; 차동이득에 대한 공통-모드 이득의 비

공통-모드(common-mode) 두 개의 동일한 신호가 차동증폭기의 입력에 제공되는 입력조건

라디오 주파수(radio frequency) 100 kHz보다 큰 주파수

부궤환(negative feedback) 입력의 일부분을 제거하는 방법으로 출력의 일부분을 입력으로 되돌리는 공정

전류 미러(current Mirror) 전류 전원을 형성하기 위해 매칭 다이오드 접합을 사용하는 회로. 다이오드의 전류는 다른 접합(전형적으로 트랜지스터의 베이스-이미터 접합)의 전류와 일치하도록 전류를 반영한다. 전류 미러는 일반적으로 푸시-풀 증폭기를 바이어스하기 위해 사용한다.

중간 주파수(intermediate frequency) 발진기 주파수로 RF 신호를 변형하여 생성된

RF보다 낮게 고정된 주파수

차동-모드(differential-mode) 두 개의 반대 극성 신호가 차동증폭기의 입력에 제공되는 입력조건

폐루프 전압이득(closed-loop voltage gain) 부궤환이 포함되었을 때 증폭기의 회로 전압이득

푸시-풀(push-pull) 두 개의 트랜지스터에서 한 트랜지스터가 사이클의 반 동안 도통되고, 다른 트랜지스터가 나머지 사이클의 반 동안 도통되는 B급 증폭기의 형태

품질 요소(Q) 한 사이클 동안 축적된 최대 에너지와 상실된 에너지의 비를 나타내는 단위가 없는 수

혼합기(mixer) 두 신호를 결합하여 합과 차이 주파수를 생성하는 비선형 회로

효율(전력)(efficiency(power)) 부하에 공급되는 신호 전력과 dc 공급으로부터의 전력비

요점

❑ 증폭기의 단을 결합하는 세 가지 방법은 용량성 결합, 변압기 결합, 직접 결합이다.

❑ 용량성 결합과 변압기 결합은 dc는 커오프하는 반면에, 저임피던스 ac 경로를 제공한다. 직접 결합은 한 단에서의 dc 조건을 다음 단의 요구와 일치시키는 것이 필요하다.

❑ 증폭기에서 잡음 문제를 완화하는 일반적인 방법은

1. 결선 단락을 유지하고 가능한 작은 신호 궤환 루프를 만든다.

2. 전력 공급과 접지 사이에 바이패스 커패시터를 사용한다.

3. 잡음전원을 줄이고 잡음전원과 회로를 분리하거나 보호한다.

4. 임의의 한 점으로 회로를 접지하고 낮은 전류를 갖는 것에서 높은 전류를 갖는 접지를 분리한다.

5. 증폭기의 대역폭을 필요 이상으로 하지 말라.

❑ 동조증폭기는 주파수대역을 선택하기 위해 하나 이상의 공진회로를 사용한다.

❑ 믹서는 IF를 동조하는 증폭기로 증폭되는 중간 주파수(IF)를 생성하기 위해 발진기로부터 생성된 사인파와 라디오 주파수(RF)를 결합한다.

❑ 부궤환은 증폭기에서 우수한 바이어스 안정성과 이득 안정성을 생성할 수 있는 자기-정점 동작을 생성한다.

❑ 궤환이 없는 증폭기의 전압이득을 개루프 전압이득이라고 부른다. 또한, 부궤환이 있는 증폭기의 전압이득을 폐루프 전압이득이라고 부른다.

❑ A급 증폭기는 전체적으로 트랜지스터 특성곡선의 선형 영역에서 동작한다. 트랜지스터는 입력신호의 전체 $360°$ 동안 도통된다.

❑ Q-점은 최대 A급 출력신호 변화에 대한 ac 부하선의 중앙에 있어야 한다.

❑ A급 증폭기의 최대 효율은 25%이다.

❑ B급 증폭기는 입력 사이클의 반(180°) 동안 선형 영역에서 동작하고, 나머지 반은 컷오프에서 동작한다.

❑ (B급 동작에서) Q-점은 컷오프에 있다.

❑ B급 증폭기는 일반적으로 입력의 복사본이 출력에 생성되도록 하기 위해 푸시-풀 구성으로 동작한다.

❑ B급 증폭기의 최대 효율은 79%이다.

❑ AB급 증폭기는 컷오프보다 약간 위에서 바이어스되고 입력 사이클의 180°보다 약간 더 큰 사이클에 대하여 선형 영역에서 동작한다.

❑ AB급은 순수 B급에서 나타나는 크로스오버 왜곡을 제거한다.

❑ 차동 입력전압은 차동증폭기의 반전과 비반전 입력 사이에서 나타난다.

❑ 단일-종단 입력전압은 한 입력과 접지(다른 입력은 접지하여) 사이에서 나타난다.

❑ 차동 출력전압은 차동증폭기의 두 출력 단자 사이에서 나타난다.

❑ 단일-종단 출력전압은 차동증폭기의 출력과 접지 사이에서 나타난다.

❑ 공통-모드는 같은 위상 전압이 두 입력 단자 모두에 제공될 때 발생한다.

공식

변압기에 의한 부하저항의 반사저항:

$$R_L = \left(\frac{N_{pri}}{N_{sec}} \right)^2 R_L \tag{5-1}$$

공진 주파수(높은 Q 공진 회로):

$$f_r = \frac{1}{2\pi\sqrt{LC}} \tag{5-2}$$

공진 회로의 품질 요소:

$$Q = \frac{X_L}{R} = \frac{f_r}{BW} \tag{5-3}$$

증폭기 전력이득:

$$A_p = \frac{P_L}{P_{in}} \tag{5-4}$$

교번 증폭기 전력이득:

$$A_p = A_v^2 \left(\frac{R_{in}}{R_L} \right) \tag{5-5}$$

트랜지스터의 전력 발산:

$$P_{DQ} = I_{CQ}V_{CEQ} \qquad \text{(5-6)}$$

A급 증폭기의 최대 전력:

$$P_{out(max)} = 0.5I_{CQ}V_{CEQ} \qquad \text{(5-7)}$$

푸시-풀 증폭기에서 2-공급 동작에 대한 AC 포화 전류:

$$I_{c(sat)} = \frac{V_{CC}}{R_L} \qquad \text{(5-8)}$$

공통-모드 제거비(차동증폭기):

$$CMRR = \frac{A_{v(d)}}{A_{cm}} \qquad \text{(5-9)}$$

단원 확인 문제

1. 20의 부하가 없을 때 이득을 갖는 증폭기 단이 같은 증폭기 단에 연결된다면 전체 이득은 무엇이 되는가?
   - (a) 400보다 작다
   - (b) 400
   - (c) 400보다 크다

2. 잡음이 회로에 입력되는 방법은?
   - (a) 용량성 또는 유도성 결합
   - (b) 전력 공급을 통해
   - (c) 회로 내부에서
   - (d) 위의 모두

3. 품질 요소 Q는 무엇과 무엇의 비인 정수인가?
   - (a) X_L과 X_C
   - (b) X_L과 R
   - (c) R과 X_C
   - (d) 이들 중 답이 없다

4. 동조회로에서 Q가 높으면
   - (a) 저항이 높다
   - (b) 대역폭이 작다
   - (c) 주파수가 낮다
   - (d) 전력이 높다

5. 부궤환의 우수한 점은?
   - (a) 바이어스 안정성
   - (b) 이득 안정성
   - (c) (a)와 (b)
   - (d) 모두 아니다

6. A급 증폭기 피크 전류가 부하에 전달되는 값은?
   - (a) 전력 공급의 최대 비율
   - (b) 정전류
   - (c) 바이어스 저항의 전류

(d) 열흡수장치의 크기

7. 항상 선형영역에서 동작하는 증폭기는

(a) A급   (b) AB급

(c) C급   (d) 위의 모두

8. 전력증폭기의 효율은 부하에 전달되는 전력과 다음과의 비율이다.

(a) 입력신호 전력

(b) 마지막 단에서 소비되는 전력

(c) 전력 공급으로부터의 전력

(d) 이들 중 답이 없다

9. 교차 왜곡이 문제되는 증폭기는?

(a) A급 증폭기   (b) AB급 증폭기

(c) B급 증폭기   (d) 위의 모두

10. 푸시-풀 증폭기에서 전류 미러는 다음과 같은 I_{CQ}를 주어야 한다.

(a) 바이어스 저항과 다이오드 전류와 같은

(b) 바이어스 저항과 다이오드 전류의 2배인

(c) 바이어스 저항과 다이오드 전류의 반인

(d) 0인

11. E-MOSFET 푸시-풀 증폭기에서 교차 왜곡을 피하기 위해 MOSFET가 바이어스하는 방법은?

(a) 전류 미러   (b) 자기-바이어스

(c) 전압 분배기   (d) 전력 공급과 분리해서

12. 차동증폭기가 단일-종단으로 동작할 때

(a) 출력은 접지된다.

(b) 한 입력은 접지되고 신호는 다른 입력에 제공된다.

(c) 양 입력이 함께 연결되어 있다.

(d) 출력은 반전되지 않는다.

13. 차동-모드에서

(a) 반대 극성 신호가 입력에 제공된다.

(b) 이득은 1이다.

(c) 출력은 다른 진폭이다.

(d) 공급전압이 하나만 사용된다.

14. 공통-모드에서

(a) 양 입력은 접지된다.

(b) 출력은 서로 연결되어 있다.

(c) 같은 신호가 양 입력에 나타난다.

(d) 출력신호는 위상 내에 있다.

15. 그림 5-33 회로에서 Q_2가 개방 이미터를 갖는다면 ac 출력전압의 양(+)측은

(a) 증가한다   (b) 감소한다

(c) 변화 없음

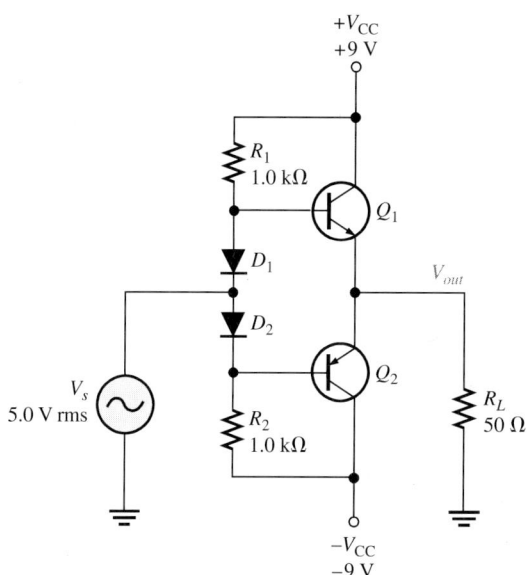

그림 5-33

16. 그림 5-33 회로에서 Q_2가 개방 이미터를 갖는다면 음(−)측의 ac 출력전압은 어떻게 되는가?

(a) 증가   (b) 감소

(c) 변화 없음

17. 그림 5-33 회로에서 D_1이 단락되면 R_1의 바이어스 전류는 어떻게 되는가?

(a) 증가   (b) 감소

(c) 변화 없음

18. 그림 5-33 회로에서 D_1이 단락되면, 출력전압은

(a) 증가한다   (b) 감소한다

(c) 변하지 않는다

질문

1. 증폭기의 단은 무엇인가?

2. 용량성 결합 2단 증폭기의 장점은 무엇인가?

3. 기본 증폭기에 대한 테브냉 등가-출력 전압을 구하는 방법은?

4. 다단증폭기의 이득에 영향을 주는 로딩 방법은?

5. 트랜지스터의 베이스와 이미터 사이 ac 지항을 구하는 방법은?

6. 다단증폭기에서 잡음을 피하는 데 도움이 되는 한 지점을 접지하는 방법은?

7. 증폭기의 각 단에서 자주 V_{CC}와 접지 사이에 커패시터가 연결되어 있는 이유는?

8. 동조된 변압기 결합을 나타낼 것으로 기대되는 증폭기의 종류는?

9. 라디오 주파수 수신기에서 중간 주파수를 사용하는 장점은?

10. 공진회로에서 Q가 의미하는 것은?

11. 결합 망은 무엇인가?

12. 부궤환을 사용하는 세 가지 장점은 무엇인가?

13. 개루프와 폐루프의 차이점은 무엇인가?

14. 전압이득은 없지만 전력이득을 갖는 증폭기의 종류는?

15. 달링턴 쌍은 무엇인가?

16. Q-점이 ac 부하선의 중앙에 있을 때 가장 잘 동작하는 전력증폭기의 형태는?

17. B급 증폭기와 AB급 증폭기와의 차이점은 무엇인가?

18. B급 증폭기에서 dc 부하선이 수직으로 되는 이유는?

19. B급 증폭기에서 dc 부하선이 x-축과 만나는 곳은?

20. (a) 두 개의 공급으로 동작하는 B급 증폭기에서 기대되는 이미터 전압은?

(b) 하나의 공급으로 동작하는 B급 증폭기에서 기대되는 이미터 전압은?

21. 차동증폭기에서 이미터 저항에서의 전류와 컬렉터 전류(양 트랜지스터에서)를 비교하는 방법은?

문제

기본 문제

1. 그림 5-34에 모델화된 2단 증폭기의 전압이득을 결정하라.

증폭기

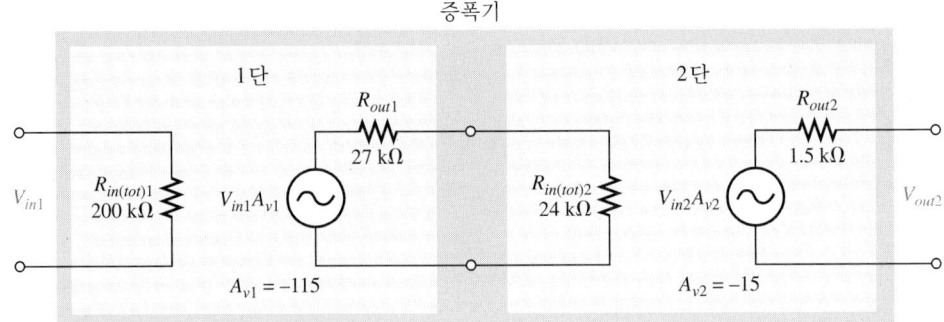

그림 5-34

2. 그림 5-34와 같이 모델화된 증폭기에 $1.0\,\text{k}\Omega$의 부하가 연결되어 있다고 가정하자. 이것에 대한 새로운 이득을 계산하라?

3. 2단 증폭기가 다음과 같은 사양을 갖는 두 개의 동일한 증폭기로 구성되어 있다고 가정하자: $R_{in} = 30\,\text{k}\Omega$, $R_{out} = 2\,\text{k}\Omega$, $A_{v(\text{NL})} = 80$.

(a) 증폭기의 ac 모델을 그려라.

(b) 두 단이 함께 연결되어 있을 때 전체 이득은 얼마인가?

(c) $3\,\text{k}\Omega$의 부하저항이 증폭기에 연결되어 있다면, 전체 이득은 얼마인가?

4. $600\,\Omega$의 내부저항을 갖는 전원이 $10\,\text{mV}$ rms로 설정되어 있고 $100\,\Omega$의 부하저항을 갖는 2단 증폭기가 연결되어 있다고 가정하자. 각 단의 특성은 다음과 같다.

1단: $R_{in} = 18\,\text{k}\Omega$, $A_{v(\text{NL})} = -40$, $R_{out} = 2.5\,\text{k}\Omega$

2단: $R_{in} = 6.5\,\text{k}\Omega$, $A_{v(\text{NL})} = -30$, $R_{out} = 85\,\text{k}\Omega$

(a) 증폭기에 대한 등가회로를 그려라.

(b) 전체 이득은 얼마인가?

(c) 부하에 전달되는 전압은 얼마인가?

5. 9.5 kΩ의 저항과 1000 pF 커패시터를 갖는 200 μH 인덕터로 구성된 병렬 공진회로를 가정하자.

(a) 공진 주파수는 얼마인가?

(b) Q는 얼마인가?

(c) 대역폭은 얼마인가?

6. 10:1 강압 변압기가 2차로 100 Ω의 부하에 연결되어 있다고 가정한다. 1차 회로에서 반사된 저항은 얼마인가?

7. 그림 5-35에 나타낸 가청주파수 증폭기는 2차에 연결된 16 Ω의 부하저항으로 컬렉터 회로에 3:1 강압 변압기가 있다. 회로의 이득을 계산하라. (r'_e는 R_{E1}과 비교하여 작기 때문에 무시된다.)

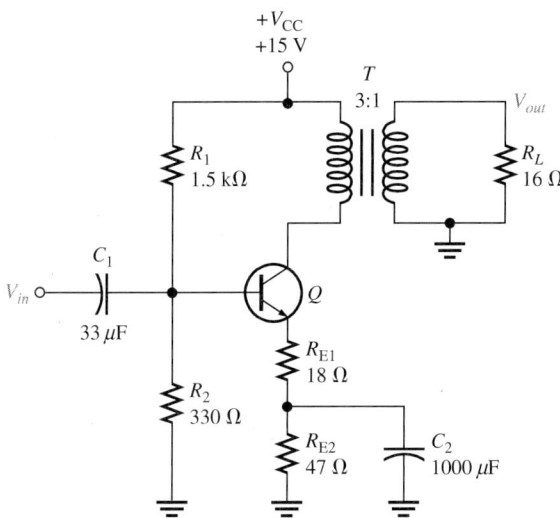

그림 5-35

8. 그림 5-36의 증폭기는 저전력 오디오 증폭기이다. 변압기는 부하가 8 Ω(스피커처럼)일 때 1차에서 1000 Ω의 저항이 반영되도록 설계된 강압 임피던스-정합 변압기이나. 1차 권선의 dc 저항은 66 Ω이고 β_{ac} = 150이다.

(a) 트랜지스터에 대한 V_{CE}와 I_E를 계산하라.

(b) 입력이 500 mV pp일 때, A_v, A_p 그리고 부하에 전달되는 전력을 계산하라.

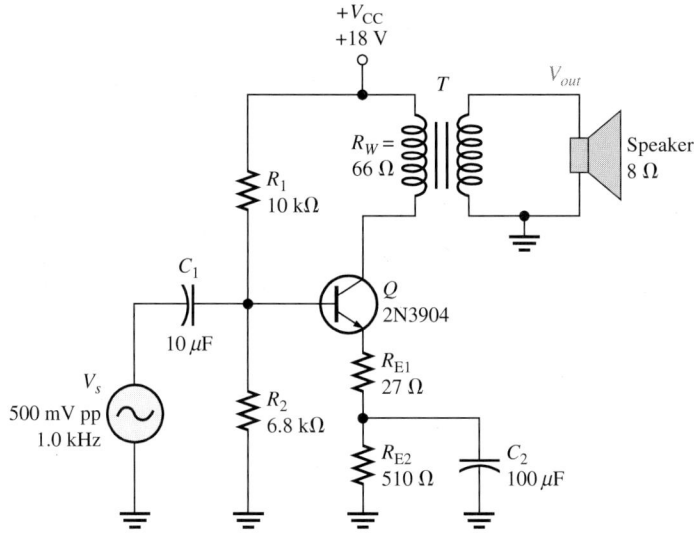

그림 5-36

9. 그림 5-37은 입력이나 출력에 필요한 결합 커패시터를 갖지 않는 두 개의 dc 결합 CC 증폭기(Q_2와 Q_3)이다. Q_1은 Q_2에 대한 전류전원이고 증폭기에 매우 높은 입력저항을 만든다.

(a) Q_2의 베이스가 0 V에 있다고 가정하고 다음의 dc 파라미터를 계산하라: $I_{C(Q2)}$, $V_{B(Q3)}$, $I_{C(Q3)}$, $V_{E(Q3)}$.

(b) 5 V rms 입력신호를 가정하면 부하저항에 전달되는 전력은 얼마인가?

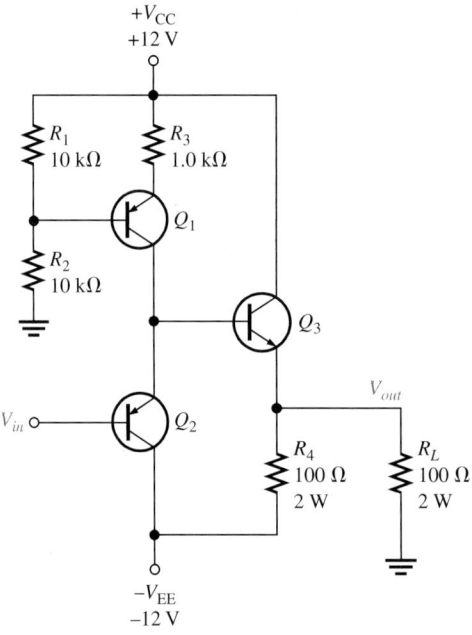

그림 5-37

10. 그림 5-37과 같은 dc 결합 CC 증폭기의 장점은 무엇인가?

11. 그림 5-37의 Q_3에 대한 이미터 저항이 개발되었다고 가정하자. Q_3의 베이스-이미터

접합은 순방향-바이어스된 상태로 있는가? Q_3의 컬렉터 전류는 어떻게 되는가?

12. 그림 5-15의 회로에서, R_{F2}가 $10\,k\Omega$ 저항으로 대치되었다고 가정하자. 다음 사항들에 대하여 이 변화의 영향은 무엇인가?

(a) Q_1의 dc 이미터 전압

(b) 전압이득

(c) 증폭기의 입력저항

13. 그림 5-38은 컬렉터 저항이 부하저항처럼 역할을 하는 CE 증폭기이다. $\beta_{DC} = \beta_{ac} = 100$으로 가정한다.

(a) dc Q-점(I_{CQ}와 V_{CEQ})을 계산하라.

(b) 전압이득과 전력이득을 계산하라.

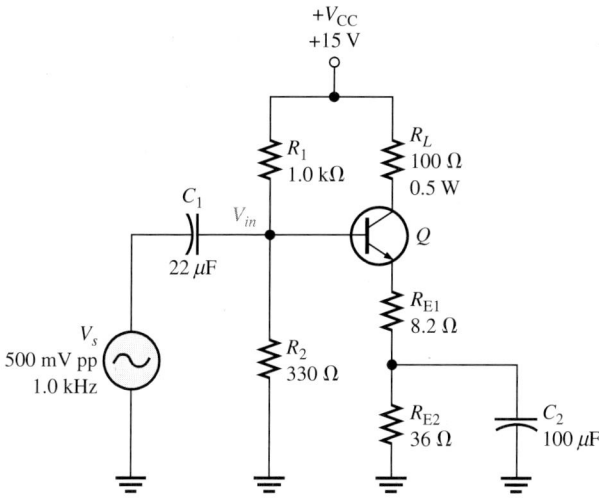

그림 5-38

14. 그림 5-38 회로에서 다음을 계산하라.

(a) 무부하 트랜지스터에서 소비되는 전력

(b) 무부하 전력 공급에서 전체 전력

(c) $500\,mV\,pp$ 입력일 때 부하에서 신호 전력

15. 그림 5-38의 회로와 관련된 것이다. 양(+) 공급을 갖는 *pnp* 트랜지스터로 회로를 변환하는 것이 필요한 경우 무엇을 바꾸어야 하는가? 이렇게 했을 때 장점은 무엇인가?

16. CC 증폭기가 $2.2\,k\Omega$ 입력저항을 갖고 $50\,\Omega$의 출력 부하를 구동한다고 가정하자. 전력이득을 계산하라.

17. 그림 5-39의 AB급 증폭기와 관련된 것이다.

(a) dc 파라미터 $V_{B(Q1)}$, $V_{B(Q2)}$, V_E, I_{CQ}, $V_{CEQ(Q1)}$, $V_{CEQ(Q2)}$를 계산하라.

(b) $5\,V\,rms$ 입력일 때, 부하저항으로 전달되는 전력을 계산하라.

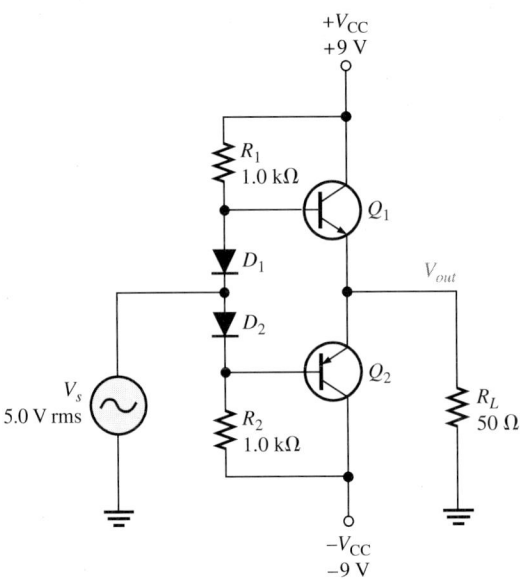

그림 5-39

18. 그림 5-39의 *npn* 트랜지스터에 대한 ac 부하선을 그려라. 포화전류 $I_{c(sat)}$을 표시하고, Q-점을 나타내어라.

19. 그림 5-40은 하나의 전력 공급으로 동작하는 AB급 증폭기와 관련된 것이다.

(a) dc 파라미터 $V_{B(Q1)}$, $V_{B(Q2)}$, V_E, I_{CQ}, $V_{CEQ(Q1)}$, $V_{CEQ(Q2)}$를 계산하라.

(b) 입력전압을 10 V pp로 가정할 때, 부하저항으로 전달되는 전력을 계산하라.

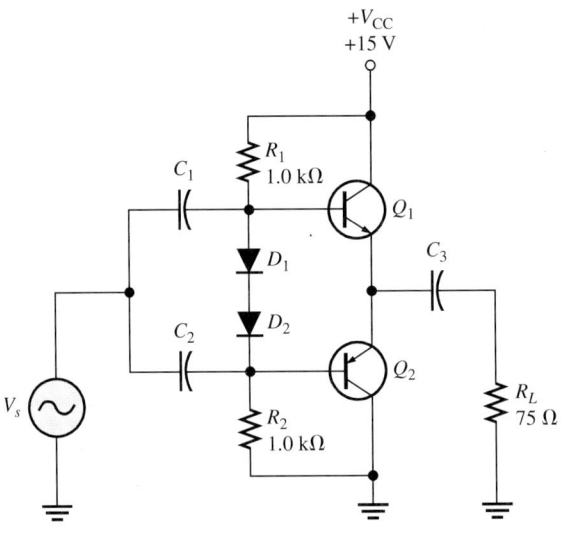

그림 5-40

20. 그림 5-40의 AB급 증폭기와 관련된 것이다.

(a) 부하저항에 전달될 수 있는 최대 전력은 얼마인가?

(b) 전력 공급 전압이 24 V까지 상승한다고 가정하자. 부하저항에 전달될 수 있는 새로운 최대 전력은 얼마인가?

21. 그림 5-40의 AB급 증폭기와 관련된 것이다. 다음의 각 문제를 설명할 수 있는 고장

이나 고장의 원인은 무엇인가?

(a) 양(+)의 반주기 출력신호

(b) 베이스와 이미터 모두에 0 V

(c) 출력이 없음; 이미터 전압 = +15 V

(d) 출력 파형에서 관측된 크로스오버 왜곡

22. 그림 5-41에서 각 기본적인 차동증폭기에 대한 입력과 출력 구성의 형태를 확인하라.

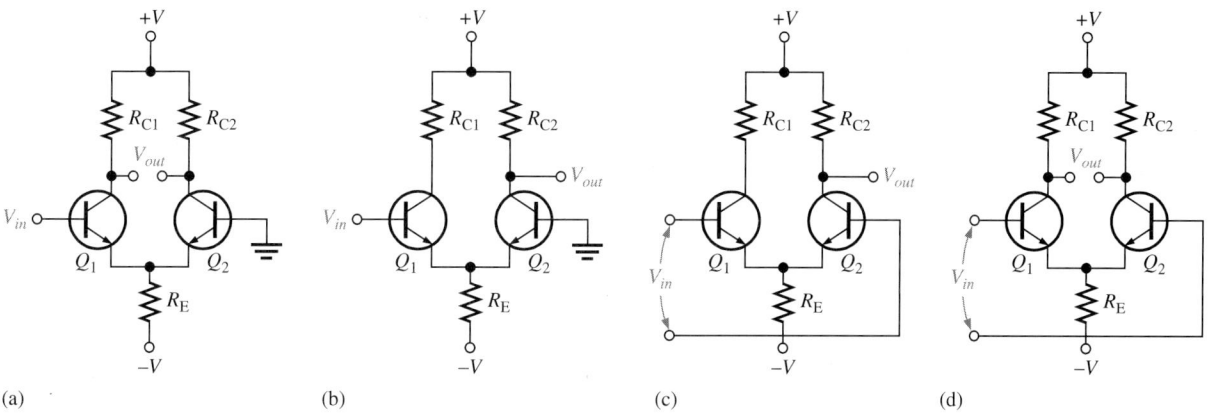

그림 5-41

23. 그림 5-42는 dc 베이스 전압이 0이다. 트랜지스터들은 같고 $\beta_{DC} = 100$을 갖는 것으로 가정한다.

(a) R_E에서 전류는 얼마인가?

(b) R_{C1}과 R_{C2}에서 전류는 얼마인가?

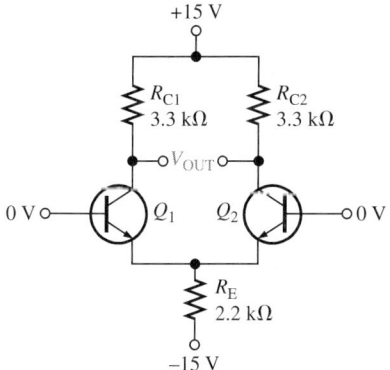

그림 5-42

기본-플러스 문제

24. 그림 5-43에 나타낸 용량성으로 결합된 2단 증폭기에서 전체 전압이득, 입력저항 그리고 출력저항을 계산하라. JFET의 g_m은 2700 μS이고 β_{ac}는 150으로 가정한다.

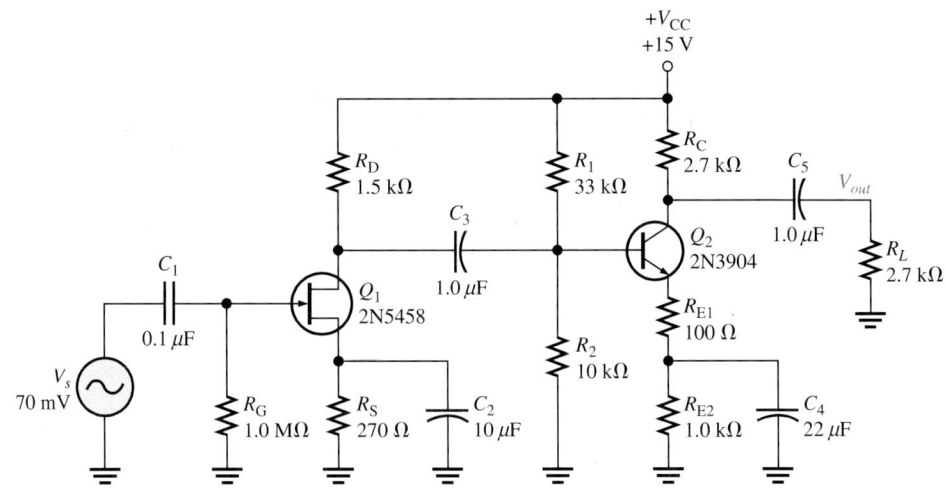

그림 5-43

25. 문제 24의 결과를 사용하여 그림 5-43의 2단 증폭기에 대한 ac 증폭기 모델을 그려라. (예로 그림 5-3을 참조)

26. 그림 5-44의 IF 증폭기가 180 μH의 1차 인덕턴스를 갖는 IF 변압기를 갖는다고 가정하자. 내부적으로 1차에 병렬로 680 pF 커패시터가 연결되어 있다.

(a) 공진 주파수를 계산하라.

(b) 이 주파수에서 공진회로의 저항을 40.7 kΩ으로 가정하고 A_v를 구하라.

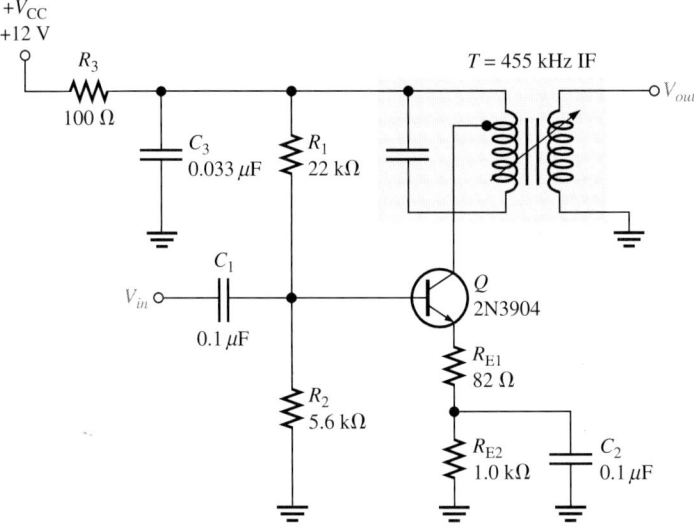

그림 5-44

27. 그림 5-44의 회로에서 R_3과 C_3의 목적은 무엇인가?

28. 그림 5-45에 나타낸 n-채널 E-MOSFET가 2.75 V의 문턱전압을 갖고 p-채널 E-MOSFET가 −2.75 V의 문턱전압을 갖는 것으로 가정한다.

(a) 출력 트랜지스터를 AB급 동작으로 바이어스하기 위해 저항 R_6는 얼마로 설정해야 하는가?

(b) 입력전압을 150 mV rms로 가정하면, 부하에 전달되는 실효전압은 얼마인가?

(c) 이 설정으로 부하에 전달되는 전력은 얼마인가?

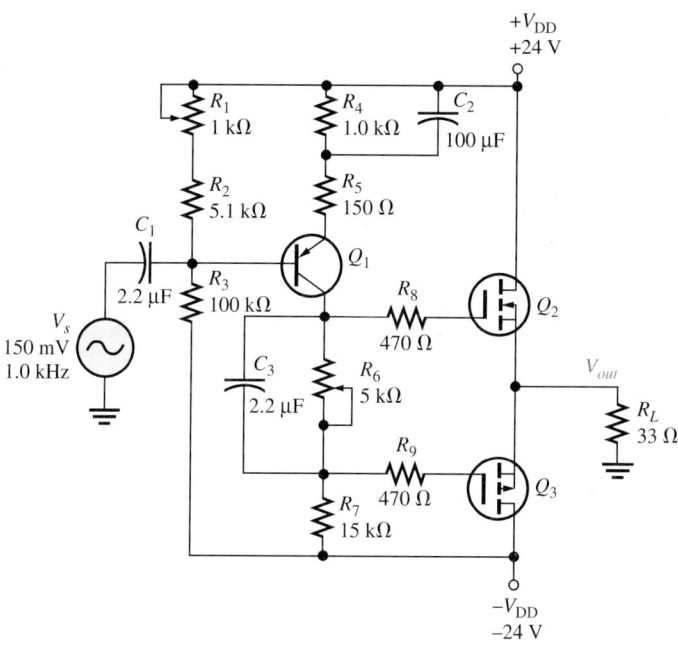

그림 5-45

예제 질문

5-1: 1.34 V

5-2: r'_e가 커지기 때문에 이득은 작아진다.

5-3: R_{E3}에서 전력이 낭비되지 않기 때문에 효율은 좋아진다. 스피커가 코일에 dc 전류(이 미터 전류)를 갖는 것이 단점이다.

5-4: 15 V, 0.94 A

5-5: 34,000

복습 질문

1. R_{in}, R_{out} 그리고 $A_{v(NL)}$

2. 회로의 어디에서나 전압과 전류에 의존하는 출력을 갖는 전원

3. 두 번째 단의 입력저항은 첫 번째 단의 출력저항과 전압 분배기를 형성한다. 이것은 로딩에 의해 첫 번째 단의 이득을 효율적으로 감소시킨다.

4. 신호레벨은 작고 잡음에 의해 쉽게 애매해질 수 있다.

5. 크고 작은 신호들이 같은 증폭기에 존재할 때, 뒷단에서 잡음이나 신호는 반대로 작은 레벨신호에 영향을 미칠 수 있다.

6. RF는 라디오 주파수(*Radio Frequency*)를 나타내고 라디오 전송을 위해 유용한 주파수이다. IF는 중간 주파수(*Intermediate Frequency*)를 의미하고 처리를 위해 이동된 주파

수를 나타낸다.

7. 혼합기는 결과로 합과 차 주파수를 생성하는 비선형 회로에서 두 신호를 결합한다. 차 주파수가 IF가 된다.

8. RF 신호와 발진기로부터의 신호

9. 부하저항은 1차측에서의 저항을 반영하여 Q에 영향을 미친다. Q가 X_L과 R의 비이기 때문에 R의 증가는 Q가 감소한다.

10. 회로에 연결된 어떤 기구가 저항 로딩 때문에 회로의 Q를 바꿀 수 있고 커패시턴스 로딩 때문에 주파수를 바꿀 수 있다.

11. 직접 결합은 회로 부분의 수를 감소시키고 dc로 주파수를 내리도록 허용한다.

12. 부궤환은 바이어스 회로나 이득에서 변화를 제거하는 방법으로 출력의 일부분을 되돌린다.

13. 커패시터는 dc 회로에 영향을 미치지 않지만, 개루프 이득을 증가시킨다. 높은 개루프 이득은 회로 파라미터에서 작은 변화에 영향을 덜 받는다는 것을 의미한다.

14. 이득은 궤환 부분의 역수로 결정된다.

15. R_{E1}과 함께 R_{F2} 궤환의 양을 결정하는 ac 신호를 위한 전압 분배기를 형성한다. 이것이 차례로 이득에 영향을 미친다.

16. 과도한 열을 발산하기 위해

17. 컬렉터

18. 컷오프와 포화 클리핑(신호의 일부분이 잘려지는 것)

19. 25%

20. 입력저항과 출력저항의 비

21. B급은 Q-점이 컷오프에 있을 때 바이어스된다. AB급은 Q-점이 컷오프보다 약간 위에 있을 때 바이어스된다.

22. 신호는 입력과 출력에서 직접 결합될 수 있다. 부분의 수는 줄어든다.

23. 입력신호가 푸시-풀 증폭기의 베이스-이미터 사이의 전압강하보다 적을 때 크로스오버 왜곡이 발생한다. AB급 동작을 생성하도록 B급 증폭기를 약하게 바이어싱하여 피할 수 있다.

24. 79%

25. 열폭주는 다이오드가 트랜지스터와 마찬가지로 동일한 주변 온도 안에 있는 것을 보장함으로써 일반적으로 피할 수 있다.

26. 50%

27. 없다. 변화가 없다.

28. 차동-모드 입력은 각 입력에 대하여 반대 극성 신호를 갖는다. 공통-모드 입력은 각 입력에 대하여 동일한 신호를 갖는다.

29. 단일-종단 입력은 차동증폭기의 한 입력에만 제공된다. 다른 입력은 0 V에 있다.

30. 차동이득과 공통-모드 이득의 비

단원 확인 문제

1. (a)	**2.** (d)	**3.** (b)	**4.** (b)	**5.** (c)
6. (b)	**7.** (a)	**8.** (c)	**9.** (c)	**10.** (a)
11. (c)	**12.** (b)	**13.** (a)	**14.** (c)	**15.** (c)
16. (b)	**17.** (a)	**18.** (b)		

연산증폭기

서론

다이오드와 트랜지스터와 같은 소자가 패키지 내에서 특수기능을 수행하기 위해서는 다른 소자들과 패키지 내에서 상호연결되어 있어야 한다. 이러한 소자들은 **이산 구성요소**(discrete component)라 부르기도 한다.

현대 기술에서는 트랜지스터, 다이오드, 레지스터, 커패시터 등이 반도전성 물질인 하나의 얇은 칩 내에서 구성되고 그 기능을 발휘하기 위해 하나의 케이스 안에 들어가는 아날로그(선형) 집적회로로 작용한다.

범용 IC인 연산증폭기(op-amp)는 선형 집적회로들 가운데 가장 널리 사용되고 있다. 연산증폭기는 여러 개의 저항, 다이오드 및 트랜지스터로 구성되어 있지만, 하나의 소자처럼 취급하고 있다. 이것은 회로를 외부적인 관점보다 내부적으로 구성요소-레벨 관점으로 보는 것을 의미한다.

이 장의 참고 자료는 아래 웹사이트에서 얻을 수 있다.

http://www.prenhall.com/SOE

주요 목표

각 절의 내용이 목표이다. 이 장을 마치고 나면 여러분은 다음과 같은 일들을 할 수 있어야 한다.

6-1 기본 op-amp와 특성

6-2 몇 가지 op-amp 파라미터

6-3 op-amp 회로에서 부궤환

6-4 세 가지 op-amp의 구성과 폐루프 주파수

6-5 op-amp 고장수리

컴퓨터 시뮬레이션 디렉토리

다음 그림에는 관련된 Multisim 회로 파일이 있다.

◆ 그림 6-16
255페이지

◆ 그림 6-20
258페이지

실험실습 디렉토리

다음 실험실습은 이 장을 위한 것이다.

◆ 실험 11
op-amp 특성

◆ 실험 12
선형 op-amp 회로

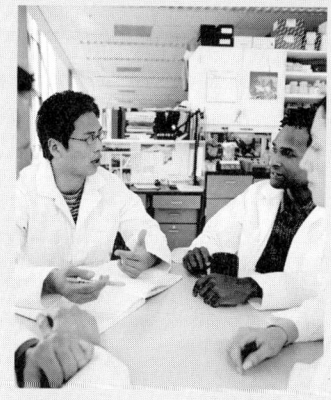

때로, 과학분야의 문제를 해결하고자 하는 경우에는 물리법칙을 이용하면 좋다. 과학에서 모델은 새롭게 발생되는 문제점을 예측하는 데 유용하기 때문이다. 가능하다면, 모델의 목표는 물리법칙을 이용하여 간략하게 기술한다. 실제 적응을 하려는 경우에는 모델이 정확해야만 새로운 결과를 예측하게 된다.

뉴튼은 자신이 세운 세 가지 운동법칙을 이용하여 모든 움직이는 물체의 동작을 기술하려고 하였다. 세 가지 법칙은 간단한 방식을 이용하여 표준이 되어 떨어지는 물체에서 행성의 이동까지 움직이는 물체의 동작을 모델화하기 위해 사용하였다. 그러나 뉴튼의 법칙은 현실성을 정확하게 묘사하지 못하는 상황이 있는 것으로 알려져 있다. 예로, 입자가속기 안에 입자들이 거의 빛의 속도로 움직이고 있을 때, 뉴튼의 법칙은 성립되지 않는다. 그러나 그의 법칙이 적용될 수 없는 특수한 경우들이 있음에도 불구하고 문제 해결에 직면하는 일반적인 상황에 대해서는 아직까지 유용하게 이용되고 있다.

전자공학의 중요한 점은 회로 동작을 정확하게 예측할 수 있는 회로의 모델을 제공하는 것이다. 연산증폭기를 배우기 위해 이상적인 모델을 사용한다. 회로를 간략화하기 위해 모델에 외부적으로 사용되는 내용은 사용하지 않았다. 이상적인 모델은 기본적인 동작을 이해하는 데 유용하며, 여러 상황에서 회로 동작을 예측할 수 있도록 해준다. 더 자세한 사항을 필요로 한다면, 기본적인 모델에 보다 상세함을 추가하는 컴퓨터 모델을 사용할 수 있다.

6-1 연산증폭기 소개

1940년대에 개발된 초기 연산증폭기(op-amp)는 덧셈, 뺄셈, 적분 그리고 미분과 같은 수학적인 계산을 수행하는 데 주로 사용된 이유로 인해 **연산**(operational)이라는 용어를 사용하였다. 초기에 이들 구성부품은 진공관으로 구성되었고 높은 전압에서 동작하였으나 오늘날 op-amp는 비교적 낮은 공급전압을 사용하며 신뢰성이 높고 염가인 선형 집적회로이다.

이 절에서는 기본 op-amp와 그 특성에 대하여 배운다.

연산증폭기(operational amplifier: op-amp)는 두 입력 사이의 차동 전압(difference voltage)을 증폭하는 전자소자이다. 그림 6-1과 같이 전형적인 op-amp로는 **차동증폭기**(differential amplifier), **전압증폭기**(voltage amplifier) 그리고 **푸시-풀 증폭기**(push-pull amplifier) 세 가지로 구성된다. 차동증폭기는 op-amp의 입력단이다. 두 개의 입력을 가지고 있고 두 입력 사이의 차동 전압을 증폭시킨다. 전압증폭기는 보통 부가적인 이득을 공급하는 A급 증폭기이다. op-amp에 따라서는 한 개 이상의 전압증폭기 단을 가질 수 있다. B급 푸시-풀 증폭기는 일반적으로 출력단에 사용된다.

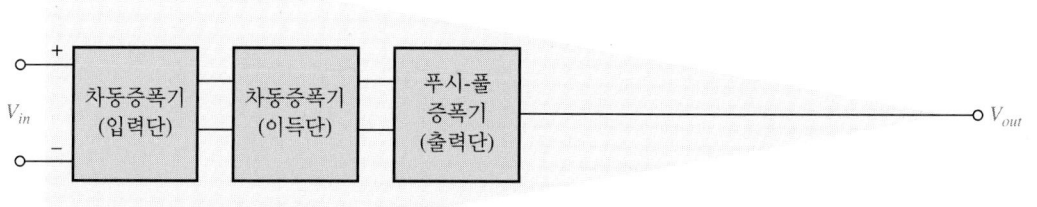

그림 6-1

op-amp의 기본적인 내부 배열

기호와 단자

그림 6-2(a)는 표준 op-amp 기호를 나타낸 것이다. 표준 op-amp는 반전 입력(−)과 비반전 입력(+)인 두 개의 입력 단자와 한 개의 출력 단자를 갖고 있다. 전형적인 op-amp는 그림 6-2(b)와 같이 양(+)과 음(−)의 두 개의 dc 공급전압으로 동작한다. 일반적으로, 이러한 dc 전압 단자는 간략화를 위해 도식기호에서는 표시하지 않고 있지만 항상 존재하는 것으로 이해해야 한다. 그림 6-2(c)는 일부 전형적인 op-amp IC 패키지이다.

이상적인 Op-Amp

이상적인 op-amp는 무한대의 전압이득과 입력저항(개방)을 갖는다. 따라서, 구동전원은 표시하지 않는다. 또한, 0 출력저항을 갖는 특성이 있다. 입력전압 V_{in}은 두 입력

그림 6-2

op-amp 기호와 패키지

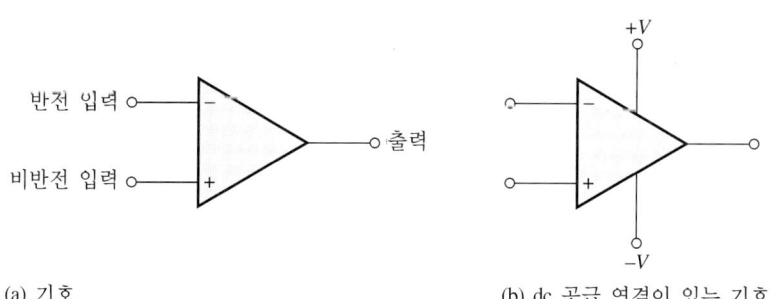

(a) 기호

(b) dc 공급 연결이 있는 기호

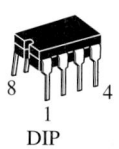 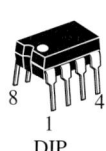 

DIP   DIP   SOIC   PLCC

(c) 전형적인 패키지. 위에서 보면, 1번 핀은 항상 DIP와 SOIC 패키지의 V자 모양으로 패였거나 점의 왼쪽에 있다. 점은 PLCC(plastic-leaded chip carrier) 패키지에서는 1번 핀을 가리킨다.

그림 6-3

이상적인 op-amp 표현

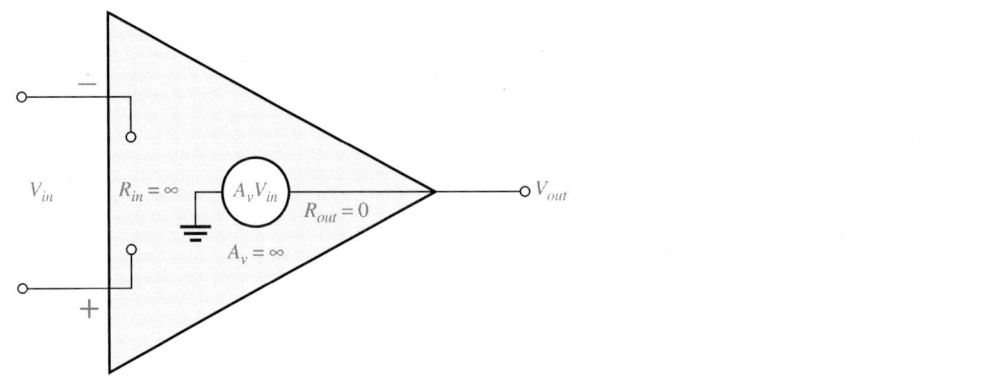

단자 사이의 전압이고, 출력전압은 내부 전압원 기호로 표시했던 것처럼 A_vV_{in}이다. 무한대 입력저항의 개념은 여러 가지 op-amp에서 특별히 의미 있는 해석 방법이다. 물론 실제 op-amp는 이상적인 표준에는 약간 미달되지만 이상적인 관점에서 소자를 이해하고 분석하는 것이 훨씬 더 수월하다.

실제 Op-Amp

현대 집적회로(IC) op-amp는 대부분의 경우 이상적인 것으로 다룰 수 있는 파라미터 값들에 근접하지만 실제 op-amp가 이상적인 것이 될 수는 없다. 소자에 따라서는 제한을 갖고 있으며 IC op-amp도 예외는 아니다. op-amp는 전압과 전류 모두 제한을 갖고 있다. 예로, 피크-피크 출력전압은 항상 두 공급전압 사이의 차이보다 약간 더 작게 제한된다. 출력전류 역시 소비 전력과 구성요소 비율과 같은 내부적인 한계에 의해 제한된다.

실제 op-amp의 특성은 **높은 전압이득, 높은 입력저항** 그리고 **낮은 출력저항**이다. 그림 6-4는 이들 중의 일부 내용이다.

그림 6-4

실제 op-amp 표현

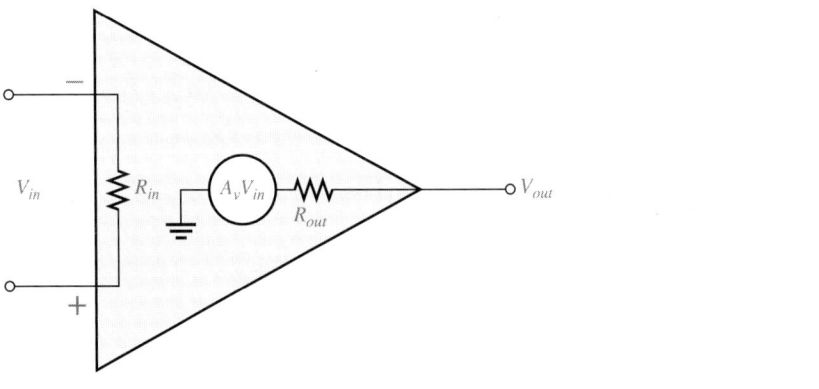

복습 질문

1. 기본 op-amp의 연결방법은?
2. 실제 op-amp의 특성은?
3. 실제 op-amp의 전압이득과 이상적인 op-amp의 전압이득의 차이점은?
4. +로 표시되는 op-amp의 입력은?
5. op-amp를 구성하는 세 가지 회로 타입은?

OP-AMP 파라미터 6-2

op-amp 파라미터는 성능을 표시하는 것으로 다른 op-amp들과 비교하기 위해 사용된다. 개루프 전압이득, CMRR 그리고 슬루율이 세 가지 중요한 파라미터이다. 입력 오프셋 전압, 입력 바이어스 전류, 입력과 출력 저항 그리고 공통-모드 등에서는 입력전압은 같고, 파라미터는 다른 값이 사용된다.

이 절에서는 몇 가지 op-amp 파라미터에 대하여 설명한다.

입력 오프셋 전압

이상적인 op-amp는 0 V 입력에 대하여 0 V 출력을 발생한다. 그러나 실제 op-amp에서는 차이가 없는 입력전압이 제공되었을 때, 출력에서는 작은 dc 전압 $V_{OUT(error)}$이 나타난다. 그림 6-5(a)와 같이 이것의 주요한 원인은 op-amp의 차동 입력단에서 트랜지스터 특성간의 약간의 불일치 때문에 생기게 된다.

op-amp 데이터시트에 기술되어 있는 것처럼, **입력 오프셋 전압**(V_{OS})(input offset voltage)은 출력을 0 V로 만들기 위해 입력들 사이에 필요한 차동 dc 전압이다. 그림 6-5(b)는 V_{OS}를 예시한 회로이다. 입력 오프셋 전압의 전형적인 값은 2 mV 또는 그보다 적은 범위에 있지만, 이상적인 경우에 그 값은 0 V이다.

그림 6-5

입력 오프셋의 예

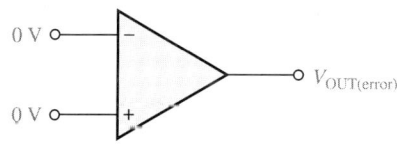

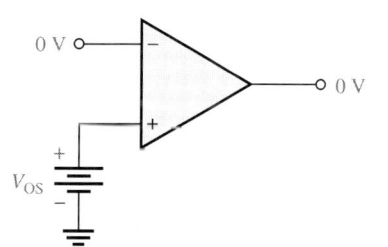

(a) 약간의 입력 불일치(소자의 내부적인)는 차동 입력전압을 갖지 않을 때 작은 출력 오차전압을 발생시킨다.

(b) 입력 오프셋 전압은 출력 오차전압 ($V_{OUT} = 0$을 만드는)을 제거하는 것이 필요한 입력들 사이의 전압에서의 차이이다.

입력 바이어스 전류는 두 op-amp 입력전류의 평균

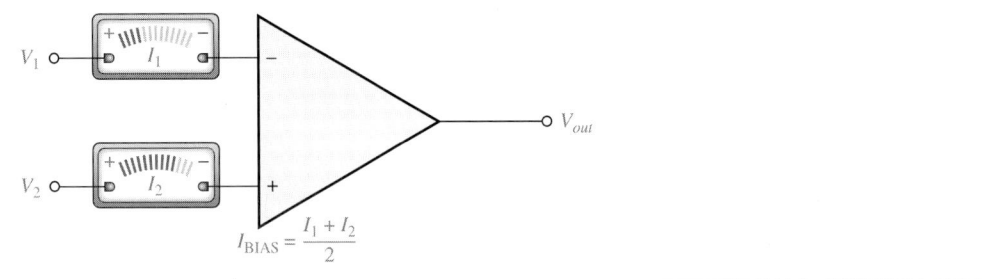

$$I_{BIAS} = \frac{I_1 + I_2}{2}$$

입력 바이어스 전류

쌍극성 차동증폭기의 입력 단자는 트랜지스터 베이스가 되므로 입력전류는 베이스 전류이다. **입력 바이어스 전류**(input bias current)는 첫 번째 단을 적절하게 구동하기 위해 증폭기의 입력에 필요한 dc 전류이다. 정의에 의해, 입력 바이어스 전류는 두 입력전류의 **평균**이 된다. 입력 바이어스 전류는 실제 응용에서 너무 작아서 0으로 취급하고 있으며, 그림 6-6은 입력 바이어스 전류의 개념도이다.

입력저항

op-amp의 입력저항에는 차동과 공통 모드 두 가지가 있다. 그림 6-7(a)와 같이 **차동 입력저항**(differential input resistance)은 반전과 비반전 입력 사이의 전체 저항이다. 차동 입력 임피던스는 차동 입력전압에서 필요한 바이어스 전류가 정해지는 데 따라 결정된다. 그림 6-7(b)와 같은 **공통-모드 입력저항**(common-mode input resistance)은 각 입력과 접지 사이의 저항으로 공통-모드 입력전압에 필요한 바이어스 전류가 정해지는 데 따라 결정된다. 이 경우 입력저항은 매우 높다.

출력저항

그림 6-8과 같이 **출력저항**(output resistance)은 op-amp의 출력 단자에서 볼 수 있는 저항이다.

op-amp 입력저항

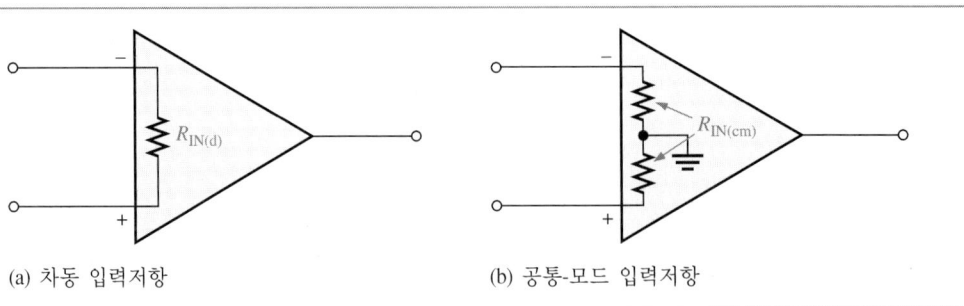

(a) 차동 입력저항　　　　　　　　　　(b) 공통-모드 입력저항

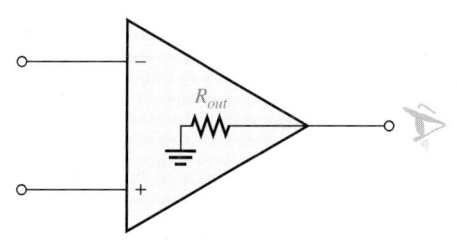

그림 6-8
op-amp 출력저항

공통-모드 입력전압 범위

모든 op-amp는 동작하게 되는 전압의 범위에 제한을 갖는다. **공통-모드 입력전압 범위**(common-mode input voltage range)는 양(+) 입력이 가해졌을 때, 클리핑을 발생시키지 않거나 다른 출력 왜곡을 발생시키지 않는 입력전압의 범위이다. 대부분의 op-amp는 ±15 V의 dc 공급전압에 대해 ±10 V보다 적은 공통-모드 범위를 갖는다. 반면에, 다른 출력에서는 공급전압 만큼 높이 상승할 수 있다.

개루프 전압이득

op-amp의 개루프 전압이득(open-loop voltage gain) A_{ol}은 차동모드에서 측정된 소자의 내부 전압이득으로 그림 6-9와 같이 외부 구성요소가 없을 때 출력전압에 대한 입력전압의 비로 표현된다. 개루프 전압이득은 전체적인 내부설계 방식에 따라 결정된다. 개루프 전압이득은 200,000 이상의 범위를 가질 수 있으나 용이하게 제어할 수 있는 파라미터는 아니다. 때로 데이터시트에서는 개루프 전압이득을 대신호 전압이득(large-signal voltage gain)으로 취급하기도 한다.

Op-Amp에 대한 공통-모드 제거비

공통-모드 제거비(CMRR)는 5-6절 차동증폭기의 결합에서 언급하였다. op-amp에서도 이와 유사하게, **CMRR**은 공통-모드 신호를 제거하는 op-amp 성능의 척도이다. CMRR의 무한대 값은 동일한 신호가 양 입력에 인가되었을 때(공통-모드), 출력이 0이 된다는 것을 의미한다.

실제적으로 무한대의 CMRR은 없지만 좋은 op-amp는 매우 높은 CMRR 값을 갖는다. 공통-모드 신호는 60 Hz 전원 리플과 방사된 에너지의 상승에 의해 발생되는 잡음전압과 같이 원하지 않는 간섭전압이다. 큰 값의 CMRR은 op-amp가 출력에서 이러한 간섭신호를 가시적으로 제거할 수 있는 것이다.

op-amp에 대한 CMRR의 정의는 개루프 전압이득(A_{ol})을 공통-모드 이득으로 나눈 것이다. 이것은 5장에서 소개했던 차동증폭기에 대한 CMRR과 같다.

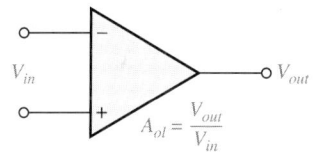

그림 6-9
개루프 op-amp

$$CMRR = \frac{A_{ol}}{A_{cm}} \qquad (6-1)$$

CMRR은 op-amp 데이터시트에서는 데시벨 단위로 주로 로그비처럼 표현된다. 로그와 데시벨은 부록 A에서 설명하고 있다.

예제 6-1	

문제

어떤 op-amp가 100,000의 개루프 전압이득과 0.25의 공통-모드 이득을 가지고 있다. CMRR을 계산하라.

풀이

$$CMRR = \frac{A_{ol}}{A_{cm}} = \frac{100,000}{0.25} = \textbf{400,000}$$

질문

특정 op-amp가 250,000의 개루프 이득과 0.5의 공통-모드 이득을 가지고 있다. CMRR을 계산하라. CMRR은 얼마인가?

슬루율

계단 입력전압에 대한 응답으로 출력전압 변화의 최대 비율을 op-amp의 슬루율 (slew-rate)이라 한다. 슬루율은 op-amp 내의 증폭기 단들의 고주파 응답에 따라 정해 진다.

그림 6-10(a)와 같이 슬루율은 op-amp에서 측정한다. 이 op-amp의 연결은 단위-이득 (unity gain)이고, 비반전으로 구성되어 있다. 이것은 기울기가 가장 낮은 경우의 슬루 율이다. 계단전압의 고주파 구성요소에는 상승 에지가 포함되어 있고, 증폭기의 상위 임계 주파수에서는 계단 입력의 응답으로 제한된다. 하위 임계 주파수는 낮을수록 계 단 입력에 대한 출력의 기울기는 점점 더 계단적이 된다.

그림 6-10(b)와 같이 입력으로 펄스가 가해지면, 이상적인 경우에 출력전압은 그림 과 같이 측정된다. 입력 펄스폭은 하한에서 상한까지 일정한 기울기를 갖도록 해야 한다. 시구간 Δt는 계단입력이 가해질 때, 하한 $-V_{max}$에서 상한 $+V_{max}$까지 진행하는 동안의 시간이다. 슬루율은 다음과 같이 표현된다.

$$\text{슬루율} = \frac{\Delta V_{out}}{\Delta t} \qquad (6-2)$$

여기서 ΔV_{out}은 $+V_{max} - (-V_{max})$이다. 슬루율의 단위는 마이크로초당 볼트(V/μs)이다.

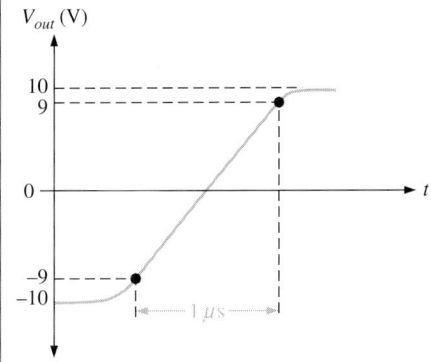

그림 6-10
슬루율 측정

(a) 테스트 회로
(b) 계단 입력전압과 결과 출력전압

문제

그림 6-11과 같이 op-amp의 출력전압이 계단 입력에 대한 응답으로 표시될 때 슬루율은?

그림 6-11

풀이

출력은 $1\,\mu s$ 동안에 하한에서 상한으로 진행하였다. 이 응답이 이상적인 것이 아니기 때문에 한계는 그림과 같이 90%가 되는 점으로 하였다. 따라서, 상한은 $+9\,V$이고 하한은 $-9\,V$이다. 슬루율은

$$\text{슬루율} = \frac{\Delta V}{\Delta t} = \frac{+9V - (-9V)}{1\,\mu s} = \textbf{18 V/}\boldsymbol{\mu}\textbf{s}$$

질문

op-amp에 펄스가 가해질 때 출력전압이 $0.75\,\mu s$ 동안 $-8\,V$에서 $+7\,V$가 되었다. 슬루율은 얼마인가?

주파수응답

op-amp를 구성하는 내부 증폭기 단은 접합 커패시턴스에 의해 제한된 전압이득을 갖는다. op-amp를 사용한 차동증폭기는 5장에서 기술한 기본 증폭기들과 약간 다르지만, 같은 원리가 적용된다. op-amp는 내부 결합 커패시터가 없다. 따라서, 저주파 응답은 dc(0 Hz)로 확장된다.

Op-Amp 파라미터 비교

표 6-1은 몇 가지 범용 IC op-amp의 여러 파라미터를 표시한 것이다. 표시가 되지 않은 것은 제조회사의 데이터시트에 없는 것이다.

또 다른 특징

op-amp는 단락-회로 보호, 래치-업(latch-up) 방지 그리고 입력 오프셋 널링(input offset nulling)의 세 가지 중요한 특징을 갖는다. 단락-회로 보호는 출력이 단락되었을 때 손상을 방지하는 것이고, 래치-업 방지는 특정 입력조건하에서 op-amp가 고정된 출력상태를 유지하는 것을 방지한다. 입력 오프셋 널링은 0 입력에 대하여 출력전압을 정확하게 0으로 설정하는 것으로 외부 전위차계에 의해 이루어진다.

표 6-1

OP-AMP	입력 오프셋 전압 (mV) (max)	입력바이어스 전류 (nA) (max)	입력 저항 (MΩ) (min)	개루프 이동 (typ)	슬루율 $(V/\mu s)$ (typ)	CMRR (dB) (min)	비고
LM741C	6	500	0.3	200,000	0.5	70	산업표준용
LM101A	7.5	250	1.5	160,000	—	80	일반용
OP113E	0.075	600	—	2,400,000	1.2	100	저압 음성, 저 천이용
OP177A	0.01	1.5	26	12,000,000	0.3	130	초정밀용
OP184E	0.065	350	—	240,000	2.4	60	정밀용 *
AD8009AR	5	150	—	—	5500	50	대역폭 = 700 MHz, 초고속, 저왜곡, 전류궤환
AD8041A	7	2000	0.16	56,000	160	74	대역폭 = 160 MHz,
AD8055A	5	1200	10	3500	1400	82	신속한 전압 궤환

* 레일-레일은 출력전압이 공급전압만큼 높이 올라갈 수 있다는 것을 의미한다.

복습 질문

6. 입력 오프셋 전압은 무엇인가?

7. op-amp의 입력저항은 높은가, 낮은가?

8. 개루프 전압이득은 무엇인가?

9. CMRR은 무엇을 의미하는가?

10. 슬루율은 무엇인가?

OP-AMP에서 부궤환 6-3

부궤환은 전자공학의 op-amp 응용에 사용되는 중요한 개념 중의 하나이다. 부궤환이란 증폭기 출력전압의 일부분이 입력신호와 반대되는 위상으로 입력에 궤환되는 과정이다.

이 절에서는 op-amp 회로에서 부궤환의 효과를 설명한다.

그림 6-12는 부궤환회로이다. 반전 입력(−)은 입력신호의 위상을 180° 벗어나게 하여 궤환신호를 효율적으로 만들 수 있다. op-amp는 극히 높은 이득을 갖고 반전과 비반전 입력에서 제공되는 신호의 차이를 증폭한다. 모든 op-amp는 두 신호에서 매우 작은 차이로 필요한 출력을 발생시키도록 하는 것이다. **부궤환이 존재할 때, 비반전과 반전 입력은 거의 동일하다.** 이 개념은 많은 op-amp 회로에서 신호를 이해하는 데 도움이 된다.

부궤환을 사용할 때, 반전과 비반전 단자에서 신호가 같은 이유를 알아보자. 1.0 V 입력신호가 반전 단자에 제공되고 op-amp 개루프 이득이 100,000이라고 가정하자. 증폭기는 비반전 입력 단자에 전압으로 응답하고 출력은 포화 쪽으로 이동한다. 동시에 이 출력의 일부분이 궤환 경로를 통해 반전 단자로 궤환된다. 그러니 궤환신호가 1.0 V에 도달한다고 하더라도 op-amp가 증폭해야 하는 것은 아무것도 없다. 따라서,

---

그림 6-12

부궤환의 예

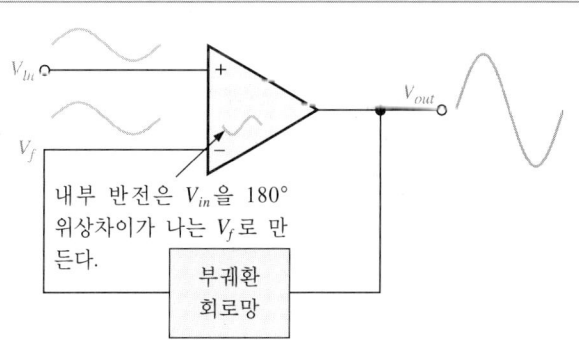

내부 반전은 V_{in}을 180° 위상차이가 나는 V_f로 만든다.

부궤환 회로망

궤환신호는 입력신호와 일치하도록 가해진다(결코 성공할 수 없지만). 이득은 사용된 궤환의 크기에 의해 정해진다. 부궤환이 있는 회로의 문제를 해결할 때, 두 입력이 스코프에서는 같게 보일지 모르지만 실제로는 약간의 차이가 있다는 것을 알 수 있다.

op-amp의 내부 이득이 줄어들면 어떤 일이 일어나는지 가정해 보자. 이것은 궤환경로를 통해 반전 입력으로 더 작은 신호가 궤환되어 출력신호를 강하시킨다. 이것은 신호들 사이의 차이가 이전 것보다 더 크다는 것을 의미한다. 출력은 이득의 증가로 증가하게 된다. 출력에서 보면 이 값은 전체 변화에 비해 미소하기 때문에 이것을 측정하기가 쉽지는 않다. 중요한 것은 증폭기에서의 변화가 매우 안정되고 예측 가능한 출력을 발생하게 하는 부궤환에 의해 즉시 만족된다는 것이다.

부궤환을 사용하는 이유는?

전형적인 op-amp 내부의 개루프 이득은 매우 높다(일반적으로 100,000 이상). 따라서, 두 입력전압에서 매우 작은 차이로 인해 op-amp는 포화된 출력상태로 유도된다. 사실, op-amp의 입력 오프셋 전압은 op-amp를 포화상태로 유도할 수 있다. 예로, $V_{in} = 1\,mV$ 이고 $A_{ol} = 100,000$ 이라고 가정하자. 이때

$$V_{in}A_{ol} = (1\,mV)(100,000) = 100\,V$$

이 된다. op-amp의 출력레벨은 결코 $100\,V$ 에 도달할 수 없기 때문에 포화상태로 유도되고, 출력은 $1\,mV$ 의 양(+)과 음(−) 입력전압 모두에 대하여 그림 6-13과 같이 최대 출력값으로 제한된다.

이러한 방법으로 동작되는 op-amp는 사용 범위가 제한되고, 비교기에서도 제한된다. 부궤환으로 전체 폐루프 전압이득(A_{cl})은 감소되기 때문에 op-amp는 선형증폭기와 같은 기능을 수행할 수 있다. 부궤환은 안정된 전압이득을 제공함은 물론 입력과 출력저항 그리고 증폭기 대역폭의 제어도 가능하다. 표 6-2는 op-amp 성능에 대한 부궤환의 일반적인 영향을 요약한 것이다.

그림 6-13　부궤환이 없으면, 두 입력전압의 작은 차이가 op-amp를 출력 제한까지 유도하고 비선형으로 되기 시작한다.

표 6-2

	전압이득	입력저항	출력저항	대역폭
부궤환이 없는 경우	선형증폭기 응용에서 A_{ol}은 너무 높다.	비교적 크다. (표 6-1 참조)	비교적 낮다.	좁은편임 (이득이 높아)
부궤환이 있는 경우	부궤환회로에 의해 A_{cl}은 원하는 값으로 설정된다.	회로의 형태에 따라 원하는 값으로 증감할 수 있다.	원하는 값으로 줄일 수 있다.	매우 넓다.

복습 질문

11. 부궤환에서 출력은 궤환회로를 통해 어떤 입력에 연결되어 있는가?

12. op-amp 회로에서 부궤환의 이점은 무엇인가?

13. 개루프 값에서 op-amp의 이득을 감소시키는 것이 필요한 이유는?

14. 부궤환은 대역폭을 증가시키는가, 감소시키는가?

15. 부궤환이 있는 op-amp 회로의 문제를 해결할 때 입력 단자에서 측정할 수 있는 것은?

OP-AMP 구성   6-4

부궤환은 op-amp를 안정시키고, 이득을 감소시키며, 주파수특성을 개선하는 세 가지 특성을 가지고 있다. op-amp의 개루프 이득이 너무 크면 선형 범위 이상에서는 발진이 발생하여 안정상태를 유지할 수 없게 된다. 또한, 개루프 이득은 구성요소에 따라 특성이 광범위하게 변화된다.

이 절에서는 op-amp의 폐루프 주파수응답을 분석하고 설명한다.

폐루프 전압이득

폐루프 전압이득(closed-loop voltage gain) A_{cl}은 부궤환인 op-amp의 전압이득이다. 증폭기는 op-amp와 출력을 반전 입력으로 연결하는 외부 궤환회로로 구성되어 있다. 폐루프 전압이득은 궤환회로 내부의 구성요소 값에 의해 결정되며 정밀하게 제어될 수 있다.

비반전 증폭기

그림 6-14는 입력신호가 비반전 입력(+)에 공급되고 폐루프 형태로 구성된 비반전 증폭기(noninverting amplifier)이다. 출력의 일부분은 궤환회로를 통해 반전 입력(−)으

로 궤환된다.

그림 6-15의 op-amp 입력 단자들 사이의 차동 전압(differential voltage) V_{diff} 은 다음과 같이 표현할 수 있다.

$$V_{diff} = V_{in} = V_f$$

입력측의 차동 전압은 부궤환과 높은 개루프 이득 A_{ol} 로 인해 매우 적다. 따라서, 근사값은

$$V_{diff} = 0 \text{ V}$$

이다. 즉, $V_{in} = V_f$ 로 가정할 수 있다.

저항 R_i 와 R_f 는 전압-분배기 회로이다. 반전 입력으로 궤환되는 출력전압의 부분 V_{out} 은 궤환회로의 전압-분배기 법칙을 적용하여 구한다.

$$V_f = \left(\frac{R_i}{R_i + R_f} \right) V_{out}$$

폐루프 전압이득은 V_{out}/V_{in} 이다. $V_{in} = V_f$ 이므로, 위의 식을 다음과 같이 정리할 수 있다.

$$\frac{V_{out}}{V_{in}} = \left(\frac{R_i + R_f}{R_i} \right) = 1 + \frac{R_f}{R_i}$$

그림 6-14

비반전 증폭기

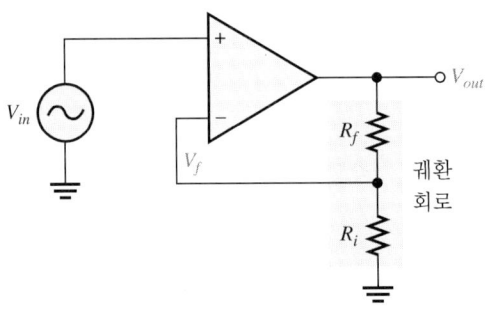

그림 6-15

차동 입력(differential input)
$V_{in} - V_f$

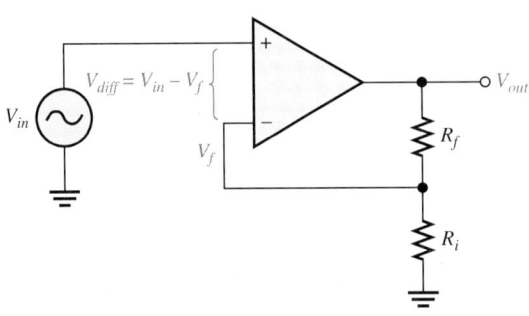

V_{out}/V_{in}을 $A_{cl(NI)}$로 하면,

$$A_{cl(NI)} = \frac{R_f}{R_i} + 1 \qquad\qquad (6\text{-}3)$$

식 (6-3)에서 비반전(NI) 증폭기의 폐루프 전압이득 $A_{cl(NI)}$은 op-amp의 개루프 이득에 의해 정해지지 않고, R_i와 R_f의 값에 의해 결정된다는 것을 알 수 있다. 이 식은 개루프 이득이 입력 차동 전압 V_{diff}를 0으로 하는 궤환저항의 비에 비해 매우 높다는 가정에 근거한 것이다. 실제 회로에서 이것은 일반적인 가정이다.

문제 예제 6-3

그림 6-16 증폭기의 폐루프 전압이득을 계산하라.

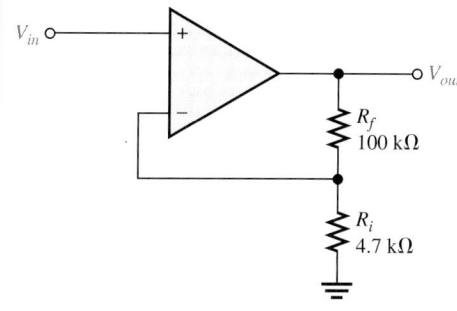

그림 6-16

풀이

이 회로는 비반전 op-amp이다. 따라서, 폐루프 전압이득은

$$A_{cl(NI)} = \frac{R_f}{R_i} + 1 = \frac{100\ k\Omega}{4.7\ k\Omega} + 1 = \mathbf{22.3}$$

이다.

질문

그림 6-16의 R_f가 150 kΩ으로 증가되었다면, 폐루프 이득은 얼마인가?

컴퓨터 시뮬레이션

웹사이트에서 Multisim의 F06-16DV 파일을 이용하여 폐루프 이득을 계산한다.

전압-폴로워

그림 6-17의 **전압-폴로워**(voltage-Follower)는 출력전압의 모두가 직접 반전 입력으로 궤환되는 비반전 증폭기의 특수한 경우이다. 직접 궤환인 경우 전압이득은 1이 된다. 따라서, 전압-폴로워의 폐루프 이득은

$$A_{cl(\text{VF})} = 1 \qquad\qquad (6\text{-}4)$$

이다.

전압-폴로워의 특징은 높은 입력저항과 낮은 출력저항이다. 이 특징이 전압-폴로워 op-amp를 높은 저항소스와 낮은 저항부하를 인터페이스하는 이상적인 버퍼증폭기로 만든다.

반전 증폭기

그림 6-18은 폐루프 구성에서 입력신호가 직렬저항을 통해 반전 입력(−)으로 op-amp에 가해지는 **반전 증폭기**(inverting amplifier)이다. 출력은 R_f를 통해 반전 입력으로 궤환된다. 비반전 입력은 접지된다.

이상적인 op-amp 파라미터는 회로의 해석을 단순화하는 데 유용하다. 특별히 무한대 입력저항의 개념은 반전 입력의 출력이나 입력에 전류가 없다는 것을 의미한다. 입력저항을 통해서 흐르는 전류가 없다면, 반전 입력과 비반전 입력 사이에 전압강하가 없어야만 한다. 그림 6-19(a)와 같이 비반전 입력(+)이 접지되어 있기 때문에 반전 입력(−)에서의 전압은 0이라는 것을 의미한다. 반전 입력 단자에서 0 V를 **가상접지**

그림 6-17
op-amp 전압-폴로워

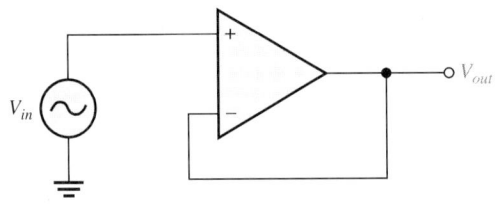

그림 6-18
반전 증폭기

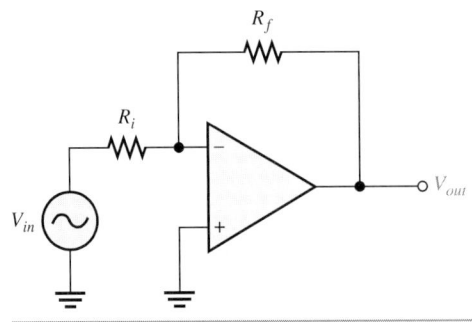

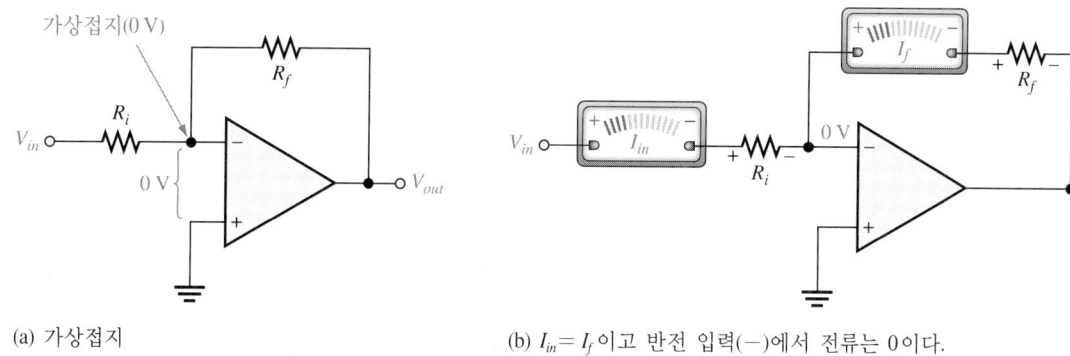

반전 증폭기에 대한 가상접지의 개념과 폐루프 전압이득 전개의 예시 | 그림 6-19

(a) 가상접지
(b) $I_{in} = I_f$ 이고 반전 입력(−)에서 전류는 0이다.

(virtual ground)라고 말한다.

반전 입력에 전류가 없기 때문에, R_i를 통한 전류와 R_f를 통한 전류는 그림 6-19(b)와 같다. R_i에 인가된 전압은 다른 쪽의 저항이 가상접지에 있기 때문에 V_{in}과 같다. 또한, R_f에 인가되는 전압은 가상접지 때문에 $-V_{out}$과 같다. $I_f = I_{in}$이므로

$$\frac{-V_{out}}{R_f} = \frac{V_{in}}{R_i}$$

이 되고, 이를 다시 정리하면

$$\frac{V_{out}}{V_{in}} = -\frac{R_f}{R_i}$$

이다. 물론, V_{out}/V_{in}이 반전 증폭기의 폐루프 이득 $A_{cl(I)}$이다.

$$A_{cl(I)} = -\frac{R_f}{R_i} \tag{6-5}$$

식 (6-5)에서 반전 증폭기의 폐루프 전압이득 $A_{cl(I)}$는 궤환저항 R_f와 저항 R_i의 비를 의미한다. 폐루프 이득은 op-amp의 내부 개루프 이득과 무관하다. 따라서, 부궤환은 전압이득을 안정시킨다. 음(−) 부호는 반전을 가리킨다.

문제 | 예제 6-4

그림 6-20과 같은 op-amp에서 −100의 폐루프 이득을 얻기 위한 R_f의 값을 구하라.

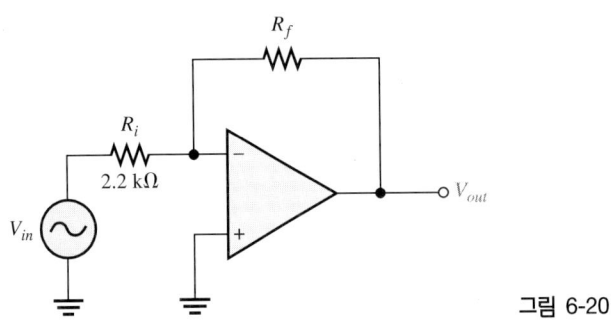

그림 6-20

풀 이

$R_i = 2.2\,\text{k}\Omega$이고 $A_{cl(\text{I})} = -100$임을 알고 있으므로 다음과 같이 R_f를 계산한다.

$$A_{cl(\text{I})} = -\frac{R_f}{R_i}$$

$$R_f = -A_{cl(\text{I})}R_i = -(-100)(2.2\,\text{k}\Omega) = \mathbf{220\,k\Omega}$$

질 문

(a) 그림 6-20의 R_i가 2.7 kΩ으로 바뀌면, −25의 폐루프 이득을 생성하기 위해 필요한 R_f의 값은 얼마인가?

(b) R_f가 개방되면, 출력에서 보게 될 것으로 기대되는 것은?

컴퓨터 시뮬레이션

웹사이트에서 Multisim의 F06-20DV 파일을 이용하여 폐루프 이득을 측정한다.

대역폭에 대한 부궤환의 효과

부궤환이 개루프 값에서 이득을 감소시킨다는 것은 배웠다. 이제 증폭기의 대역폭에 어떤 영향을 미치는가를 설명하기로 한다. 그림 6-21은 부궤환이 있는 op-amp의 폐루프 주파수응답의 개념을 나타낸 것이다. op-amp의 개루프 이득이 부궤환으로 감소할 때, 대역폭은 증가한다. 폐루프 이득은 두 이득곡선 교차점 위의 개루프 이득과는 관련이 없다. 교차점은 폐루프 대역폭 BW_{cl}과 같이 폐루프 응답에서의 임계 주파수 $f_{c(cl)}$이다. 폐루프 임계 주파수를 초과하는 폐루프 이득은 개루프 이득과 동일한 비율(roll-off 비라고 부르는)로 감소되는 것임을 알 수 있다.

이득-대역폭 곱

폐루프에서 이득의 증가는 대역폭을 감소시킨다. 그 반대의 경우도 성립한다. 따라서 이득과 대역폭의 곱은 상수이다. roll-off 비가 −20 dB/decade*로 고정되면 이것은

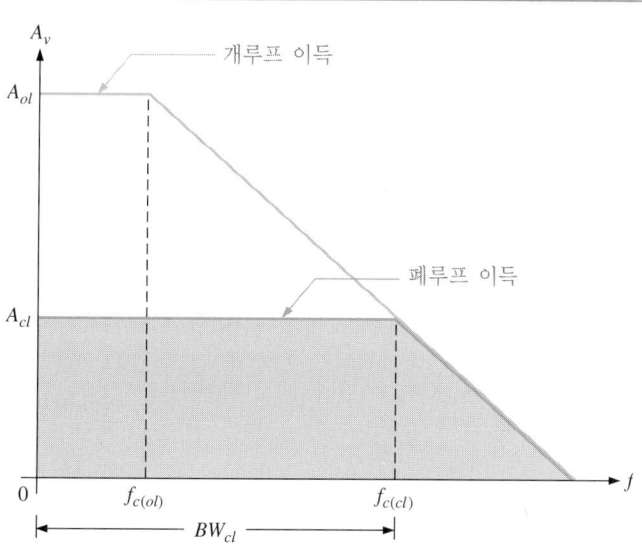

그림 6-21

폐루프 이득과 개루프 이득의
비교

항상 성립한다. A_{cl}이 비반전 폐루프 구성의 이득, $f_{c(cl)}$이 폐루프 임계 주파수(대역폭과
같은)라면,

$$A_{cl}f_{c(cl)} = A_{ol}f_{c(ol)}$$

이다. 이득-대역폭 곱은 op-amp의 개루프 이득이 일정한(단위-이득 대역폭) 곳에서는
주파수와 항상 같다.

$$A_{cl}f_{c(cl)} = 단위\text{-}이득\ 대역폭 \tag{6-6}$$

문제	**예제 6-5**

그림 6-22의 각 증폭기의 대역폭을 계산하라. 두 op-amp는 3 MHz의 단위-이득 대역폭을
갖는다.

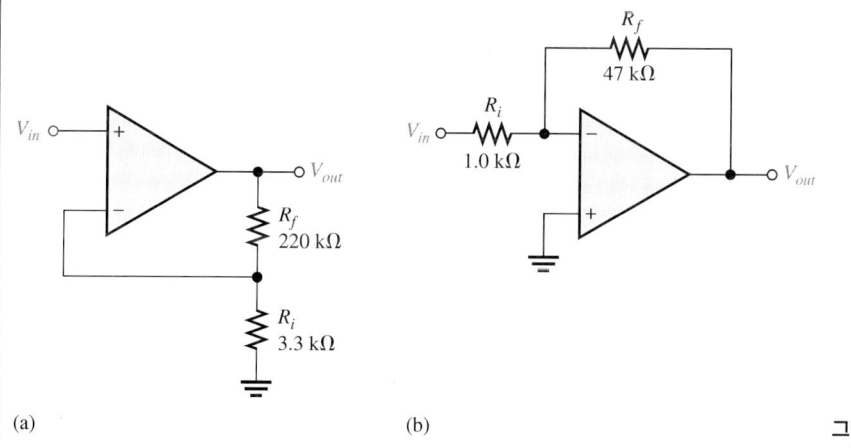

(a)　　　　　　　　　(b)　　　　　　　　　**그림 6-22**

---

* dB는 대수적인 측정방법으로 데시벨 값이다. decade는 주파수가 10배씩 증가하는 것이다. 부록 A에 대
수와 데시벨의 설명이 있다.

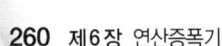
풀이

(a) 그림 6-22(a)의 비반전 증폭기에서 폐루프 이득은

$$A_{cl(\text{NI})} = \frac{R_f}{R_i} + 1 = \frac{220 \text{ k}\Omega}{3.3 \text{ k}\Omega} + 1 = 67.7$$

이다. 식 (6-6)을 사용하고 $f_{c(cl)}$를 구한다(여기서 $f_{c(cl)} = BW_{cl}$이다).

$$f_{c(cl)} = BW_{cl} = \frac{\text{단위-이득 대역폭}}{A_{cl}}$$

$$BW_{cl} = \frac{3 \text{ MHz}}{67.7} = \textbf{44.3 kHz}$$

(b) 그림 6-22(b)의 반전 증폭기에서

$$A_{cl(\text{I})} = -\frac{R_f}{R_i} = -\frac{47 \text{ k}\Omega}{1.0 \text{ k}\Omega} = -47$$

의 절대값을 사용하면,

$$BW_{cl} = \frac{3 \text{ MHz}}{47} = \textbf{63.8 kHz}$$

이다.

질문

그림 6-22의 두 op-amp가 2 MHz의 단위-이득 대역폭을 갖는다면, 각 증폭기의 대역폭은 얼마인가?

복습 질문

16. op-amp 세 가지 구성요소는?

17. 부궤환의 주목적은 무엇인가?

18. op-amp에서 폐루프 전압이득은 op-amp의 내부 개루프 전압이득에 종속되는가?

19. 비반전 op-amp에서 부궤환회로의 감쇠가 0.02이다. 증폭기의 폐루프 이득은 얼마인가?

20. 20 kHz의 $f_{c(cl)}$을 갖는 폐루프 op-amp의 대역폭은 얼마인가?

op-amp는 내부에 많은 소자로 구성되어 있는 직접회로로 여러 가지 고장이 발생할 수 있다. 그러나 회로 내의 여러 소자가 연결된 하나의 소자로 취급하기 때문에, 고장이 발생되면 저항, 커패시터 또는 트랜지스터와 같이 다른 제품으로 교체한다.

이 절에서는 op-amp의 문제 해결 방법을 설명한다.

op-amp에서는 몇 종류만의 고장이 발생할 수 있다. 반전과 비반전 증폭기 모두는 궤환저항 R_f와 입력저항 R_i를 갖고 있다. 회로에 따라 부하저항, 바이패스저항, 또는 전압보상저항이 있을 수 있다. 이들 가운데 어떤 구성소자의 개방이나 단락으로 나타날 수 있다. 개방은 구성소자 그 자체에 결함이 원인이 되기도 하지만 잘못된 납땜 연결이나 op-amp의 굽은 핀에 의한 것일 수 있다. 마찬가지로, 단락회로도 납땜 브리지에 의한 것일 수 있다. 물론 op-amp 자체가 고장날 수 있다. 궤환과 입력저항 고장모드 및 이와 관련된 증상만 고려하여 기본적인 사항을 설명하기로 한다.

비반전 증폭기의 고장

회로가 고장이 아닌가하는 의심이 들 때 가장 먼저 해야 하는 것은 공급전원이 적절한가를 검사하는 것이다. 양(+)과 음(−) 공급전압은 회로 접지 부근 op-amp의 핀에서 측정한다. 전압이 인가되지 않거나 부정확하면, 우선 공급측 연결선을 추적한다. 접지 경로는 제대로 접지가 되었는지 조사한다. 전원공급에 공급전압과 접지 경로를 확인했다면, 기본적으로 증폭기에서 발생 가능한 고장은 다음과 같다.

개방 R_f

그림 6-23(a)와 같이 궤환저항 R_f가 개방되어 있다면, 입력신호가 비선형으로 소자를 구동하게 하고 급격하게 잘려진 출력신호를 만드는 매우 높은 개루프 이득상태로 op-amp가 동작한다.

개방 R_i

그림 6-23(b)와 같이 이 경우에는 폐루프 형태가 된다. 그러나 R_i가 개방으로 무한대(∞)이기 때문에 식 (6-3)에서 폐루프 이득은

$$A_{cl(\text{NI})} = \frac{R_f}{R_i} + 1 = \frac{R_f}{\infty} + 1 = 0 + 1 = 1$$

으로 증폭기가 전압-폴로워처럼 동작한다. 즉, 입력과 동일한 출력신호가 발생된다.

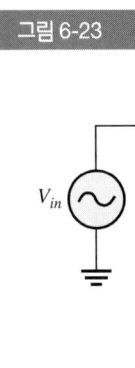

| 그림 6-23 | 비선형 증폭기에서 고장 |

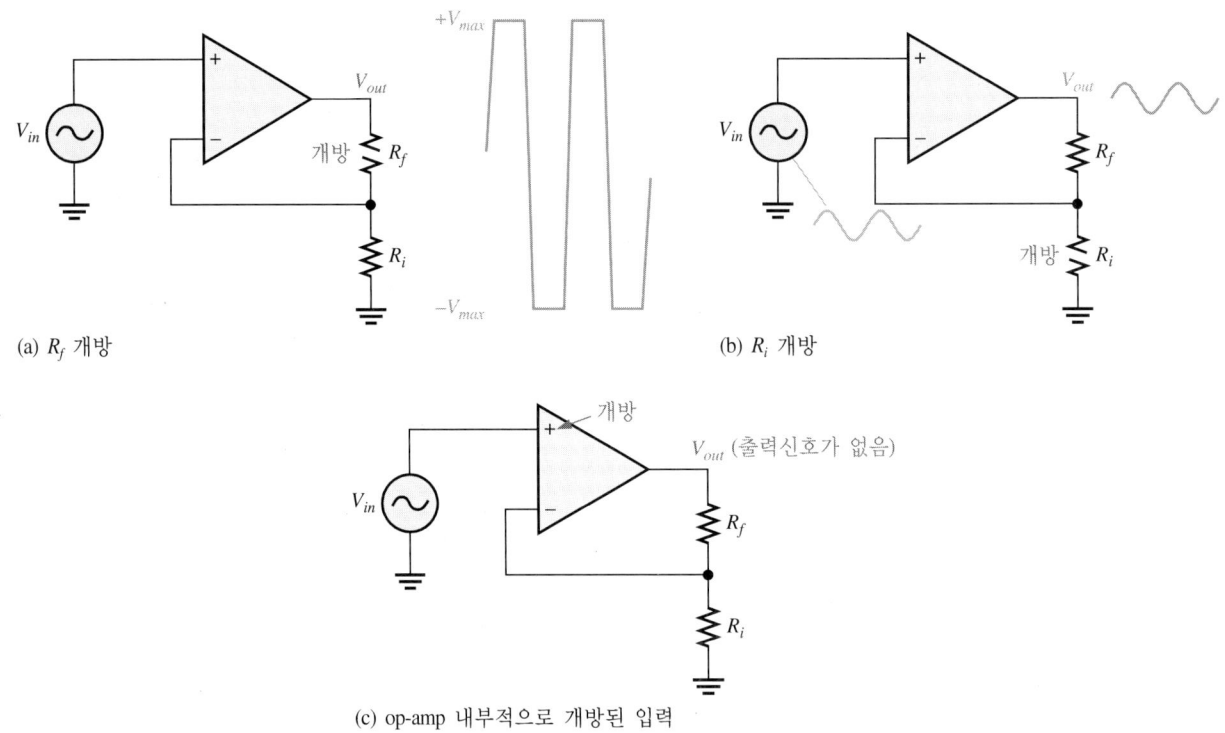

(a) R_f 개방

(b) R_i 개방

(c) op-amp 내부적으로 개방된 입력

내부적으로 개방된 비반전 Op-Amp 입력

그림 6-23(c)와 같이 이러한 상황에서는 입력전압이 op-amp에 제공되지 않기 때문에 출력은 0이다.

다른 Op-Amp 고장

일반적으로 내부적 고장은 출력신호의 상실이나 왜곡을 초래할 수 있다. 가장 좋은 방법은 먼저 외부적인 고장이나 고장조건이 없는지 확인하는 것이다. 그 외 모든 것이 정상이라면, op-amp는 교체한다.

전압-폴로워에서 고장

전압-폴로워는 비반전 증폭기의 특별한 경우이다. 불안정한 전원, 오동작 op-amp 또는 개방 또는 단락을 제외하고 전압-폴로워 회로에서 발생할 수 있는 유일한 것은 궤환루프의 개방이다. 이것은 이전에 논의했던 것과 같은 개방 궤환저항과 동일한 증상이 된다.

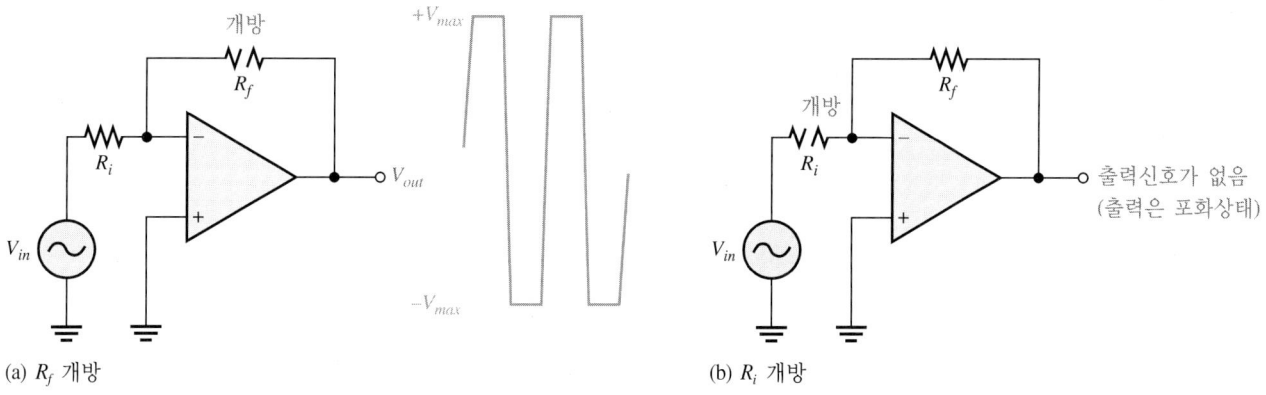

반전 증폭기에서 고장 그림 6-24

(a) R_f 개방

(b) R_i 개방

반전 증폭기에서 고장

전원

비반전 증폭기의 경우에서처럼 전원전압이 먼저 조사한다. 전원전압은 접지 근처 op-amp의 핀들을 조사한다.

개방 R_f

그림 6-24(a)와 같이 R_f가 개방이면 입력신호는 입력저항을 통해 op-amp에 가해지게 되어 높은 개루프 이득으로 증폭된다. 이 경우는 소자가 비선형으로 구동하는 것과 같은 상태가 된다. 그리고 같은 출력을 보여준다. 이것은 비반전 구성에서와 동일한 결과이다.

개방 R_i

그림 6-24(b)와 같이 이 경우에는 입력신호가 op-amp 입력으로 가해지지 않으므로 출력신호가 없디.

op-amp 자체에서 고장은 비반전 증폭기와 같은 동일한 증상을 나타낸다.

복습 질문

21. op-amp 출력이 포화되었다면, 무엇을 가장 먼저 조사해야 하는가?
22. op-amp 출력신호는 없고 입력신호가 있는 것을 확인했을 때, 무엇을 가장 먼저 조사해야 하는가?
23. 비반전 op-amp의 이득이 1이라면 먼저 생각해야 하는 구성요소는 무엇인가?
24. op-amp 회로에서 궤환저항이 잘못된 값이라면, 출력에 미치는 영향은 무엇인가?
25. dc 공급전압을 op-amp 핀에서 직접 측정해야 하는 이유는?

단원 복습

주요 용어

개루프 전압이득(open-loop voltage gain) 외부 궤환이 없는 증폭기의 내부 이득

공통-모드 제거비(common-mode rejection ratio: CMRR) 개루프 이득과 공통-모드 이득의 비; 공통-모드 신호를 제거하는 op-amp 능력의 척도

반전 증폭기(inverting amplifier) 입력신호가 반전 입력에 제공되는 폐루프 op-amp 회로

비반전 증폭기(noninverting amplifier) 입력신호가 비반전 입력에 제공되는 폐루프 op-amp 회로

슬루율(slew rate) 계단 입력의 응답으로 op-amp의 출력전압 변화의 비

연산증폭기(operational amplifier) 두 입력 사이의 차동전압을 증폭하는 전자 소자. op-amp는 매우 높은 전압이득, 매우 높은 입력저항, 매우 낮은 출력저항 그리고 공통-모드 신호의 훌륭한 제거 능력을 갖고 있다.

이득-대역폭 곱(gain-bandwidth product) 폐루프 이득과 폐루프 임계 주파수의 곱인 상수; op-amp의 개루프 이득이 1인 곳에서의 주파수

전압-폴로워(voltage-follower) 1의 전압이득을 갖는 폐루프, 비반전 op-amp 회로

폐루프 전압이득(closed-loop voltage gain) 부궤환이 포함되었을 때 증폭기의 회로 전압이득

요점

❑ 기본 op-amp는 전원과 접지를 제외하고 반전 입력(−), 비반전 입력(+) 그리고 출력의 세 개 단자를 가지고 있다.

❑ 대부분의 op-amp는 양(+)과 음(−)의 dc 공급전압 모두를 필요로 한다.

❑ 이상적인 op-amp는 무한대의 입력저항, 0의 출력저항 그리고 무한대의 개루프 전압이득을 갖는다.

❑ 실제 op-amp는 매우 높은 입력저항, 매우 낮은 출력저항 그리고 높은 개루프 전압이득을 갖는다.

❑ 차동증폭기는 일반적으로 op-amp의 입력단에 사용된다.

❑ 공통-모드는 동일한 위상전압이 op-amp의 양 입력 단자에 제공될 때 발생한다.

❑ 입력 오프셋 전압은 출력오류전압(입력전압이 없는) 상태이다.

❑ 입력 바이어스 전류 역시 출력오류전압(입력전압이 없는) 상태이다.

❑ 개루프 전압이득은 외부 궤환 연결이 없는 op-amp의 이득이다.

❑ 폐루프 전압이득은 외부 궤환을 갖는 op-amp의 이득이다.

❑ 공통-모드 제거비(CMRR)는 공통-모드 입력을 제거하는 op-amp 성능의 척도이다.

❑ 슬루율은 op-amp의 출력전압이 계단 입력의 응답으로 변할 수 있는 볼트당 마이크로초의 비율이다.

❑ 기본적인 op-amp 구성에는 반전, 비반전 그리고 전압-폴로워의 세 가지가 있다.

❑ 부궤환은 출력전압의 부분이 입력전압에서 **빼는** 것처럼 반전 입력으로 연결될 때 발생한다. 따라서, 전압이득은 감소되지만 안정성과 대역폭을 증가시킨다.

❑ 이득과 대역폭의 곱은 대부분 op-amp에서 상수이다.

❑ 이득-대역폭 곱은 개루프 전압이득이 1인 지점에서의 주파수와 같다.

공식

공통-모드 제거비(op-amp):

$$\text{CMRR} = \frac{A_{ol}}{A_{cm}} \qquad \text{(6-1)}$$

슬루율:

$$\text{슬루율} = \frac{\Delta V_{out}}{\Delta t} \qquad \text{(6-2)}$$

전압이득(비반전):

$$A_{cl(\text{NI})} = \frac{R_f}{R_l} + 1 \qquad \text{(6-3)}$$

전압이득(전압-폴로워):

$$A_{cl(\text{VF})} = 1 \qquad \text{(6-4)}$$

전압이득(반전):

$$A_{cl(\text{I})} = -\frac{R_f}{R_i} \qquad \text{(6-5)}$$

단위-이득 대역폭:

$$A_{cl}f_{c(cl)} = \text{단위-이득 대역폭} \qquad \text{(6-6)}$$

단원 확인 문제

1. 집적회로(IC) op-amp는
   (a) 두 입력과 두 출력을 갖는다.
   (b) 하나의 입력과 하나의 출력을 갖는다.
   (c) 두 입력과 하나의 출력을 갖는다.

2. 다음 특성 중 op-amp에 반드시 적용되는 것이 아닌 것은 어떤 것인가?

(a) 높은 이득　　　　　　　(b) 저전력

(c) 높은 입력저항　　　　　(d) 낮은 출력저항

3. 두 입력이 0 V를 가지면, 이상적인 op-amp가 갖는 출력은?

(a) 양(+)의 공급전압과 같다.

(b) 음(−)의 공급전압과 같다.

(c) 0과 같다.

(d) CMRR과 같다.

4. 다음 중 op-amp의 개루프 이득에 대한 가장 현실적인 값은?

(a) 1　　　　　　　　　　　(b) 2000

(c) 80 dB　　　　　　　　　(d) 100,000

5. op-amp의 출력이 12 μs에 8 V 증가하였다면 슬루율은?

(a) 96 V/μs　　　　　　　(b) 0.67 V/μs

(c) 1.5 V/μs　　　　　　(d) 모두 아니다

6. 부궤환을 갖는 op-amp에서 출력은?

(a) 입력과 같다.

(b) 증가된다.

(c) 반전 입력으로 궤환된다.

(d) 비반전 입력으로 궤환된다.

7. 부궤환은?

(a) op-amp의 전압이득을 감소시킨다.

(b) op-amp를 발진하게 한다.

(c) 가능한 선형동작을 만든다.

(d) (a)와 (c)

8. 부궤환은?

(a) 입력과 출력 임피던스를 증가시킨다.

(b) 입력 임피던스와 대역폭을 증가시킨다.

(c) 출력 임피던스와 대역폭을 감소시킨다.

(d) 임피던스나 대역폭에 영향을 미치지 않는다.

9. 어떤 비반전 증폭기가 1.0 kΩ의 R_i와 100 kΩ의 R_f를 갖는다. 폐루프 이득은?

(a) 100,000　　　　　　　　(b) 1000

(c) 101　　　　　　　　　　(d) 100

10. 문제 9의 궤환저항이 개방이면, 전압이득은?

(a) 증가한다.　　　　　　　(b) 감소한다.

(c) 영향을 받지 않는다.　　(d) R_i에 의존한다.

11. 어떤 반전 증폭기가 25의 폐루프 이득을 갖는다. op-amp는 100,000의 개루프 이득을 갖는다. 200,000의 개루프 이득을 갖는 다른 op-amp로 구성을 대체했다면, 폐루프 이득은?

(a) 두 배   (b) 12.5로 떨어진다.

(c) 25에 남아 있다.   (d) 약간 증가한다.

12. 전압-폴로워는?

   (a) 1의 이득을 갖는다.   (b) 비반전이다.

   (c) 궤환저항을 갖지 않는다. (d) 모두 해당됨

13. 부궤환이 사용될 때, op-amp의 대역폭은?

   (a) 증가한다.   (b) 감소한다.

   (c) 똑같이 유지한다.   (d) 약간 증가한다.

14. 그림 6-25에서 R_i가 개방이면, 폐루프 이득은?

   (a) 증가한다.   (b) 감소한다.

   (c) 변하지 않는다.

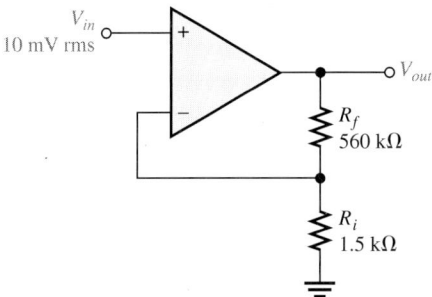

그림 6-25

15. 그림 6-25에서 R_i가 개방이면, 주어진 입력신호에 대하여 출력신호는?

   (a) 증가한다.   (b) 감소한다.

   (c) 변하지 않는다.

16. 그림 6-25에서 R_f가 개방이면, 출력전압은?

   (a) 증가한다.   (b) 감소한다.

   (c) 변하지 않는다.

17. 그림 6-25에서 R_f가 개방이면, 개루프 이득은?

   (a) 증가한다.   (b) 감수한다.

   (c) 변하지 않는다.

18. 그림 6-25에서 R_f가 개방이면, 폐루프 이득은?

   (a) 증가한다.   (b) 감소한다.

   (c) 변하지 않는다.

질문

1. op-amp의 반전과 비반전 입력을 표시하는 방법은?

2. op-amp의 출력전압 V_{in}에 대한 A_v와의 관계는?

3. op-amp의 피크-피크 전압은 무엇보다 약간 적게 제한되는 요소는?

4. 이상적으로 op-amp가 출력에서 0 V를 생성하는 때는?

5. 실제 출력이 0 V가 되기 위한 입력을 무엇이라 부르는가?

6. op-amp에서 두 입력전류의 평균을 무엇이라 하는가?

7. 차동 입력저항과 공통-모드 입력저항의 차이는 무엇인가?

8. 개루프 이득과 폐루프 이득의 차이는 무엇인가?

9. 같은 차동입력을 갖는 두 op-amp를 비교한다고 가정하자. op-amp B은 공통-모드 신호 대해 적은 이득을 갖는다. 어떤 op-amp가 가장 높은 CMRR을 갖는가?

10. op-amp A는 10 V/μs의 슬루율을 갖고 op-amp B는 15 V/μs의 슬루율을 갖는다. 어떤 op-amp가 더 높은 임계 주파수를 갖는가?

11. 비반전 op-amp 구성에서, R_f가 증가하면 전압이득은 어떻게 되는가?

12. 전압-폴로워 구성이 비반전 구성은 어떻게 다른가?

13. $R_f = 100\,\text{k}\Omega$과 $R_i = 1.0\,\text{k}\Omega$을 갖는 반전 op-amp의 전압이득을 구하라?

14. 반전 증폭기 구성에서 반전 입력이 0 V로 되어야 하는 이유는?

15. 15 kHz의 주파수에서 op-amp의 개루프 이득이 1과 같다면, op-amp를 사용하는 비반전 이득-대역폭 곱은 무엇이 되는가?

문제

기본 문제

1. 실제 op-amp와 이상적인 op-amp를 비교하라.

2. 두 개의 IC op-amp를 사용할 수 있다. 다음과 같은 특성이 주어질 때 더 이상적인 것을 하나 선택하고 선택한 이유를 설명하라.
   op-amp 1: $R_{in} = 5\,\text{M}\Omega$, $R_{out} = 100\,\Omega$, $A_{ol} = 50{,}000$
   op-amp 2: $R_{in} = 10\,\text{M}\Omega$, $R_{out} = 75\,\Omega$, $A_{ol} = 150{,}000$

3. op-amp의 입력전류가 8.3 μA와 7.9 μA로 주어지면 바이어스 전류 I_{BIAS}를 구하라.

4. op-amp가 250,000의 CMRR을 갖는다. 공통-모드 이득이 0.25이면, 개루프 이득은 얼마인가?

5. op-amp의 개루프 이득이 175,000이다. 공통-모드 이득이 0.18일 때 CMRR을 구하라.

6. op-amp 데이터시트에 CMRR이 300,000, A_{ol}이 90,000일 때 공통-모드 이득은 얼마인가?

7. 그림 6-26의 각 op-amp 특성을 표시하라.

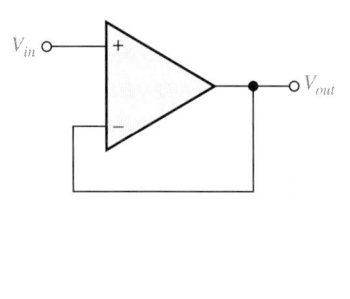

(a)

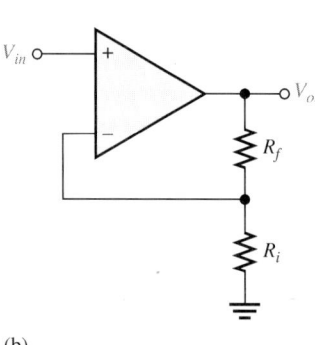

(b)

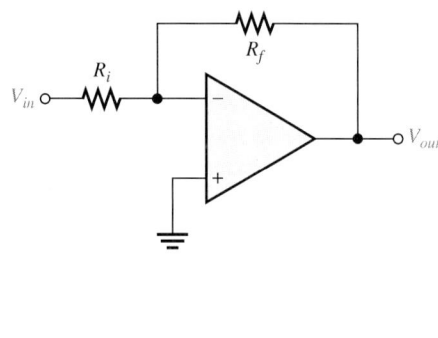

(c)

그림 6-26

8. 그림 6-27의 각 증폭기의 폐루프 이득을 구하라.

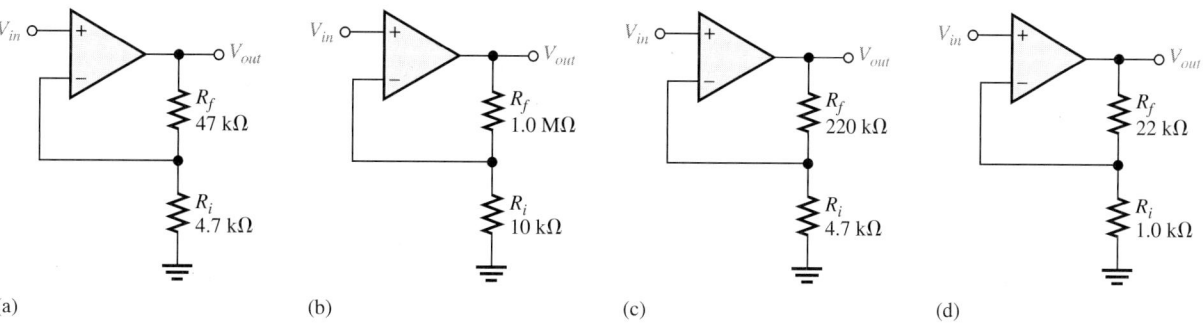

(a) (b) (c) (d)

그림 6-27

9. 그림 6-28의 각 증폭기의 이득을 구하라.

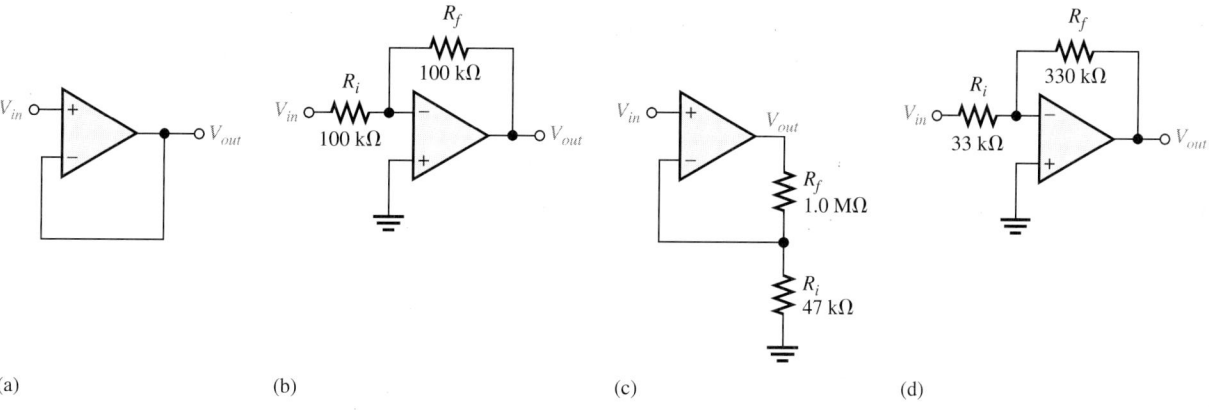

(a) (b) (c) (d)

그림 6-28

10. 그림 6-29에서 100 mV 신호가 공급될 때 다음의 각 증상에 대한 고장 이유를 찾아라.

(a) 출력신호가 없다.

(b) 출력이 양(+)과 음(−) 변화 모두에 대하여 심하게 잘려져 있다.

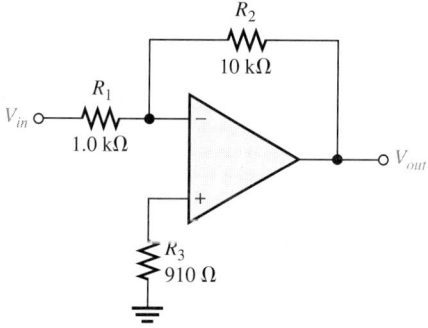

그림 6-29

기본-플러스 문제

11. 그림 6-30은 계단 입력에 대한 응답으로 op-amp의 출력전압이다. 슬루율은 얼마인가?

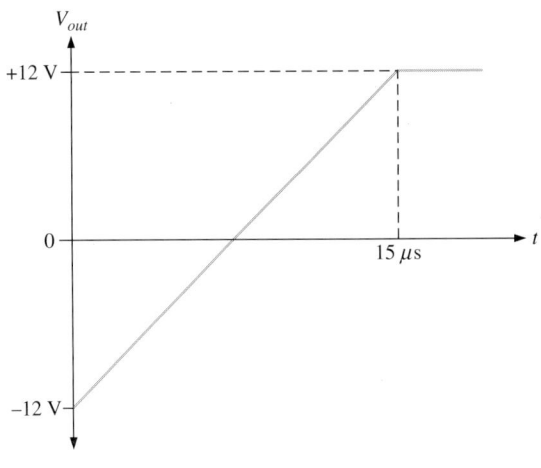

그림 6-30

12. 슬루율이 $0.5\,V/\mu s$라면, op-amp의 출력전압이 $-10V$에서 $+10\,V$로 가는 데 얼마나 시간이 걸리는가?

13. 비반전 증폭기가 $1.0\,k\Omega$의 R_i와 $100\,k\Omega$의 R_f를 갖는다. $V_{out} = 5\,V$일 때 V_f와 V_{in}을 구하라.

14. 그림 6-31의 증폭기에서 다음을 구하라.

   (a) $A_{cl(NI)}$ (b) V_{out}

   (c) V_f

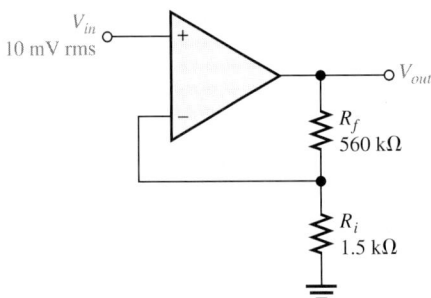

그림 6-31

15. 그림 6-32의 각 증폭기에서 표시한 폐루프 이득을 발생시키는 R_f의 값을 구하라.

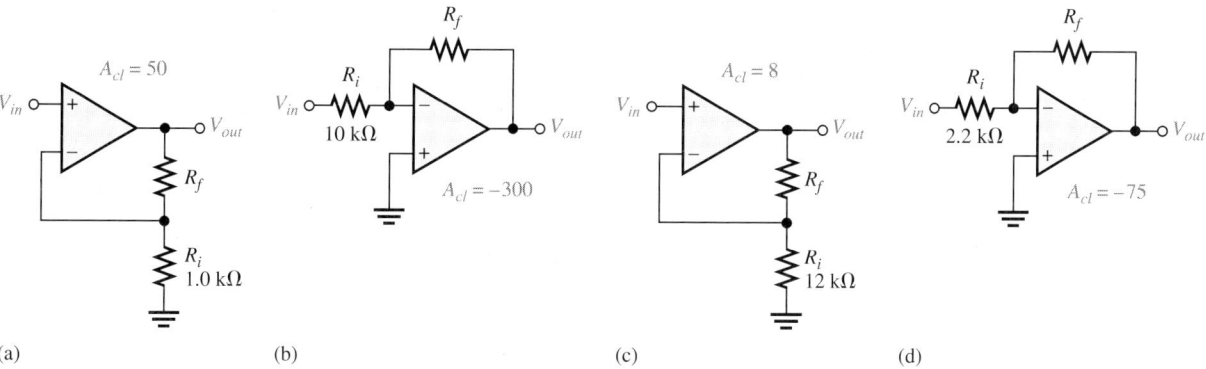

(a) (b) (c) (d)

그림 6-32

16. 10 mV rms의 신호전압이 그림 6-28의 각 증폭기에 가해진다면, 출력전압과 입력에 대한 위상관계는 어떻게 되는가?

17. 그림 6-33의 증폭기에서 다음의 각각에 대한 근사값을 구하라.

(a) I_{in}
(b) I_f
(c) V_{out}
(d) 폐루프 이득

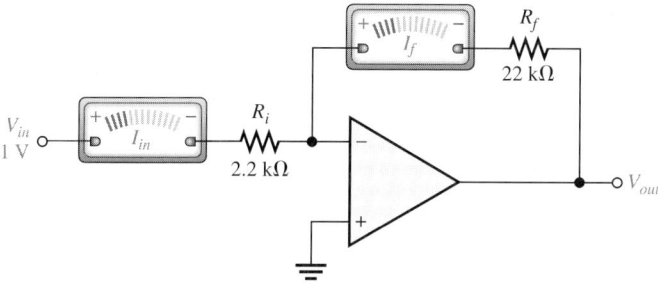

그림 6-33

18. $f_{c(ol)} = 75.0$ Hz, $A_{ol} = 100{,}000$ 그리고 $f_{c(cl)} = 55.0$ kHz로 주어질 때 폐루프 이득의 근사값을 구하라.

19. 문제 18에서 단위-이득 대역폭은 얼마인가?

20. 그림 6-34의 각 증폭기에 대한 폐루프 이득과 대역폭을 구하라. 각 회로에서 op-amp는 150,000의 개루프 이득과 2.8 MHz의 단위-이득 대역폭을 나타낸다.

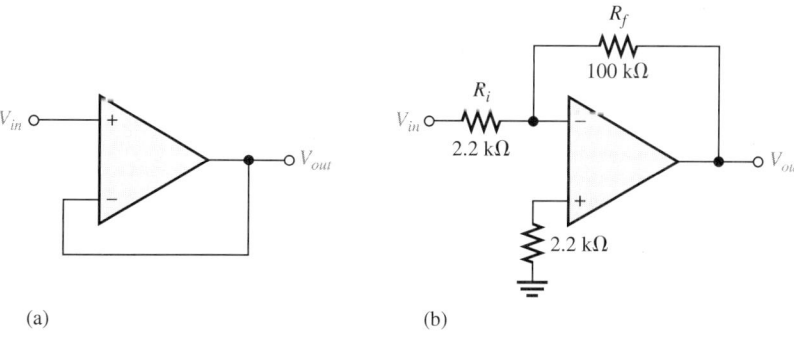

(a) (b)

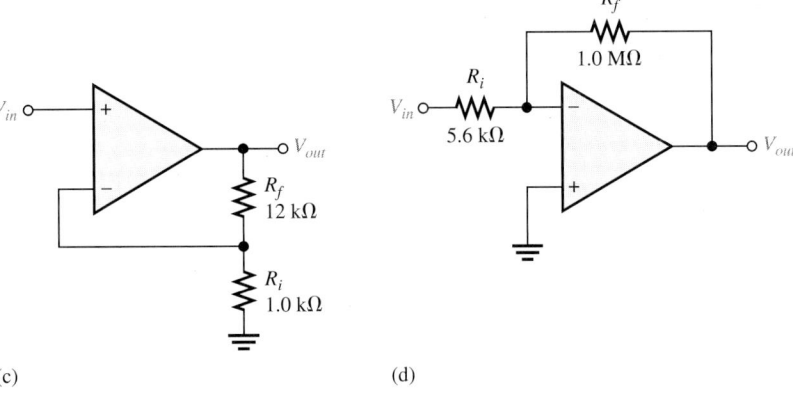

(c)   (d)

그림 6-34

21. 다음의 각 고장이 그림 6-29의 회로 출력에 미치는 영향을 구하라.

(a) 출력 핀이 반전 입력과 단락되어 있다.

(b) R_3가 개방이다.

(c) R_3가 910 Ω 대신에 10 kΩ이다.

(d) R_1과 R_2가 바뀌었다.

22. 100 mV 신호가 그림 6-29 회로의 입력에 제공되었다면, 출력은 어떻게 나타나야 하는가?

예제 질문

6-1: 500,000

6-2: 20 V/μs

6-3: 32.9

6-4: (a) 67.5 kΩ

(b) 증폭기는 구형파를 생성하는 개루프 이득을 갖는다.

6-5: (a) 29.5 kHz

(b) 42.6 kHz

복습 질문

1. 반전 입력, 비반전 입력, 출력, 양(+)과 음(−) 공급전압

2. 실제 op-amp는 높은 입력 임피던스, 낮은 출력 임피던스 그리고 높은 전압이득을 갖는다.

3. 실제 op-amp는 매우 높은 전압이득(무한대가 아닌)을 갖는다.

4. 비반전

5. 차동증폭기, 전압증폭기 그리고 푸시-풀 증폭기

6. 출력전압을 0으로 만드는 데 필요한 차동 dc 전압

7. 높다(high)

8. 궤환이 없는 이득

9. 공통-모드 제거비

10. 계단 입력에 대한 응답으로 출력전압 변화의 최대 비율

11. 반전 입력

12. 부궤환이 안정되게 제어된 전압이득, 입력과 출력 임피던스의 제어 그리고 더 넓은 대역폭을 제공한다.

13. 개루프 이득은 매우 높아서 입력에서의 매우 작은 신호가 op-amp를 포화영역에서 동작하게 한다.

14. 증가한다.

15. 두 입력이 동일한 전압을 갖는다.

16. 반전, 비반전 그리고 전압-폴로워

17. 부궤환의 주요 목적은 이득을 안정화시키는 것이다.

18. 아니다(no)

19. $A_{cl} = 1/0.02 = 50$

20. 20 kHz

21. 접지에 대한 전력 공급전압을 검사한다. 접지 연결을 확인한다. 개방 궤환저항에 대하여 검사한다.

22. 전력 공급전압과 접지선을 확인한다. 반전 증폭기에 대하여 개방 R_i를 조사하고 비반전 증폭기에 대하여 실제로 V_{in}이 (+) 핀인지 조사한다. 그렇다면, 같은 신호에 대하여 (−) 핀을 조사한다.

23. R_i가 개방된다.

24. 이득이 부정확하게 된다.

25. 전압을 확실하게 만들기 위해 op-amp를 갖는 것이다.

단원 확인 문제

1. (c)	2. (b)	3. (c)	4. (d)	5. (b)
6. (c)	7. (d)	8. (b)	9. (c)	10. (a)
11. (c)	12. (d)	13. (a)	14. (b)	15. (b)
16. (a)	17. (c)	18. (a)		

기본 OP-AMP 회로

서론

6장에서는 op-amp의 원리, 동작 그리고 특성에 대하여 배웠다. op-amp는 매우 다양한 분야에서 사용되고 있다.

이 장에서는 op-amp가 얼마나 다양하게 사용되고 있는지를 예시하고 기본 op-amp 회로 이해할 수 있도록 더 많은 분야를 설명하기로 한다.

이 장의 참고 자료는 아래 웹사이트에서 얻을 수 있다.

http://www.prenhall.com/SOE

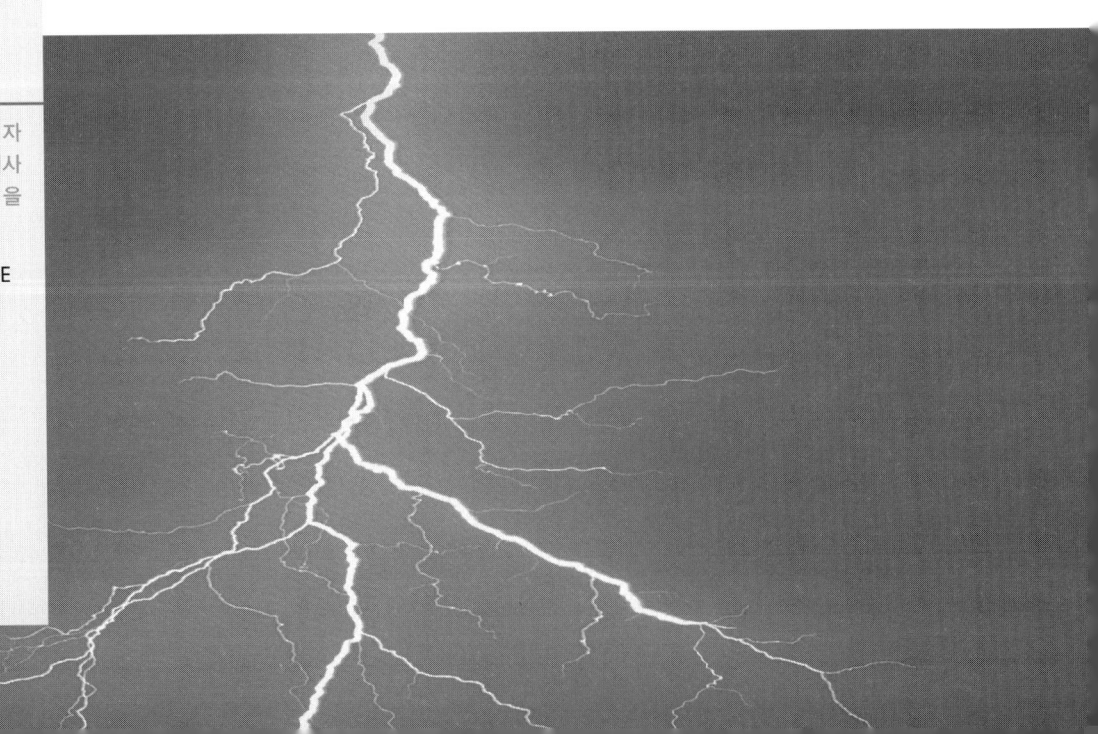

주요 목표

각 절의 내용이 목표이다. 이 장을 마치고 나면 여러분은 다음과 같은 일들을 할 수 있어야 한다.

7-1 비교기 회로의 동작

7-2 가산증폭기의 몇 가지 타입의 동작

7-3 적분기와 미분기의 동작

7-4 클램퍼, 리미터, 피크 검출기의 동작

7-5 op-amp 비교기와 가산증폭기의 고장수리

컴퓨터 시뮬레이션 디렉토리

다음 그림에는 관련된 Multisim 회로 파일이 있다.

실험실습 디렉토리

다음 실험실습은 이 장을 위한 것이다.

생명체의 신경 체계는 상호 연결되어 동작하는 신경이라고 불리는 많은 요소로 구성된 상호 연결구조체이다. 신경은 많은 입력과 출력으로 특징이 정해진다. 출력은 여자(excited)상태와 여자되지 않는 상태의 두 상태를 가질 수 있다. 신경이 가해지는 입력신호는 입력의 접합부분인 접합부에서는 약해진다. 신경망에서 각 입력신호는 접합부에서 합해지고, 이 값이 작용할 수 있는지를 결정한다. 이 값은 지속적으로 입력신호와 출력신호를 평가한다. 신경망은 입력신호를 접합부에서 계속적으로 조정한다.

인공 신경망은 인공 신경을 사용하여 구성할 수 있다. 신경은 비교기에 이어진 측정 가산기를 사용하여 시뮬레이션할 수 있다. 하중값은 측정 가산기 입력저항 값에 의해 결정된다. 이 방법을 사용하는 시스템은 입력 패턴을 인식하는 방법으로 구성되어 있다. 이 시스템은 알려진 패턴에 존재하고 하중값이 필요한 출력으로 작용하기 위해 조정되는 반복적인 훈련과정이 있다. 시스템이 "훈련"된 후에는 특별한 패턴을 기억할 수 있고 적절한 출력을 생성할 수 있다.

7-1 비교기

연산증폭기는 한 전압의 진폭을 다른 것과 비교하는 비선형소자로 사용하기도 한다. 이러한 응용에서 op-amp는 하나의 입력단에 입력전압, 다른 입력단에 기준전압이 가해지는 개루프 형태로 구성되어 사용된다.

이 절에서는 몇 가지 기본적인 비교기 회로의 동작을 설명한다.

0-레벨 검출기

비교기(comparator)는 두 개의 입력전압을 비교하여 입력들이 크거나 작은 두 상태의 출력을 표시하는 회로이다. 비교기로 사용된 op-amp는 입력전압이 어떤 레벨을 초과할 때를 결정하는 것이다. 그림 7-1(a)는 0-레벨 검출기이다. 반전 입력(−)은 0-레벨을 생성하기 위해 접지되어 있고 입력신호 전압은 비반전 입력(+)으로 표시된다. 높은 개루프 전압이득으로 인해 두 입력 사이에 매우 적은 차동전압에서 출력전압이 일정한 값이 될 수 있도록 증폭기를 포화상태로 구동한다.

예로, $A_{ol} = 100,000$을 갖는 op-amp를 고려해 보자. 입력들 사이에 0.25 mV 전압차이가 op-amp가 할 수 있을지 모르지만, $(0.25\ \text{mV})(100,000) = 25\ \text{V}$의 출력전압을 발생한다. 그러나 대부분의 op-amp는 ±15 V 또는 더 낮은 출력전압을 갖기 때문에 소자는 포화상태에서 구동된다. 대부분의 비교 응용에서는 특수한 op-amp 비교기가 사용된다. 일반적으로 이 IC들은 스위칭 속도를 최대화하기 위해 설계되었다. 일반적인 범용 op-amp가 비교기로도 많이 사용된다.

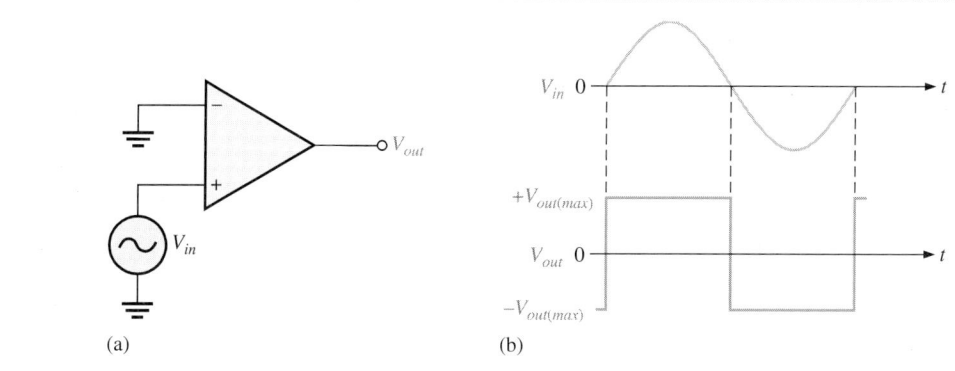

그림 7-1

0-레벨 검출기로서 op-amp

(a)　　　　　　　　　(b)

그림 7-1(b)는 0-레벨 검출기에 비반전 입력으로 제공된 정현파 입력전압의 결과이다. 정현파가 음(−)일 때, 출력은 최대 음(−) 레벨에 있다. 정현파가 0을 지날 때, 증폭기는 반대상태로 구동되고 출력은 그림과 같이 최대 양(+) 레벨로 가게 된다. 0-레벨 검출기는 정현파에서 구형파를 생성하는 스퀘어링 회로로 사용될 수 있다.

비 0-레벨 검출기

그림 7-1의 0-레벨 검출기는 그림 7-2(a)와 같이 반전 입력(−)에 고정된 기준전압을

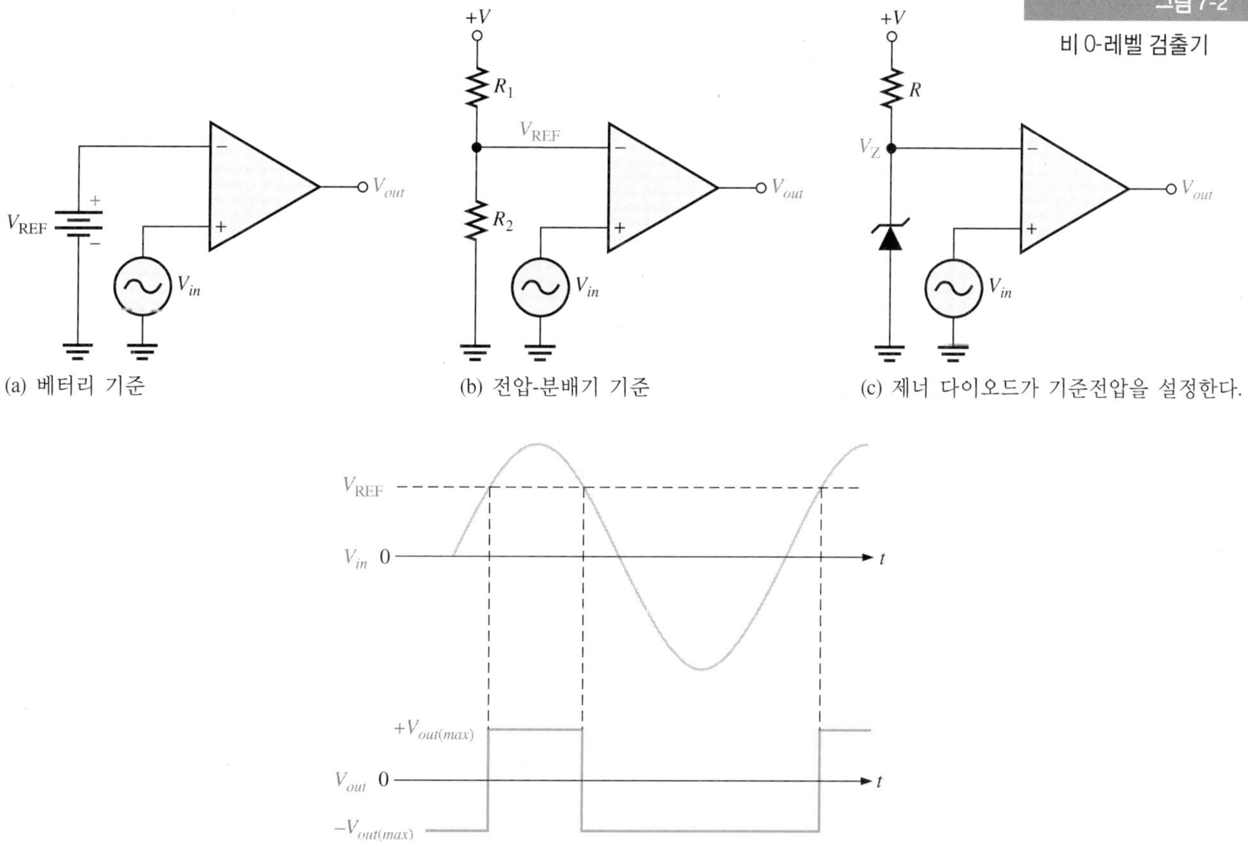

그림 7-2

비 0-레벨 검출기

(a) 베터리 기준　　　　(b) 전압-분배기 기준　　　　(c) 제너 다이오드가 기준전압을 설정한다.

(d) 파형

연결하여 양(+)과 음(−) 전압을 검출하도록 수정할 수 있다. 보다 더 실제적인 구성은 그림 7-2(b)와 같이 기준전압을 설정하도록 전압 분배기를 사용하는 것이다.

$$V_{REF} = \frac{R_2}{R_1 + R_2}(+V) \tag{7-1}$$

여기서 $+V$는 양(+)의 op-amp 공급전압이다. 그림 7-2(c)의 회로는 기준전압($V_{REF} = V_Z$)을 설정하기 위해 제너 다이오드를 사용한 것이다. 입력전압 V_{in}이 V_{REF}보다 작은 동안, 출력은 최대 음(−) 레벨 상태가 된다. 입력전압이 기준전압을 초과하는 동안, 그림 7-2(d)와 같이 정현파 입력전압에서는 최대 양(+)의 상태로 된다.

| 예제 7-1 |

문제

그림 7-3(a)의 입력신호가 그림 7-3(b)의 비교기 회로에 가해진다고 하자. 입력신호와 출력신호를 그려라. op-amp의 최대 출력레벨은 ±12 V로 가정한다.

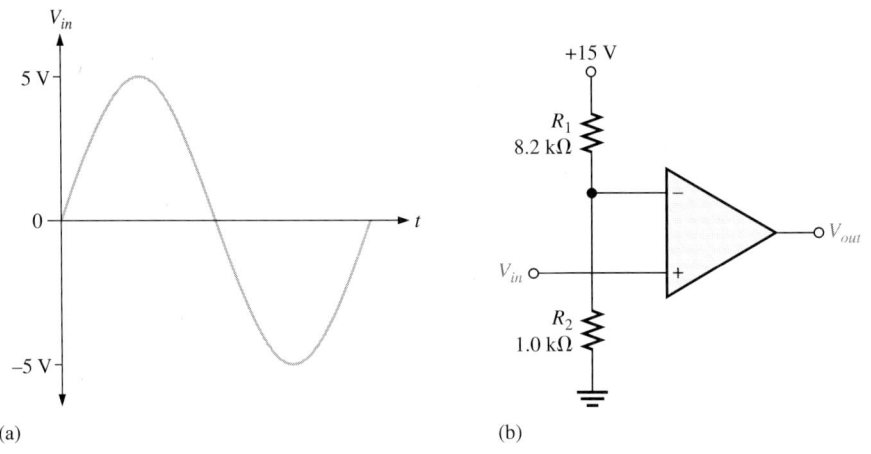

그림 7-3

풀이

기준전압은 다음과 같이 R_1과 R_2에 의해 설정된다:

$$V_{REF} = \frac{R_2}{R_1 + R_2}(+V) = \frac{1.0\ k\Omega}{8.2\ k\Omega + 1.0\ k\Omega}(+15\ V) = 1.63\ V$$

그림 7-4와 같이 입력이 +1.63 V를 초과할 때, 출력전압은 +12 V 레벨로 스위치하고 입력이 +1.63 V 아래로 갈 때, 출력은 −12 V 레벨로 스위치한다.

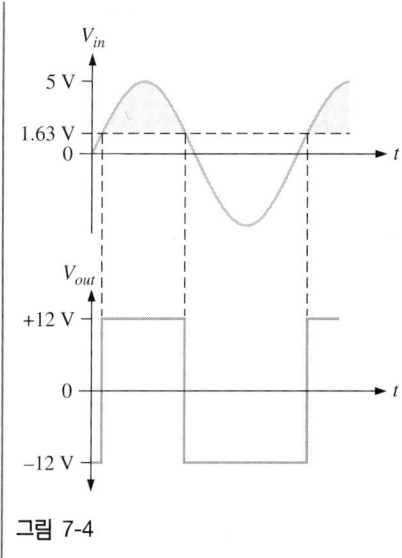

그림 7-4

질문

그림 7-3에서 $R_1 = 22\,k\Omega$이고 $R_2 = 3.3\,k\Omega$이라면 기준전압은 얼마인가?

컴퓨터 시뮬레이션

웹사이트에서 Multisim의 F07-03DV 파일을 이용하여 입력을 가하고 출력 파형을 관찰한다.

비교기 동작에서 입력잡음의 효과

대부분의 실제 상황에서, **잡음**(원하지 않는 전압 또는 전류 변동)은 입력선에 나타날 수 있다. 잡음전압은 그림 7-5와 같이 입력전압과 중첩되어, 비교기의 출력상태를 불규칙적으로 변하게 할 수 있다.

그림 7-6(a)와 같이 잡음전압의 전위효과를 이해하기 위해 0-레벨 검출기로 사용된 op-amp 비교기의 비반전 입력(+)에 저주파 정현 전압을 가한다고 하자. 그림의 (b)는 입력 정현파와 잡음을 합한 것과 그 출력 결과이다. 정현파가 0에 도달하면, 잡음에 의한 변동은 전체 입력을 0의 위와 아래로 몇 차례 변하게 한다. 따라서 불규칙한 출력을 생성하게 된다.

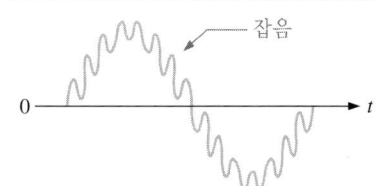

그림 7-5
잡음과 중첩된 정현파

그림 7-6

비교기 회로에서 잡음의 영향

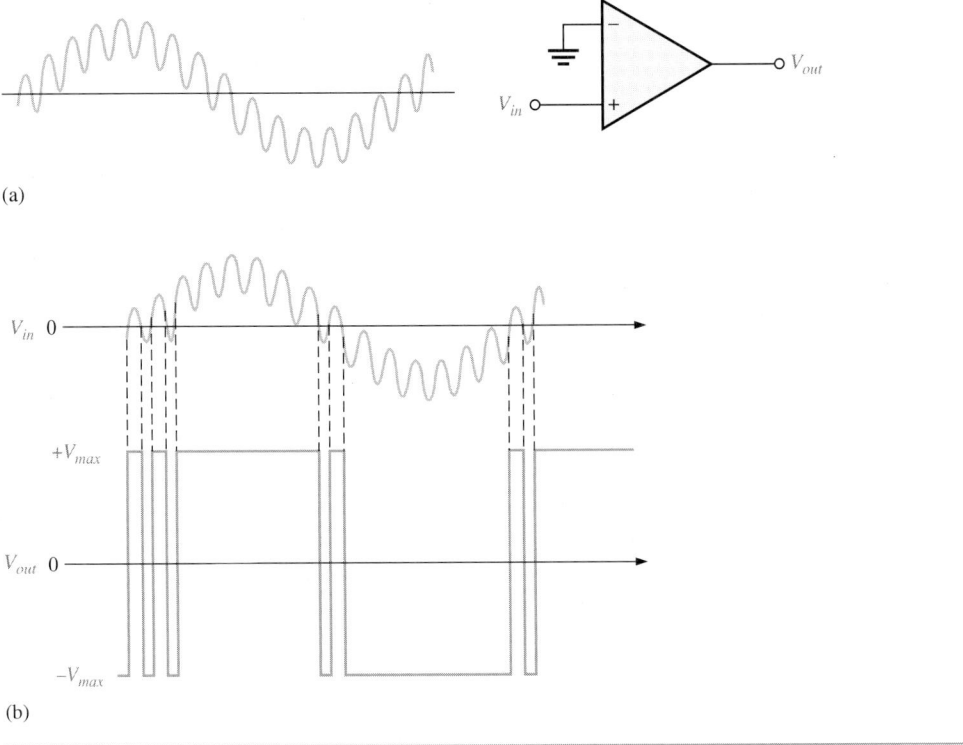

(a)

(b)

히스테리시스로 잡음효과 감소시키기

입력에서 잡음에 의해 발생된 불규칙한 출력전압은 op-amp 비교기의 출력이 양(+)에서 음(−)으로 반대방향으로 변하게 하는 동일한 입력상태에 대하여 음(−)의 출력상태에서 양(+)의 출력상태로 변하게 하기 때문에 발생한다. 불안정한 조건은 입력전압이 기준전압 주변에 있을 때 발생하고 작은 잡음 변화는 비교기를 처음에는 한쪽으로만 변하게 하고 다음은 반대로 변하게 한다.

잡음에 덜 민감한 비교기를 만들기 위해서는 트랜지스터에 대하여 히스테리시스(hysteresis)라는 정궤환(positive feedback)과 결합하는 기법을 사용한다. 히스테리시스에는 두 개의 기준레벨을 사용한다. 히스테리시스에 대한 좋은 예로는 특정 온도에서 난방기구를 켜고 다른 온도에서 끄는 일반 가정용 온도조절장치이다.

두 기준레벨을 상위 트리거 점(upper trigger point: UTP)과 하위 트리거 점(lower trigger point: LTP)이라 한다. 그림 7-7과 같이 2-레벨 히스테리시스는 정궤환으로 구성되어 있다. 비반전 입력(+)은 출력전압의 일부가 입력으로 궤환되는 저항성 전압 분배기에 연결된다. 이 경우에 입력신호는 반전 입력(−)에 가해진다.

그림 7-7의 히스테리시스를 갖는 비교기의 기본 동작은 다음과 같다. 출력전압이 양의 최대값 $+V_{out(max)}$에 있다고 가정하자. 비반전 입력으로 궤환되는 전압은 V_{UTP}으로 다음과 같이 표현된다.

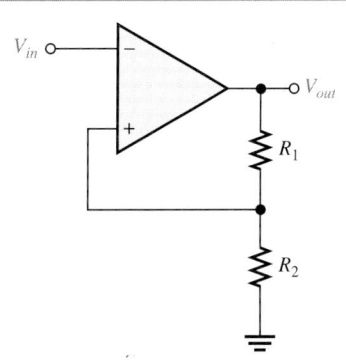

그림 7-7

히스테리시스를 위한 정궤환을 갖는 비교기

$$V_{UTP} = \frac{R_2}{R_1 + R_2}(+V_{out(max)})$$

입력전압 V_{in}이 V_{UTP}를 초과하면 출력전압은 음의 최대값 $-V_{out(max)}$으로 강하된다. 이제 비반전 입력으로 궤환하는 전압 V_{LTP}는 다음과 같이 표현된다.

$$V_{LTP} = \frac{R_2}{R_1 + R_2}(-V_{out(max)})$$

입력전압은 소자가 다른 전압레벨로 바뀌기 전에 아래로 떨어져야 한다. 그림 7-8과 같이 이 경우에는 잡음전압의 양이 작으면 출력에 영향을 미치지 않는다는 것을 의미한다.

　히스테리시스를 갖는 비교기로는 **슈미트 트리거**(Schmitt trigger) 회로가 있다. 히스테리시스의 양은 두 트리거 레벨의 차이에 의해 정의된다.

$$V_{HYS} = V_{UTP} - V_{LTP} \tag{7-2}$$

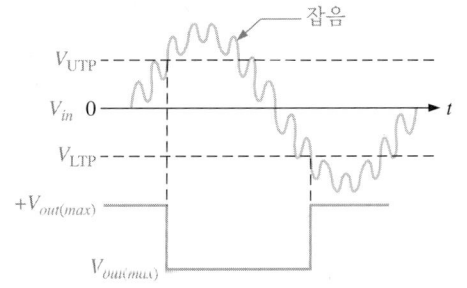

그림 7-8

히스테리시스를 갖는 비교기의 동작. 소자는 UTP 나 LTP 에 도달했을 때만 트리거된다. 따라서 입력신호에 포함되어 있는 잡음에 영향을 받지 않는다.

예제 7-2

문제

그림 7-9의 비교기 회로에서 상위 트리거 점과 하위 트리거 점 그리고 히스테리시스를 구하라. $+V_{out(max)} = +5\,\text{V}$이고 $-V_{out(max)} = -5\,\text{V}$로 가정한다.

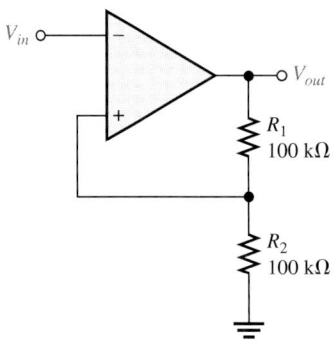

그림 7-9

풀이

$$V_{\text{UTP}} = \frac{R_2}{R_1 + R_2}(+V_{out(max)}) = 0.5(5\,\text{V}) = +\textbf{2.5 V}$$

$$V_{\text{LTP}} = \frac{R_2}{R_1 + R_2}(-V_{out(max)}) = 0.5(-5\,\text{V}) = -\textbf{2.5 V}$$

$$V_{\text{HYS}} = V_{\text{UTP}} - V_{\text{LTP}} = 2.5\,\text{V} - (-2.5\,\text{V}) = \textbf{5 V}$$

질문

그림 7-9에서 $R_1 = 68\,\text{k}\Omega$이고 $R_2 = 82\,\text{k}\Omega$일 때, 상위 트리거 점과 하위 트리거 점 그리고 히스테리시스를 구하라. 최대 출력전압 레벨은 $\pm 7\,\text{V}$이다.

컴퓨터 시뮬레이션

웹사이트에서 Multisim의 F07-09DV 파일을 이용하여 출력전압을 관찰한다.

비교기 응용: 초과-온도 센싱회로

그림 7-10은 온도가 어떤 임계값에 도달했을 때를 결정하는 정밀 초과-온도 센싱회로(over-temperature sensing circuit)에 사용된 op-amp 비교기이다. 회로는 브리지가 균형이 맞았을 때를 검출하기 위해 사용되는 op-amp를 갖는 휘스톤 브리지(Wheatstone bridge)로 구성된다. 브리지의 한쪽 단자는 음(−) 온도 계수(온도가 상승하는 만큼 저항을 감소시키고, 반대의 경우도 성립한다)로 온도 센싱 저항인 더미스터(thermistor) R_1을

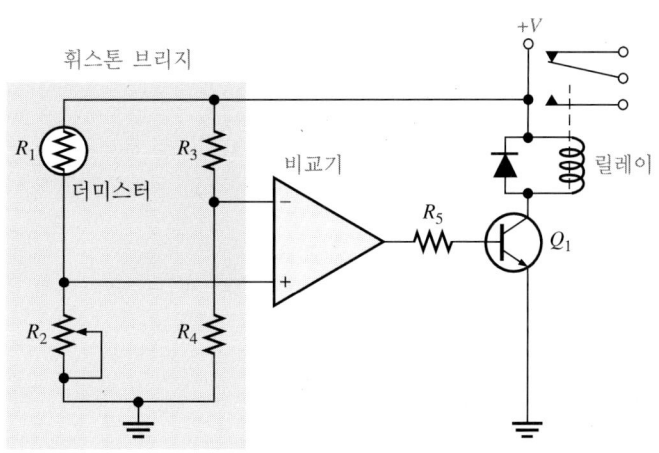

그림 7-10
초과-온도 센싱회로

가지고 있다. 전위차계(potentiometer) R_2는 임계온도에서 더미스터의 저항과 같은 값으로 설정되어 있다. 정상온도(임계온도 아래)에서 R_1은 R_2보다 크다. 따라서 op-amp가 낮게 포화된 출력레벨로 구동되도록 불균형 조건을 생성하고 트랜지스터 Q_1은 off 상태를 유지한다.

온도가 상승하는 만큼 더미스터의 저항은 감소한다. 온도가 임계값에 도달할 때, R_1은 R_2와 같게 되고 브리지는 균형상태가 된다($R_3 = R_4$이기 때문에). 이때 op-amp는 Q_1을 on시키는 높게 포화된 출력레벨로 바꾼다. 이것은 알람을 사용하거나 초과-온도 조건에 적당한 응답을 초기화하기 위해 사용될 수 있는 릴레이에 전압을 가하게 된다.

복습 질문

1. 그림 7-11의 각 비교기에서 기준전압은 얼마인가?
2. 회로에서 잡음이란?
3. 비교기에서 히스테리시스의 목적은 무엇인가?
4. 일반적으로 히스테리시스라고 불리는 비교기는 무엇인가?
5. 히스테리시스는 어떤 형태의 궤환인가?

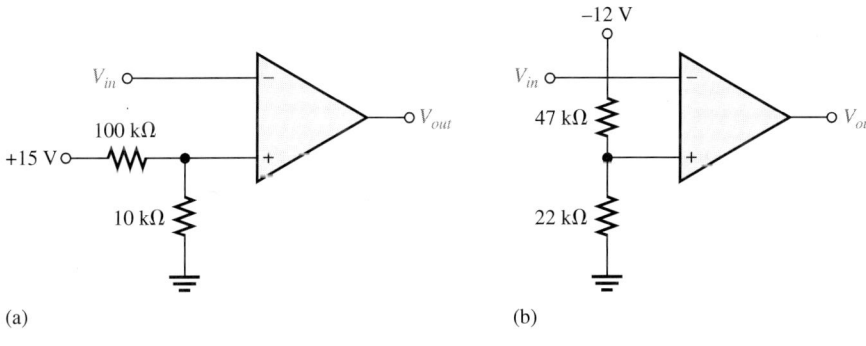

(a)

(b)

그림 7-11

7-2 가산증폭기

가산증폭기는 반전 op-amp의 변형된 회로이다. **가산증폭기**(summing amplifier)는 두 개 이상의 입력을 갖고, 출력전압은 입력전압의 대수 합에 반비례한다.

이 절에서는 몇 가지 종류의 가산증폭기의 동작에 대하여 설명한다.

그림 7-12에는 2-입력 가산증폭기로, 입력의 수는 조정할 수 있다. 회로의 동작과 출력식은 다음과 같다. 두 전압 V_{IN1}과 V_{IN2}가 입력에 가해져서 전류 I_1과 I_2를 발생시 킨다. 무한대 입력저항과 가상접지 상태라면 op-amp의 반전 입력(−)에서 전압은 거 의 0 V이다. 따라서, 반전 입력에서 전류는 없다. 이것은 두 입력전류 I_1과 I_2는 합산 점에서 결합하고 R_f를 통해 ($I_T = I_1 + I_2$)로 표시한 것처럼 전체 전류를 형성한다는 것을 의미한다. $V_{OUT} = -I_T R_f$이기 때문에 다음 단계를 적용한다.

$$V_{OUT} = -(I_1 + I_2)R_f = -\left(\frac{V_{IN1}}{R_1} + \frac{V_{IN2}}{R_2}\right)R_f$$

세 개의 저항이 모두 같은 값($R_1 = R_2 = R_f = R$)이라면,

$$V_{OUT} = -\left(\frac{V_{IN1}}{R} + \frac{V_{IN2}}{R}\right)R = -(V_{IN1} + V_{IN2})$$

이 식에서 출력전압은 두 입력전압의 합과 같은 크기를 갖지만 부호가 음(−)이다. 그림 7-13과 같이 모든 저항이 같은 값인 n 입력을 갖는 가산증폭기에 대한 일반식은 식 (7-3)에 주어져 있다.

$$V_{OUT} = -(V_{IN1} + V_{IN2} + \cdots + V_{INn}) \tag{7-3}$$

그림 7-12

2-입력 반전 가산증폭기

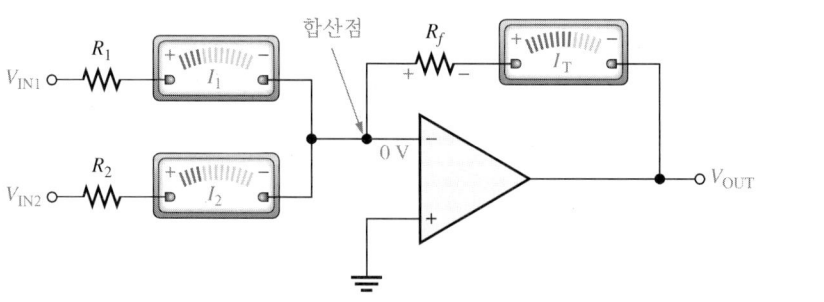

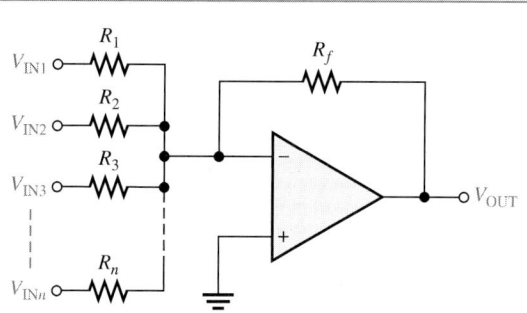

그림 7-13

n 입력을 갖는 가산증폭기

문제

예제 7-3

그림 7-14의 출력전압을 구하라.

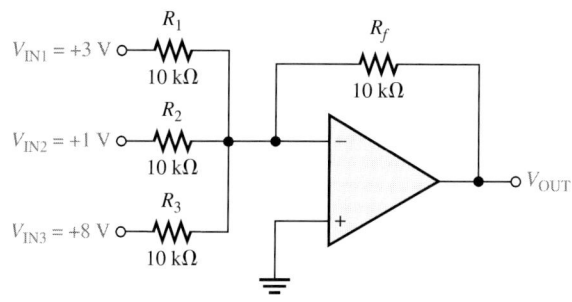

그림 7-14

풀이

$$V_{\text{OUT}} = -(V_{\text{IN1}} + V_{\text{IN2}} + V_{\text{IN3}}) = -(3\,\text{V} + 1\,\text{V} + 8\,\text{V}) = \mathbf{-12\,V}$$

질문

$10\,\text{k}\Omega$의 저항을 갖는 $+0.5\,\text{V}$의 네 번째 입력이 그림 7-14에 추가되었다면, 출력전압은 얼마인가?

컴퓨터 시뮬레이션

웹사이트에서 Multisim의 F07-14DV 파일을 이용하여 출력전압을 측정한다.

평균증폭기

가산증폭기는 입력전압의 수학적 평균으로 구할 수 있다. 증폭기는 R_f/R의 이득을 갖는다. 여기서 R이 각 입력저항의 값이다. 평균증폭기의 출력에 대한 일반식은

$$V_{OUT} = -\frac{R_f}{R}(V_{IN1} + V_{IN2} + \cdots + V_{INn}) \qquad (7\text{-}4)$$

이다. 평균은 R_f/R 비를 입력의 수(n)의 역수와 같도록 설정하여 구한다. 즉, $R_f/R = 1/n$ 이다.

몇 개 수들의 평균은 먼저 수들을 더하고 수들의 개수로 나누어 구했다. 식 (7-4)에서 가산증폭기의 편리함을 알 수 있다. 다음 예는 이러한 개념을 설명한다.

예제 7-4

문제

그림 7-15의 증폭기가 크기가 입력전압의 수학적인 평균인 출력에 생성한다는 것을 보여라.

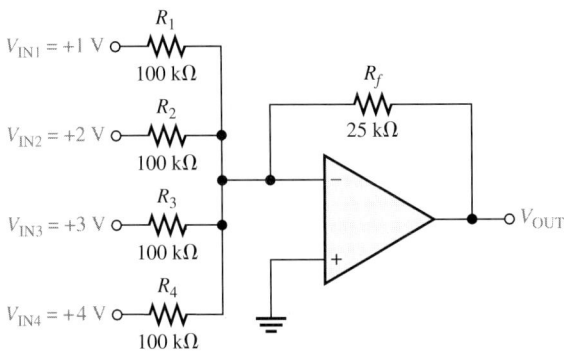

그림 7-15

풀이

입력저항들이 같기 때문에 $R = 100\,\text{k}\Omega$이다. 출력전압은

$$V_{OUT} = -\frac{R_f}{R}(V_{IN1} + V_{IN2} + V_{IN3} + V_{IN4})$$

$$= -\frac{25\,\text{k}\Omega}{100\,\text{k}\Omega}(1\,\text{V} + 2\,\text{V} + 3\,\text{V} + 4\,\text{V}) = -\frac{1}{4}(10\,\text{V}) = \mathbf{-2.5\,V}$$

이다. 간단한 계산에서도 입력값의 평균이 V_{OUT}과 같은 크기이지만 부호가 반대인 것을 보여준다.

$$V_{IN(avg)} = \frac{1\,\text{V} + 2\,\text{V} + 3\,\text{V} + 4\,\text{V}}{4} = \frac{10\,\text{V}}{4} = 2.5\,\text{V}$$

질문

5개의 입력을 조작하기 위해 그림 7-15의 평균증폭기에서 무엇을 변경해야 하는가?

컴퓨터 시뮬레이션

웹사이트에서 Multisim의 F07-15DV 파일을 이용하여 출력전압을 측정한다.

가산기

서로 다른 가중치는 입력저항의 값을 간단히 조정하여 가산증폭기의 각 입력에 할당할 수 있다. 출력전압은 다음과 같이 표현할 수 있다.

$$V_{OUT} = -\left(\frac{R_f}{R_1}V_{IN1} + \frac{R_f}{R_2}V_{IN2} + \cdots + \frac{R_f}{R_n}V_{INn}\right) \tag{7-5}$$

특정 입력의 가중치는 R_f와 그 입력에 대한 저항의 비로 설정할 수 있다. 예로, 입력전압이 1의 가중치를 갖는다면, $R = R_f$이다. 또, 0.5의 가중치가 필요하면, $R = 2R_f$이다. R의 값이 작으면 작을수록, 가중치는 더 커지고 반대의 경우도 성립한다.

문제

그림 7-16의 크기 가산기에 대한 각 입력전압의 가중치를 결정하고 출력전압을 구하라.

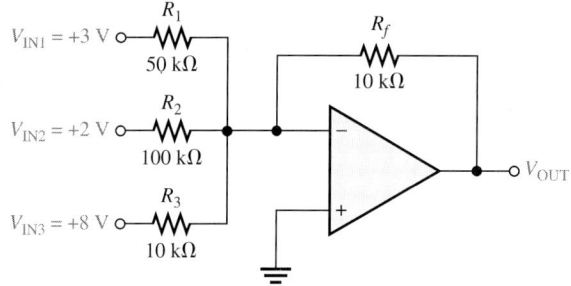

그림 7-16

풀이

입력 1의 가중치: $\dfrac{R_f}{R_1} = \dfrac{10\,k\Omega}{50\,k\Omega} = \mathbf{0.2}$

입력 2의 가중치: $\dfrac{R_f}{R_2} = \dfrac{10\,k\Omega}{100\,k\Omega} = \mathbf{0.1}$

입력 3의 가중치: $\dfrac{R_f}{R_3} = \dfrac{10\,k\Omega}{10\,k\Omega} = \mathbf{1}$

출력전압은

$$V_{OUT} = -\left(\frac{R_f}{R_1}V_{IN1} + \frac{R_f}{R_2}V_{IN2} + \frac{R_f}{R_3}V_{IN3}\right)$$
$$= -[0.2(3\,V) + 0.1(2\,V) + 1(8\,V)] = -(0.6\,V + 0.2\,V + 8\,V) = \mathbf{-8.8\,V}$$

질문

그림 7-16에서 $R_1 = 22\,k\Omega$, $R_2 = 82\,k\Omega$, $R_3 = 56\,k\Omega$ 그리고 $R_f = 10\,k\Omega$이면, 각 입력전압의 가중치는 얼마인가? 또한, V_{OUT}을 구하라.

컴퓨터 시뮬레이션

웹사이트에서 Multisim의 F07-16DV 파일을 이용하여 출력전압을 측정한다.

크기 가산기 응용: 디지털-아날로그(D/A) 변환

D/A 변환(digital/analog conversion)은 디지털 신호를 아날로그 신호(선형)로 변환하기 위한 중요한 인터페이스 과정이다. 예로, 저장, 처리 또는 전송을 위해 디지털화된 음성신호는 스피커를 구동하기 위해 원래의 음성신호로 변환되어야만 한다.

D/A 변환의 한 가지 방법은 디지털 입력 코드의 2진 가중치를 표현하는 입력저항 값으로 크기 가산기를 사용한다. 그림 7-17은 4-자리 디지털-아날로그 변환기(DAC)(2진-가중치 저항 DAC라고 부른다)이다. 스위치 기호는 4개의 2진수 자리에 입력을 제공하기 위한 트랜지스터 스위치를 나타낸다.

반전 입력(−)은 가상접지에 있다. 따라서 출력전압은 궤환저항 R_f를 통해 흐르는 전류(입력전류의 합)에 비례한다. 가장 낮은 저항 R은 가장 높은 가중치를 갖는 2진 입력(2^3)에 해당한다. 다른 모든 저항은 R의 배수이고 2진 가중치 2^2, 2^1 그리고 2^0에 해당한다.

그림 7-17

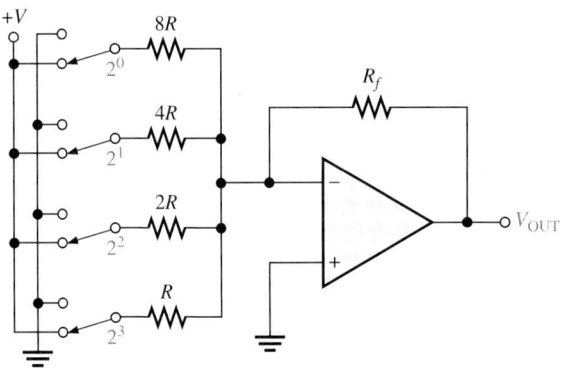

복습 질문

6. 합산점은 무엇인가?
7. 입력에 1 V, 2 V 그리고 4 V를 갖는 단위이득($A_{cl} = 1$) 가산증폭기의 출력전압은 얼마인가?
8. 5-입력 평균 가산기에 대한 R_f/R의 값은 얼마인가?
9. 어떤 크기 가산기가 두 개의 입력을 갖고 있고, 한 입력의 가중치가 나머지 한 입력의 두 배이다. 낮은 가중치를 갖는 입력에 대한 저항값이 10 kΩ이면, 다른 입력저항

의 값은 얼마인가?

10. DAC를 무엇을 하는 것인지 설명하라?

op-amp 적분기는 함수곡선 아래의 전체 면적을 결정하는 가산 과정인 적분형태이다. 수학적으로는 적분과 유사하다. op-amp 미분기는 함수의 순간적인 변화 비율을 결정하는 미분형태이다. 이 절에서는 적분기와 미분기의 기본적인 원리를 설명하기 위해 이상적인 상태로 해석한다. 실제적으로 적분기는 포화를 방지하기 위해 궤환 커패시터에 병렬로 저항이나 다른 소자를 연결한다.

이 절에서는 적분기와 미분기의 동작을 설명한다.

Op-Amp 적분기

적분기(integrator)는 입력함수의 면적에 근접하는 반전된 출력을 발생하는 회로이다. 그림 7-18은 이상적인 적분기이다. 궤환요소는 입력저항과 RC 회로를 형성하는 커패시터이다.

커패시터를 충전하는 방법

적분기가 동작하는 방법을 이해하기 위해, 커패시터를 충전하는 방법을 알아보는 것이 중요하다. 커패시터상의 전하 Q는 충전하는 전류(I_C)와 시간(t)에 비례한다.

$$Q = I_C t$$

또한, 전압의 항에서 커패시터상의 전하는

$$Q = CV_C$$

이다. 이 두 관계로부터, 커패시터 전압은 다음과 같이 표현된다.

$$V_C = \left(\frac{I_C}{C}\right)t$$

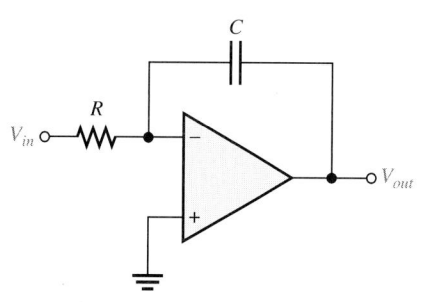

그림 7-18
이상적인 op-amp 적분기

이 식은 I_C/C의 일정한 기울기로 0에서 시작하는 직선에 대한 방정식이다. (직선에 대한 일반 공식은 $y = mx + b$이다. 이 경우에 $y = V_C$, $m = I_C/C$, $x = t$ 그리고 $b = 0$이다.)

간단한 RC 회로에서 커패시터 전압은 선형이 아니고 지수적이다. 이것은 커패시터가 충전되는 만큼 전류는 지속적인 감소를 일으키고 전압에서의 변화의 비율을 지속적으로 감소하게 하기 때문이다. 적분기를 구성하기 위해 op-amp에서는 상수로 표시되는 RC 회로를 사용한다. 따라서, 지수적인 전압이라기보다는 직선(선형) 전압을 생성한다.

그림 7-19에서 op-amp의 반전 입력은 가상접지(0 V)에 있다. 따라서 R_i에 인가되는 전압은 V_{in}과 같다. 따라서, 입력전류는

$$I_{in} = \frac{V_{in}}{R_i}$$

이다.

V_{in}이 일정하다면, 반전 입력은 항상 0 V이고, R_i에 인가되는 전압은 상수이므로 I_{in}역시 상수이다. op-amp의 매우 높은 입력 임피던스 때문에 반전 입력에서 전류는 무시할 수 있다. 이것은 커패시터를 충전하는 입력전류의 모든 값이다. 따라서,

$$I_C = I_{in}$$

커패시터 전압

I_{in}가 상수이기 때문에 I_{in}은 I_C이다. 상수 I_C는 선형적으로 커패시터를 충전하고 C는 선형 전압을 생성한다. 커패시터의 양(+)측은 op-amp의 가상접지에 의해 0 V를 유지한다. 커패시터의 음(−) 측에서 전압은 그림 7-20과 같이 커패시터 전하로 0에서부터 선형적으로 감소한다. 이 전압을 음(−) 램프(negative ramp)라고 부르고 상수인 양(+) 입력의 결과이다.

출력전압

V_{out}은 커패시터의 음(−)측에서의 전압이다. 계단파나 펄스(펄스는 높을 때 일정한 진폭을 갖는다)파에서 상수 양(+)의 입력전압이 가해질 때, 출력 램프는 op-amp가 최

그림 7-19

적분기에서 전류

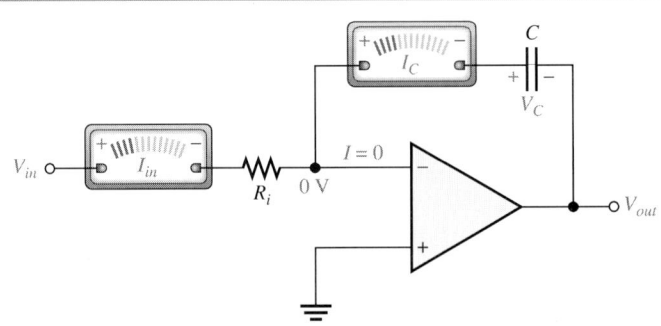

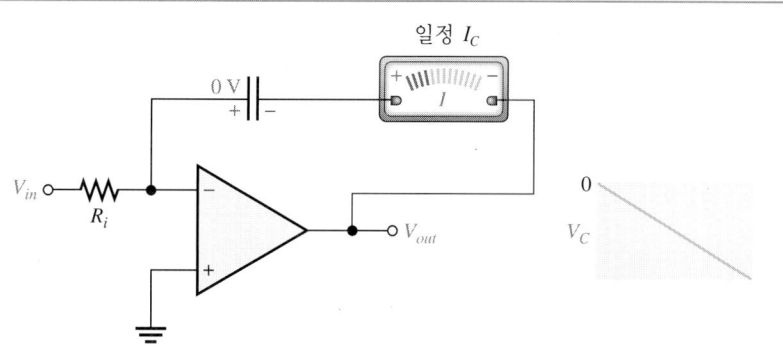

그림 7-20

선형 램프전압은 일정 충전전류에 의한 C에서 발생된다.

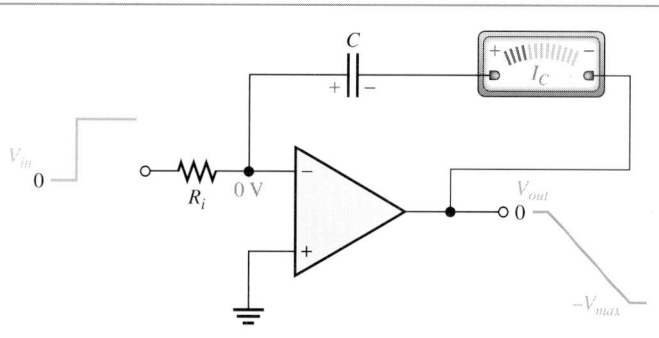

그림 7-21

상수 입력전압은 적분기의 출력에 램프를 생성한다.

대 음($-$) 레벨에서 포화될 때까지 음으로 감소한다. 그림 7-21은 이에 대한 설명이다.

출력 변화의 비율

커패시터를 충전하는 비율과 출력 램프의 기울기는 I_C/C의 비율에 의해 설정된다. $I_C = V_{in}/R_i$이기 때문에, 충전의 비율이나 적분기 출력전압의 기울기는

$$출력\ 변화의\ 비율 = -\frac{V_{in}}{R_iC} \qquad (7-6)$$

이다. 적분기는 특별히 삼각파에서 유용하다.

문제   **예제 7-6**

(a) 그림 7-22(a)와 같이 이상적인 적분기에서 입력 구형파에 대한 응답으로 출력전압 변화의 비율을 결정하라. 출력전압은 초기에 0이다. 펄스폭은 100 μs이다.

(b) 출력을 기술하고 파형을 그려라.

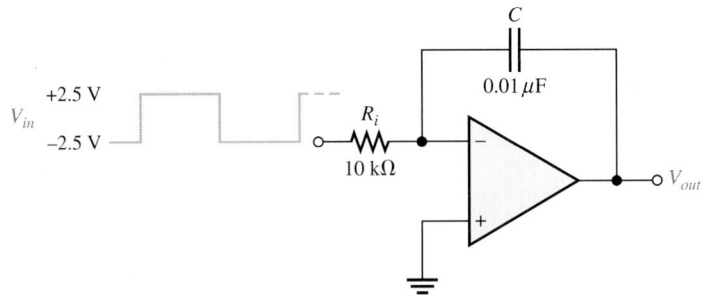

(a)

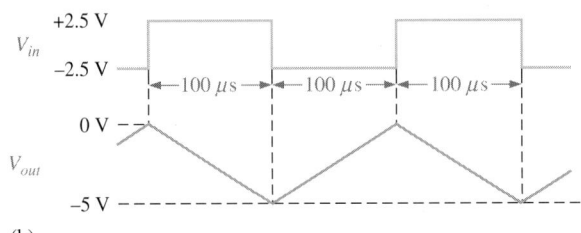

(b)

그림 7-22

풀이

(a) 입력이 양(+)에 있는 시간 동안, 커패시터는 출력전압 변화의 비율인 음(−)인 동안 충전된다.

$$\text{출력 변화의 비율} = -\frac{V_{in}}{R_i C} = -\frac{5\,\text{V}}{(10\,\text{k}\Omega)(0.01\,\mu\text{F})} = -50\,\text{kV/s}$$
$$= -50\,\text{mV/}\mu\text{s}$$

입력이 음(−)에 있는 시간 동안, 커패시터는 방전한다. 따라서, 출력전압 변화의 비율은 양(+)에 있을 동안 충전하는 것과 같다.

$$\text{출력 변화의 비율} = \mathbf{+50\,mV/\mu s}$$

(b) 입력이 +2.5 V일 때, 출력은 음(−)으로 가는 램프이다. 입력이 −2.5 V에 있을 때, 출력은 양(+)으로 가는 램프이다.

$$\text{출력전압에서의 변화} = (50\,\text{mV/}\mu\text{s})(100\,\mu\text{s}) = 5\,\text{V}$$

입력이 +2.5 V에 있는 동안 출력은 0 V에서 −5 V로 진행한다. 입력이 −2.5 V에 있는 동안 출력은 −5 V에서 −0 V로 진행한다. 따라서, 출력은 그림 7-22(b)에 나타낸 것처럼 0 V와 −5 V에서 피크가 되는 삼각파형이다.

질문

예제와 동일한 입력을 갖고 0 V에서 10 V로 출력이 변하도록 만들기 위해 그림 7-22의 적분기를 어떻게 변경해야 하는가?

컴퓨터 시뮬레이션

웹사이트에서 Multisim의 F07-22DV 파일을 이용한다. 출력 파형이 dc에서 높은 이득 때문에 이상적인 회로에서는 서서히 이동한다. 이를 위해 커패시터에 병렬로 1 MΩ의 저항을 연결한다. 초기 이동이 서서히 진행되기는 하였지만 dc 이득이 감소했기 때문에 안정화될 것이다.

Op-Amp 미분기

미분기(differentiator)는 입력함수 변화의 비율에 근접하는 반전된 출력을 생성하는 회로이다. 그림 7-23은 이상적인 미분기회로이다. 커패시터와 저항의 위치가 적분기와 다르다. 여기서 커패시터는 입력요소이다. 미분기는 입력전압 변화의 비율에 비례하는 출력을 생성하는 회로이다. 일반적으로 이득을 제한하기 위해 값이 작은 저항을 커패시터와 직렬로 연결하여 사용한다.

그림 7-24와 같이 미분기의 동작하는지 알아보기 위해, 입력에 양(+)으로 이동하는 램프전압을 가한다. 이 경우에 $I_C = I_{in}$이고 커패시터에 걸리는 전압은 반전 입력이 가상접지이기 때문에 항상 V_{in}과 같다($V_C = V_{in}$).

$V_C = (I_C/C)t$인 기본 공식으로부터,

$$I_C = \left(\frac{V_C}{t} \right) C$$

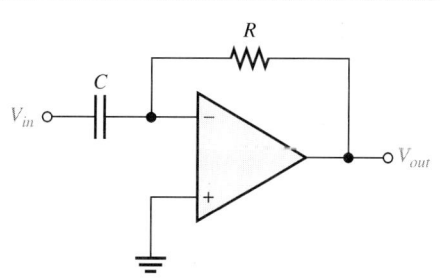

그림 7-23

이상적인 op-amp 미분기

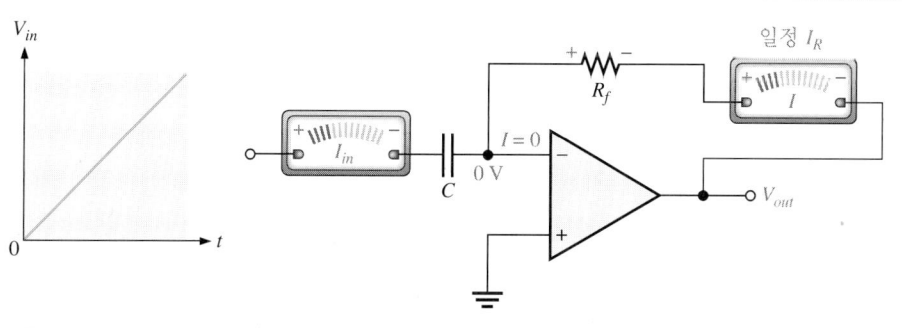

그림 7-24

램프 입력을 갖는 미분기

그림 7-25

입력에서 연속된 양(+)과 음
(−)의 램프(삼각파)를 갖는 미
분기의 출력

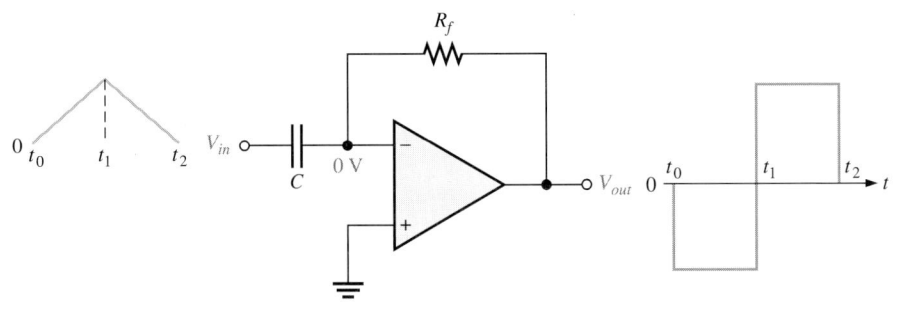

반전 입력에서 전류는 무시될 수 있기 때문에, $I_R = I_C$이다. 커패시터 전압 (V_C/t)의 기울기가 상수이기 때문에 두 전류는 상수이다. 궤환저항의 한쪽이 항상 0 V(가상 접지)이기 때문에 출력전압 역시 상수이고 R_f에 걸리는 전압과 같다.

$$V_{out} = I_R R_f = I_C R_f$$

I_C를 $(V_C/t)C$로 대체하면,

$$V_{out} = -\left(\frac{V_C}{t}\right)R_f C \tag{7-7}$$

그림 7-25와 같이 입력이 양(+)으로 가는 램프일 때 출력은 음(−)이고 입력이 음(−)으로 가는 램프일 때 출력은 양(+)이다. 입력의 양(+)의 기울기 동안, 커패시터는 궤환저항을 통해 흐르는 일정 전류로 입력 전원으로부터 충전된다. 입력의 음(−)의 기울기 동안, 커패시터는 방전하기 때문에 반대 방향으로 일정 전류가 흐른다.

식 (7-7)의 V_C/t 항인 입력의 기울기는 (−)이다. 기울기가 증가하면, V_{out}이 더 음(−)이 된다. 기울기가 감소하면, V_{out}이 더 양(+)이 된다. 따라서, 출력전압은 입력의 음(−)의 기울기(변화의 비율)에 비례한다. 비례상수는 시정수 $R_f C$이다.

예제 7-7

문제

그림 7-26에서 삼각파 입력에 대한 이상적인 op-amp 미분기의 출력전압을 결정하라.

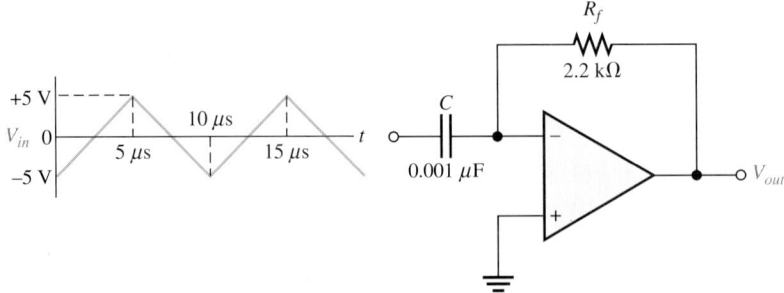

그림 7-26

풀이

$t = 0$에서 시작하는 입력전압은 $5\,\mu$s에 $-5\,$V에서 $+5$V($+10\,$V 변화)의 범위를 갖는 양(+)으로 가는 램프이다. 이후에 입력전압은 $5\,\mu$s에 $+5\,$V에서 -5V($-10\,$V 변화)의 범위를 갖는 음(−)으로 가는 램프로 변한다.

식 (7-7)을 대체하면, 양(+)으로 가는 램프에 대한 출력전압은

$$V_{out} = -\left(\frac{V_C}{t}\right)R_f C = -\left(\frac{10\,\text{V}}{5\,\mu\text{s}}\right)(2.2\,\text{k}\Omega)(0.001\,\mu\text{F}) = \mathbf{-4.4\ V}$$

이다. 음(−)으로 가는 램프에 대한 출력전압은 같은 방법으로 계산한다.

$$V_{out} = -\left(\frac{V_C}{t}\right)R_f C = -\left(\frac{-10\,\text{V}}{5\,\mu\text{s}}\right)(2.2\,\text{k}\Omega)(0.001\,\mu\text{F}) = \mathbf{+4.4\ V}$$

최종적으로, 출력전압 파형은 그림 7-27에 나타낸 것처럼 입력에 관련된 그래프이다.

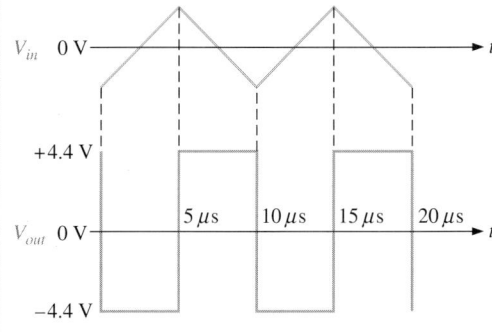

그림 7-27

질문

그림 7-26에서 궤환저항을 $3.3\,\text{k}\Omega$으로 바꿨다면, 출력전압은 무엇이 되는가?

컴퓨터 시뮬레이션

웹사이트에서 Multisim의 F07-26DV 파일을 이용한다. 출력파형 초기의 작은 불안정한 값이 고주파에서는 매우 큰 파형으로 나타난다. 잡음을 제거하기 위해 입력에 직렬로 $100\,\Omega$ 저항을 연결하면 출력 진폭은 약간 낮아진다.

복습 질문

11. op-amp 적분기에서 궤환요소는 무엇인가?
12. 적분기에서 상수 입력전압에 대하여 커패시터에 걸리는 전압이 선형인 이유는?
13. op-amp 미분기에서 궤환요소는 무엇인가?
14. 입력에 관련된 미분기의 출력은 무엇인가?
15. 입력이 삼각파형일 때, 미분기가 생성하는 파형은 어떤 타입인가?

능동 다이오드 회로　7-4

op-amp에서 **능동**(active)소자는 이득요소로 작용한다. 이 절에서는 회로에 특수 기능을 위해 op-amp와 다이오드 모두를 사용한다. 신호의 dc 레벨을 변화시키는 회로를 클램퍼(clamper)라 하고 신호의 진폭을 제한하는 회로를 리미터(limiter)라 한다. 또한 능동소자를 이용하는 회로로 피크 검출기가 있다.

이 절에서는 클램퍼, 리미터 그리고 피크 검출기의 동작을 설명한다.

클램핑 회로

기본 다이오드 클램퍼

클램퍼(clamper)는 신호전압에 dc 레벨을 추가하기 위해 사용된 회로이다. 용량성으로 결합된 증폭기를 통해 처리된 신호를 dc 레벨로 복원하기 때문에 클램퍼는 dc 복구기(dc restorer)라고도 한다. 그림 7-28은 입력신호에 양(+)의 dc 레벨을 추가한 간단한 수동 다이오드 클램핑 회로이다. 이 회로의 동작을 이해하기 위해, 먼저 입력전압의 음(−)의 반-사이클(half-cycle)에서 시작한다. 초기에 입력이 음일 때, 다이오드는 그림 7-28(a)와 같이 입력의 피크까지 커패시터의 충전을 허용하는 순방향 바이어스된다. 음(−)의 피크를 지나자마자, 다이오드는 캐소드가 커패시터의 충전에 의해 $V_{p(in)}$을 −0.7 V로 유지하기 때문에 역방향 바이어스된다.

커패시터는 R_L을 통해서만 방전할 수 있다. 따라서, 한 음(−)의 반-사이클의 피크

<table>
<tr><td>**그림 7-28**</td></tr>
<tr><td>수동 클램퍼를 갖는 양(+) 클
램핑 동작</td></tr>
</table>

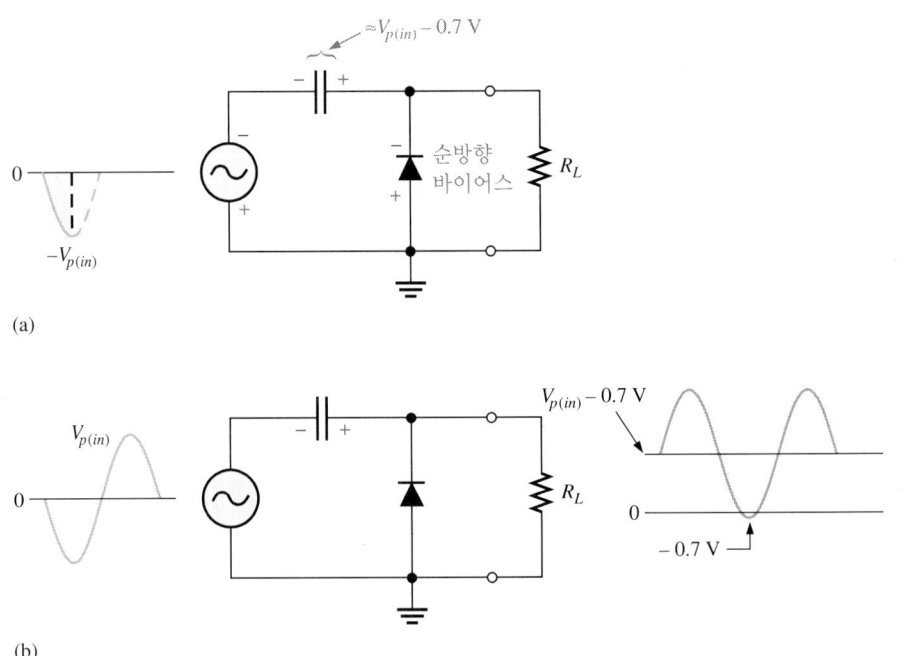

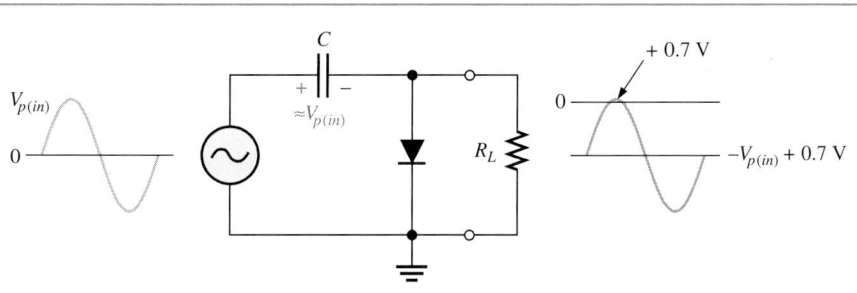

그림 7-29
음(−)의 클램핑

에서 다음까지 커패시터는 매우 조금씩 방전한다. 방전되는 양은 R_L의 값과 입력신호의 주기에 의해 정해진다. 우수한 클램핑 동작을 위해 RC 시정수는 적어도 입력 주기의 10배는 되어야 한다. 클램핑 동작의 회로 특징은 다이오드 전압강하보다 적은 입력의 피크값과 거의 같은 전하를 커패시터가 유지한다는 것이다. 커패시터의 dc 전압은 그림 7-28(b)와 같이 중첩에 의해 입력전압을 추가한다. 다이오드가 회전하면, 음(−) dc 전압은 그림 7-29와 같이 입력신호가 추가된다.

능동 클램핑 회로

그림 7-30은 op-amp와 다이오드를 이용한 양(+)의 클램퍼회로이다. op-amp의 사용은 양(+)의 수동 클램퍼 출력에서 발생되는 −0.7 V 피크가 없고 다이오드가 순방향 바이어스되었을 때, 입력 전원이 강하되는 것이 방지된다.

동작은 다음과 같다. 입력전압 V_{in}의 첫 번째 음(−)의 반-사이클에서 차동 입력은 양(+) 출력전압을 생성하는 양(+)이다. 궤환루프 때문에 양(+)의 op-amp 출력전압은 커패시터를 빠르게 충전하도록 다이오드를 순방향 바이어스한다. 커패시터에 인가되는 최대 전압은 그림 7-30과 같이 극성을 갖는 입력의 음(−) 피크에서 발생한다. 이 커패시터 전압은 입력전압에 추가된다. 따라서, 출력전압 V_{out}의 최소 피크는 0 V이다. V_{out}의 최소값 출력 피크들 사이의 시간 동안과 커패시터가 충전 후 op-amp의 차동입력전압은 음(−)이 되기 시작한다(반전 입력은 비반전 입력보다 더 양(+)). 그 결과 op amp의 출력은 음(−)이 되고, 다이오드는 역방향 바이어스되어 궤환경로가 컷오프된

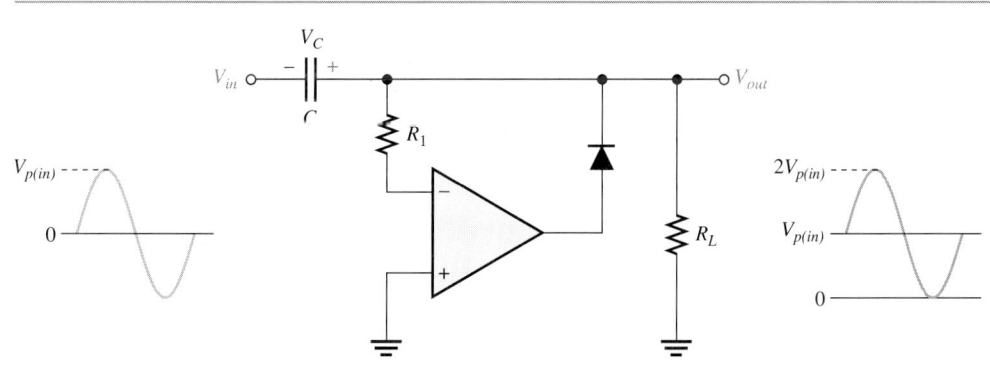

그림 7-30
능동 클램핑 회로와 동작

그림 7-31

다른 능동 클램퍼 구성

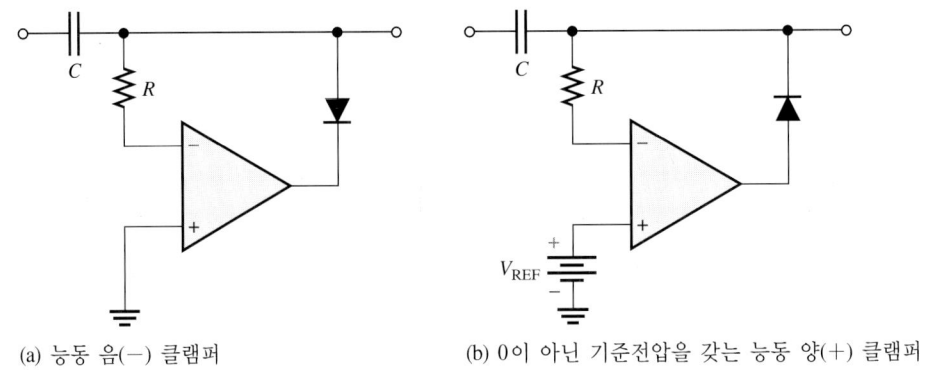

(a) 능동 음(−) 클램퍼   (b) 0이 아닌 기준전압을 갖는 능동 양(+) 클램퍼

다. 이 시간 동안 커패시터 전압의 R_L을 통해 미소하게 충전된다. 신호의 각 최소값 피크에서 다이오드는 커패시터에 걸리는 전압을 보충하는 매우 짧은 시간 동안 순방향 바이어스된다.

양(+) 클램퍼는 다이오드를 역방향으로 하여 음(−)의 클램퍼로 변환할 수 있다. 이 경우에 출력파형은 그림 7-31(a)와 같이 0에서 최대값 피크를 갖는 0 V 이하에서 발생한다. 또한, 그림 7-31(b)와 같이 클램핑 레벨은 예제 7-8과 같이 op-amp의 (+) 입력에 기준전압 전원을 연결함으로써 0 V와 다른 값으로 변경할 수 있다.

예제 7-8

문제

그림 7-32와 같은 입력전압에 대한 클램핑 회로의 출력전압을 구하라.

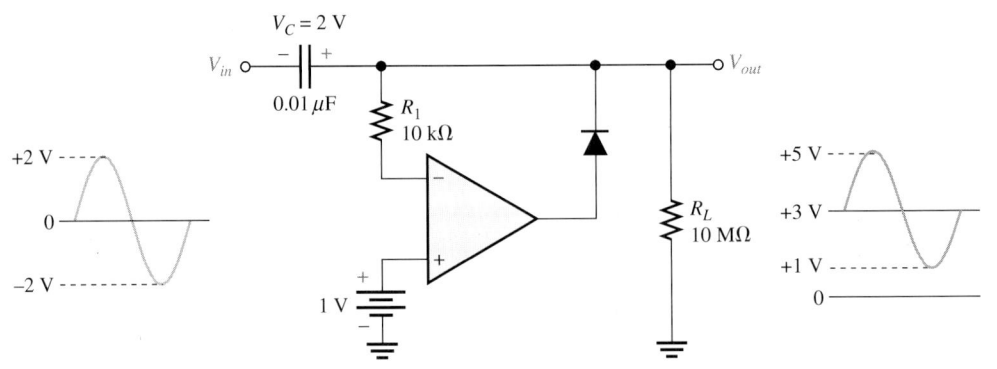

그림 7-32

풀이

이것은 양(+) 클램핑 회로이고 기준전압은 +1 V이다. 그래서 출력전압의 최소 피크값 역시 +1 V이다. 전압은 그림에 표시한 것처럼 3 V로 효과적으로 이동되었다.

질문

기준전압이 +2.5 V라면, 그림 7-32에서 출력의 피크값은 얼마인가?

컴퓨터 시뮬레이션

웹사이트에서 Multisim의 F07-32DV 파일을 이용하여 출력 파형과 dc 레벨을 관찰한다.

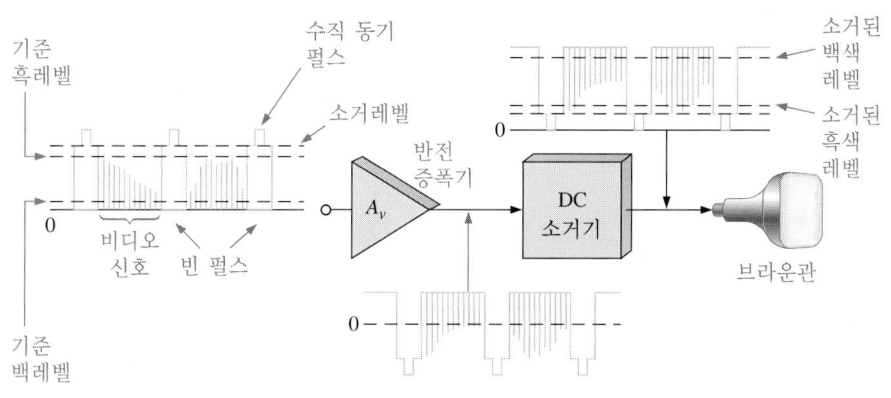

그림 7-33

TV 수상기에서 클램핑 응용
(dc 복구기)

클램퍼 응용

클램핑 회로는 dc 소거기로 텔레비전 수상기에 종종 사용된다. 입력신호는 혼합 비디오 신호에서 dc 요소를 제거하는 용량성으로 결합된 증폭기를 통해 처리된다. 이것은 흑과 백 기준레벨과 귀선 소거레벨(blanking level)의 손실을 초래한다. 신호가 브라운관에 제공되기 전에 이 기준레벨은 복구되어야 한다. 그림 7-33은 일반적인 방법에서 이 과정을 예시한 것이다.

리미터회로

기본적인 다이오드 리미터

다이오드 리미터(limiter)(클리퍼라고도 불리는)는 특정 전압의 레벨 위나 아래로 전압을 잘라내거나 제한한다. 그림 7-34(a)와 같이 리미터의 동작방법을 이해하기 위해 먼저 간단한 수동 양(+) 리미터를 보기로 하자. 입력신호가 양(+)일 때, 다이오드는 역방향 바이어스되고 출력전압은 입력전압처럼 보인다. 입력신호가 음(−)이면, 다이오드는 순방향 바이이이스되고 출력은 다이오드 전압강하인 −0.7 V로 제한된다 제한 레벨을 바꾸기 위해 기준전압 소스를 다이오드와 직렬로 사용할 수 있고 제너 다이오드는 정류 다이오드(rectifier diode)의 위치에 사용할 수도 있다.

능동 리미터회로

그림 7-35는 op-amp와 다이오드를 사용하는 op-amp 제한회로의 한 타입이다. 출력

그림 7-34

기본적인 다이오드 리미터. 좋은 제한 동작을 위해 $R_L \gg R_s$.

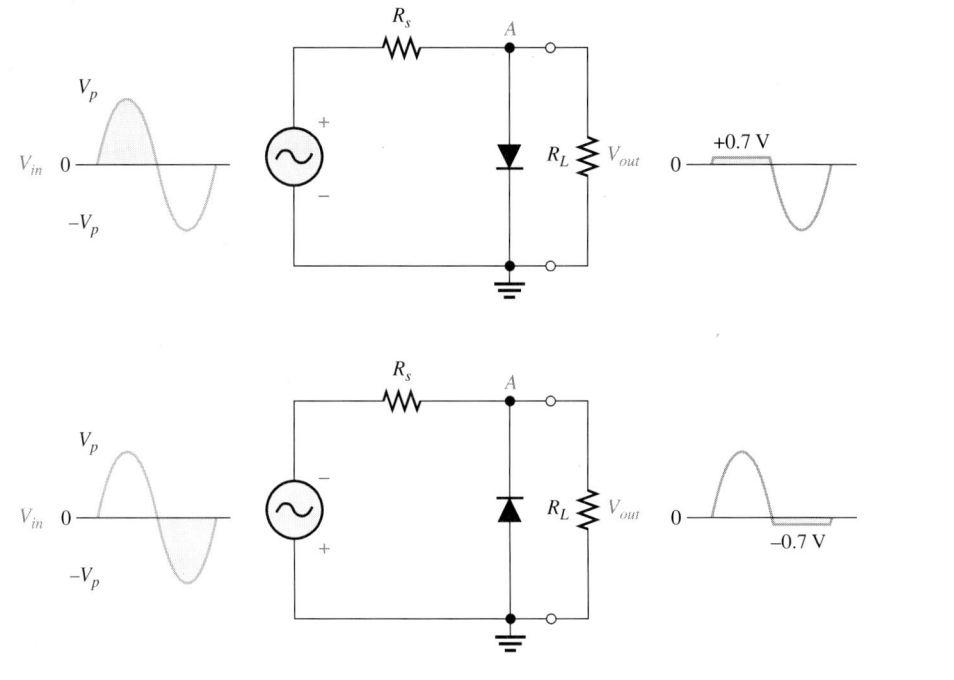

그림 7-35

능동 음(−) 제한회로

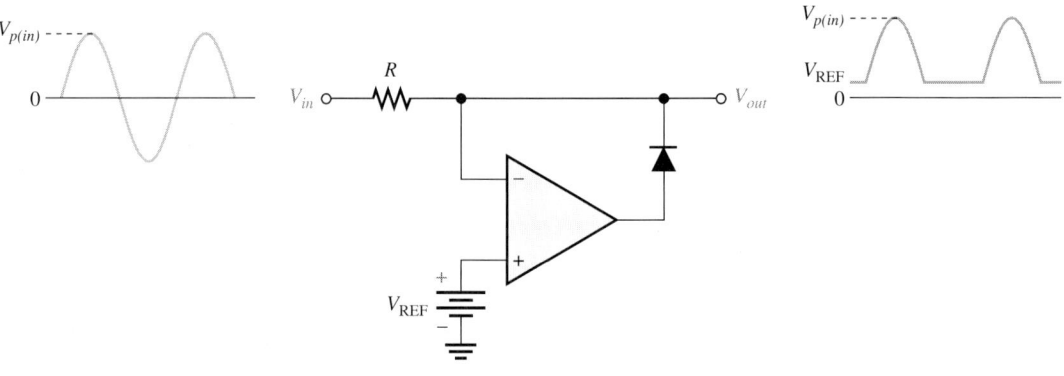

로딩을 무시하는 것으로 가정하고, 동작은 다음과 같다. 입력전압 V_{in}이 기준전압 V_{REF}보다 적을 때, op-amp 차동 입력전압은 양(+)이다. 이것은 다이오드를 순방향 바이어스하는 op-amp 출력에 양(+) 전압을 공급한다. 다이오드가 순방향 바이어스될 때, op-amp는 전압-폴로워처럼 동작하고 출력전압 V_{out}은 V_{REF}로 제한된다. 따라서 $V_{out} = V_{REF}$이다. 입력전압 V_{in}이 V_{REF}보다 클 때, op-amp 차동 전압은 음(−)이다. 이것은 다이오드를 역방향 바이어스하는 op-amp 출력에 음(−) 전압을 생성한다. 다이오드가 개방되면, 입력전압은 R을 통해 출력과 직접 결합된다. 따라서 $V_{out} = V_{in}$이다.

　그림 7-36은 능동 리미터의 또 다른 양(+)과 음(−)으로 출력전압을 제한하기 위해 두 개의 제너 다이오드를 사용한 회로이다. 제한전압은 반전 증폭기의 궤환루프에 ±

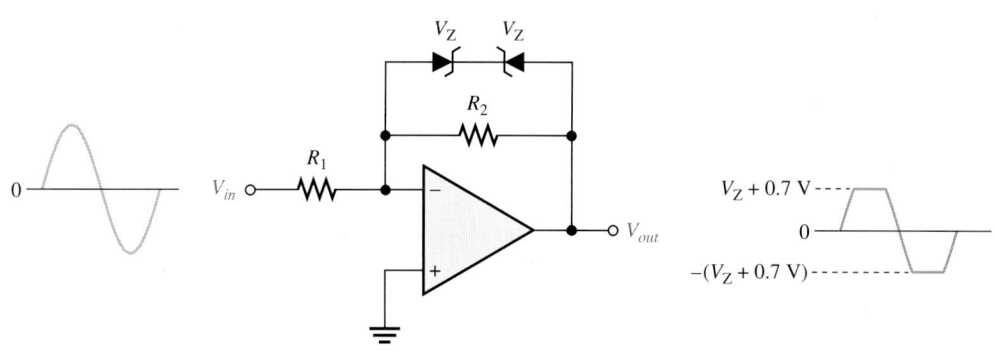

그림 7-36

반전 op-amp 구성에 제너 다
이오드를 사용하는 제한회로

(V_Z + 0.7 V)의 값에 연결된 제너 다이오드로 설정한다. 물론 입력전압이 제한전압에
도달하지 못할 정도로 작으면, 제너 다이오드 중의 하나는 역방향-바이어스되고 개방
회로처럼 동작한다. 따라서 op-amp의 출력은 선형이고 $V_{out} = (R_f/R_i)V_{in}$과 같다. 출력
이 ±(V_Z + 0.7 V)에 도달할 때, 제너 다이오드 중의 하나는 역방향 항복으로 되고, 다
른 하나는 순방향 바이어스된다.

문제

예제 7-9

(a) 그림 7-37 회로에서 100 mV의 피크값을 갖는 1 kHz 정현파에 대하여 제한회로
    의 출력파형을 표시하라.

(b) 1 V의 피크값을 갖는 1 kHz 정현파에 대하여 (a)를 반복하라.

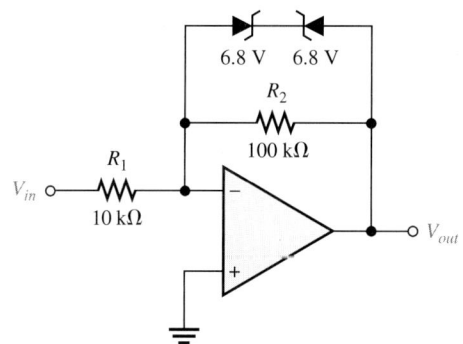

그림 7-37

풀이

(a) 출력의 피크값은

$$V_{p(out)} = (R_2/R_1)V_{p(in)} = (10)100 \text{ mV} = 1 \text{ V}$$

이다. 이 값은 6.8 V 제너 다이오드로 설정한 것처럼 제한레벨보다 적다. 그래
서 출력은 피크로 제한되지 않는 정현파이다.

(b) 피크 출력값이 제한레벨을 초과하기 때문에, 출력은 그림 7-38과 같이 ±(6.8 V
    + 0.7 V)에서 제한된다.

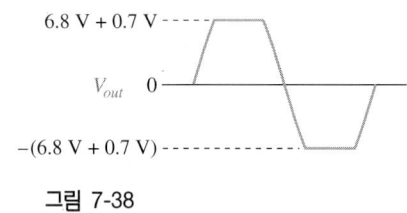

그림 7-38

질문

그림 7-37의 R_2가 68 kΩ으로 감소한다면, 위 예제의 (a)와 (b)에서 각 출력은 어떻게 되는가?

컴퓨터 시뮬레이션

웹사이트에서 Multisim의 F07-37DV 파일을 이용하여 출력 파형을 관찰한다.

피크 검출기

그림 7-39는 op-amp의 또 다른 응용 회로인 피크 검출기 회로이다. 이 경우에 op-amp는 비교기로 사용된다. 피크 검출기(peak detector)는 입력전압의 피크값을 검출하고 커패시터에 피크전압을 저장하기 위해 사용되는 회로이다. 예로, 이 회로는 전압 서지(surge)의 최대값을 검출하고 저장하기 위해 사용되며 이 값은 볼트미터나 기억 소자로 출력측에서 측정할 수 있다. 기본 동작은 다음과 같다. 양(+) 전압이 R_i를 통해 op-amp의 비반전 입력에 인가되면, op-amp의 고레벨 출력전압은 다이오드를 순방향 바이어스하여 커패시터를 충전한다. 커패시터는 전압이 입력전압과 같은 값이 될 때까지 충전을 계속한다. 따라서, op-amp의 두 입력은 같은 전압이 된다. 이때 op-amp 비교기의 출력이 저레벨로 변화된다. 그러면 다이오드는 역방향 바이어스되고 커패시터는 충전을 멈춘다. 이 값은 V_{in}의 피크와 같은 전압이 되고 궁극적으로는 전하가 누설될 때까지 이 전압을 유지한다. 더 큰 입력 피크전압이 발생하면, 커패시터는 새로

그림 7-39

기본적인 피크 검출기

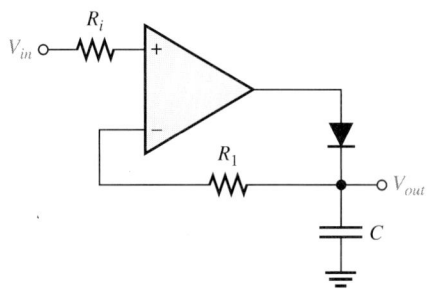

운 피크진압을 충전한다.

복습 질문

16. 클램핑 회로는 무엇을 하는가?
17. 제한회로는 무엇을 하는가?
18. 피크 검출기는 무엇을 하는가?
19. 클램핑 회로의 다른 이름은 무엇인가?
20. 제한회로의 다른 이름은 무엇인가?

고장수리 7-5

집적회로로 구성된 op-amp는 신뢰성이 높기는 하지만 고장이 발생하는 경우도 생긴다. 이러한 고장 중의 하나가 op-amp 입력과는 관계없이 고레벨이나 저레벨의 상태를 고정시키는 것이다. 이때 외부고장은 op-amp 회로에 다양한 영향을 미친다.

이 절에서는 op-amp 비교기와 가산증폭기의 고장수리에 대하여 설명한다.

비교기에서의 고장

그림 7-40은 "고정" 출력이 발생되는 비교기 회로의 내부 고장을 표시하였다.

그림 7-41은 히스테리시스를 갖는 비교기이다. op-amp 자체의 고장에 추가하여 저항 중의 하나가 고장일 수 있다. R_1과 R_2로 히스테리시스 비교기에 대한 UTP와 LTP를 설정한다. 이제 R_2가 개방된 경우 필수적으로 모든 출력전압은 비반전 입력으로 궤환되고, 입력전압은 출력을 초과하지 않기 때문에 소자는 포화된 상태 중의 하나에 남아 있을 것이다. 이와 같은 증상은 앞에서 언급했듯이 op-amp가 고장인 경우가 되기도 한다. 이제 R_1이 개방된 경우 이것은 접지 전위 근처로 비반전 입력을 떨어뜨리고 회로가 0-레벨 검출기로 동작하게 한다. 이와 같은 조건을 그림 7-41의 (a)와 (b)에

전형적으로 비교기 내부 고장은 고-상태 또는 저-상태로 "고정"되는 출력을 초래한다. 그림 7-40

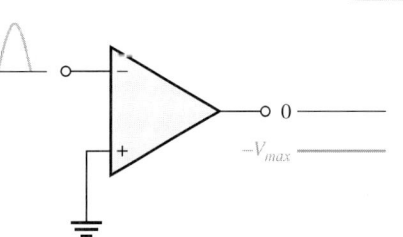

(a) 출력이 고-상태(high state) 고장　　　　　(b) 출력이 저-상태(low state) 고장

그림 7-41

비교기 회로 고장과 효과 예

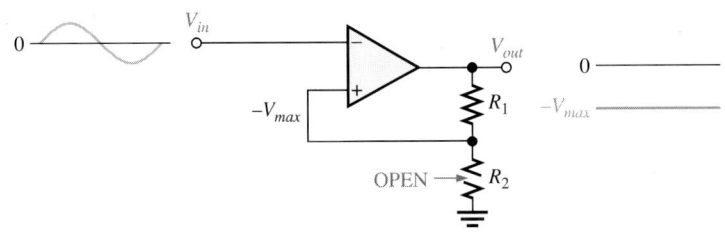

(a) R_2 개방은 출력이 한 가지 상태(양(+)이나 음(−))으로 "고정"

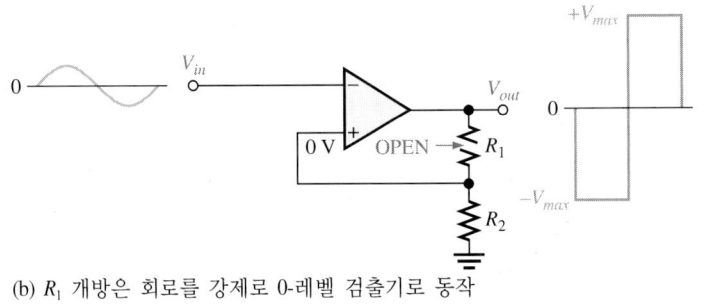

(b) R_1 개방은 회로를 강제로 0-레벨 검출기로 동작

나타내었다.

가산증폭기에서 구성요소 고장의 징후

단일-이득 가산증폭기의 입력저항 중 하나가 개방이라면, 출력은 개방 입력에서 공급된 전압의 크기에 의해 정상값보다 작아진다. 즉, 출력은 남아 있는 입력전압들의 합이 된다.

가산증폭기가 단일 이득을 갖지 않는다면, 개방 입력저항은 출력을 개방 입력에서 전압의 이득 배수와 같은 크기만큼 정상보다 적게 만든다.

예제 7-10

문제

(a) 그림 7-42의 정상 출력전압은 얼마인가?

(b) R_2가 개방이면 출력전압은 얼마인가?

(c) R_5가 개방이면 어떻게 되는가?

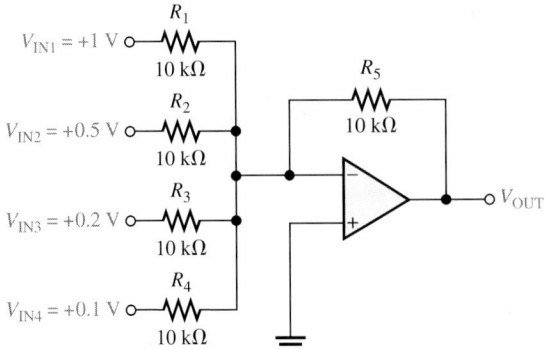

그림 7-42

풀 이

(a) $V_{OUT} = -(V_{IN1} + V_{IN2} + \cdots + V_{INn}) = -(1\text{ V} + 0.5\text{ V} + 0.2\text{ V} + 0.1\text{ V}) = \mathbf{-1.8\ V}$

(b) $V_{OUT} = -(1\text{ V} + 0.2\text{ V} + 0.1\text{ V}) = \mathbf{-1.3\ V}$

(c) R_5가 개방이면 회로는 비교기로 되고 출력은 $-V_{max}$가 된다.

질문

그림 7-42에서 $R_5 = 47\text{ k}\Omega$로 가정한다. R_1이 개방이면 출력전압은 얼마인가?

컴퓨터 시뮬레이션

웹사이트에서 Multisim의 F07-42DV 파일을 이용하여 예제에 언급한 각 조건에 대하여 출력전압을 조사한다.

다른 예로 평균증폭기를 보자. 이 경우 개방 입력저항은 0으로 개방 입력을 갖는 모든 입력의 평균인 출력전압이 된다.

문제   예제 7-11

(a) 그림 7-43의 평균증폭기에 대한 정상 출력전압은 얼마인가?

(b) R_4가 개방이면 출력전압은 얼마인가? 출력전압이 나타내는 것은 무엇인가?

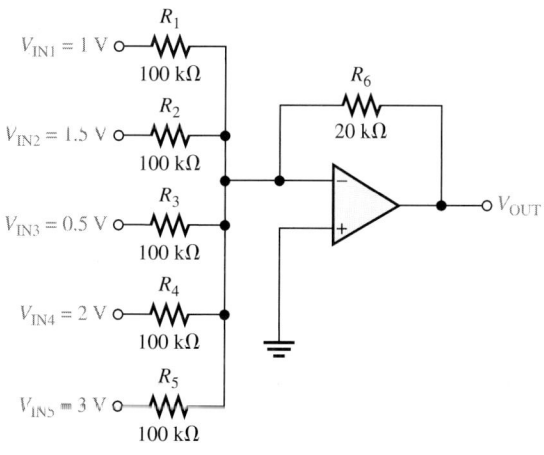

그림 7-43

풀 이

입력저항이 같기 때문에 $R = 100\text{ k}\Omega$, $R_f = R_6$이다.

(a) $V_{OUT} = -\dfrac{R_f}{R}(V_{IN1} + V_{IN2} + \cdots + V_{INn})$

$= -\dfrac{20\,\text{k}\Omega}{100\,\text{k}\Omega}(1\,\text{V} + 1.5\,\text{V} + 0.5\,\text{V} + 2\,\text{V} + 3\,\text{V}) = -0.2(8\,\text{V}) = \mathbf{-1.6\,V}$

(b) $V_{OUT} = -\dfrac{20\,\text{k}\Omega}{100\,\text{k}\Omega}(1\,\text{V} + 1.5\,\text{V} + 0.5\,\text{V} + 3\,\text{V}) = -0.2(6\,\text{V}) = \mathbf{-1.2\,V}$

1.2 V 결과는 0 V로 대치된 2 V 입력으로 5개 전압의 평균이다. 출력은 남아 있는 4개의 입력전압의 평균은 아니다.

질문
이 예제의 경우처럼 R_4가 개방이면 남아 있는 4개 입력전압의 평균과 같은 출력을 생성하기 위해 무엇을 해야 하는가?

컴퓨터 시뮬레이션

웹사이트에서 Multisim의 F07-43DV 파일을 이용하여 예제에 언급한 조건에 대하여 출력을 조사한다.

복습 질문

21. op-amp 내부 고장의 한 가지 타입은 무엇인가?
22. 어떤 오동작이 개방 고장이 발생할 수 있는 하나 이상의 가능한 구성요소에 기인한다면, 문제를 격리시키기 위해 무엇을 해야 하는가?
23. "고정" 출력은 무엇인가?
24. 가산증폭기에서 입력저항 중의 하나가 개방 고장이라면, 출력은 무엇인가?
25. 가산증폭기의 궤환저항이 개방이면, 출력은 무엇인가?

단원 복습

주요 용어

가산증폭기(summing amplifier)   하나 이상의 입력과 입력전압의 대수적 합의 크기에 비례하는 출력전압으로 특성화되는 기본 비교기 회로의 변종

리미터(limiter)   기술된 레벨의 위나 아래의 전압을 잘라내거나 제한하는 회로

미분기(differentiator)   입력함수의 변화의 비율에 접근하는 반전된 출력을 생성하는 회로

비교기(comparator) 두 입력전압을 비교하고 입력들이 크거나 또는 작은 것을 나타내는 두 상태로 출력을 생성하는 회로

슈미트 트리거(schmit trigger) 히스테리시스를 갖는 비교기

적분기(integrator) 입력함수의 곡선 아래 면적에 접근하는 반전된 출력을 생성하는 회로

클램퍼(clamper) 신호전압에 dc 레벨을 더하기 위해 사용되는 회로

피크 검출기(peak-detector) 입력전압의 피크를 검출하고 커패시터에 피크값을 저장하는 회로

요점

❑ op-amp 비교기에서 입력전압이 기술된 기준전압을 초과할 때 출력은 상태가 변한다.

❑ 히스테리시스는 op-amp에 잡음 면역성을 준다.

❑ 비교기는 입력이 상위 트리거 점(UTP)에 도달할 때 한 상태로 바뀌고 입력이 하위 트리거 점(LTP) 아래로 떨어질 때 다른 상태로 돌아간다.

❑ UTP와 LTP 사이의 차이가 히스테리시스 전압이다.

❑ 가산증폭기의 출력전압은 입력전압의 합에 비례한다.

❑ 평균증폭기는 폐루프 이득이 입력의 수의 역수와 같은 가산증폭기이다.

❑ 증폭 가산기에서 입력이 출력에 더 많이 영향을 미치거나 덜 미치게 만드는 서로 다른 가중치가 각 입력에 할당될 수 있다.

❑ 적분은 곡선 아래 면적을 결정하는 수학적인 과정이다.

❑ 계단파의 적분은 진폭에 비례하는 기울기를 갖는 램프형태를 유지한다.

❑ 미분은 함수변화의 비율을 결정하는 수학적인 과정이다.

❑ 램프의 미분은 기울기에 비례하는 진폭을 갖는 계단파를 발생한다.

❑ 클램퍼는 ac 신호에 dc 레벨을 더한다.

❑ 리미터는 기술된 레벨의 위나 아래의 전압을 잘라낸다.

공식

비교기 기준전압:

$$V_{\text{REF}} = \frac{R_2}{R_1 + R_2}(+V) \tag{7-1}$$

히스테리시스 전압:

$$V_{\text{HYS}} = V_{\text{UTP}} - V_{\text{LTP}} \tag{7-2}$$

n-입력 가산기:

$$V_{OUT} = -(V_{IN1} + V_{IN2} + \cdots + V_{INn}) \tag{7-3}$$

평균증폭기:

$$V_{OUT} = -\frac{R_f}{R}(V_{IN1} + V_{IN2} + \cdots + V_{INn}) \tag{7-4}$$

크기 가산기:

$$V_{OUT} = -\left(\frac{R_f}{R_1}V_{IN1} + \frac{R_f}{R_2}V_{IN2} + \cdots + \frac{R_f}{R_n}V_{INn}\right) \tag{7-5}$$

적분기의 출력 변화율:

$$출력\ 변화율 = -\frac{V_{in}}{R_iC} \tag{7-6}$$

램프입력인 미분기의 출력전압:

$$V_{out} = -\left(\frac{V_C}{t}\right)R_fC \tag{7-7}$$

단원 확인 문제

1. 0-레벨 검출기에서 출력은 상태가 변할 수 있는 입력은?

 (a) 양(+) (b) 음(−)

 (c) 0을 지날 때 (d) 0의 변화의 비율을 가질 때

2. 0-레벨 검출기가 응용되는 분야는?

 (a) 비교기 (b) 미분기

 (c) 가산증폭기 (d) 다이오드

3. 비교기 입력의 잡음은 출력에서 다음과 같은 상태가 된다.

 (a) 한 상태에 머무르는

 (b) 0이 되는

 (c) 다시 바뀌고 두 상태 사이에서 불규칙적으로 되는

 (d) 증폭된 잡음 신호를 생성하는

4. 잡음의 효과를 감소시키려면?

 (a) 공급 전압을 더 줄인다.

 (b) 양(+) 궤환을 사용한다.

 (c) 음(−) 궤환을 사용한다.

 (d) 히스테리시스를 사용한다.

 (e) (b)와 (d)

5. 히스테리시스를 갖는 비교기는?

   (a) 하나의 트리거 레벨을 갖는다.

   (b) 두 개의 트리거 레벨을 갖는다.

   (c) 변할 수 있는 트리거 레벨을 갖는다.

   (d) 자기회로와 같다.

6. 히스테리시스를 갖는 비교기는?

   (a) 바이어스 전압은 두 입력들 사이에 인가된다.

   (b) 하나의 공급전압만 사용된다.

   (c) 출력의 일부분이 반전 입력으로 궤환된다.

   (d) 출력의 일부분이 비반전 입력으로 궤환된다.

7. 가산증폭기는 입력의 개수가?

   (a) 하나의 입력만으로   (b) 두 입력만으로

   (c) 임의 수의 입력으로

8. 4.7 kΩ 궤환저항을 갖는 가산증폭기의 각 입력에 대한 전압이득이 1이라면, 입력저항의 값은?

   (a) 4.7 kΩ

   (b) 4.7 kΩ를 입력의 수로 나눈 값

   (c) 4.7 kΩ의 입력 수 배

9. 평균증폭기는 5개의 입력을 갖는다. R_f/R_{in} 비는?

   (a) 5   (b) 0.2

   (c) 1

10. 크기 가산기에서 입력저항은?

   (a) 모두 같은 값

   (b) R_f를 입력의 수로 나눈 것과 같은 값

   (c) 각 입력의 가중치에 반비례하는 값

   (d) 두 개의 요소와 관련된 값

11. 적분기에서 궤환요소는?

   (a) 저항   (b) 커패시터

   (c) 제너 다이오드   (d) 전압 분배기

12. 계단 입력에 대한 적분기의 출력은?

   (a) 펄스   (b) 삼각파형

   (c) 스파이크   (d) 램프

13. 계단 입력의 응답으로 적분기 출력전압의 변화 비율을 정히는 것은?

   (a) RC 시정수

   (b) 계단 입력의 진폭

   (c) 커패시터를 통해 흐르는 전류

   (d) 위의 모두

14. 미분기에서 궤환요소는?

(a) 저항   (b) 커패시터

(c) 제너 다이오드   (d) 전압 분배기

15. 미분기의 출력에 비례하는 것은?

(a) RC 시정수

(b) 입력이 변하는 비율

(c) 입력의 진폭

(d) (a)와 (b)

16. 미분기의 입력에 삼각파를 가할 때, 출력은?

(a) dc 레벨

(b) 반전된 삼각파형

(c) 구형 파형

(d) 삼각파형의 첫 번째 고조파

17 입력이 가해졌을 때 능동 클램퍼의 최소 출력전압은?

(a) dc 입력과 같다.

(b) 입력 피크값과 같다.

(c) op-amp (+)의 전압과 같다.

(d) op-amp (−)의 전압과 같다.

18 클램퍼 op-amp의 (+) 입력이 접지되면 출력전압은?

(a) 0

(b) dc 입력과 같다.

(c) 입력의 평균값과 같다.

(d) 입력이 피크값과 같다.

19. 정현파 입력전압을 갖는 능동 양(+) 파라미터(다이오드의 방향을 제외하고 그림 7-35와 유사한)에서 출력신호는?

(a) V_{REF} 위의 값으로 제한된다.

(b) V_{REF} 아래의 값으로 제한된다.

(c) 항상 0.7 V

(d) 입력신호와 같다.

20. 궤환경로에 제너 다이오드가 있는 능동 리미터가 제한하는 것은?

(a) 양(+) 피크만

(b) 양(+)과 음(−)의 피크

(c) 음(−) 피크만

(d) 제너 전압에 양(+) 피크 그리고 −0.7 V에 음(−) 피크

21. 그림 7-44에서 R_1의 값이 기술된 것보다 적다면, 출력전압은?

(a) 증가   (b) 감소

(c) 변화 없음

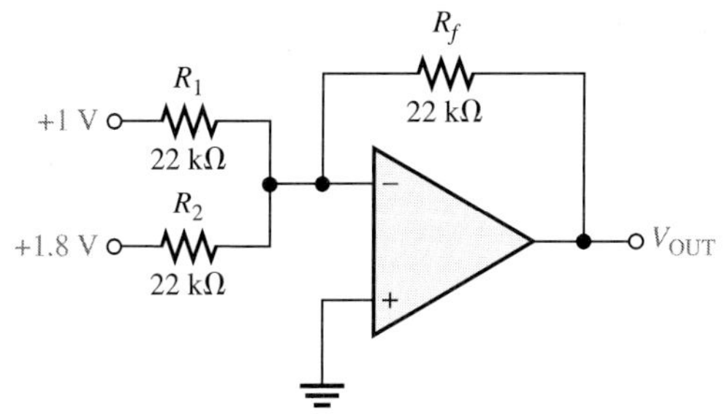

그림 7-44

22. 그림 7-44에서 R_1의 값이 기술된 것보다 적다면, 반전 입력에서 전압은?

   (a) 증가   (b) 감소

   (c) 변화 없음

질문

1. $R_1 = 10\,k\Omega$, $R_2 = 10\,k\Omega$ 그리고 $+V = 9\,V$라면 전압분배기 비 0-레벨 검출기의 기준 전압은 무엇인가?

2. $R_1 = 47\,k\Omega$, $R_2 = 68\,k\Omega$, 그리고 최대 양(+) 출력전압이 $10\,V$이면 히스테리시스를 갖는 비교기의 상위 트리거 점(UTP)은 얼마인가?

3. 그림 7-10의 초과-온도 센싱회로에서 온도가 증가할 때, 더미스터 저항은 어떻게 되는가?

4. 2-입력 가산증폭기의 두 입력전압이 $+2\,V$와 $+5\,V$이면, 출력전압은 얼마인가?

5. 어떤 평균증폭기가 4개의 입력을 갖는다. 이득(R_f/R)이 0.25이고 입력전압이 5 V, 1.5 V, 2 V 그리고 3 V이면 출력전압은 얼마인가?

6. 크기 가산기와 가산증폭기는 어떻게 다른가?

7. 어떤 적분기의 출력전압의 변화의 비율이 $-10\,mV\,\mu s$이다. $50\,\mu s$에서 출력 변화는 몇 볼트인가?

8. 미분기와 저분기는 어떻게 다른가?

9. 미분기가 10 kHz의 주파수에서 삼각파 입력이면, 출력 주파수는 얼마이고, 파형의 타입은 어떠한 것이 되나?

10. 그림 7-42에서 R_3가 개방이면 출력전압은 얼마인가?

11. 능동 클램퍼의 세 가지 구성요소는 무엇인가?

12. 능동 리미터에서 사용될 수 있는 다이오드의 타입은?

기본 문제

문제

1. 어떤 op-amp가 80,000의 개루프 이득을 갖는다. dc 공급전압이 $\pm 15\,V$일 때, 이 특수 소자의 최대 포화 출력레벨은 $\pm 12\,V$이다. $0.15\,mV\,rms$의 차동 정현파가 입력 사이에 제공되면, 출력의 피크-피크 값은 얼마인가?

2. 그림 7-45의 각 비교기에서 출력레벨(최대 양(+) 또는 최대 음(−))을 구하라.

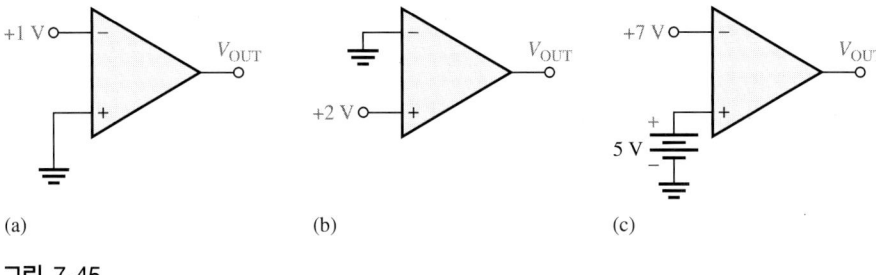

(a) (b) (c)

그림 7-45

3. 그림 7-46에서 V_{UTP}와 V_{LTP}를 계산하라. $V_{out(max)} = -10\,V$이다.

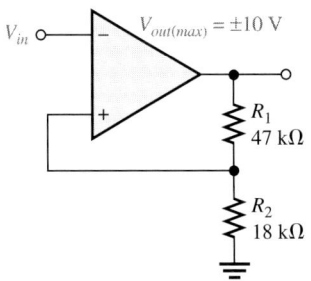

그림 7-46

4. 그림 7-46에서 히스테리시스 전압은 얼마인가?

5. 그림 7-47의 각 회로에 대하여 출력전압 파형을 그려라. 전압레벨을 보여라.

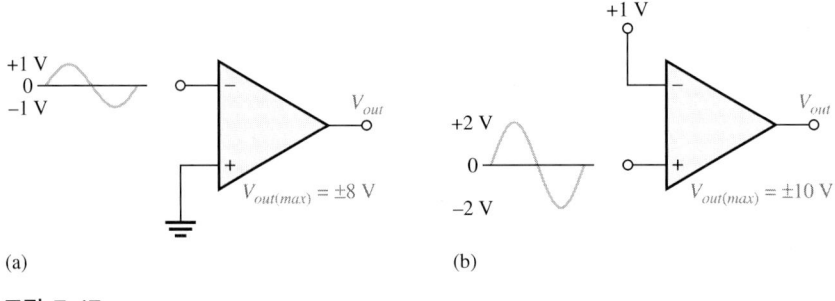

(a) (b)

그림 7-47

6. 그림 7-48의 각 회로에 대한 출력전압을 구하라.

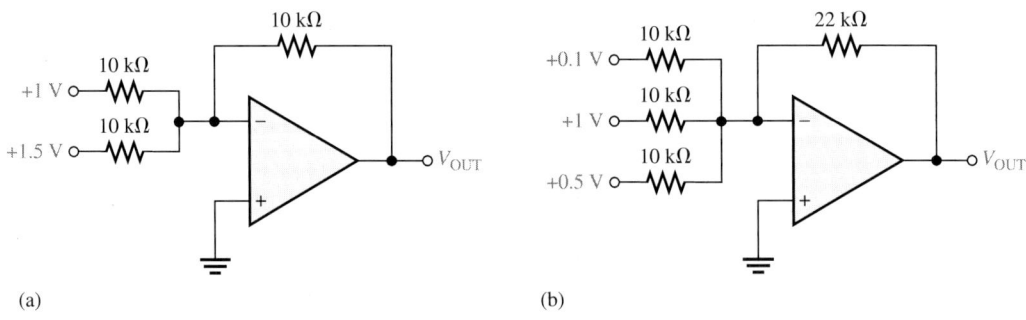

(a) (b)

그림 7-48

7. 그림 7-49에 나타낸 입력전압이 크기 가산기에 제공되었을 때, 출력전압을 구하라. R_f

를 통해 흐르는 전류는 얼마인가?

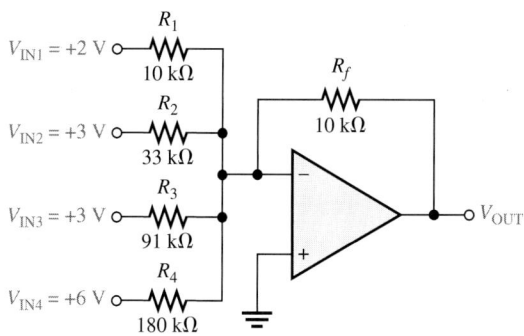

그림 7-49

8. 그림 7-50의 이상적인 적분기의 계단 입력에 대하여 출력전압 변화의 비를 구하라.

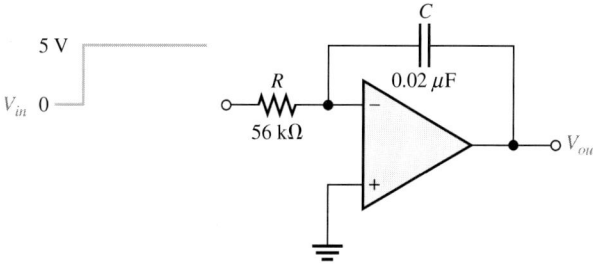

그림 7-50

9. 그림 7-51의 각 회로의 출력 파형을 그려라. R_LC 시정수가 입력신호의 주기보다 훨씬 더 크다고 가정한다.

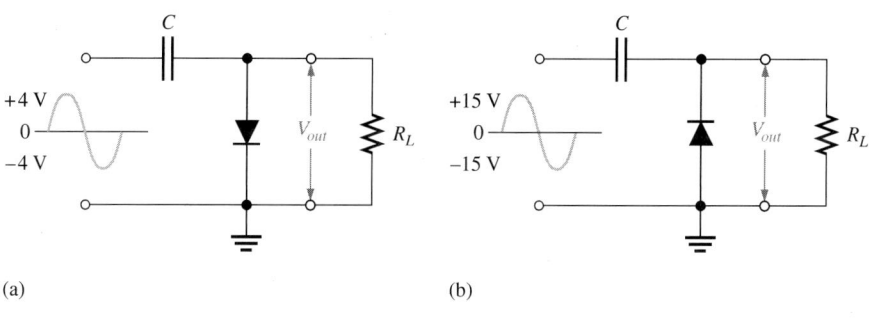

(a)   (b)

그림 7-51

10. 그림 7-52의 회로에 대한 출력 파형을 그려라.

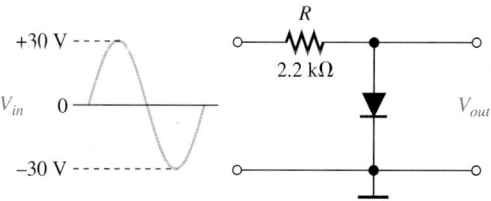

그림 7-52

11. 나타낸 입력에 대한 그림 7-53의 클램핑 회로의 출력전압을 구하라.

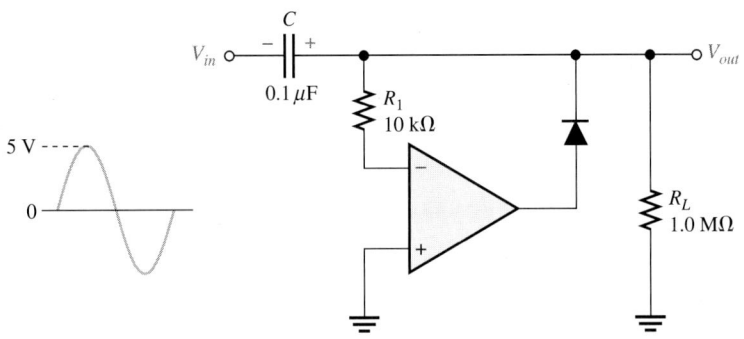

그림 7-53

12. 그림 7-54의 능동 리미터에 대한 출력 파형을 그려라.

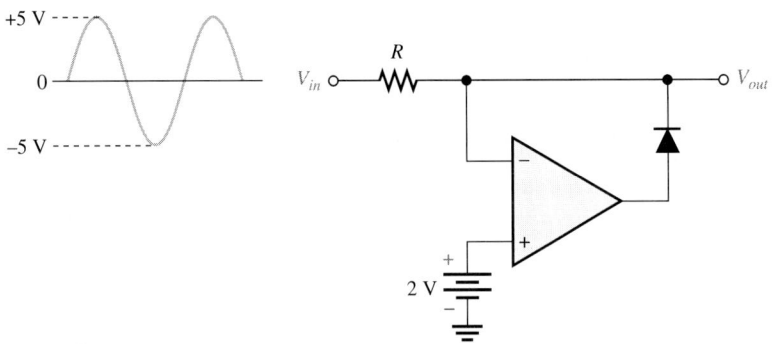

그림 7-54

기본-플러스 문제

13. 그림 7-55의 각 비교기에 대한 히스테리시스 전압을 구하라. 최대 출력레벨은 ±11 V 이다.

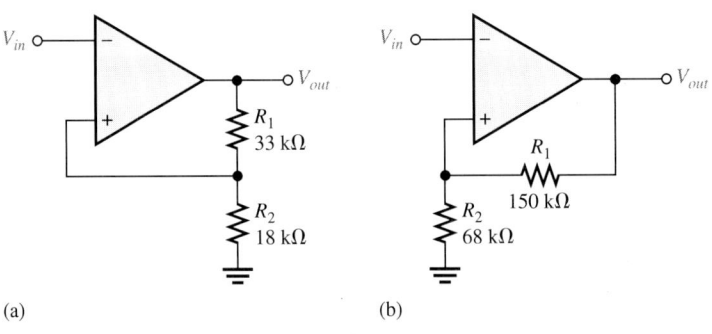

(a)   (b)

그림 7-55

14. 그림 7-56과 관련된 것이다. 다음을 결정하라:

    (a) I_{R1}과 I_{R2}

    (b) R_f를 통해 흐르는 전류

    (c) V_{OUT}

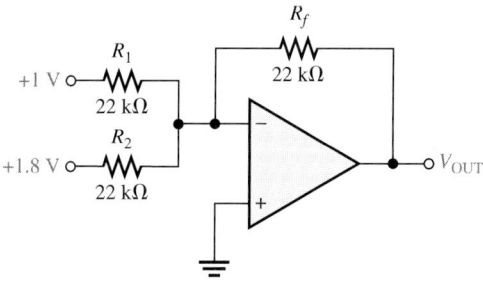

그림 7-56

15. 그림 7-56의 입력들 합의 5배가 출력에서 생성되기 위해 필요한 R_f의 값을 구하라.

16. 8개 입력전압의 평균을 구하는 가산증폭기를 설계하라. 각각 10 kΩ의 입력저항을 사용한다.

17. 6-입력 크기 가산기에 필요한 입력저항의 값을 결정하라. 이 중 가장 낮은 가중치 입력이 1이고, 각 이어지는 입력은 이전 것의 두 배의 가중치를 갖는다. R_f = 100 kΩ을 사용한다.

18. 그림 7-57 회로의 입력에 삼각파형이 인가되었다. 출력을 구하고 입력과 관련된 파형을 그려라.

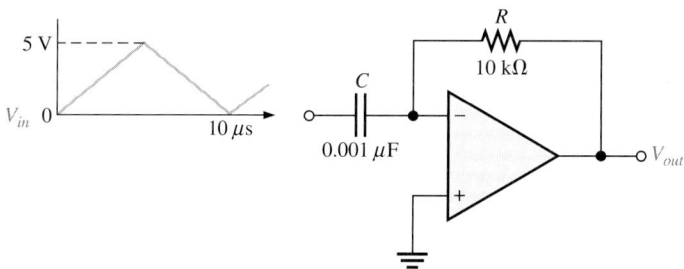

그림 7-57

19. 문제 18에서 커패시터 전류의 크기는 얼마인가?

20. 2 V의 피크-피크 전압과 1 ms의 주기를 갖는 삼각파형이 그림 7-58(a)의 미분기에 제공되었다. 출력전압은 얼마인가?

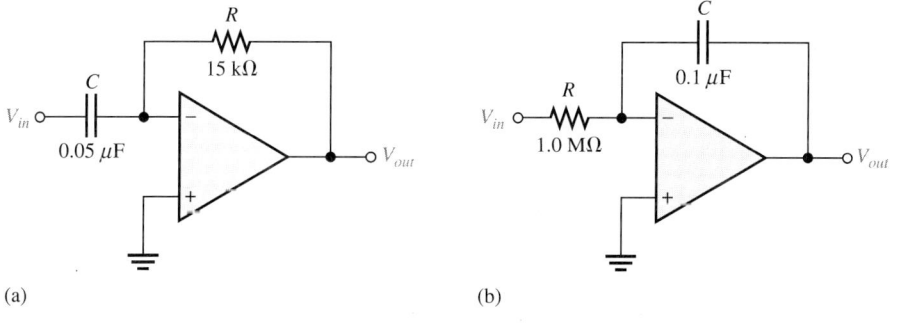

(a)   (b)

그림 7-58

21. 그림 7-58(b)에서 20 ms의 주기와 ±5 V를 갖는 구형파가 입력으로 가해지고 있을 때 이때의 출력 파형을 그려라. op-amp의 포화된 출력레벨은 ±12 V이다.

22. 그림 7-59 각 회로의 부하전류를 구하라. (힌트: (b)에서 회로를 R_i의 나머지로 테브냉 등가회로를 만든다.)

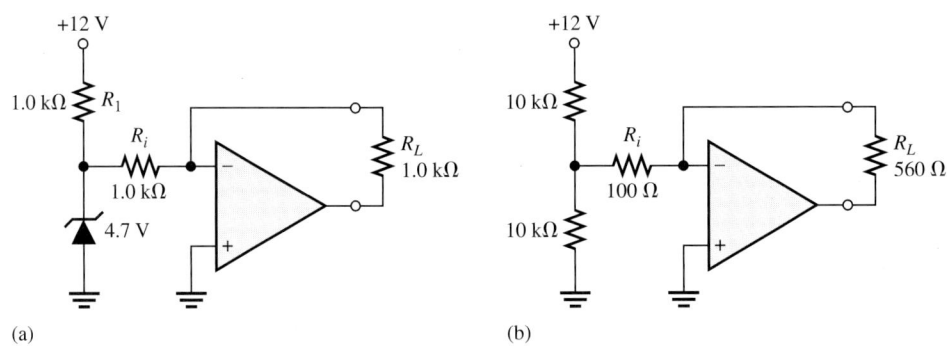

그림 7-59

23. 먼 곳에서 온도를 센싱하고 표시하기 위해 디지털 형태로 변환될 수 있는 비례전압을 생성하기 위한 회로로 수정하라. 더미스터는 온도-센싱 요소로 사용될 수 있다.

24. 그림 7-60에 나타낸 전압레벨의 순서가 가산증폭기에 제공되고 가리켜진 출력에서 관측되었다. 먼저, 이 출력이 정확한지 결정하라. 부정확하다면, 고장을 결정하라. 각 전압값은 관련된 레벨의 좌측에 있다.

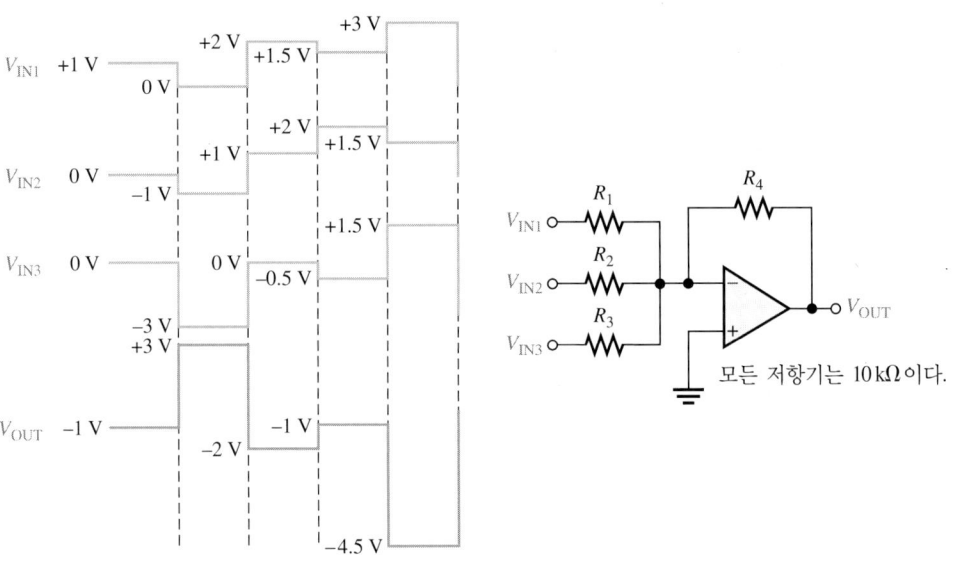

그림 7-60

25. 주어진 램프전압이 그림 7-61의 op-amp에 가해지고 있다. 주어진 출력이 정확한가? 정확하지 않다면, 문제는 무엇인가?

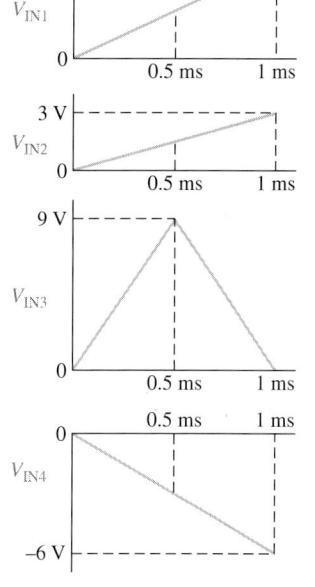

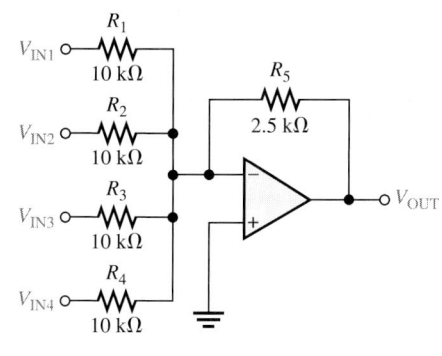

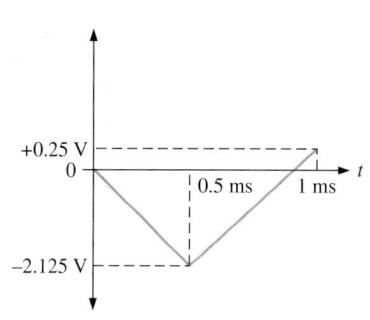

그림 7-61

26. 그림 7-49와 같은 회로 1000개를 구성하는 책임이 있다고 가정하자. 이 작업을 수행하기 위해 직면하는 문제를 고려해 보자. 필요한 자원을 토론하여 요약하라(사람, 부분, 물질, 기구, 공간 그리고 시간).

예제 질문

7-1: 1.96 V

7-2: +3.83 V, −3.83 V, $V_{HYS} = 7.65$ V

7-3: −12.5 V

7-4: 변경은 부가적인 100 kΩ 입력저항과 R_f를 20 kΩ으로 변경하는 것이 필요하다.

7-5: 0.45, 0.12, 0.18; $V_{OUT} = -3.03$ V

7-6: C를 5000 pF로 바꾸거나 R을 5.0 kΩ으로 바꾼다.

7-7: ±6.6 V의 피크전압을 갖는 같은 파형

7-8: 4.5 V

7-9: (a) $V_{p(out)}$은 제한이 없는 0.68 V로 감소한다.

(b) $V_{p(out)}$은 제한이 없는 6.8 V이다.

7-10: −3.76 V

7-11: R_6을 25 kΩ으로 바꾼다.

복습 질문

1. (a) $V = (10 \text{ k}\Omega / 110 \text{ k}\Omega)15 \text{ V} = 1.36 \text{ V}$

   (b) $V = (22 \text{ k}\Omega / 69 \text{ k}\Omega)(-12 \text{ V}) = -3.83 \text{ V}$

2. 원하지 않는 전압이나 전류 변동

3. 히스테리시스는 잡음이 없는 출력을 만든다.

4. 슈미트 트리거

5. 양(+) 궤환

6. 가산점은 일반적으로 입력저항이 연결된 점이다.

7. -7 V

8. $R_f / R = 1/5 = 0.2$

9. $5 \text{ k}\Omega$

10. 디지털-아날로그 변환기

11. 적분기에서 궤환요소는 커패시터이다.

12. 커패시터 전류가 상수이기 때문에 커패시터 전압은 선형이다.

13. 미분기에서 궤환요소는 저항이다.

14. 미분기의 출력은 입력 변화의 비율에 비례한다.

15. 구형파

16. 클램핑 회로는 입력신호의 dc를 효율적으로 복원한다.

17. 제한회로는 지정된 레벨로 입력신호를 잘라낸다.

18. 피크 검출기는 입력신호의 피크값을 "저장"한다.

19. 클램핑 회로는 dc 복구기라고 불린다.

20. 제한회로는 클리퍼라고 불린다.

21. op-amp는 단락된 출력으로 잘못될 수 있다.

22. 동일한 구성요소를 개방이 예상되는 구성요소를 가로질러 연결한다.

23. 출력은 고-상태 또는 저-상태에서 변화가 없을 것이다.

24. 출력은 남아 있는 출력의 합이다.

25. 출력은 최대(포화된) 레벨 중의 하나에 있다.

단원 확인 문제

1. (c)	**2.** (a)	**3.** (c)	**4.** (e)	**5.** (b)
6. (d)	**7.** (c)	**8.** (a)	**9.** (b)	**10.** (c)
11. (b)	**12.** (d)	**13.** (d)	**14.** (a)	**15.** (d)
16. (c)	**17.** (c)	**18.** (d)	**19.** (b)	**20.** (b)
21. (a)	**22.** (c)			

능동 필터

서론

이 장에서는 신호 처리에서 사용되는 능동 필터를 소개한다. 필터는 어떤 선택된 주파수를 가진 입력신호만을 출력단으로 통과시키고 다른 주파수를 가진 신호는 제거하는 회로이다. 이러한 성질을 선택성이라 한다.

능동 필터에는 수동 소자인 RC, RL 및 RLC 회로와 결합한 트랜지스터 또는 연산증폭기와 같은 소자를 사용한다. 능동 소자는 전압이득을, 수동 회로는 선택적으로 주파수를 제공한다. 일반적인 응답에 관하여 능동 필터응답에 따라 저역통과필터, 고역통과필터, 대역통과필터, 대역제거필터 등 4가지 종류가 있다. 이 장에서는 연산증폭기와 RC 회로를 사용하는 능동 필터를 설명한다.

이 장에서는 로그와 데시벨을 사용한다. 이러한 단위의 양에 익숙하지 않다면 이 장을 공부하기 전에 또는 이 장을 공부하면서 부록 A를 참조하기를 바란다.

이 장의 참고 자료는 아래 웹사이트에서 얻을 수 있다.

http://www.prenhall.com/SOE

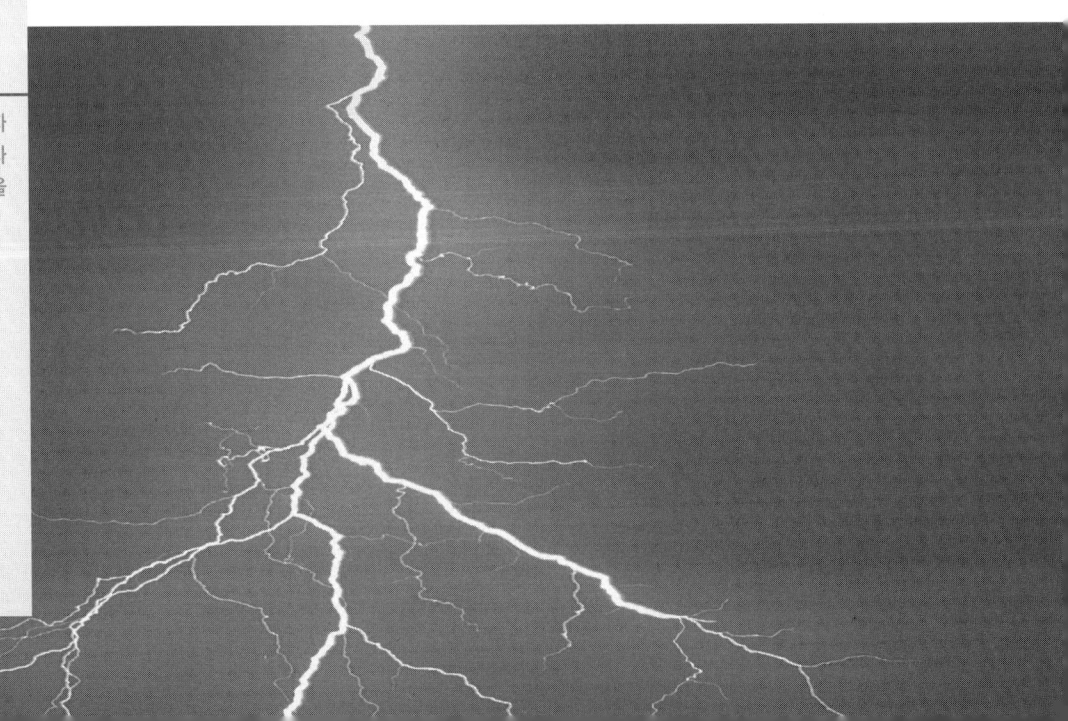

주요 목표

각 절의 내용이 목표이다. 이 장을 마치고 나면 여러분은 다음과 같은 일들을 할 수 있어야 한다.

8-1 기본 필터의 이득 대 주파수응답

8-2 기본적인 세 가지 필터 응답 특성과 다른 필터 파라미터

8-3 능동 저역통과필터의 동작

8-4 능동 고역통과필터의 동작

8-5 능동 대역통과필터와 대역제거필터의 동작

8-6 주파수응답을 측정하기 위한 두 가지 방법

컴퓨터 모의실험 디렉토리

다음 그림에는 관련된 Multisim 회로 파일이 있다.

◆ 그림 8-18
    341쪽

실험실습 디렉토리

다음 실험실습은 이 장을 위한 것이다.

◆ 실험 16
    저역통과 및 고역통과 능동 필터

◆ 실험 17
    다중 궤환 대역통과필터

주요 용어

- 필터(filter)
- 임계주파수(critical frequency)
- 저역통과필터(low-pass filter)
- 대역폭(bandwidth)
- 극(pole)
- 롤오프(roll-off)
- 고역통과필터(high-pass filter)
- 대역통과필터(band-pass filter)
- 대역제거필터(band-stop filter)
- 제동소자(damping factor)
- 차수(order)

1960년대 개발된 최초의 음악 합성기는 초기 아날로그 컴퓨터용으로 개발된 많은 회로들을 사용하였다. 이러한 합성기는 특별한 오디오 또는 제어 함수를 가진 각각의 서로 다른 여러 모듈로 구성되었다. 모듈은 연속적으로 소리를 제어하기 위한 방법으로 음의 봉합 및 파형 발생기, 발진기, 혼합기 다중 필터와 증폭기와 같은 기능을 수행하였다. 이러한 모든 기능을 오늘날에는 연산증폭기(op-amp)로 사용하고 있다.

디지털 기술의 발전에 따라 디지털 컴퓨터의 계산 능력과 다양성이 확대됨에 따라 신호 처리 성능에도 괄목할 만한 발전이 있었다. 합성기는 설계부터 디지털 기술을 응용하였다. 오늘날 많은 아날로그 기법들이 디지털 방법으로 대체되고 있는 실정이기는 하지만 아날로그 기법도 디지털 대응 기법과 같이 발전하고 있는 것을 간과해서는 안 된다.

특별하게도 주파수에서 임의 주파수만 선택하여 사용하는 필터는 아날로그 기법이 사용되고 있다. 이 필터는 디지털 기법을 이용하기는 하지만 이 경우에는 많은 메모리와 수리처리 방식이 요구되는 반면 아날로그에서는 보다 간단한 회로로도 가능하기 때문이다. 연산 트랜스컨덕턴스 증폭기(OTA)는 필터에서 매우 유용한 증폭기이다. 디지털과 아날로그 기법의 결합은 궁극적으로 전자음악과 기타 응용에서 사용된 필터를 더 빠르고 값싸게 만들 수 있다.

8-1 기본 필터응답

필터는 일반적으로 입력전압의 주파수 변화에 따른 출력전압의 방식에 따라 분류한다. 능동 필터의 종류에는 저역통과, 고역통과, 대역통과, 대역제거 등이 있다.

이 절에서는 필터의 이득-주파수응답을 설명한다.

저역통과필터의 주파수응답

필터는 어떤 주파수는 통과시키고, 다른 주파수는 감소 또는 제거시키는 회로이다. 필터의 **통과대역**은 일반적으로 감쇠가 통상적으로 -3 데시벨(dB) 이하로 정의되는 최소 감쇠로 필터를 통하여 통과시키는 주파수영역이다. 임계 주파수 또는 차단 주파수 f_c는 통과대역의 끝으로, 통과대역 응답으로부터 $-3\,dB(70.7\%)$ 강하한 응답 지점까지의 영역을 의미한다. 저역통과필터의 통과대역은 **정지대역**이라고 하는 영역으로 인도되는 **천이영역** 또는 스커트라고 하는 영역이다. 천이영역과 제거영역 사이의 정확한 점은 없다.

저역통과필터는 직류(0 Hz)로부터 f_c까지의 주파수를 통과시키는 필터로 모든 다른 주파수는 급격히 감쇠시키는 필터이다. 이상적인 저역통과필터의 통과대역은 그림 8-1(a)의 회색 부분이며, 통과대역 이외의 주파수에서 주파수응답은 0이다. 이러한 이상적인 응답을 가끔은 "벽돌 담"이라고 하는데, 이는 벽 외부로부터 아무것도 얻을 수 있는 것이 없기 때문이다.

그림 8-1
저역통과필터 응답

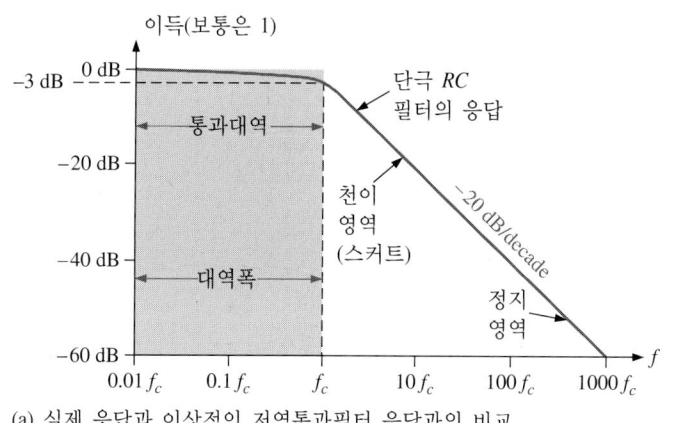

(a) 실제 응답과 이상적인 저역통과필터 응답과의 비교

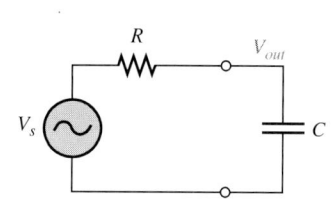

(b) 기본 저역통과필터 회로

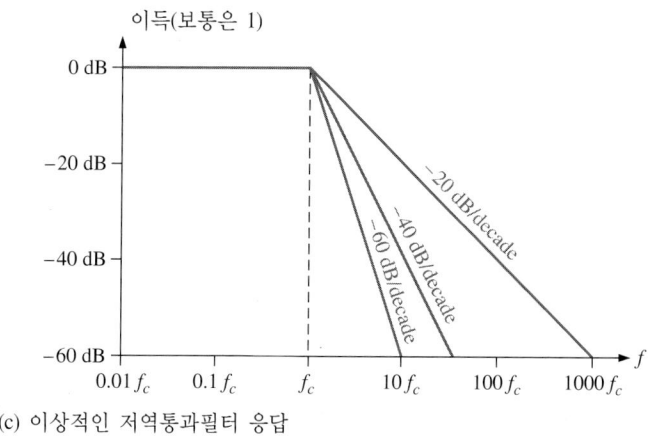

(c) 이상적인 저역통과필터 응답

일반적으로 필터의 **대역폭**은 통과대역을 측정할 수 있는 폭으로 이 대역폭은 통과대역의 상단과 하단의 차단(임계) 주파수 사이의 차로 정의한다. 저역통과필터의 경우에 하단 임계 주파수가 0 Hz이므로 대역폭이 f_c가 된다.

$$BW = f_c \tag{8-1}$$

그림 8-1(a)와 같이 이상적인 응답을 실제로 필터에서는 얻을 수 없다. 실제 필터응답은 극의 수에 따른다. 극은 필터에 포함된 통과회로(bypass circuit)의 수를 설명하기 위해서 필터에서 사용되는 용어이다. 대부분의 저역통과필터의 기본 회로는 하나의 저항과 하나의 커패시터로 구성되는 간단한 RC 회로이다. 이 회로의 출력은 그림 8-1(b)와 같이 커패시터에 인가된다. 이러한 RC 필터는 단극을 가지며, 임계 주파수 이외의 −20 dB/decade에서 감소한다. (decade는 주파수에서 10배의 변화량이다.) 실제 응답은 그림 8-1(a)에서 회색 부분과 같고 응답은 이득강하와 같은 곡선으로 자세히 보여주기 위하여 필터에서 사용되는 표준 로그 형식으로 표시하였다. 주파수가 임계 주파수 근처까지는 거의 일정하고, 이후에 이득이 **롤오프 율**이라 하는 고정된 비율로 급격히 떨어지는 것에 주의할 필요가 있다.

기본 RC 필터의 이득에 대한 −20 dB/decade 롤오프 율은 $10f_c$의 주파수에서 출력이 입력의 −20 dB(10%)이 되는 것을 의미한다. 그러나 이렇게 적은 롤오프에서는 불필요한 주파수(통과대역 이외에)가 필터를 통하기 때문에 특히 좋은 필터 특성이 아니다.

간단한 저역통과 RC 필터의 임계 주파수는 $X_C = R$ 일 때 발생한다. 여기서 임계 주파수는 다음과 같다.

$$f_c = \frac{1}{2\pi RC}$$

임계 주파수에서 출력은 입력의 70.7%로 이때의 응답은 −3 dB 의 감쇠와 같다.

그림 8-1(c)는 기본적인 단극 응답(−20 dB/decade)을 포함한 여러 개의 이상적인 저역통과 필터의 응답곡선이다. 차단 주파수에서는 점근적인 **평탄한** 응답을 보이며, 차단 주파수 이후에는 일정한 비율로 롤오프를 보인다. 실제 필터는 차단 주파수에서 평탄한 응답을 갖지 않으며, 앞에서 설명한 바와 같이 −3 dB 로 감쇠된다.

기울기가 심한 천이영역을 갖는 필터를 만들기 위해서는(그러므로 더 효과적인 필터를 형성한다) 기본 필터에 그림과 같이 회로를 부가하면 더욱 성능이 우수한 필터가 될 수 있다. 천이영역에서 −20 dB/decade 보다 더 가파른 응답을 위해서는 부하영향 때문에 RC만을 연결해서는 불가능하다. 이를 위해서는 주파수 선택 궤환회로와 연산증폭기를 결합해야만 필터는 −40, −60, 또는 그 이상의 dB/decade 의 롤오프 율을 갖도록 설계할 수 있다. 설계에서 하나 또는 그 이상의 연산증폭기들을 포함하는 필터를 **능동 필터**라 한다. 이러한 능동 필터는 특별한 필터 설계기법으로 롤오프 율 또는 기타 위상응답과 같은 속성을 최적화할 수 있다. 일반적으로 필터가 사용하는 극이 많을수록 천이영역의 기울기는 급하다. 따라서, 정확한 응답은 필터의 형식과 극의 수에 따른다.

고역통과필터의 주파수응답

고역통과필터는 f_c 이하의 모든 주파수를 감쇠하거나 제거하고, f_c 이상의 모든 주파수는 통과시키는 필터이다. 임계 주파수는 그림 8-2(a)와 같이 출력은 입력의 70.7%(또는 −3 dB)인 주파수이다. 회색으로 표시된 이상적인 응답인 경우에는 f_c에서 즉시 차단되지만 실제적으로는 이 지점에 도달하기 전에 차단된다. 이상적으로, 고역통과필터의 통과대역은 임계 주파수 이상의 모든 주파수이다. 실제 고주파응답은 필터를 구성하는 연산증폭기 또는 다른 요소에 의해 정해진다.

그림 8-2(b)는 단일 저항과 커패시터로 구성되는 간단한 RC 회로는 고역통과필터 회로로 출력은 저항에 인가된 값이 된다. 저역통과필터의 경우와 같이 기본 RC 회로의 롤오프 율은 그림 8-2(a)에서 회색 부분과 같이 −20 dB/ decade 이다. 또한, 기본 고역통과필터에 대한 임계 주파수는 $X_C = R$ 일 때 발생한다. 여기서 임계 주파수는 다음과 같다.

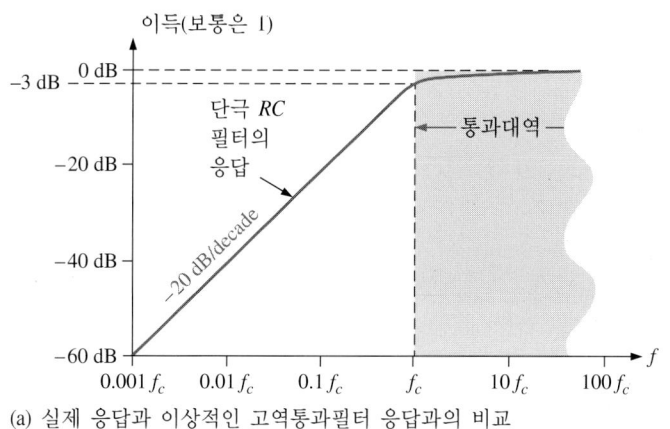

(a) 실제 응답과 이상적인 고역통과필터 응답과의 비교

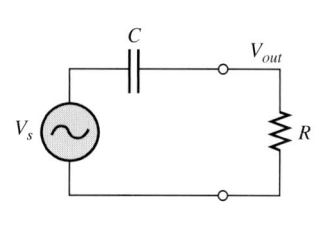

(b) 기본 고역통과필터 회로

그림 8-2
고역통과필터 응답

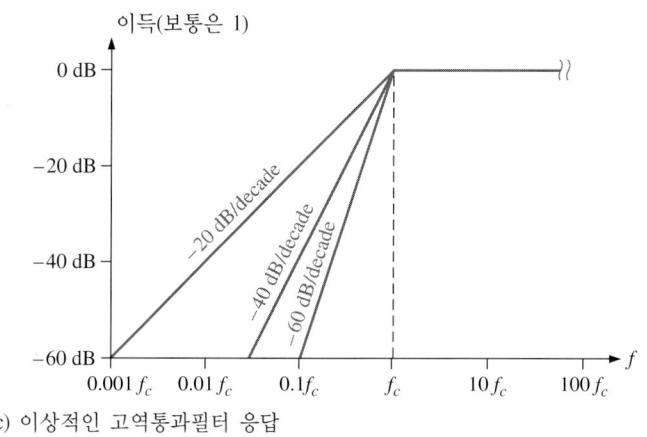

(c) 이상적인 고역통과필터 응답

$$f_c = \frac{1}{2\pi RC}$$

그림 8-2(c)는 기본 RC 회로의 기본 단극 응답(-20 dB/decade)을 포함하는 여러 개의 이상적인 고역통과필터의 응답곡선이다. 저역통과필터의 경우처럼 차단 주파수에서 점근적으로 **평탄한** 응답을 보이며, 차단 주파수 이진에서는 일정한 율로 롤오프를 보인다. 실제 천이영역에서 -20 dB/decade 이상의 급격한 응답 특성을 갖는 고역통과필터를 만들기 위해서는 필터의 형식과 극의 수를 부가함으로써 가능하다.

대역통과필터의 주파수응답

대역통과필터는 낮은 주파수 범위와 높은 주파수 범위 사이의 대역 내에 있는 모든 신호를 통과시키며, 이러한 특정 대역 이외의 모든 다른 주파수는 제거하는 것이다. 그림 8-3은 일반화된 대역통과 응답곡선이다. 대역통과필터의 대역폭(BW)은 높은 임계 주파수(f_{c2})와 낮은 임계 주파수(f_{c1}) 사이의 차이다.

$$BW = f_{c2} - f_{c1} \tag{8-2}$$

그림 8-3

일반적인 대역통과 응답곡선

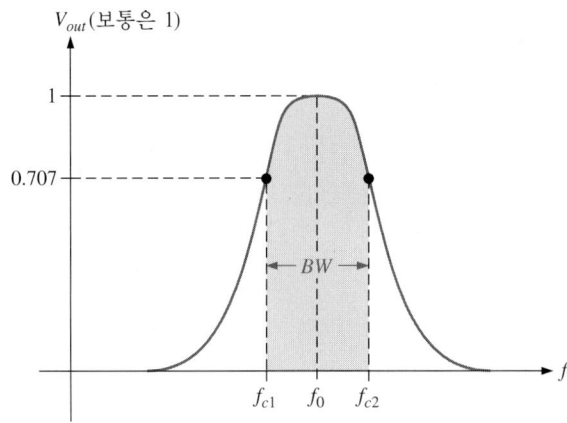

앞에서 설명한 바와 같이, 임계 주파수는 응답곡선이 최대값의 **70.7%**에 해당하는 주파수이며, 이러한 임계 주파수를 **3 dB 주파수**라 한다. 통과대역의 중심이 되는 주파수를 **중심 주파수** f_0라 하며 임계 주파수의 기하평균으로 정의한다.

$$f_0 = \sqrt{f_{c1}f_{c2}} \qquad (8\text{-}3)$$

품질률

대역통과필터의 품질률은 대역폭에 대한 중심 주파수의 비이다.

$$Q = \frac{f_0}{BW} \qquad (8\text{-}4)$$

Q값은 대역통과필터의 선택도로 Q값이 클수록 대역폭이 더 좁아지고, f_0의 값에 대한 선택도는 더 우수하다. 대역통과필터는 때로 협대역($Q > 10$) 또는 광대역($Q < 10$)으로 분류하기도 한다.

예제 8-1

문제

어떤 대역통과필터는 15 kHz의 중심 주파수와 1 kHz의 대역폭을 갖는다. Q를 구하고 협대역 또는 광대역 필터인지를 분류하라.

풀이

$$Q = \frac{f_0}{BW} = \frac{15 \text{ kHz}}{1 \text{ kHz}} = \mathbf{15}$$

$Q > 10$이므로 이 필터 특성은 **협대역** 필터이다.

질문

필터의 Q가 2배이면 대역폭은 얼마인가?

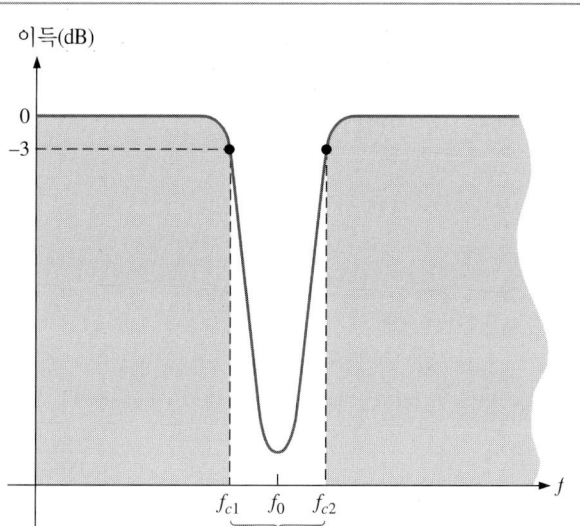

그림 8-4

일반적인 대역제거필터 응답

대역제거필터의 주파수응답

능동필터의 다른 범주에는 대역제거필터가 있으며, 노치, 대역 소거, 대역정지필터로 부르기도 한다. 그림 8-4는 대역제거필터의 일반적인 응답곡선이다. 대역통과필터응답의 경우처럼 대역폭이 3 dB 점 사이의 주파수대역이다. 임의의 대역폭 내의 주파수는 제거되고, 대역폭 이외의 주파수가 통과되기 때문에 대역통과필터의 응답곡선과 반대로 생각할 수 있다.

복습 질문

1. 저역통과필터 대역폭의 결정 방법은?
2. 고역통과필터 대역폭의 결정 방법은?
3. 대역통과필터의 Q와 대역폭과의 관계는?
4. 선택도와 필터의 Q의 관계는?
5. 저역통과필터의 통과대역은 임계 주파수에 비해 높은가? 또는 낮은가?

필터응답 특성 8-2

저역통과, 고역통과, 대역통과, 대역제거 등의 각 필터는 버터워스, 체비쉐프, 또는 베셀 특성을 갖는 회로의 구성요소에 의해 정해진다. 이러한 각각의 특성들은 응답곡선의 모양에 의해 구별되고, 각 특성에 따라 응용분야가 정해진다.

이 절에서는 세 가지 기본 필터응답 특성과 기타 필터 파라미터들을 설명한다.

그림 8-5

세 가지 형식의 필터응답 특성의 비교 플롯

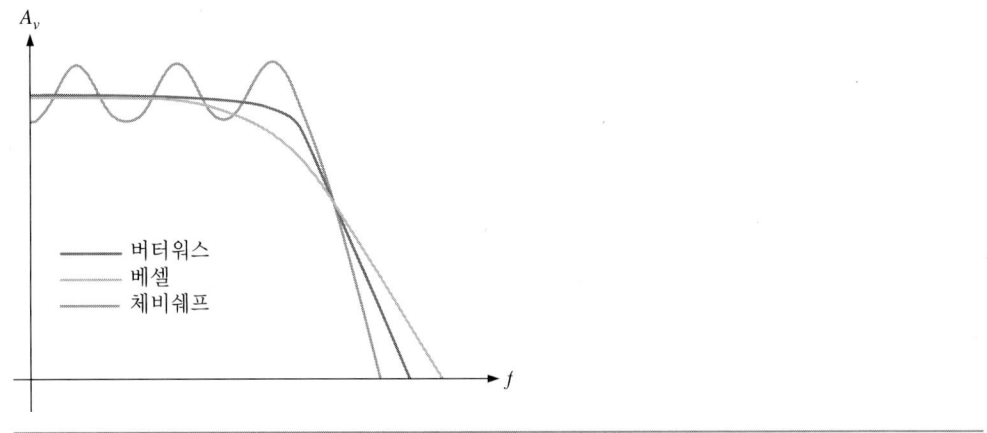

버터워스(Butterworth), 체비쉐프(Chebyshev) 및 베셀(Bessel) 응답 특성은 어떤 요소 값의 선택에 따라 가장 성능이 우수한 능동 필터회로로 구성이 가능하다. 그림 8-5는 세 종류의 저역통과필터 응답 특성곡선이다. 고역통과, 대역통과, 대역제거 필터도 이 특성 곡선 중 한 가지로 설계할 수 있다.

버터워스 특성

버터워스 응답 특성은 통과대역에서 매우 평탄한 크기의 응답을 가지며 $-20\,\text{dB/decade/pole}$의 롤오프 율을 갖는다. 그러나 위상응답은 선형이 아니며, 필터를 통과하는 신호의 위상이동인 시간지연이 주파수와 함께 비선형적으로 변화한다. 그러므로 버터워스 특성을 갖는 필터에 가해진 펄스는 출력에서 오버슈트로 발생된다. 이 이유는 펄스의 상승과 하강 모서리 부분의 각 주파수 성분이 서로 다른 시간지연을 갖기 때문이다. 버터워스 응답을 갖는 필터는 보통 통과대역의 모든 주파수가 동일한 이득을 가져야 하는 경우에 사용되며 버터워스 응답을 **최대 평면응답**이라 한다.

체비쉐프 특성

체비쉐프 응답 특성은 급격한 롤오프가 요구되는 경우에 유용한다. 이 특성은 버터워스의 롤오프보다 큰 경사를 갖기 때문이다. 따라서, 이 극 수가 적은 이유로 버터워스에 비해 간단히 체비쉐프 응답을 구할 수 있다. 이러한 형식의 필터응답이 통과대역(극의 수에 따라서)에서 오버슈터 또는 맥류(ripple)가 발생되는 특성을 갖는 관계로 버터워스보다 더 낮은 선형 위상응답을 갖는 경우도 있다.

베셀 특성

베셀 응답 특성은 위상이동이 주파수와 함께 선형적으로 증가하는 선형 위상 특성을 갖는다. 출력은 펄스 입력이 가해지는 경우에도 오버슈터가 거의 없다. 이에 따라 베셀 특성을 갖는 필터는 파형의 모양을 손상하지 않고 펄스파형을 필터링하는 데 사용한다.

감폭 인자

능동 필터는 저역통과, 고역통과, 대역통과, 대역제거 형태의 응답 특성에 관계 없이 버터워스, 체비쉐프, 베셀 응답 특성 중 한 가지 방식으로 설계할 수 있다. 능동 필터회로의 감폭 인자(damping factor; DF)는 필터의 응답 특성을 결정하는 요소이다. 그림 8-6은 능동 필터의 개념을 설명한 회로이다. 이 능동 필터회로는 증폭기, 부궤환회로 및 필터영역부로 구성되어 있다. 증폭기와 궤환회로는 비반전 특성을 갖는다. 감폭 인자는 부궤환회로에 의해 정해지는 값으로 다음 식과 같이 표시한다.

$$DF = 2 - \frac{R_1}{R_2} \tag{8-5}$$

기본적으로 감폭 인자는 부궤환 특성에 의해 필터응답을 결정하게 된다. 출력전압의 증감은 부궤환의 역작용에 의해 상쇄된다. 감폭 인자가 정확하게 설정되었다면, 통과대역에서 응답곡선을 평탄하게 한다. 감폭 인자의 값을 버터워스 특성에서 최대한의 평면응답을 만들기 위해서는 고 차수를 이용한 수학기법을 이용해야 한다.

원하는 응답 특성을 만들기 위해서는 필터 차의 수(극의 수)에 따라 정해진다. 즉, 필터에서 극의 수가 증가하면 롤오프 율이 더 빠르다는 것이다. 예로, 2차 버터워스 응답을 만들기 위해서 감폭 인자가 1.414이어야 한다. 이러한 감폭 인자를 실현하기 위해서 궤환저항 비율이 다음과 같아야 한다.

$$\frac{R_1}{R_2} = 2 - DF = 2 - 1.414 = 0.586$$

이 비율로 비반전 필터 증폭기의 폐루프 이득 $A_{cl(NI)}$을 구하며, 그 값은 1.586이며, 다음과 같이 구한다:

$$A_{cl\,(NI)} = \frac{R_1}{R_2} + 1 = 0.586 + 1 = 1.586$$

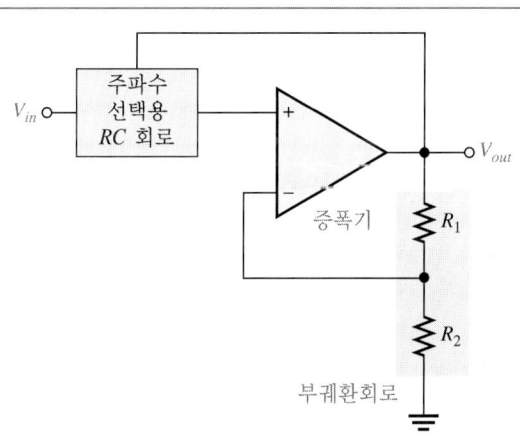

그림 8-6

일반적인 능동 필터의 회로도. 6-4절에서 정의된 것처럼 R_1은 R_f와 같고, R_2는 R_i와 같다.

예제 8-2	

문제

그림 8-6과 같은 능동 필터의 궤환회로에서 저항 R_2가 $10\,k\Omega$이면, 최대 평면 버터워스 응답을 얻기 위한 R_1은 얼마인가?

풀이

$$\frac{R_1}{R_2} = 0.586$$

$$R_1 = 0.586R_2 = 0.586(10\,k\Omega) = \mathbf{5.86\,k\Omega}$$

$5600\,\Omega$의 가장 근접한 표준 5%의 값을 사용하면 매우 근접한 이상적인 버터워스 응답을 구할 수 있다.

질문

$R_2 = 10\,k\Omega$이고 $R_1 = 5.6\,k\Omega$에 대한 감폭 인자는 얼마인가?

임계 주파수와 롤오프 율

그림 8-6 회로에서 임계 주파수는 RC 회로에서 저항과 커패시터의 값에 의해 결정된다. 그림 8-7과 같이 단극 필터의 임계 주파수는 다음과 같다.

$$f_c = \frac{1}{2\pi RC}$$

저역통과 구조와 마찬가지로 단극 고역통과필터의 f_c도 같은 식으로 구한다. 극의 수는 필터의 롤오프 율을 결정한다. 버터워스 응답의 롤오프 율은 $-20\,dB/decade/pole$로 1차(단극) 필터는 $-20\,dB/decade$, 2차(2극) 필터는 $-40\,dB/decade$, 3차(3극) 필터는 $-60\,dB/decade$를 가진다.

일반적으로 3극 이상을 갖는 필터를 얻기 위해서 단극 또는 2극 필터를 그림 8-8과 같이 직렬로 연결한다. 예로, 3차 필터는 2차와 1차 필터를 직렬로, 4차 필터는

그림 8-7	

1차(단극) 저역통과필터

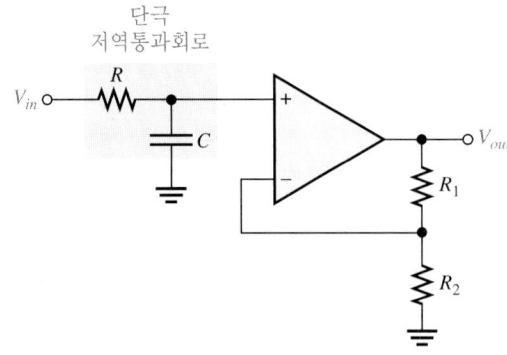

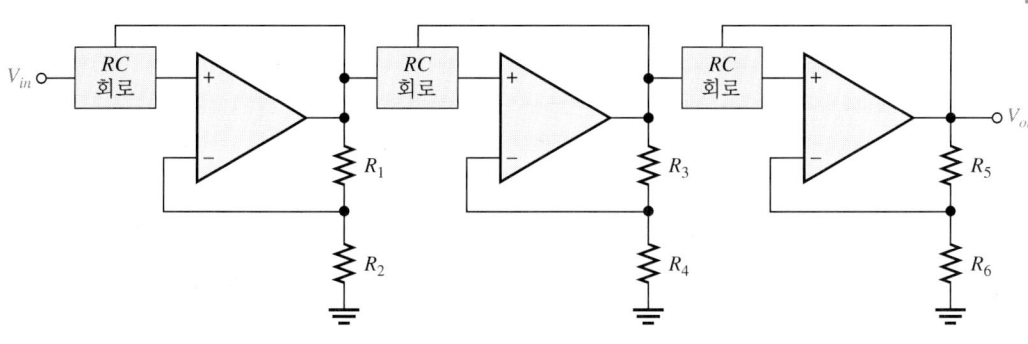

극의 수는 필터를 직렬로 연결하여 증가할 수 있다. **그림 8-8**

	버터워스 응답에 대한 값										**표 8-1**
		1단				**2단**				**3단**	
차수	롤오프 dB/decade	극	감폭 인자	R_1/R_2		극	감폭 인자	R_3/R_4		극	감폭 인자	R_5/R_6
1	−20	1	옵션									
2	−40	2	1.414	0.586								
3	−60	2	1.00	1		1	1.00	1				
4	−80	2	1.848	0.152		2	0.765	1.235				
5	−100	2	1.00	1		2	1.618	0.382		1	0.618	1.382
6	−120	2	1.932	0.068		2	1.414	0.586		2	0.518	1.482

두 개의 2차 필터를 직렬로 연결한다. 직렬 배열에서 각 필터를 단 또는 **영역**이라 한다.

최대 평면응답 특성 때문에 버터워스 방식이 가장 널리 사용된다. 그러므로 기본 필터 개념을 설명하기 위해서 버터워스 응답만을 설명한다. 표 8-1은 6차 버터워스 필터까지에 대한 롤오프 율, 감폭 인자, 궤환저항 비율이다. 그림 8-8에서 이득 설정 저항과 동일하며, 다른 회로도에서는 다른 명칭을 사용할 수 있다.

복습 질문

6. 버터워스, 체비쉐프, 베셀 응답의 차이는?
7. 필디의 응답 특성을 결정하는 것은?
8. 능동 필터의 기본 부분은?
9. 필터의 임계 주파수를 결정하는 요소는?
10. 필터에서 롤오프를 결정하는 요소는?

8-3 능동 저역통과필터

연산증폭기와 같은 능동 소자를 사용하는 필터는 R, L, 또는 C 요소만 사용하는 수동 소자에 비해 여러 점에서 유리하다. 연산증폭기는 이득을 낼 수 있기 때문에 필터를 통과할 때도 신호는 감쇠되지 않는다. 연산증폭기의 높은 입력저항은 구동 전원의 과도한 부하전류를 방지하고, 낮은 출력저항은 구동 부하로 인해 영향을 받게 되는 필터를 보호한다. 능동 필터는 넓은 주파수 범위에서 원하는 응답을 조정하기가 유용하다.

이 절에서는 능동 저역통과필터의 동작원리를 설명한다.

단극 필터

그림 8-9(a)는 단일 저역통과 RC 회로인 능동 필터이다. 이 필터는 그림 8-9(b)의 응답곡선과 같이 임계 주파수상에 $-20\,dB/decade$의 롤오프를 갖는다. 단극 필터의 임계 주파수는 $f_c = 1/(2\pi RC)$이다. 이 필터에서 연산증폭기는 R_1과 R_2의 값으로 설정된 통과대역 내에서 폐루프 전압이득을 갖는 비반전 증폭기로서 연결되어 있다.

$$A_{cl(\mathrm{NI})} = \frac{R_1}{R_2} + 1$$

2극 필터

살렌-키(Sallen-Key)는 2차(2극) 필터의 일반적인 구조 중의 하나로 이 필터는 전압 제어 전압원(VCVS) 필터라고도 한다. 그림 8-10은 살렌-키 필터의 저역통과회로이다. 임계 주파수가 $-40\,dB/decade$의 롤오프 특성을 가지려면 2개의 RC 회로가 있다. 즉,

그림 8-9 단극 능동 저역통과필터와 응답곡선

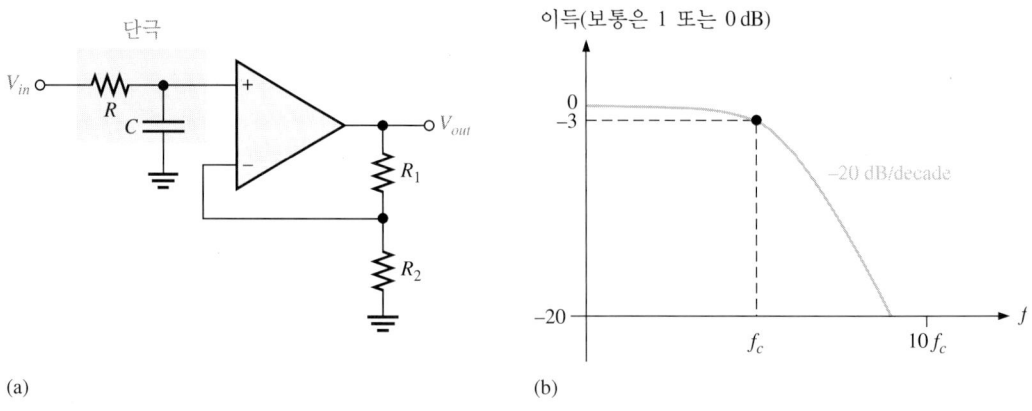

(a)   (b)

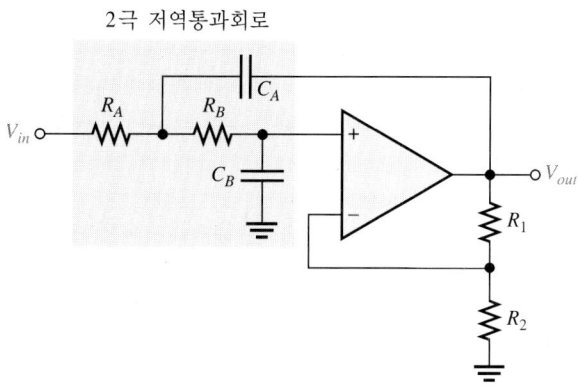

그림 8-10

기본 살렌-키 2차 저역통과
필터

첫 번째 RC 회로는 R_A와 C_A, 두 번째 RC 회로는 R_B와 C_B로 구성되어 있다. 이 회로의 특징은 통과대역 모서리 부분에서 응답이 궤환되는 커패시터 C_A이다. 2차 살렌-키 필터의 임계 주파수는 다음과 같이 구한다.

$$f_c = \frac{1}{2\pi\sqrt{R_A R_B C_A C_B}} \tag{8-6}$$

즉, 요소값은 $R_A = R_B = R$, $C_A = C_B = R$이 된다. 이 경우에 임계 주파수에 식은 다음과 같이 간단화할 수 있다.

$$f_c = \frac{1}{2\pi RC}$$

단극 필터와 같이, 2차 살렌-키 필터의 연산증폭기는 R_1/R_2 회로에 의해 부궤환을 갖는 비반전 증폭기로서 동작한다. 앞에서 배운 것처럼, 감폭 인자는 R_1과 R_2의 값에 의해 정해지므로 버터워스, 체비쉐프, 베셀의 필터응답을 만들 수 있다. 예로, 표 8-1 로부터 2차 버터워스 응답에서 요구되는 1.414의 감폭 인자를 만들기 위해서는 R_1/R_2 비가 0.586이어야 한다.

예제 8-3

문제

그림 8-11의 저역통과필터의 임계 주파수를 구하라. 또한, 근사 버터워스 응답에 대한 R_1의 값을 구하라.

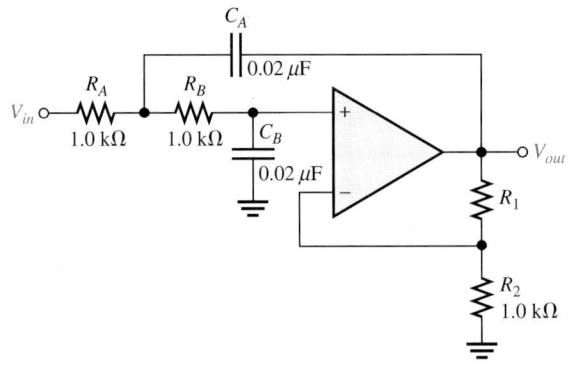

그림 8-11

풀이

$R_A = R_B = 1.0\,\text{k}\Omega$이고 $C_A = C_B = 0.02\,\mu\text{F}$이므로,

$$f_c = \frac{1}{2\pi RC} = \frac{1}{2\pi(1.0\,\text{k}\Omega)(0.02\,\mu\text{F})} = \textbf{7.96 kHz}$$

버터워스 응답에 대하여 표 8-1로부터 $R_1/R_2 = 0.586$이다.

$$R_1 = 0.586 R_2 = 0.586(1.0\,\text{k}\Omega) = \textbf{586}\,\boldsymbol{\Omega}$$

이 계산된 값을 이용하여 가장 근사치인 표준값을 선택한다.

질문

$R_A = R_B = R_2 = 2.2\,\text{k}\Omega$, $C_A = C_B = 0.01\,\mu\text{F}$인 경우 그림 8-11에 대한 f_c의 값은 얼마인가?

높은 롤오프 율을 갖는 직렬 연결 저역통과필터

4극 필터는 4차 저역통과 응답인 $-80\,\text{dB/decade}$가 필요하다. 그림 8-12와 같이 2개의 2극 저역통과필터를 직렬로 연결하였다. 두 단은 예제 8-4와 같이 각 필터별로 서로 다른 이득을 가져야 한다.

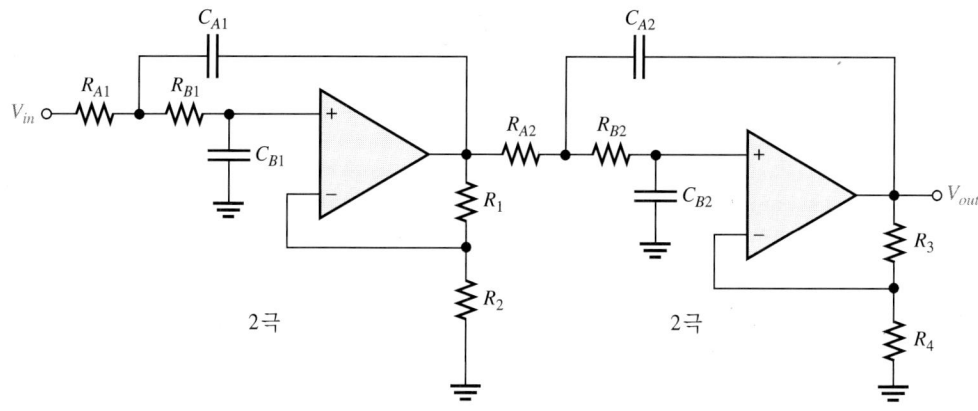

직렬 연결된 저역통과필터를 사용하는 4차 필터 | 그림 8-12

예제 8-4

문제

그림 8-12의 4극 필터 RC 저역통과회로에서 모든 저항이 1.8 kΩ일 때 2680 Hz의 임계 주파수가 되기 위한 커패시터 용량을 구하라. 또한, 버터워스 응답을 얻기 위한 궤환저항의 값을 구하라.

풀이

두 단이 같은 임계 주파수 f_c를 가져야 한다. 같은 용량의 커패시터라면,

$$f_c = \frac{1}{2\pi RC}$$

$$C = \frac{1}{2\pi R f_c} = \frac{1}{2\pi(1.8\ \text{k}\Omega)(2680\ \text{Hz})} = 0.033\ \mu\text{F}$$

$$C_{A1} = C_{B1} = C_{A2} = C_{B2} = \mathbf{0.033\ \mu F}$$

또한, 간단히 $R_2 = R_4 = 1.8$ kΩ이라면 표 8-1의 첫 번째 단에서 버터워스 응답의 DF = 1.848, $R_1/R_2 = 0.152$이다. 그러므로

$$R_1 = 0.152R_2 = 0.152(1800\ \Omega) = \mathbf{274\ \Omega}$$

이다. 그러면, $R_1 = 270\ \Omega$으로 정한다:

두 번째 단에서 $DF = 0.765$, $R_3/R_4 = 1.235$이다. 그러므로

$$R_3 = 1.235R_4 = 1.235(1800\ \Omega) = \mathbf{2.22\ k\Omega}$$

이다. 이 경우에는 $R_3 = 2.2$ kΩ을 정한다.

질문

그림 8-12의 필터에 대하여, 만약 모든 필터 저항이 680 Ω이면, $f_c = 1$ kHz에 대한 커패시터 용량은?

복습 질문

11. 2차 저역통과필터 극의 수는?

12. 필터의 감폭 인자가 중요한 이유는?

13. 저역통과필터를 직렬 연결하는 목적은?

14. 2극 필터에 필요한 커패시터의 수는?

15. 2개의 단극 필터를 직렬로 연결할 때 롤오프 율은?

8-4 능동 고역통과필터

고역통과필터는 저역통과필터에서 커패시터와 저항은의 위치를 바꾸고, 기타 기본 파라미터는 동일하다.

이 절에서는 능동 고역필터의 동작원리를 설명한다.

단극 필터

그림 8-13(a)는 $-20\,dB/decade$ 롤오프를 갖는 고역통과필터 회로이다. 이 회로가 앞 절의 저역통과필터와 다른 점은 입력회로가 단일 고역통과 RC 회로라는 것이다. 그림 8-13(b)는 저역통과 응답곡선이다.

그림 8-14(a)와 같이 이상적인 경우에는 제한없이 f_c 이상의 모든 주파수를 통과한다. 그러나 실제로 배운 것처럼, 모든 연산증폭기는 본래 내부 RC 회로를 가지고 있으며, 매우 넓은 대역폭인 대역통과필터에서 고역통과필터 부분인 상위 주파수는 효과적으로 제한할 수 있다. 대부분의 필터 사용시 제한되는 고주파수 값은 f_c 보다는 높은 값으로, 이 제한되는 값은 무시해도 된다. 이용 목적에 따라 특수 전류-궤환 연산

그림 8-13	단극 능동 고역통과필터와 응답곡선

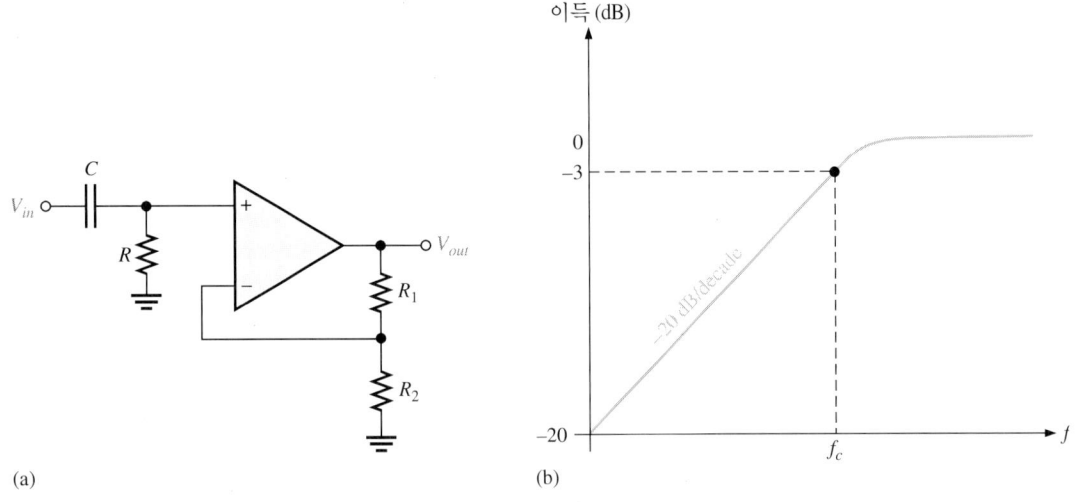

(a)　　　　　　　　　　　　　　(b)

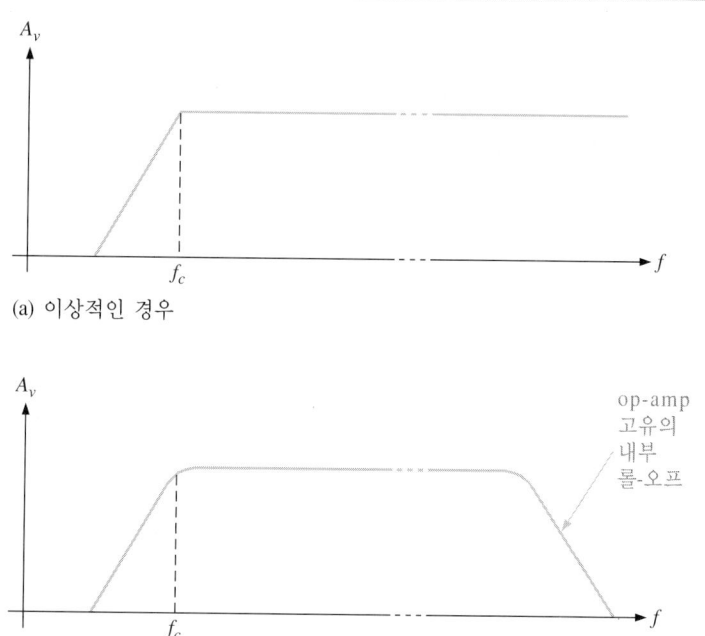

그림 8-14

고역통과필터 응답

(a) 이상적인 경우

op-amp
고유의
내부
롤-오프

(b) 실제적인 경우

증폭기 또는 이산 트랜지스터 등에 대해서는 고주파 제한을 강화하기 위해 이득용 소자를 사용한다.

2극 필터

그림 8-15는 고역통과 2차 살렌-키 구조이다. 이 회로에서 R_A, C_A, R_B와 C_B는 2극 주파수 선택 요소이다. 이 주파수 선택회로에서 저항과 커패시터의 위치는 저역통과 회로와 반대이다. 다른 필터와 같이, 회로 응답 특성은 궤환저항 R_1과 R_2의 선택에 의해 최적화될 수 있다.

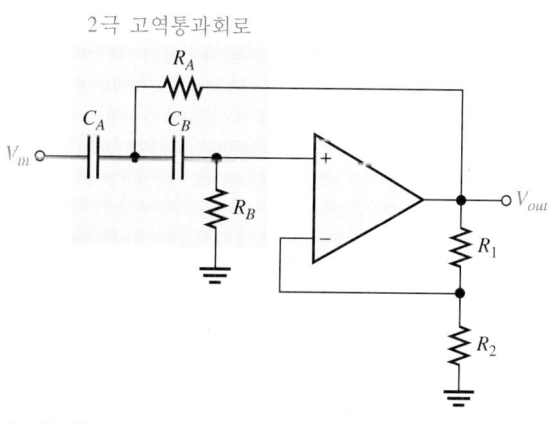

그림 8-15

기본 살렌-키 2차 고역통과 필터

2극 고역통과회로

예제 8-5

문제

그림 8-15에서 약 10 kHz의 임계 주파수를 갖는 등가값의 2차 버터워스 응답을 갖는 살렌-키 고역통과필터 값을 구하라.

풀이

우선 R_A와 R_B에 대한 값을 선택(R_1 또는 R_2는 간단화하기 위해서 R_A와 R_B와 동일한 값일 수 있다)한다.

$$R = R_A = R_B = R_2 = \textbf{3.3 k}\boldsymbol{\Omega} \quad \text{(임의 선택)}$$

다음에 $f_c = 1/(2\pi RC)$로부터 커패시터 값을 계산한다.

$$C = C_A = C_B = \frac{1}{2\pi R f_c} = \frac{1}{2\pi(3.3\text{ k}\Omega)(10\text{ kHz})} = \textbf{0.0048 }\boldsymbol{\mu}\textbf{F}$$

버터워스 응답은 감폭 인자가 1.414, $R_1/R_2 = 0.586$이다.

$$R_1 = 0.586R_2 = 0.586(3.3\text{ k}\Omega) = \textbf{1.93 k}\boldsymbol{\Omega}$$

$R_1 = 3.3\text{ k}\Omega$로 하면,

$$R_2 = \frac{R_1}{0.586} = \frac{3.3\text{ k}\Omega}{0.586} = 5.63\text{ k}\Omega$$

어떤 방식으로도 버터워스 응답이 가장 근사치인 표준값을 선택하여 사용할 수 있다.

질문

그림 8-15에서 $f_c = 300\text{ Hz}$가 되기 위한 고역통과필터의 각 요소의 값은? 동일 값 요소를 사용하고, 버터워스 응답에 대하여 최적화하라.

복습 질문

16. 고역통과 살렌-키 필터와 저역통과필터의 구조상 차이점은?

17. 고역통과필터 임계 주파수를 증가시키기 위해서는 저항값을 증가 또는 감소하여야 하는가?

18. 3개의 2극 고역통과필터와 하나의 단극 고역통과필터가 직렬로 연결되었다면, 롤오프는?

19. 고주파수에서 고역통과필터의 주파수응답의 제한 방법은?

20. 직렬 연결된 필터에서 단이란?

능동 대역통과 및 대역제거 필터 8-5

대역통과필터는 낮은 주파수의 하한값에서 높은 주파수의 상한값까지 모든 주파수를 통과하며, 이 범위 이외의 다른 주파수는 제거되는 필터이다. 대역통과 응답은 낮은 주파수와 높은 주파수 응답곡선이 겹쳐 있다고 생각할 수 있다. 대역저지필터는 지정된 주파수대역을 제거하고 다른 모든 주파수를 통과하는 필터이다. 이때 응답은 대역통과필터와는 반대가 된다.

이 절에서 능동 대역통과필터와 대역제거필터의 동작원리를 설명한다.

대역통과응답을 갖는 직렬 연결 저역통과와 고역통과 필터

그림 8-16(a)와 같이 대역통과필터는 고역통과필터와 저역통과필터를 직렬로 배열하는 것이다. 이때 임계 주파수는 충분히 분리될 만큼 매우 넓다. 이 회로에서 필터의 각각은 2극 살렌-키 버터워스 구조이며, 그림 8-16(b)와 같이 합성 응답곡선의 롤오프율은 −40 dB/decade 이다. 각 필터의 임계 주파수는 그림과 같이 응답곡선이 겹쳐지도

그림 8-16
2극 고역통과필터와 2극 저역통과필터를 직렬 연결로 구성한 대역통과필터

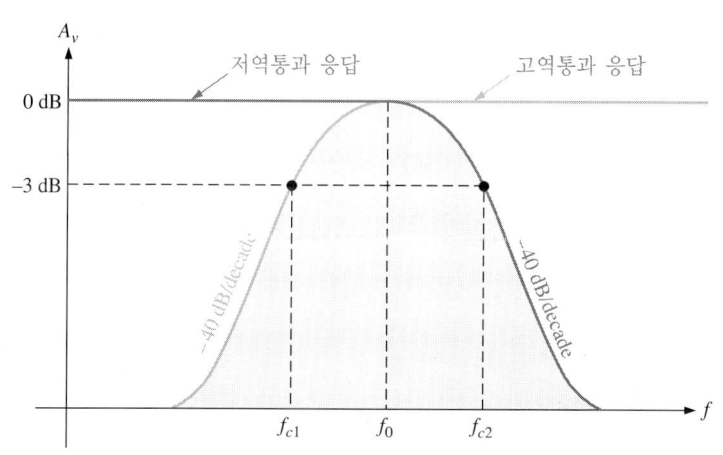

(a)

(b)

록 충분한 값을 선택한다. 또한 고역통과필터의 임계 주파수는 저역통과 단의 임계 주파수보다 충분히 낮아야 한다.

통과대역 중 낮은 주파수인 f_{c1}은 고역통과필터의 임계 주파수이고 높은 주파수인 f_{c2}는 저역통과필터의 임계 주파수이다. 이 필터는 넓은 대역폭을 갖는 분야에서만 사용되고 있다.

다중 궤환 대역통과필터

그림 8-17의 회로는 또다른 형식인 다중 궤환 대역통과필터이다. 이 필터는 직렬 연결 대역통과필터에 비해 구조가 간단하고 더 좁은 대역폭을 갖도록 할 수 있는 장점이 있다. 2개의 궤환 통로가 있는데 하나는 C_2, 다른 하나는 R_3를 통하여 궤환한다. 중심 주파수에 대한 공식은 다음과 같다.

$$f_0 = \frac{1}{2\pi C}\sqrt{\frac{R_1 + R_2}{R_1 R_2 R_3}} \tag{8-7}$$

여기서 $C = C_1 = C_2$이다. 중심 주파수에서 이득은 다음과 같이 R_1과 R_3에 의해서 결정된다.

$$A_0 = \frac{R_3}{2R_1}$$

대역폭은 중심 주파수 f_0와 Q에 결정된다. 먼저, Q는 다음 공식을 사용하여 구한다.

$$Q = \pi f_0 C R_3$$

그러면, 대역폭은 다음과 같이 구할 수 있다.

$$BW = \frac{f_0}{Q}$$

다중 궤환 대역통과필터

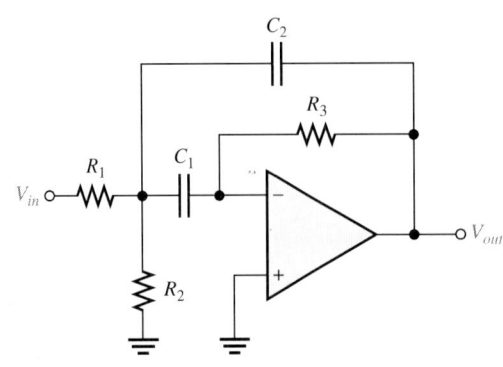

문제

그림 8-18과 같은 필터회로에서 중심 주파수, 중심 주파수에서 이득과 대역폭을 구하라.

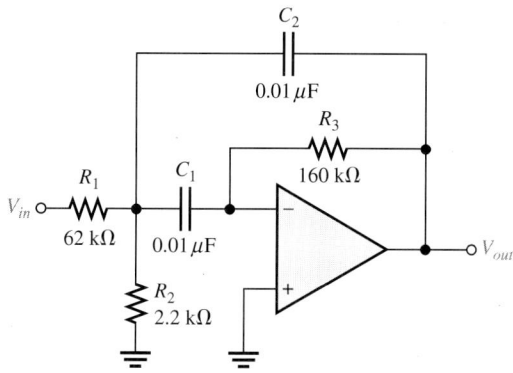

그림 8-18

풀이

중심 주파수는 다음과 같이 구한다.

$$f_0 = \frac{1}{2\pi C}\sqrt{\frac{R_1 + R_2}{R_1 R_2 R_3}} = \frac{1}{2\pi(0.01\,\mu F)}\sqrt{\frac{62\,k\Omega + 2.2\,k\Omega}{(62\,k\Omega)(2.2\,k\Omega)(160\,k\Omega)}} = \mathbf{863\ Hz}$$

이득은 다음과 같이 구한다.

$$A_0 = \frac{R_3}{2R_1} = \frac{160\,k\Omega}{2(62\,k\Omega)} = \mathbf{1.29}$$

대역폭을 구하기 위하여 먼저 Q를 계산한다.

$$Q = \pi f_0 C R_3 = \pi(863\,Hz)(0.01\,\mu F)(160\,k\Omega) = 4.34$$

대역폭은 다음과 같이 구한다.

$$BW = \frac{f_0}{Q} = \frac{863\ Hz}{4.34} = \mathbf{199\ Hz}$$

질문

필터에서 커패시터를 증가시키면 중심 주파수는?

컴퓨터 시뮬레이션

웹사이트에서 Multisim의 F08-l8DV 파일을 이용하여, 직렬 연결형 대역통과필터의 대역폭을 측정한다.

다중 궤환 대역제거필터

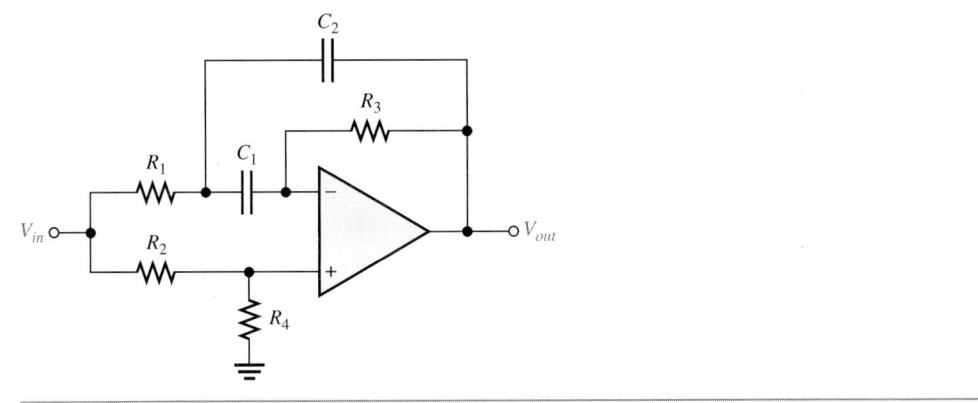

다중 궤환 대역제거필터

그림 8-19는 다중 궤환 대역제거필터 회로로, 이 필터의 구조는 대역통과필터와 유사하다.

상태변수 필터

상태변수 또는 만능 능동 필터는 대역통과 응용에 널리 사용된다. 그림 8-20과 같이 이 필터는 합성증폭기와 단극 저역필터로 동작하는 두 개의 연산증폭기 적분기로 구성되며, 2차 필터를 구성하기 위해서 직렬로 연결되어 있다. 이 필터는 주로 대역통과(BP)필터로 사용되지만 상태변수 특성상 저역통과(LP) 출력과 고역통과(HP) 출력 모두에 사용된다. 중심 주파수는 두 적분기의 RC에 의해 결정된다. 대역통과필터로 사용될 경우, 적분기들의 임계 주파수는 동일하므로 이 값으로 통과대역의 중심 주파수가 설정된다.

상태변수 필터

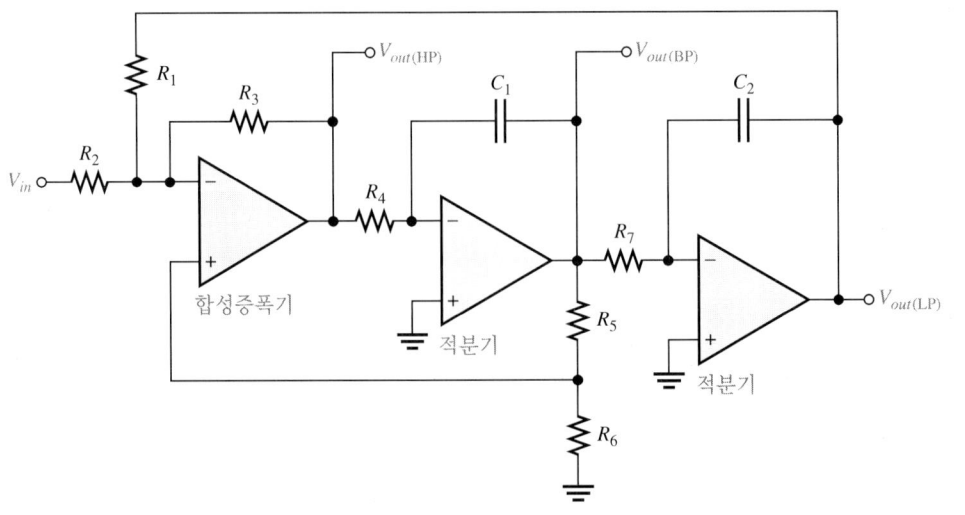

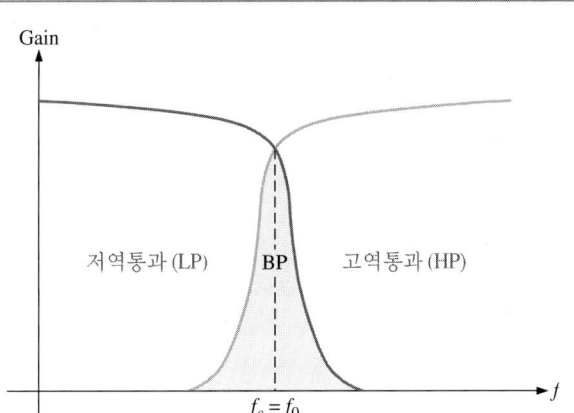

그림 8-21

일반적인 상태변수 응답곡선

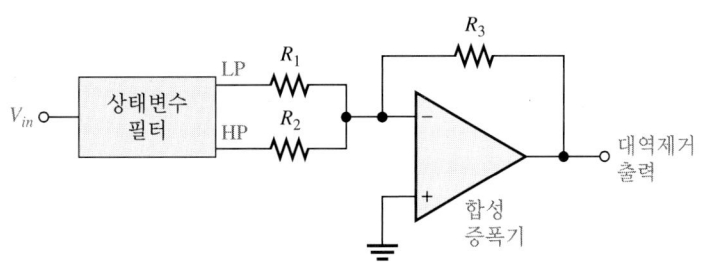

그림 8-22

상태변수 대역제거필터

기본 동작

f_c 이하의 입력 주파수에서 입력신호는 합성증폭기와 적분기를 통과하며, 위상이 180° 반전된 출력이 궤환된다. 그러므로 궤환신호와 입력신호는 대략 f_c 이하의 모든 주파수에서 저지된다. 적분기 롤오프의 저역통과 응답과 같이, 궤환신호는 감소하므로, 입력만 대역통과 출력을 통과하게 된다. f_c 이상에서는 저역통과 응답이 없으므로 적분기를 통과하는 입력신호는 저지된다. 따라서, 그림 8-21과 같이 f_c에서 돌출된 형태가 된다. 이러한 필터에서는 안정한 Q값인 100까지 구힐 수 있디.

상태변수 대역제거필터

그림 8-20과 같은 상태변수 필터의 저역통과(LP)와 고역통과(HP) 응답을 합성한 회로가 그림 8-22와 같은 대역제거필터이다.

복습 실뮨

21. 대역통과필터에서 선택도의 결정방법은?

22. 한 필터의 $Q = 5$, 다른 필터의 $Q = 25$일 때 대역폭이 적은 필터는?

23. 상태변수 필터에 필요한 능동 소자는?

24. 다중 궤환 대역제거필터에서 2개의 궤환 요소는?

25. 직렬 연결형 대역통과필터에서 가장 높은 임계 주파수를 갖는 필터단은?

8-6 필터응답 측정

필터의 응답을 결정하는 두 가지 기법에는 이산점 측정과 소사(swept) 주파수 측정방법 두 가지가 있다.

이 절에서는 주파수응답을 측정하는 두 가지 방법을 설명한다.

이산점 측정

그림 8-23은 일반 계측기를 사용하여 입력 주파수의 이산값으로 필터 출력전압을 측정하는 예이다. 절차는 다음과 같다:

1. 정현파 발생기의 크기를 측정을 원하는 전압으로 설정한다.
2. 정현파 발생기의 주파수를 시험하려는 필터의 예상 임계 주파수 이하의 값으로 설정한다. 저역통과필터는 주파수를 가능한 0 Hz, 대역통과필터는 주파수를 예상 하위 임계 주파수 이하로 설정한다.
3. 정밀한 응답곡선을 작성하기 위해 충분한 양의 데이터 점을 설정하여 미리 결정된 단계별로 주파수를 증가시킨다.
4. 주파수를 변화시키는 동안 입력전압 크기는 일정하게 유지한다.
5. 각 측정 주파수 값에서 출력전압을 기록한다.
6. 충분한 측정점의 값을 기록한 다음에 출력전압 대 주파수에 대한 그래프를 그린다.

이때 피측정 주파수가 DMM의 주파수응답 범위를 초과하였다면 오실로스코프를 대신 사용할 수 있다.

그림 8-23

필터응답의 이산점 측정도

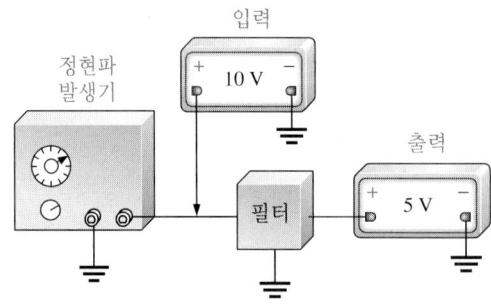

소사 주파수 측정

소사(swept) 주파수 방법은 이산점 방법에 비해 정밀도가 높은 테스트 장비가 필요하다. 이 방법은 대단히 효과적이고 매우 정밀한 응답곡선을 측정할 수 있다. 그림 8-24(a)는 소사 주파수 발생기와 스펙트럼 분석기를 사용한 측정도이다. 그림 8-24(b)는 스펙트럼 해석기 대신에 오실로스코프를 사용한 측정도이다.

그림 8-24와 같이 소사 주파수 발생기는 주파수가 미리 설정된 두 개의 제한 주파수 사이에서 선형적으로 증가하며, 일정한 크기의 출력신호를 만든다. 그림 (a)에서 스펙트럼 분석기는 **시간분할**이 아닌 원하는 **주파수 주기/분할**에 사용되는 계측기이다. 이에 따라 필터에 가해진 입력 주파수는 미리 선택된 범위를 통하여 소거되므로 응답이 스펙트럼 분석기의 화면에 나타난다. 그림 (b)는 응답을 보이기 위해 오실로스코프를 사용하여 응답을 확인하는 그림이다.

그림 8-24

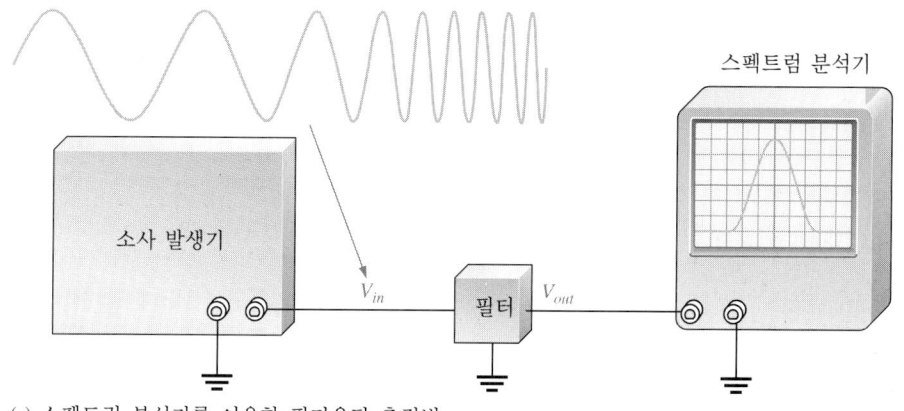

(a) 스펙트럼 분석기를 이용한 필터응답 측정법

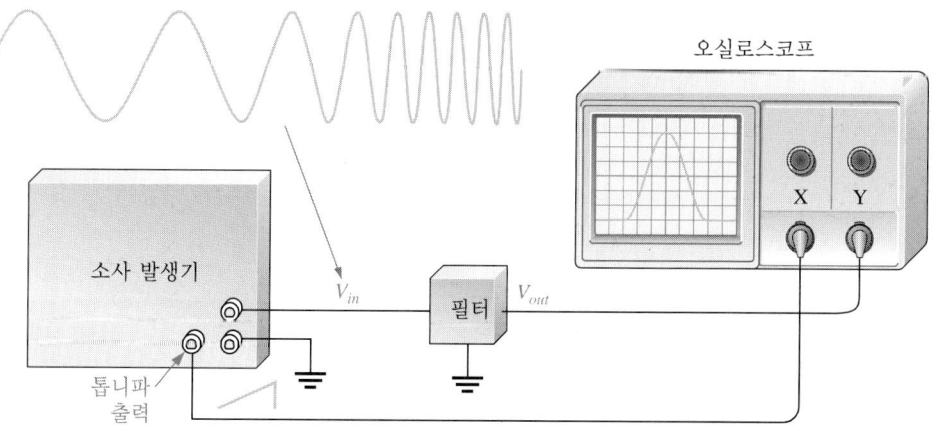

(b) 오실로스코프를 이용한 필터응답 측정법. 이때 오실로스코프 X-Y 모드에서 X 채널의 톱니파 발진기로부터 톱니파형이 발생된다.

단원 복습

복습 질문

26. 이 절에서 배운 두 가지 필터의 응답 측정법은?
27. 두 가지 응답 측정의 목적은?
28. 각 테스트 방법에 대한 장·단점 한 가지는?
29. 소사 주파수 측정에 사용되는 계측기는?
30. 이산점 측정에서 DMM을 사용하지 않는 이유는?

주요 용어

감폭 인자(DF)   필터의 응답 형식을 정의하는 요소

고역통과필터(high-pass filter)   어떤 주파수 이상의 주파수를 통과시키는 반면에 작은 주파수는 소거하는 형식의 필터

극(pole)   필터의 롤오프 율이 $-20\,dB/decade$를 이루는 한 개의 저항과 한 개의 커패시터를 포함하는 회로

대역제거필터(band-stop filter)   어떤 낮은 주파수와 어떤 높은 주파수 사이에 놓여 있는 주파수 범위를 컷오프 또는 소거하는 필터

대역통과필터(band-pass filter)   어떤 낮은 주파수와 어떤 높은 주파수 사이에 놓여 있는 주파수 범위를 통과하는 필터

대역폭(bandwidth)   필터의 통과대역의 측정; 상위와 하위의 차단(임계) 주파수간 통과대역의 차이

롤오프(roll-off)   필터의 임계 주파수 이하 또는 이상에서 이득을 감소하는 비율

임계 주파수(f_c)   필터의 통과대역의 끝부분을 정의하는 주파수; **차단 주파수**라고도 한다.

저역통과필터(low-pass filter)   어떤 주파수 이하의 주파수를 통과시키는 반면에 높은 주파수는 소거하는 형식의 필터

차수(order)   필터에서 극의 수

필터(filter)   어떤 주파수는 통과시키고, 모든 다른 주파수는 감쇠 또는 제거하는 회로

요점

❏ 저역통과필터의 대역폭은 응답이 0 Hz로 확대되므로 임계 주파수와 동일하다.

❏ 고역통과필터의 대역폭은 임계 주파수 이상으로 확장시키며 능동 회로의 고유 주파수 범위로 제한된다.

❏ 대역통과필터는 하위 주파수와 상위 주파수의 임계 주파수 사이의 대역 내의 모든 주파수를 통과시키며, 이 대역 이외의 모든 다른 주파수는 제거한다.

❏ 대역통과필터의 대역폭은 상위 임계 주파수와 하위 임계 주파수 사이의 차이이다.

❑ 대역제거필터는 지정된 대역 내의 모든 주파수를 제거하고, 이 대역 이외의 모든 다른 주파수는 통과시킨다.

❑ 버터워스 응답 특성을 갖는 필터는 통과대역에서 매우 평탄한 응답을 가지며, −20 dB/decaed/pole의 롤오프를 나타내며, 통과대역에서 모든 주파수가 동일 이득을 가져야 할 때 사용된다.

❑ 체비쉐프 특성을 갖는 필터는 통과대역에서 맥류와 오버슈터를 가지며, 버터워스 특성을 갖는 필터보다 극당 더 빠른 롤오프를 나타낸다.

❑ 베셀 특성을 갖는 필터는 펄스파형을 필터링하는 데 사용한다. 이 필터의 선형 위상 특성은 최소 파형 모양의 찌그러짐을 갖는다. 극당 롤오프 율은 버터워스보다 더 느리다.

❑ 필터 용어에서 단일 RC 회로를 극이라 한다.

❑ 버터워스 필터의 각 극은 출력이 −20 dB/decade의 율로 롤오프된다.

❑ 대역통과필터의 품질 인자 Q는 필터의 선택도를 결정한다. Q가 높을수록 대역폭이 좁아지고 선택도가 더 좋다.

❑ 감폭 인자는 필터응답 특성을 결정한다(버터워스, 체비쉐프, 베셀).

공식

저역통과 대역폭:

$$BW = f_c \tag{8-1}$$

대역통과필터의 필터 대역폭:

$$BW = f_{c2} - f_{c1} \tag{8-2}$$

대역통과필터의 중심 주파수:

$$f_0 = \sqrt{f_{c1} f_{c2}} \tag{8-3}$$

대역통과필터의 품질 인자:

$$Q = \frac{f_0}{BW} \tag{8-4}$$

감폭 인자:

$$DF = 2 - \frac{R_1}{R_2} \tag{8-5}$$

2차 살렌-키 필터의 임계 주파수:

$$f_c = \frac{1}{2\pi \sqrt{R_A R_B C_A C_B}} \tag{8-6}$$

다중 궤환 대역통과필터의 중심 주파수:

$$f_0 = \frac{1}{2\pi C}\sqrt{\frac{R_1 + R_2}{R_1 R_2 R_3}} \qquad\qquad \textbf{(8-7)}$$

단원 확인 문제

1. 필터 용어에서 극이란?
   (a) 고 이득 연산증폭기
   (b) 하나의 완전한 능동 필터
   (c) 단일 RC 회로
   (d) 궤환회로

2. 단일 저항과 단일 커패시터는 다음의 롤오프 율을 갖는 필터를 형성하기 위해 연결될 수 있다.
   (a) $-20\,\text{dB/decade}$ (b) $-40\,\text{dB/decade}$
   (c) $-6\,\text{dB/decade}$ (d) (a)와 (c)

3. 대역통과 응답은 다음을 가진다.
   (a) 두 개의 임계 주파수
   (b) 한 개의 임계 주파수
   (c) 통과대역에서 평평한 곡선
   (d) 광대역폭

4. 저역통과필터에 의해 통과된 가장 낮은 주파수는 다음과 같다.
   (a) $1\,\text{Hz}$ (b) $0\,\text{Hz}$
   (c) $10\,\text{Hz}$ (d) 임계 주파수에 의한다

5. 대역통과필터의 Q는 다음에 따른다.
   (a) 임계 주파수   (b) 대역폭
   (c) 중심 주파수와 대역폭   (d) 중심 주파수

6. 능동 필터의 감폭 인자는 다음을 결정한다.
   (a) 전압이득   (b) 임계 주파수
   (c) 응답 특성   (d) 극의 수

7. 최대 평면 주파수응답은 다음과 같이 알려졌다.
   (a) 체비쉐프   (b) 버터워스
   (c) 베셀   (d) 콜피츠

8. 필터의 감폭 인자를 설정하는 회로는?
   (a) 부궤환회로   (b) 정궤환회로
   (c) 주파수 선택 회로   (d) 연산증폭기의 대역폭

9. 필터에서 극의 수에 영향을 받는 것은?
   (a) 전압이득   (b) 대역폭
   (c) 중심 주파수   (d) 롤오프 율

10. 살렌-키 필터는?

    (a) 단극 필터

    (b) VCVS 필터

    (c) 버터워스 필터

    (d) 대역통과필터

11. 필터가 직렬 연결형이면 롤오프 율은?

    (a) 증가

    (b) 감소

    (c) 변화 없음

12. 저역통과와 고역통과 필터가 대역통과필터로 되기 위해 직렬로 연결되면 저역통과필터의 임계 주파수는?

    (a) 고역통과필터의 임계 주파수와 동일하다.

    (b) 고역통과필터의 임계 주파수보다 낮다.

    (c) 고역통과필터의 임계 주파수보다 크다.

13. 상태변수 필터의 구성은?

    (a) 다중 궤환 통로를 갖는 하나의 연산증폭기

    (b) 합성증폭기와 2개의 적분기

    (c) 합성증폭기와 2개의 미분기

    (d) 3개의 버터워스 단

14. 필터의 이득이 중심 주파수에서 최소이면?

    (a) 대역통과필터

    (b) 대역제거필터

    (c) 노치 필터

    (d) (b)와 (c)

15. 그림 8-25(a)에서 C_1과 C_2를 0.15 μF로 교체하면 대역폭은?

    (a) 증가

    (b) 감소

    (c) 변화 없음

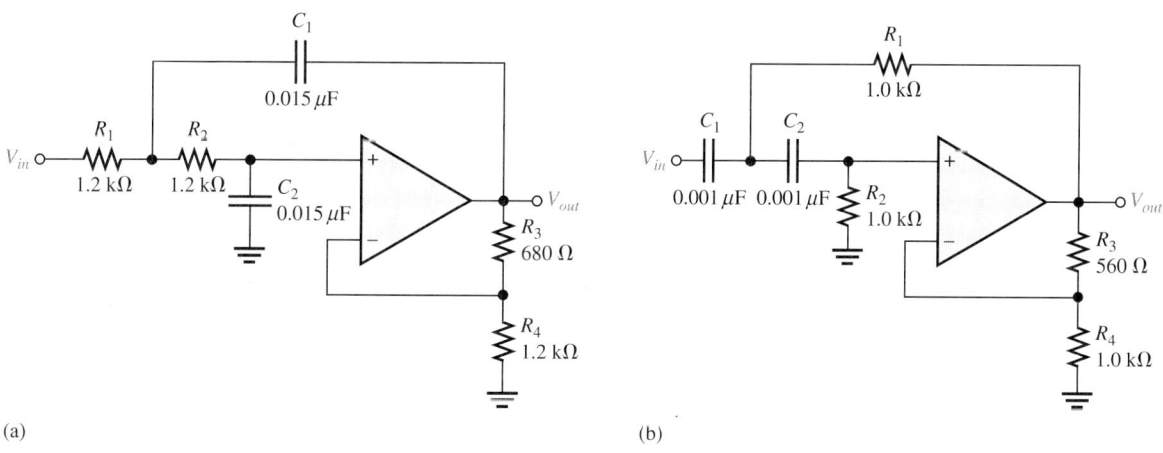

(a)   (b)

그림 8-25

16. 그림 8-25(a)에서 C_1과 C_2를 0.15 μF로 교체하면 극의 수는?

    (a) 증가

    (b) 감소

    (c) 변화 없음

17. 그림 8-25(a)에서 C_1과 C_2를 0.15 μF로 교체하면 롤오프 율은?

    (a) 증가   (b) 감소

    (c) 변화 없음

18. 그림 8-25(b)에서 C_1이 개방되면 교류 입력에 대한 교류 출력은?

    (a) 증가   (b) 감소

    (c) 변화 없음

19. 그림 8-25(b)에서 R_4가 10 kΩ으로 교체되면 감폭 인자는?

    (a) 증가   (b) 감소

    (c) 변화 없음

20. 그림 8-25(b)에서 R_4가 1.2 kΩ으로 교체되면 임계 주파수는?

    (a) 증가   (b) 감소

    (c) 변화 없음

질문

1. 저역통과필터 응답곡선의 세 가지 영역은?

2. 저역통과필터 임계 주파수가 5 kHz이면 필터 대역폭은?

3. 필터가 임계 주파수에서 1 V의 전압이 발생되면 최대 출력전압은?

4. 대역통과필터가 10 kHz와 12 kHz의 임계 주파수를 가지면 중심 주파수는?

5. 질문 4에서 필터의 대역폭은?

6. Q가 20인 필터와 Q가 15인 필터에서 선택도가 우수한 필터는?

7. 대역제거필터와 대역통과필터의 차이점은?

8. 2차 버터워스 응답에 대한 감폭 인자는?

9. 감폭 인자를 결정하는 것은?

10. 선택도를 좋게 하기 위해서는 두 개의 직렬 연결형 단극 필터가 좋은가? 또는 2개의 직렬 연결형 2극 필터가 좋은가?

문제

기본 문제

1. 그림 8-26에서 각 형식의 필터응답(저역통과, 고역통과, 대역통과, 대역제거)을 표시하라.

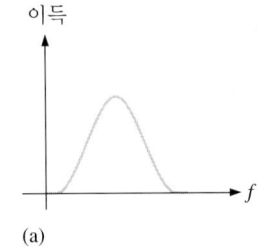

(a)

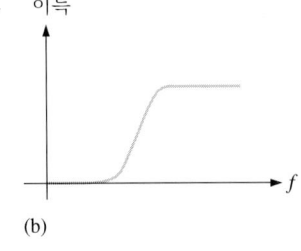

(b)

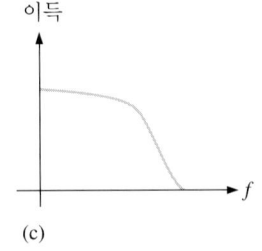

(c)

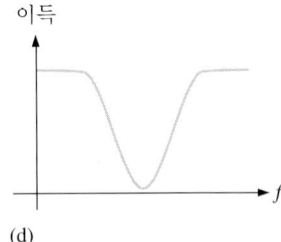

(d)

그림 8-26

2. 저역통과필터의 임계 주파수가 800 Hz일 때 대역폭은?

3. 단극 고역통과필터에서 $R = 2.2\,k\Omega$과 $C = 0.0015\,\mu F$로 주파수 선택 회로를 구성할 때 임계 주파수는?

4. 문제 3에서 설명된 필터의 롤오프 율은?

5. 임계 주파수가 3.2 kHz와 3.9 kHz인 대역통과필터의 대역폭은? 이 필터의 Q는?

6. Q가 15이고 대역폭이 1.0 kHz인 필터의 중심 주파수는?

7. 그림 8-27에서 각 능동 필터의 감폭 인자는?

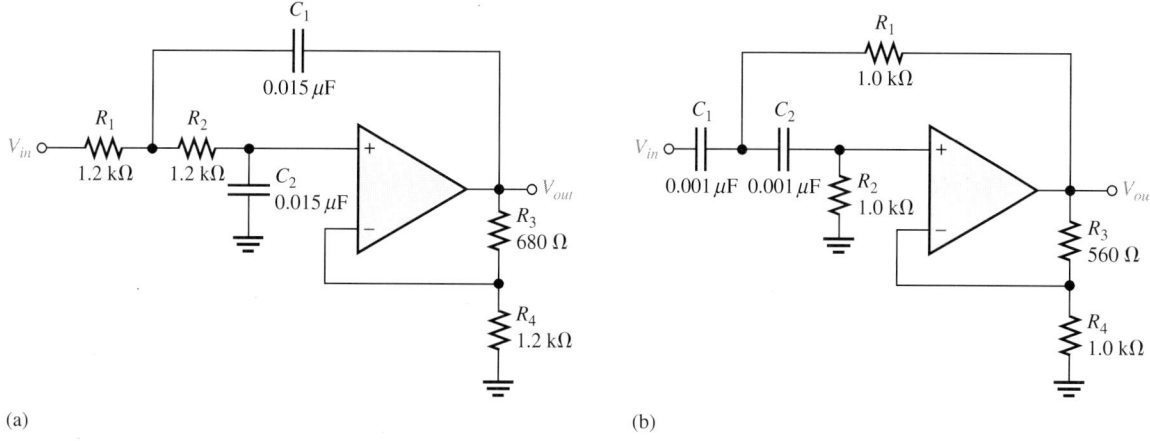

(a)   (b)

그림 8-27

8. 그림 8-28은 2차 필터의 응답곡선이다. 버터워스 필터 또는 체비쉐프 필터를 각각 표시하라.

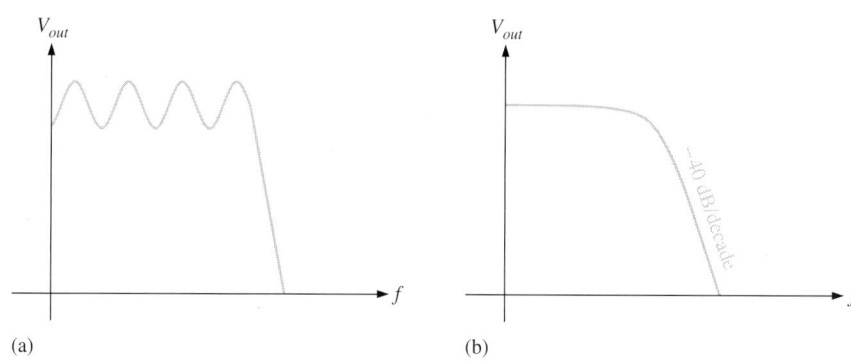

(a)   (b)

그림 8-28

9. 그림 8-29의 4극 필터는 버터워스 응답이 대략적으로 최적화되었는지? 롤오프 율은?

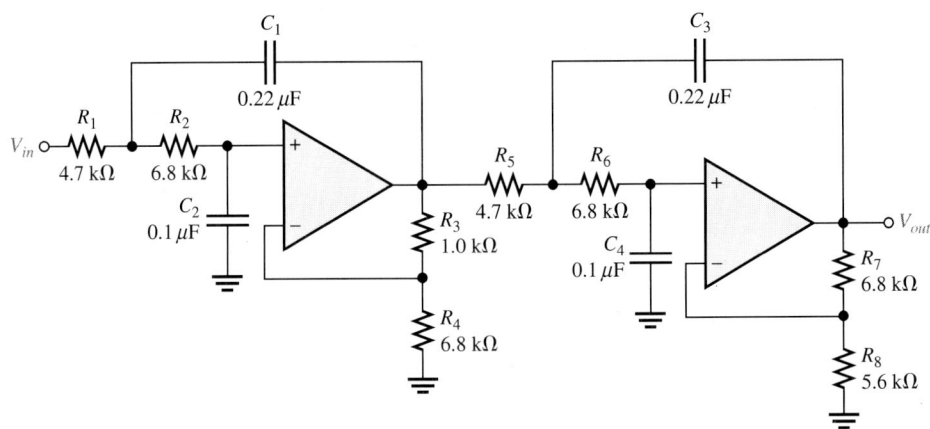

그림 8-29

10. 그림 8-29에서 임계 주파수는?

11. 블록 형식으로 버터워스 응답을 갖는 단극과 2극 저역통과필터를 사용하는 다음의 롤오프 율을 실현하는 방법을 보여라.

(a) -40 dB/decade

(b) -20 dB/decade

(c) -60 dB/decade

(d) -100 dB/decade

(e) -120 dB/decade

12. 그림 8-30의 필터에서

(a) 임계 주파수를 증가시키는 방법은?

(b) 필터를 저역통과로 변경하는 방법은?

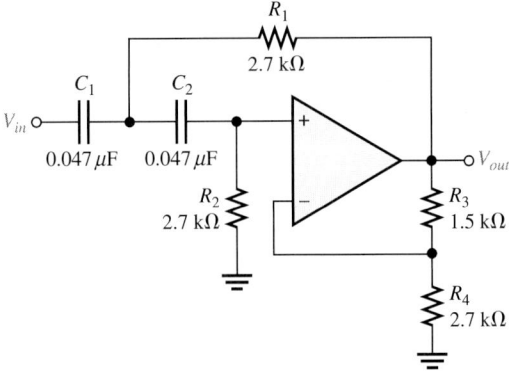

그림 8-30

13. 그림 8-31의 각 대역통과필터의 특성을 표시하라.

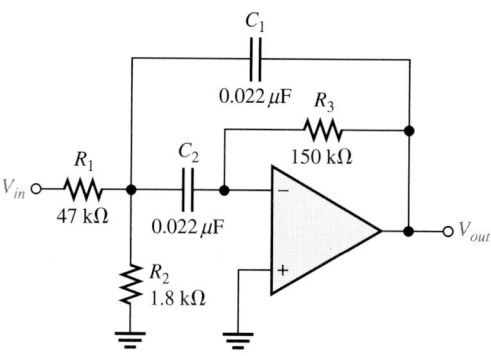

(a)

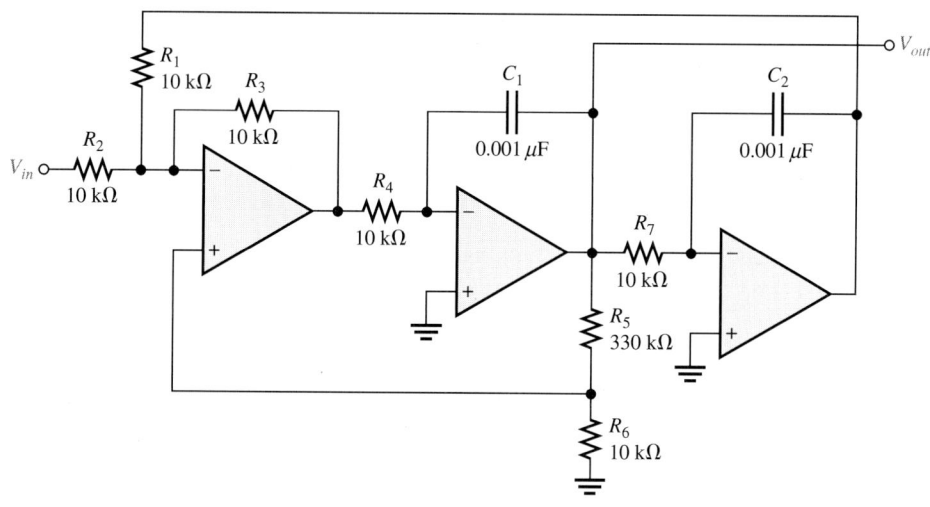

(b)

그림 8-31

14. 그림 8-31(a) 필터의 중심 주파수와 대역폭은?

기본-플러스 문제

15. 그림 8-27과 같이 버터워스 응답을 갖지 않는 필터에 대하여 버터워스 응답으로 변환하기 위한 방법은?

16. 그림 8-29에서 응답곡선을 변경하지 않으면서 동일 값 필터를 만들기 위한 필터에서 요소값을 조정하려면?

17. 그림 8-29에서 버터워스 응답을 유지하면서 롤오프 율을 $-120\,\text{dB/decade}$로 증가시키는 방법은?

18. 문제 16과 같은 동일 값 필터를 동일한 임계 주파수와 응답 특성을 갖는 고역통과필터로 변환하라.

19. 문제 18에서 임계 주파수를 반(1/2)으로 감소시키기 위한 회로 수정 방법은?

해답

예제 질문

8-1: 500 Hz

8-2: 1.44

8-3: 7.23 kHz

8-4: $C_{A1} = C_{A2} = C_{B1} = C_{B2} = 0.234\mu F$

8-5: $R_A = R_B = R_2 = 10 \, k\Omega$, $C_A = C_B = 0.053\mu F$, $R_1 = 5.86 \, k\Omega$

8-6: 감소

복습 질문

1. 임계 주파수는 대역폭을 결정한다.
2. 연산증폭기의 고유 주파수 제한은 대역폭을 제한한다.
3. Q와 BW는 반비례한다.
4. Q가 클수록 선택도는 더 좋아진다.
5. 낮다.
6. 버터워스는 통과대역이 매우 평평하며, -20 dB/decade/pole 이다. 체비쉐프는 통과대역에서 맥류를 가지며, -20 dB/decade/pole 이상이 된다. 베셀은 선형 위상 특성을 가지며, -20 dB/decade/pole 이하이다.
7. 감폭 인자는 응답 특성을 결정한다.
8. 주파수 선택 이득 요소(증폭기)와 부궤환회로는 능동 필터 부분이다.
9. R과 C의 값이 f_c를 결정한다.
10. 극의 수가 롤오프를 결정한다.
11. 2차 필터는 2극을 갖는다.
12. 감폭 인자는 응답 특성을 결정한다.
13. 직렬 연결형은 롤오프 율을 증가시킨다.
14. 2개의 커패시터
15. -40 dB/decade
16. 주파수 선택회로에서 R과 C의 위치에 따라 저역통과 구조와 고역통과 구조가 정해진다.
17. f_c를 감소시키기 위해 R값을 감소시켜라.
18. -140 dB/decade
19. 연산증폭기의 내부 RC 회로
20. 단은 직렬 연결형 배열에서 한 개의 필터이다.
21. Q는 선택도를 결정한다.
22. $Q = 25$. Q가 높으면 BW는 좁아진다.
23. 합성증폭기와 2개의 적분기는 상태변수 필터를 만든다.
24. 저항과 커패시터
25. 저역통과필터

26. 이산점 측정과 소사 주파수 측정

27. 필터의 주파수응답을 조사하기 위해

28. 이산점 측정 — 지루하고 완성도가 낮으나 장비는 간단하다. 소사 주파수 측정 — 고가의 장비가 사용되고, 더 효과적이나 더 정밀하고 완성도가 높다.

29. 소사 발생기와 오실로스코프

30. DMM의 주파수응답

단원 확인 문제

1. (c)	**2.** (d)	**3.** (a)	**4.** (b)	**5.** (c)
6. (c)	**7.** (b)	**8.** (a)	**9.** (d)	**10.** (b)
11. (a)	**12.** (c)	**13.** (b)	**14.** (d)	**15.** (b)
16. (c)	**17.** (c)	**18.** (b)	**19.** (d)	**20.** (c)

전용 증폭기

서론

741과 같은 범용 연산증폭기는 매우 다양하게 사용되는 소자이다. 그러나 IC 증폭기는 응용분야에 따라 고유한 특성을 가질 수 있도록 제작되고 있다. 이들 장치의 대부분은 기본적인 연산증폭기로부터 파생되어 제작된다. 이를 기본으로 한 특수 증폭기에는 잡음이 많은 환경에 사용하는 계측증폭기(IA), 고전압을 이용하여 의학분야에 사용하는 분리형 증폭기 및 전압-전류 증폭기에 사용되는 연산 트랜스 증폭기 등이 있다. 이 장에서는 이들 장비의 동작원리에 대해 설명한다.

이 장의 참고 자료는 아래 웹사이트에서 얻을 수 있다.

http://www.prenhall.com/SOE

주요 목표

각 절의 내용이 목표이다. 이 장을 마치고 나면 여러분은 다음과 같은 일들을 할 수 있어야 한다.

9-1 계측증폭기의 동작원리 및 사용법

9-2 절연증폭기의 동작원리 및 사용법

9-3 연산 트랜스컨덕턴스 증폭기의 동작원리 및 사용법

컴퓨터 모의실험 디렉토리

다음 실험실습은 이 장을 위한 것이다.

◆ 실험 18
계측증폭기

현장에서

종업원의 첫 번째 덕목은 신뢰를 받는 것이다. 시간 내에 작업장에 도착하여 작업을 준비하는 것이 중요하다. 만일 작업을 할 수 없거나 늦게 도착하게 되는 정당한 사유가 있다면 상사에게 그 상황을 설명해 주어야 한다. 대부분의 상사는 여러분이 결근을 하거나 지각을 하는 경우 미리 이에 대한 대비책을 세워야 하기 때문이다. 정직은 당신과 당신 동료들 간의 관계를 돈독히 할 수 있는 중요한 요소이다.

전자재료 분야의 연구 목적은 서로 결합된 단일 분자로부터 전자회로에 사용되는 소자를 만드는 것이다. 최근의 개발된 기술에는 유기 분자 트랜지스터 및 단일 분자를 통해 전자의 흐름을 정밀하게 측정하기 위한 기법이 있다.

트랜지스터를 만들기 위해 벨 연구소의 개발팀은 수천 개의 유기 분자를 브러시의 강모와 유사하게 황금 필름 위에 집약시켰다. 그리고 그 위에 또 다른 황금층을 가하고, 실리콘 전극으로는 전계를 가하여 넓은 하나의 분자 채널을 갖는 트랜지스터를 만들었다.

앞으로의 도전은 가장 좋은 트랜지스터를 만드는 분자의 모양을 결정하는 것이며, 소자의 크기를 줄이는 방법을 찾는 것이다. 또한, 연구자들간에 분자의 가장 좋은 배선방법을 찾는 데 매진하고 있는데 이는 트랜지스터 회로의 형성에 배선이 상호연결되어야 하기 때문이다. 그 한 가지 방법으로는 작은 탄소 사슬의 양쪽 끝에 황금 "팁"을 부착하는 것이다.

9-1 계측증폭기

계측증폭기(IA)는 입력변수의 원격 감지가 요구되는 데이터 수집 시스템 같은 높은 공통모드 잡음이 많은 환경에서 일반적으로 사용되고 있다.

이 절에서는 계측증폭기의 동작원리와 사용법을 설명한다.

시스템 측정에 발생되는 가장 큰 문제 중의 하나는 60 Hz 전원선의 간섭과 같은 원하지 않는 잡음이 변환기로부터 신호에 혼합되는 것이다. 변환기 신호는 대표적으로 원하는 정보를 전송하는 작은 차동 신호이다. 동일 양의 두 가지 신호 전도체에 가해지는 잡음을 공통모드 잡음이라 한다. 이상적으로, 차동 신호는 증폭되고, 공통모드 잡음은 제거되어야 한다.

시스템을 측정하는 데 있어서 두 번째 문제로는 많은 변환기가 높은 출력저항을 갖는 관계로, 증폭기에 연결할 때 부하의 값이 쉽게 떨어진다는 것이다. 작은 변환기 신호에서 증폭기는 이러한 부하 영향을 방지하기 위해 매우 높은 저항을 가질 필요가 있다.

이러한 측정문제를 해결할 수 있는 증폭기가 계측증폭기이다. 이 계측증폭기는 안정하며 높은 이득을 갖는 특성을 가지고 있다. 즉, 높은 입력저항과 우수한 공통모드, 저기동으로 할 수 있는 특별히 설계된 차동증폭기이다. 계측증폭기는 높은 공통모드 잡음이 있는 상태에서도 충실하게 매우 낮은 레벨의 신호를 증폭할 수 있다. 또한, 정밀도가 중요하고, 낮은 이동, 낮은 바이어스 전류, 정밀한 이득과 매우 높은 CMRR이 요구되는 다양한 신호 처리 응용에 사용된다. 여기서 CMRR은 데시벨(dB)로 규정하며 CMRR′로 표시한다. IA는 130 dB까지의 CMRR′을 이용할 수 있다.

계측증폭기는 2개의 입력 단자의 전압 차이를 증폭하는 차동 전압이득장치이다.

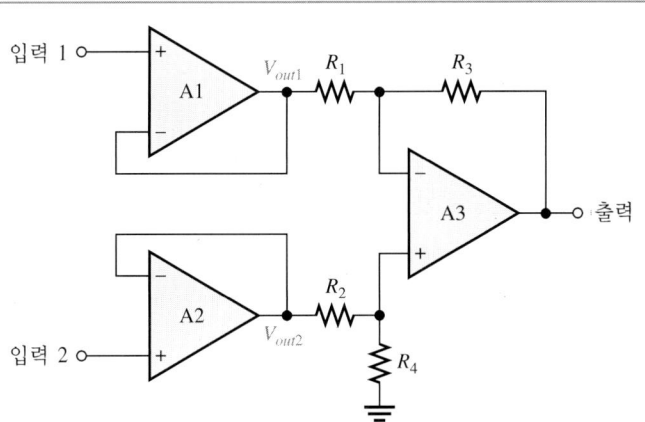

그림 9-1

세 개의 연산증폭기를 이용한 계측증폭기

계측증폭기의 주요 목적은 큰 공통모드 잡음전압을 갖고 있는 작은 신호를 증폭하는 것이다. 주요 특성은 높은 입력저항, 높은 정상모드 잡음 제거, 낮은 출력 오프셋과 낮은 출력저항이다.

그림 9-1은 기본 계측증폭기(IA) 회로이다. 연산증폭기 A1과 A2는 전압 폴로워이다. 전압 폴로워는 이득이 1인 높은 입력저항을 가지고 있다. 연산증폭기 A3은 V_{out1}과 V_{out2} 간의 전압 차이를 증폭하는 차동증폭기이다. 회로는 높은 입력저항의 이점이 있음에도 불구하고 높은 CMRR을 얻기 위해 이득 저항의 정밀한 정합이 필요하다(R_1은 R_2, R_3는 R_4와 정합되어야 한다). 또한 2개의 저항 R_1과 R_2가 변수이득이 필요한 경우 이 값은 변화되어야 하며 이 저항은 동작 범위 이상의 온도에서도 높은 정밀도를 갖고 서로 조정할 수 있어야 한다.

그림 9-1의 회로에서 높은 이득을 갖도록 그림 9-2와 같이 변화시켰다. 여기서 입력은 연산증폭기 A1과 A2에 의해 보호되고 있으며, 매우 높은 입력저항을 가지고 있다. 저항 R_5와 R_6은 전압-폴로워보다 높은 이득을 갖는 비반전 증폭기인 연산증폭기 A1과 A2에 추가되었다. 이득은 외부저항 R_G를 사용하여 조정할 수 있다. 전체 제작 (R_G는 제외)은 그림 9-2와 같이 회색 블록 부분은 단일 IC로 되어 있다. 이러한 설계

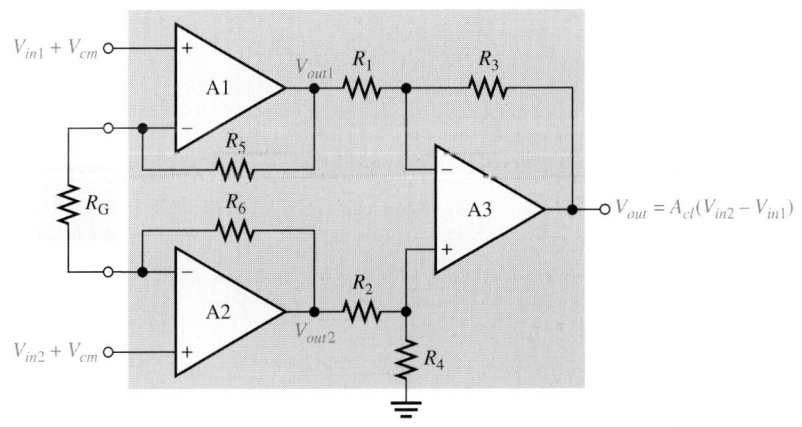

그림 9-2

외부 이득제어 저항 R_G를 갖는 계측증폭기. 차동과 정상모드 신호가 나타난다.

에서 공통모드 이득은 매우 정밀하게 정합된 저항에 의해 정해진다. 그러나 이러한 저항들은 IC로 제조하는 동안에 (레이저 조정에 의해) 정합한다. 저항 R_1, R_2, R_3와 R_4는 차동증폭기에서 이득이 1이 되도록 제작 시 정합된다. 전체 차동이득은 그림 9-2의 R_G 값에 의해 제어할 수 있다. R_G가 연결되지 않았다면, A1과 A2는 전압-폴로워가 되어 전체 이득은 1이 되며, R_5와 R_6는 궤환 경로에서 전류가 흐르지 않기 때문에 아예 작용을 하지 않게 된다. 출력전압을 구하는 식은 다음과 같다.

$$V_{out} = \left(1 + \frac{2R}{R_G} \right)(V_{in2} - V_{in1}) \tag{9-1}$$

여기서 폐회로 이득은 다음과 같다.

$$A_{cl} = 1 + \frac{2R}{R_G}$$

여기서 $R_5 = R_6 = R$이다. 마지막 식은 R_5와 R_6가 고정 값으로 알려진 경우 계측증폭기의 이득은 외부저항 R_G에 의해 결정되는 것임을 알 수 있다.

외부 이득제어 저항 R_G는 다음 식을 이용하여 원하는 전압이득을 계산할 수 있다.

$$R_G = \frac{2R}{A_{cl} - 1} \tag{9-2}$$

이득을 저항 대신에 2진 입력으로 사용하여 설정된 계측증폭기를 역시 이용할 수 있다.

예제 9-1	**문제**

문제

그림 9-2의 IA에서 $R_5 = R_6 = 25\,\text{k}\Omega$일 때 외부 이득 제어 저항 R_G을 구하라. 전압이득은 500이어야 한다.

풀이

$$R_G = \frac{2R}{A_{cl} - 1} = \frac{50\,\text{k}\Omega}{500 - 1} \cong \mathbf{100\ \Omega}$$

질문

이득 325를 만들기 위해서 $R_5 = R_6 = 39\,\text{k}\Omega$을 갖는 계측증폭기에 대한 외부 이득조정 저항의 값은 얼마인가?

그림 9-3

계측증폭기에 의한 큰 공통모
드 전압의 제거와 아주 작은
신호전압의 증폭

아주 큰 저주파 공통모드 신호에 겹쳐
있는 작은 차동 고주파 신호

계측증폭기

증폭된 차동신호. 정상모
드 신호가 없음

응용

계측증폭기는 보통 신호전압보다 아주 높은 정상모드 잡음전압이 겹쳐 있는 작은
차동 신호전압을 측정하는 데 사용된다. 온도 또는 압력 감지 변환기와 같은 원격 소
자에 의해 데이터량이 감지되는 경우와 선로에서 공통모드 전압에 포함되어 있는 전
기적 잡음신호의 영향을 받아 작은 전기 신호가 긴 선로를 통해 보내질 때 이용되고
있다. 선로의 끝에서 계측증폭기는 원격 감지기로부터 받은 작은 신호를 증폭시킬 수
있어야 하며 큰 정상모드 전압은 제거해야 한다. 그림 9-3은 이러한 상황을 설명한다.

특수 계측증폭기

계측증폭기가 어떻게 동작하는지에 대한 기본적인 개념을 가지고 있으므로 구체적
인 내용을 설정하기로 한다. 그림 9-4는 계측증폭기의 대표적인 소자인 AD622와 IC
패키지 핀 배열도이다. 이러한 계측증폭기는 3개의 연산증폭기를 사용하는 기본적인
설계도이다.

AD622의 몇 가지 특징은 다음과 같다. 전압이득은 외부저항 R_G에 의해 2에서 1000
까지 조정할 수 있다. 외부저항이 없는 경우 이득은 1이다. 입력저항은 $10\,G\Omega$이며,
정상모드 제거비(CMRR')는 최소값이 $66\,dB$이다. CMRR가 크면 정상모드 전압의 제
거를 더 개선할 수 있다는 의미이다. AD622는 이득이 10일 때 대역폭은 $800\,kHz$, 회

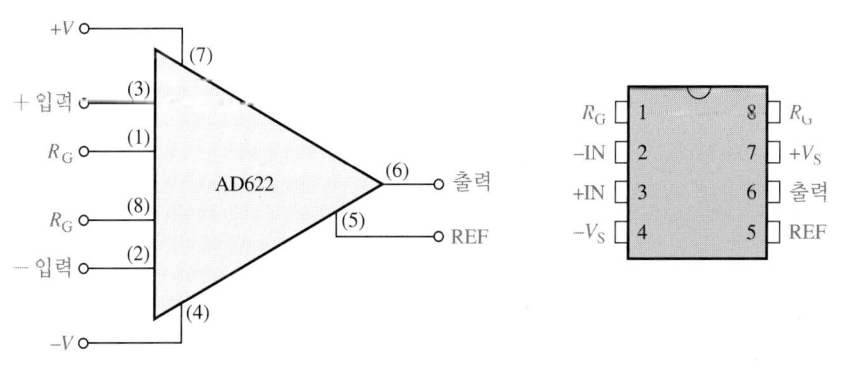

그림 9-4

AD622 계측증폭기

그림 9-5

이득조정 저항을 갖는 AD622

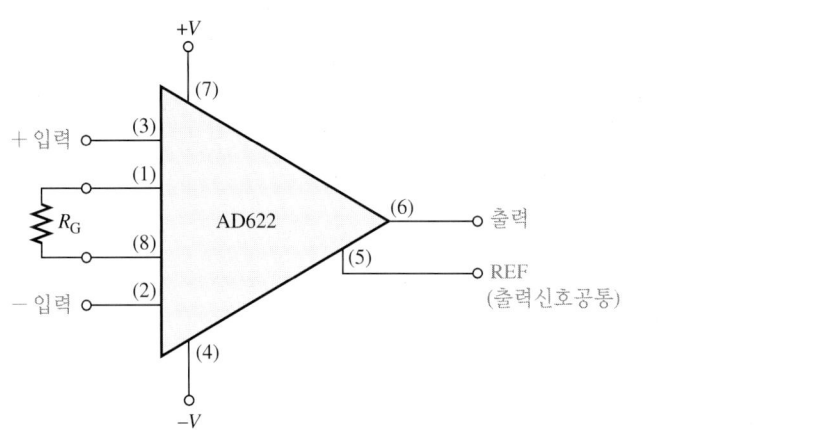

전율은 1.2 V/μs이다.

전압이득 조정

그림 9-5와 같이 AD622에서 전압이득이 1 이상이 되기 위해서는 외부저항을 사용한다. 저항 R_G는 R_G 핀 1과 8의 단자에 연결한다. 저항이 없으면 전압이득이 1이다. R_G는 다음 식에서 원하는 이득을 선정한다.

$$R_G = \frac{50.5 \text{ k}\Omega}{A_v - 1} \tag{9-3}$$

이 식은 내부저항이 $R_5 = R_6 = 25.25$ kΩ인 3개의 연산증폭기가 있는 그림 9-2의 회로구조와 같다.

이득 대 주파수

그림 9-6의 그래프는 이득 1, 10, 100, 1000인 경우 주파수의 변화상태를 표시한 것이다. 즉, 이득이 증가하면 대역폭이 감소한다. 예로, 이득이 1이면 대역폭은 약

그림 9-6

AD622 계측증폭기에 대한 이득 대 주파수

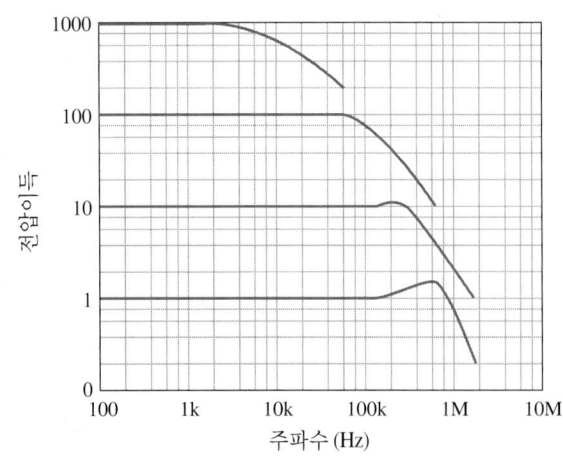

문제

그림 9-7과 같은 계측증폭기에서 그림 9-6의 그래프를 사용하여 이득을 계산하고 대략적인 대역폭을 구하라.

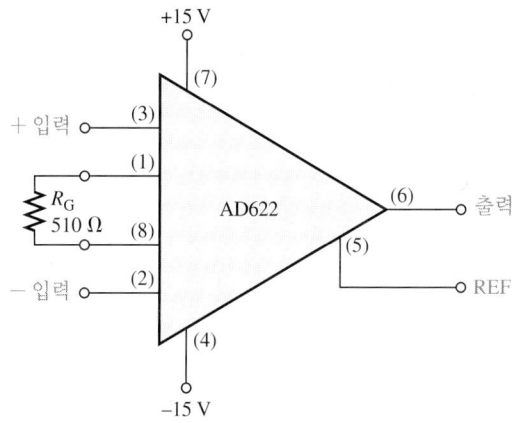

그림 9-7

풀이

다음과 같이 전압이득을 구한다:

$$R_G = \frac{50.5\ \text{k}\Omega}{A_v - 1}$$
$$A_v - 1 = \frac{50.5\ \text{k}\Omega}{R_G}$$
$$A_v = \frac{50.5\ \text{k}\Omega}{510\ \Omega} + 1 = \textbf{100}$$

대략적인 대역폭은 그래프로부터 구할 수 있다.

$$BW \cong \textbf{60 kHz}$$

질문

약 45의 이득을 얻기 위해서 그림 9-7의 회로를 어떻게 수정하면 되나?

900 kHz, 이득이 1000이면 대역폭이 약 3 kHz임을 알 수 있다.

복습 질문

1. 계측증폭기의 목적은? 또 이 증폭기의 세 가지 특징은?
2. 기본 계측증폭기의 구성부품은?
3. 기본 계측증폭기에서 이득을 구하는 방법은?
4. 전압이득 10을 얻기 위해 AD622의 외부저항 R_G의 값은?
5. AD622 구조에서 $R_G = 10\ \text{k}\Omega$인 경우 전압이득은?

9-2 절연증폭기

절연증폭기는 전원선로의 누전 또는 고전압 과도현상이 발생될 수 있는 환경에서 인간의 생명 또는 이러한 장소에서 사용되는 장비의 보호용으로 사용된다. 절연증폭기를 사용하는 곳으로는 의료장비, 전원기계장비, 산업공정 및 자동화 시험장비 등이다.

이 절에서는 절연증폭기의 동작원리와 사용법을 설명한다.

기본 절연증폭기

절연증폭기는 입력과 출력 사이에 직류절연을 하는 장비이다. 따라서, 경우에 따라서는 절연증폭기가 정교한 연산증폭기 또는 계측증폭기로서 이해되기도 한다. 절연증폭기는 입력단, 출력단 및 전원공급영역을 가지며 전기적으로 서로 분리되어 있다. 많은 절연증폭기는 절연을 위해 광학적 결합 또는 정전 결합이 되어 있다. 그러나 이 절에서는 다른 형식의 결합과 동일한 결과를 이루는 변압기 결합 소자를 중점 취급하기로 한다. 회로가 IC 형이기는 하나 소형화, 다중 권선기, 환상 변압기 등은 완전히 집적화가 되지 않았다. 이것은 표준 IC 패키지로부터 약간 변형된 패키지 구조이기는 하나 지금도 여전히 프린트 회로 기판의 조립용으로 설계되고 있다.

절연증폭기는 세 가지 독립된 접지(세 가지 서로 다른 기호로 표시된)로 동작한다. 그림 9-8과 같이 입력단, 출력단 및 전원공급기는 입력신호, 출력신호, 전원이 분리되어 변압기로 정합되어 있다.

입력단에는 연산증폭기, 복조기, 변조기 및 쌍극성 전원공급기를 포함하며, 출력단은 연산증폭기, 발진기, 변조기 및 쌍극성 전원공급기를 포함한다.

일반 동작

입력단과 출력단에 가해진 전원은 다음과 같이 발생한다. 외부 직류 공급전원 V_{DC}는 발진기에 가해진다. 발진기에서는 직류 전원을 교류로 변환한다. 발진기의 교류 출력은 변압기에 의해 입력 전원공급기(정류기와 필터)와 결합되고, 출력 전원공급기(정류기와 필터)와도 결합되어 있다. 이때 출력 전원공급기는 정류기와 필터를 통하여 입력단과 출력단 간에 양극성 직류전압을 발생시킨다.

발진기 출력도 역시 입력 연산증폭기 A1으로부터 입력신호와 결합된 변조기에 결합되어 있다. 변조기는 저주파 입력신호를 상대적으로 높은 주파수로 변화시킨다. 더 높이 변조된 주파수는 소용량의 변압기에 사용된다. 변조 없이 저주파수 입력신호를 결합하는 데는 대 용량의 변압기가 필요하게 된다.

변조된 신호는 출력단에서 복조기와 결합된다. 복조기는 높은 발진기 주파수를 원래의 입력신호로 재생한다. 복조된 입력신호는 연산증폭기 A2에 가해지고 입력단에

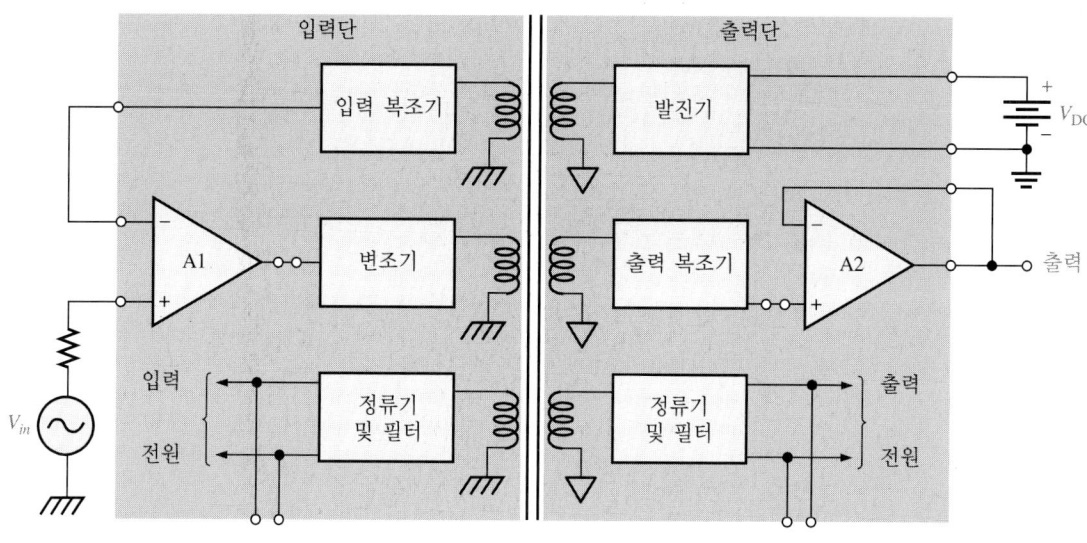

변압기 결합 절연증폭기의 구성도 　　　　　그림 9-8

서 복조는 비반전 입력으로 원래의 입력신호와 같게 하기 위해 A1의 반전 입력신호를 궤환한다.

절연증폭기는 복잡해 보이지만 전체 기능으로 보면 간단한 증폭기이다. 직류전압을 가하고 신호를 입력시키면 증폭된 신호를 얻을 것이며 절연 기능을 볼 수 없다.

응용

절연증폭기는 상호결합이 필요한 민감한 장비인 변환기와 처리회로 간에 공통으로 접지하지 않는 기기에서 사용한다. 예로, 화학, 핵, 금속처리산업 등에서 밀리볼트(mV) 신호와 킬로볼트(kV) 범위에 이를 수 있는 큰 공통모드 전압이 존재한다. 이러한 환경에서 절연증폭기는 잡음 장비로부터 작은 신호를 증폭하고, 컴퓨터와 같은 민감한 장비에 안전한 출력을 세공한다.

또 다른 중요한 응용은 여러 종류의 의료 장비이다 심장 박동과 혈압과 같은 인체 기능을 감시하는 의료 응용에서 매우 작은 감시신호가 피부로부터 얻은 60 Hz 전원선 정보와 같은 큰 정상모드 신호와 결합된다. 이러한 상황에서 절연 없이 직류 누출 또는 장비 고장은 치명적이다. 그림 9-9는 심장 감시 응용에서 절연증폭기의 간단화된 구성도이다. 이 그림에서 매우 작은 심장 신호는 근육 잡음, 전기화학 잡음, 남은 전극 전압, 피부로부터 얻은 60 Hz 전선 정보에 의해 발생된 아주 큰 정상모드 신호와 결합한다.

태아의 심박음 검사에서 보통 $50\,\mu V$ 정도의 태아 심박음을 구하는데 이때 $1\,mV$ 정도의 산모 심박음도 포함된다. 공통모드 전압은 약 $1\,mV$ 에서 $100\,mV$ 까지 동작한다. 절연증폭기의 CMR에서는 산모의 심박음 신호와 다른 정상모드 신호로부터 태아 심

안전 노트

회로를 동작시키는 동안에 반지나 또는 어떤 형식의 귀금속을 착용하지 말라. 이러한 사항은 우연히 회로와 연결될 수 있으며, 이로 인하여 회로에 충격 또는 손상을 유발할 수 있다.

그림 9-9

절연증폭기를 사용하는 태아의 심박음 감시. 중앙을 "분리"하는 삼각형이 입력단과 출력단이 변압기 결합에 의해 분리되어 있는 대표적인 예이다

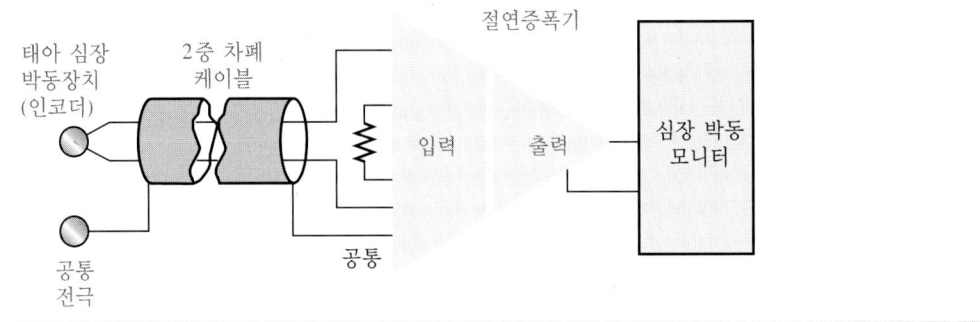

박음의 신호를 분리한다. 이때 태아 심박음의 신호는 기본값으로 증폭기를 통해 감시 장비에 나타난다.

특수 절연증폭기

대표적인 소자인 버르-브라운(Burr-Brown) 3656KG 증폭기를 설명한다. 입력단과 출력단 두 단의 전압이득은 그림 9-10과 같이 외부저항으로 설정할 수 있다.

입력단의 이득은 다음과 같다.

$$A_{v1} = \frac{R_{f1}}{R_{i1}} + 1$$

출력단의 이득은 다음과 같다.

$$A_{v2} = \frac{R_{f2}}{R_{i2}} + 1$$

그림 9-10

3656KG 절연증폭기

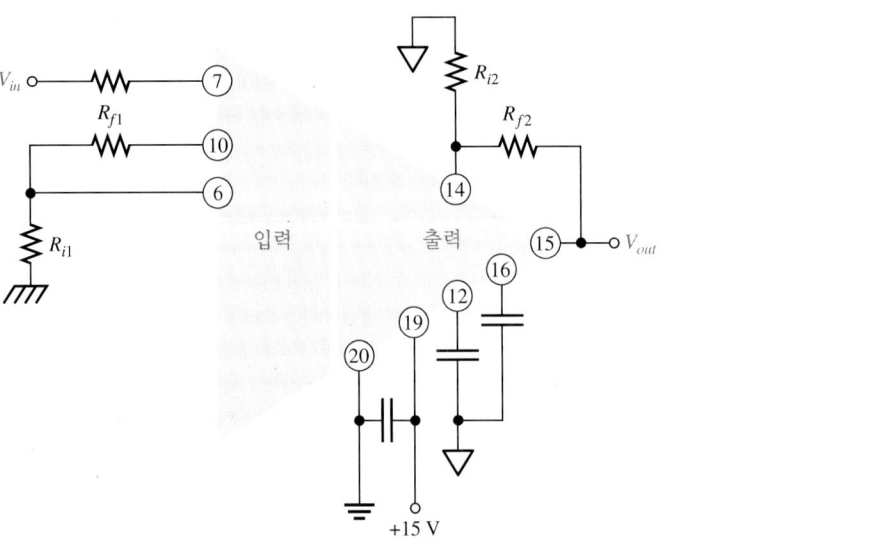

전체 증폭기 이득은 입력난과 출력단의 이득의 곱이다.

$$A_{v(tot)} = A_{v1}A_{v2}$$

예제 9-3

문제

그림 9-11과 같은 3656KG 절연증폭기의 전체 전압이득을 구하라.

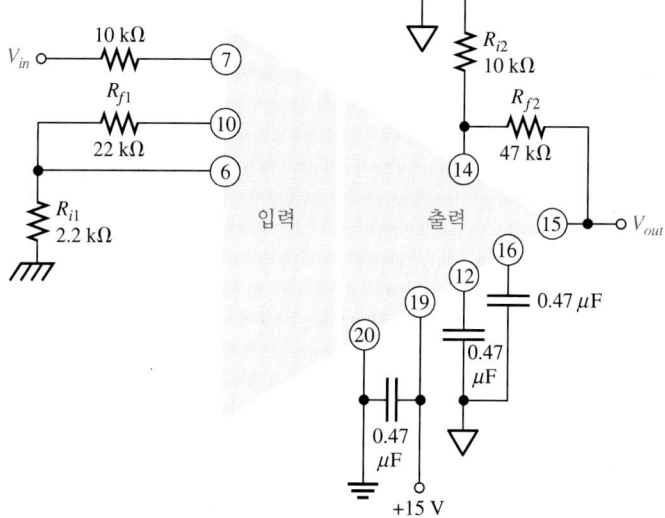

그림 9-11

풀이

입력단의 이득은 다음과 같다.

$$A_{v1} = \frac{R_{f1}}{R_{i1}} + 1 = \frac{22 \text{ k}\Omega}{2.2 \text{ k}\Omega} + 1 = 10 + 1 = 11$$

출력단의 이득은 다음과 같다.

$$A_{v2} = \frac{R_{f2}}{R_{i2}} + 1 = \frac{47 \text{ k}\Omega}{10 \text{ k}\Omega} + 1 = 4.7 + 1 = 5.7$$

절연증폭기의 전체 이득은 다음과 같다.

$$A_{v(tot)} = A_{v1} A_{v2} = (11)(5.7) = \textbf{62.7}$$

질문

그림 9-11에서 약 100의 전체 전압이득을 얻기 위한 저항값은?

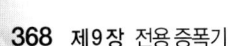

복습 질문

6. 절연증폭기의 응용분야는?

7. 절연증폭기에서 대표되는 두 개의 단은?

8. 절연증폭기에서 단들의 연결방법은?

9. 절연증폭기에서 발진기의 목적은?

10. 절연증폭기의 전체 전압이득은 설정방법은?

9-3 연산 트랜스컨덕턴스 증폭기(OTA)

연산 트랜스컨덕턴스 증폭기(OTA)는 전압을 전류로 변환하는 증폭기이다. 이 회로는 진폭 변조와 트리거 회로에 이용한다.

이 절에서는 OTA의 동작원리와 사용법을 설명한다.

본래 연산증폭기는 입력전압에 이득을 곱한 값이 출력이 되는 전압증폭기이다. 연산 트랜스컨덕턴스 증폭기(OTA)는 입력전압에 이득을 곱하여 출력전류를 발생하는 전압-전류 증폭기이다.

그림 9-12는 OTA에 대한 기호이다. 출력의 이중 원 기호는 바이어스 전류에 의해 정해지는 출력 전류원이다. 본래 연산증폭기와 같이 OTA는 높은 입력저항과 높은 CMRR인 두 개의 차분 입력 단자를 가지고 있다. 그러나 본래의 연산증폭기와 달리 OTA는 높은 출력저항과 비고정 개방 루프 전압이득인 바이어스 전류 입력 단자를 가지고 있다.

트랜스컨덕턴스

일반적으로, 전자장비의 **트랜스컨덕턴스**는 입력전압 변화에 대한 출력전류 변화의 비이다. OTA에서 전압은 입력변수 전류는 출력변수이므로 입력전압에 대한 출력전류의 비가 이득이 된다. 따라서, OTA의 전압 대 전류 이득 트랜스컨덕턴스 g_m은 다음과 같다.

$$g_m = \frac{I_{out}}{V_{in}}$$

그림 9-12

연산 트랜스컨덕턴스 증폭기 (OTA)에 대한 기호

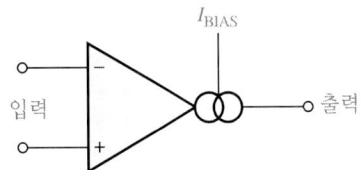

OTA에서 트랜스컨덕턴스는 식 (9-4)와 같이 바이어스 전류(I_{BIAS})에 상수(K)를 곱한 것이다. 이때 상수는 회로 설계 시에 장비의 특성에 따라 정해진다.

$$g_m = KI_{BIAS} \tag{9-4}$$

출력전류는 입력전압에 의해 제어되며, 바이어스 전류는 다음과 같다.

$$I_{out} = g_m V_{in} = KI_{BIAS} V_{in}$$

	예제 9-4

문제

$g_m = 1000\,\mu S$인 OTA에서 입력전압이 50 mV일 때 출력전류는?

풀이

$$I_{out} = g_m V_{in} = (1000\,\mu S)(50\,mV) = \textbf{50}\,\boldsymbol{\mu}\textbf{A}$$

질문

$K = 16\,\mu s/\mu A$일 때 $g_m = 1000\,\mu S$로 하려면 바이어스 전류는?

기본 OTA 회로

그림 9-13은 고정된 전압이득을 갖는 반전 증폭기로서 사용되는 OTA이다. 전압이 득은 트랜스컨덕턴스와 부하저항에 의해 다음과 같다.

$$V_{out} = I_{out} R_L$$

	그림 9-13

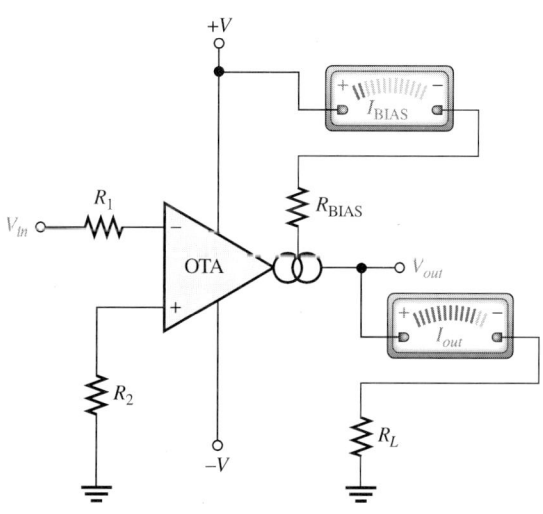

고정 전압이득을 갖는 반전 증폭기인 OTA

V_{in}으로 양변을 나누면,

$$\frac{V_{out}}{V_{in}} = \left(\frac{I_{out}}{V_{in}}\right)R_L$$

V_{out}/V_{in}이 전압이득이고 $I_{out}/V_{in} = g_m$이므로

$$A_v = g_m R_L$$

그림 9-13에서 증폭기의 트랜스컨덕턴스는 바이어스 전류에 의해, 바이어스 전류는 직류 공급전압과 바이어스 저항 R_{BIAS}에 의해 정해진다.

OTA의 유용한 기능 중의 하나는 전압이득이 바이어스 전류에 의해 제어될 수 있는 것이다. 그림 9-14(a)는 그림 9-13의 회로에서 바이어스 저항 R_{BIAS}에 직렬로 가변저항을 연결하여 수동으로 제어할 수 있는 회로이다. 저항을 변화시킴으로써 트랜스컨덕턴스가 변화하고 이에 따라 I_{BIAS}도 변화된다. 트랜스컨덕턴스의 변화에 따라 전압이득도 변경된다. 전압이득은 그림 9-14(b)와 같이 외부에서 가해진 가변전압으로 제어할 수 있다. 가해진 바이어스 전압의 변화는 바이어스 전류를 변화시킨다.

특수 OTA

LM13700은 OTA의 대표적인 장비이다. LM13700은 두 개의 OTA와 버퍼회로가 포함된 패키지이다. 그림 9-15는 단일 OTA에 대한 핀 구조(괄호 안의 숫자)이다.

최대 직류 공급전압은 ± 18 V이다. LM13700의 바이어스 전류는 다음 식과 같다.

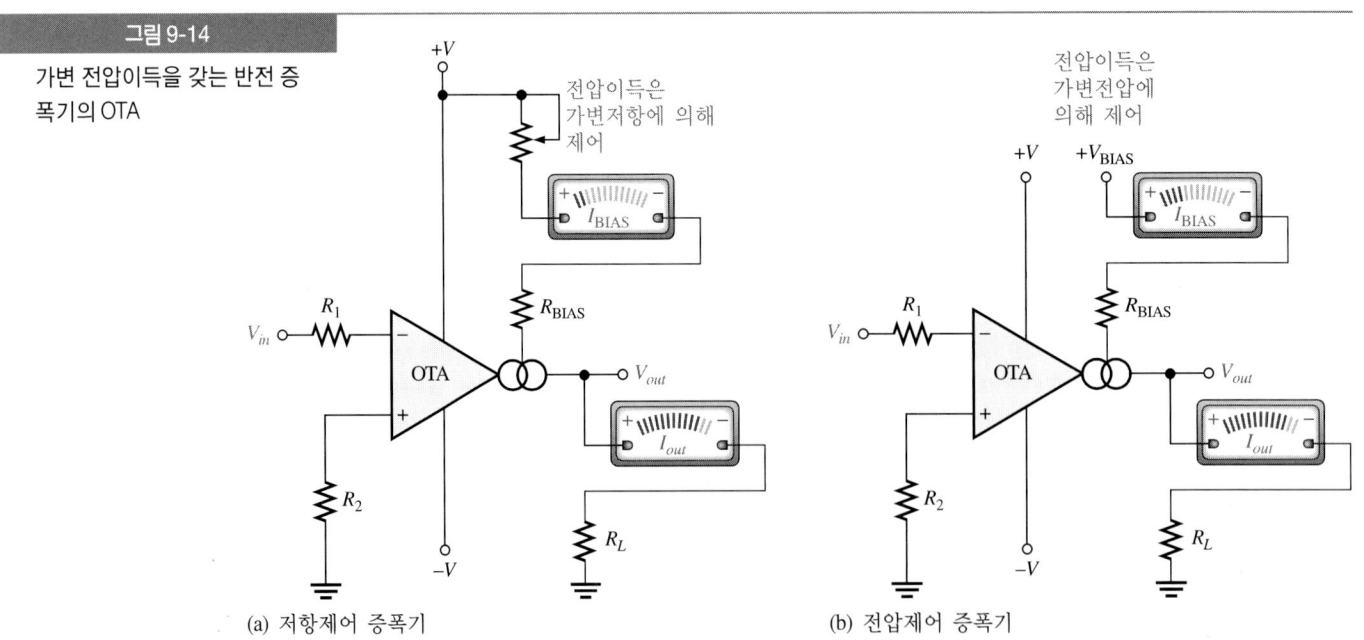

그림 9-14

가변 전압이득을 갖는 반전 증폭기의 OTA

(a) 저항제어 증폭기

(b) 전압제어 증폭기

그림 9-15

LM13700 OTA. IC 패키지에 두 소자가 있다. 버퍼 트랜지스터는 표시되지 않았다. 두 OTA에 대한 핀 번호는 괄호 안에 표시

$$I_{BIAS} = \frac{+V_{BIAS} - (-V) - 1.4\ V}{R_{BIAS}} \qquad (9\text{-}5)$$

윗식에서 1.4 V는 베이스-이미터 결합과 부의 공급전압(−V)을 갖는 외부 R_{BIAS}와 연결된 다이오드의 내부회로에서 발생한 값이다. 정의 바이어스 전압은 정의 공급전압(+V)으로부터 공급하면 된다.

OTA의 트랜스컨덕턴스는 바이어스 전류는 물론 출력저항을 변화시킨다. 입력저항과 출력저항 모두 바이어스 전류가 증가하는 만큼 감소한다.

예제 9-5

문 제

그림 9-16의 OTA는 반전 고정이득 증폭기로서 연결되어 있다. $K = 16\ \mu S/\mu A$라 할 때 전압이득은?

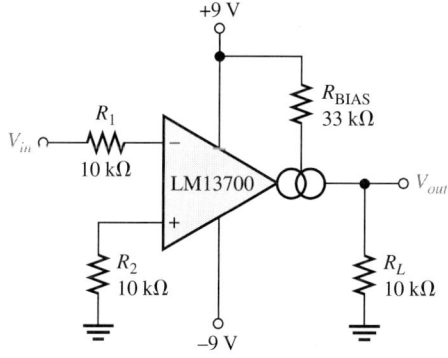

그림 9-16

풀 이

바이어스 전류를 다음과 같이 계산한다:

$$I_{BIAS} = \frac{+V_{BIAS} - (-V) - 1.4\ V}{R_{BIAS}} = \frac{9\ V - (-9\ V) - 1.4\ V}{33\ k\Omega} = 503\ \mu A$$

$K = 16\ \mu S/\mu A$이므로 $I_{BIAS} = 503\ \mu A$의 트랜스컨덕턴스는 다음과 같다.

$$g_m = KI_{\text{BIAS}} = (16\,\mu\text{S}/\mu\text{A})(503\,\mu\text{A}) = 8.05 \times 10^3\,\mu\text{S}$$

이러한 g_m 값을 사용하여 전압이득을 계산한다.

$$A_v = g_m R_L = (8.05 \times 10^3\,\mu\text{S})(10\,\text{k}\Omega) = \mathbf{80.5}$$

질문

그림 9-16의 OTA가 $\pm 12\,\text{V}$의 직류 공급전압에서 동작한다면 전압이득은 변화되는가? 만약 그렇다면 전압이득 값은?

응용

진폭변조기

그림 9-17은 진폭변조기로서 연결된 OTA이다. 전압이득은 변조전압을 가하게 변화된다. 일정한 진폭의 입력신호가 바이어스에 가해지면 출력신호의 진폭은 바이어스 입력의 변조전압에 따라 변화한다. 이득은 바이어스 전류에 의해 정해지며 바이어스 전류는 다음 식에 의해 변조전압에 의해 정해진다:

$$I_{\text{BIAS}} = \frac{V_{mod} - (-V) - 1.4\,\text{V}}{R_{\text{BIAS}}}$$

그림 9-17과 같이 이러한 변조에 의해 높은 주파수의 정현파 입력전압과 낮은 주파수의 정현파 변조전압에 따라 파형이 정해진다.

그림 9-17
진폭변조기로서 OTA

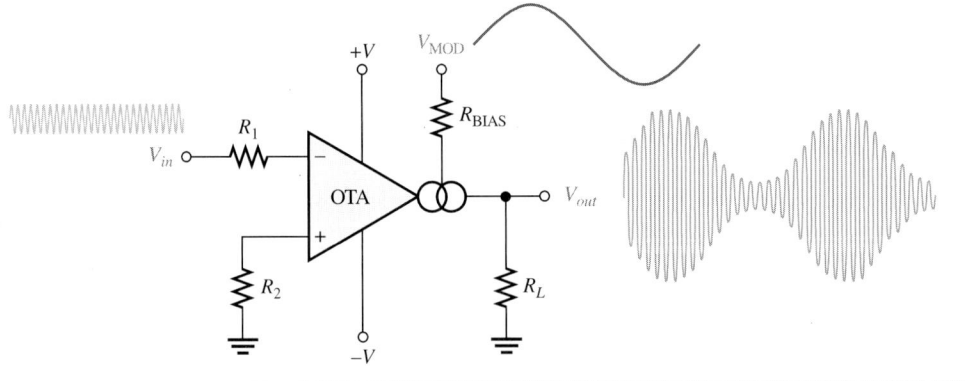

문제

그림 9-18에서 OTA 진폭변조기의 입력은 1 MHz 정현파 전압 $V_{p-p} = 50$ mA이다. 변조전압이 바이어스 입력으로 가해질 때 출력신호를 구하라. 이때 $K = 16\,\mu$S/μA라 가정한다.

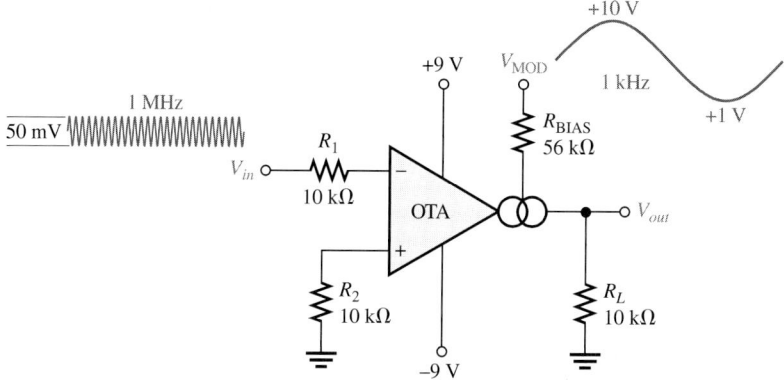

그림 9-18

풀이

최대 전압이득이 I_{BIAS}인 경우이며, 그러므로 g_m이 최대이다. 이것은 변조전압 V_{mod}의 최대 첨두값에서 발생한다.

$$I_{BIAS(max)} = \frac{V_{mod(max)} - (-V) - 1.4\,V}{R_{BIAS}} = \frac{10\,V - (-9\,V) - 1.4\,V}{56\,k\Omega} = 314\,\mu A$$

상수 K가 $16\,\mu$S/μA이므로

$$g_m = KI_{BIAS(max)} = (16\,\mu S/\mu A)(314\,\mu A) = 5.02\,mS$$
$$A_{v(max)} = g_m R_L = (5.02\,mS)(10\,k\Omega) = 50.2$$
$$V_{out(max)} = A_{v(min)}V_{in} = (50.2)(50\,mV) = 2.51\,V$$

이고, 최대 바이어스 전류는 다음과 같다.

$$I_{BIAS(min)} = \frac{V_{mod(min)} - (-V) - 1.4\,V}{R_{BIAS}} = \frac{1\,V - (-9\,V) - 1.4\,V}{56\,k\Omega} = 154\,\mu A$$
$$g_m = KI_{BIAS(min)} = (16\,\mu S/\mu A)(154\,\mu A) = 2.46\,mS$$
$$A_{v(min)} = g_m R_L = (2.46\,mS)(10\,k\Omega) = 24.6$$
$$V_{out(min)} = A_{v(min)}V_{in} = (24.6)(50\,mV) = 1.23\,V$$

그림 9-19는 출력전압이다.

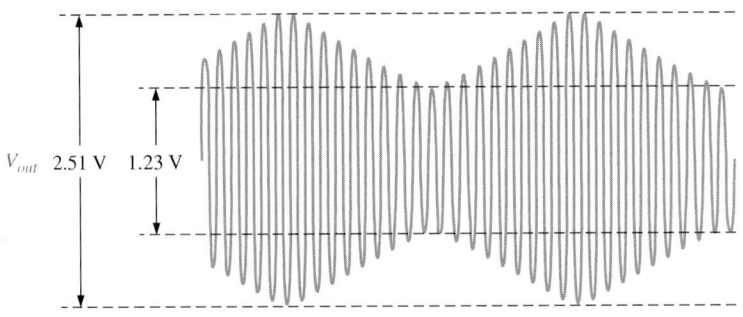

그림 9-19

질문

정현파 변조신호를 갖는 이 예제와 동일한 최대 레벨과 최소 레벨에서 바이어스 저항이 39 kΩ이고 구형파로 대치된다면 출력신호는?

슈미트 트리거

그림 9-20은 슈미트-트리거 구조에서 사용된 OTA이다. 슈미트 트리거는 입력전압이 정(+)의 포화이거나 부(−)의 포화에서 소자를 구동하는 히스테리시스를 갖는 비교기이다. 입력전압이 어떤 문턱 전압값 또는 트리거 점을 초과한 경우 소자는 포화된 출력상태 중의 하나로 스위칭된다. 입력이 또 다른 문턱 전압값 아래로 떨어진 경우 소자는 다른 포화된 출력상태로 다시 스위칭된다.

OTA 슈미트 트리거의 경우 문턱레벨은 저항 R_1을 통하는 전류에 의해 정해진다. OTA에서 최대 출력전류는 바이어스 전류와 같으므로 포화된 출력상태에서 $I_{out} = I_{BIAS}$이다. 정(+)의 최대 출력전압은 $I_{out}R_1$이며, 이 전압은 정의 문턱 전압값 또는 상위 트리거 점이 된다. 입력전압이 이 값을 초과할 때 출력은 $-I_{out}R_1$인 부(−)의 최대 전압으로 스위칭된다. $I_{out} = I_{BIAS}$이므로 트리거 점은 바이어스 전류에 의해 제어될 수 있으므로 트리거 점들은 $\pm I_{BIAS}R_1$이다. 그림 9-21은 이러한 동작 설명도이다.

그림 9-20

슈미트 트리거로서 OTA

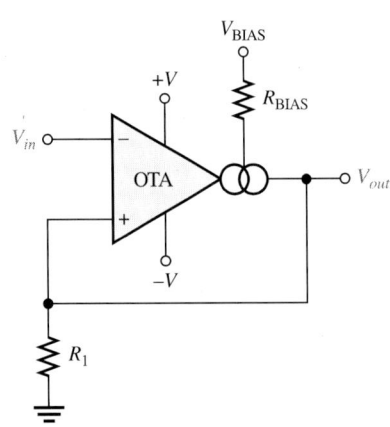

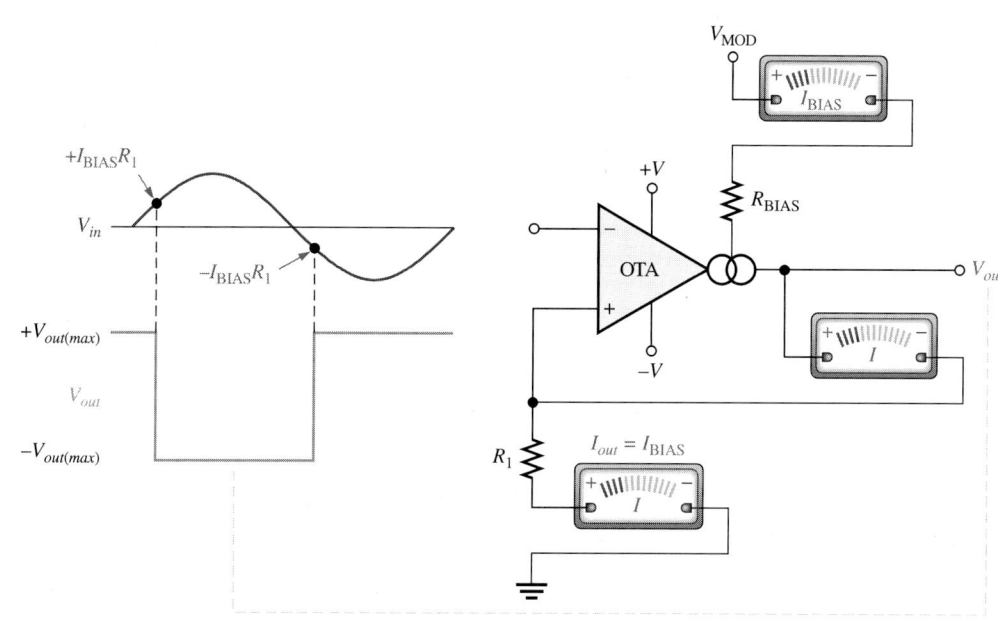

그림 9-21

OTA 슈미트 트리거의 기본
동작

복습 질문

11. OTA란?

12. OTA에서 바이어스 전류가 증가하면 트랜스컨덕턴스는 증가하는가? 또는 감소하는가?

13. OTA가 고정전압 증폭기로서 연결되고 공급전압이 증가한다면 전압이득은?

14. OTA가 가변 이득전압 증폭기로서 연결되고 바이어스 단자에서 전압이 감소한다면 전압이득은?

15. 진폭 변조란?

주요 용어

단원 복습

계측증폭기(instrumentation amplifier)   두 입력 단자에서 존재하는 전압간에 차이를 증폭하는 차동 전압이득 장치

연산 트랜스컨덕턴스 증폭기(operational transconductance amplifier)   입력전압에 대한 출력전류를 발생하는 증폭기

절연증폭기(isolation amplifier)   입력과 출력 간에 직류를 분리하는 장치

트랜스컨덕턴스(transconductance)   입력전압에 대한 출력전류의 비

요점

❏ 기본 계측증폭기는 3개의 연산증폭기와 이득 설정 저항 R_G를 포함한 7개의 저항으로 구성한다.

❑ 계측증폭기는 높은 임피던스, 높은 CMRR, 낮은 출력 오프셋, 낮은 출력 임피던스를 가진다.

❑ 기본 계측증폭기의 전압이득은 단일 외부저항에 의해 설정된다.

❑ 계측증폭기는 작은 신호가 큰 정상모드 잡음에 삽입되는 분야에 유용하다.

❑ 기본적인 절연증폭기는 입력, 출력, 전원인 3개의 전기적으로 분리된 부분을 가진다.

❑ 절연증폭기는 분리를 위해 정전용량 결합, 광학 결합, 변압기 결합을 사용한다.

❑ 절연증폭기는 높은 전압 환경을 갖는 민감한 장비를 인터페이스하는 데 사용하며, 의료분야에서 전기적 충격으로부터 보호하는 데 사용된다.

❑ 연산 트랜스컨덕턴스 증폭기(OTA)는 전압 대 전류 증폭기이다.

❑ OTA의 출력전류는 입력전압과 트랜스컨덕턴스를 곱한 것이다.

❑ OTA에서 트랜스컨덕턴스는 바이어스 전류를 변화시킨다. 그러므로 OTA의 이득은 바이어스 전압 또는 가변저항으로 변화시킬 수 있다.

공식

계측증폭기의 출력전압:

$$V_{out} = \left(1 + \frac{2R}{R_G}\right)(V_{in2} - V_{in1}) \tag{9-1}$$

계측증폭기의 이득 설정 저항:

$$R_G = \frac{2R}{A_{cl} - 1} \tag{9-2}$$

AD622의 이득 설정 저항:

$$R_G = \frac{50.5 \text{ k}\Omega}{A_v - 1} \tag{9-3}$$

연산 트랜스컨덕턴스 증폭기(OTA)의 트랜스컨덕턴스:

$$g_m = KI_{BIAS} \tag{9-4}$$

LM13700의 바이어스 전류:

$$I_{BIAS} = \frac{+V_{BIAS} - (-V) - 1.4 \text{ V}}{R_{BIAS}} \tag{9-5}$$

단원 확인 문제

1. 기본 계측증폭기에 필요한 부품은?

(a) 어떤 궤환 배열을 갖는 하나의 연산증폭기

(b) 2개의 연산증폭기와 7개의 저항

(c) 3개의 연산증폭기와 7개의 커패시터

(d) 3개의 연산증폭기와 7개의 저항

2. 대표적으로 계측증폭기는 다음과 같은 용도의 외부저항을 가진다.

   (a) 입력저항을 설정하기 위하여

   (b) 전압이득을 설정하기 위하여

   (c) 전류이득을 설정하기 위하여

   (d) 계기를 인터페이스하기 위하여

3. 계측증폭기는 주로 다음과 같이 사용된다.

   (a) 높은 잡음 환경   (b) 의료 장비

   (c) 테스트 장비   (d) 필터 회로

4. 절연증폭기는 주로 다음과 같이 사용된다.

   (a) 원격, 분리된 장소

   (b) 단일 신호를 많은 다른 신호로부터 분리하는 시스템

   (c) 높은 전압과 민감한 장비가 있는 응용

   (d) (c)와 (d)

5. 기본 절연증폭기의 세 가지 부분은?

   (a) 증폭기, 필터, 전원   (b) 입력, 출력, 결합

   (c) 입력, 출력, 전원   (d) 이득, 감소, 오프셋

6. 가장 좋은 절연증폭기의 단은 다음과 같이 연결된다.

   (a) 구리 스트립   (b) 변압기

   (c) 마이크로파 링크   (d) 전류 루프

7. 절연증폭기가 아주 큰 잡음전압이 섞여 있는 작은 신호전압을 증폭시키는 방법은?

   (a) CMRR

   (b) 높은 이득

   (c) 높은 입력서항

   (d) 입력과 출력 간의 마그네틱 결합

8. 용어 OTA란?

   (a) 연산 트랜지스터 증폭기

   (b) 연산 변압기 증폭기

   (c) 연산 트랜스컨덕턴스 증폭기

   (d) 출력 변환기 증폭기

9. OTA에서 트랜스컨덕턴스를 제어하는 요소는?

   (a) 직류 공급전압   (b) 입력신호전압

   (c) 제조 공정   (d) 바이어스 전류

10. OTA 회로의 전압이득에 대한 설정은?

    (a) 궤환저항

(b) 트랜스컨덕턴스만으로

(c) 트랜스컨덕턴스와 부하저항

(d) 이득 설정 저항

11. OTA의 특성은?

(a) 전압 대 전류 증폭기   (b) 전류 대 전압 증폭기

(c) 전류 대 전류 증폭기   (d) 전압 대 전압 증폭기

12. 그림 9-22의 회로에서 R_3가 개방된다면 출력신호전압은?

(a) 증가   (b) 감소

(c) 변화 없음

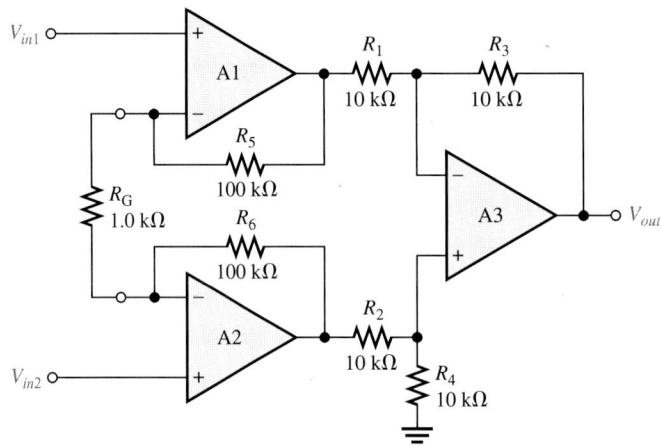

그림 9-22

13. 그림 9-22의 회로에서 R_G가 단락된다면 출력신호전압은 다음과 같이 될 것이다.

(a) 증가   (b) 감소

(c) 변화 없음

14. 그림 9-23의 IA에서 R_G가 개방되면 전압이득은 다음과 같이 될 것이다.

(a) 증가   (b) 감소

(c) 변화 없음

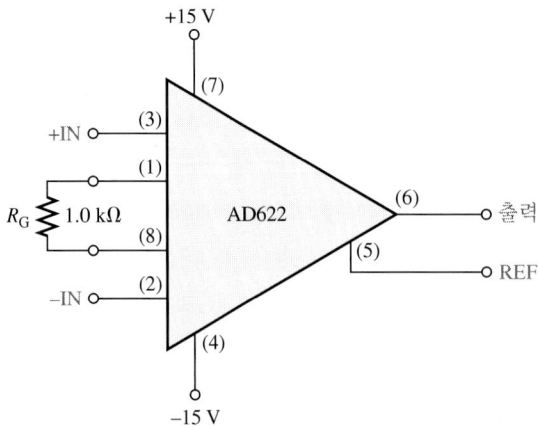

그림 9-23

15. 그림 9-23의 IA에서 R_G의 값이 지정된 값보다 크다면 대역폭은?

(a) 증가   (b) 감소

(c) 변화 없음

질문

1. 그림 9-2에서 $R_5 = R_6 = 20\,\text{k}\Omega$, $R_G = 10\,\text{k}\Omega$이면 계측증폭기의 폐회로 이득은?

2. 폐회로 이득이 10인 계측증폭기가 2 mV의 차동신호와 입력에서 50 mV 정상모드 신호를 가진다면 출력은?

3. 외부저항을 사용하는 AD622의 이득조정의 범위는?

4. 절연증폭기와 계측증폭기와의 차이점은?

5. 절연증폭기는 태아 심박음 감시에서 태아 심박음과 산모의 심박음을 어떻게 구별하는가? 어떤 신호가 감시 장비에 보내지는가?

6. 절연증폭기 입력단의 이득이 5이고 출력단의 이득이 10이면 증폭기의 전체 이득은?

7. 절연증폭기의 전체 이득이 25이고 입력단과 출력단이 동일한 이득을 유지하기를 원한다면 각 이득은?

8. OTA에서 출력전류가 100 μA이고, 입력전압이 10 mV일 때 트랜스컨덕턴스는?

9. OTA가 10 mS의 트랜스컨덕턴스와 10 kΩ의 부하저항을 가진다면 전압이득은?

10. OTA의 전압이득의 제어방법은?

11. OTA의 이용되는 곳 두 분야는?

12. 기본적으로 슈미트 트리거 회로는?

기본 문제

문제

1. 그림 9-24의 계측증폭기의 전체 차동 전압이득은?

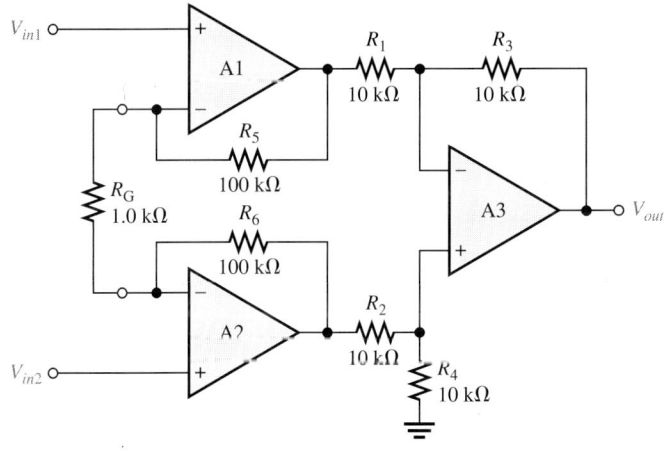

그림 9-24

2. 그림 9-24의 계측증폭기 구조에 대한 연산증폭기 A1과 A2의 차동 전압이득은?

3. 다음과 같은 dc 전압이 그림 9-24의 계측증폭기에 가해질 때 최종 출력전압은? 단,

$V_{in1} = 5 \, \text{mV}$, $V_{in2} = 10 \, \text{mV}$, $V_{cm} = 225 \, \text{mV}$이다.

4. 그림 9-24의 계측증폭기의 이득을 1000으로 변화하려면 R_G는?

5. 그림 9-25의 AD622 계측증폭기에서 전압이득은?

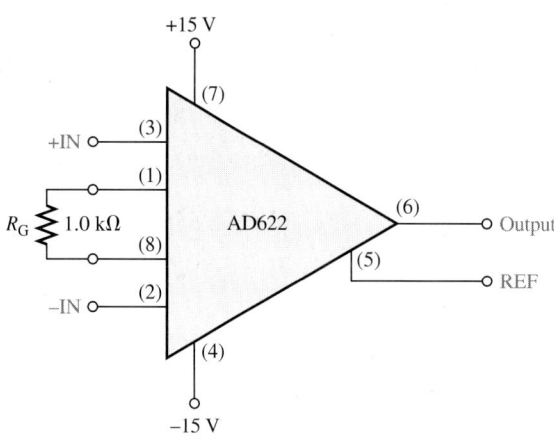

그림 9-25

6. 그림 9-25에서 전압이득을 20으로 하려면 R_G는?

7. 어떤 절연증폭기의 입력단에서 연산증폭기의 전압이득은 30이다. 출력단의 이득이 10으로 설정되었다면 이 소자의 전체 전압이득은?

8. 그림 9-26에서 각 3656KG의 전체 전압이득은?

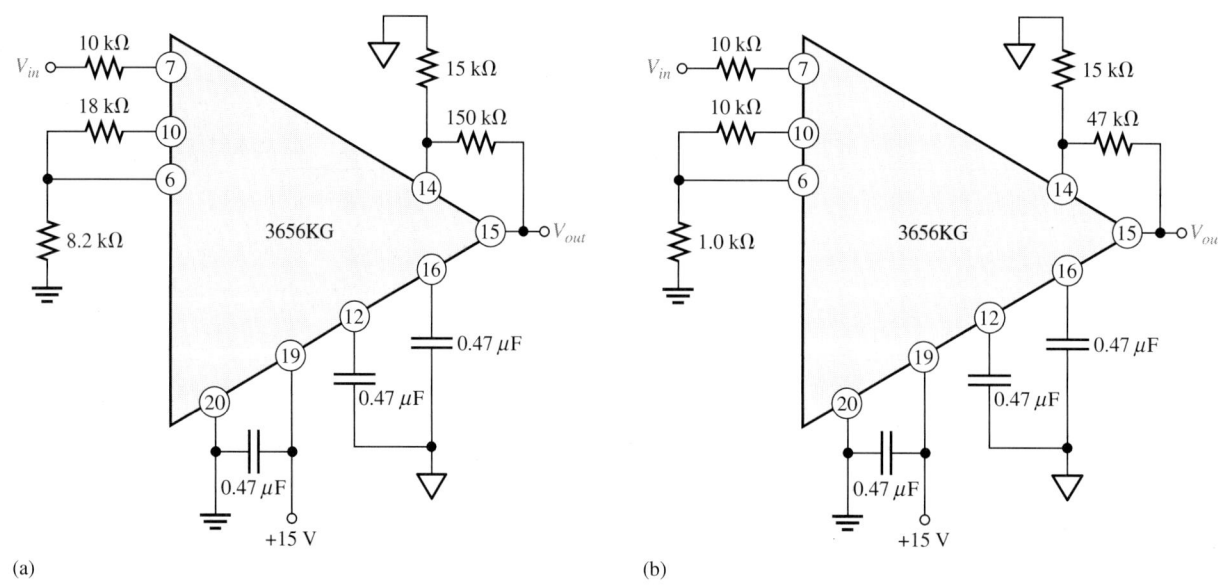

(a)   (b)

그림 9-26

9. OTA에서 10 mV의 입력전압 100 mV, 출력전류 10 μA일 때 트랜스컨덕턴스는?

10. OTA가 트랜스컨덕턴스 5000 μA, 부하저항 10 kΩ일 때 입력전압이 100 mV이면 출력전류는? 출력전압은?

11. 그림 9-27에서 OTA의 전압이득은? 단, $g_m = 2500\,\mu S$이라 가정한다.

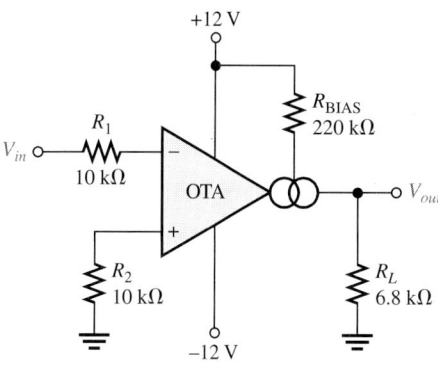

그림 9-27

12. 그림 9-28의 슈미트 트리거 회로에 대한 트리거 점은?

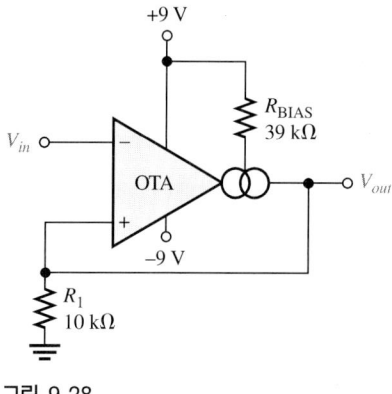

그림 9-28

기본-플러스 문제

13. 전압이득이 10으로 설정된 경우 AD622 계측증폭기의 대략적인 대역폭은? 그림 9-6의 그래프를 사용하여 구하라.

14. 그림 9-25에서 증폭기 이득을 약 24로 변화하는 방법은?

15. 그림 9-26(a)에서 증폭기의 전체 이득을 입력단의 이득만을 변화시켜 약 100으로 하는 방법은?

16. 그림 9-26(b)의 전체 이득을 출력단의 이득만을 변화시켜 약 440으로 하는 방법은?

17. 그림 9-26의 각 증폭기에서 이득이 1이 되려면 어떻게 연결하는지 설명하라.

18. 부하저항을 갖는 OTA의 출력전압이 3.5 V이다. 트랜스컨덕턴스가 4000 μS이고 입력전압이 100 mV이면 부하저항의 값은?

19. 그림 9-27에서 10 kΩ의 가변저항기가 바이어스 저항과 직렬로 연결되었다면 최소 및 최대 바이어스 전류와 최소 및 최대 전압이득은? 이때 최대 바이어스 전류에서 $g_m = 2500\,\mu S$이고 최소 바이어스 전류에서 2000 μS라 가정한다.

20. 그림 9-29의 OTA는 진폭변조회로의 기능이 있다. $K = 16\,\mu S/\mu A$라 가정하면 주어진 입력파형에 대한 출력전압 파형을 구하라.

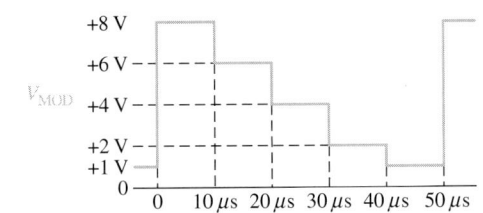

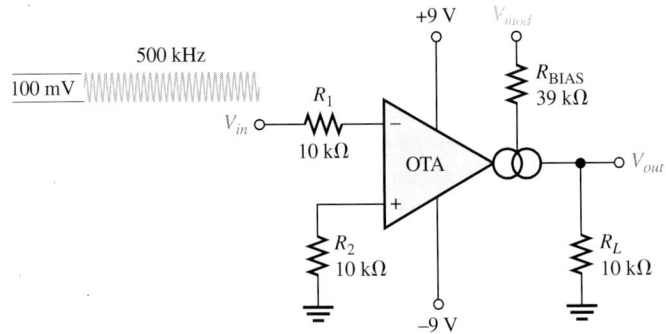

그림 9-29

21. 그림 9-28의 슈미트 트리거 회로에서 첨두값이 $\pm 10\,V$를 갖는 $1\,kHz$의 정현파에 대한 출력전압 파형을 구하라.

22. 9-2절에서 절연증폭기의 의료 응용을 설명하였다. 인터넷을 사용하여 절연증폭기에 대한 다른 응용분야를 조사하고, 찾은 내용을 보고서로 요약하라.

해답

예제 질문

9-1: $240\,\Omega$

9-2: $R_G = 1.1\,k\Omega$

9-3:   많은 결합이 가능하다. 여기서는 한 가지이다: $R_{f1} = 10\,k\Omega$, $R_{i1} = 1.0\,k\Omega$, $R_{f2} = 10\,k\Omega$, $R_{i2} = 1.0\,k\Omega$

9-4: $62.5\,\mu A$

9-5:   예, 약 110

9-6: $V_{out(max)} = 3.61\,V$; $V_{out(min)} = 1.76\,V$

복습 질문

1. 계측증폭기의 주요 목적은 큰 정상모드 전압과 발생하는 작은 신호를 증폭하는 것이다. 주요 특성은 높은 입력 임피던스, 높은 CMRR, 낮은 출력 임피던스, 낮은 출력 오프셋

2. 3개의 연산증폭기와 7개의 저항이 기본 계측증폭기를 구성하는 데 요구된다(그림 9-2를 참조).

3. 이득은 외부저항 R_G에 의해 성해신다.

4. $R_G = 5.6 \, k\Omega$

5. $A_v \cong 6$

6. 절연증폭기는 의료 장비, 전원기계설비, 산업공정, 자동화 시험 등에 사용된다.

7. 절연증폭기의 두 단은 입력단과 출력단이다.

8. 단은 변압기 결합으로 연결된다.

9. 발진기는 직류 전원이 입력단과 출력단을 교류로 결합할 수 있도록 D/A기로 동작한다.

10. 입력단과 출력단 모두의 이득을 설정하므로

11. OTA는 연산 트랜스컨덕턴스 증폭기이다.

12. 트랜스컨덕턴스는 바이어스 전류를 증가시킨다.

13. 바이어스 입력이 공급전압에 연결되는 것을 가정하면, 공급전압은 이것이 바이어스 전류를 증가시키기 때문에 증가된 때 전압이득이 증가한다.

14. 이득은 바이어스 전압이 감소함으로써 감소한다.

15. 높은 주파수 신호의 진폭은 낮은 주파수 신호의 진폭에 따라서 변화한다.

단원 확인 문제

1. (d)	2. (b)	3. (a)	4. (e)	5. (c)
6. (b)	7. (a)	8. (c)	9. (d)	10. (c)
11. (a)	12. (a)	13. (a)	14. (b)	15. (a)

발진기와 타이머

서론

발진기는 타이밍, 제어 또는 통신 등의 기능을 수행하기 위해 주기적 파형을 발생하는 회로이다. 발진기는 아날로그와 디지털 시스템을 포함하여 거의 모든 전자회로 시스템에 이용되며, 오실로스코프와 함수 발생기와 같은 대부분의 시험용 계측에서도 이용되고 있다.

발진기는 출력전압이 연속적으로 유지할 수 있도록 하면서, 한편으로는 일부분을 입력측으로 궤환시키는 정궤환 형태가 필요하다. 외부 입력이 반드시 필요하지는 않지만 대부분의 발진기는 다른 전원과 동기화하거나 주파수제어를 할 때 사용한다. 발진기는 궤환발진기를 사용하는 단위이득 방법과 이완발진기를 사용하는 타이밍 방법 중의 하나로 설계한다. 이 절에서는 이 두 가지 방법에 대해 설명한다.

각 발진기는 정현파, 구형파, 삼각파, 톱니파를 포함하는 여러 형태의 출력파형을 발생한다. 이 장에서는 이득 요소로 연산증폭기를 사용하는 여러 형식의 발진기 회로 및 555 타이머의 집적회로를 설명한다.

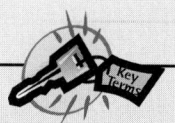

주요 목표

각 절의 내용이 목표이다. 이 장을 마치고 나면 여러분은 다음과 같은 일들을 할 수 있어야 한다.

10-1 발진기의 동작 원리
10-2 궤환발진기의 동작
10-3 기본 *RC* 정현파 궤환발진기의 동작
10-4 기본 이완발진기의 동작
10-5 555 타이머 사용법
10-6 단사로서 555 타이머 사용하기

컴퓨터 모의실험 디렉토리

다음 그림에는 관련된 Multisim 회로 파일이 있다.

- 그림 10-11
  394쪽
- 그림 10-18
  399쪽
- 그림 10-23
  403쪽

실험실습 디렉토리

다음 실험실습은 이 장을 위한 것이다.

- 실험 19
  윈-브리지 발진기
- 실험 20
  삼각파 발진기

주요 용어

- 궤환발진기(feedback oscillator)
- 이완발진기(relaxation oscillator)
- 정궤환(positive feedback)
- 윈-브리지 발진기(Wien-bridge oscillator)
- 위상천이 발진기(phase-shift oscillator)
- 비안정 멀티바이브레이터 (astable multivibrator)
- 단사(또는 단안정)(one-shot)

과학분야 연구에서 과학자들은 그들이 측정한 값을 비교하기 위한 정확한 기준이 있어야 한다. 시간과 주파수에 대한 국가의 첫 번째 표준은 세슘 원자시계이다. 이 시계의 시간은 공식적인 세계 시간을 정의하는 원자시계의 국제 기구에서 제공한다. 세슘 원자시계의 정확도는 2×10^{-15} 이하로 낮다. 이 값은 2천만년에 1초 이상의 오차가 생기지 않는다는 것이다.

세슘 원자시계는 주파수와 시간주기를 측정하기 위해 세슘 원자의 분수 같은 구조의 이동을 이용한다. 6개의 적외선 레이저 빔은 시계 형태의 통 중앙에서 각각 오른쪽으로 향하고 있다. 레이저는 "공" 형태로 되게 서로 세슘 원자를 밀어낸다. 또한, 원자의 이동을 늦추며 거의 절대 영도로 원자를 냉각시킨다. 수직으로 향한 두 개의 레이저는 마이크로파 공동을 통해서 세슘 원자의 공을 밀어낸다. 그러면 공은 중력의 영향을 받아서 마이크로파 공동을 통해 떨어진다. 마이크로파 신호는 원자의 상태에서 형광을 최대화하기 위해 주파수로 맞춘다. 이 주파수가 초를 정의하는 데 사용되며, 세슘 원자의 자연 공진주파수인 9,192,631,770 Hz와 같다.

현재 세슘 원자보다 정밀도가 약 1,000배 이상인 광학 원자시계에 대한 연구가 진행 중에 있다. 이러한 새로운 시계는 한번만 분리되는 수은 이온에서 에너지 천이 원리를 이용한 것이다. 이제 시계는 세슘 시계의 공진 주파수보다 더 높은 10^6배 이상인 10^{15} Hz의 광학 주파수로 될 것이다.

10-1 발진기

발진기는 직류 공급전압만으로 출력에 주기파형을 발생하는 회로이다. 반복 입력신호는 필요하지 않으나 동기발진을 하는 경우에는 필요하다. 출력전압은 발진기 형식에 따라 정현파 또는 비정현파일 수도 있다. 발진기는 궤환발진기와 이완발진기로 분류한다.

이 절에서는 발진기에 대한 동작원리를 설명한다.

발진기의 형식

모든 발진기는 직류 전원을 공급받아 타이밍, 제어 또는 신호 발생 응용 등에 사용할 수 있도록 주기파형으로 전기에너지를 변환한다. 그림 10-1은 기본적인 발진기의 설명도이다. 발진기는 신호의 발생 기법에 따라서 분류되기도 한다.

궤환발진기

궤환발진기는 위상천이 없이 출력신호의 일부분은 입력으로 되돌리며, 이로 인하여 출력신호는 보강된다. 발진이 시작한 이후에 루프이득은 발진을 유지하기 위해 1.0으로 유지시킨다. 그림 10-2와 같이 궤환발진기는 이득을 위한 증폭기와 위상천이를 발생하고 신호를 감쇠시키는 정궤환회로로 구성되어 있다. 180°의 위상천이를 하는

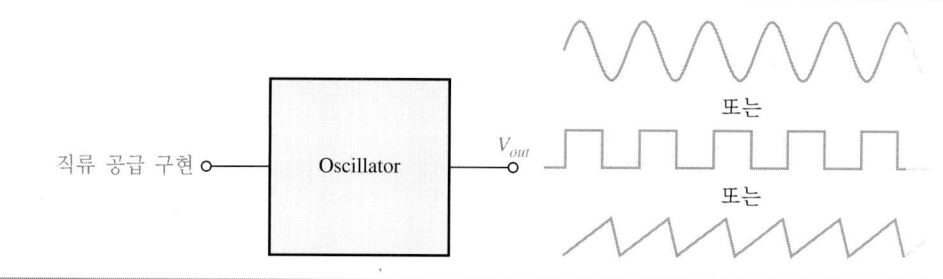

그림 10-1

세 가지 기본 형태의 출력
파형

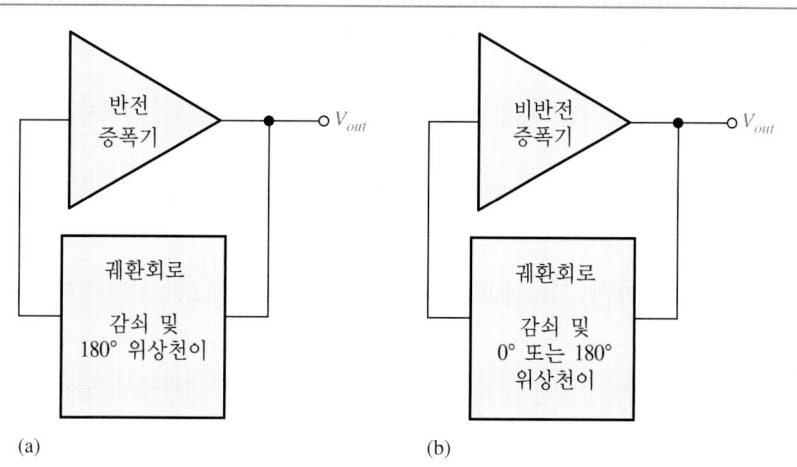

그림 10-2

반전 및 비반전 증폭기 구조
모두를 보이는 궤환발진기의
기본 소자

(a)   (b)

반전 증폭기 발진기의 궤환회로는 증폭기의 위상천이를 제거하기 위해 180° 위상천이
를 발생한다. 0°의 위상천이를 하는 비반전 증폭기 발진기의 궤환회로는 루프 내에서
순수 위상천이가 없도록 0° 또는 360° 위상천이를 발생한다.

이완발진기

이완발진기는 구형파 또는 기타 비정현 파형인 파형을 발생시키기 위해 정궤환 대
신에 RC 타이밍 회로를 사용한다. 이완발신기는 슈미트 트리거 또는 나른 부품을 이
용하여 커패시터의 충전 및 방전 상태를 변화시킨다.

복습 질문

1. 발진기란?
2. 궤환발진기에 필요한 궤환은?
3. 궤환회로의 목적은?
4. 이완발진기와 궤환발진기의 차이점은?
5. 구형파를 발생시키는 발진기는?

역사적 고찰

휴렛-패커드사의 첫 번째 생산품
은 10^5 이상의 주파수대역에서 동
작하는 3극 진공관을 사용한 2단
RC 발진기이다. 1939년에 소개
된 이 발진기는 정궤환 및 부궤환
루프를 모두 갖고 있었으며, 부궤
환을 이용하여 찌그러짐이 적은
출력 특성을 보였다. 제2차 세계
대전 직후에 발진기는 10^6 주파수
(10 Hz부터 10 MHz 주파수 범위) 범
위로 향상되었다. RC 발진기는
휴렛-패커드 저널 1권의 3,4번 주
제에 게재되었다.

10-2 궤환발진기 원리

궤환발진기는 정현파를 발생시키기 위해 정궤환을 주로 이용한다.

이 절에서는 궤환발진기의 동작원리를 설명한다.

정궤환

정궤환은 증폭기 동위상의 출력파형 일부분이 입력으로 궤환되는 특성이 있다. 그림 10-3은 정현파 발진기의 기본개념을 설명한 것이다. 그림에서 동위상의 궤환전압은 출력전압을 만들기 위해 증폭되며, 계속하여 궤환전압을 만든다. 즉, 루프는 신호를 스스로 유지하기 위해 형성되며, 연속적인 정현파 출력이 발생되는데 이러한 현상을 발진이라 한다.

발진 조건

그림 10-4는 발진을 유지하기 위한 두 가지 조건을 나타낸 것이다.

1. 궤환루프의 위상천이는 $0°$이어야 한다.
2. 폐루프궤환의 전압이득 A_{cl}은 1이어야 한다.

폐루프궤환의 전압이득 A_{cl}은 증폭기 이득 A_v와 궤환회로의 감쇠 B의 곱이다.

$$A_{cl} = A_v B$$

루프이득이 1 이상인 경우는 출력파형의 $(+)$, $(-)$ 첨두값에서 포화되어 사용할 수 없는 찌그러짐이 발생한다. 이러한 찌그러짐을 방지하기 위해서는 일단 발진이 시작되면 정확하게 루프이득이 1을 유지하도록 하는 이득제어의 형태가 되어야 한다. 예로, 궤환회로의 감쇠가 0.01이면 증폭기는 이러한 감쇠를 극복하기 위해 정확히 100

그림 10-3
정궤환의 발진 궤환루프는 화살표 방향이다.

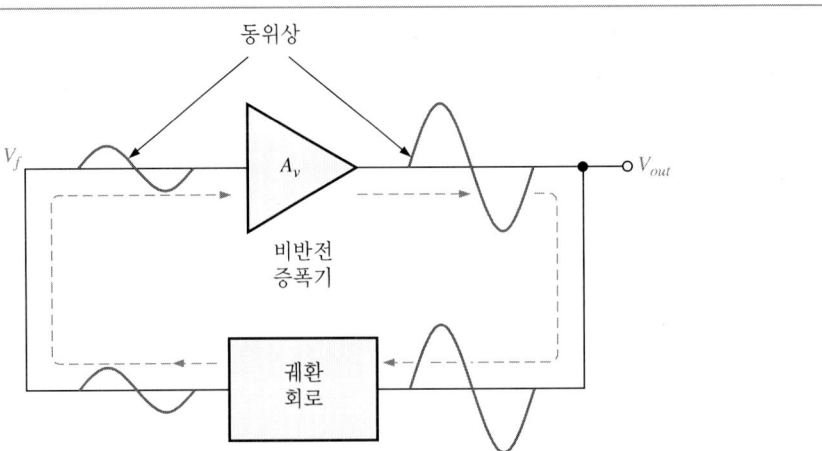

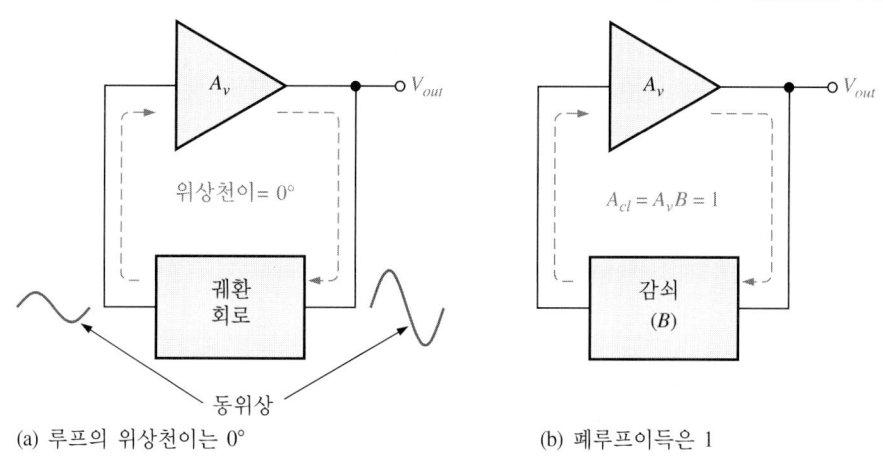

그림 10-4

발진 조건

(a) 루프의 위상천이는 0°   (b) 페루프이득은 1

의 이득을 가져야 찌그러짐이 발생하지 않는다(0.01 × 100 = 1.0). 증폭기 이득이 100 이상이면 파형의 양 첨두값이 제한되는 원인이 된다.

초기 조건

지금까지는 연속적인 정현파 출력을 발생시키기 위한 발진기에 대하여 설명하였다. 지금부터는 직류 공급전압이 가해졌을 때 기동을 위해 발진기의 요건을 공부하기로 한다. 단위-이득 조건은 발진을 유지하기 위한 값이다. 초기 발진을 위해 정궤환회로의 전압이득은 출력의 진폭이 원하는 레벨이 될 수 있도록 1보다 커야 한다. 그 다음에 이득은 출력이 원하는 레벨을 유지하고, 발진이 유지되도록 1로 감소되어야 한다. 그림 10-5는 발진을 초기화하고 유지하기 위한 두 가지에 대한 전압이득 조건을 설명한 것이다.

이때 의문시되는 점으로 만약 발진기가 초기에 OFF되어 출력전압이 없다면 궤환신호는 정궤환 설정과정을 초기하하기 위해서 어떻게 시작하는가? 초기에 작은 정궤환전압은 저항 또는 기타 부품에서 열적으로 발생된 광대역 잡음, 또는 전원공급의 초기 과도전압으로부터 발전된다. 궤환회로는 단지 증폭기의 입력의 위상이 나타날 때 선택된 발진주파수와 동일한 주파수를 갖는 전압만을 사용한다. 이러한 초기 궤환전압은 증폭되고 연속적으로 보강되며, 결과적으로 출력전압이 설정되는 것이다.

복습 질문

6. 발진에 필요한 회로의 조건은?
7. 정궤환이란?
8. 발진기의 초기화를 위한 전압이득 조건은?
9. 발진이 시작된 때 정현파 출력을 원하는 레벨로 하기 위한 이득 조건은?
10. 변수 B란?

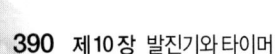

그림 10-5 발진이 시작되는 t_0에서 조건 $A_{cl} > 1$은 정현파 출력전압의 진폭을 원하는 레벨로 만든다. 그런 다음 A_{cl}을 1로 감소시켜 원하는 진폭을 유지한다.

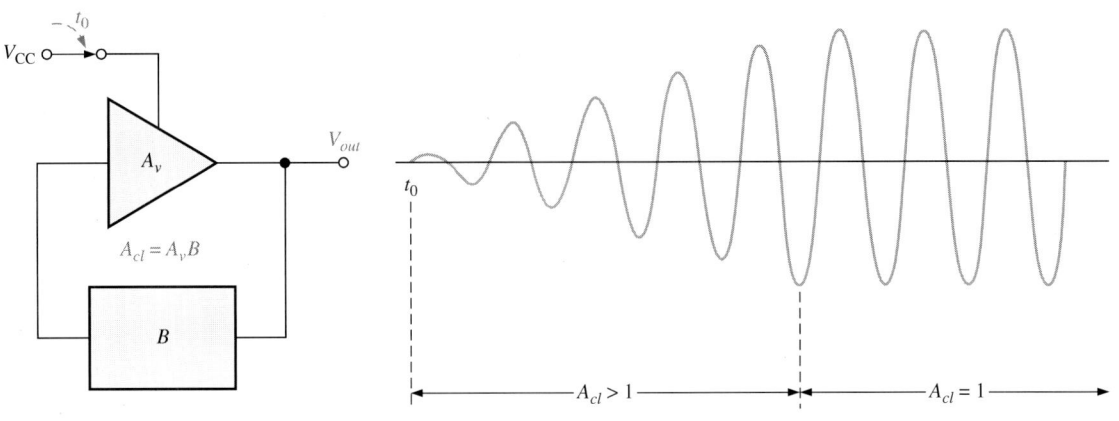

10-3 정현파 궤환발진기

정현파 출력을 발생시키는 데 사용하는 RC 회로의 형태에는 윈-브리지 발진기, 위상천 이 발진기, 쌍 T 발진기가 있다. 일반적으로 RC 궤환발진기는 약 1 MHz까지의 주파수 에서 사용한다. 윈-브리지 발진기는 이러한 주파수 범위에서 가장 널리 사용되는 RC 발진기이다.

이 절에서는 RC 정현파 궤환발진기의 동작원리를 설명한다.

윈-브리지 발진기

윈-브리지(Wien-Bridge) 발진기는 정현파 궤환발진기의 한 가지 형식이다. 그림 10-6(a)는 윈-브리지 발진기의 회로로 지-진상 회로이다. R_1과 C_1은 지상, R_2와 C_2는 진 상이다. 이러한 지-진상 회로의 동작은 낮은 주파수에서는 C_2의 높은 리액턴스로 인 하여 지상이 되고 주파수가 증가하게 되면 X_{C2}가 감소하여 출력전압은 증가된다. 어 떤 지정된 주파수에서 지상회로의 응답은 변화하여, X_{C1}이 감소하면 출력전압은 감 소된다.

그림 10-6(b)의 지-진상 회로의 응답곡선에서 출력전압이 공진 주파수인 f_r이라고 하는 주파수에서 첨두값이 된다. 이 점에서 회로망의 감쇠(V_{out}/V_{in})는 다음 식과 같이 $R_1 = R_2$, $X_{C1} = X_{C2}$이면 1/3이 된다.

$$\frac{V_{out}}{V_{in}} = \frac{1}{3} \tag{10-1}$$

공진 주파수에 대한 공식은 다음과 같다.

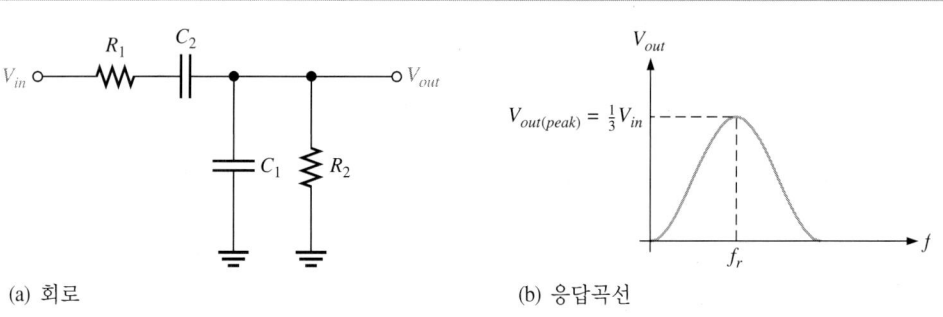

그림 10-6

지-진상 회로와 응답곡선

(a) 회로

(b) 응답곡선

$$f_r = \frac{1}{2\pi RC} \qquad (10\text{-}2)$$

요약하면, 윈-브리지 발진기에서 지-진상 회로의 위상천이는 0°이고 감쇠가 1/3에서 공진주파수 f_r을 가진다. f_r 이하에서는 진상회로가 되고, 출력이 입력보다 앞선다. f_r 이상에서는 지연회로가 되고, 출력이 입력보다 뒤진다.

기본회로

그림 10-7(a)의 지-진상 회로는 연산증폭기의 정궤환루프에서 사용된다. 전압 분배기는 부궤환루프에서 사용된다. 윈-브리지 발진기 회로는 지-진상 회로를 통해 출력으로부터 되돌려 가해진 입력신호를 갖는 비반전 증폭기이다. 증폭기의 폐루프 이득은 전압 분배기에 의해 결정된다.

그림 10-7(b)는 연산증폭기가 브리지 회로를 통해서 연결되는 회로이다. 여기서 브리지의 한쪽은 지-진상 회로이고 다른 쪽은 전압분배기 회로이다.

원-브리지 발진기의 두 가지 구조

그림 10-7

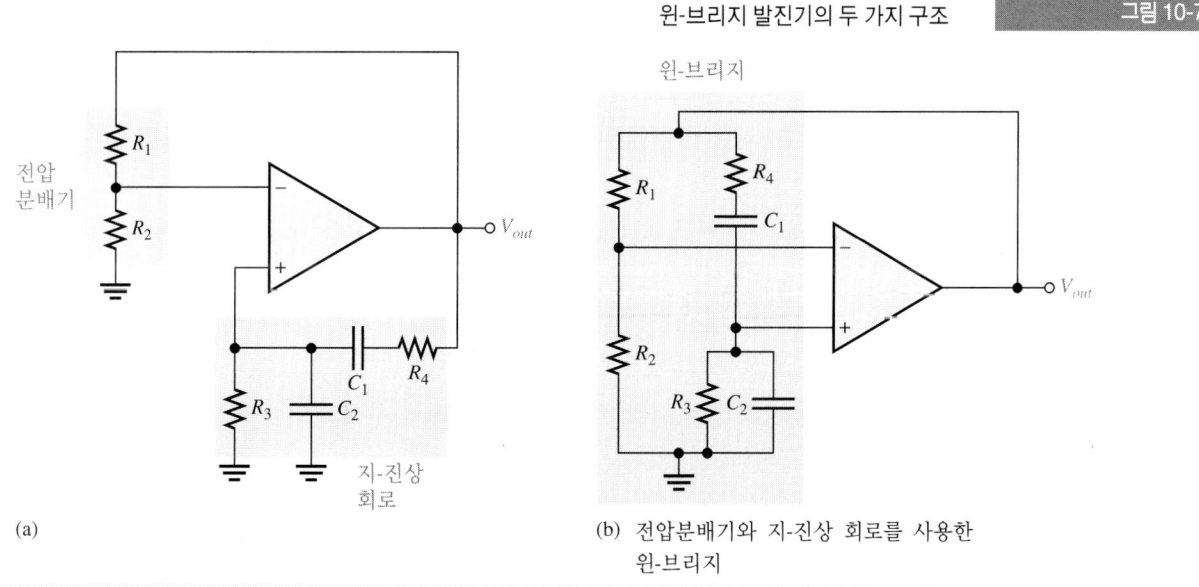

(a)

(b) 전압분배기와 지-진상 회로를 사용한 원-브리지

그림 10-8

발진 조건

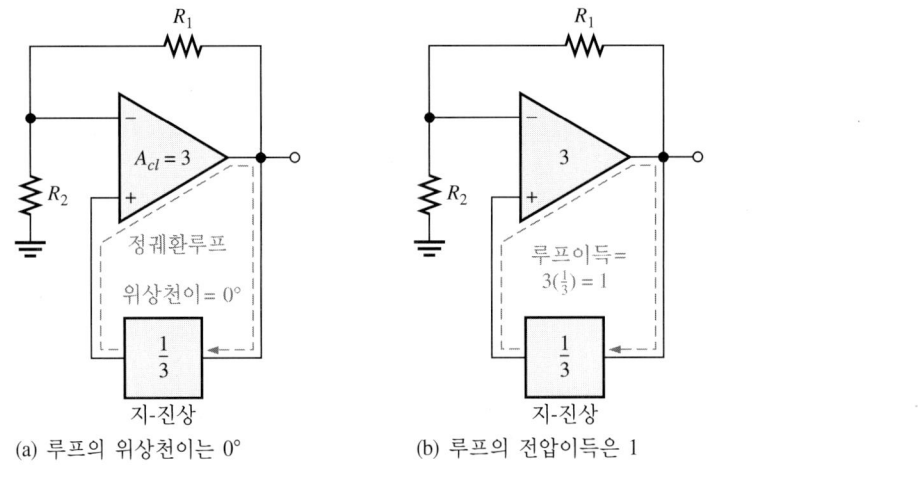

(a) 루프의 위상천이는 0°   (b) 루프의 전압이득은 1

발진의 정궤환 조건

일정한 정현파 출력(발진)을 유지하기 위해서는 그림 10-8(a)와 같이 정궤환루프의 위상천이는 0°, 루프의 이득은 1이어야 한다. 0° 위상천이 조건은 지-진상 회로를 통한 위상천이가 0°이고 연산증폭기의 비반전 입력(+)부터 출력까지 반전이 없기 때문에 주파수가 f_r인 경우 충족된다.

궤환루프에서 단위이득 조건은 다음과 같을 때 충족한다.

$$A_{cl} = 3$$

그림 10-8(b)와 같이 지-진상 회로는 1/3의 감쇠를 상쇄하여 정궤환루프의 전체 이득을 1이 되도록 한다. 증폭기에 대한 폐루프 이득이 3이 되기 위해서는 다음과 같아야 한다.

$$R_1 = 2R_2$$

그러면

$$A_{cl} = \frac{R_1 + R_2}{R_2} = \frac{2R_2 + R_2}{R_2} = \frac{3R_2}{R_2} = 3$$

초기 조건

발진을 시작하여 증폭기 자체의 폐루프 이득이 출력신호가 원하는 레벨로 설정될 때까지는 3($A_{cl} > 3$)보다 커야 한다. 그림 10-9와 같이 이상적인 증폭기의 이득은 루프 전체 이득이 1이고 출력신호가 원하는 레벨에서 유지되도록 3으로 감소시켜야 한다. 이렇게 해야만 발진이 유지된다.

이득을 제어하기 위한 한 가지 방법은 부궤환 경로에서 전압 제어 저항으로 JFET를 이용하는 것이다. 이 방법은 안정하고 우수한 정현파형을 발생한다. 미소하거나 0

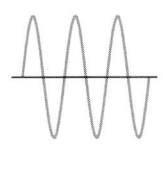

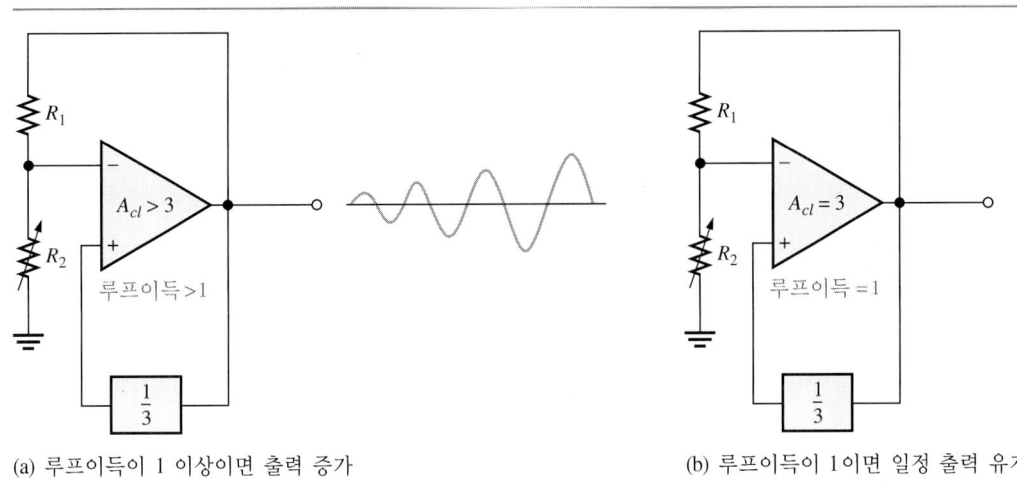

그림 10-9

발진기 초기조건

(a) 루프이득이 1 이상이면 출력 증가

(b) 루프이득이 1이면 일정 출력 유지

인 V_{DS}로 동작하는 JFET는 저항영역에서 동작하는 소자로 게이트 전압이 증가함에 따라 드레인-소스 저항은 증가하게 된다. 만약 JFET가 부궤환 경로로 바뀌게 되면 전압 제어의 저항성으로 인해 자동 이득 제어를 할 수 있다.

그림 10-10은 JFET로 안정된 윈-브리지 발진기이다. 연산증폭기의 이득은 그림과 같이 JFET를 포함하고 있는 회색블록의 소자들에 의해 제어된다. JFET의 드레인-소스 저항은 회색 부분의 게이트 전압에 따라 정해진다. 출력신호가 없으면 게이트 전압이 0 V가 되어 드레인-소스 저항성이 최소가 된다. 이러한 조건에서는 루프이득이 1보다 크며 발진이 시작되어 급격히 큰 출력신호가 발생된다. 출력신호의 순방향 바이어스 전압 D_1이 (−)로 되면, 커패시터 C_3는 부(−) 전압이 충전된다. 이 전압은 JFET의 드레인-소스 저항을 증가시키며 이득을 감소시키는데 이것이 고전적인 부궤환이다. 적당한 용량의 부품을 선정하면 원하는 레벨에서 이득을 안정화시킬 수 있다. 다음 예제는 안정화된 JFET 발진기를 설명하는 내용이다.

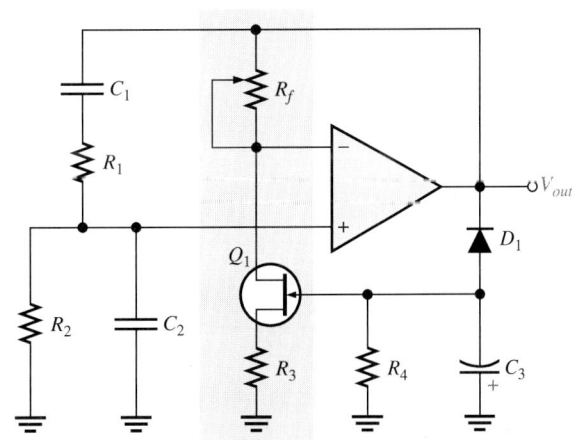

그림 10-10

부궤환루프에서 JFET를 사용하는 자체-초기 윈-브리지 발진기

예제 10-1

문제

그림 10-11과 같은 윈-브리지 발진기의 주파수를 구하라. 또한, 발진이 안정한 때 JFET의 내부 드레인-소스 저항 r'_{ds}이 500 Ω인 경우 R_f 값을 계산하라.

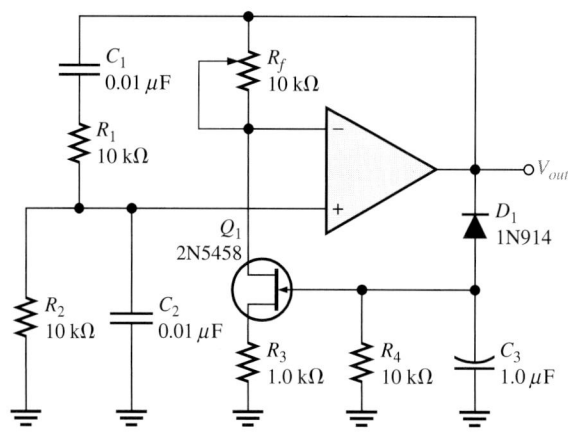

그림 10-11

풀이

지-진상 회로에서 $R_1 = R_2 = R = 10\,\mathrm{k\Omega}$이고 $C_1 = C_2 = C = 0.01\,\mu\mathrm{F}$이므로 주파수는 다음과 같다.

$$f_r = \frac{1}{2\pi RC} = \frac{1}{2\pi(10\,\mathrm{k\Omega})(0.01\,\mu\mathrm{F})} = \mathbf{1.59\,kHz}$$

폐루프 이득의 지속적인 발진을 유지하기 위해 3.0이어야 한다. 반전 증폭기에서 이득은 비반전 증폭기의 이득이 된다.

$$A_v = \frac{R_f}{R_i} + 1$$

R_i는 R_3(소스저항)와 r'_{ds}로 구성되어 있으므로 이를 대입하면,

$$A_v = \frac{R_f}{R_3 + r'_{ds}} + 1$$

다시 정리하고 R_f에 대하여 풀면,

$$R_f = (A_v - 1)(R_3 + r'_{ds}) = (3 - 1)(1.0\,\mathrm{k\Omega} + 500\,\Omega) = \mathbf{3.0\,k\Omega}$$

질문

R_f의 설정이 너무 높거나 낮으면 발진에서 어떤 현상이 발생되나?

컴퓨터 시뮬레이션

웹사이트에서 Multisim의 F10-11DV 파일을 이용하여 출력의 주파수를 측정한다.

위상천이 발진기

그림 10-12는 위상천이 발진기라 하는 정현파 궤환발진기의 회로이다. 궤환루프에서 3개 RC 회로의 각각은 최대로 약 90°의 위상천이를 할 수 있다. 발진은 3개의 RC 회로를 통해 전체 위상천이가 180°인 주파수에서 발생한다. 연산증폭기 자체의 반전은 궤환루프를 통해 360° 또는 0° 위상천이의 발진에 대한 요건을 충족하기 위해 추가로 180°가 제공된다.

세 영역 RC 궤환회로의 감쇠 B는 다음과 같다.

$$B = \frac{1}{29} \tag{10-3}$$

여기서 $B = R_3/R_f$ 이다. 1보다 큰 루프이득이 필요한 경우에는 연산증폭기의 폐루프 전압이득이 R_f와 R_3에 의해 정해지는 것으로 이 값은 29보다 커야 한다. 발진 주파수는 다음과 같이 계산된다. 여기서 $R_1 = R_2 = R_3 = R$, $C_1 = C_2 = C_3 = C$ 이다.

$$f_r = \frac{1}{2\pi\sqrt{6}RC} \tag{10-4}$$

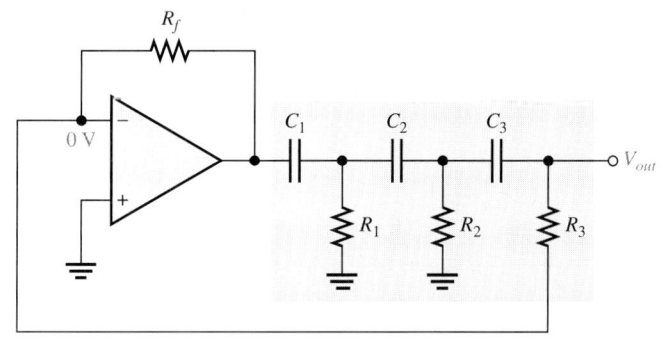

그림 10-12

연산증폭기의 위상천이 발진기

예제 10-2

문제

(a) 그림 10-13의 회로가 발진기로 동작하기 위한 R_f 값을 구하라.

(b) 발진주파수를 구하라.

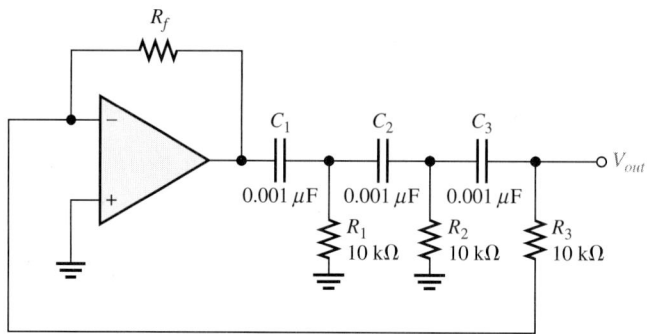

그림 10-13

풀이

(a) $A_{cl} = 29$, $B = \dfrac{1}{29} = \dfrac{R_3}{R_f}$ 이므로

$$\frac{R_f}{R_3} = 29$$

$$R_f = 29R_3 = 29(10\,\text{k}\Omega) = \mathbf{290\,k\Omega}$$

(b) $R_1 = R_2 = R_3 = R$, $C_1 = C_2 = C_3 = C$ 이므로

$$f_r = \frac{1}{2\pi\sqrt{6}RC} = \frac{1}{2\pi\sqrt{6}(10\,\text{k}\Omega)(0.001\,\mu\text{F})} \cong \mathbf{6.5\,kHz}$$

질문

(a) 그림 10-13에서 R_1, R_2, R_3이 8.2 kΩ으로 변경되었다면 발진하기 위한 R_f 값은?

(b) f_r의 값은?

쌍-T 발진기

그림 10-14(a)는 RC 궤환발진기의 다른 형식으로 궤환루프에서 사용된 2개의 T-형 RC 필터 때문에 쌍-T 발진기라 한다. 쌍-T 필터의 하나는 저역통과 응답, 다른 하나는 고역통과 응답을 가진다. 그림 10-14(b)와 같이 결합된 병렬 필터는 원하는 발진 주파수 f_r과 같은 중심 주파수를 갖는 대역제거 또는 노치 응답을 발생한다.

발진은 필터들을 통한 부궤환으로 인해 f_r 이상 또는 이하의 주파수에서는 발생되지 않는다. f_r에서 부궤환이 무시되기는 하지만 전압 분배기 R_1과 R_2를 통한 정궤환에서는 회로를 발진시킨다.

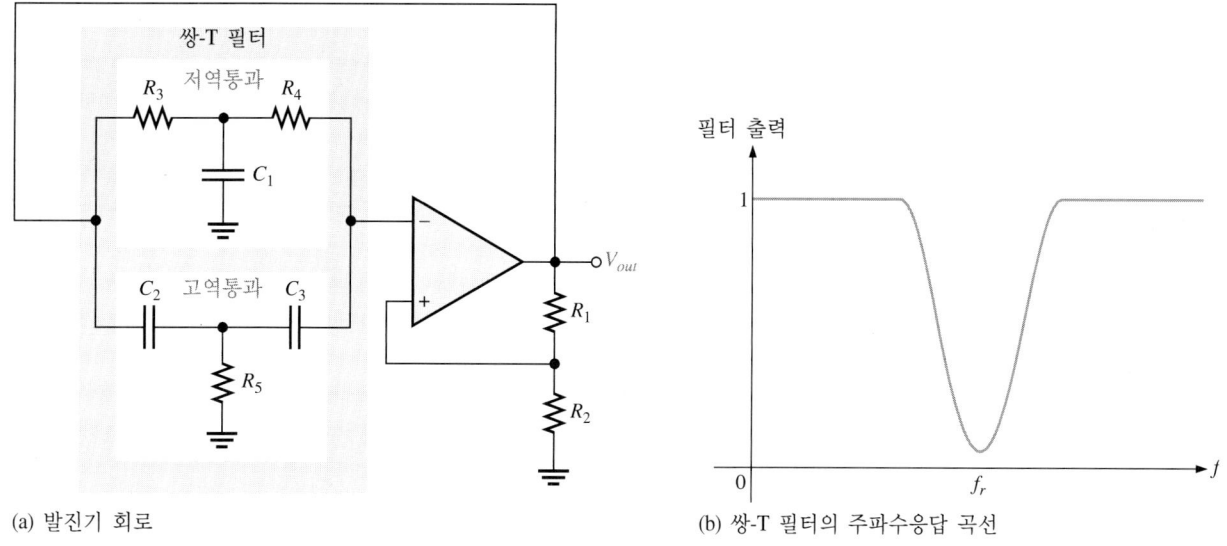

쌍-T 발진기와 쌍-T 필터응답　　　　　그림 10-14

(a) 발진기 회로　　　　　　　　　　(b) 쌍-T 필터의 주파수응답 곡선

복습 질문

11. 윈-브리지 발진기에서 2개의 궤환루프 각각의 목적은?

12. 회로는 $R_1 = R_2$, $C_1 = C_2$에 실효값의 입력전압이 5 V 가해질 때 입력 주파수는 회로
의 공진 주파수와 같다. 출력전압의 실효값은 얼마인가?

13. 위상천이 발진기에서 RC 궤환회로를 통한 위상천이가 180°로 되는 이유는?

14. 쌍-T 발진기의 부궤환회로는?

15. 자체 초기화 윈-브리지 발진기에서 JFET의 목적은?

이완발진기　10-4

이완발진기는 주기파형을 발생시키기 위해 상태를 변경하는 RC 타이밍 회로와 소자로
구성되어 있다.

이 절에서는 기본 이완발진기의 동작원리를 설명한다.

삼각파 발진기

　그림 10-15는 7장의 연산증폭기 적분기에서 삼각파 발생기의 기본회로를 사용한
것이다. 기본적인 개념은 쌍극 스위치 입력이 사용되는 회로이다. 여기서 스위치는 단
지 개념을 소개하기 위한 것으로 실제 회로에서는 사용하지 않는다. 스위치가 위치 1
에 있으면 부(−) 전압이 인가되어 출력은 상승경사(positive-going ramp)가 된다. 스위

그림 10-15 기본적인 삼각파 발생기

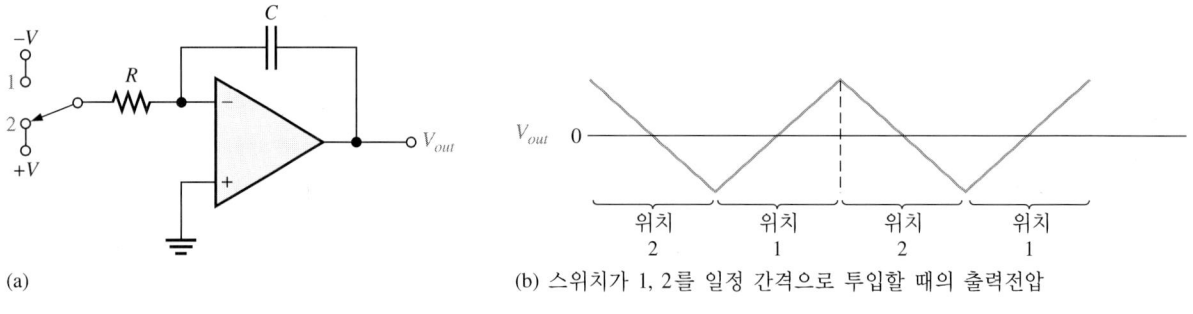

(a)

(b) 스위치가 1, 2를 일정 간격으로 투입할 때의 출력전압

치가 위치 2에 있으면 출력은 하강경사(negative-going ramp)가 된다. 이때 스위치를 일정시간 간격으로 1, 2로 연결하면 출력은 그림 10-15(b)와 같이 상승경사와 하강경사가 교대로 발생되는 삼각파가 된다.

실제 삼각파 발진기

그림 10-16은 스위칭 기능을 수행하는 슈미트 트리거로 제작한 비교기이다. 시작시에 비교기의 출력전압이 부(−)의 최대 레벨에 있다고 가정한다. 이 출력은 R_1을 통해서 적분기의 반전 입력으로 연결되어 적분기의 출력은 상승경사가 되도록 한다. 경사전압이 상위 트리거 점(UTP)에 도달하면 비교기는 정(+)의 최대 레벨에서 스위치한다. 이 정레벨은 적분기 경사전압을 하강경사 방향으로 변경시킨다. 경사는 비교기의 하위 트리거 점(LTP)에 도달할 때까지 이러한 방향에서 계속된다. 이 점에서 비교기 출력은 최대 부(−) 레벨로 다시 스위치되며 주기적으로 반복된다. 그림 10-17은 이러한 동작시 파형을 표시한 것이다.

그림 10-16은 비교기가 구형파 출력을 발생시키므로 삼각파 발생기와 구형파 발생기 모두에 사용할 수 있다. 이러한 장치는 하나 이상의 출력함수를 발생시키기 때문에 보통 **함수발생기**로 알려져 있다. 구형파의 출력 진폭은 비교기의 출력 스윙에 의해 정해지며, 저항 R_2와 R_3는 다음 식과 같이 UTP와 LTP 전압을 설정함으로써 삼각파 출력의 진폭이 정해진다:

그림 10-16

2개의 연산증폭기를 사용하는 삼각파 발생기

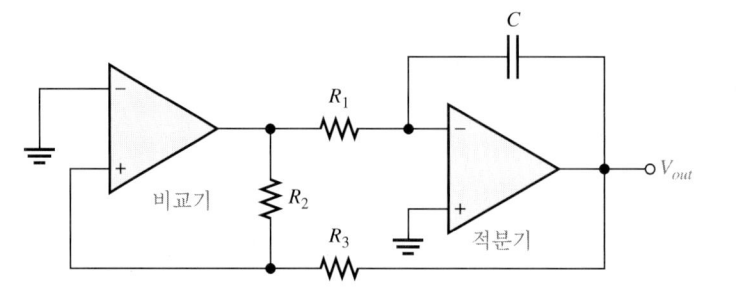

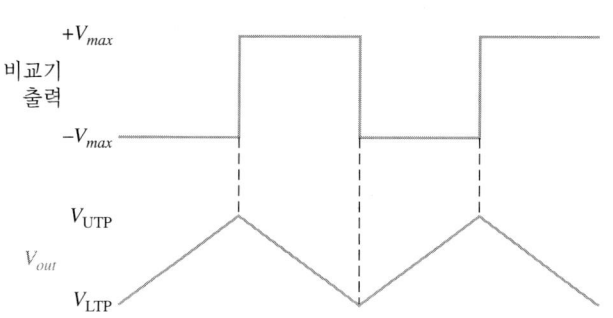

그림 10-17
그림 10-16의 회로에 대한 파형

$$V_{\text{UTP}} = +V_{max}\left(\frac{R_3}{R_2}\right)$$

$$V_{\text{LTP}} = -V_{max}\left(\frac{R_3}{R_2}\right)$$

여기서 비교기 출력레벨 $+V_{max}$와 $-V_{max}$는 같다. 두 파형의 주파수는 진폭 설정 저항 R_2와 R_3와 같이 R_1C 시정수에 따라 정해진다. R_1을 변화시키면 발진 주파수는 출력진폭을 변화시키지 않고 조정할 수 있다. 근사적인 발진 주파수는 다음과 같다.

$$f \cong \frac{1}{4R_1C}\left(\frac{R_2}{R_3}\right) \tag{10-5}$$

예제 10-3의 회로는 실험 매뉴얼 실습 20의 주요 내용이다.

문제

그림 10-18의 회로에서 근사 발진 주파수를 구하라. 20 kHz의 발진 주파수를 발생시키기 위해서는 R_1을 어떤 값으로 변경해야 하나?

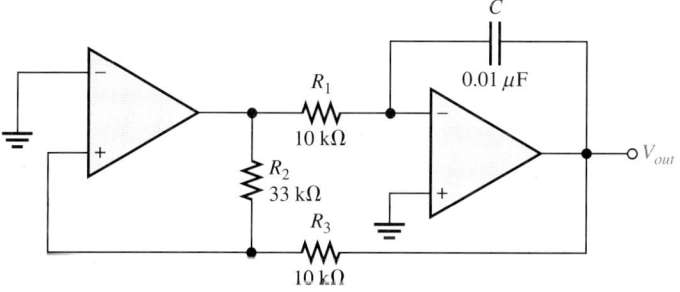

그림 10-18

풀이

$$f \cong \frac{1}{4R_1C}\left(\frac{R_2}{R_3}\right) = \left(\frac{1}{4(10\text{ k}\Omega)(0.01\ \mu\text{F})}\right)\left(\frac{33\text{ k}\Omega}{10\text{ k}\Omega}\right) = \textbf{8.25 kHz}$$

$f = 20\,\text{kHz}$를 만들기 위해서는

$$R_1 = \frac{1}{4fC}\left(\frac{R_2}{R_3}\right) = \left(\frac{1}{4(20\,\text{kHz})(0.01\,\mu\text{F})}\right)\left(\frac{33\,\text{k}\Omega}{10\,\text{k}\Omega}\right) = \mathbf{4.13\ k\Omega}$$

질문

그림 10-18에서 비교기 출력이 $\pm 10\,\text{V}$이면 삼각파의 진폭은?

컴퓨터 시뮬레이션

웹사이트에서 Multisim의 F10-18DV를 이용하여, 출력 주파수를 측정한다.

구형파 발진기

그림 10-19와 같은 구형파 발진기는 발진기의 동작을 커패시터의 충전 및 방전으로 하기 때문에 이완발진기의 한 형식이다. 연산증폭기의 반전 입력(−)은 커패시터 전압이고, 비반전 입력(+)은 저항 R_2와 R_3를 통해 궤환된 출력의 일부분이다. 회로가 먼저 ON되면 커패시터는 충전되지 않은 상태이므로 반전 입력은 0 V이다. 이때 출력은 (+)의 최대값이 되고, 커패시터는 R_1을 통해서 V_{out}으로부터 충전되기 시작한다. 커패시터 전압 V_C가 비반전 입력의 궤환전압 V_f와 같은 값에 도달하면 연산증폭기는 (−)의 최대 상태에서 스위칭된다. 이때 커패시터는 $+V_f$에서 $-V_f$로 방전을 시작한다. 커패시터 전압이 $-V_f$값과 같게 되면 연산증폭기는 최대 정의 상태로 다시 스위치된다. 그림 10-20은 이러한 동작을 계속적으로 반복하여 얻어진 구형파 전압이다.

그림 10-19

구형파 이완발진기

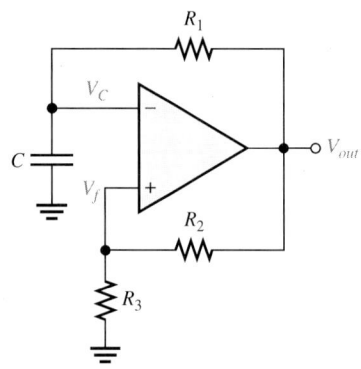

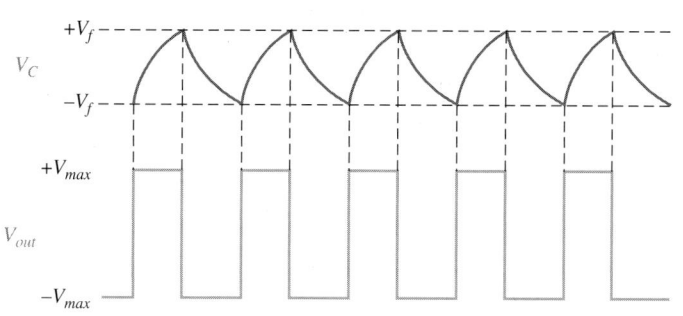

그림 10-20

구형파 이완발진기에 대한
파형

복습 질문

16. 이완발진기의 동작원리는?

17. 이완발진기에서 발생되는 일반적인 두 가지 형태의 파형은?

18. V_{UTP}와 V_{LTP}는?

19. 이완발진기에는 어떤 형의 비교기와 적분기가 사용되나?

20. 함수발생기란?

발진기로서 555 타이머 10-5

555 타이머는 다양한 회로에 사용되는 집적회로이다. 비안정(astable)이란 안정상태가 아
님을 의미한다.

이 절에서는 555 타이머가 기본적으로 구형파 발진기인 비안정 멀티바이브레이터로서
어떻게 구성되는지를 설명한다.

비안정 동작

그림 10-21은 출력에서 펄스파형을 발생하기 위해 555 타이머가 연결된 것이다.
비안정 멀티바이브레이터로서 문턱입력(THRESH)이 트리거입력(TRIG)에 연결되어
있다. 외부소자 R_1, R_2, C_{ext}는 발진 주파수를 설정하는 타이밍 회로를 구성하고 있다.
제어입력(CONT)에 연결된 0.01 μF 커패시터는 정확히 비정합되어 동작에는 영향이
없다.

발진 주파수는 식 (10-6)과 같다.

$$f = \frac{1.44}{(R_1 + 2R_2)C_{ext}} \qquad (10\text{-}6)$$

그림 10-21
비안정 멀티바이브레이터로
서 연결된 555 타이머

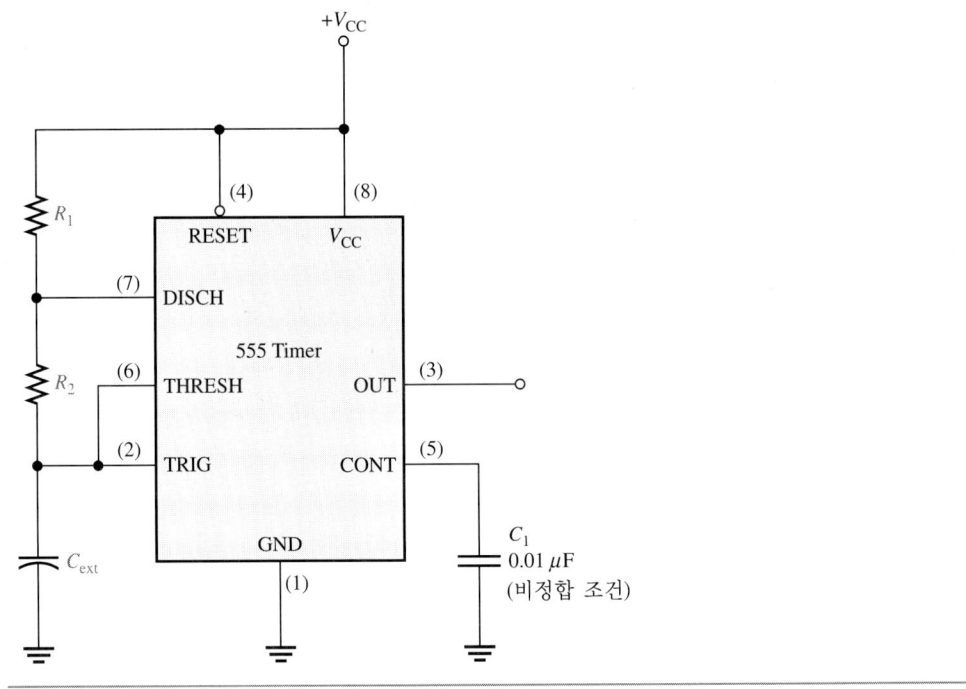

펄스파형의 듀티사이클(duty clcyle)은 백분율로 표시되는 파형의 주기 T에 대한 펄스폭(t_W)과의 비율이다.

$$듀티사이클 = \left(\frac{t_W}{T}\right)100\%$$

R_1과 R_2의 값에 따라서 555 타이머의 출력의 듀티사이클은 조정할 수 있다. C_{ext}는 $R_1 + R_2$를 통해 충전되고 R_2를 통해서만 방전되므로 $R_2 \gg R_1$이면 최소 50%의 듀티사이클이 된다. 충전시간과 방전시간은 거의 같아진다. 555 타이머 비안정 멀티바이브레이터의 백분율 듀티사이클 식은 다음과 같다.

$$듀티사이클 = \left(\frac{R_1 + R_2}{R_1 + 2R_2}\right)100\% \tag{10-7}$$

50% 이하의 듀티사이클을 가지려면 그림 10-21의 회로는 C_{ext}가 R_1을 통해서만 충전되고, R_2를 통해서 방전되도록 하면 된다. 그림 10-22와 같이 다이오드 D_1을 추가한다. 듀티사이클은 R_2보다 R_1을 작게 하여 50% 이하로 만들 수도 있다. 이러한 조건에서 백분율 듀티사이클은 다음과 같다.

$$듀티사이클 = \left(\frac{R_1}{R_1 + R_2}\right)100\% \tag{10-8}$$

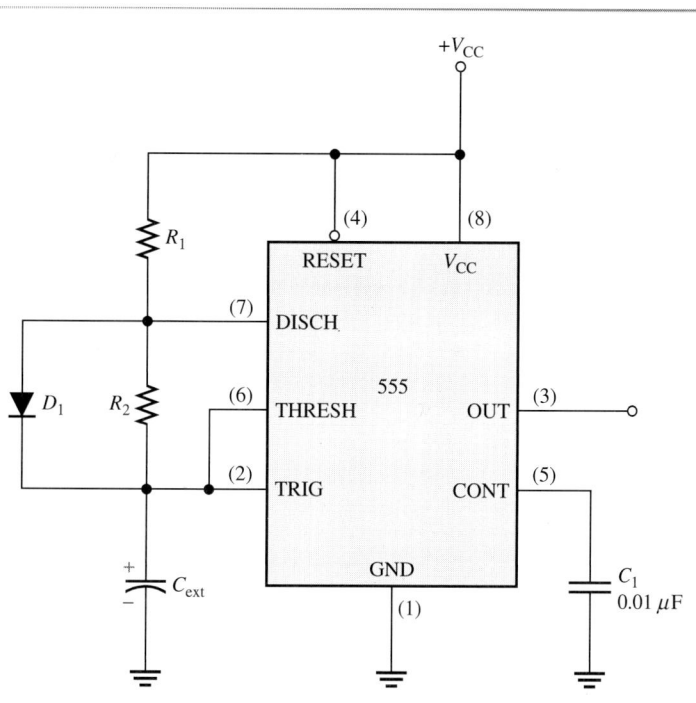

그림 10-22

다이오드 D_1을 추가하면 $R_1 <$ R_2가 되어 듀티사이클을 50% 이하로 조정 가능

문제

예제 10-4

그림 10-23은 비안정 모드(발진기)로 동작 555 타이머이다. 출력의 주파수와 듀티사이클을 구하라.

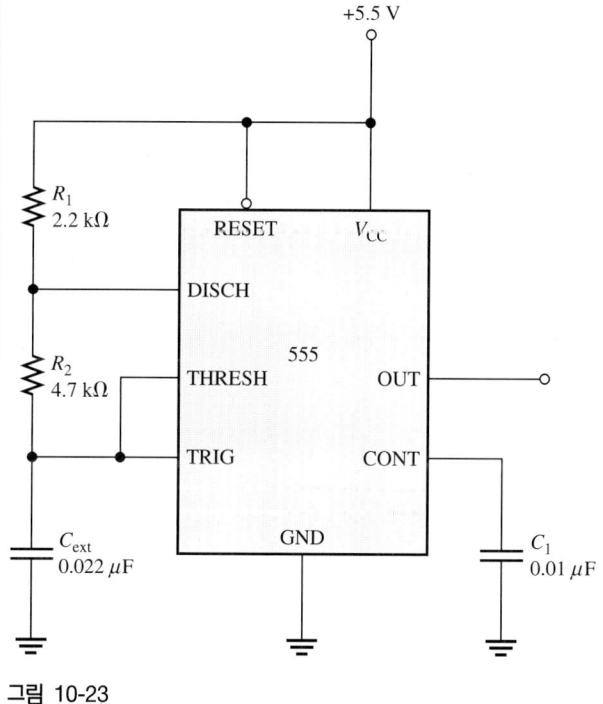

그림 10-23

풀이

$$f = \frac{1.44}{(R_1 + 2R_2)C_{ext}} = \frac{1.44}{(2.2\ k\Omega + 9.4\ k\Omega)0.022\ \mu F} = \mathbf{5.64\ kHz}$$

$$듀티사이클 = \left(\frac{R_1 + R_2}{R_1 + 2R_2}\right)100\% = \left(\frac{2.2\ k\Omega + 4.7\ k\Omega}{2.2\ k\Omega + 9.4\ k\Omega}\right)100\% = \mathbf{59.5\%}$$

질문

만약 그림 10-22와 같이 다이오드가 R_2와 병렬로 연결되었다면, 그림 10-23에서 듀티사이클은 얼마인가?

컴퓨터 시뮬레이션

웹사이트에서 Multisim의 F10-23DV 파일을 이용하여, 출력 주파수를 측정한다.

전압제어 발진기(VCO)로서 동작

전압제어 발진기(VCO)는 주파수가 가변직류 제어전압에 의해 변경될 수 있는 이완 발진기이다. 그림 10-24와 같이 555 타이머는 가변 제어전압이 CONT 입력(핀 5)에 가해진 것을 제외하고, 비안정 동작과 동일하게 외부 연결을 사용하여 VCO처럼 동작을 설정할 수 있다.

그림 10-24

전압제어 발진기(VCO)로서 연결된 555 타이머. 핀 5는 가변 제어전압 입력이다.

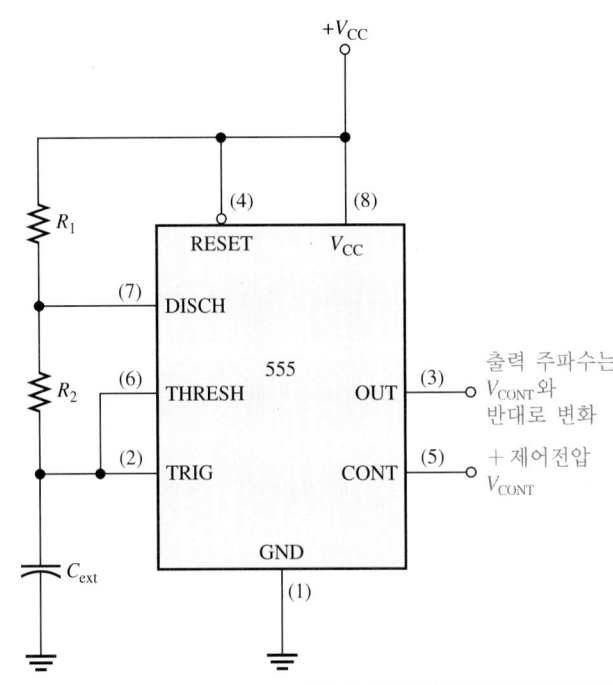

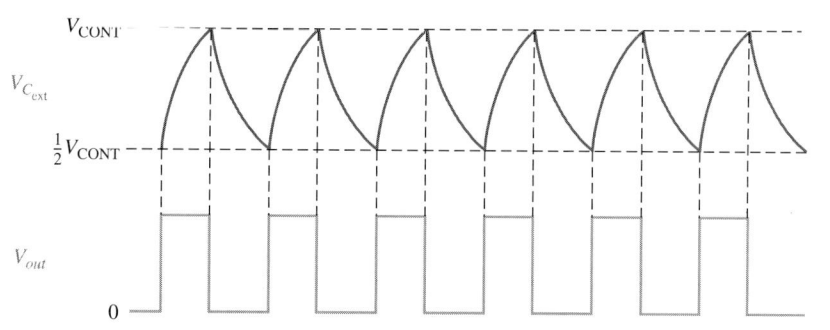

그림 10-25와 같이 커패시터 전압은 상위값이 V_{CONT}이고 하위값이 $1/2(V_{CONT})$이다. 제어전압이 변화하면 출력 주파수도 변화한다. V_{CONT}이 증가하면 외부 커패시터의 충전시간과 방전시간이 증가되어, 주파수가 증가된다. 반대로 V_{CONT}이 감소하면 커패시터의 충전시간과 방전시간이 감소되어 주파수가 감소된다.

VCO의 관심 있는 응용분야로는 위상-잠금 회로이다. 이 회로에는 들어오는 신호의 주파수 편차를 추적하기 위하여 다양한 형식의 통신 수신기가 사용되고 있다.

복습 질문

21. 펄스파형의 듀티사이클은?
22. 555 타이머가 비안정 멀티바이브레이터로서 사용될 때 듀티사이클은?
23. 555 타이머가 VCO로서 사용될 때 주파수는 어떻게 변화하는가?
24. 555 발진기의 듀티사이클을 50% 이하로 감소시키는 방법은?
25. VCO란?

단사로서 555 타이머   10-6

단사(one-shot)는 각 입력 트리거 펄스에 대하여 단일 출력 펄스를 발생하는 단안정 멀티바이브레이터이다. **단안정**(monostable)은 장치가 단지 하나의 안정상태를 가지고 있음을 의미한다.

이 절에서는 555 타이머의 단사사용법을 설명한다.

그림 10-26은 단안정 또는 단사동작을 위해 연결된 555 타이머의 접속도이다. 이 회로를 그림 10-21의 비안정 동작용으로 사용된 회로와 비교하고, 외부회로의 차이점을 파악하면 된다. 단사가 트리거될 때는 순간적으로 불안정 상태가 되나 항상 안정상태로 되돌아 온다. 이 불안정 상태로 남아 있는 시간은 출력 펄스폭이 되며, 이값은 외부저항과 커패시터 값에 의해 정해진다.

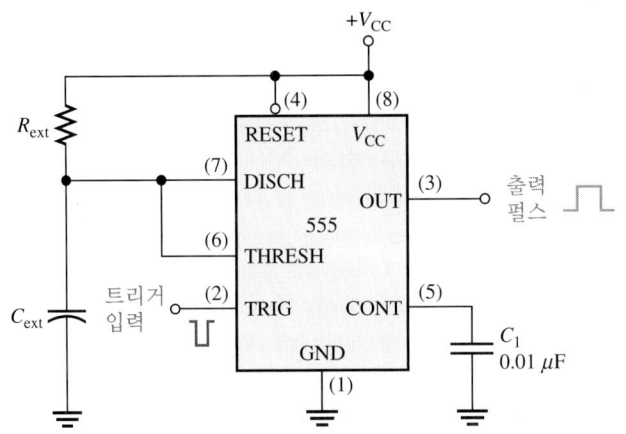

그림 10-26

단안정 멀티바이브레이터(단사)로 연결된 555 타이머

단안정 동작

부(−)동작 입력 트리거 펄스는 미리 결정된 폭을 갖는 단일 출력 펄스를 발생한다. 일단 트리거되면 단사는 완전히 시간이 종료될 때까지 다시 트리거할 수 없다. 즉, 전체 출력 펄스가 발생된다. 일단 시간이 종료되면 단사는 다른 출력 펄스를 발생시키기 위해서 다시 트리거할 수 있다. 리셋입력(RESET)의 낮은 레벨은 출력 펄스를 임의로 종료시키는 데 사용할 수 있다. 출력 펄스폭은 다음 식과 같다.

$$t_W = 1.1 R_{ext} C_{ext} \tag{10-9}$$

예제 10-5	**문제**

문제

555 타이머가 $R_{ext} = 10\,k\Omega$, $C_{ext} = 0.1\,\mu F$으로 단사로 연결되어 있다. 출력의 펄스폭은 얼마인가?

풀이

식 (10-9)를 사용하여

$$t_W = 1.1 R_{ext} C_{ext} = 1.1(10\,k\Omega)(0.1\,\mu F) = \textbf{1.1 ms}$$

질문

단사 출력 펄스폭을 5 ms로 증가시키기 위해서는 R_{ext}를 어떤 값으로 변경하여야 하는가?

시간지연용 단사 사용하기

제품에 따라서는 작업 사이에 일정한 시간지연이 필요한 경우가 있다. 그림 10-27(a)는 단사로 연결된 2개 555 타이머 회로이다. 첫 번째 단사의 출력은 두 번째 단사의 입력으로 사용된다. 첫 번째 단사는 트리거될 때 출력 펄스 시간지연에 따라 정해진 폭을 발생한다. 이 펄스의 끝에서 두 번째 단사가 트리거된다. 이에 따라 그림 10-27(b)의 타이밍도와 같이 첫 번째 단사의 펄스폭과 동일한 시간에 의해 입력 트리거로부터 첫 번째 단사까지 지연되는 두 번째 단사로부터 출력 펄스가 발생한다.

2개의 단사가 지연된 출력 펄스를 발생한다.   그림 10-27

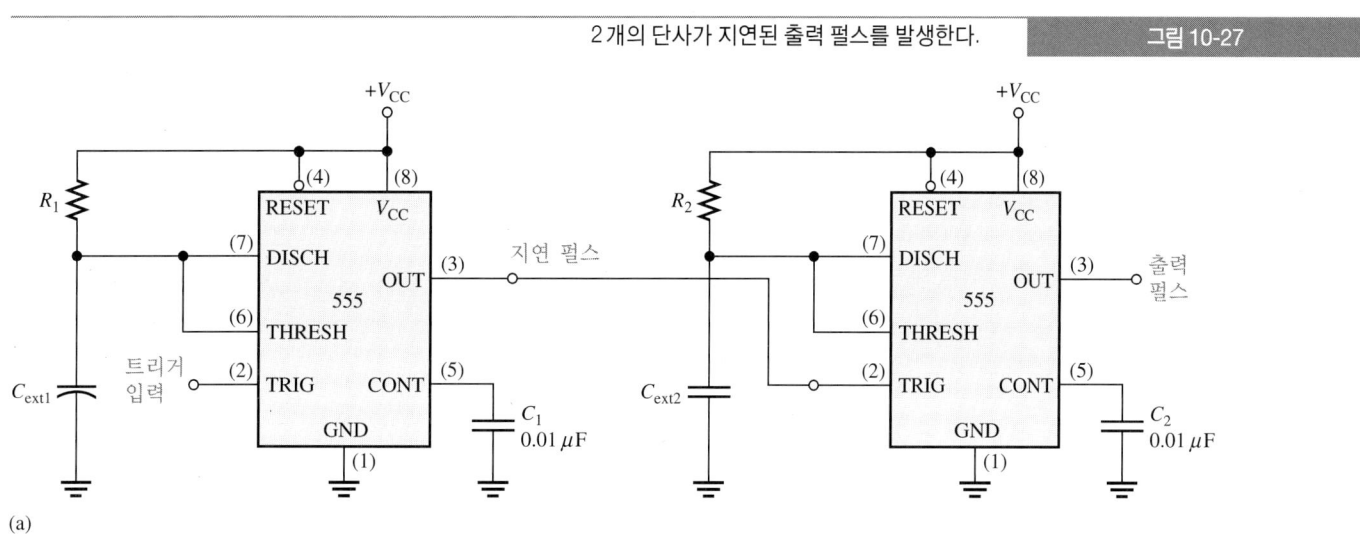

(a)

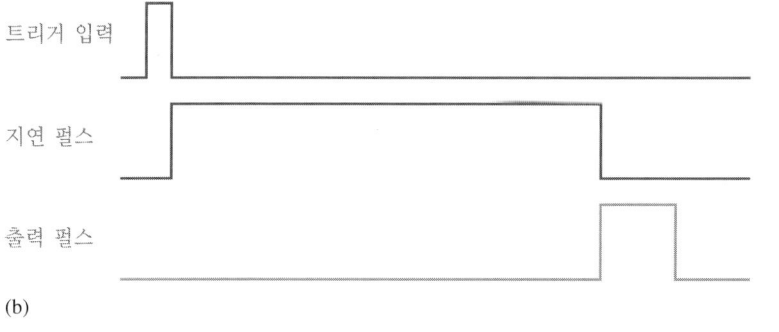

(b)

예제 10-6

문제

그림 10-28 회로의 펄스폭을 구하고, 입력 펄스와 출력 펄스의 타이밍도를 작성하라.

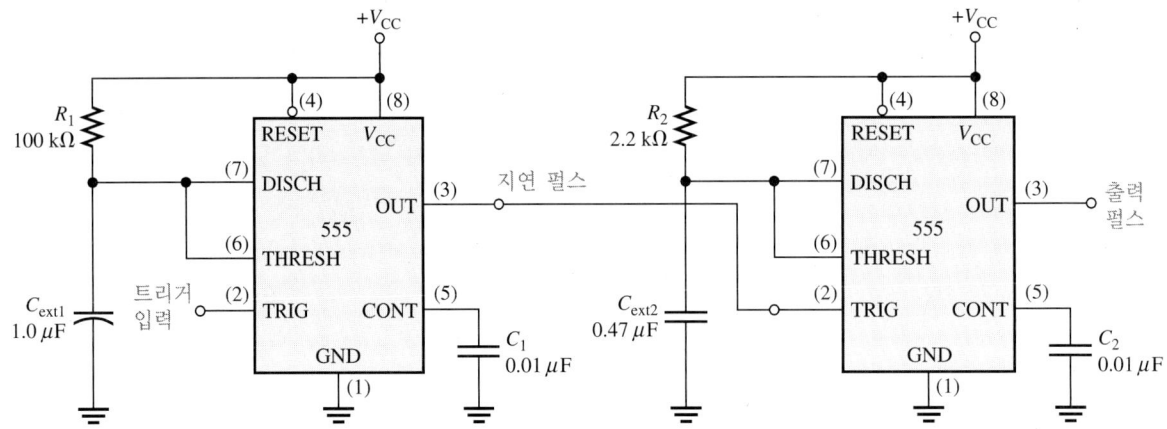

그림 10-28

풀이

입력과 출력의 시간관계는 그림 10-29와 같다. 두 개의 단사에 대한 펄스폭이 다음과 같다.

$$t_{W1} = 1.1R_1C_{ext1} = 1.1(100 \text{ k}\Omega)(1.0 \text{ }\mu\text{F}) = \textbf{110 ms}$$
$$t_{W2} = 1.1R_2C_{ext2} = 1.1(2.2 \text{ k}\Omega)(0.47 \text{ }\mu\text{F}) = \textbf{1.14 ms}$$

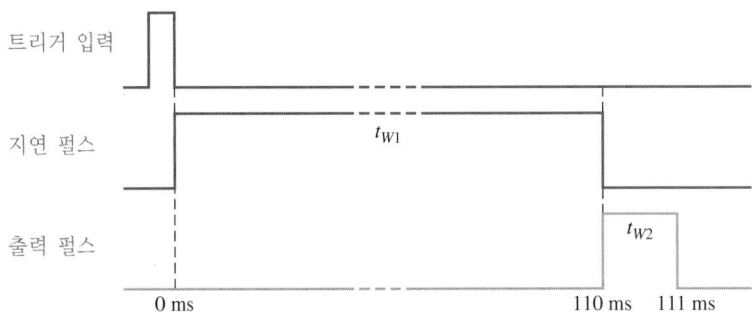

그림 10-29

질문

10 ms에서 200 ms로 지연을 조정할 수 있도록 그림 10-28의 회로를 수정할 수 있는 방법이 무엇인가?

복습 질문

26. 단안정이란?

27. 단사는 얼마나 많은 안정상태를 가지는가?

28. 어떤 555 단사 회로 시정수가 5 ms인 경우 출력 펄스폭은?

29. 단사 펄스폭의 감소 방법은?

30. 지연된 출력 펄스를 발생시키는 데 얼마나 많은 단사가 사용되는가?

주요 용어

궤환발진기(feedback oscillator)   궤환루프에서 위상천이 없이 입력에 출력신호의 일부를 되돌리는 발진기의 형식. 출력신호를 보강한다.

단사(one-shot)   각 입력 트리거 펄스에 대하여 단일 출력 펄스를 발생하는 단안정 멀티바이브레이터

비안정 멀티바이브레이터(astable multivibrator)   발진기로서 동작할 수 있고 펄스 파형의 출력을 발생하는 회로

위상천이 발진기(phase-shift oscillator)   궤환루프로 3개의 *RC* 회로를 사용하는 정현파 궤환발진기의 형식

윈-브리지 발진기(Wien-bridge oscillator)   궤환루프에서 *RC* 지-진상 회로를 사용하는 정현파 궤환발진기의 형식

이완발진기(relaxation oscillator)   비정현파형을 발생하기 위해 *RC* 타이밍 회로를 사용하는 발진기의 형식

정궤환(positive feedback)   출력전압의 동일 위상 부분이 입력에 다시 가해지는 조건

요점

❑ 궤환발진기는 정궤환으로 동작한다.

❑ 정궤환에 대한 두 가지 조건은 궤환루프의 위상천이가 0°이어야 하며, 궤환루프의 전압이득이 1이어야 한다.

❑ 초기 설정 시 궤환루프의 전압이득은 1보다 커야 하다.

❑ 정현파 궤환 *RC* 발진기에는 윈-브리지 발진기, 위상천이 발진기, 쌍-T 발진기 등이 있다.

❑ 이완발진기는 *RC* 타이밍 회로와 주기파형을 변화시키는 장비를 사용한다.

❑ 전압제어 발진기(VCO)의 주파수는 직류 제어전압으로 변화시킬 수 있다.

❑ 555 타이머는 발진기 또는 외부에 적당한 부품을 연결한 단사로서 사용할 수 있는 집적회로이다.

공식

윈-브리지 정궤환 감쇠:

$$\frac{V_{out}}{V_{in}} = \frac{1}{3} \tag{10-1}$$

윈-브리지 주파수:

$$f_r = \frac{1}{2\pi RC} \tag{10-2}$$

위상천이 궤환 감쇠:

$$B = \frac{1}{29} \tag{10-3}$$

위상천이 발진기 주파수:

$$f_r = \frac{1}{2\pi\sqrt{6}RC} \tag{10-4}$$

삼각파 발생기 주파수:

$$f \cong \frac{1}{4R_1C}\left(\frac{R_2}{R_3}\right) \tag{10-5}$$

555 비안정 주파수:

$$f = \frac{1.44}{(R_1 + 2R_2)C_{\text{ext}}} \tag{10-6}$$

555 비안정(듀티사이클 ≥ 50%):

$$듀티사이클 = \left(\frac{R_1 + R_2}{R_1 + 2R_2}\right)100\% \tag{10-7}$$

555 비안정(다이오드 사용 듀티사이클 < 50%):

$$듀티사이클 = \left(\frac{R_1}{R_1 + R_2}\right)100\% \tag{10-8}$$

555 단사 펄스폭:

$$t_W = 1.1R_{\text{ext}}C_{\text{ext}} \tag{10-9}$$

단원 확인 문제

1. 발진기가 증폭기와 다른 이유는?

    (a) 더 많은 이득을 가진다.

    (b) 입력신호를 요구하지 않는다.

    (c) 직류 전원공급을 요구하지 않는다.

    (d) 항상 동일한 출력을 갖는다.

2. 윈-브리지 발진기는?

    (a) 정궤환　　　　　　　　(b) LC 회로

    (c) 압전효과　　　　　　　(d) 높은 이득

3. 발진을 위한 첫 번째 조건은?

    (a) 궤환루프의 위상천이가 180°이다.

    (b) 궤환루프의 이득이 1/3이다.

    (c) 궤환루프의 위상천이가 0°이다.

    (d) 궤환루프의 이득이 1보다 작다.

4. 발진을 위한 두 번째 조건은?

    (a) 궤환루프의 이득이 없다.

    (b) 궤환루프의 이득이 1이다.

    (c) 궤환회로의 감쇠가 1/3이어야 한다.

    (d) 궤환회로가 용량성이어야 한다.

5. 어떤 발진기에서 궤환회로의 감쇠가 0.02인 경우 A_v는?

    (a) 1　　　　　　　　　　　(b) 3

    (c) 10　　　　　　　　　　(d) 50

6. 적절한 기동을 위해 발진기의 최초의 이득은?

    (a) 1　　　　　　　　　　　(b) 1보다 적다.

    (c) 1보다 크다.　　　　　　(d) B와 같다.

7. 윈-브리지 발진기에서 궤환루프의 저항이 감소하면, 주파수는?

    (a) 감소　　　　　　　　　(b) 증가

    (c) 같게 유지한다.

8. 윈-브리지 발진기의 정궤환회로는?

    (a) RL 회로　　　　　　　(b) LC 회로

    (c) 전압 분배기　　　　　　(d) 지-진상 회로

9. 위상천이 발진기의 구성요소는?

    (a) 3개의 RC 회로　　　　(b) 3개의 LC 회로

    (c) T-형 회로　　　　　　　(d) π-형 회로

10. 주파수가 가변직류 전압에 의해 변화하는 발진기는?

    (a) 윈-브리지 발진기　　　(b) VCO

    (c) 위상천이 발진기　　　　(d) 비안정 멀티바이브레이터

11. 555 타이머의 입력 또는 출력이 아닌 것은?

(a) 문턱   (b) 제어전압

(c) 클럭   (d) 트리거

(e) 방전   (f) 리셋

12. 비안정 멀티바이브레이터는?

(a) 발진기

(b) 단사

(c) 시간지연회로

(d) 안정상태를 갖지 않는 특성

(e) (a)와 (d)

13. 발진기로 연결된 555 타이머의 출력 주파수 설정은?

(a) 공급전압

(b) 트리거 펄스의 주파수

(c) 외부 RC 시정수

(d) 내부 RC 시정수

(e) (a)와 (d)

14. 단안정의 의미는?

(a) 하나의 출력   (b) 하나의 주파수

(c) 하나의 시정수   (d) 하나의 안정상태

15. 단사로 연결된 555 타이머에서 $R_{ext} = 2.0\,k\Omega$, $C_{ext} = 2.0\,\mu F$인 경우 출력 펄스폭은?

(a) 1.1 ms   (b) 4 ms

(c) 4 μs (d) 4.4 μs

16. 그림 10-30에서 연산증폭기의 직류 공급전압이 감소하면, 발진기의 주파수는?

(a) 증가   (b) 감소

(c) 변화 없음

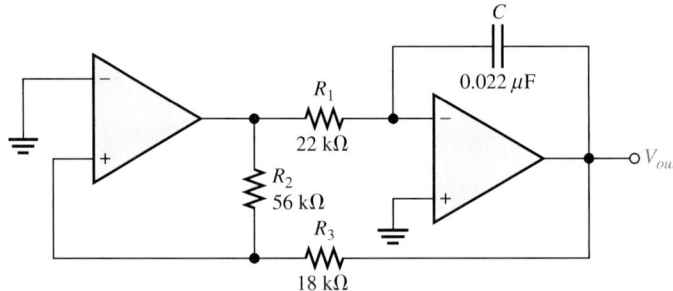

그림 10-30

17. 그림 10-30에서 연산증폭기 공급전압이 감소하면, 삼각파 출력의 진폭은?

(a) 증가   (b) 감소

(c) 변화 없음

18. 그림 10-30에서 커패시터 용량이 커지면, 발진 주파수는?

(a) 증가　　　　　　　　(b) 감소

(c) 변화 없음

19. 그림 10-30에서 만약 커패시터 용량이 커지면 출력의 진폭은?

(a) 증가　　　　　　　　(b) 감소

(c) 변화 없음

질문

1. 반전 증폭기회로 발진기가 궤환회로에 180°의 위상천이를 요구하는 이유는?

2. 비반전 증폭기회로 발진기가 궤환회로에서 0°이거나 360°의 위상천이를 요구하는 이유는? 또한 0°와 360°는 등가인가?

3. 신호가 스스로 유지되고, 연속적인 출력파형이 발생되도록 증폭기에 루프가 만들어지는 현상을 무엇이라 하는가?

4. 궤환발진기의 루프이득이 1인 이유는?

5. 자체기동시 발진기의 초기 루프이득은?

6. 윈-브리지 발진기의 정궤환루프에서 사용되는 회로의 형태는?

7. 윈-브리지 발진기의 발진 주파수에서 지-진상 회로의 감쇠는?

8. JFET의 드레인-소스 저항값을 결정하는 것은?

9. 위상천이 발진기에서 R과 C의 값이 증가하면, 발진 주파수는?

10. 비안정 멀티바이브레이터와 단안정 멀티바이브레이터의 차이점은?

11. 외부 커패시터 값이 555 비안정 멀티바이브레이터에서 반(1/2)이면, 발진 주파수에서 어떤 일이 발생하는가? 듀티사이클은?

12. 555 단사에서 외부 저항값이 2배이면, 출력 펄스폭은?

기본 문제

1. 발진기에 필요한 입력은?

2. 발진기 회로의 기본 소자를 말하라.

3. 어떤 발진기의 궤환회로의 감쇠가 0.25인 경우 발진을 유지하기 위한 증폭기의 전압이득은?

4. 전원이 처음 인가될 때 발진을 시작하기 위한 문제 3의 발진기에 필요한 변화를 설명하라.

5. $R_1 = R_2 = 6.2\ \text{k}\Omega$과 $C_1 = C_2 = 0.02\ \mu\text{F}$인 지-신상 회로의 공진 주파수는?

6. 그림 10-31의 윈-브리지 발진기의 발진 주파수를 구하라.

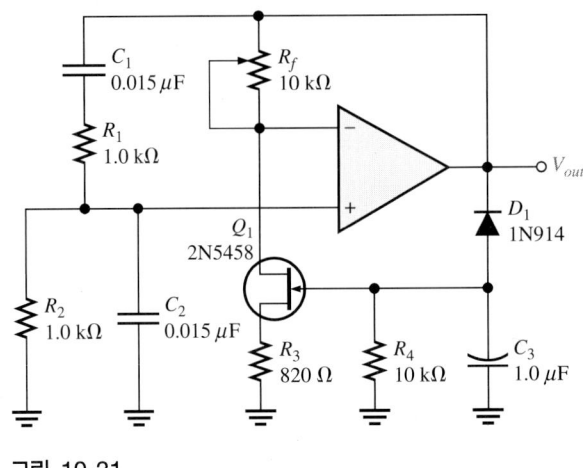

그림 10-31

7. 그림 10-32에서 R_f의 값은? f_r은?

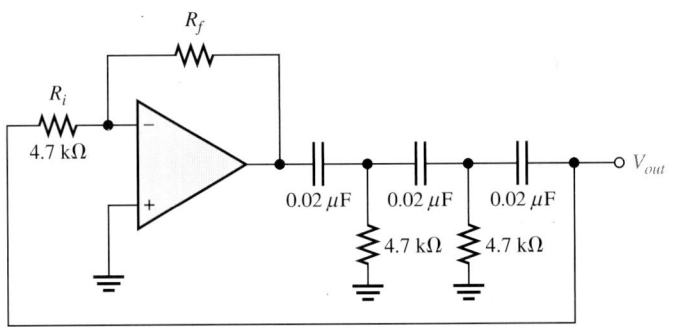

그림 10-32

8. 그림 10-33의 회로에서 발생되는 신호의 파형은? 출력 주파수는?

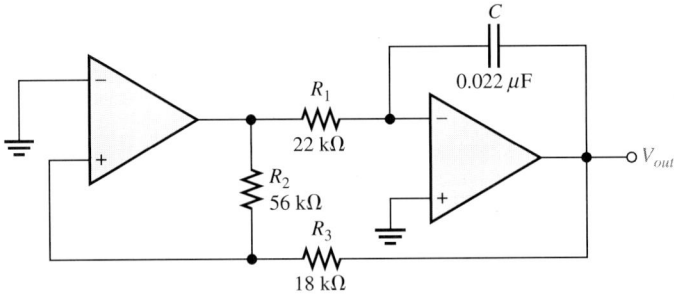

그림 10-33

9. 555 타이머에서 $V_{CC} = 10\,V$인 경우 2개의 비교기 기준전압은?

10. 그림 10-34 555 비안정 발진기에 대한 발진 수파수는?

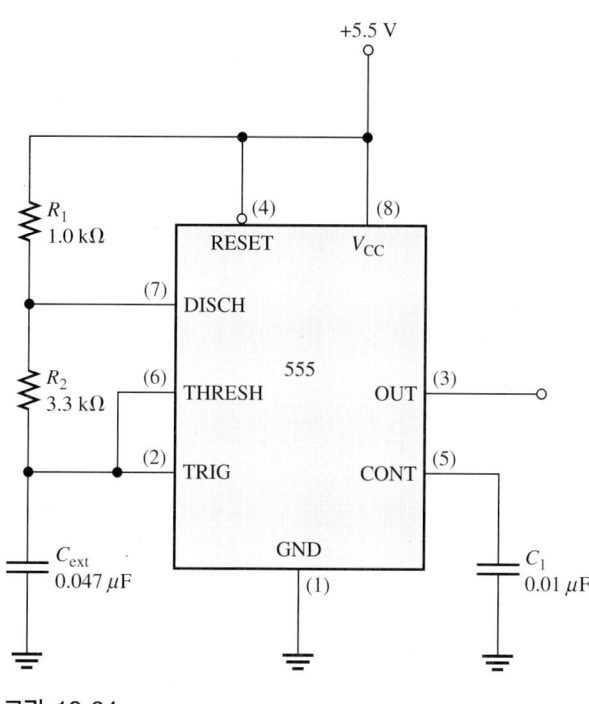

그림 10-34

11. 그림 10-34에서 25 kHz의 주파수를 얻기 위한 C_{ext}값은?

12. 단안정 구조에 연결된 555 타이머에 56 kΩ의 외부저항과 0.22 μF의 외부커패시터가 연결되었을 때 출력의 펄스폭은?

기본-플러스 문제

13. 동일 소자 지-진상 회로의 공진 주파수가 3.5 kHz이다. f_r과 동일한 주파수와 실효전압 2.2 V의 입력신호가 입력에 가해진다면 실효 출력전압은?

14. 그림 10-31의 윈-브리지에서 발진이 안정한 때 JFET의 내부 드레인-소스 저항 r'_{ds}가 350 Ω이라면 R_f의 설정값은?

15. 그림 10-33의 발진 주파수를 10 kHz로 변경하는 방법은?

16. 비안정 555 구조에서 외부저항 $R_1 = 3.3$ kΩ이다. 75%의 듀티사이클을 발생하기 위한 R_2는?

17. 555 단사의 출력 펄스폭이 12 ms인 경우 $C_{ext} = 2.2$ μF이면 R_{ext}는?

18. 100 μs의 폭을 갖는 출력 펄스를 발생하기 위해 단사로 어떤 555 타이머를 조립할 필요가 있다고 가정하라. 외부 부품에 대한 적당한 값을 선택하라.

19. 2개의 연속적인 50 μs 펄스를 발생하는 회로를 설계하라. 첫 번째 펄스는 초기 트리거 후에 100 ms를 발생하여야 하며, 두 번째 펄스는 첫 번째 펄스가 끝난 후에 300 ms를 발생하여야 한다.

20. 재트리거할 수 있는 단안정 멀티바이브레이터에 대한 보고서를 조사하고 준비하라. 보고서를 준비하는 데는 관련 사이트를 이용한다.

해답

예제 질문

10-1: 만약 R_f가 너무 높으면, 출력이 찌그러진다. 만약 R_f가 너무 작으면, 발진이 중지된다.

10-2: (a) 239 kΩ (b) 7.92 kHz

10-3: 6.06 V 피크-피크

10-4: 31.9%

10-5: 45.5 kΩ

10-6: 182 kΩ의 최대 저항을 갖는 전위차계로 R_1을 대체한다.

복습 질문

1. 발진기는 입력으로 직류 공급전압만을 갖고 반복적인 출력파형을 발생하는 회로이다.
2. 정궤환
3. 궤환회로는 감쇠와 위상천이를 한다.
4. 이완발진기에는 정궤환을 사용하지 않는다.
5. 이완발진기
6. 폐궤환루프의 위상천이 0과 전압이득 1
7. 정궤환은 출력신호의 일부분이 스스로 보강할 수 있도록 증폭기의 입력에 다시 가해질 경우이다.
8. 1보다 큰 루프이득
9. $A_{cl} > 1$
10. B는 궤환감쇠이다.
11. 부궤환루프는 폐루프 이득을 정한다. 정궤환루프는 발진 주파수를 정한다.
12. 1.67 V
13. 3개의 RC 회로는 전체 180° 위상천이를 가지며, 반전 증폭기는 루프의 전체 360°에서 180°의 위상천이를 한다.
14. 고역통과 및 저역통과 T-필터
15. JFET는 전압이득을 안정화한다.
16. 이완발진기의 기초는 커패시터의 충전과 방전이다.
17. 구형파와 삼각파
18. V_{UTP}는 상위 트리거점 전압이고, V_{LTP}는 하위 트리거점 전압이다.
19. 삼각파
20. 한 파형 이상을 발생시키는 발진기
21. 듀티사이클은 펄스폭과 주기에 대한 비율이다.
22. 듀티사이클은 외부저항과 외부커패시터에 의해 정해진다.
23. VCO의 주파수는 V_{CONT}로 변경된다.
24. 다이오드를 부가하고 $R_1 < R_2$를 만들어라.
25. 전압제어 발진기

26. 하나의 안정상태

27. 단사는 하나의 안정상태를 가진다.

28. $t_W = 5.5\,\text{ms}$

29. 펄스폭은 외부저항 또는 외부커패시터를 감소하여 감소시킬 수 있다.

30. 2개

단원 확인 문제

1. (b)	**2.** (a)	**3.** (c)	**4.** (b)	**5.** (d)
6. (c)	**7.** (b)	**8.** (d)	**9.** (a)	**10.** (b)
11. (c)	**12.** (e)	**13.** (c)	**14.** (d)	**15.** (d)
16. (c)	**17.** (b)	**18.** (a)	**19.** (a)	

이 장의 참고 자
료는 아래 웹사
이트에서 얻을
수 있다.

http://www.prenhall.com/SOE

전압조정기

서론

전압조정기는 입력전압, 출력 부하전류, 온도에 관계없이 일정한 직류출력전압을 공급하는 전자회로이다. 전압조정기는 전원공급기의 일부분이다. 전압조정기의 입력전압은 교류전압으로부터 유기된 정류기의 필터링을 통한 출력 또는 휴대 시스템의 경우에는 배터리이다.

대부분의 전압조정기는 선형 조정기와 스위칭조정기 두 가지로 분류한다. 선형 조정기에는 선형 직렬조정기와 선형 전류분류조정기가 있다. 이들 조정기는 보통 양의 출력전압 또는 음의 출력전압을 사용할 수 있다. 이중 조정기는 양과 음의 출력 모두를 공급한다. 스위칭조정기에는 스텝-다운, 스텝-업, 반전의 세 가지 구조가 있다.

스위칭조정기는 소형이며 높은 성능을 필요로 하는 컴퓨터와 같은 응용 등에 널리 사용된다. 이 장에서는 광범위하게 사용되는 장비로서 특별한 IC 스위칭조정기를 설명한다. 또한, 2-6절에서 배운 3단자 고정 전압조정기에 대하여 더 자세히 설명하기로 한다.

주요 용어

- 선로 조정(line regulation)
- 부하 조정(load regulation)
- 선형조정기(linear regulator)
- 스위칭조정기(switching regulator)

주요 목표

각 절의 내용이 목표이다. 이 장을 마치고 나면 여러분은 다음과 같은 일들을 할 수 있어야 한다.

11-1 전압 파라미터가 주어질 때 조정기의 선과 부하 조정 계산

11-2 직렬 부하 조정기의 동작

11-3 전류분배 부하 조정기의 동작

11-4 스위칭조정기의 동작방법

11-5 대 전류를 얻기 위한 3단자 조정기 구성 방법과 전류원 사용법

컴퓨터 모의실험 디렉토리

다음 그림에는 관련된 Multisim 회로 파일이 있다.

◆ 그림 11-6
427쪽

실험실습 디렉토리

다음 실험실습은 이 장을 위한 것이다.

◆ 실험 21
전압조정기

현장에서

기술분야의 작업에는 그 프로젝트에 관한 보고서가 필요하다. 보고서에는 간단한 업무일지에서부터 공식적인 기술보고서 등 다양하다. 여러분이 보고서를 작성하게 된다면 회사의 정책에 대해서도 알아야 한다. 보고서에 따라서는 기재사항과 서명이 필요하기도 하고, 공식적인 요구사항이 필요한 경우도 있다. 제안서를 작성하는 경우에는 문제점의 예시를 들어 설명하면 더욱 좋은 보고서가 될 수 있다는 것을 명심하라. 또한, 여러분이 교정에 자신이 없으면 워드프로세서로 보고서를 작성한 뒤에 맞춤법 및 철자교정기 등의 사용도 잊지 말고 이용하도록 한다.

전자 시스템의 동작에는 두 가지 궤환 메커니즘이 있다는 것은 이미 배웠다. 부궤환은 시스템을 안정시키는 특성이 있으므로 증폭기에 사용한다. 정궤환은 시스템을 비안정화시키는 특성이 있으므로 출력을 보강하는 발진기에 사용한다.

대부분의 전자 시스템에서는 궤환 메커니즘 작업에 정궤환과 부궤환 모두가 포함된 제어방식으로 확대되고 있다. 이에 따라 부궤환은 시스템을 안정화시키며, 정궤환은 시스템을 비안정화시킨다. 여러 궤환 메커니즘이 종합적으로 동작하는 하나의 거대한 시스템은 지구 온난화를 가속시키는 이산화탄소의 모양이 대기 탄소 형태로 형성되어 동작하고 있다. 여러분의 가정에 온도조절장치의 신호가 정반대로 배선되었다면 무슨 일이 발생할까? 집의 온도가 더워져도 온도조절장치는 더 많은 열을 요구할 것이다. 이러한 현상은 가정에서 온도가 상승하는 "탈주현상"이 발생하는 정궤환 메커니즘의 종류이다.

역으로 배선된 온도조절장치에서 발생하는 이러한 동일한 일은 대기 중에 작동하는 것으로 궤환 메커니즘이 지구상에서도 발생한다. 한 가지 예로 많은 양의 탄소가 트레일러식 공장("툰드라")에 폐쇄되어 있다고 하자. 공장에서는 대기와 함께 있는 탄소와 교환된다. 온도가 상승함에 따라 툰드라에는 더 많은 이산화탄소가 방출되어, 대기온도를 상승시킨다. 이때에는 다른 방식으로 보상하는 궤환 메커니즘을 사용할 수 있다. 전체 효과를 한번에 이해할 수는 없지만 이렇게 복잡한 문제에 대해 더 많은 공부가 필요함을 알 수 있다.

11-1 전압조정

실제 모든 전자회로 시스템에서는 신뢰성 있는 전원에 대한 요건이 전원공급기 설계 기술을 많이 발전시키고 있다. 설계자는 신뢰할 수 있는 정전압, 정전류 전원공급기 개발에 펄스회로 기법은 물론 궤환증폭기와 연산증폭기를 사용한다. 우수한 전원공급기란 정전압 상태를 유지할 수 있는 것이다.

이 절에서는 전압 파라미터로 조정기의 선로와 부하 조정을 설명한다.

선로 조정

선로 조정은 입력전압의 변화에 대하여 일정한 출력을 유지하는 전원공급기의 성능을 평가하는 측정방식이다. 이는 입력 변화에 대한 출력 변화의 비로 정의되며, 다음과 같이 백분율로 표시한다.

$$\text{선로 조정} = \left(\frac{\Delta V_{\text{OUT}}}{\Delta V_{\text{IN}}}\right)100\% \tag{11-1}$$

이 식은 식 (2-3)과 같으나 몇 가지 규격에서는 다른점이 있다. 이것은 입력전압의 변화로 볼트(V)당 출력전압을 나누어 백분율 변화로 표시할 수 있다. 이 경우에 선로 조정은 다음과 같이 정의되고 백분율로 나타낸다.

$$선로 \ 조정 = \left(\frac{\Delta V_{OUT}/V_{OUT}}{\Delta V_{IN}} \right) 100\% \qquad (11\text{-}2)$$

이 정의가 서로 다르기 때문에 규격을 확인할 때 어떤 정의가 사용되었는지를 확인할 필요가 있다. 규격서의 핵심은 단위를 보는 것이다. 만약 규격서의 단위가 mV/V 또는 다른 단순 숫자의 비율이면 식 (11-1)이 정의하는 식이고 %/mV 또는 %/V이면 식 (11-2)가 정의하는 식이다.

문제

특정 전압조정기에서 입력이 5 V로 감소할 때 출력은 0.25 V로 감소하였다. 공칭 출력은 15 V이다. 백분율과 %/V로 표시되는 선로 조정값을 구하라.

풀이

식 (11-1)로부터 백분율 선로 조정은 다음과 같다.

$$선로 \ 조정 = \left(\frac{\Delta V_{OUT}}{\Delta V_{IN}} \right) 100\% = \left(\frac{0.25 \ V}{5 \ V} \right) 100\% = \mathbf{5\%}$$

식 (11-2)로부터 백분율 선로 조정은 다음과 같다.

$$선로 \ 조정 = \left(\frac{\Delta V_{OUT}/V_{OUT}}{\Delta V_{IN}} \right) 100\% = \left(\frac{0.25 \ V/15 \ V}{5 \ V} \right) 100\% = \mathbf{0.33 \ \%/V}$$

질문

전압조정기에서 입력이 3.5 V로 증가할 때 출력전압이 0.42 V로 증가하였다. 공칭 출력은 20 V이다. 백분율과 %/V로 나타내는 선로 조정은?

부하 조정

부하를 통한 전류가 부하저항의 변화에 의해서 변화할 때 전압조정기는 부하를 통해 일정한 출력전압을 유지하여야 한다. 백분율 **부하 조정**은 보통 최소 전류(부하가 없는, NL)에서 최대 전류(전체 부하, FL)까지 변화할 때 출력전압에 어느 정도의 변화가 발생하는가를 표시하는 것이다. 이상적인 경우 백분율 부하 조정은 0%이다. 부하 조정은 다음과 같이 식으로 계산되고 백분율로 나타낼 수 있다.

$$부하 \ 조정 = \left(\frac{V_{NL} - V_{FL}}{V_{FL}} \right) 100\% \qquad (11\text{-}3)$$

여기서 V_{NL}은 무부하시 출력전압, V_{FL}은 전부하시 출력전압이다. 식 (11-3)은 부하조건의 변화만에 의한 전압의 변화이다. 기타 다른 요소들(입력전압과 동작온도와 같은)은 일정하게 유지되어야 한다. 보통 동작온도는 25℃로 지정한다.

전원공급기 제조업체에서는 부하 조정 대신에 전원공급기의 등가 출력저항(R_{OUT})을 사용한다. 등가 테브냉 회로는 2단자 선형회로에서 이 값을 구하기도 한다. 그림 11-1은 부하저항을 갖는 전원공급기에 대한 등가 테브냉 회로이다. 테브냉 전압은 무부하시 전원 전압(V_{NL})이며, 테브냉 저항은 지정된 출력저항 R_{OUT}이다. 이상적인 경우 R_{OUT}은 0이므로, 부하 조정 0%에 해당한다. 그러나 실제 전압공급기에서 R_{OUT}은 미소한 값을 갖는다. 그 위치에 부하저항을 놓으면 출력전압은 전압분배법칙을 사용하여 다음과 같이 구할 수 있다.

$$V_{OUT} = V_{NL}\left(\frac{R_L}{R_{OUT} + R_L}\right)$$

R_{FL}이 가장 작은 정격 부하저항(가장 큰 정격 전류)과 같게 되면 전부하출력전압(V_{FL})은 다음과 같다.

$$V_{FL} = V_{NL}\left(\frac{R_{FL}}{R_{OUT} + R_{FL}}\right)$$

식 (11-3)을 다시 정리하여 대입하면 부하 조정은 가장 큰 부하저항에 대한 출력저항과 이 비로 다음과 같이 나타낼 수 있다.

$$\text{부하 조정} = \left(\frac{R_{OUT}}{R_{FL}}\right)100\% \qquad (11\text{-}4)$$

식 (11-4)는 출력저항과 최소 부하저항이 지정된 경우 백분율 부하 조정을 구하는 유용한 방법이다.

다른 방법으로 부하 조정은 부하전류의 각 mA 변화에 대한 출력전압의 백분율 변화로서 나타낼 수 있다. 예로, 0.01%/mA의 부하 조정은 부하전류가 1 mA로 증가 또는 감소할 때 출력전압이 0.01%로 변화하는 것을 의미한다.

그림 11-1

부하저항 전원공급기의 테브냉 등가회로

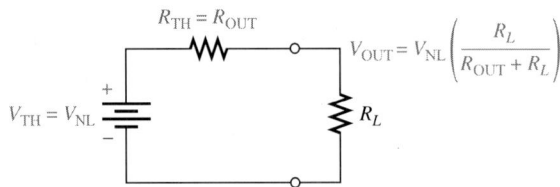

| | 예제 11-2 |

문제

어떤 전압조정기가 무부하에서 출력전압이 +12.1 V, 출력전류가 200 mA이다. 백분율 부하 조정을 구하고, 부하전류에서 mA 변화당 백분율 부하 조정을 구하라.

풀이

무부하 출력전압은 다음과 같다.

$$V_{NL} = 12.1 \text{ V}$$

전부하 출력전압은 다음과 같다.

$$V_{FL} = 12.0 \text{ V}$$

백분율 부하 조정은 다음과 같다.

$$부하\ 조정 = \left(\frac{V_{NL} - V_{FL}}{V_{FL}} \right) 100\% = \left(\frac{12.1 \text{ V} - 12.0 \text{ V}}{12.0 \text{ V}} \right) 100\% = \mathbf{0.83\%}$$

부하 조정은 다음과 같이 나타낼 수 있다.

$$부하\ 조정 = \frac{0.83\%}{200 \text{ mA}} = \mathbf{0.0042\ \%/mA}$$

질문

이 전원공급기에 대한 등가출력저항은 얼마인가?

복습 질문

1. 선로 조정이란?
2. 부하 조정이란?
3. 어떤 조정기에서 입력이 3.5 V로 증가할 때 출력전압이 0.042 V로 증가하였다. 공칭 출력이 20 V이다. 백분율로 나타낸 선로 조정은?
4. 문제 3에서 %/V의 선로 조정은?
5. 5.0 V 전원공급기가 80 mΩ의 출력저항을 가지며 지정된 최대 출력전류가 1.0 A이면 백분율로 표시한 부하 조정은?

11-2 선형 직렬조정기

전압조정기는 선형 조정기와 스위칭조정기 두 종류로 분류할 수 있다. 이들 조정기는 IC를 이용하기도 한다. 선형 조정기에는 직렬조정기와 분류조정기 두 형이 있다.

이 절에서는 직렬조정기의 동작원리를 설명한다.

선형 조정기는 제어소자가 선형 영역에서 동작하는 전압조정기이다. 그림 11-2(a)는 선형 조정기 직렬 형식의 간단한 블록이고, 그림 11-2(b)는 블록도이다. 제어소자는 입력과 출력 사이의 부하에 직렬 형태로 되어 있다.

출력 샘플회로는 출력전압에서 변화를 검출하고, 궤환전압 V_{FB}를 궤환시킨다. 오차검출기는 일정한 출력전압을 유지할 수 있도록 기준전압과 궤환전압을 비교하여, 제어소자를 보상시킨다.

기준전압

일정한 전압을 공급하는 전압조정기의 성능은 온도 또는 기타 조건의 변화에 대해서도 일정전압을 유지하는 기준전압의 안정도에 따라 정해진다. 제너 다이오드는 기존 전압에 사용되며, 이 장의 많은 회로에서 사용하고 있다. 제너는 특정 전압에서 오프셋되고, 전류가 일정하고 온도가 변화하지 않으면 일정한 전압을 유지하도록 설계되었다. 제너 다이오드의 결점은 잡음이 있으며, 드리프트라고 하는 제너 전압이 제너가 노후되므로 약간 변화할 수 있다는 것이다. 가장 큰 문제점은 제너 전압이 온도 변화에 민감하다는 것이다. 제너 전압은 1°C 온도 변화에 대하여 ppm 비율로 변할 수 있다는 것이다. 이 온도 영향은 제너의 종류에 따라 다양한 값을 갖는다.

특수 제너 다이오드 IC는 매우 낮은 온도 드리프트(10 ppm/°C 이하)를 기준전압에

그림 11-2   간단한 직렬 전압조정기 블록도. 샘플회로는 출력의 일부분인 궤환전압 V_{FB}를 궤환한다.

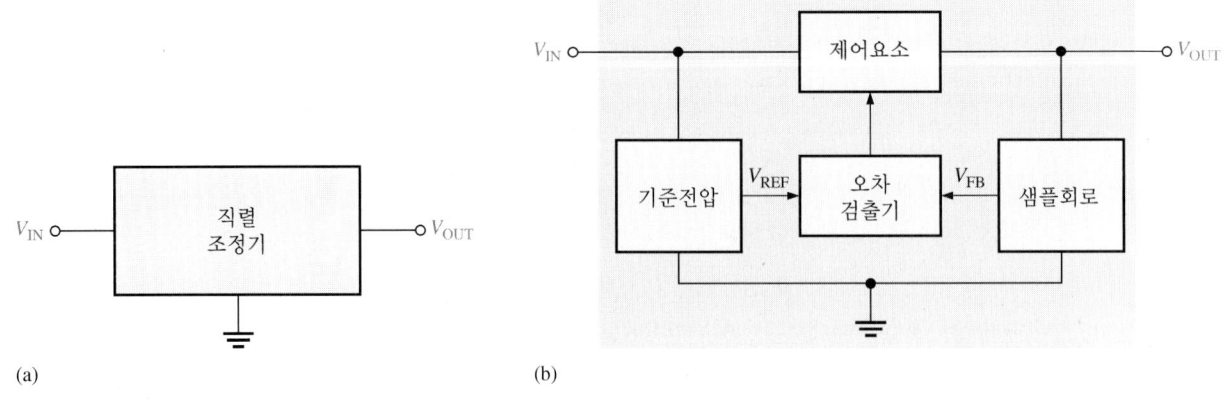

(a)   (b)

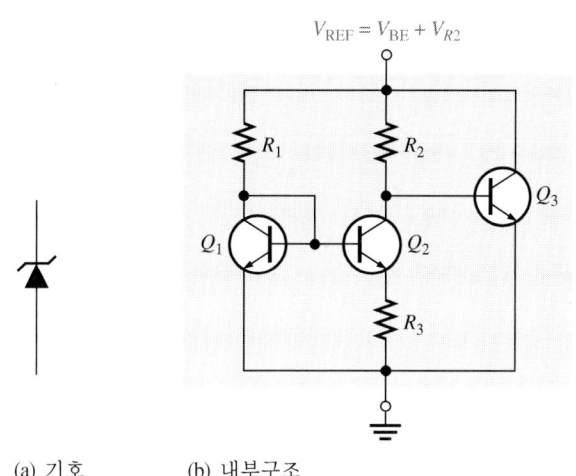

그림 11-3

IC 전압 기준. 기준전압은 적은 온도계수를 갖는 대역차 형식이다.

$V_{REF} = V_{BE} + V_{R2}$

(a) 기호   (b) 내부구조

따라 동작하도록 설계되었다. 저전압 기기에서 제너 다이오드 기준전압은 다이오드로도 사용된다. 8 V부터 12 V 범위에서는 LM329와 LM399와 같은 2단자 소자가 높은 안정성과 저소음, 우수한 내열 특성이 있다. 그림 11-3은 표준 제너 다이오드와 같은 특성을 가진 IC 전압조정기의 내부구조이다. 그림 11-3의 회로를 **대역갭 기준**(bandgap reference)이라 한다. 이는 정(+) 온도계수와 부(−) 온도계수가 상쇄되도록 설계되어, 온도상수가 거의 없이 기준전압을 공급하는 것이다. 이는 Q_2에서 특정 전류를 설정하기 위해 전류미러(Q_1)를 사용한다. 이 회로의 출력은 V_{BE}의 합과 R_2에 인가되는 전압강하(V_{R2})이다.

더 복잡한 기준전압은 REF102인 기준전압이다. 드리프트는 최대 2.5 ppm/℃로 조절되는 레이저이다. 이 값은 10.00 V의 기준전압에서 2.5 mV까지 조정된다. 회로는 9핀 패키지용 제너 다이오드이다. 패키지의 제너 다이오드와 연산증폭기를 사용한다.

동작 조정

그림 11-4는 기본 연산증폭기 직렬조정기 회로이다. 그림 11-5는 직렬조정기의 동작 회로이다. R_2와 R_3로 구성된 저항전압 분배기는 출력전압에서 변화를 감지하여 오차검출기에 궤환전압 V_{FB}를 되돌린다. 이 회로에서는 부궤환이므로 $V_{REF} \cong V_{FB}$이다.

출력을 변화시키면 "자동적으로" 교정된다. 예로, 미소한 입력전압 강하가 발생하였다고 가정하자. 그림 11-5(a)는 이 발생을 설명하는 회로이다. 비례 전압감소기 전압 분배기에 의해 연산증폭기의 반전 입력에 가해진다. 제너 다이오드(D_1)는 거의 고정된 기준전압 V_{REF}에서 다른 연산증폭기 입력을 유지하므로 미소차의 전압이 연산증폭기 입력에 가해진다. 이러한 전압차이가 증폭되어, 연산증폭기의 출력전압을 증가시킨다. 이러한 증가된 전압이 Q_1의 베이스에 가해지면, 부 입력으로 가해진 전압이 다시 기준전압과 동일할 때까지 이미터 전압 V_{OUT}을 증가시킨다. 그림 11-5(b)와 같이 이러한

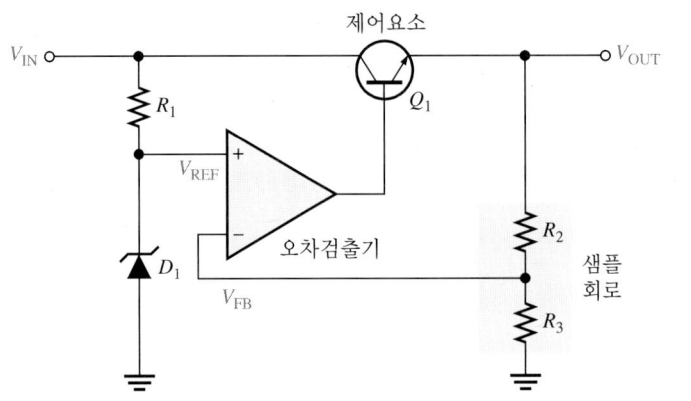

그림 11-4

기본 연산증폭기 직렬조정기

그림 11-5 V_{IN}이 변화할 때 V_{OUT}을 일정하게 유지하는 직렬조정기 동작의 설명

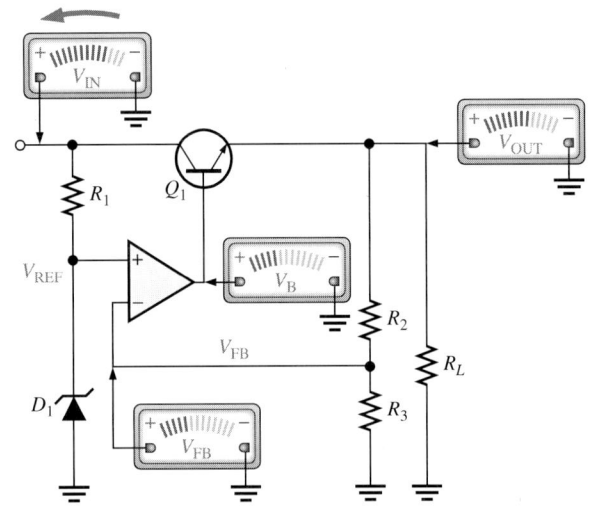

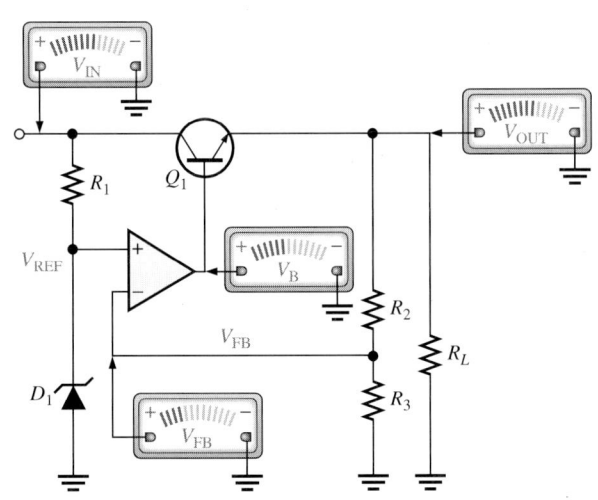

(a) V_{IN}이 감소하면 V_{OUT}은 약간 강하된다. 또한, 궤환전압 V_{FB}도 감소하게 되어 Q_1 이미터 전압의 증가로 V_{OUT}이 감소하는 만큼 보상되어 op-amp의 출력전압 V_B는 증가된다.

(b) V_{IN}이 새로운 미소값에서 안정되면 V_{OUT}은 부궤환으로 인해 앞의 상태와 거의 같게 된다.

동작은 입력전압에서 감소시키려는 시도를 오프셋하여 거의 일정하게 유지된다.

반대 동작은 출력이 어떤 이유로 증가된 때 발생한다. 직렬조정기에서 연산증폭기는 실제로 비반전 증폭기로 연결되며, 기준전압 V_{REF}는 비반전 단자에서 입력이며, R_2/R_3 전압 분배기는 부궤환 회로이다. 페루프 전압이득은 다음과 같다.

$$A_{cl} = 1 + \frac{R_2}{R_3}$$

Q_1의 베이스-이미터 전압(V_{BE})은 궤환루프 내부에 있기 때문에 이 식에는 포함되지 않는다. 이 회로는 7-4절의 능동 다이오드 회로와 같이 동작한다. 그러므로 직렬조정기의 조정된 출력전압은 다음과 같다.

$$V_{\text{OUT}} = \left(1 + \frac{R_2}{R_3}\right)V_{\text{REF}} \qquad (11\text{-}5)$$

이 식으로부터 출력전압은 제너 전압(V_{REF})과 R_2/R_3의 궤환비에 의해 결정된다. 이는 입력전압과는 관계가 없으므로 입력전압과 부하전류가 지정된 제한된 범위 내에서는 조정이 이루어진다.

예제 11-3

문제

그림 11-6의 조정기에 대하여 출력전압과 Q_1의 베이스 전압을 구하라.

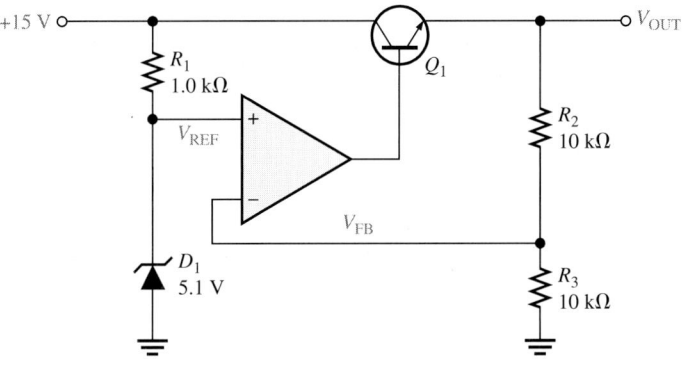

그림 11-6

풀이

제너 전압이 $V_{\text{REF}} = 5.1\,\text{V}$ 이다. 그러므로 조정된 출력전압은 다음과 같다.

$$V_{\text{OUT}} = \left(1 + \frac{R_2}{R_3}\right)V_{\text{REF}} = \left(1 + \frac{10\,\text{k}\Omega}{10\,\text{k}\Omega}\right)5.1\,\text{V} = (2)5.1\,\text{V} = \mathbf{10.2\,V}$$

Q_1의 베이스 전압은 다음과 같다.

$$V_{\text{B}} = 10.2\,\text{V} + V_{\text{BE}} = 10.2\,\text{V} + 0.7\,\text{V} = \mathbf{10.9\,V}$$

질문

그림 11-6의 회로에서 다음과 같이 소자의 값을 변경하였다. 5.1 V 제너 전압이 3.3 V 제너 전압으로 대체되었으며, $R_1 = 1.8\,\text{k}\Omega$, $R_2 = 22\,\text{k}\Omega$, $R_3 = 18\,\text{k}\Omega$이다. 출력전압은 얼마인가?

컴퓨터 시뮬레이션

웹사이트에서 Multisim의 F11-06DV 파일을 이용하여 V_{IN}, V_{OUT}, V_{REF}, V_{FB}를 측정한다.

복습 질문

6. 직렬조정기에서 4개의 기본 소자는?

7. 직렬조정기의 오차검출기의 입력 두 가지는?

8. 제너 다이오드 기준전압에서 집적회로 기준의 이점은?

9. 어떤 직렬조정기의 출력전압이 8 V이다. 연산증폭기의 폐루프 이득이 4이면, 기준전압은?

10. 질문 9의 직렬조정기에 대하여 궤환전압은?

11-3 선형 전류분류조정기

선형 전압조정기의 두 번째 기본형이 전류분류조정기이다. 전류분류조정기에서 제어소자는 부하에 병렬(전류분류)로 연결된 트랜지스터이다.

이 절에서는 전류분류조정기의 동작원리를 설명한다.

그림 11-7(a)는 선형 조정기의 대표적인 전류분류 형식이고 그림 11-7(a)는 블록도이다.

그림 11-8과 같이 기본 전류분류조정기에서 제어소자는 부하에 병렬로 연결된 트랜지스터 Q_1이다. 회로 동작은 조정이 병렬 트랜지스터 Q_1을 통해 전류가 제어되는 것을 제외하고는 직렬조정기의 동작과 유사하다. 이 회로에서는 궤환전압 V_{FB}가 오차검출기의 비반전 입력이 된다.

그림 11-9와 같이 입력전압의 변화 또는 부하저항의 변화에 의해 발생된 부하전류 때문에 출력전압이 감소될 때 이 감소분은 R_2와 R_3에 의해 검출되어 연산증폭기에 비반전 입력으로 가해진다. 이러한 전압차이의 결과는 연산증폭기의 출력(V_B)을 감소시

| 그림 11-7 | 간단한 전류분류조정기와 블록도 |

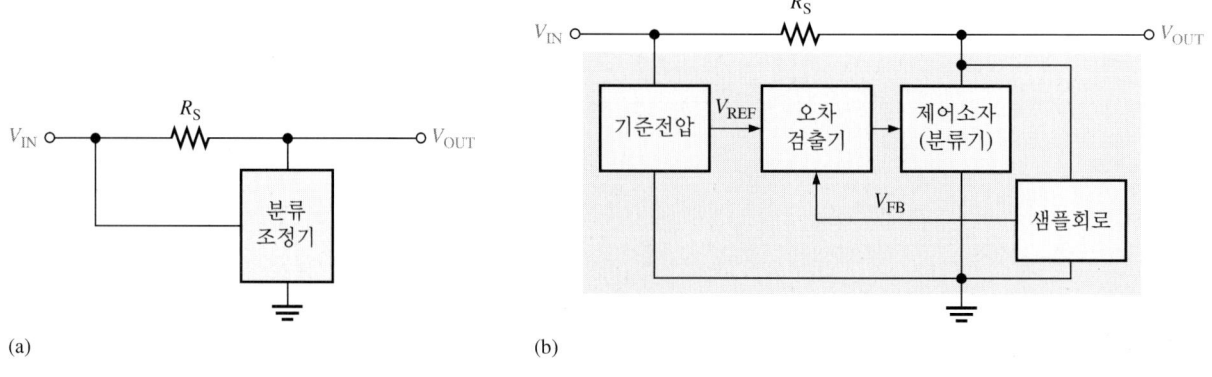

(a)   (b)

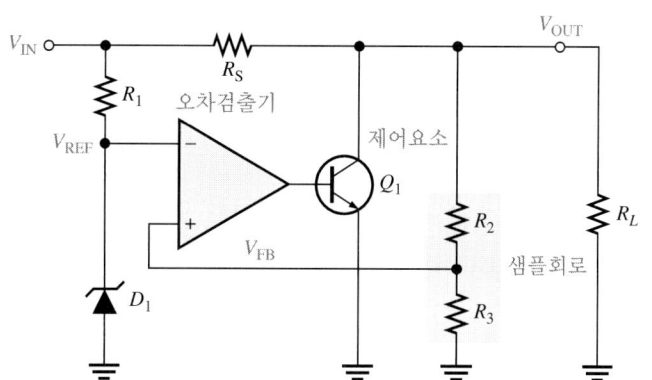

그림 11-8

기본 연산증폭기의 전류분류 조정기

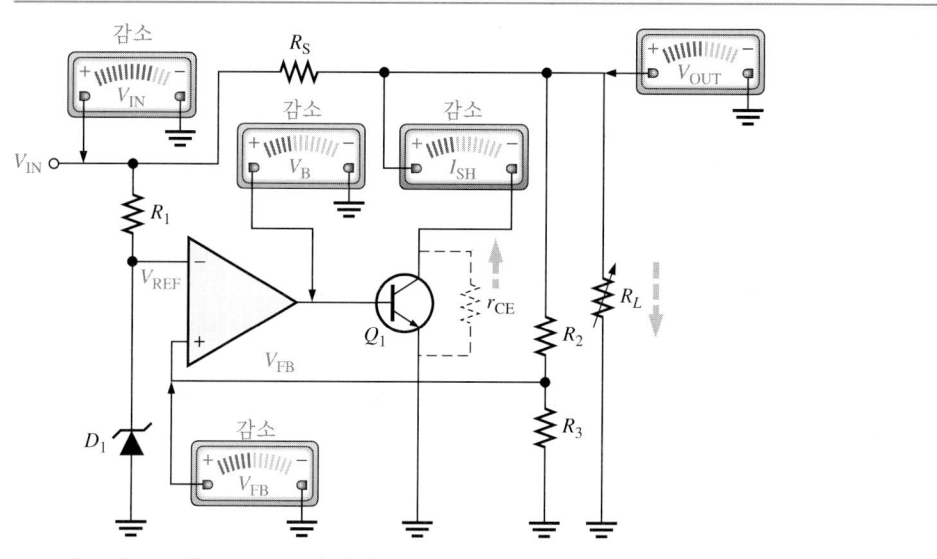

그림 11-9

R_L 또는 V_{IN}의 감소 결과로 V_{OUT}이 감소하는 응답 순서

키며, Q_1을 낮은 전압으로 구동시킨다. 그러므로 컬렉터 전류(전류분류전류)가 감소되어, 내부 컬렉터와 이미터 간의 저항 r_{CE}를 증가시킨다. 이러한 동작은 V_{OUT}에서 감소시키려는 시도를 컷오프하게 되므로 거의 일정한 레벨에서 출력전압이 유지된다.

반대 동작은 출력이 증가될 때 발생한다. I_L과 V_{OUT}이 일정할 때 입력전압의 변화는 다음과 같이 전류분류전류가 생긴다:

$$\Delta I_{SH} = \frac{\Delta V_{IN}}{R_S}$$

V_{IN}과 V_{OUT}이 일정하고 부하전류가 변화하면 전류분류전류에서 반비례하는 변화가 발생한다.

$$\Delta I_{SH} = -\Delta I_L$$

즉, I_L이 증가하면 I_{SH}가 감소하고, 반대로 I_L이 감소하면 I_{SH}가 증가된다. 전류분류조정기는 직렬형에 비해 성능은 떨어지지만 단락회로를 보호할 수 있다. 출력이 단락 ($V_{OUT}=0$)되면, 부하전류는 다음 식과 같이 최대값을 갖는 직렬저항 R_S에 의해 제한 된다.

$$I_{L(max)} = \frac{V_{IN}}{R_S} \tag{11-6}$$

만약 단락이 출력 단자에서 발생하였다면, 이때의 전류는 어떤 소자를 손상시키는 데 충분하지 않다는 것이 전류분류조정기의 장점이다.

직렬조정기의 식 (11-5)도 역시 전류분류조정기에 적용할 수 있다. 저항 R_2와 R_3는 비반전 증폭기로서 설정된 연산증폭기의 이득을 결정한다. 베이스-이미터 접합이 궤 환루프 내부에 있으므로 이 이득식은 이득을 구할 때 사용하지 않는다.

예제 11-4

문제

그림 11-10 회로의 출력전압은?

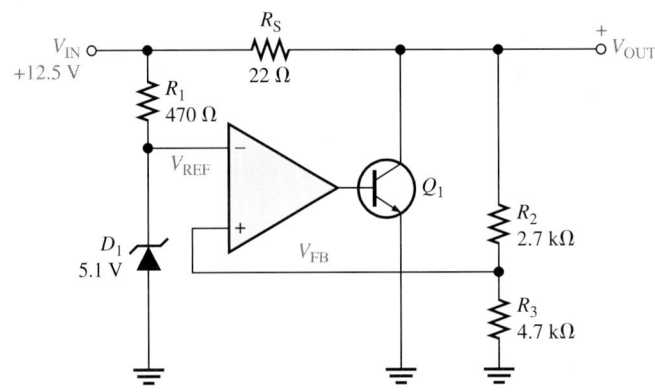

그림 11-10

풀이

식 (11-5)를 적용하면,

$$V_{OUT} = \left(1 + \frac{R_2}{R_3}\right)V_{REF} = \left(1 + \frac{2.7\ k\Omega}{4.7\ k\Omega}\right)5.1\ V = \mathbf{8.03\ V}$$

질문

5.1 V와 8.0 V로 출력을 변화시키려면 회로를 어떻게 변경하는가?

| | 예제 11-5 |

문제

그림 11-10에서 최대 입력전압이 12.5 V이면 R_S의 전압비율은?

풀이

출력이 단락되었을 때 R_S에서 전력소비는 최대로 된다. $V_{OUT} = 0$, $V_{IN} = 1.25$ V일 때 R_S에 인가되는 전압강하는 $V_{IN} - V_{OUT} = 12.5$ V이다. R_S에서 소비되는 전력은 다음과 같다.

$$P_{R_S} = \frac{V_{R_S}^2}{R_S} = \frac{(12.5 \text{ V})^2}{22 \text{ } \Omega} = 7.1 \text{ W}$$

그러므로 적어도 정격이 **10 W**를 갖는 저항이 사용되어야 한다.

질문

그림 11-10에서 R_S를 33 Ω으로 변경하였다. 최대 입력전압이 24 V이면 R_S의 전력비율은 얼마이어야 하는가?

예제 11-5는 전류분류조정기에 대한 주요 결점을 설명한 것이다. 직렬 저항은 많은 전력을 소비하므로 효율이 낮다. 더 큰 전류가 필요한 경우에는 직렬조정기가 더 좋은 선택이다.

복습 질문

11. 전류분류조정기의 제어소자와 직렬조정기의 제어소자와의 차이점은?

12. 직렬형에 비해 전류분류조정기의 장점은?

13. 직렬조정기에 비해 전류분류조정기의 단점은?

14. 직렬조정기 또는 전류분류조정기에서 트랜지스터의 V_{BE}가 이득 계산에 포함되지 않는 이유는?

15. 그림 11-10의 회로에서 R_1의 전류는?

스위칭조정기 11-4

스위칭조정기는 신형 조징기와 다르게, 제어소자가 신형성보다는 스위치로서 동작힌다. 트랜지스터가 항상 동작하지 않기 때문에 선형 형식보다 전압조정기를 사용하는 것이 더 효과가 크다.

이 절에서는 스위칭조정기의 동작원리를 설명한다.

스위칭조정기는 조정되지 않은 직류 입력을 다른 전압으로 변경할 수 있고, 조정된 출력을 발생하는 매우 효과적인 dc-dc 변환기이다. 스위칭조정기에는 스텝-다운, 스텝-업, 반전 등 세 가지 기본 구조가 있다. 모든 스위칭조정기는 매우 빠르게 입력을 ON 과 OFF로 동작하며(10 kHz에서 100 kHz까지), 펄스열을 생성하고 필터된다. 출력의 전압레벨은 펄스의 ON과 OFF 시간의 변화로 제어된다. 빠른 스위칭은 필터보다 더 쉽게 출력을 만들기도 한다. 그러나 출력이 라디오 주파수 간섭(RFI)을 방출하는 단점을 가진다. 간섭을 최소화하기 위해서 스위칭조정기는 차폐를 잘할 필요가 있다.

스텝-다운 구조

스텝-다운 구조에서는 출력전압이 입력전압보다 항상 낮다. 그림 11-11(a)는 기본적인 스텝-다운 스위칭조정기, 그림 11-11(b)는 간단화된 등가회로이다. 트랜지스터 Q_1은 조정기의 부하조건인 듀티사이클에서 입력전압을 스위칭하는 데 사용된다. LC 필터는 스위치된 전압을 일정하게 하는 데 사용된다. Q_1이 ON(포화된) 또는 OFF이므로 제어소자의 전력손실은 상대적으로 적다. 그러므로 스위칭조정기는 효율성이 매우 중요한 컴퓨터와 같은 대전력장치나 전기용품에서 매우 유용하다.

그림 11-12(a)는 Q_1의 ON과 OFF 주기는 파형이다. 커패시터는 ON 시간(t_{on}) 동안 충전하고, OFF 시간(t_{off}) 동안 방전한다. ON 시간이 OFF 시간에 비해 커지면 커패시터는 더 많이 충전되어 그림 11-12(b)와 같이 출력전압을 증가시킨다. ON 시간이 OFF 시간에 비례하여 감소될 때 커패시터는 더 많이 방전하고, 그림 11-12(c)와 같이 출력전압을 감소시킨다. 그러므로 Q_1의 듀티사이클 $t_{on}/(t_{on} + t_{off})$을 조정하여 출력전압을 변화시킬 수 있다. 인덕터는 충전과 방전 동작에 의해 발생된 출력전압의 파동을 평탄하게 한다.

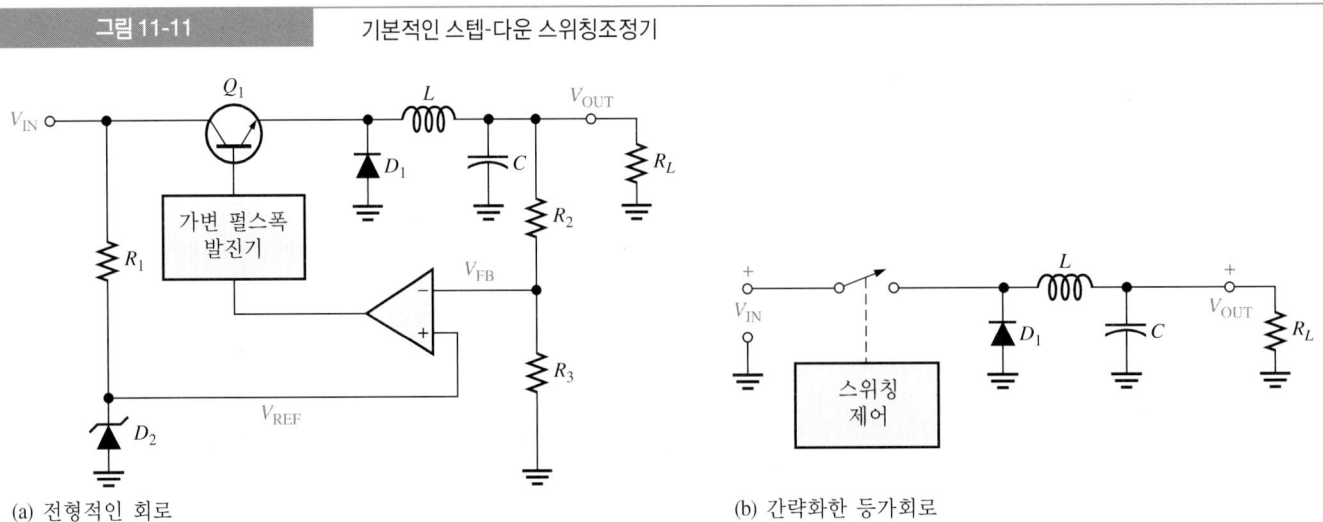

| 그림 11-11 | 기본적인 스텝-다운 스위칭조정기 |

(a) 전형적인 회로

(b) 간략화한 등가회로

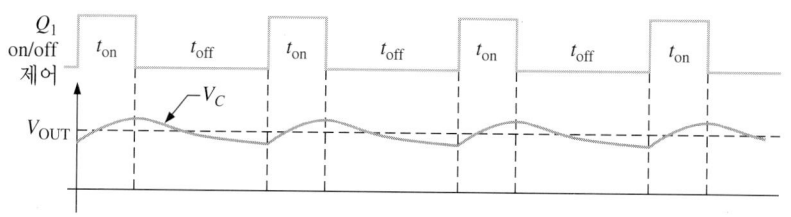

(a) V_{OUT}은 듀티사이클에 의해 결정

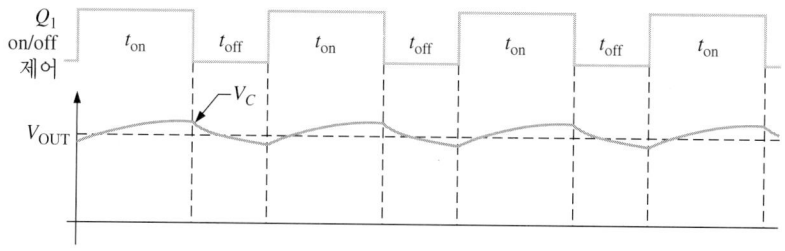

(b) 듀티사이클이 증가하면 V_{OUT}도 증가

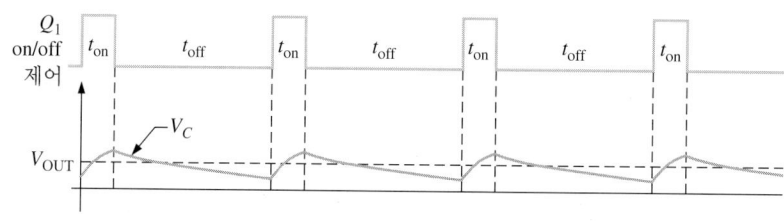

(c) 듀티사이클이 감소하면 V_{OUT}도 감소

그림 11-12

스위칭조정기 파형. V_C 파형은 충전과 방전 동작(리플)을 설명하기 위해 인덕터가 없는 필터링으로 하였다. L과 C는 V_{out} 실선처럼 거의 일정한 레벨로 V_C를 평탄하게 한다.

이상적인 경우에 출력전압은 다음과 같이 표현된다.

$$V_{OUT} = \left(\frac{t_{on}}{T}\right)V_{IN} \tag{11-7}$$

여기서 T는 Q_1의 ON-OFF 사이클의 주기이며, $T = 1/f$로 주파수와 관계가 있다. 주기는 ON 시간과 OFF 시간의 합이다.

$$T = t_{on} + t_{off}$$

t_{on}/T의 비는 듀티사이클이다. 식 (11-7)과 같이 출력전압은 입력전압에 듀티사이클을 곱한 값이다.

조정기의 동작은 그림 11-13에서 설명하기로 한다. V_{OUT}가 감소되면 Q_1의 ON 시간이 증가되며, 커패시터 C에 추가적으로 충전된 값을 감소시키려는 시도를 컷오프하게 된다. V_{OUT}이 증가되면 Q_1의 ON 시간이 감소되며, 커패시터 C에 충분히 충전된 값을 증가시키려는 시도를 컷오프하게 된다.

역사적 고찰

1965년 벨 연구소의 Arno A. Penzias와 Robert W. Wilson은 위성 통신 시스템에서 마이크로파 무선 잡음의 간섭 능력에 관해 주목할만한 발표를 하였다. 그들은 정밀하게 교정된 혼(horn) 안테나를 사용할 때마다 배경 방사가 전파되는 3 K의 온도에서 완전한 "흑체" 방사원의 것과 대응하는 것이 존재하는 것을 발견하였다. Penzias와 Wilson의 실험은 수초의 형상 내에서 우주 역사기원을 연구하는 이론가들에게 발전시켰다. Penzias와 Wilson은 그들의 중요한 발견으로 인해 1978년에 노벨상을 수상했다.

그림 11-13   스텝-다운 스위칭조정기의 기본적인 조정동작

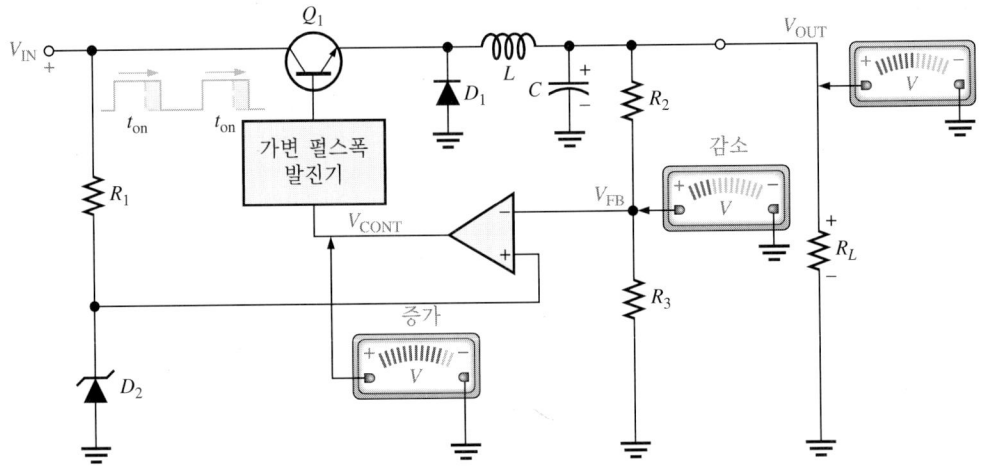

(a) V_{OUT}이 감소하면 Q_1의 on 시간 증가

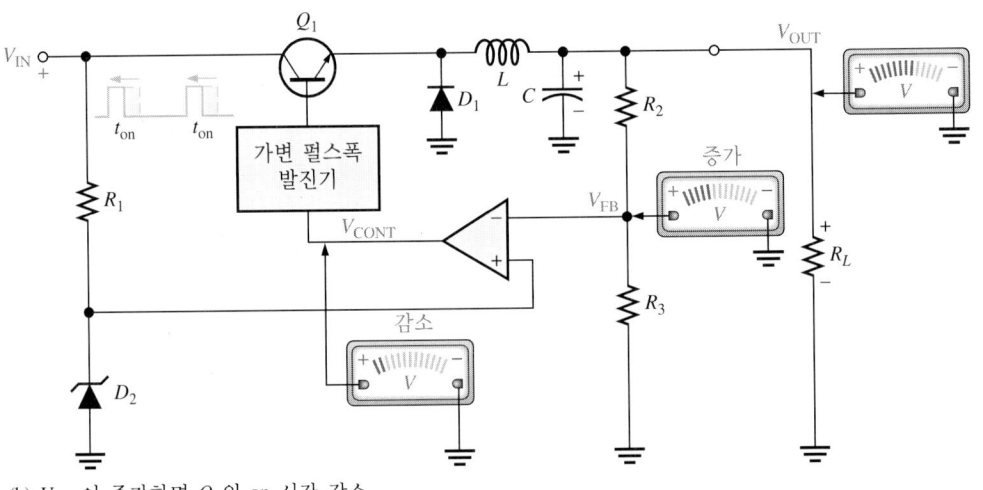

(b) V_{OUT}이 증가하면 Q_1의 on 시간 감소

스텝-업 구조

그림 11-14는 스위칭조정기의 기본적 스텝-업 구조로 트랜지스터 Q_1은 접지에 대해 스위치로서 동작한다.

그림 11-15, 11-16은 스위칭 동작에 대한 회로이다. Q_1이 ON되면 V_{IN}과 동일한 전압이 그림 11-15와 같이 같은 극성을 갖는 인덕터에 유기된다. Q_1의 ON 시간(t_{on}) 동안 인덕터 전압 V_L은 초기 최대로부터 감소되고 다이오드 D_1이 역바이어스된다. Q_1이 더 오래 ON될수록 V_L은 더 감소된다. ON 시간 동안 커패시터는 단지 부하를 통해서 극도로 작은 양만을 방전한다.

그림 11-16과 같이 Q_1이 OFF될 때 인덕터 전압은 극성이 바뀌고 다이오드 D_1의 순방향 바이어스를 통해 V_{IN}에 가해지며, 커패시터가 충전된다. 출력전압은 커패시터 전

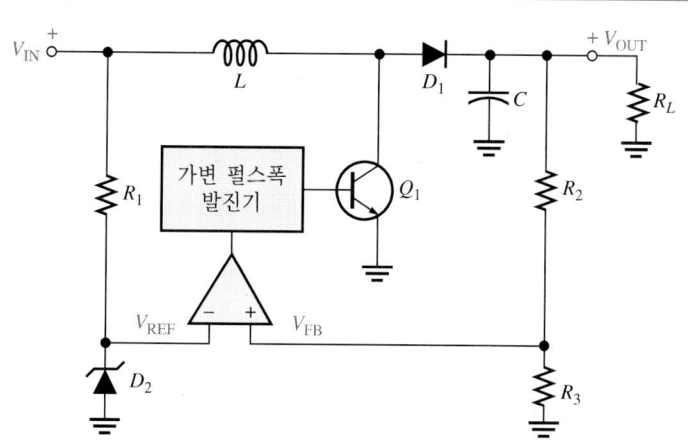

그림 11-14

기본적인 스텝-업 스위칭조정기

처음에 Q_1이 on되면 V_L은 V_{IN}과 극성이 같게 된다. Q_1이 on하는 동안 V_L과 D_1의 극성은 바뀐다.

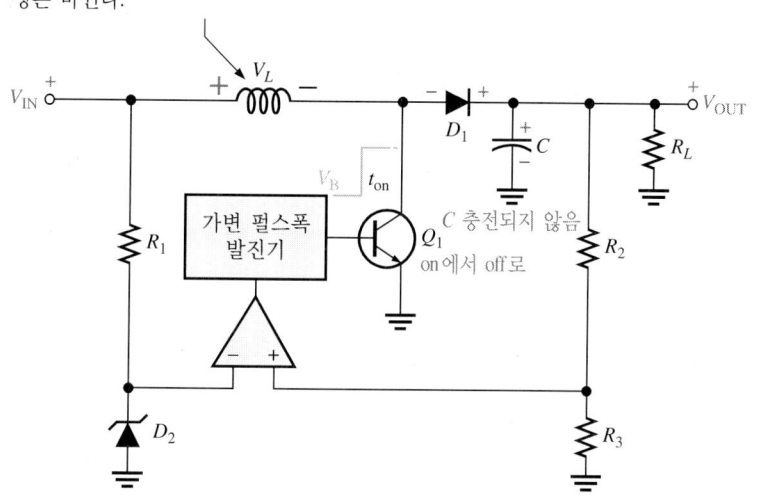

그림 11-15

Q_1이 ON일 때 스텝-업 조정기의 기본 동작

Q_1이 off될 때 V_L의 극성이 바뀌고 D_1은 순방향 바이어스가 된다. V_L과 V_{IN}이 더해져서 C에는 V_{IN}보다 큰 전압으로 충전

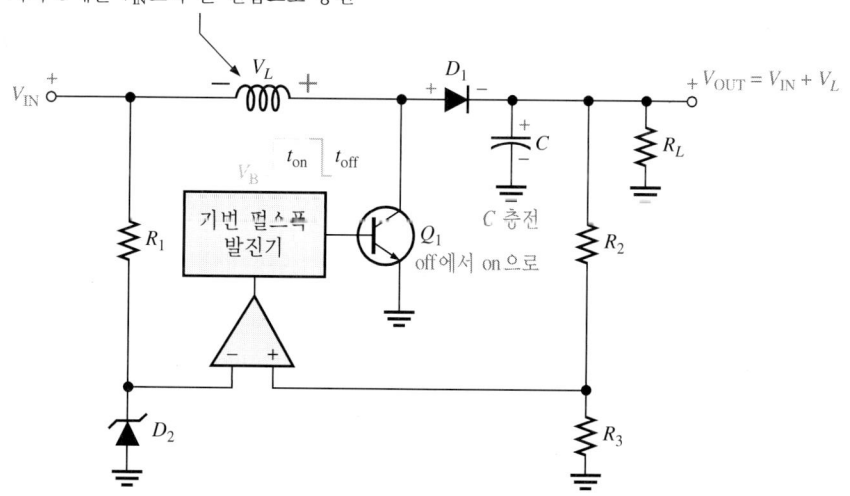

그림 11-16

Q_1이 OFF일 때 스텝-업 조정기의 기본 스위칭 동작

압과 동일하며, 커패시터는 Q_1이 OFF 시간 동안 인덕터를 통해서 유도된 전압을 더하여 V_{IN}을 합한 값이 충전되기 때문에 V_{IN}보다 더 커지게 된다.

Q_1의 ON 시간이 길수록 인덕터의 전압은 더 감소하며, 인덕터는 Q_1이 OFF되는 순간에 극성이 바뀌게 될 때 전압의 크기가 더 크게 된다. 즉, 이러한 바뀐 극성 전압으로 인해 V 전압이 커패시터에는 V_{IN} 이상의 전압을 충전시키게 된다. 출력전압은 인덕터의 자계 동작(t_{on}에 의해 결정)과 커패시터의 충전(t_{off})에 의해 정해진다.

전압조정은 부하 또는 입력전압의 변화로 인하여 V_{OUT}가 변화하므로 Q_1의 ON 시간의 변화(일정한 제한 내에서)에 따라 정해진다. 만약 V_{OUT}이 증가하면 Q_1의 ON 시간은 감소하며, 그 결과 C가 충전하게 될 양이 감소한다. 만약 V_{OUT}이 감소하면 Q_1의 ON 시간은 증가하며, 그 결과 C가 충전하게 될 양이 증가한다. 이러한 조정동작은 결국 일정한 레벨에서 V_{OUT}을 유지하게 된다.

전압-반전기 구조

스위칭조정기의 세 번째 형식은 입력과 극성이 반대인 출력전압을 발생한다. 그림 11-17은 기본적인 회로도이다.

그림 11-18(a)와 같이 Q_1이 ON이면 인덕터 전압은 V_{IN}으로 점프하며, 자계가 빠르게 확장한다. Q_1이 ON인 동안 다이오드는 역바이어스되며, 인덕터 전압은 초기 최대 값에서 감소하게 된다. 그림 11-18(b)와 같이 Q_1이 OFF이면 자계는 약화되며, 인덕터의 극성이 반대로 된다. 이것은 다이오드에 순방향으로 바이어스되어, C를 충전하고, 그림과 같이 부의 출력전압을 발생한다. Q_1의 반복적인 ON-OFF 동작이 반복적인 충전과 방전을 발생하게 되면 LC 필터 동작에 의해 평탄해진다.

반전 스위칭조정기에서 출력전압은 Q_1이 ON된 시간에 반비례한다. 이것은 스텝-업 조정기와 동일하다. 스위칭조정기의 효율성은 90% 이상이 된다.

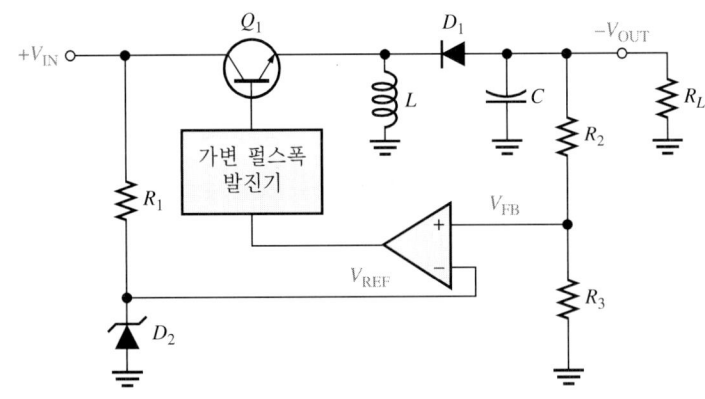

그림 11-17

반전 스위칭조정기

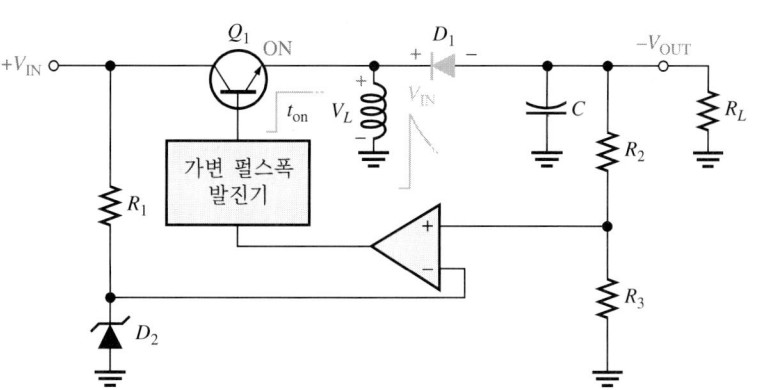

(a) Q_1이 on이면 D_1은 역방향 바이어스

그림 11-18
반전 스위칭조정기의 기본적인 반전동작

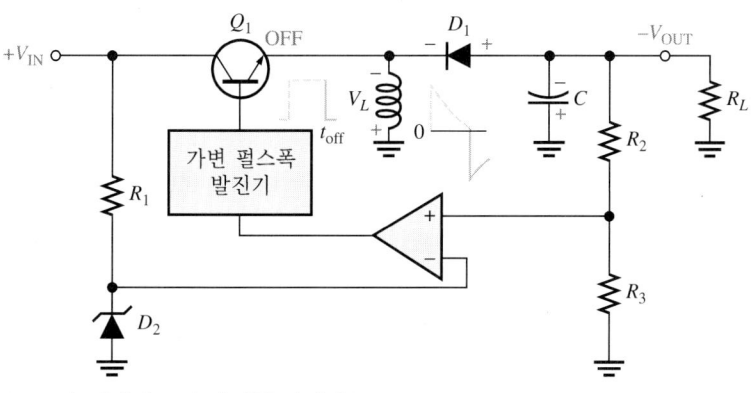

(b) Q_1이 off이면 D_1은 순방향 바이어스

복습 질문

16. 스위칭조정기에서 스위칭 주파수가 높은 이유는?

17. RFI란?

18. 스위칭조정기의 세 가지 형식은?

19. 선형 조정기에 비해 스위칭조정기의 주요 장점은?

20. 스위칭조정기에서 출력전압의 변화에 대한 보상방법은?

집적회로 전압조정기 11-5

선형 조정기와 스위칭조정기에는 여러 형태의 IC를 이용한다. 일반적으로 선형 조정기는 고정이나 가변 모두 가능한 정(+) 또는 부(−)의 출력전압을 제공하는 3단자 소자이다.

이 절에서는 3단자 조정기에서 더 큰 전류를 구하는 방법과 전류원으로서의 사용방법을 설명한다.

고정 전압조정기

IC 조정기에서 7800 시리즈는 고정 정출력전압에, 7900 시리즈는 고정 부출력전압에 가장 많이 이용되는 대표적인 3단자 소자이다. 고정 3단자 조정기는 외부 소자로서 입력과 출력 커패시터만을 갖는 우수한 조정기이다.

대부분의 IC 조정기에서는 조정을 유지하기 위해 입력전압은 출력전압보다 최소 2 V 이상이 필요하다. 이 전압이 너무 높게 되면, 조정기는 열로 인해 방열장치가 필요하게 된다. 7800 시리즈 조정기는 내부 온도 과부하 보호장치와 단락회로 전류를 제한하는 기능이 있다. 온도 과부하는 내부 전력정격을 초과할 때 발생한다. 조정기가 과열되면 드리프트, 과도한 리플이 발생하며, 출력기능을 상실할 수 있다.

조정가능 전압조정기

조정가능 전압조정기는 사용자에 의해 출력전압을 조절할 수 있도록 설계되었다. LM317은 출력 단자와 조정 단자 간에 1.25 V의 정출력을 갖는 3단자로 조정이 가능한 조정기의 예이다. LM337은 LM317과 다른 특성을 갖는 조정기이다. 그림 11-19는 LM317 조정기 회로, 그림 11-20은 대표적인 LM337 회로이다.

그림 11-19

LM317 3단자 조정가능 정전압조정기

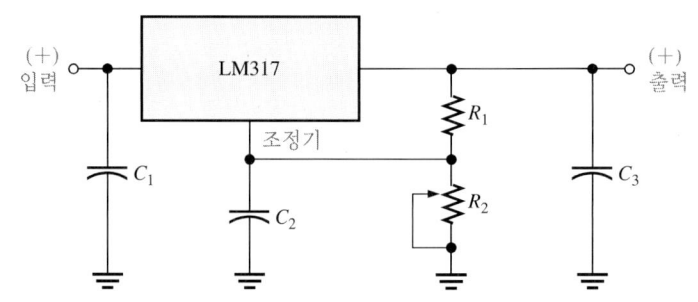

그림 11-20

LM337 3단자 조정가능 부전압조정기

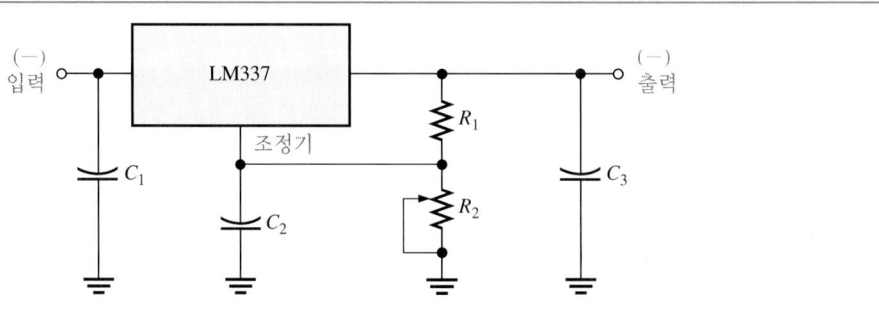

3단자 조정기의 고장수리

3단자 조정기는 신뢰성이 높은 조정기이다. 문제가 발생할 때 나타나는 상태로는 부정확한 전압, 큰 리플, 잡음 또는 발진 출력, 또는 드리프트이다. 조정기 회로의 고장수리에는 과도한 리플이나 잡음과 같은 고장들을 DMM으로는 알 수 없기 때문에 오실로스코프를 사용하는 것이 좋다. 고장수리를 시작하기 전에 발생할 수 있는 고장의 원인을 재조사(분석)하고 고장이 발생될 수 있는 곳에 대한 측정을 계획하는 것이 유용하다.

출력전압이 너무 낮으면, 입력전압을 조사하여야 한다: 문제는 조정기 앞 단의 회로에 있을 수도 있다. 또한 부하저항을 조사한다: 부하를 제거하였을 때 문제가 없었는가? 그렇다면, 부하에 과도한 전류가 흐른다고 생각할 수 있다. 궤환저항이 잘못된 값이나 개방되었다면 가변조정기에 과도한 전압이 발생된다.

출력에 리플 또는 잡음이 있다면, 커패시터가 개방되었는지 잘못된 값을 가졌는지 또는 극성이 맞는지를 검사한다. 커패시터에 대한 유용하고 빠른 조사는 테스트하려는 커패시터와 병렬로 동일하거나 또는 더 큰 크기의 또 다른 커패시터를 연결하는 것도 좋은 방법이다.

출력에서 발진이 발생하고, 큰 리플이나 드리프팅이 되면 조정기가 너무 과열되지는 않았는지 또는 정격전류보다 큰 전류가 공급되었는지를 조사하라. 열이 문제라면 조정기가 특수한 방열제와 함께 방열판에 견고하고 안전하게 고정되었는지를 확인하라. (방열제는 IC로부터 방열판으로 열의 이동을 촉진하는 데 도움을 주는 특별한 열전도 재료이다.)

스위칭 전압조정기

IC 스위칭 전압조정기의 예로서 78S40을 보자. 이 IC는 스텝-업, 스텝-다운, 반전동작을 하는 외부소자와 사용할 수 있는 범용장비이다.

그림 11-20은 78S40의 내부 회로도이다. 이 회로는 11-4절에서 설명한 기본적인 스위칭조정기와 비교할 수 있다. 예로, 그림 11-11(a)에서 발진기와 비교기의 기능을 직접 비교할 수 있다. 디지털 소자인 게이트와 플립플롭은 그림 11-11(a)의 기본회로에 포함되지 않으나 그들은 조정기 동작의 부가기능을 갖고 있다. 트랜지스터 Q_1과 Q_2는 기본회로의 Q_1처럼 동일한 기능을 수행한디. 78S40의 1.25 V 기준블록은 기본회로의 제너 다이오드와 동일한 용도로 이용되며, 또한 다이오드 D_1은 기본회로의 D_1과 같은 기능을 갖는다.

78S40은 정확한 측정을 위해서 삽입된 "중립적"인 연산증폭기가 있다. 이 78S40은 모든 조정기능을 사용하지 않으므로 외부회로가 조정기로서 동작할 수 있는 회로를 만들기도 한다.

그림 11-21

78S40 스위칭조정기

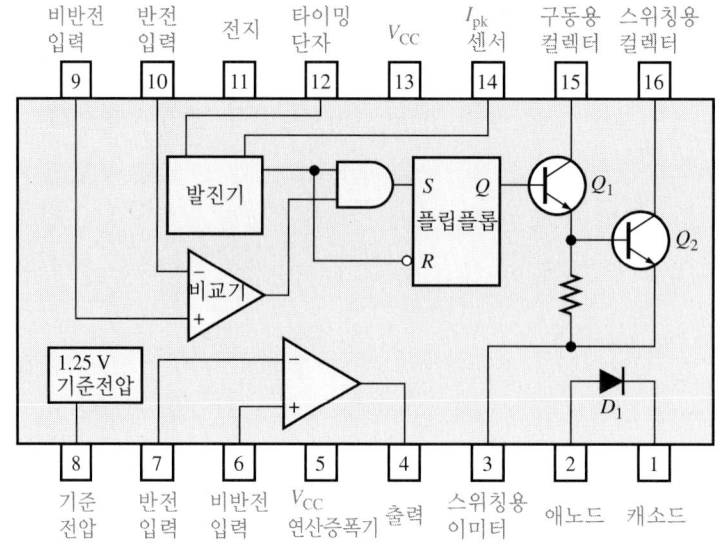

그림 11-22

외부 전달 트랜지스터가 있는
7800 시리즈 3단자 조정기

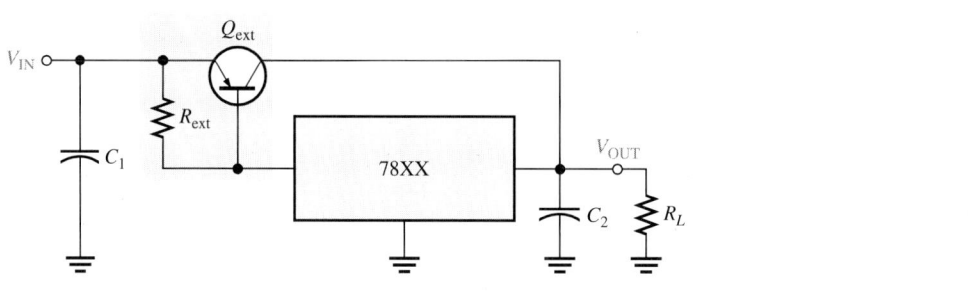

IC 조정기로부터 전류의 증가

앞에서 배운 것처럼, IC 전압조정기는 부하에 일정한 양의 출력전류만을 전달하는 기능이 있다. 예로, 7800 시리즈 조정기는 1.3 A의 첨두 출력전류(일정한 조건에서 더 많이)를 조정한다. 부하전류가 최대 허용치를 초과하면 과부하로 열이 발생되어 조정기는 동작하지 않을 수도 있다. 온도 과부하 조건은 장비 내부에서 과도한 전력소비가 있음을 의미한다.

만약 전기용품이 조정기가 전달할 수 있는 최대 전류보다 더 많은 전류가 필요한 경우에는 외부 전달 트랜지스터를 사용할 수 있다. 그림 11-22는 기본 조정기의 출력전류 용량을 초과하여 전류를 외부로 전달하는 트랜지스터를 갖는 3단자 조정기 회로이다.

외부 전류 감지 저항 R_{ext}의 값은 이 저항이 트랜지스터의 베이스와 이미터 간의 전압을 정하기 때문에 Q_{ext}가 동작하기 시작하는 전류의 값을 결정한다. 전류가 R_{ext}에 의해 정한 값보다 낮은 만큼 길게 트랜지스터 Q_{ext}가 OFF되고 조정기는 그림 11-23(a)와 같이 정상적으로 동작한다. 이것은 R_{ext}를 통한 전압강하가 Q_{ext}를 ON시키는 데 필요한 베이스와 이미터 전압 0.7 V보다 낮기 때문이다. R_{ext}는 다음 식에 의해 구하며, 여기서 I_{max}는 전압조정기가 내부적으로 취급하는 매우 높은 전류이다.

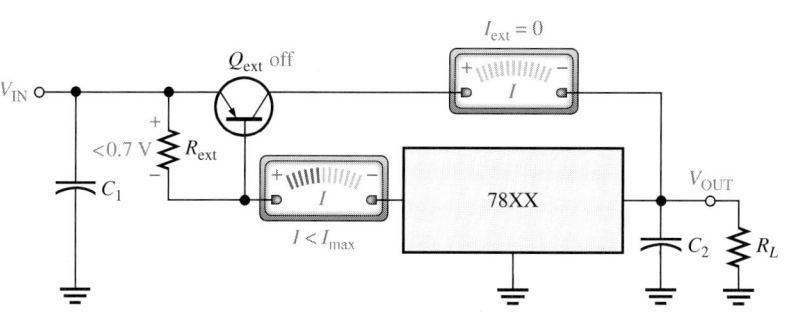

그림 11-23

외부 전달 트랜지스터를 갖는
조정기의 동작

(a) 조정기 전류가 I_{max} 보다 적게 되면 외부 통과 트랜지스터는 off 되어 조정기는 전체 전류를 조정할 수 있다.

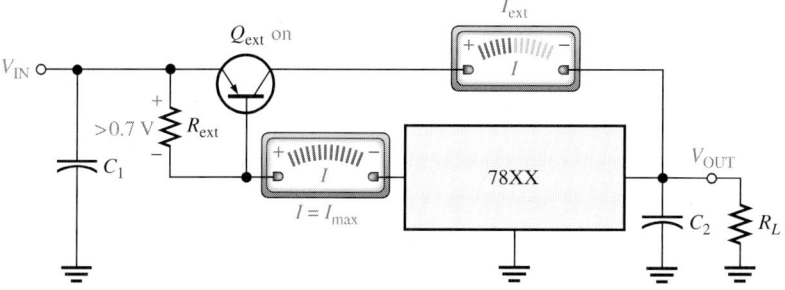

(b) 부하전류가 I_{max} 를 초과하면 R_{ext} 이 인가되는 전압은 강하되고 Q_{ext} 는 동작하며 트랜지스터에는 과전류가 흐른다.

$$R_{ext} = \frac{0.7 \text{ V}}{I_{max}}$$

전류가 R_{ext} 에서 최소 0.7 V 전압강하를 발생할 수 있다면, 외부 전달 트랜지스터 Q_{ext} 는 ON 되고 그림 11-23(b)와 같이 I_{max} 를 초과한 임의의 전류를 도통시킨다. Q_{ext} 는 부하 요건에 따라서 더 많이 또는 더 적게 전류를 전달할 것이다. 예로, 전체 부하전류가 3 A 이고 I_{max} 가 1 A 이면, 외부 전달 트랜지스터는 내부 조정기 전류 I_{max} 를 초과하는 2 A 를 통과시킨다.

외부 전달 트랜지스터는 다음과 같은 최대 전력을 처리할 수 있는 용량의 방열기를 갖는 대표적인 전력 트랜지스터이다.

$$P_{ext} = I_{ext}(V_{IN} - V_{OUT})$$

예제 11-6

문제

그림 11-22 전압조정기의 내부 최대 전류가 700 mA 에서 설정되었다면, R_{ext} 는?

풀이

$$R_{ext} = \frac{0.7 \text{ V}}{I_{max}} = \frac{0.7 \text{ V}}{0.7 \text{ A}} = \mathbf{1 \, \Omega}$$

질문

R_{ext} 가 1.5 Ω 으로 변경되었다면, Q_{ext} 를 ON 시킬 수 있는 전류는?

그림 11-24
전류원으로서 3단자 조정기

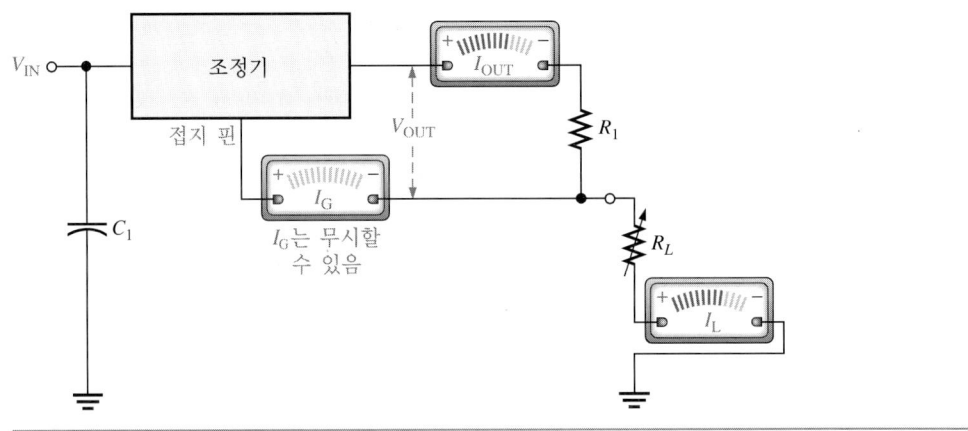

전류 조정기

3단자 조정기는 일정 전류가 가변 부하에 공급되는 전기용품에서 전류원으로 사용할 수 있다. 그림 11-24는 기본회로이다. 여기서 R_1은 전류 설정 저항이다. 조정기는 접지 단자와 출력 단자 사이에 고정된 일정한 전압 V_{OUT}을 공급한다. 이 값은 부하에 공급되는 일정한 전류를 결정한다.

$$I_L = \frac{V_{OUT}}{R_1} + I_G$$

접지 단자로부터 전류 I_G는 출력전류에 비해 매우 적어 때로는 무시하기도 한다.

예제 11-7

문제

$0 \sim 10\,\Omega$까지 조정할 수 있는 가변 부하에 $1\,A$의 일정 전류를 공급하기 위한 7805 조정기에서 필요한 R_1의 값은?

풀이

먼저, $1\,A$는 7805의 성능으로 가능하다. 외부 전달 트랜지스터 없이 적어도 $1.3\,A$를 취급할 수 있다.

7805는 접지 단자와 출력 단자 사이에서 $5\,V$를 발생한다. 그러므로 $1\,A$의 전류를 원한다면, 전류 설정 저항은 다음과 같아야 한다. 이때 I_G는 무시한다.

$$R_1 = \frac{V_{OUT}}{I_L} = \frac{5\,V}{1\,A} = \mathbf{5.0\,\Omega}$$

회로는 그림 11-25와 같다.

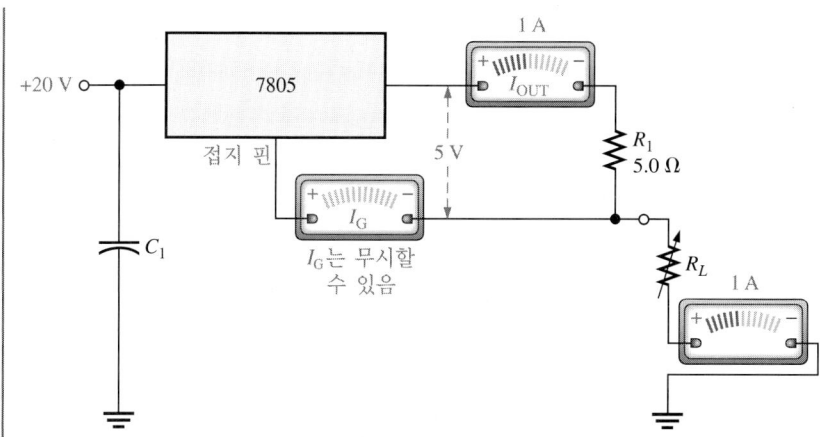

그림 11-25 1 A의 일정한 전류원

질문

7808 조정기(+8 V 출력)가 7805 대신에 사용되었다면, 1 A의 일정한 전류를 유지하기 위해서 R_1을 어떤 값으로 변경하여야 하는가?

복습 질문

21. 3단자 조정기의 출력전압이 낮으면 다음 순서는 무엇을 조사하여야 하는가?

22. 기본 LM317 구조에서 사용하는 외부소자는?

23. 3단자 조정기에서 전류를 증가시키는 방법은?

24. 그림 11-22의 회로에서 3단자 조정기에 대한 최대 전류는 어떻게 설정하는가?

25. 그림 11-22의 회로에서 외부저항 R_{ext}가 0.82 Ω이면, 3단자 조정기에서 최대 전류는 얼마인가?

주요 용어

부하 조정 부하전류의 변화에 대한 출력전압 변화분의 백분율

선로 조정 선로전압의 변화분에 대한 출력전압 변화분의 백분율

선형 조정기 제어소자가 선형 영역에서 동작하는 전압조정기

스위칭조정기 제어소지기 스위칭 소자인 전압조정기

요점

❏ 전압조정기는 일정 범위 이내에서 입력 또는 부하가 변화할 때 일정한 dc 출력전압을 유지한다.

❏ 전압조정기는 기준전압원, 오차검출기, 샘플링 소자 및 제어소자로 구성된다. 보호

회로는 대부분의 조정기에 설치되어 있다.

❏ 전압조정기의 두 가지 분류는 선형과 스위칭이다.

❏ 선형 조정기의 두 가지 형식은 직렬과 전류분류이다.

❏ 직렬 선형조정기에서 제어소자는 부하와 직렬로 연결된 트랜지스터이다.

❏ 전류분류 선형조정기에서 제어소자는 부하와 병렬로 연결된 트랜지스터이다.

❏ 스위칭조정기에 대한 세 가지 구조는 스텝-다운, 스텝-업 및 반전이다.

❏ 스위칭조정기는 선형 조정기보다 효율이 우수하며 저전압, 대전류 응용에 특히 유용하다.

❏ 3단자 선형 IC 조정기는 정(+) 극성과 부(−) 극성의 고정 전압 또는 가변 출력전압에 대하여 이용 가능하다.

❏ 외부 전달 트랜지스터는 조정기의 전류 능력을 증가시킨다.

❏ 7800 시리즈는 고정 정출력전압을 갖는 3단자 IC 조정기이다.

❏ 7900 시리즈는 고정 부출력전압을 갖는 3단자 IC 조정기이다.

❏ LM317은 가변 정출력전압을 갖는 3단자 IC 조정기이다.

❏ LM337은 가변 부출력전압을 갖는 3단자 IC 조정기이다.

❏ 78S40은 스위칭 전압조정기이다.

공식

백분율 선로 조정:

$$선로\ 조정 = \left(\frac{\Delta V_{OUT}}{\Delta V_{IN}}\right)100\% \tag{11-1}$$

볼트당 백분율 선로 조정:

$$선로\ 조정 = \left(\frac{\Delta V_{OUT}\ V_{OUT}}{\Delta V_{IN}}\right)100\% \tag{11-2}$$

백분율 부하 조정:

$$부하\ 조정 = \left(\frac{V_{NL} - V_{FL}}{V_{FL}}\right)100\% \tag{11-3}$$

출력저항과 최소 부하저항이 주어진 백분율 부하 조정:

$$부하\ 조정 = \left(\frac{R_{OUT}}{R_{FL}}\right)100\% \tag{11-4}$$

직렬 또는 전류분류조정기 출력:

$$V_{OUT} = \left(1 + \frac{R_2}{R_3}\right)V_{REF} \tag{11-5}$$

전류분류조정기에 대한 최대 부하전류:

$$I_{L(max)} = \frac{V_{IN}}{R_S}$$ **(11-6)**

스텝-다운 스위칭조정기에 대한 출력전압:

$$V_{OUT} = \left(\frac{t_{on}}{T}\right)V_{IN}$$ **(11-7)**

단원 확인 문제

1. 선로 조정의 경우에
   (a) 온도가 변화할 때 출력전압을 일정하게 유지한다.
   (b) 출력전압이 변화할 때 부하전류를 일정하게 유지한다.
   (c) 입력전압이 변화할 때 출력전압을 일정하게 유지한다.
   (d) 부하가 변화할 때 출력전압을 일정하게 유지한다.

2. 부하 조정의 경우에
   (a) 온도가 변화할 때 출력전압을 일정하게 유지한다.
   (b) 입력전압이 변화할 때 부하전류를 일정하게 유지한다.
   (c) 부하가 변화할 때 부하전류를 일정하게 유지한다.
   (d) 부하가 변화할 때 출력전압을 일정하게 유지한다.

3. 다음 중 기본 전압조정기의 부분이 아닌 것은?
   (a) 제어소자   (b) 샘플링 회로
   (c) 전압 폴로워   (d) 오차검출기
   (e) 기준전압

4. 직렬조정기와 전류분류조정기의 기본적인 차이점은?
   (a) 취급되는 전류의 양
   (b) 제어소자의 위치
   (c) 샘플회로의 형식
   (d) 오차검출기의 형식

5. 기본적인 직렬조정기에서 V_{OUT}은 다음에 의해 결정된다.
   (a) 제어소자   (b) 샘플회로
   (c) 기준전압   (d) (b)와 (c)

6. 선형 조정기에서 제어 트랜시스터는 나음을 동작한다.
   (a) 시간의 작은 부분   (b) 시간의 반
   (c) 시간의 전체   (d) 부하전류가 초과할 때

7. 스위칭조정기에서 제어 트랜지스터는 다음을 동작한다.
   (a) 시간의 반
   (b) 시간의 전체

(c) 입력전압이 설정 제한을 초과할 때

(d) 과부하가 있는 경우

8. LM317은 다음과 같은 IC의 예이다.

(a) 3단자 부전압조정기

(b) 고정 정전압조정기

(c) 스위칭조정기

(d) 가변 정전압조정기

9. 외부 전달 트랜지스터는?

(a) 출력전압을 증가시키기 위해서

(b) 조정을 개선하기 위해서

(c) 조정기를 취급할 수 있는 전압을 증가시키기 위해서

(d) 단락회로를 보호하기 위해서

10. 그림 11-26의 회로에서 D_1에 실수로 4.7 V 제너 다이오드로 대체되었다면, 출력전압은?

(a) 증가   (b) 감소

(c) 변화 없음

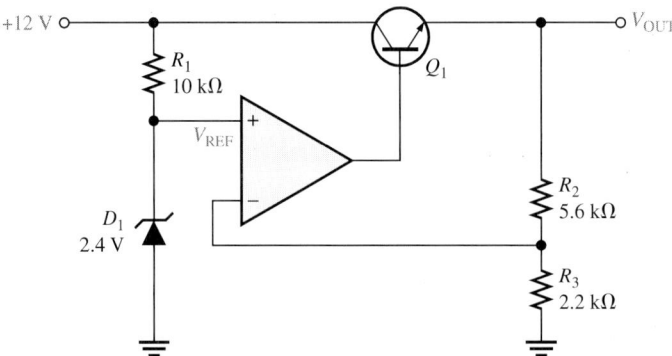

그림 11-26

11. 그림 11-26의 회로에서 D_1에 실수로 4.7 V 제너 다이오드로 대체되었다면, 컬렉터와 이미터 간에 Q_1을 통한 전압은?

(a) 증가   (b) 감소

(c) 변화 없음

12. 그림 11-26의 회로에서 R_3가 개방되면, 출력전압은?

(a) 증가   (b) 감소

(c) 변화 없음

13. 그림 11-26의 회로에서 출력전압이 +12 V에서 +12.5 V로 증가하였다면, V_{OUT}은?

(a) 증가   (b) 감소

(c) 변화 없음

14. 그림 11-26의 회로에서 R_1이 15 kΩ으로 대체되었다면, V_{REF}는?

(a) 증가   (b) 감소

(c) 변화 없음

질문

1. 전원공급기의 출력저항이 매우 작은 이유는?
2. 선형 조정기와 스위칭조정기 사이의 차이점은?
3. 직렬조정기에서 궤환전압이 증가하면, 오차검출기로부터 전압은?
4. 어떤 형식의 선형 조정기가 궤환을 오차검출기의 비반전 단자에 가하는가?
5. 어떤 형식의 조정기의 효율이 가장 좋은가?
6. 어떤 형식의 조정기의 효율이 가장 낮은가?
7. 어떤 형식의 조정기가 라디오 주파수 간섭을 발생하나?
8. 스위칭조정기에서 인덕터의 목적은?
9. 입력과 출력의 극성이 반대인 조정기는?
10. 3단자 조정기에서 입력과 출력 사이에 필요한 최소 전압 차이는?
11. LM317 조정기와 LM337 조정기의 차이점은?
12. 방열제의 목적은 무엇인가?
13. 78XX 시리즈 3단자 조정기가 전류원으로 사용될 때 부하저항은 어디에 연결하는가?
14. 78XX 시리즈 3단자 조정기가 전류원으로 사용될 때 출력전류는 무엇으로 결정하는가?

기본 문제

1. 어떤 조정기의 공칭 출력전압이 8 V이다. 입력전압이 12 V에서 18 V로 가해질 때 출력이 2 mV로 변화된다. 선로 조정을 구하고, 백분율 변화로서 선로 조정을 그려라.
2. 문제 1에서 구한 선로 조정의 %/V는?
3. 어떤 조정기는 10 V의 무부하 출력전압과 9.9 V의 전부하 출력전압을 가진다. 백분율 부하 조정은 얼마인가?
4. 문제 3에서 전부하 전류가 250 mA이면, %/mA의 부하 조정은?
5. 그림 11-27의 전압조정기의 기능별 블록도에 라벨을 표기하라.

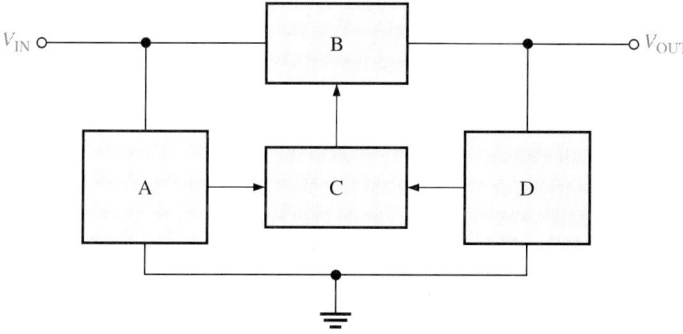

그림 11-27

6. 그림 11-28의 조정기에서 출력전압은?

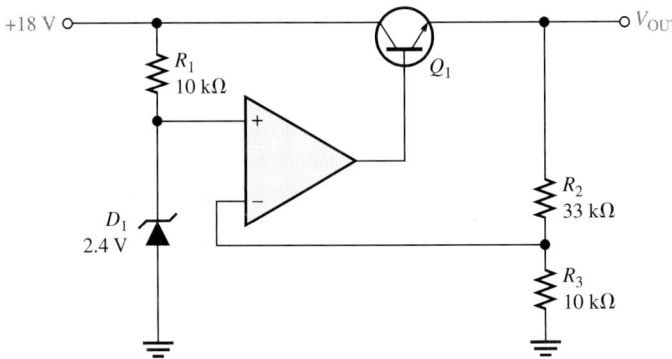

그림 11-28

7. 그림 11-28에서 제너 전압이 2.4 V 대신에 3.3 V이면, 출력전압은?

8. 그림 11-29의 전류분류조정기에서 R_L의 전류가 증가할 때 Q_1의 전류는 증가하나? 또는 감소하나? 이유는 무엇인가?

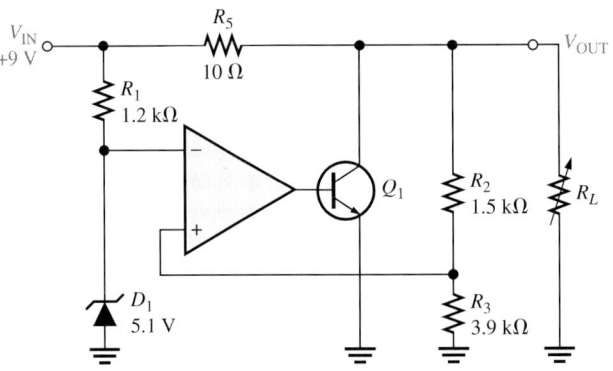

그림 11-29

9. 그림 11-30은 스위칭조정기 회로이다. 트랜지스터의 스위칭 주파수가 10 kHz, 60 μs 의 OFF 시간을 갖는다면, 출력전압은?

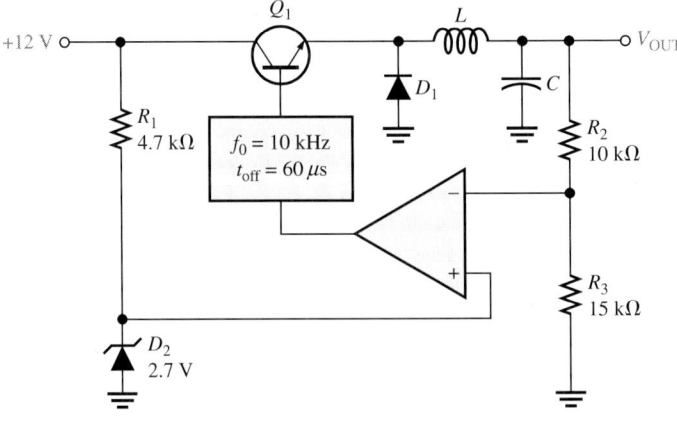

그림 11-30

10. 문제 9에서 트랜지스터의 듀티사이클은 얼마인가?

11. 그림 11-31에서 다이오드 D_1이 순향방 바이어스가 되는 경우는?

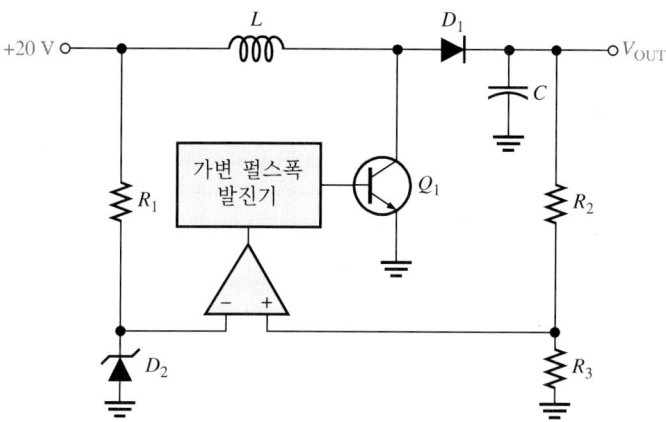

그림 11-31

12. 그림 11-31에서 Q_1의 OFF 시간이 감소하면, 출력전압이 증가하는가? 또는 감소하는가?

13. 그림 11-32에서 조정기의 출력전압을 구하라. 이때 $I_{ADJ} = 50\,\mu A$이다.

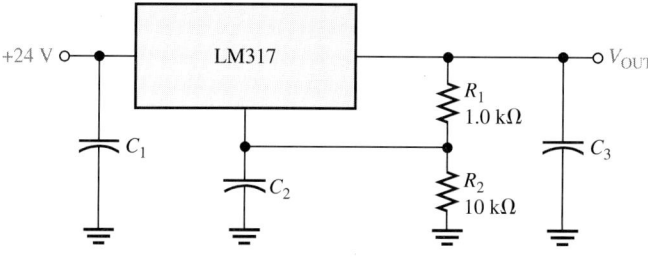

그림 11-32

14. 그림 11-33 회로에서 최소 및 최대 출력전압을 구하라. $I_{ADJ} = 50\,\mu A$이다.

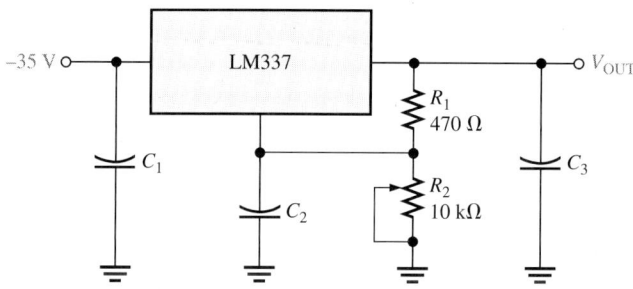

그림 11-33

15. 그림 11-32 회로의 무부하 상태에서 조정기에 흐를 수 있는 전류는?

기본-플러스 문제

16. 그림 11-29에서 R_L을 통한 전류를 일정하게 유지하고 V_{IN}이 1 V로 변경되었다고 가정한다. Q_1의 컬렉터 전류의 변화는?

17. 그림 11-29에서 9 V의 일정한 입력전압이 가해질 때, 부하저항이 1.0 kΩ에서 1.2 kΩ으로 변화하였다. 출력전압의 임의의 변화를 무시할 때 Q_1을 통한 전류분류전류는 얼마나 변화하는가?

18. 그림 11-29에서 최대 허용 입력전압이 10 V이면, 출력이 단락회로되었을 때 가능한 최대 출력전류는? R_5의 정격 전력은?

19. 18 V의 입력을 가지며, 12 V의 출력전압을 발생하기 위한 LM317 회로에서 사용되는 외부저항에 대한 값을 선택하라. 부하가 없는 최대 조정기 전류는 2 mA이고 외부 전달 트랜지스터는 없다.

20. 그림 11-34의 조정기 회로에서 최대 내부 조정기 전류가 250 mA라면 R_{ext}는?

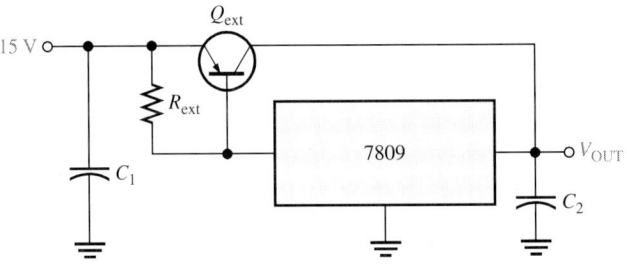

그림 11-34

21. 그림 11-34에서 7812 전압조정기와 10 Ω의 부하를 사용한다면, 외부 전달 트랜지스터는 얼마의 전력을 소비하는가? 이때 최대 내부 조정기 전류가 R_{ext}에 의해 500 mA에서 설정되었다.

22. LM317을 사용할 때 부하에 500 mA의 일정한 전류를 제공하게 되는 회로를 설계하라.

예제 질문

11-1: 12%, 0.6%/V

11-2: 0.5 Ω

11-3: 7.33 V

11-4: 가변저항기에 대한 R_3를 변경

11-5: 17.5 W

11-6: 467 mA

11-7: 8 Ω

복습 질문

1. 입력전압의 변화에 대한 출력전압의 변화의 백분율
2. 부하전류의 변화에 대한 출력전압의 변화의 백분율
3. 1.2%
4. 0.06%/V
5. 1.6%
6. 제어소자, 오차검출기, 샘플링 소자, 기준전압원
7. V_{REF}와 V_{FB}
8. 매우 낮은 온도 드리프트, 더 낮은 잡음
9. 2 V
10. 2 V
11. 전류분류조정기에서 제어소자는 직렬조정기에서보다 오히려 부하와 병렬로 연결된다.
12. 전류분류조정기는 고유의 전류 제한을 한다.
13. 단점은 전류분류조정기는 직렬조정기보다 덜 효과적이다.
14. 트랜지스터의 V_{BE}는 궤환루프에 있기 때문에 연산증폭기에 의해 보상된다.
15. 15.7 mA
16. 출력을 더 쉽게 필터링한다.
17. 라디오 주파수 간섭
18. 스텝-다운, 스텝-업, 반전
19. 스위칭조정기가 더 효과적이다.
20. 듀티사이클은 출력을 조정하기 위해 변화한다.
21. 적어도 2 V 이상의 출력과 필터된 것을 보기 위한 입력전압을 조사하라.
22. 2개의 저항전압 분류기와 입력, 출력과 조정 단자를 통한 커패시터들
23. 전달 트랜지스터는 전류를 증가시키는 데 사용될 수 있다.
24. 전류는 $V_{BE} \geq 0.7$ V일 때 Q_{ext}를 ON시키는 R_{ext}에 의해 결정된다.
25. 853 mA

단원 확인 문제

1. (c)	2. (d)	3. (c)	4. (b)	5. (d)
6. (c)	7. (a)	8. (d)	9. (c)	10. (a)
11. (b)	12. (b)	13. (c)	14. (c)	

계측과 제어회로

서론

온도, 힘, 이동 또는 광과 같은 물리적 양들의 상태를 파악하기 위해서는 전기량으로 되어야 한다. 이러한 변환을 처리하는 장치가 전기적 변환기(trans-ducer)이다. 전기적 변환기는 여러 환경상태의 비전기량을 측정하고 제어할 수 있도록 제작되었다.

대부분의 변환기는 dc와 ac 회로에서 설명한 원리에 이용되는 수동소자를 사용한다. 널리 사용되는 한 형태로 마이크로폰은 두 개의 커패시터 판 사이의 거리를 변화시켜 용량을 변환시킨다. 다른 변환기의 하나인 인장 게이지는 와이어의 저항이 길이와 직경을 함수로 하는 원리로 동작한다. 그러나 두 가지의 변환기들은 수동소자들을 전자회로에 이용하기

전에 감지량을 직접 응용할 수 있는 방법이 필요하다.

이 장에서는 변환기의 몇 가지 중요한 원리를 조사하고, 일반적인 변환기의 공통 속성과 선택기준을 설명하기로 한다. 특수 물리량에 대한 변환기는 수동소자의 특수성을 고려해야 한다. 특히, 온도와 힘의 측정은 가장 널리 사용되는 변환기의 응용분야이므로 더 자세히 설명하기로 한다. 힘 측정 기법 중에는 휘스톤 브리지라는 중요한 회로를 사용한다. 또한 압력센서, 이동센서 및 광센서 등 전력제어회로에 이용되는 사이리스터의 응용기법에 대해서도 설명한다.

이 장의 참고 자료는 아래 웹사이트에서 얻을 수 있다.

http://www.prenhall.com/SOE

주요 목표

각 절의 내용이 목표이다. 이 장을 마치고 나면 여러분은 다음과 같은 일들을 할 수 있어야 한다.

12-1 물리적인 파라미터를 전기량으로 변화하는 방법 및 응용예

12-2 변환기를 선택할 때 고려하여야 할 중요 소자

12-3 온도 변환기의 5가지 형식과 각 형식에 대한 이점과 응용

12-4 인장 게이지와 부하 셀을 이용한 측정방법

12-5 압력, 운동, 광을 측정하는 전기 변환기

12-6 사이리스터의 동작원리와 사이리스터의 제어법

실험실습 디렉토리

다음 실험실습은 이 장을 위한 것이다.

- 변환기(transducer)
- 수동 변환기(passive transducer)
- 능동 변환기(acbive transducer)
- 여자(excitation)
- 인장 게이지(strain gauge)
- 분해능(resolution)
- 열전쌍(thermocouple)
- 저항온도 검출기(resistance temperature detector)
- 더미스터(thermistor)
- 탄성한계(elastic limit)
- 인장(strain)
- 영의 계수(Young's modulus)
- 응력(stress)
- 게이지계수(gauge factor)
- 부하 전지(load cell)
- 압력(pressure)
- 사이리스터(thyristor)
- SCR
- 트라이액(triac)

과학은 갈릴레오의 발견 이후 더욱 정밀한 값까지 측정할 수 있도록 발전하고 있다. 의료분야에서는 신체의 비정상적인 조건을 검출하기 위해 여러 종류의 센서를 사용하고 있다. 현대 과학은 바이오센서 기술의 발전으로 폐암도 검출하고 이로 인해 치유가능성을 보이고 있다. 사이라노스(Cyranose)라 알려진 이러한 장비는 폐암환자의 호흡에 어떤 합성물의 냄새를 검출하여 신속하게 비침투 진단방법을 제공할 것으로 기대되고 있다. 사이라노스는 폐암환자의 호흡에 알칸과 벤젠 유도 물질이 매우 높은 화학적 합성을 포함한다는 사실을 기초로 파악되어 있다.

시험 시에 사이라노스는 호흡에서 존재하는 화학성분을 추출하고, 비디오 모니터로 형상을 구성한다. 폐암환자로부터 만들어진 이 형상은 다른 형의 폐질환 환자나 건강한 사람과 구별이 가능한 것이다. 그러나 이렇게 발전되고 있는 연구가 실제 진단 응용이 가능하고 명확히 구별될 수 있는 증상이 될 수 있도록 하는 모양을 만들기 위해 사이라노스의 정확도는 개선할 필요가 있다.

12-1 변환기 특성

변환기는 빛 또는 열과 같은 임의 에너지를 받아 저항과 같은 소자를 통해 또 다른 형태의 에너지를 변환시키는 장치이다. 변환기는 에너지를 여러 형태로 변환할 수 있지만 여기서는 전자 시스템을 이용한 출력의 전기적 파라미터와 그 응용예를 설명한다.

이 절에서는 물리적 파라미터를 전기적 양으로 변환하는 기법을 배우게 될 것이고, 임의의 전기적 변환기의 예를 나열할 수 있을 것이다.

능동 및 수동 변환기

개략적으로 변환기(transducer)는 한 형태로부터 다른 형태로 에너지를 변환하는 장치이다. 대부분에 사용되는 변환기는 전기적이 아닌 자연적인 출력을 갖는다. 보통의 수은 온도계가 한 예로 이 경우 온도 변화에 따라 유리관에서 수은의 높이가 변화하는 것이다. 전자 시스템을 이용한 전기적인 양으로는 변환할 필요가 없다. 수은 온도계와 같은 변환기는 출력이 자연적인 양이므로 특별히 유용하지는 않다. 전자 시스템을 이용하는 변환기는 에너지를 전기량으로 변환하는 장치들만을 포함하도록 제한되는데 이러한 에너지가 시스템의 입력장치이다.

전자 시스템에 사용되는 변환기는 수동을 이용하는 것으로 이 수동 변환기는 전압원을 갖고 상호변환 없이 직접 출력을 발생시키는 장치이다. 수동 변환기는 측정량 자체이고, 능동 변환기는 자체의 값이 아닌 경우이다. 즉, 능동 변환기는 출력값이 측정되는 양과 다른 전원으로부터 유도되는 장치이다. 능동 변환기의 대부분은 수동소자를 사용한다.

수은 온도계는 수동 변환기로 유리관 안에 있는 수은은 온도에 확장된다. 이때 에너지원은 온도이다.

전압 분배기로 사용되는 전위차계는 능동 전기 변환기의 한 예로 한 방향으로 손잡이를 돌리면 출력전압이 증가하고 다른 방향으로 돌리면 출력전압이 감소한다. 전위차계는 손잡이의 각 위치에 비례하여 전압을 "자동적으로" 변환한다. 전위차계에 공급된 dc 전압이 출력에 나타나게 되므로 능동 변환기가 된다. 변환기를 동작시키는 이러한 외부의 에너지원을 여자(excitation)라고 한다. 여자는 임의의 에너지의 형태일 수 있으나 전기 변환기에서는 보통 dc 또는 ac 전원 공급에 의해 제공된다.

전자 시스템의 기본 감지 소자로서 수동회로 소자인 전기량(저항, 커패시턴스, 인덕턴스)은 물리적 자극에 대응하여 그 값을 변화시켜야 한다. 수동회로 소자는 출력을 만들기 위해서 dc 또는 ac 여자전압을 변형시킨다.

전자 시스템에서는 변환기가 능동 또는 수동인가는 중요한 고려사항이 아니다. 오히려 출력은 쉽게 측정할 수 있는 양으로 전기적 형태이어야 한다. 이는 측정하려는 양과 관련된 전압, 전류, 주파수, 커패시턴스, 저항, 펄스폭 또는 다른 전기적 변수일 수 있다. 또한, 이는 예상되는 값의 범위를 감지할 수 있어야 하며, 충격 또는 열과 같은 환경요건을 충족할 수 있어야 한다.

전기 변환기

측정시에는 임의의 에너지원이 있어야 한다. 에너지는 6가지의 기본적 형태인 기계적, 열적, 방사능, 전자파, 자계 및 화학 중의 하나가 된다. 이러한 기본 형태의 각각은 전기적 파라미터로 쉽게 변환될 수 있다. 예로, 방사능은 방사능 측정기인 가이거(Geiger) 계수관을 통해 직접 전기적 펄스로 변환된다. 다른 변환으로는 와이어가 기계적인 에너지로 인해 늘어날 때 발생하는 저항값의 변화이다. 와이어가 늘어나는 것은 길이가 늘어나는 동시에 와이어의 직경은 감소된다. 이에 따라 전기적 저항값이 증가되게 된다. 표 12-1은 6가지 유형의 에너지를 전기적 파라미터로 변환하기 위한 각각의 예이다.

에너지원	대표적인 변환기	설명	
			표 12-1
기계적	전기용량 변위	판이 이동될 때 전기용량이 변화	입력에너지를 전기적 파라미터로 변환하는 변환기
열적	더미스터	저항은 온도의 함수	
방사능	가이거 계수관	방사능은 전기적 펄스를 발생	
전자파	안테나	고주파를 직접 전압으로 변환	
자계	홀-영향 감지기	전압은 도체를 이동하는 전류를 발생	
화학	pH 감지기	수소이온농도를 전압으로 변환	

앞의 설명과 같이, 여러 형식의 변환기에는 서로 다른 동작원리가 이용되고 있다. 분류 방법은 동작원리를 고려하고, 그 원리를 사용하여 측정할 수 있도록 하는 것이다. 예로, 전기용량 변화는 변위, 근접, 압력과 저온의 온도계를 포함하는 다양한 측정 방법이 이용된다.

저항변환기

저항값의 변화는 변환기에서 가장 많이 사용되고 있다. 변환기의 저항은 저항체의 와이퍼를 이동시키게 하는 방법, 빛의 세기를 감광물질의 저항값으로 변화시키는 방법 그리고 온도를 변화시키는 방법 등으로 변화시킬 수 있다. 널리 사용되는 저항변환기는 앞뒤로 움직이는 모양으로 이루어진 얇은 도체인 **인장 게이지**(strain gauge)이다. 이 인장 게이지는 늘어나거나 압축됨으로써 저항값이 변화된다. 늘어나게 되는 것은 선의 길이를 증가시키고, 선의 단면적을 감소시킨다. 이에 따라 저항값은 더 증가하게 되고 압축은 반대로 된다. 이러한 원리는 선의 저항 공식으로부터 알 수 있다.

$$R = \frac{\rho l}{A}$$

인장 게이지에서 변화되는 저항값은 휘스톤 브리지 회로에서 측정할 수 있다. 인장 게이지는 여러 형식의 변환기에 사용되며, 이 중에서 부하전지가 가장 많이 사용된다. 부하전지는 우편 저울로부터 무거운 트럭의 무게까지를 측정하는 저울에서 사용되는 힘 측정 시스템이다.

저항성 변환기는 온도와 같은 다른 양을 측정하는 데 사용될 수 있다. 온도 변환기에는 RTD(저항 온도 검출기)와 더미스터(열 저항기; thermal resistor)가 있다. RTD는 매우 안정한 더미스터로 백금으로 구성되어 있으며, 저항과 온도 사이에는 비례관계를 갖는 점을 이용한 것이다. 즉, RTD는 가장 정밀한 온도계의 하나로 금속의 저항성(ρ)이 직접 온도에 비례하는 원리를 사용한 것이다.

또 다른 형식의 저항 온도계는 선보다는 반도체 재료로 만들어졌다. 더미스터의 저항성은 금속온도의 변화에 반비례한다. 열은 반도체에서 전자를 자유롭게 하는데, 이것은 온도에 반비례하여 저항값은 변화시킨다. 더미스터는 RTD만큼 정밀하지는 않지만 온도조절장치와 같은 응용에서 널리 사용된다.

또 다른 저항성 변환기는 CdS(황카드뮴) 전지이다. CdS 전지는 고감도 저항기로, 광레벨이 변화할 때 광을 측정하거나 디지털 회로를 트리거하는 데 사용한다. 광이 CdS 전지에 가해지면 전하-캐리어가 증가되어 저항성분이 저하된다.

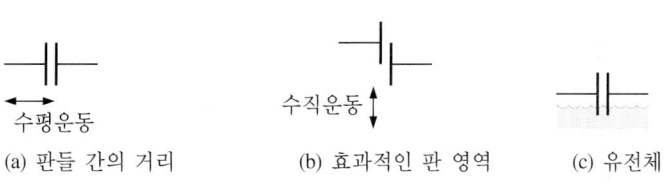

그림 12-1
용량성 변환기의 용량 변화

(a) 판들 간의 거리　　(b) 효과적인 판 영역　　(c) 유전체

용량성 변환기

병렬판 커패시터의 용량성은 다음과 같다.

$$C = 8.85 \times 10^{-12} \, \text{F/m} \left(\varepsilon_r \frac{A}{d} \right)$$

그림 12-1과 같이 용량성 변환기는 판들 간의 물질(ε_r), 판들의 크기(A) 및 판들 간의 간격(d)이 변화됨에 따라 용량이 변화된다. 예로, 용량성 마이크는 음압을 사용하여 판들 간의 간격을 변화시키고, 이로 인하여 용량이 변화하여 음성신호를 변화시킨다. 또 다른 용량성 변환기는 유체 레벨 지시기이다. 비전도성 액체가 판들 사이에서 증가함에 따라 커패시터의 유전체 상수가 변하여, 차례로 용량을 변화시킨다. 이러한 방법은 항공기 연료 측정에서 사용된다. 또한, 판 영역은 용량성 변위 변환기와 같이 판 영역의 변위로도 변화시킬 수 있다. 용량성 변환기는 측정 변위, 속도, 힘, 압력, 유동과 상대 습도 등 다양한 범위에서 응용된다.

용량성 변환기로부터 전기신호를 얻기 위한 용량의 변화는 자계와 관계된다. 그 중 한 가지는 ac 신호의 진폭을 변화시키기 위해 용량 변화를 이용하는 것이다. 이 경우는 ac 브리지 회로에 종종 이용된다. 또한, 용량은 공진회로의 주파수를 변화시킬 수 있다. 후자의 방법은 충격파의 측정에 사용되는 것으로, 케이블의 배열을 흐트러서 용량을 변화시킴에 따라 공진회로의 주파수를 차례로 변화시킨다. 데이터는 흐트러진 케이블의 거리에 기록된 주파수를 비교하여 해석된다.

유도성 변환기

유도성 변환기는 코일 인덕턴스의 변화를 이용하여 측정량을 변화시키는 것이다. 인덕턴스를 변화시키는 방법으로는 권선된 코일 내에서 감지소자에 연결된 마그네틱 코어를 이동시키는 것이다. 이 원리를 이용한 것으로 선형 변수 차동 변압기(LVDT)는 변위, 속도, 가속도, 압력 그리고 힘센서에 사용될 수 있다. 이 장치의 장점은 접촉 부분이 미끄러지는 형태로 인하여 반영구적으로 사용할 수 있다. LVDT는 12-5절에서 설명한다.

그림 12-2

자석과 코일을 포함한 변환기. 자석이 코일 안에 이동할 때 전압을 포함한다.

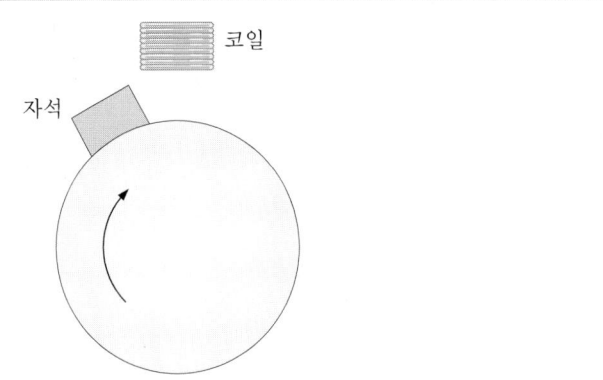

전자(電磁) 변환기

전압은 도체와 직각 상태에 있는 자계의 이동에 의해 도체에 유기된다. 코일이나 자석이 이동함에 따라 유기전압이 정해진다. 즉, 단지 상대 이동이 발생하는 경우이다. 그림 12-2는 회전속도에 따라 감지기의 값을 알 수 있다. 이러한 원리는 자전거 속도계에 사용된다. 또한, 이러한 원리는 유동계에도 사용될 수 있다. 전도성 유동은 감지기가 자석 내로 통과할 때 흐르는 전류의 유도에 의해 전력이 인가된다.

광전자 변환기

광전자 효과는 여러 종류의 광센서에서 이용된다. 광전자 효과는 광을 전기로 직접 변환한다. 가장 널리 사용되는 센서의 하나가 태양전지 및 광기전성 전지이다. 광센서를 이용한 태양전지는 우주에서 전력 전자 측정에 사용되며, 전력 발전 응용뿐만 아니라 원격 위치에서도 사용된다.

복습 질문

1. 변환기란?
2. 변환기의 용어 **여자**(excitation)란?
3. 용량성 압력 변환기의 판들이 압력의 증가에 따라 이동한다면, 커패시터에서의 용량은?
4. 용량성 변환기에서 용량을 변화시키는 세 가지 방법은?
5. LVDT는 무엇인가?

변환기 선택은 우선 측정 대상의 물리량을 규정하여야 한다. 측정 범위, 환경과 교정절차 등을 모두 고려하여야 한다. 이러한 각각의 고려사항들은 변환기 선택기준의 일부분이 된다.

이 절에서는 변환기를 선택할 때 고려하여야 할 중요한 파라미터로 설명한다.

측정 파라미터

특정 작업에 따라 변환기를 선택하는 데는 여러 가지 파라미터를 고려해야 한다.

범위

범위는 변환기가 대상물질을 측정하기 위해 설계하는 데 필요한 값을 정한다. 변환기 범위의 최소값과 최대값을 종료점이라 한다. 변환기에 대해서는 입력을 감쇠할 수도 있으므로 다른 범위로 측정할 수 있게 조정할 수도 있어야 한다. 예로, 예민한 광 변환기는 필터에서 빛이 감쇠되었는지 알 수 있도록 사용되고 있다. 이러한 경우 전체 입력의 범위를 측정하는데 단일 변환기로만 측정할 수 없는 경우가 생기게 된다. 대체로 경우에 따라서는 측정범위가 겹쳐지는 변환기로 선택하기도 한다.

문턱값

문턱값은 제로(0)값 근처에서 시작하는 측정된 양의 가장 미소한 검출 가능한 값이다. 식별할 수 있는 특정의 입력레벨에 대하여도 이 값이 유일한 수치로 측정할 수 있도록 하여야 한다. 변환기는 선택할 때에 어떤 식별이 가능한 방법으로 문턱값에 응답할 수 있는 것이어야 한다.

농석 동작

동적 동작은 변화하는 입력에 어떻게 변환기가 응답하는지를 나타낸다. 변환기의 동적 성능은 변환기의 변환 방식과 측정 방법에 따라 주파수응답 또는 응답시간으로 나타낸다. 응답시간은 주어진 입력량의 변화에 대하여 보통 $90\sim99\%$ 까지의 최종값이 설정된 백분율에 도달할 때 요구되는 시간이다. 예로, 온도센서의 응답시간은 서로 다른 온도 환경에서 응답할 때 센서에 대하여 요구되는 시간의 양으로 정해질 수 있다. 응답시간은 RC 또는 RL 회로와 같이 시정수로 여러 번 측정하여 결정한다.

정밀도

정밀도는 측정된 값과 측정에 용인된 값 사이의 차이이다. 용인된 값은 통상적으로 국가 표준에 따르는 표준량이다. 측정시 정밀도 요건은 변환기를 포함하여 측정 시스템 제작시 비용에 큰 영향을 준다. 또한 인장 게이지 및 압력 변환기와 같은 변환기 경우에는 순환 작업으로 사용되면 정밀도가 변화될 수 있는 노화수명도 고려해야 한다. 때에 따라 정밀도는 양을 비교할 때 미소 변화를 검출하는 능력(분해능)만큼은 중요하지 않은 경우도 있다. 예로, 지하탱크 테스팅에서 액체와 공기 사이의 간섭은 공기와 액체 사이에 작은 온도차를 관측할 수 있는 위치에 있어야 한다. 또한, 경우에 따라서는 분해능과 농도가 정밀도보다 더 중요한 요소가 될 수가 있다.

분해능

분해능은 측정량의 검출 가능한 가장 작은 변화의 크기이다. 대표적으로 분해능은 전체 범위에 대한 출력의 백분율에 의하여 정해진다. 잡음이 적은 신호에 포함된 경우에는 많은 변환기에 영향을 줄 수 있으며, 이에 따라 분해능에 영향을 준다.

반복성

반복성은 변환기가 동일한 입력에 반복적으로 사용된다. 어떻게 응답하는지의 측정이다. 이는 보통 전체 출력값에 대해 백분율 차로서 풀이한다. 반복성을 측정하기 위해 측정된 양은 동일 방향에서 접근하여야 한다.

이력현상 오류

이력현상(hysteresis) 오류는 측정점이 변환기의 전체 범위에 대하여 다른 방향으로 매번 접근할 때 동일 양에 대한 연속적인 측정값 사이에서 최대 차이이다. 예로, 한 방향 또는 다른 방향으로 기어를 돌렸는지에 따라서 기어의 회전에 의한 치차 간격이 서로 다른 값이 발생한 경우이다. 실제로 온도 측정의 경우 온도계가 예열될 때와 차가워질 때가 동일한지를 테스트하는 것이다.

예제 12-1	

문제

25파운드 내에서 20톤까지 무게를 검출할 필요가 있다고 가정한다. 요구된 저울의 최소 분해능은 얼마인가?

풀이

$$20의\ 파운드\ 수 = 20\ \chi\left(\frac{2000\ \text{lbs}}{\chi}\right) = 40,000\ \text{lbs}$$

$$분해능 = \frac{25\ \text{lb}}{40,000\ \text{lb}} \times 100\% = \mathbf{0.063\%}$$

질문

정밀하지 않은 저울에서 이러한 분해능의 규격을 충족시키는 것이 가능한가?

연산 및 환경적 고려사항

측정 파라미터 이외에도 변환기는 변환기가 위치하고 있는 환경에서 견딜 수 있어야 한다. 변환기, 배선 및 커넥터 등 모두는 노출된 환경에서 견딜 수 있어야 한다. 자연적인 위험도 고려할 필요가 있다. 자연적 위험에는 먼지, 온도, 물(염수를 포함한)과 습도조건 등이 있다. 배선의 절연은 용제, 산화물, 전색제와 마찬가지로 자연적인 영향에 견딜 수 있어야 한다. 반대로, 변환기는 폭발 또는 충격과 같은 상태에서 전기적인 문제를 발생하는 것을 모든 변환기가 위험한 환경에서 있도록 하면 안 된다.

인위적인 위험으로는 높은 방사 환경, 부식이나 위험한 화학물질, 침수, 마손, 진동, 폭발성 등의 환경이 포함된다. 변환기로부터 전기적 신호는 낮은 출력을 갖는 신호가 케이블에 연결되었다면 잡음, 간섭 등의 영향을 받을 수 있다.

전원 사항은 변환기의 형식에 따른다. 능동 변환기는 dc 또는 ac 전원으로부터의 여자 전원이 요구된다. 변환기가 원격 또는 잡음환경에서 동작되고 있다면, 전원용 리드선은 전위에 문제가 발생될 수도 있다.

변환기가 미약한 신호를 발생하거나, 전기적인 잡음환경(모터, 아크 용접 등)에 있다면 증폭이나 신호를 계측 시스템에 보내기 전에 디지털 신호와 같은 다른 형식으로 변환할 필요가 있다. 또한, 설치시 이용 가능한 공간과 같은 물리적 제한도 고려할 필요가 있다.

부하영향은 변환기 선정에 있어 또다른 중요한 고려사항이다. 부하는 다른 형태의 물리량을 발생할 수 있다. 모든 측정 방법에 따라 측정되는 양을 수정한다. 예로, 회전날개 유속계는 날개를 돌려서 유속으로부터 작은 에너지량을 축출하고 그 값으로부터 유량의 속도를 변화시킨다. 부하는 변환기에 연결된 전기적 측정회로에서 발생할 수도 있다. 전기 부하는 높은 테브냉 저항을 갖는 변환기가 낮은 입력저항과 함께 증폭기에 연결되었을 때 발생되는데 이 경우 변환기 신호는 증폭기에 연결되는 즉시 감소한다. 대부분 변환기는 매우 높은 등가 테브냉 저항값을 가지게 된다. 이러한 것은 호환증폭기에 대하여 필요성을 일깨우는 것이 중요하다.

교정 요건

변환기를 선정하는 데 있어서 고려사항으로는 교정 요건이다. **교정**은 알려진 정밀도의 표준값에 대한 측정장치 또는 측정계기의 성능에 대한 비교를 말한다. 교정과정은 실제로 표준과 맞게 장치 또는 계기를 조정하는 것이다. 변환기에 대해서는 정기적으로 규칙적인 교정을 필요로 하기도 한다. 교정은 알려진 기준 계기 또는 물리적 표준(부하전지에 대한 알려진 질량) 또는 물리적 기준(온도 변환기에 대한 물의 3배 점)의 사용과 변환기의 비교를 구성할 수 있다. 교정주기는 변환기의 동작수명과 장기간의 감도 천이, 영점 이동과 응용의 정밀도 요건과 같은 기타 요소에 의해 결정된다.

물리적인 양인 파라미터가 변화되면, 변환기의 응답은 이미 정해진 표준과 비교하여 처리한다. 일반적으로 특수 교정점은 수명연장에 대한 필요성을 피하기 위해 측정되는 양의 전체 범위를 넘어 확장할 수 있다. 예로, 압력변환기는 임의의 비선형성 또는 다른 변위 문제점 등을 나타내기 위해 응용시 경험상에서 파악된 내용 등을 교육과정에서 같은 내용의 압력을 받아야 한다. 데이터는 임의의 이력현상을 파악하기 위해 증가 및 감소방향 모두에서 실시하여야 한다. 교정에서 취한 데이터는 **교정기록**이라 한다. 교정기록은 추적하는 동안의 수용값으로 표준 데이터가 된다. 교정 동안 측정된 데이터 점을 연결하는 선을 특정 변환기에 대한 교정곡선이라 하며, 기록의 일부분이 된다.

복습 질문

6. 변환기 선택은 언제 하게 되나? 변환기의 범위를 고려하는 것이 중요한 이유는?
7. 변환기의 동적 동작이 어떻게 지정되는가?
8. 정밀도와 분해능 간의 차이점은 무엇인가?
9. 부하는 측정에 어떻게 영향을 주는가?
10. 교정이란?

12-3 온도 측정

대부분 현장에서는 작업이 안정하게 진행되어야 하므로 온도를 제어하는 것은 중요한 요소가 된다.

이 절에서는 온도변환기의 종류와 응용법에 대해 설명한다.

모든 물질에는 끊임없이 운동을 하는 분자가 포함되어 있다. 분자운동이 멈춰 열에너지가 없는 점을 절대온도 0이라 한다. 고체상태에서 분자는 특정 범위 내에 제한되어 있으며 분자운동도 그 장소 내에서 진동하는 것으로 제한된다. 액체상태에서 분자는 물질 안에서 이동할 수 있는 충분한 에너지를 가지고 있다. 열에너지가 물체에 가해짐에 따라 분자의 속도는 가스 형태로 서로 자유로운 상태로 이동하던 분자는 이동속도가 증가한다. 이론적으로 온도에 대한 상한은 없으므로 온도가 증가함에 따라 분자는 전자를 잃게 되어 원자 내에서 파괴되고, 플라즈마를 형성한다. 이것은 별에서 발견된 조건이다.

온도("열 측정하다"의 그리스 말에서 유래)는 물질 중의 원자들이 어떻게 활동하며 다른 원자와 충돌하는지와 관련된다. 온도차는 열이 두 물체 사이에 전도될 수 있는지를 결정하는 요소 중의 하나이다. 두 물체의 온도가 동일하다면, 열은 물체의 크기에 관계 없이 물체들 간에 전도가 없게 될 것이다.

온도가 열 측정으로부터 유래되었다고는 하지만, 물리에서 열은 온도와는 다른 개념을 가지고 있다. **열**은 측정하는 물체의 전체 내부에너지로 주울(joules)로 표시된다. 온도가 높은 물체에서 전체 내부 운동에너지가 적다면 열에너지는 적다는 것이다. 예로, 뜨거운 커피 한 잔에서는 원자의 운동이 빨라 빙산보다 온도가 더 높지만, 큰 질량으로 인해 훨씬 큰 내부에너지를 가지고 있기 때문에 빙산보다 더 적은 열을 가지고 있다.

온도 눈금

네덜란드의 계기 제조업자인 가브리엘 패런헤이트(Gabriel Fahrenheit)가 온도계를 발명하지는 않았지만 과학 연구용으로 정밀도가 충분한 온도계인 수은 온도계를 만드는 방법을 최초로 알아내었다. 그가 사용한 눈금은 그가 얻을 수 있는(0°F에서 얼음 물과 염화암모늄의 혼합물) 가장 낮은 온도와 96°로서 인체의 온도(98°가 나중에 더 정밀한 것이라 발견되었을지라도)를 기초로 하여 교정되었다. 미국에서 최초로 사용된 눈금은 표준압력에서 32°인 물의 빙점과 212°에서 물의 비등점이 되었다. 절대온도 0은 화씨 눈금으로 −459.6°의 온도이다.

섭씨 눈금은 화씨 눈금보다 세계적으로 더 널리 사용되고 있다. 섭씨 눈금은 표준압력에서 0°인 빙점과 표준압력에서 100°인 비등점을 정의한다. 섭씨 눈금은 −273.2°에서 절대영도가 된다.

절대온도인 켈빈 눈금은 모든 온도가 정(+)인 절대 눈금으로 대부분 과학 연구에서 많이 사용되는 온도 눈금이다. 켈빈 눈금은 간단히 0 K로 섭씨 눈금에서 가장 낮은 온도를 정의한다. 섭씨 눈금과 켈빈 눈금의 등급 크기는 동일하다. 그러므로 물의 빙점과 비등점 간의 등급 수는 섭씨 눈금과 켈빈 눈금 모두 100°이다.

눈금들 간의 온도 변환은 다음 식과 같이 한다.

$$F = \frac{9}{5}C + 32 \qquad (12\text{-}1)$$

$$C = \frac{5}{9}(F - 32) \qquad (12\text{-}2)$$

$$K = C + 273.2 \qquad (12\text{-}3)$$

여기서 F는 온도(°F)이고, C는 온도(℃)이고, K는 온도(K)이다.

예제 12-2	**문제**

65°F의 온도는 섭씨로 몇 도인가?

풀이

식 (12-2)에 대입하면,

$$C = \frac{5}{9}(F - 32) = \frac{5}{9}(65 - 32) = \mathbf{18.3°C}$$

질문

K에서 동일한 온도는 얼마인가?

열전쌍

2개의 서로 다른 금속선을 한쪽 끝을 접속하고 열을 가하면, 적은 열전자 전압이 온도에 비례하여 선 사이에 나타난다. 이러한 효과는 1821년에 토마스 지벡(Thomas Seebeck)에 의해 발견되어, 지벡 효과라 한다. 적은 전압을 기전력이라 하며 두 금속 간의 접합을 **열전쌍 접합**이라 한다.

그림 12-3과 같이 와이어의 양쪽 끝을 서로 연결하면, 두 열전쌍 접합이 만들어진다. 만약 한 접합이 다른 접합에 비해 온도차이가 있다면, 회로에는 전류가 흐른다. 전류량은 두 접합간의 온도 차이와 선에 사용된 금속 종류의 함수가 된다. 온도 측정으로 사용하기 위해서 한 접합은 감지 또는 "고온" 접합이고, 반면에 다른 접합은 기준 또는 "저온" 접합이다. 이때 저온접합이 얼음을 녹이는 온도와 같이 알고 있는 값이라면, 회로의 전류는 감지접합의 온도에 의하여 교정될 수 있다. **열전쌍**은 온도감지 변환기이며, 측정접합과 기준접합 간의 온도 차이에 비례하는 전류를 발생하게 된다.

회로를 컷오프하고 전압계로 한 접합에서 발생되는 열전자 전압을 측정하려 한다면 문제가 있다. 이는 그림 12-4와 같이 서로 다른 금속의 접합에 전압계의 리드선을 연결하면, 열전쌍 자체가 2개의 새로운 접합(기생접합이라 함)이 된다. 2개의 전압계 리드선이 같은 온도이므로 전압계에는 전압계 리드선의 온도와 측정하려는 원래 접합간의 차이만큼만 측정하게 된다.

그림 12-3	

열전쌍 회로. 회로전류는 접합 사이의 선로 형태와 온도 차이에 의해 정해진다.

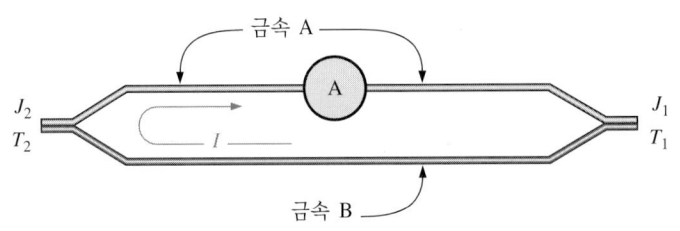

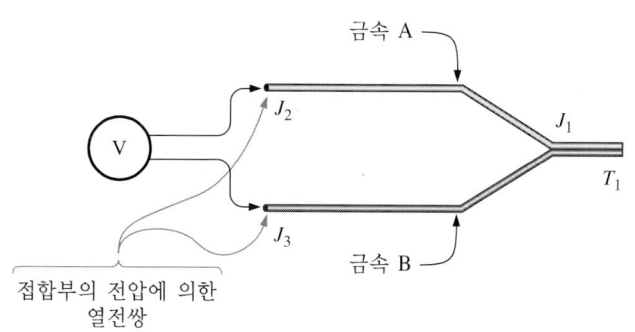

그림 12-4

전압계의 연결은 2개의 새로운 열전쌍 접합을 만든다. 전압계는 3개의 접합온도의 합을 읽을 것이다.

해결방안은 등온 블록에 전압계를 연결하여 두 접합을 이동하고, 알고 있는 기준온도에 블록을 놓는 것이다. 미지 접합의 전압은 재료의 형태와 미지 블록과 등온 기준 블록 간의 온도차에 따라 측정할 수 있다. 그림 12-5는 전압계가 부가되기는 하였으나 기본 열전쌍 회로와 등가이다.

등온 블록을 추가 설치하는 방법이 자주 사용되고 있지만 블록의 온도를 파악할 필요가 있다. 보통 감지접합의 온도는 정할 수 없지만 비교적 정확하게 기준접합을 정하는 다른 온도센서로 사용하면 된다. 전자회로를 부가하면 열전쌍의 출력으로 직접 온도를 측정할 수도 있다.

표준 열전쌍에는 온도, 감도, 선형성, 안정성 및 비용에 따라 많은 종류가 있다. 그림 12-6은 열전쌍 종류들에 대한 온도와 열전 전압 간의 관계를 보여준다. 출력전압은 원점이 0℃인 기준온도($T1$)에 대한 값이다. 선형 형태로 나타낸 것이 K형으로 0℃에서 1,250℃까지 선형 특성을 갖는 이유로 널리 사용되고 있다.

열전쌍의 예방책

열전쌍에서는 수 mV 정도의 적은 출력전압이 발생되기 때문에 특별한 예방책은 선로가 픽업에 대한 안테나로서 동작할 수 있기 때문에 간섭을 방지하기 위해 관측되어야 한다. 이를 위해 열전쌍 선로는 가능한 짧아야 하며, 어떤 경우에는 리드선의 꼬

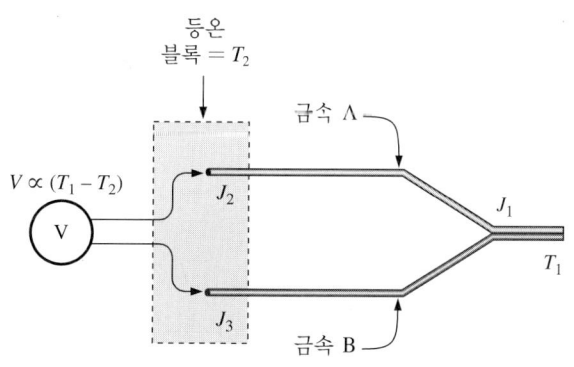

그림 12-5

등온 블록의 열전쌍에 전압계를 연결함으로써 열전쌍은 그림 12-3의 기본 회로와 능가이다. 블록은 기준을 나타낸다.

몇 가지 열전쌍의 비교(0°C 참조 온도)

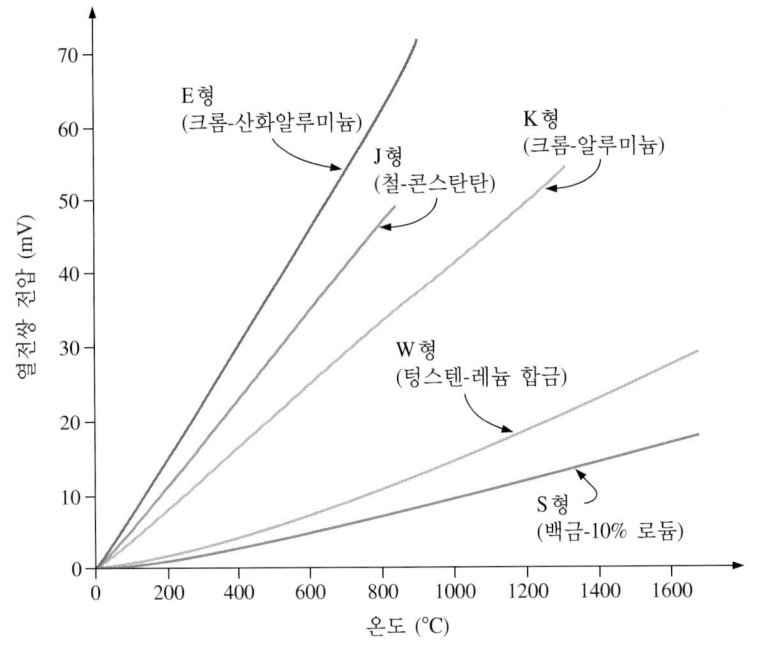

임과 차폐가 필요할 수 있다. 더 긴 선로가 필요한 경우에는 열전쌍 선로를 특수 제작하여야 한다.

화학적으로 열악한 열전쌍의 성능은 악화될 수도 있다. 물은 용해되지 않는 물질이므로 열전쌍 성능에 문제가 있다. 극저온에서 열전쌍의 금속은 끊어서 제거될 수 있으며, 합금성분을 변화시키며, 읽기에 영향을 준다. 이러한 상황에 따라 주기적으로 열전쌍을 교체해야 한다. 악화상태를 조사하여 열전쌍의 전기 저항은 기록될 수 있다. 저항을 측정하기 위해서 저항계는 매번 동일한 범위에서 사용되어야 하며, 읽기는 접촉면의 한쪽에서 시작한 다음 상태를 반대로 한다. 읽은 값은 평균을 사용한다.

RTD

저항온도검출기(RTD)는 물체가 직접 온도에 비례하는 특성을 이용한 온도변환기이다. 측정범위는 약 −50°C에서 450°C로 가장 정밀하게 측정할 수 있는 온도계이다. 니켈, 게르마늄, 탄소 유리로 만들어진 와이어가 때론 사용되기는 하나 대부분의 RTD는 순수 백금 와이어로 구성된다. 그림 12-7은 두 종류의 RTD이다. 가장 정밀한 값을 측정하는 양질의 RTD는 저항의 인장 유도 변화를 방지하기 위한 방법으로 백금 와이어로 제작되었다.

일반적으로 휘스톤 브리지 또는 4-선을 이용한 저항 측정 방식이 RTD 저항 측정에 사용된다. 브리지 방식에서는 RTD가 브리지 중의 한 부분에 배치되어, 출력전압을 감지한다. 이때 출력전압은 온도의 함수가 된다. RTD 저항은 보통 100 Ω이며 리드선

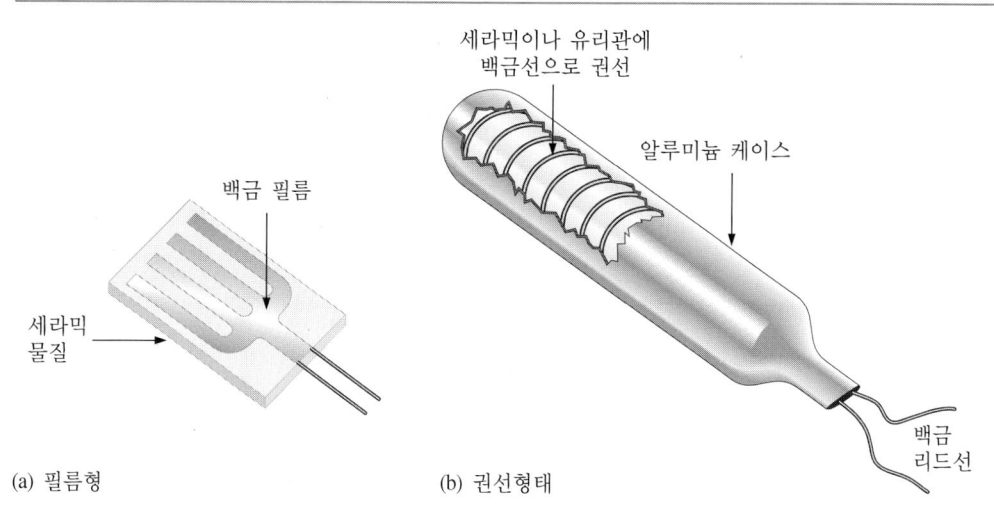

세라믹이나 유리관에
백금선으로 권선

알루미늄 케이스

백금 필름

세라믹
물질

백금
리드선

(a) 필름형   (b) 권선형태

그림 12-7

백금 저항 온도계

은 저항값을 갖지 않도록 주의해야 한다. 4-선 저항방식은 RTD에서 일정한 전류를 공급하는 두 개의 리드선을 사용할 때 특별한 저항계가 필요하며, RTD 양단에서 발생된 전압을 감지하기 위해서 두 개의 리드선을 요구한다. 이 방식은 저항계 리드선의 와이어 저항이 제거되기 때문에 와이어의 낮은 저항 측정에서 매우 정밀하게 측정될 수 있다.

더미스터

RTD와 같이, 더미스터(thermistor)는 온도에 반비례하는 함수 관계를 갖는 저항값을 이용한 변환기이다. 더미스터는 유리 용구, 프로브, 디스크, 세탁기, 연접봉 등을 포함한 다양한 패키지에서 이용하고 있다. 합성된 산화금속으로 제작되고 소형이며 구슬 형태로 구성되어 있다. 이 산화물은 온도의 변화에 대하여 매우 큰 저항 변화를 나타낼 정도로 예민한 성능을 가지고 있다. 실내온도에서 저항은 약 2,000 Ω이다. 높은 정밀도와 더불어 더미스터는 화학적으로 안정하며 빠른 응답시간을 가지며 물리적으로는 작은 장점이 있다. 더미스터의 작은 크기와 빠른 응답시간은 전력 트랜지스터의 온도 또는 동물의 신체와 같이 제한된 공간에서 온도를 감시하기 위한 개념으로 만들었다. 더미스터의 온도 측정 범위는 −50°C부터 최대 300°C까지로 제한되어 있으며 비선형 응답 특성을 갖는다. 그림 12-8은 대표적인 더미스터의 응답예이다.

그림 12-8

대표적인 더미스터 응답

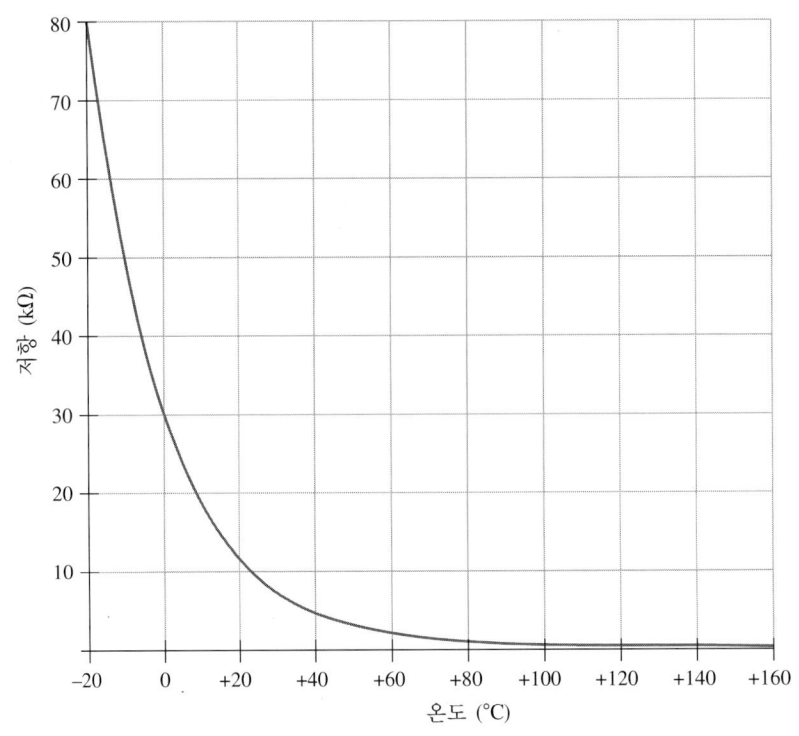

집적회로 온도센서

집적회로(IC) 온도센서는 더미스터와 열전쌍에 비해 사용하기 편리하고 가격이 저렴하다. IC 센서는 온도에 비례하는 전압출력 또는 전류출력을 갖는 IC 패키지에서 이용할 수 있다. 전압출력을 갖는 센서의 예로는 내쇼날 반도체사의 LM135이다. LM135는 −55°C부터 150°C까지의 범위에서 동작한다. 전류출력을 갖는 센서의 예로는 아날로그 디바이스사의 AD590이다. 이러한 2단자 온도 변환기는 저전압 공급기에 직렬로 연결되며 직렬전류는 1 mA/K이다.

IC 센서는 온도의 제한을 가지며 구조적으로 약하다. 그러나 IC 센서는 조정이 용이하며 저가이고, DMM과 연결될 때 직접 온도를 읽을 수 있는 전압이 있다.

방사 고온도계

방사 **고온도계**(pyrometer)는 열원으로부터 적외선 방사를 검출하고, 방사를 온도에 비례하는 전압 또는 전류로 변환하는 비접촉 온도센서이다. 이 방사 고온도계는 원거리에서도 온도를 측정할 수 있고 뜨거운 오븐과 같은 높은 온도를 측정하는 데 사용한다. 최근에는 −50°C 이하에서 온도를 측정할 수 있는 제품이 개발되고 있다. 고온도계는 열전쌍이 동작할 수 없는 환경에서 또는 접근이 불가능한 높은 온도를 측정하는 데 사용된다.

복습 질문

11. 화씨, 섭씨, 켈빈 눈금에서 물의 빙점은?

12. 지벡(Seebeck) 효과는?

13. K형 열전쌍이 측정할 수 있는 온도 범위는?

14. RTD에 비해 더미스터의 장점 세 가지는?

15. 온도를 감지하는 데 방사 고온도계의 장점은?

힘 측정 12-4

작은 식료품에서부터 트럭 한대분의 자갈이 이르기까지 많은 제품들은 물건을 팔기 전에 무게를 측정할 필요가 있다. 힘 변환기는 무게(움직인 힘)를 전기량으로 변환하는 데 사용한다. 가장 많이 사용되는 힘 변환기가 인장 게이지이다.

이 절에서는 인장 게이지와 부하전지의 측정원리를 설명한다.

Hooke의 법칙

탄성 물질에 힘을 가하면, 탄성 물질은 어느 정도 변형이 된다. **탄성**은 가해진 힘이 제거된 후에 본래의 크기와 모양으로 복원하는 물질의 성질이다. 스프링은 힘을 가하면 변형되는 탄성 물질의 예이다. 힘을 스프링에 가하면 스프링은 가해진 힘의 양에 따라 더 길게 또는 더 짧게 길이가 변화된다. 힘이 제거되면, 스프링은 스프링이 견딜 수 있는 범위 이내이면 원래의 크기로 되돌린다.

스프링에 비해 영향은 덜 받기는 하지만 어떤 고체 금속 블록에 가해진 무게(힘)는 무게에 비례하는 총량에 의해 블록을 압축할 것이다. 그림 12-9와 같이 가해지는 방향에 따라 블록을 압축(+)하거나 잡아당기는(−) 힘이 정해진다. 물질이 탄성 영역을 유지하는 범위 내에서 크기의 변화는 가해진 힘에 비례한다. 이러한 관계가 Hooke의 법칙으로 다음과 같이 표현된다.

$$F \propto \Delta l$$

여기서 F는 가해진 힘(Newton)이고, Δl은 가해진 힘에 의한 길이의 변화(m)이다. 기호 $\propto$은 "비례하다"를 의미한다. 상수 k를 대입하면 Hooke의 법칙은 다음 식과 같이 쓸 수 있다.

$$F = k\Delta l \tag{12-4}$$

여기서 k는 비례상수(n/m)이다.

원래 모양으로 되돌리려는 탄성체의 성질에는 탄성한계가 있다. 점점 더 많은 힘을 탄성체에 가하게 되면 탄성체는 탄성한계에 도달하게 된다. 탄성한계는 탄성체가 영

그림 12-9

크기 Δl 의 변화는 탄성 제한
이 초과될 때까지 가해진 힘에
비례한다.

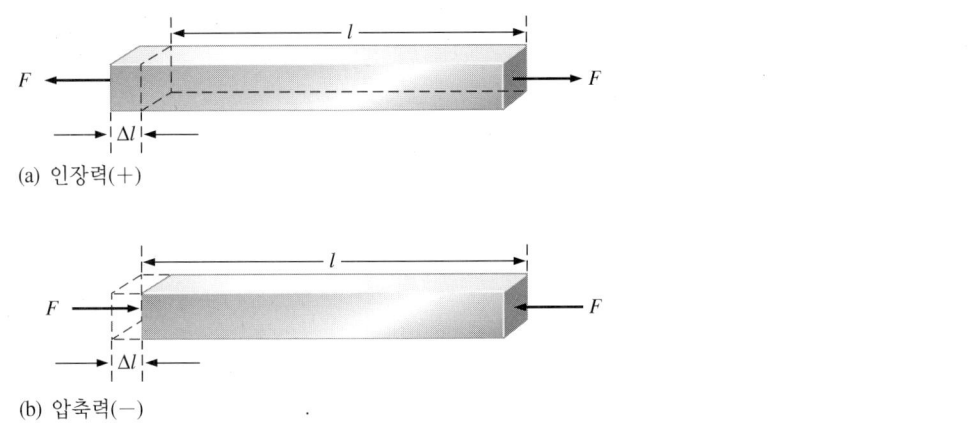

(a) 인장력(+)

(b) 압축력(−)

구적으로 변형되는 점이며, Hooke의 법칙은 이 점을 넘으면 더 이상 유효하지 않다. 강철과 같은 물질에서 탄성한계는 길이의 변화가 초기 길이에 비해 비율이 아주 짧다. 탄성한계점에 일단 도달하면, 부가적인 힘은 모양을 변형시키거나 파괴를 일으킨다. 고체 금속과 달리 모형 점토와 같은 물질은 탄성이 없으며, 어떠한 작은 힘이 가해지는 것에 상관없이 본래의 형태로 되돌리지 않는다. 점토는 조형 물질이라 한다.

인장 및 응력

블록이 힘을 받으면 길이가 변화한다. 주어진 힘에 대하여 길이의 **변화**는 블록의 원래 길이, 블록의 단면적, 물체의 성질 등 세 가지 요소에 의해 정해진다. 먼저, 길이의 영향을 조사해 보자. 길이가 서로 다른 2개의 동일한 블록이 있다고 가정하자. 이때 동일한 힘의 압력을 각 블록에 가한다면, 긴 블록은 짧은 블록보다 더 크게 비례하는 양의 압력을 받을 것이다. 이때 결과적으로 보면 블록의 원래 길이로 나눈 길이의 **변화**는 두 블록이 동일한 것을 알 수 있다.

$$\frac{\Delta l_1}{l_1} = \frac{\Delta l_2}{l_2}$$

여기서 $\Delta l_1/l_1$은 블록 1의 길이로 나눈 길이의 변화, $\Delta l_2/l_2$는 블록 2의 길이로 나눈 길이의 변화이다.

$\Delta l/l$의 양을 **인장**(strain)이라 하며 기호 $\in$로 줄여쓴다. 즉, 인장은 가해진 힘에 대한 물체길이의 탄성 변형이다. 인장은 다음 식과 같다.

$$\in = \frac{\Delta l}{l} \tag{12-5}$$

여기서 $\in$는 인장이며 차원이 없는 수이다(가끔은 인치/인치로 표현한다).

실제로 인장의 크기가 금속에서는 미소한 값이 된다. 따라서, 실제로는 마이크로스트레인의 단위를 사용한다. 마이크로스트레인은 $\in \times 10^{-6}$이고 $\mu\in$로 쓴다.

블록길이 변화에 영향을 주는 두 번째 요소가 단면적이다. 블록에 임의의 압력인 부하를 가한다고 하자. 2개의 블록에 압력이 가해진다면, 부하 힘은 두 블록에 똑같이 분배될 것이다. 이전의 길이 변화와는 다르게 면적의 증가는 힘의 영향을 반으로 감소시킨다. 즉, 다음 식과 같다.

$$\frac{F}{A} \propto \frac{\Delta l}{l}$$

여기서 A는 단면적(m^2)이다.

길이에 영향을 주는 세 번째 요소가 물질의 성질 자체이다. 강철과 같은 물질은 매우 단단하여 쉽게 변형되지 않고 목재와 같은 물질은 아주 쉽게 변형된다. 예로, 동일한 힘을 강철과 목재에 가했을 때 목재는 강철에 비해 10배 이상 변형될 것이다.

영의 계수(Young's modulus)라 하는 상수 E는 물질의 성질에 따라 정해지는 상수로 영의 계수는 늘림 또는 굽힘을 나타낸다. 이 값은 물질 경도의 척도로, 단면에 부하가 가해졌을 때 길이의 변화(늘림)를 나타내는 척도이다. 이 계수를 다음 식에 대입한다.

$$\frac{F}{A} = E\frac{\Delta l}{l} \tag{12-6}$$

여기서 E는 영의 계수(N/m^2)이다.

양 F/A는 **응력**이라 한다. 응력은 고체 평면의 단위면적당 힘으로 이 값은 장력 또는 압력에 따라 정해진다. 응력의 단위는 N/m^2이다.

식 (12-6)에서 응력(F/A)과 인장($\Delta l/l$)은 서로 비례하고, 영의 계수와 관계가 있다. 그림 12-10은 저탄소 강철에 대한 응력-인장도이다. 이 그림에서 Hooke의 법칙에 따라 가해진 힘은 길이의 변화에 비례한다. 만약 힘이 이 영역에서 제거되면, 강철은 본래의 모양으로 되돌아온다. 탄성한계에 도달한 후에 **항복점**(yield-point)이라는 점에 도달된다. 항복점은 물질의 영구 변형이 발생하는 점이다. 이러한 영역은 조형 범위라 한다. 힘을 더 가하면 물질은 파손된다. 힘 변환기는 통상적으로 항복점을 넘어서 동작하지 않도록 설계되어 있다.

우리는 길이에 따라 블록에 압력을 가하는 힘이 탄성 영역에서 물질이 유지되는 동안 힘에 비례하는 인장이 어떻게 발생하는지를 배웠다. 힘을 물질의 평면에 수직으로 가할 때 이를 정규 인장이라 한다.

표면에 수식이 아닌 힘에 의해 발생하는 또 다른 인장의 형식이 있다. 이러한 형식의 힘은 추축(pivot)점에 관해 토크를 발생한다. 그림 12-12는 이러한 토크에 의해 발생된 인장을 설명한 것이다. 그림에서처럼 힘을 가하면 빔(beam)의 상단은 늘어나고, 빔의 하단은 압축된다. 이때 Δl은 상단을 따라서 정($+$), 하단을 따라서 부($-$)가 된다. 즉, 인장은 가해진 힘에 비례한다.

그림 12-10

저탄소 강철에의 응력-인장도. 기존의 공학실습에 의해 인장은 독립변수로서 그린다.

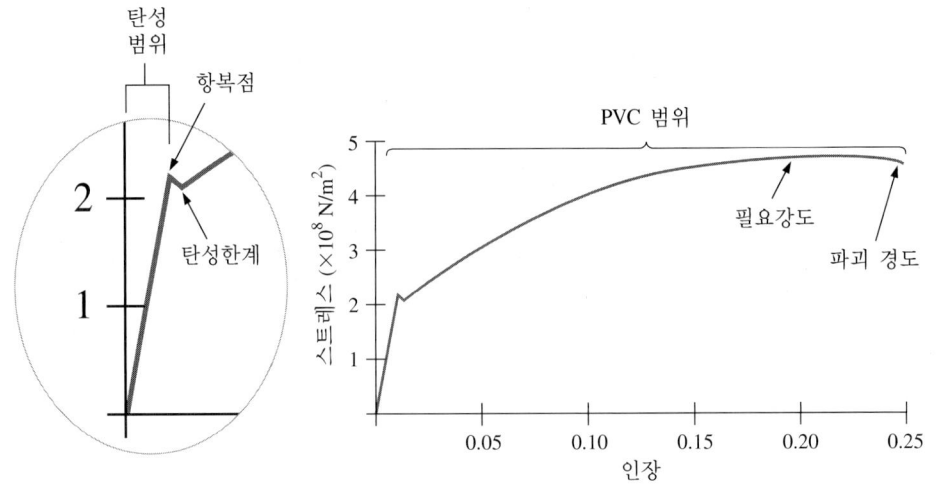

그림 12-11

정규 인장. 길이, 폭, 높이가 모두 변한다.

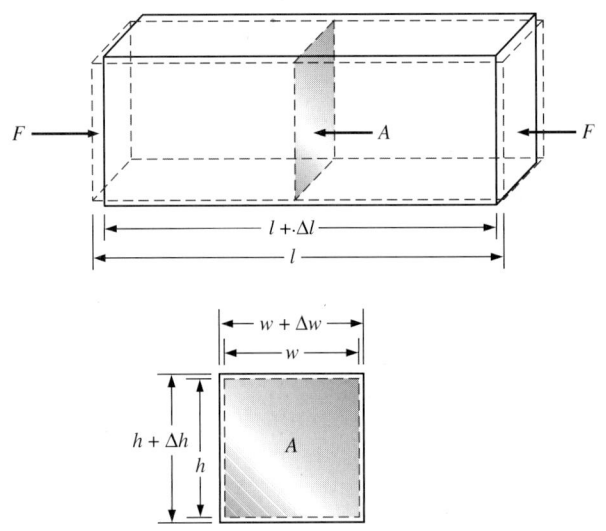

그림 12-12

토크에 의해 한쪽으로 휜 빔의 굽힘 인장

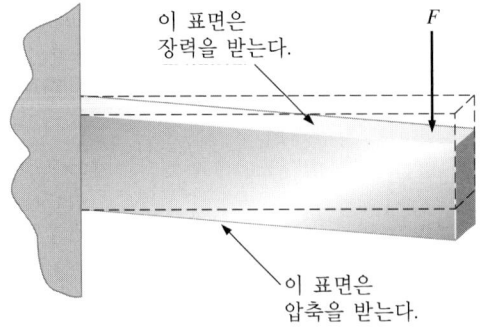

인장 게이지

인장 게이지는 매우 얇은 금속으로 제작된 변환기이며, 대상 물체에서 인장을 검출하기 위해서 고체에 견고하게 변환기가 부착되어 있다. 힘이 물체를 변형시킬 때 인장 게이지는 동일한 변형을 받으며, 게이지의 저항이 변화한다. 와이어 저항이 와이어의 길이에 비례함을 상기하라. 이러한 경우에 인장력을 받지 않은 저항 R로 나눈 저항 변화 ΔR은 인장에 비례한다.

$$\frac{\Delta R}{R} \propto \frac{\Delta l}{l}$$

게이지계수 G라 하는 상수를 삽입함으로써 이 비례식은 동일하게 변화될 수 있다. 게이지계수는 인장 게이지에 따라 정해진다. 정해지기는 하나 대개 $2 \sim 5$ 사이의 값이 된다.

$$\frac{\Delta R}{R} = G \frac{\Delta l}{l} \qquad\qquad (12\text{-}7)$$

여기서 G는 게이지계수이며 차원이 없다.

금속 인장 게이지는 짧은 게이지 길이를 유지하는 동안 전도성 원소에 대한 긴 통로를 허용하기 위해서 앞뒤로 겹친 도체를 가진 매우 얇은 전도성 금속조각(foil)으로 만들어졌다. 인장 게이지 명칭과 함께 대표적인 인장 게이지를 그림 12-13에서 설명하였다. 게이지 길이는 0.2 mm에서 10 cm 이상까지 작게 변화한다. 앞뒤 모양은 와이어에 병렬 방향에서 응력을 받을 때만 게이지 감지가 되고 와이어에 직각 방향에서는 감지되지 않도록 설계되어 있다. 대표적으로, 금속조각은 구리 60%와 니켈 40%의 합금인 콘스탄탄과 같은 특수 합금으로 만들어졌다. 표준 금속조각의 저항은 120 Ω과 350 Ω이다. 어떤 게이지는 5000 Ω 이상의 저항을 이용하기도 한다.

인장은 직접 측정이 가능한 양이다. 그러나 보통 관심 있는 양인 응력은 그렇지 않나. 이 경우에 인장 게이지는 응력을 구히는 데 사용할 수 있다. 응력은 직접적으로 무게와 관계가 있는 저울에 널리 사용된다.

그림 12-13

대표적인 포일형 인장 게이지

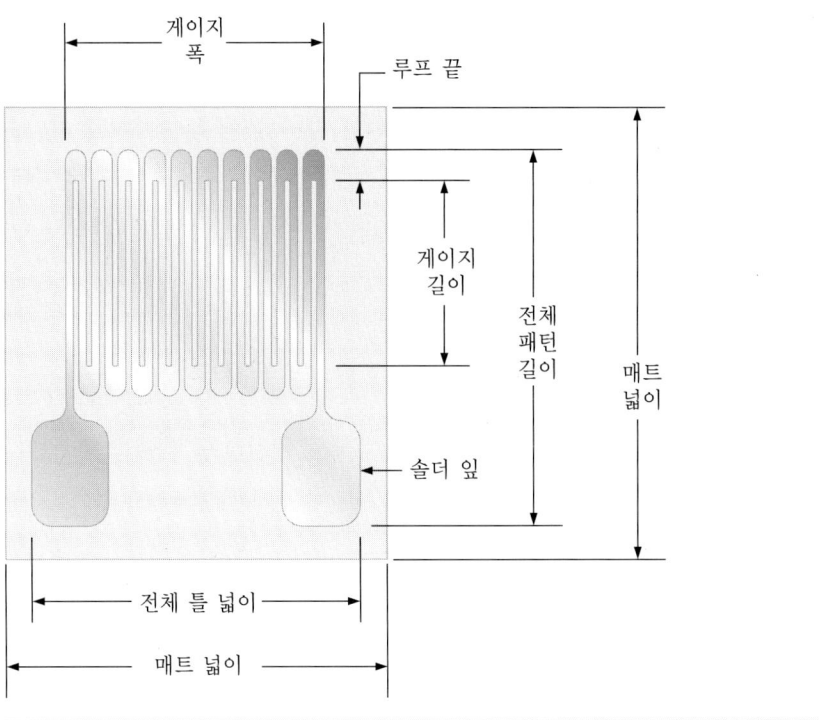

- 게이지 폭
- 루프 끝
- 게이지 길이
- 전체 패턴 길이
- 매트 넓이
- 솔더 잎
- 전체 틀 넓이
- 매트 넓이

예제 12-3

문제

인장 게이지가 빔에 부착되어 있고, 2.5 mΩ의 부하에서 저항을 2.5 mΩ으로 변화시킨다. 만약 인장 게이지의 인장을 받지 않은 저항이 350 Ω이고 게이지계수가 2.2이면, 인장은 얼마인가?

풀이

식 (12-7)을 정리하면,

$$\frac{\Delta l}{l} = \frac{\Delta R/R}{G}$$

대입하면,

$$\frac{\Delta l}{l} = \frac{2.5 \text{ mΩ}/350 \text{ Ω}}{2.2} = \textbf{3.25 } \mu \in$$

질문

만약 동일 인장이 350 Ω의 공칭저항을 갖는 인장 게이지로 측정할 때 게이지계수가 3이면, 저항의 변화는 얼마인가?

부하전지

거의 모든 무게를 재는 시스템의 기본은 **부하전지**이다. 부하전지는 크기, 모양, 범위에 따라 다양한 규격이 있다. 그림 12-14는 대표적인 부하전지이다. 부하전지는 힘에 의해 변형된 금속체에 가해진 힘 감지 변환기이며, 물체 재료의 탄성영역 내에서 동작하도록 설계되었다. 부하전지의 핵심은 인장 게이지이다. 대부분의 부하전지는 부착된 4개의 인장 게이지를 갖는다. 4개의 게이지 중 2개는 장력, 나머지 2개는 압력에 사용된다. 그림 12-15는 게이지에 나타낸 것처럼 휘스톤 브리지 배열에 게이지가 연결된 것이다. 10 V에서 15 V의 여자전압이 브리지에 사용된다. 부하전지의 힘이 압력을 받는 인장 게이지의 저항은 감소하고, 장력을 받는 2개의 저항은 증가한다. 매우 적은 양이기는 하지만 저항에서 이러한 적은 변화는 브리지를 불균형 상태로 만들며, 적은 양에 의해 출력전압이 변화된다. 출력전압은 가해진 힘에 따라 변한다.

그림 12-15는 전체-브리지 배열에 장착된 350 Ω의 인장 게이지로 구성되었다. 이때 리드선에서부터 출력 리드선에 측정된 저항은 응력을 받지 않는 조건에서 공칭 350 Ω을 측정하는 것이다. 인장 게이지가 전체 브리지 구조의 부하전지에 장착될 때 부하전지의 전체 출력 눈금은 통상적으로 여자전압당 1, 2, 또는 3 mV가 되도록 설계되었다. 예로, 3 mV/V로 지정된 부하전지에서 여자전압이 10 V이면, 전체 출력은 30 mV가 된다. 출력전압은 가해진 힘과 선형 관계를 갖는다.

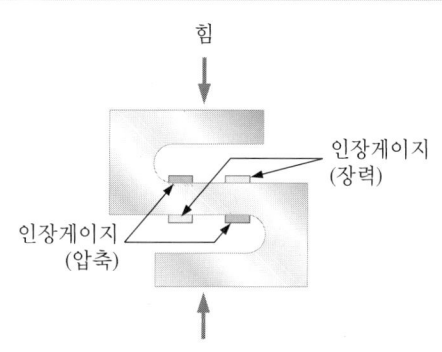

그림 12-14

4개의 인장 게이지가 설치된 부하전지. 인장 게이지는 힘이 가해졌을 때 변형을 측정하기 위해 금속체에 부착되어 있다.

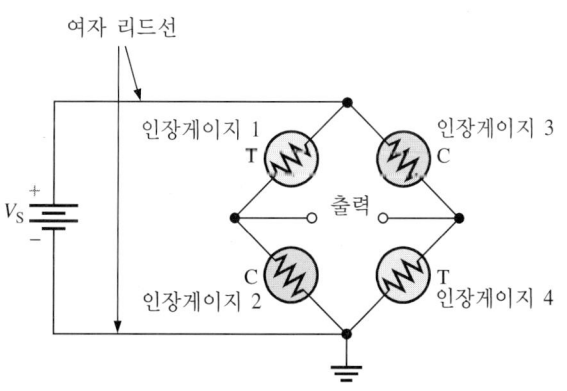

그림 12-15

부하전지의 출력을 측정하기 위한 휘스톤 브리지. 2개의 인장 게이지(대각선상에)는 장력에 사용되고, 2개는 입력에 사용된다.

예제 12-4

문제

2 mV/V 규격을 가진 부하전지가 4개의 350 Ω 인장 게이지(2개는 압력에, 2개는 장력에 사용된다)를 가지고 있다. 여자전압은 15 V이다. 휘스톤 브리지에 가해진 힘이 없을 때 평형되었다면, 전체 부하에서 인장 게이지 2의 저항 R_2는 얼마인가?

풀이

그림 12-16(a)에서 정상적인 브리지 평형상태를 설명하였다. 평형된 경우 브리지의 각 면은 여자전압의 반(1/2)이다. 전체 부하가 가해진 경우 브리지는 그림 12-16(b)와 같이 불평형을 이룬다. 그러므로 출력전압은 다음과 같다.

$$V_{OUT} = (2 \text{ mV/V})(15 \text{ V}) = 30 \text{ mV}$$

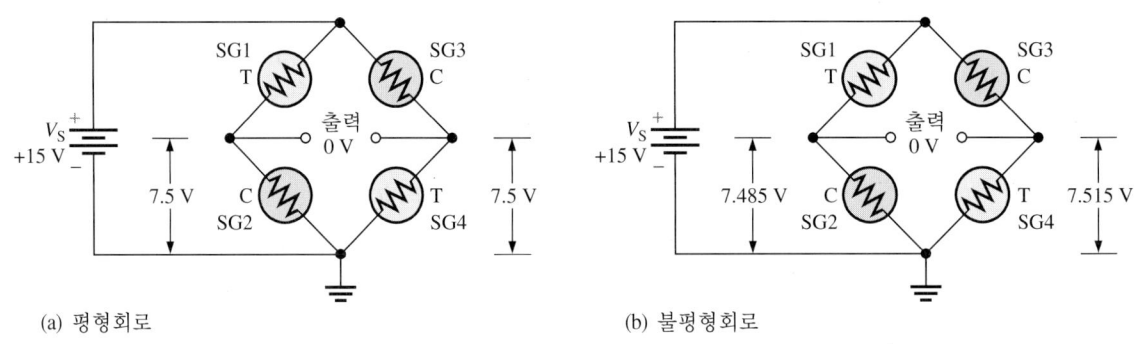

(a) 평형회로   (b) 불평형회로

그림 12-16

브리지의 각 반은 15 mV로 불평형을 이룰 것이다. 그러므로 브리지의 한 면은 7.5 V보다 적은 15 mV인 출력을 가질 것이며, 다른 반은 그림과 같이 7.5 V보다 큰 15 mV인 출력을 가질 것이다.

브리지의 각 반의 전체 저항은 700 Ω이며, 부하와는 독립이 된다. 전압 분배기 식은 브리지의 왼쪽 면에 대하여 구할 수 있다.

$$V_{OUT} = V_S \left(\frac{R_2}{R_T} \right)$$

여기서 R_2는 인장 게이지 2의 저항이다.

식을 다시 정리하고 대입하면,

$$R_2 = \left(\frac{V_{OUT}}{V_S} \right) R_T = \left(\frac{7.485 \text{ V}}{15 \text{ V}} \right) 700 \text{ Ω} = \textbf{349.3 Ω}$$

이 결과는 최대 출력에서 평형되는 것을 보여주며, 인장 게이지의 저항 변화는 1 Ω 이하이며, 이는 0.2%의 변화를 나타낸다.

질문

전체 눈금 출력에서 SG1의 저항은 얼마인가?

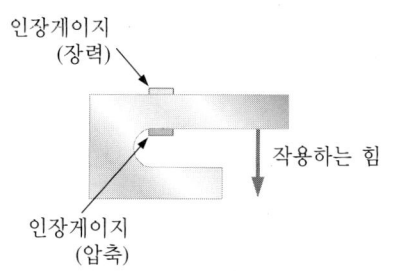

그림 12-17

외팔보 장치

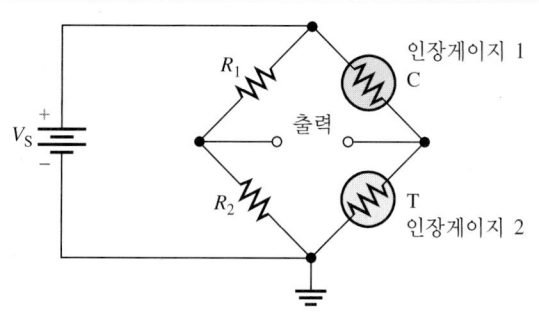

그림 12-18

반-브리지 배열. 한 개의 인장
게이지는 장력에 사용되고, 다
른 인장 게이지는 압력에 사용
된다.

때로는 2개의 인장 게이지로 측정할 경우가 있다. 굽힘을 측정하기 위해서 인장 게
이지 중 하나는 장력에 사용되고, 다른 하나는 압력에 사용되도록 설치한다. 그림 12-
17과 같이 빔의 상단에 장력용 인장 게이지를 설치하고, 빔의 반대면에 압력용 인장
게이지를 설치한다. 게이지는 그림 12-18과 같이 휘스톤 브리지의 인접 팔에 대표적
으로 연결된다. 이러한 구조를 반-브리지(half-bridge)라 한다. 이러한 배열은 2개의 게
이지가 동일한 방법에서 영향을 받기 때문에 게이지의 저항으로부터 온도 변화 영향
을 제거할 수 있게 된다.

예제 12-5

문제

2 mV/V 부하전지가 10 V 전원으로 여자되어 있으며, 디지털 전압계로 측정하였다. 부하
전지가 100 lb 부하를 가진 전체 눈금 출력에 대하여 설계된 저울에 사용된다. 만약 측정
에 요구되는 분해능이 0.1파운드이면, 전압계의 최소 요구 분해능은 얼마인가? 전압으로
나타내면 얼마인가?

풀이

백분율로 나타낸 측정되는 요구 분해능은 다음과 같다.

$$\text{분해능} = \left(\frac{0.1 \text{ lb}}{100 \text{ lb}} \right) \times 100\% = 0.1\%$$

브리지로부터 전체 눈금 출력은 다음과 같다.

$$\text{FSO} = (2 \text{ mV/V})(10 \text{ V}) = 20 \text{ mV}$$

전압으로 나타낸 전압계의 분해능은 다음과 같다.

$$전압계\ 분해능 = (0.1\%)(20\ mV) = \mathbf{20\ \mu V}$$

이러한 결과에서 알 수 있듯이 측정은 예민한 전압계와 관련된 적은 전압을 나타내기 위해서 매우 낮은 잡음을 요구한다.

질문
여자전압이 10 V 대신에 15 V이면 영향을 주는 요구 분해능은 얼마인가?

복습 질문

16. 금속의 탄성한계는?

17. 인장과 응력의 차이점은?

18. 영의 계수(Young's modulus)란?

19. 인장 게이지는 인자에 어떻게 응답하는가?

20. 부하전지란?

12-5 압력, 운동 및 광 측정

압력, 운동(변위, 속도, 가속도) 및 광의 세 가지 측정을 하는 데는 보통 전기 변환기가 사용된다.

이 절에서는 압력, 운동, 광을 측정하기 위한 전기 변환기에 관해서 설명한다.

압력 측정

바닥이 평평한 용기에 물과 같은 유동체를 생각해 보자. 물의 무게는 전체 바닥 표면 위에 분포된 용기의 바닥에 힘을 가한다. 바닥면의 각각은 동일한 무게를 지탱한다. 단위면적당 힘을 **압력**으로 정의한다. 면적은 힘에 수직으로 측정되고 이때 압력은 다음 식과 같다.

$$P = \frac{F}{A}$$

여기서 P는 압력(n/m²; 파스칼), F는 힘(N), A는 면적(m²; 힘에 수직)이다.

압력은 뉴턴/평방미터로 측정되며, 파스칼(Pa라 줄여 사용)이라는 특별한 이름을 사용한다. 단위는 매우 적은 압력으로 흔히 **킬로**(k) 또는 **메가**(M)의 미터법 접두사로 쓰인 단위를 볼 수 있다. 영영법 단위계로 하여 만약 힘이 파운드로 측정되고, 면적이 인치로 측정되었다면, 압력은 평방인치(in²)당 파운드(lb)(psi라 줄여 사용)이다. 1 psi는 약 6.895 kPa이다. 압력은 흔히 대기압력에 대해 지탱할 수 있는 수은주의 높이에 의해서 측정될 수 있다. 이러한 단위는 약간의 차이가 있는데 면적당 힘 대신에 높이(수은의 mm)로 주어진다. 대기압력은 그 면적에서 대기에서의 무게로 한 단위면적에 대한 힘이다. 이것은 수은주의 760 mm, 29.92 in, 14.7 psi, 또는 101 kPa로서 쓸 수 있다.

이 값은 정해진 높이를 액체 원기둥의 바닥에서 동일한 압력의 압력 측정을 표시하는 값이다. 압력 측정에 사용된 액체는 일반적으로 수은(매우 높은 밀도 때문에)이나 물이다. 그러므로 수은 29.9 in는 수은주 29.9 in 높이의 바닥에서 압력이다. 특히, 수은은 물보다 밀도가 13.6배 더 높기 때문에 대기는 약 406 in 높이(약 33 ft)의 물의 원통을 지탱할 수 있다. 이것은 대기압력에 의해 동작되기 때문에 빨아올리는 관(사이펀)의 최대 한계이다.

가스의 압력은 모든 방향에서 동일하게 가한다. 만약 가스가 밀폐된 용기 내부에 있다면, 가스의 압력은 가스가 압력을 가하는 용기 벽의 면적당 힘이다. 우리가 해발에서 이동하는 것처럼 대기에서의 압력은 지탱하는 공기의 감소된 무게 때문에 감소한다. 에베레스트산의 정상에서 공기압력은 해수면에서 공기압력의 1/3이다.

게이지압력과 절대압력

만약 바람이 빠진 타이어에서 타이어 압력을 검사하였다면, 게이지는 0을 나타낼 것이다. 타이어에 공기가 없음을 알았다 할지라도 타이어는 대기와 동일한 압력에 있는 공기를 가졌다는 것이다. 게이지는 간단하게 대기압력과 타이어 내부 압력 간의 차이만을 나타낸다. 이러한 차이를 게이지압력(psig처럼 영국 시스템에서 사용)이라 한다. 즉, 대기압력은 **게이지압력**이 사용되는 용어이다.

대기의 압력을 포함하는 압력을 절대압력이라 한다. 절대압력은 진공에서 사용된다. 대부분의 압력 게이지는 게이지압력을 읽을 수 있게 설계되었다. 이것은 우리가 사용하고 있는 압력을 기억하는 것이 중요하다. 또 다른 압력을 차동압력이라 한다. 이름이 의미하는 것처럼 차동압력은 두 입력 압력(psid로서 영국 시스템에서 사용)간의 차이이다.

압력 변환기

모든 압력 변환기는 알고 있는 부하를 기준으로 하여 미지의 압력과 평형상태를 파악하는 원리로서 동작한다. 일반적인 기법은 제자리에 진동판을 유지하는 기계적 억제력에 대응하여 미지의 압력과 평형을 이루는 진동판을 사용하는 것이다. 진동판은 압력에서 모양이 변화하는 유연한 원판이다. 스프링은 진동판에 대응하여 밀치고, 부하를 제공하는 데 사용한다. 진동판의 이동량은 압력에 비례한다. 진동판은 약 15 psi부터 6000 psi의 넓은 범위의 압력에 사용될 수 있다. 간단한 압력게이지에서 진동판의 변위는 기계적으로 지시기에 연결되어 있다.

전자 측정 시스템에서는 압력 감지 요소의 기계적 이동을 전기신호로 변환하는 것

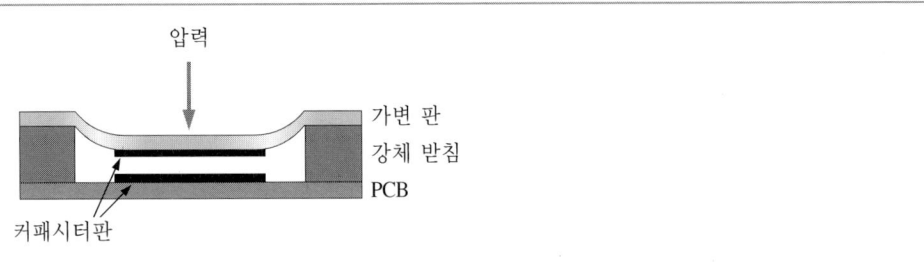

그림 12-19

기본적인 용량 압력센서

압력

가변 판
강체 받침
PCB

커패시터판

이다. 이 방법에는 용량 압력게이지와 저항게이지를 포함하여 많은 변환 기법들이 있다.

용량 변환기에서 커패시터의 한쪽 금속판은 이동 가능한 진동판에 부착되어 있고 다른 쪽 금속판은 고정되어 있다. 그림 12-19와 같이 압력을 증가시키면 금속판이 서로 이동하며, 용량이 증가한다. 또 다른 형의 용량 변환기는 2개의 고정된 금속판 간에 장착된 이동 가능한 중앙 금속판을 사용한다. 압력 변화에 대응하여 중앙 금속판을 이동시키므로 커패시터 금속판의 용량이 증가하고 다른 쪽은 감소한다. 커패시터는 브리지 회로에 전기적으로 연결되어 있다. 용량 압력 변환기는 높은 주파수응답(낮은 질량에 의해서) 특성을 가지고 압력 변화에 빠르게 응답한다. 용량 압력 변환기는 혈압 등에 매우 예민한 센서로부터 5000 psi 이상에 응답할 수 있는 넓은 범위의 압력에 이용할 수 있다.

응력게이지는 진동판에 부착되어 압력 변환기의 감지 요소로서 사용될 수 있다. 진동판의 압력은 응력으로 게이지에 의해 감지되고 전기저항 변화로 변환한다. 보통 게이지는 진동판의 양쪽 면에 부착되며, 전체-브리지 또는 반-브리지 배열에 연결된다.

운동의 측정

운동은 직선을 따라 할 수도 있고, 원을 따라 할 수도 있다. 운동의 측정에는 변위, 속도, 가속도 등이 있다. 변위는 물체의 위치 변화 또는 한 점에서의 변화를 나타내는 벡터량이다. 속도는 변위의 변화율이며, 가속도는 속도의 변화가 얼마나 빠른가의 측정이다. 각변위는 (°) 또는 radian으로 측정된다.

변위 변환기

변위 변환기에는 접촉 또는 비접촉형이 있다. 접촉 변환기는 대표적으로 물체의 위치에 따라 정해지는 결합장치를 갖는 감지 축(샤프트)을 사용한다. 감지 축은 전위차계의 와이퍼 팔에 연결되어 있다. 전기 출력신호로는 전압 또는 전류이다.

변위는 변수 인덕터를 사용하여 전기량으로 변환할 수도 있고, 인덕턴스의 변화를 감시할 수도 있다. 인덕턴스는 코어 물질을 이동시켜 변화할 수도 있고, 코일 치수를 변화시킬 수도 있고, 코일을 따라 미끄러져 움직이는 접촉자를 이동하여 변화시킬 수

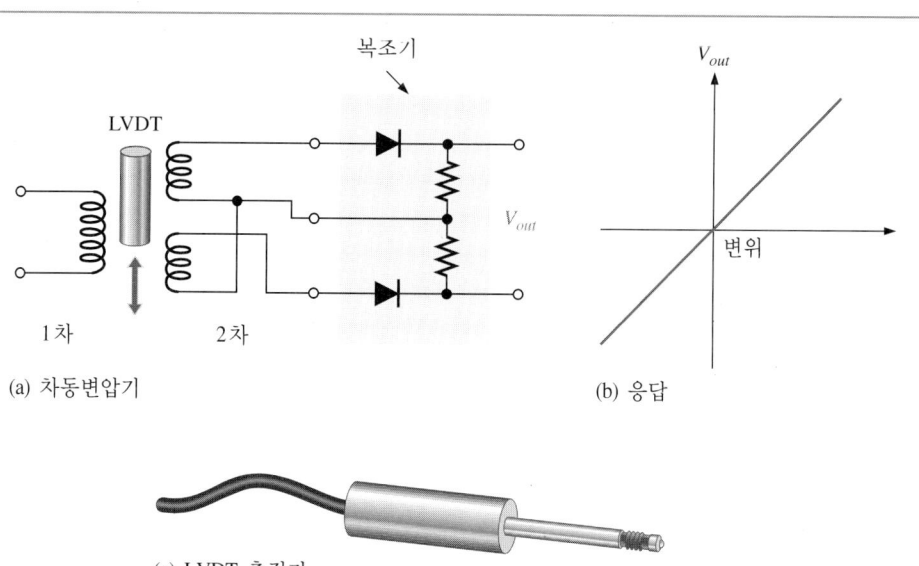

(a) 차동변압기   (b) 응답

(c) LVDT 측정기

그림 12-20
LVDT 변위 변환기

도 있다.

중요한 변위 변환기는 선형 변수 차동변압기(LVDT)이다. 감지축은 특수하게 권선된 변압기 내부를 이동하는 자화 코일에 연결한다. 그림 12-20은 대표적인 LVDT이다. LVDT는 변압기의 1차측에 연결되어 있고 2개의 동일한 2차측 사이에 위치해 있다. 1차측의 감긴 코일은 교류전압을 여자시킨다. 철심이 중앙에 있으면, 각 2차측에 유도된 전압은 같다. 철심을 중앙에서 벗어나게 이동하면 한쪽의 2차측 전압은 다른쪽의 2차측 전압보다 더 높아진다. **검파기**라 불리는 회로는 철심이 중앙 위치를 통과하면 출력의 극성을 바뀌게 한다. 변환기는 우수한 감도, 선형성, 반복성을 가진다.

비접촉 변위 변환기에는 광전지와 용량 변환기가 있다. 광전지는 부호 디스크에서 구멍을 통하여 빛을 관측하거나 또는 측정하려는 표면에 페인트된 프린지(fringe)를 계수하기 위해 배열된 것이다. 광 시스템은 빠른 장점이 있기는 하나 광센서에서 잡음이 문제가 될 수 있다. 주변 광을 가진 분제를 피하기 위해서 광 검출기는 측정 시스템의 일부분인 광만을 수신하기 위해서 직접 연결하여야 하며, 차폐는 다른 광을 컷오프하기 위해 필수적이다.

용량 변위센서는 예민한 근접 변환기로서 사용된다. 용량은 두 번째 금속판에 대해 커패시터의 금속판의 한 면을 이동시켜 변화한다. 이동 금속판은 용량 마이크로폰의 진동판 또는 회진 캠축과 같은 임의의 금속 표면일 수 있다.

속도 변환기

속도는 변위의 변화율이므로, 변위센서를 사용하여 두 점간의 시간을 측정하여 구할 수 있다. 속도측정은 측정하려는 속도에 비례하여 출력을 갖는 변환기로 가능하다. 변환기는 선형속도 또는 각속도를 감지한다. 선형속도 변환기는 속도에 비례하여 전자력을 발생하므로 모터의 동심코일 내부에 영구자석을 사용하여 구성할 수 있다. 코일 또는 자석은 고정될 수 있고 다른 것은 고정된 부품에 관해서 이동될 수 있다. 출력은 코일로부터 취한다.

각속도를 측정하는 데는 여러 변환기들이 있다. 회전속도계(tachometer)는 일종의 각속도 변환기이며, dc 또는 ac를 출력으로 발생한다. DC 회전속도계는 일정한 자계에서 회전하는 코일을 가진 작은 발전기이다. 전압은 자계 내에서 회전하므로 코일에 유도된다. 유도전압의 평균값은 회전속도에 비례하며, 극성은 회전방향으로 지시된다. 이것이 회전속도계의 장점이다. AC 회전속도계는 회전속도에 비례하여 출력 주파수를 제공하는 발전기로서 설계되었다.

각속도를 측정하는 또 다른 기법은 광감지 소자의 셔터를 회전시키는 것이다. 셔터는 광전지에 도달하는 광원을 방해하고, 회전속도에 비례하는 비율로 변화하는 광전지의 출력을 발생한다.

가속도 변환기

그림 12-21과 같이 가속도는 구조물 내에 장착된 스프링-지지 지진성의 질량의 사용에 의해 측정된다. 감폭은 완충 제동장치(dashpot)에 의해 측정된다. 케이스와 질량 간의 상대 이동은 가속도에 비례한다. 저항 변위 변환기와 같은 2차측 변환기는 상대 이동을 전기신호로 변환하는 데 사용한다. 이상적으로 질량은 케이스가 관성 때문에 가속될 때 이동하지 않는다. 이는 스프링을 통해서 질량에 가해진 힘 때문이다. 가속도계는 자연주파수를 가지며, 변화를 측정하는 데 필요한 시간보다 더 짧아야 하는 주기를 가진다. 진동을 측정하는 데 사용되는 가속도계는 자연 주파수보다 더 적은 주파수에서 사용되어야 한다.

그림 12-21

기본 가속도계. 이동은 변화하는 전압으로 변환한다.

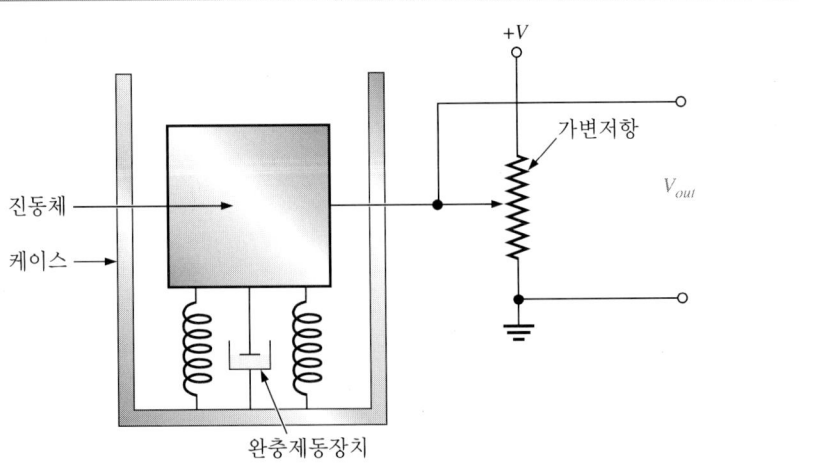

광의 측정

전자파 스펙트럼

우리가 볼 수 있는 광은 단지 엄청난 전자파 스펙트럼의 작은 일부분이다. **전자파 스펙트럼**은 전자파 방사를 구성하는 전체 범위의 주파수이다. 전자파 방사의 이론은 제임스 C. 맥스웰(James C. Maxwell)이 자기학의 전자파 법칙과 광의 동작을 설명하는 법칙의 집합과 결합하였던 1860년대에 개발되었다. 광은 매우 짧은 파장에서 무선 주파수의 특성과 유사성을 가진다. 전자파 파장은 진공 중에 3.00×10^8 m/s의 속도로 진행한다. 주파수는 다음 식과 같다.

$$f = \frac{c}{\lambda}$$

여기서 c는 전자파 방사의 속도(m/s)이고, f는 주파수(Hz)이며, λ는 파장(m)이다.

그림 12-22와 같은 전자파 스펙트럼을 조사하면, 우리는 수백 미터 길이의 파장에서부터 수밀리미터 길이의 파장(마이크로웨이브)의 넓은 범위에 이르는 무선 파장을 발견할 수 있다. 더 짧은 파장에서는 가시광의 영역인 적외선 영역이다. 가시광의 파장은 가장 짧은 무선 파장보다 수천 배 더 짧은 파장을 가진다. 인간의 눈에 응답하는 광은 약 390 nm(nm; 보라색)와 760 nm(빨강색) 사이의 파장을 가진다. 가시광의 바로 위는 자외선 영역이고, 이것을 넘어서면 전자파 스펙트럼의 x-선과 감마선 부분이다.

이러한 영역의 경계는 분명하게 정의되지 않는다. 즉, 가시광이 전체의 작은 부분이고, 연속 스펙트럼의 부분과 연관된 가장 간단한 명칭이다. 인간의 눈은 적외선과 자외선 방사에 응답하지 않는다. 그러나 이러한 방사는 적외선과 자외선 "광"으로 대

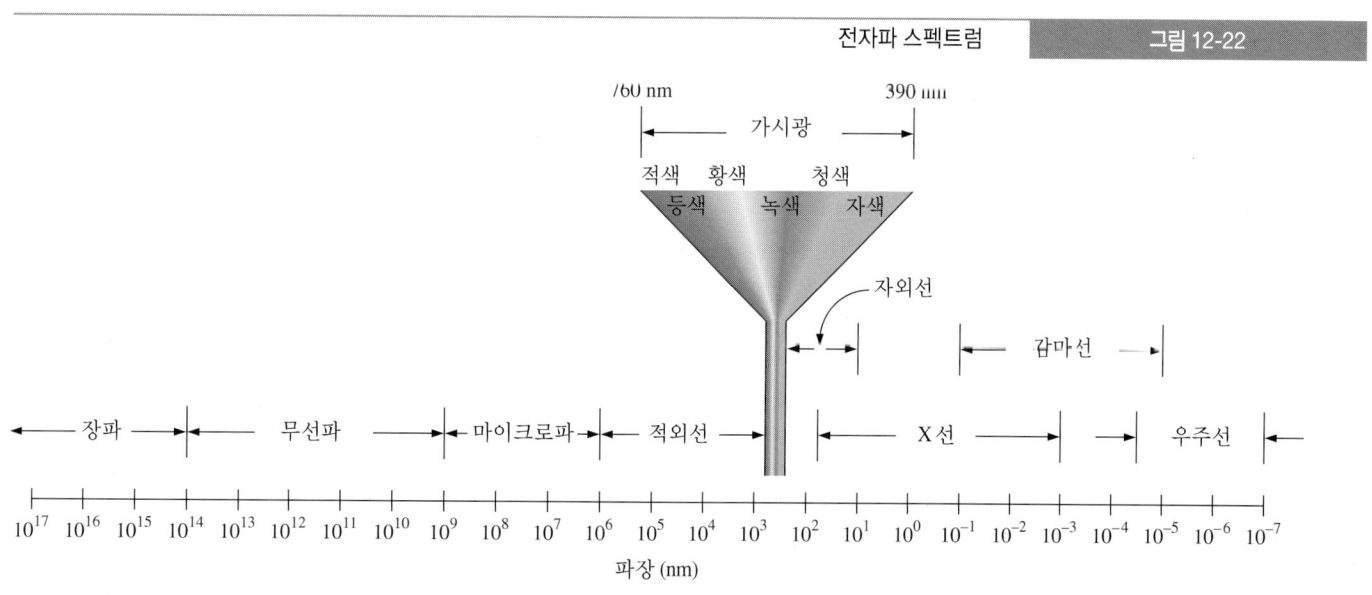

| 전자파 스펙트럼 | 그림 12-22 |

충 말하고 있다. 많은 검출기는 이러한 영역의 경계를 구분하는 데 예민하다. 예로, 광전자 전지는 스펙트럼의 자외선과 가시영역 모두에 예민하다.

보통 광원의 스펙트럼은 광이 어떻게 발생되었는지에 따른다. 보통의 광 전구와 같은 백열 광원은 필라멘트의 온도에 따라서 연속적인 스펙트럼을 발생한다. 더 높은 온도에서 스펙트럼 반응은 청색 끝부분으로 이동하고 빨강색 끝부분에서 멀어진다. 텅스텐 광은 동작전압을 변화하므로 특별한 색온도가 이동될 수 있다. 태양광은 역시 온도에 의존하는 연속적인 스펙트럼을 발생한다. 그러나 태양광은 태양 대기의 원소를 동일하게 하는 어떤 흡수선을 포함한다.

전자회로에서 LED는 광 방사기로서 중요한 역할을 하며, 광섬유 통신에 대한 광원으로서 포함한다. LED는 매우 빠르게 켰다(ON) 껐다(OFF)를 할 수 있다. LED로부터 방사되는 광은 좁은 스펙트럼을 가지며, LED의 색상에 따른다. 광분산은 진행방향으로 방사되는 대부분의 광으로 기하학에 따른다.

광 변환기

모든 광 변환기는 광검출의 세 가지 기본 형식 중의 하나로 분류될 수 있다. 이러한 종류의 광검출은 광을 직접 전자력으로 변환하는 자체 발생 반도체 장치인 광전지 센서, 광 감지 저항으로 동작하는 광전도성 센서, 광을 부딪쳤을 때 광전자를 방사하는 광 감지 음극을 포함하는 광 방사 센서이다.

광다이오드는 다이오드로부터 구성되는 능동 변환기이며, 오직 한 방향으로만 전도하는 장치이다. 광의 광자가 투과층을 통과할 때 이것은 흡수될 수 있다. 만약 광자의 에너지가 충분히 높으면, 전자는 느슨해지고 외부회로의 전류에 대한 광원을 발생한다.

또 다른 능동 광센서는 광트랜지스터이다. 광트랜지스터는 내부 이득을 가지기 때문에 광다이오드보다 더 예민한 우수한 광 검출기이다. 그러나 비선형 응답과 낮은 온도 특성 때문에 그것들은 광 측정 응용에서는 광다이오드에 비해 잘 사용되지 않는다.

광전도성 센서에는 황화물 카드뮴(CdS), 카드뮴 셀레나이드(CdSe), 황화물 납(PbS)과 다른 전지 등이 있다. CdS와 CdSe 전지는 가시광에 응답하는 전지에 유용하다. 광전도성 센서는 두 전극 간에 삽입된 광감광성 수정 물질로 구성된다. 수정 물질에서 광전자의 흡수는 수정 물질의 저항을 감소시킨다. 이 센서는 독립적이고, 예민하고, 높은 전압에 견딜 수 있으며, 옥외 광 제어와 같은 제어응용에 적합하나 동작이 느리다는 단점이 있다.

복습 질문

21. 게이지압력과 절대압력 간의 차이는?

22. 용량 압력센서 동작원리는?
23. 회전속도계 동작원리는?
24. 가시광의 파장영역이란?
25. CdS 전지는?

전자회로의 응용분야에는 부하로 전력을 제어하는 것이 있다. 전력제어 응용에 널리 사용되는 장치로 SCR과 트라이액 두 가지가 있다. 이러한 장치는 사이리스터로 알려진 장치의 일종이다.

이 절에서는 사이리스터의 동작원리와 전력제어에 대해 설명한다.

실리콘 제어 정류기

사이리스터는 4개 또는 더 많은 층을 *pnpn* 물질로 구성한 반도체 스위치이다. 사이리스터는 부하에 대 전류를 신속하게 ON 또는 OFF할 수 있는 전자회로 스위치로서 생각할 수 있다. 사이리스터에는 여러 가지 형이 있는데 주로 층의 수에 따른 형과 층에 특별 연결한 형이다. 연결이 네 번째 층의 사이리스터에서 첫 번째, 두 번째와 네 번째 층으로 이루어졌을 때, 실리콘 제어 정류기(Silicon Controlled Rectifier; SCR)로 알려진 게이트된 다이오드의 형식이 구성된다. 이것은 사이리스터가 필요할 때 다이오드와 같이 동작하기 때문에 사이리스터 계열에서 가장 중요한 장치 중의 하나이다. 그림 12-23은 SCR에 대한 기본 구조와 기호이고, 단자는 양극(A), 음극(K), 게이트(G)가 있다.

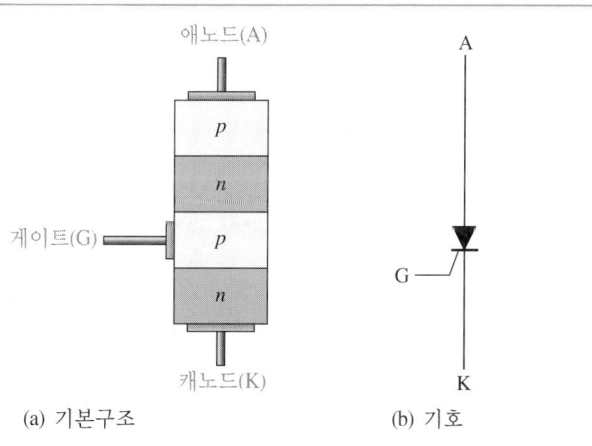

그림 12-23

실리콘 제어 정류기(SCR)

(a) 기본구조   (b) 기호

그림 12-24(a)는 게이트 전류가 0인 경우 SCR의 특성곡선이다. 전체 4개 영역의 흥미 있는 특성곡선이 있다. 역 특성곡선(3 상한)은 역 차단영역과 역 애벌런치 영역이라 하는 영역을 갖는 정상 다이오드와 동일하다. 역 차단영역은 개방 스위치와 동일하다. 애벌런치 영역에서 구동시키기 위해 SCR에 가해야만 하는 역전압은 보통 수백 볼트 이상이다. SCR은 통상적으로 역 애벌런치 영역에서는 동작하지 않는다.

순방향 특성(1 상한)은 두 영역으로 나뉘어진다. 먼저 순방향 차단영역에서 SCR이 기본적으로 OFF된 상태는 양극과 음극 간에 저항이 매우 높다. 개방 스위치와 비슷하게 된다. 두 번째 영역은 순방향 전도영역이며, 양극 전류는 정상 다이오드처럼 동작한다. 이 영역으로 SCR을 이동시키기 위해 순방향 차단초과전압 $V_{BR(F)}$는 초과되어야 한다. SCR이 순방향 전도영역에서 동작되었을 때, 이것은 양극과 음극 간에 닫힌 스위치와 비슷하다. 순방향 차단영역을 제외하고 정상 다이오드 특성과 유사함을 주목하라.

SCR ON

순방향 전도영역으로 SCR을 이동하는 두 가지 방법이 있다. 두 가지 모두 음극에 대하여 양극은 순방향 바이어스가 되어야 한다. 즉, 양극은 음극에 대해서 정(+)이어야 한다. 첫 번째 방법은 이미 언급했으며, 순방향 차단이상전압 $V_{BR(F)}$를 초과하는 순방향이 필요하다. 차단이상전압 트리거는 트리거 방법처럼 통상적으로 사용하지 않는다. 두 번째 방법은 게이트에 정(+)의 펄스전류(트리거)가 필요하다. 그림 12-24(b)와 같이 이러한 펄스는 순방향 차단이상전압을 감소시키며, SCR을 동작시킨다. 게이트

그림 12-24 SCR 특성곡선

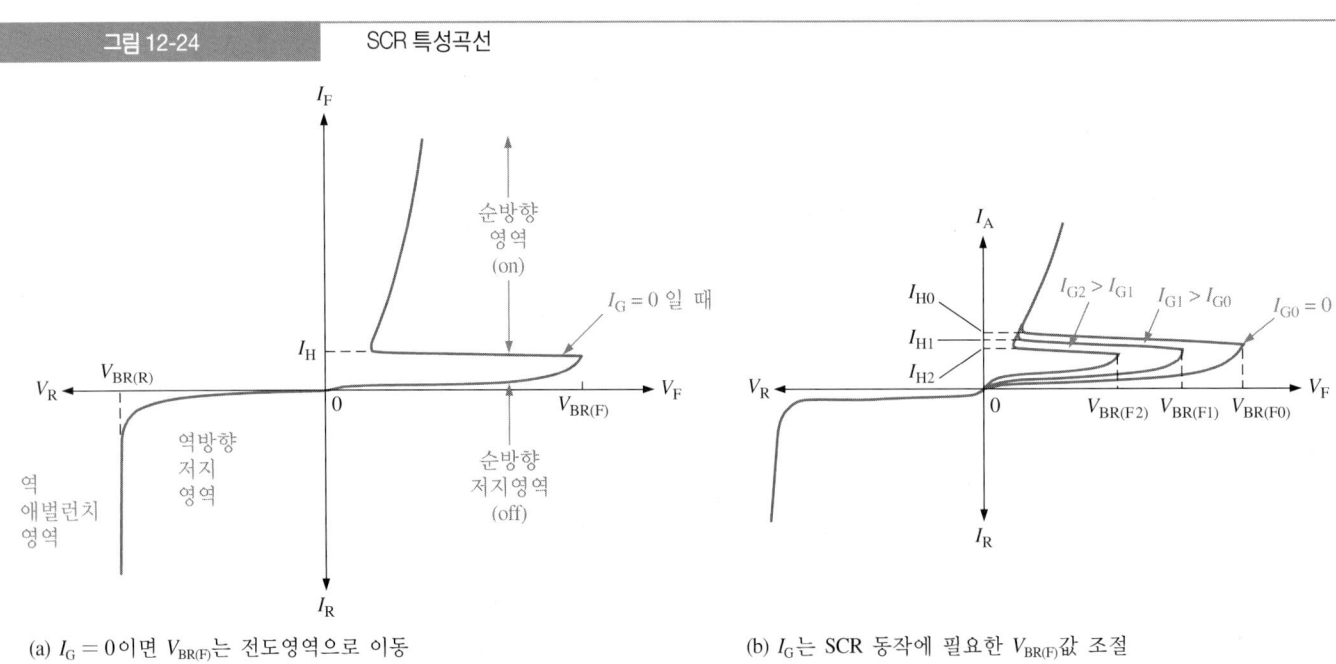

(a) $I_G = 0$이면 $V_{BR(F)}$는 전도영역으로 이동

(b) I_G는 SCR 동작에 필요한 $V_{BR(F)}$값 조절

전류가 크면 클수록 $V_{BR(F)}$의 값은 낮아진다. 이것은 SCR을 동작시키는 정상적인 방법이다.

일단 SCR이 ON되면, 게이트는 제어할 필요가 없다. 이 효과에서 SCR은 래치되고, 양극전류가 유지되는 동안 닫힌 스위치 상태로 계속 동작한다. 양극전류가 유지전류라 하는 전류의 값 아래로 감소되면, SCR은 OFF된다. 유지전류는 그림 12-24에서 나타내었다.

SCR OFF

SCR을 OFF시키는 데는 양극전류를 중단하는 방법과 강제 전환하는 방법의 두 가지가 있다. 양극전류는 양극회로에서 통로를 개방하므로 중단시킬 수 있으며, 양극전류를 0으로 감소시켜 SCR을 OFF시킨다. 양극전류를 중단시키는 한 가지 일반적인 "자동" 방법은 SCR을 ac 회로에 연결하는 것이다. ac 파형의 부(−) 주기는 SCR을 OFF시킬 것이다.

강제 전환 방법은 순방향 전류가 유지값 아래로 감소하도록 순방향 전도와 반대 방향에서 SCR을 통하여 강제 전류를 순간적으로 가한다. 이것은 여러 회로에 의해 실현될 수 있다. 아마도 가장 간단한 것이 역방향으로 SCR 양단에 충전된 커패시터를 전자적으로 스위치하는 것이다.

트라이액

트라이액(triac)은 양방향으로 전류를 통과시키는 기능을 가진 사이리스터로 ac 전원제어장치이다. 이것이 한 개의 장치이지만 그 성능은 보통 게이트 단자를 가지며, 반대 방향에 병렬로 연결된 2개의 SCR과 동일하다. 트라이액에 대한 그림 12-25는

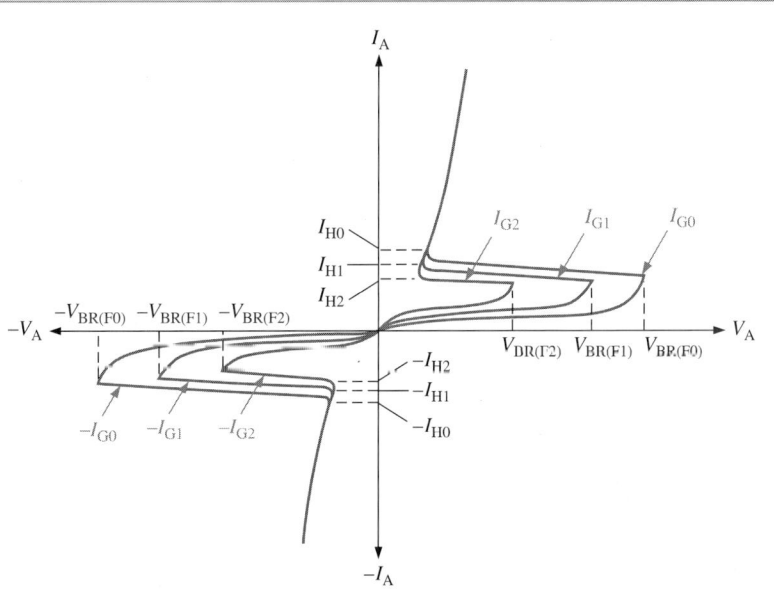

그림 12-25

트라이액 특성곡선

그림 12-26

기본적인 트라이액 위상제어. 게이트 트리거의 타이밍이 부하에 통과된 ac 주기의 일부분을 결정한다.

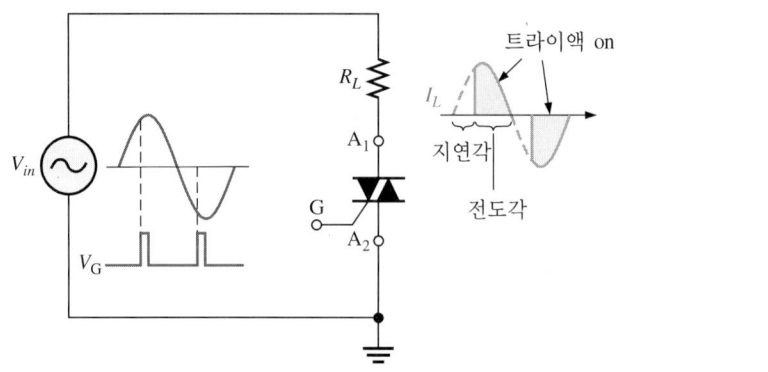

기본적인 특성곡선이다. 트라이액은 2개의 연속적인 SCR과 같기 때문에 역 특성곡선이 없다.

SCR의 경우에서처럼 게이트 트리거는 트라이액을 ON시키는 일반적인 방법이다. 트라이액 게이트에 전류의 사용은 앞절에서 설명한 래칭 메커니즘 방법으로 시작한다. 일단 전도가 시작되면 트라이액은 극성을 가지고 동작할 것이며, 따라서 ac 제어기로서 유용하다. 트라이액은 ac 전원이 ac 주기의 한 부분의 부하에 가해지면 트리거될 수 있다. 이것은 트리거 점에 따라서 부하에 더 많거나 더 적은 전원을 공급하도록 트라이액을 동작시킨다. 그림 12-26은 이러한 기본적인 동작 회로이다.

제로-전압 스위치

ac 주기 동안 스위치될 때 SCR 또는 트라이액의 트리거를 갖도록 발생되는 한 가지 문제는 스위칭의 천이에 의한 **RFI**(라디오 주파수 간섭)가 발생하는 것이다. 예로, SCR 또는 트라이액이 갑자기 ac 주기의 첨두값 근처에서 스위칭되면, 부하에 갑자기 전류가 유입될 것이다. 전압 또는 전류의 순간적인 천이가 있을 때 고주파 간섭이 발생된다. 이러한 고주파 간섭이 예민한 전자회로에 방출되면 심각한 교란은 물론 고장을 발생시킨다. 이는 양단 전압이 0일 때 SCR 또는 트라이액을 스위칭하므로 전류의 급격한 증가는 전류가 ac 전압과 함께 정현적으로 증가되기 때문에 방지된다. **제로-전압 스위칭**은 부하의 형식에 따라서 수명을 단축시킬 수 있는 부하의 열적 충격도 방지한다.

모든 응용은 제로-전압 스위칭을 사용할 뿐만 아니라 가능한 경우 잡음 문제를 크게 감소시킨다. 예로, 부하는 저항의 열적 요소일 수 있고, 전원은 대표적으로 ac의 여러 주기 동안 ON이 되고, 그런 다음에 일정한 온도를 유지하기 위해서 여러 주기 동안에 OFF된다. 그림 12-27은 제로-전압 스위치는 전원을 ON시킬 때를 결정하기 위해서 감지회로를 사용한다. 제로-전압 스위치의 개념도이다.

그림 12-28은 정(+)의 방향에서 0축 양단의 ac 파형으로서 트리거 펄스를 제공할

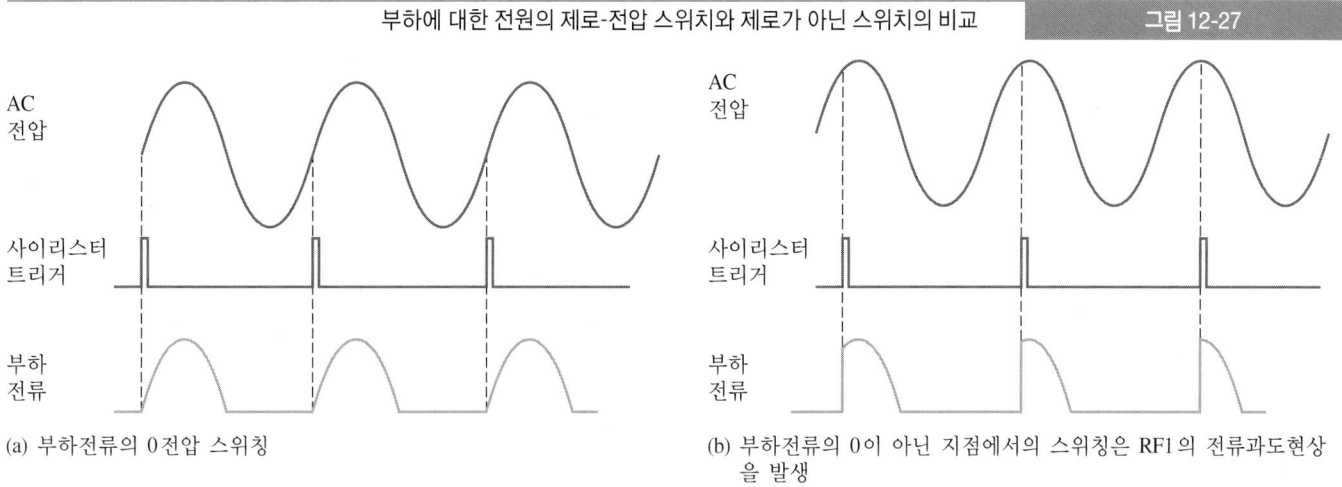

부하에 대한 전원의 제로-전압 스위치와 제로가 아닌 스위치의 비교   그림 12-27

(a) 부하전류의 0전압 스위칭

(b) 부하전류의 0이 아닌 지점에서의 스위칭은 RF1의 전류과도현상을 발생

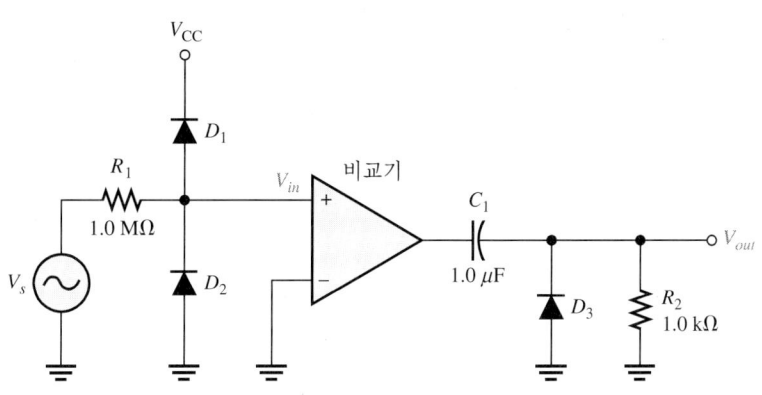

그림 12-28

정(+)의 방향에서 0축 양단의 ac 파형으로서 트리거 펄스를 제공할 수 있는 기본 회로

수 있는 기본 회로로 저항 R_1, 다이오드 D_1과 D_2는 초과 전압 진동으로부터 비교기의 입력을 보호한다. 비교기의 출력전압 레벨은 방형파이다. C_1과 R_2는 방형파 출력을 트리거 펄스로 변환하는 차동회로이다. 여기서 다이오드 D_3는 출력을 정(+) 트리거 만으로 제한한다.

마이크로제어기

SCR과 트라이액은 부가적인 요건을 갖는 시스템에서 사용된다. 예로, 세탁기와 같은 기본적인 시스템은 타이밍, 속도 또는 토크 조정, 모터 보호, 시퀀스작용, 디스플레이 제어 등이 필요하다. 이외 같은 시스템은 **마이크로제어기**라 하는 특별한 종류의 컴퓨터에 의해 제어될 수 있다. 마이크로제어기는 특별한 입력/출력(I/O) 회로, ADC, 계수기, 타이머, 발진기, 메모리 등 기타 기능을 가진 마이크로프로세서에서 볼 수 있는 모든 기본적 기능을 갖춘 단일 집적회로로 구성된다. 마이크로제어기는 특별한 시스템에 대하여 구성될 수 있으며, SCR 또는 트라이액에 트리거를 제공하기 위해서 이용하기도 한다.

복습 질문

26. 사이리스터란?

27. SCR이란?

28. SCR은 부하에 전원의 공급에 관해서 트라이액과 어떻게 다른가?

29. 제로-전압 스위칭의 기본적인 목적은?

30. SCR에 대하여 문자 *A*, *K*, *G*는 무엇을 설명하는가?

단원 복습

주요 용어

SCR 실리콘 제어 정류기. 세 단자 사이리스터의 형식

게이지 소자(gauge factor) 주어진 인장에 대한 저항의 단편적 변화를 나타내는 비례 상수인 차원이 없는 수치

능동변환기(active transducer) 출력 전원이 측정하려는 양 이외의 전원으로부터 유도된 변환기의 형식

더미스터(thermistor) 천이 산화금속의 탕화된 합성으로 만든 예민한 정항 온도센서. 저항은 반대로 온도에 비례한다.

변환기(transducer) 한 형식에서 다른 형식으로 에너지를 변환하는 장치. 전자회로 시스템에 대하여 출력은 전기 파라미터이다.

부하전지(load cell) 가해진 힘에 의해 탄성 범위 내에서 변형되는 금속물체. 금속물체는 인장 게이지와 함께 계측된다.

분해능(resolution) 측정하려는 양의 가장 적은 검출 가능한 변화의 크기

사이리스터(thyristor) 4층(*pnpn*)의 반도체 스위칭 장치의 일종

수동 변환기(passive transducer) 전원과 직접 상호연결없이 출력을 발생하는 변환기의 형식

압력(pressure) 단위면적당 힘. 면적은 힘에 직각에서 측정된다.

여자(excitation) 변환기를 동작시키기 위한 외부 에너지 원

열전쌍(thermocouple) 측정접합과 참조접합 간의 온도차이에 비례한 전류를 발생하는 온도 변환기

영의 계수(Young's modulus) 기하학과 물질에 따른 탄성 물질에 대한 상수. 인장으로 나눈 응력의 비율이다. 이것은 신장과 굽힘에 대하여 다르게 지정된 것이다.

응력(stress) 고체의 면적당 힘. 응력은 장력 또는 압력에 의한다.

인장(strain) 가해진 힘에 의한 물체의 탄성 변형. 인장은 물체의 길이로 나눈 길이

변화의 비율이다.

인장 게이지(strain gauge)   앞뒤 모양으로 만든 얇은 도체. 인장 게이지는 잡아 늘리거나 압축된 것처럼 그 저항의 변화에 의한 힘에 응답한다.

저항온도검출기(resistance temperature detector; RTD)   저항이 직접 온도에 비례하는 온도 변환기의 형식

탄성한계(elastic limit)   힘을 탄성 물체에 가했을 때 영구 변형의 결과가 되는 점

트라이액(triac)   양방향에서 전류를 흘리는 3단자 사이리스터

요점

❑ 변환기에 대한 분류도는 변환 원리에 따라 그룹화하는 것이다.

❑ 보통의 전기 변환기는 물리적 양을 저항, 커패시터, 인덕턴스의 변화로 변환한다. 다른 변환기는 물리적 양을 직접 전압 또는 전류로 변환한다.

❑ 특별한 응용에 대하여 변환기를 선택하는 데 고려되는 몇 가지 중요 기준은 범위, 문턱, 동적 동작, 정밀도, 분해능, 반복성, 이력현상의 오류이다. 다른 기준은 환경, 전원 요건, 부하효과, 교정 요건이다.

❑ 온도는 세 가지 눈금인 화씨, 섭씨, 켈빈 중 한 가지로 나타낸다.

❑ 열전기쌍은 측정접합과 참조접합 간의 온도차이에 비례하는 전류를 발생하는 온도 변환기이다.

❑ 열전기쌍은 높은 온도를 측정하는 데 널리 사용된다. K-형은 1,250°C 이상 측정할 수 있다.

❑ RTD(저항온도검출기)는 약 −50°C에서 450°C의 온도에 대한 가장 정밀한 형식의 온도계이다.

❑ 더미스터는 가장 예민한 센서가 요구되는 온도조절장치와 같은 빔계 측정에 사용되는 온도센서이다.

❑ 집적회로 온도센서는 −55°C부터 150°C의 온도 범위가 제한되지만 정밀한 온도 변환기이다.

❑ 인장 게이지의 저항 변화는 매우 작다. 따라서, 보통 휘스톤 브리지와 함께 검출된다.

❑ 부하전지는 가한 힘에 의해 탄성 범위 내에서 변형된 금속물체로 구성된다. 금속물체는 인장 게이지와 함께 계측된다.

❑ 압력을 감지하는 보통의 변환기는 압력에 응답하는 유연한 진동판을 가진다. 진동판 이동은 인장 게이지에 의해 삼지될 수 있으나 용량 변화에 의해 검출될 수 있다.

❑ 중요한 운동 검출기는 선형 변수 차동변압기(LVDT)이다. LVDT의 출력은 이동 가능한 코어의 위치에 의해 결정된다.

❑ 회전속도계는 속도에 비례하는 전압을 발생하므로 각속도를 측정한다.

❑ 광기전성 센서, 광도전성 센서, 광방사 센서는 광을 감지할 수 있다.

□ CdS 전지는 광에 응답하여 저항을 변화시킨다.

□ 사이리스터는 전자회로 스위치의 일종이다.

□ SCR(실리콘 제어 정류기)와 트라이액은 전원제어에 사용된 사이리스터의 두 가지 형식이다.

□ 제로-전압 스위치는 사이리스터를 트리거하기 위한 ac 전압의 제로(0) 교차점에서 펄스를 발생한다.

공식

온도 변환 공식:

$$F = \frac{9}{5}C + 32 \tag{12-1}$$

$$C = \frac{5}{9}(F - 32) \tag{12-2}$$

$$K = C + 273.2 \tag{12-3}$$

Hooke의 법칙:

$$F = k\Delta l \tag{12-4}$$

인자의 정의:

$$\in = \frac{\Delta l}{l} \tag{12-5}$$

응력의 정의:

$$\frac{F}{A} = E\frac{\Delta l}{l} \tag{12-6}$$

인장함수로서 인장 게이지의 공칭저항당 저항 변화:

$$\frac{\Delta R}{R} = G\frac{\Delta l}{l} \tag{12-7}$$

단원 확인 문제

1. RTD는 다음을 측정한다.
   (a) 저항   (b) 힘
   (c) 온도   (d) 속도

2. 광에 응답하여 저항을 변화하는 센서는 다음과 같다.
   (a) 인장 게이지   (b) CdS 전지
   (c) 광트랜지스터   (d) 더미스터

3. 용량 변환기의 용량은 다음과 같을 경우 증가할 것이다.

(a) 평판의 면적이 증가하면

(b) 평판 간의 공간이 증가하면

(c) 평판 간의 비전도성 유동체를 공기로 대체하면

(d) 위의 모두

4. 용량 변환기는 다음을 측정한다.

(a) 변위   (b) 압력

(c) 상대습도   (d) 위의 모두

5. 광을 전기로 직접 변환하는 기구는?

(a) CdS 전지   (b) LVDT

(c) 광트랜지스터   (d) 태양전지

6. 변환기가 응답하는 가장 적은 검출 가능한 값은?

(a) 범위   (b) 문턱

(c) 분해능   (d) 반복성

7. 측정값과 수용값 간의 차이는 다음의 척도이다.

(a) 분해능   (b) 반복성

(c) 정밀도   (d) 이력현상 오류

8. 온도는 다음의 척도이다.

(a) 물체에 포함된 전체 열

(b) 물체의 분자의 평균 운동에너지

(c) 물체의 질량

(d) 위의 모두

9. 켈빈 눈금에서 물의 비등점은?

(a) 100 K   (b) 212 K

(c) 273 K   (d) 373 K

10. 지벡(Seebeck) 효과는 다음과 함께 수행되어야 한다.

(a) 열전기쌍   (b) RTD

(c) 인장 게이지   (d) CdS 전지

11. $-50℃$부터 $450℃$의 온도에 대하여 가장 정밀한 형식의 온도계는?

(a) 열전기쌍   (b) RTD

(c) 더미스터   (d) IC 온도센서

12. 인장 게이지에 의해 측정되는 인장은 다음과 같이 표현된다.

(a) $\in = \dfrac{\Delta R/R}{G}$

(b) $\in = \dfrac{\Delta l}{l}$

(c) $\in = \dfrac{\sigma}{E}$

(d) 위의 모두

13. 영의 계수는 다음과 관련된 상수이다.

(a) 인장에 대한 저항

(b) 온도에 대한 열

(c) 압력에 대한 용량

(d) 답이 없음

14. 어떤 형식의 측정이 부하전지에 의해 만들어지는가?

(a) 가속도 　　　　　　　(b) 온도

(c) 힘 　　　　　　　　　(d) 전력

15. 압력은 다음을 나눈 힘으로 정의된다.

(a) 체적 　　　　　　　　(b) 길이

(c) 면적 　　　　　　　　(d) 시간

16. 제로-전압 스위칭은 보통 다음에서 사용된다.

(a) 열전기쌍 전압을 구하는 데

(b) SCR과 트라이액 전원제어회로에서

(c) 평형 브리지 회로에서

(d) RFI 발생에

17. 부하에 대한 전원의 0이 아닌 스위칭의 주요 단점은?

(a) 효율성의 저하

(b) 사이리스터에 대한 가능한 손실

(c) RF 잡음 발생

질문

1. 능동 변환기와 수동 변환기 간의 차이점이 무엇인가?

2. 저항성, 유도성, 용량성의 동작원리를 사용하는 변환기의 예는 무엇인가?

3. 용량성 마이크로폰은 어떻게 동작하는가?

4. 선형 이동을 전기 파라미터로 변환하는 방법을 설명하라.

5. 용량성 센서에 대한 네 가지 응용이란?

6. 전자파 변환기가 회전축의 속도를 측정하는 데 어떻게 사용되는지를 설명하라.

7. 변환기의 동적 동작은 어떻게 지정하는가?

8. 이력현상 오류란?

9. 변환기의 범위는 무엇을 의미하는가?

10. 변환기에 매우 밀접한 증폭기를 부가하는 데 어떤 조건이 필요한가?

11. 교정 기록에 어떤 내용이 포함되는가?

12. 지하 가솔린 탱크에 대한 압력 변환기를 지정하는 데 어떤 기준이 사용되는가? 압력은 액체 레벨 지시기로 변환될 것이다.

13. 0 K는 무엇이라 하는가?

14. 열전기쌍의 길이확장을 원한다면, 특별한 와이어가 필요한 이유가 무엇인가?

15. 열이온 접합에 전압계를 연결하는 이유가 무엇인가? 계측기는 접합부의 유기기전력을 읽을 수 없다. 이유가 무엇인가?

16. 온도를 측정하기 위한 더미스터의 세 가지 장점이 무엇인가?

17. 더미스터와 RTD를 비교하라. 어떤 것이 더 예민한가? 어떤 것이 더 정밀한가?

18. IC 센서의 범위와 열전기쌍의 범위를 어떻게 비교하는가? $-40°C$부터 $0°C$의 온도를 측정하는 데 어떤 센서를 선택하는가?

19. Hooke의 법칙이란?

20. Hooke의 법칙은 언제 유효하지 않는가?

21. 응력에 대한 측정 단위는?

22. 인장으로 나눈 응력의 비율을 무엇이라 하는가?

23. 대부분의 인장 게이지 측정이 휘스톤 브리지의 사용을 포함하는 이유는 무엇인가?

24. 반-브리지(half-bridge)란?

25. 파스칼이란?

26. 수은주의 높이가 압력 측정으로 어떻게 사용되는지를 설명하라.

27. 차동 압력이란?

28. 변위와 속도 간의 차이는?

29. 무선파와 광파 간의 유사성과 차이점은 무엇인가?

30. 광다이오드는 어떻게 광을 검출하는가?

31. 광의 양을 측정하는 데 광트랜지스터가 좋지 않은 이유는 무엇인가?

32. 일단 SCR이 트리거 ON되면, 이러한 상태를 유지하는 데 요구되는 최소 전류를 무엇이라 하는가?

33. SCR을 OFF시키는 두 가지 방법이 무엇인가?

기본 문제

1. 1온스 내에서 25파운드 이상 무게를 검출할 필요가 있다고 가정한다. 필요한 저울의 최소 분해능은 얼마인가?

2. 화씨 $90°F$를 섭씨와 켈빈 온도로 변환하라.

3. 화씨 $-80°F$를 섭씨와 켈빈 온도로 변환하라.

4. 섭씨 $-160°C$를 화씨와 켈빈 온도로 변환하라.

5. 섭씨 $370°C$를 화씨와 켈빈 온도로 변환하라.

6. 켈빈온도 $400 K$를 섭씨와 화씨 온도로 변환하라.

7. 켈빈온도 $200 K$를 섭씨와 화씨 온도로 변환하라.

8. 인장 게이지가 $1.8 mΩ$의 부하에서 저항이 변화한다고 가정하자. 만약 인장 게이지의 인장되지 않았을 때의 저항이 $500 Ω$이고, 게이지계수가 2.0이라면, 인장은 얼마인가?

9. $6.00 cm$ 길이의 강철 원통이 $0.3 μm$에 의한 압력을 받고 있다.

   (a) 인장은 얼마인가?

   (b) 만약 공칭 $350 Ω$ 인장 게이지가 인장을 측정하는 데 사용되고, 인장계수가 2이면, 게이지의 저항 변화는 얼마인가?

10. 그림 12-29에서 나타낸 부하전지가 $2 mV/V$ 규격과 4개의 $350 Ω$ 인장 게이지(2개는 압력에 2개는 장력에 사용)를 가지고 있다. 여자전압이 $+12 V$이다. 만약 휘스톤 브리지

가 가해진 힘이 없을 때 평형(0 V 출력)되었다면, 전체 부하에서 인장 게이지 1의 저항 R_1은 얼마인가?

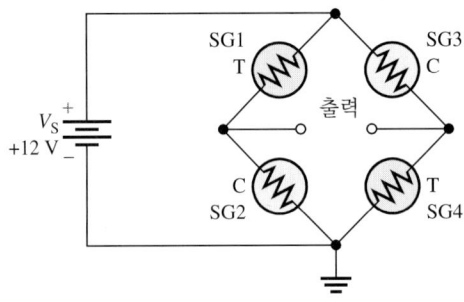

그림 12-29

11. 3 mV/V 부하전지가 15 V 전원으로 여자되고, 디지털 전압계로 감시된다. 계측기는 200 μV의 분해능을 가지고 있다. 만약 전체 눈금 무게가 10,000 파운드이면, 시스템이 응답할 수 있는 무게의 가장 적은 검출 가능한 변화는 얼마인가?

12. SCR이 순방향 전도영역에 놓일 수 있는 두 가지 방법을 나타내어라.

13. 그림 12-30과 같이 표시된 입력 파형의 관계가 주어지면, V_R의 파형을 그려라.

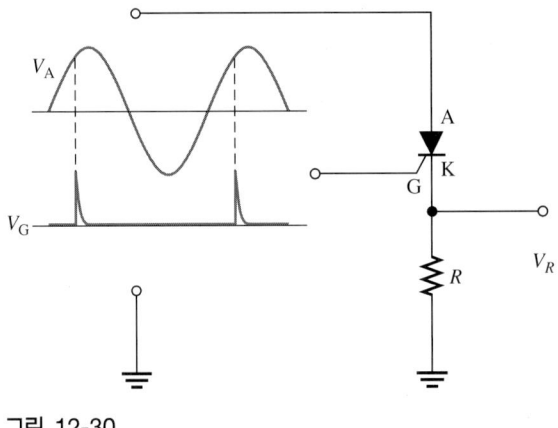

그림 12-30

기본-플러스 문제

14. 용량 레벨 감지 변환기는 직경이 2.5 cm인 2개의 동일한 원판을 가지고 있으며, 1 mm의 간격으로 분리되어 있다.

(a) 공기 중의 용량을 구하라.

(b) 4,000의 상대 허용을 갖는 오일이 평판간의 공간에 채워져 있을 때 용량을 구하라.

15. 용량 압력센서는 4×10^{-3} m²의 면적과 압력이 0일 때 1 mm의 간격으로 떨어진 2개의 평판을 사용한다. 유전체는 공기이다. 압력을 가해졌을 때 평판간의 거리는 0.4 mm로 감소되었다.

(a) 압력이 없을 때 용량은 얼마인가?

(b) 압력이 있을 때 용량은 얼마인가?

16. 화씨와 섭씨에 대한 읽기가 어떤 온도에서 동일한 눈금인가?

17. 전체 브리지 배열이 $200\,\mu\in$인 인장을 측정하는 데 4개의 동일한 인장 게이지를 사용한다. 인장계수가 2.06이다. 여자전압의 각 전압에 대한 출력전압은 얼마인가?

18. $350\,\Omega$의 공칭저항과 각 게이지의 인장계수가 2.0인 2개의 인장 게이지가 반-브리지 회로에 연결되었다. 고정된 브리지 저항도 역시 $350\,\Omega$이다. 여자전압은 10 V이다. 초기에 브리지가 부하 없이 평형이 되었고, 부하에서 1.5 mV의 출력을 가진다고 가정한다. 가해진 인장은 얼마인가? (힌트: 저항의 변화를 찾아서 시작하라.)

19. 어떤 LED로부터 광주파수가 $5.6 \times 10^{14}\,\text{Hz}$이다. LED의 색상은 무엇인가?

20. 그림 12-31의 회로에 대하여 비교기의 출력에서 파형을 설명하고, 입력에 관련하여 회로의 출력에서 파형을 설명하라. 입력은 115 V rms 정현파이고, 비교기와 비교기에 대한 전원공급전압은 ±10 V라고 가정한다.

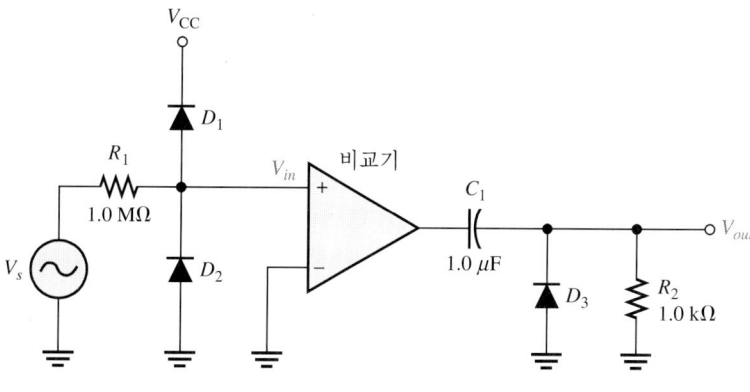

그림 12-31

21. 입력 파형에서 부(−)의 기울기에 대한 정(+)의 트리거를 갖기 원한다면, 그림 12-31의 회로에서 어떤 변화가 이루어지는가?

예제 질문

12-1: 예. 정밀도와 해상도가 다르다. 저울이 높은 분해능을 가지기 때문에 반드시 그것이 정밀하다는 의미는 아니다.

12-2: 291.5 K

12-3: 3 mΩ

12-4: 350.7 Ω

12-5: 요구된 분해능은 $20\,\mu\text{V}$ 대신에 $30\,\mu\text{V}$이다.

복습 실문

1. 변환기는 어떤 형식으로부터 다른 형식으로 에너지를 변환하는 장치이다.

2. 여자는 변환기를 동작시키기 위한 외부 에너지원을 말한다.

3. 커패시터는 증가한다.

4. (1) 금속판간의 물질을 변화시킨다.

(2) 금속판간의 크기를 변화시킨다.

(3) 금속판간의 간격을 변화시킨다.

5. LVDT는 선형 가변 차동변압기이다.

6. 범위는 변환기가 측정하려는 값을 나타낸다.

7. 동적 동작은 주파수응답 또는 응답시간으로서 나타낸다.

8. 정밀도는 측정값과 인용값 간의 차이이며, 반면에 분해능은 가장 작은 검출 가능한 양의 변화의 크기이다.

9. 부하는 측정하려는 양을 변화시킬 수 있으며, 따라서 측정에 영향을 준다.

10. 교정은 알려진 표준에 측정 장비를 비교하는 과정이다.

11. 32°F, 0°C, 273.2 K

12. 지벡(Seebeck) 효과는 서로 다른 두 와이어를 연결하고, 열을 가했을 때 나타나는 적은 전압이다.

13. 약 0°C부터 1250°C까지

14. 그것들은 예민하고, 작고, 값이 싸다.

15. 이것은 접근이 불가능하거나, 원거리에 있는 온도를 검출한다.

16. 금속의 탄성한계는 힘을 탄성물체에 가했을 때 영구 변형이 일어나는 점이다.

17. 인장은 가한 힘에 의한 금속의 탄성 변형이며, 응력은 물체의 면적당 받는 힘이다.

18. 영의 계수는 인장에 곱할 때 응력을 주는 상수이다.

19. 인장 게이지는 매우 작은 양에 의한 저항의 변화에 의한 인장의 응답이다.

20. 부하전지는 가해진 힘(무게)에 의해 변형되는 금속물체의 힘 감지 변환기이다. 이것은 인장 게이지로 계측된다.

21. 게이지압력은 대기압력에 대하여 측정된다. 절대압력은 대기압력을 포함한다.

22. 대부분의 용량 압력센서는 이동 가능한 진동판과 커패시터를 형성하는 고정 금속판간의 간격을 변화시킨다.

23. 회전속도계는 일정한 자계에서 회전하므로 코일 양단에 펄스를 발생한다. 평균전압은 속도에 비례한다.

24. 약 390 nm부터 760 nm까지

25. CdS 전지는 저항을 변화시켜 광에 응답하는 광전도 전지이다.

26. 4층 반도체 스위치

27. 실리콘 제어 정류기

28. SCR은 단일 방향이며, ac 주기의 반주기 동안만 부하에 전류를 흘린다. 트라이액은 양방향이며, 완전한 주기 동안 전류를 흘린다.

29. 제로-전압 스위칭은 부하에 흐르는 전류의 빠른 천이를 제거하며, 그러므로 RFI 방사를 감소시키며, 부하원소에 대한 열 충격을 감소시킨다.

30. A—양극, K—음극, G—게이트

테스트에 대한 답

1. (c)	**2.** (b)	**3.** (a)	**4.** (d)	**5.** (d)
6. (b)	**7.** (c)	**8.** (b)	**9.** (d)	**10.** (a)
11. (b)	**12.** (d)	**13.** (d)	**14.** (c)	**15.** (c)
16. (b)	**17.** (c)			

부록

대수와 데시벨

대수(Logarithms)

전자회로에서 널리 사용되는 단위로 대수에 기초한 데시벨(decibel)이 있다. 데시벨을 정의하기 전에 대수(가끔은 로그; log라 함)에 대해 공부하기로 한다. 대수는 간단하게 지수이다. 다음 식을 생각해 보자.

$$y = b^x$$

y 값은 기수(b)의 지수로 결정된다. 지수 x는 문자 y에 의해 표현된 수의 대수임을 말한다.

대수에서는 기수 10과 기수 e인 두 종류가 사용된다. 두 기수를 구별하기 위해서 축약어 "로그(log)"는 기수 10, 문자 "로운(ln)"은 기수 e를 의미한다. 기수 10은 데시벨로 계산하는 표준값이다. 그러므로 기수 10에 대하여 다음과 같이 쓸 수 있다.

$$y = 10^x$$

x에 대하여 풀면,

$$x = \log_{10}y$$

첨자 10은 약어 "log"에 의해 포함되어 있기 때문에 생략할 수 있다.

대수는 매우 큰 수 또는 작은 수를 곱하거나 나눌 때 유용하다. 지수로 쓰인 두 수를 곱할 때 지수는 간단하게 더한다. 즉, 다음과 같다.

$$10^x \times 10^y = 10^{x+y}$$

이것은 다음과 같이 쓸 수 있다.

$$\log xy = \log x + \log y$$

이러한 개념은 여러 단의 증폭 또는 감쇠를 포함하는 문제에 사용한다.

데시벨 전력비

전력비는 근 값이 되는 경우가 있다. 전력 통신 시스템의 개발 초기에 공학자들은 이득 또는 감쇠(신호 감소)의 큰 비율을 설명하는 수단으로 데시벨을 고안하였다. 데시벨(dB)은 다음과 같이 전력이득의 대수비에 10을 곱하는 것으로 정의하였다.

$$\mathrm{dB} = 10 \log\left(\frac{P_2}{P_1}\right)$$

여기서 P_1과 P_2는 비교되는 2개의 전력레벨이다.

전력이득은 증폭기에 공급된 전력에 대한 출력전력의 비율로서 정의한다. 데시벨 비율로서 전력이득 A_p'은 약어에 액센트 부호(')를 사용한다.

$$A_p' = 10 \log\left(\frac{P_{out}}{P_{in}}\right)$$

여기서 A_p'는 데시벨 비율로 나타낸 전력이득이다. P_{out}는 부하에 전달된 전력이고, P_{in}은 증폭기에 전달된 전력이다.

데시벨(dB)은 비율로 나타내기 때문에 단위가 상수인 값이다. 동일한 비율을 갖는 임의의 두 전력 측정은 데시벨로 동일한 수치를 갖는다. 예로, 500 W와 1 W 간의 전력비는 500 : 1이며, 이 비율이 나타내는 데시벨 수치는 27 dB이다. 정확하게 100 mW와 0.2 mW(500 : 1) 간의 데시벨의 동일 수치 또는 27 dB이다. 전력비가 1보다 적으면, 전력손실 또는 감쇠이다. 데시벨 비는 전력이득에 대하여 정(+)이며, 전력손실에 대하여 부(−)이다.

한 가지 중요한 전력비가 2 : 1이다. 이 비율은 계측기, 증폭기, 필터 등의 차단 주파수를 지정하기 위해 정의하는 전력비이다. 데시벨 전력비 공식에 대입하면, 2 : 1 전력비와 동일한 데시벨(dB)은 다음과 같다.

$$dB = 10 \log\left(\frac{P_2}{P_1}\right) = 10 \log\left(\frac{2}{1}\right) = 3.01 \, dB$$

이 결과는 보통 3 dB로 소수점 이하는 생략하여 사용한다.

3 dB은 전력의 2배를 나타내므로 6 dB은 원래 전력의 또 다른 2배(4 : 1의 전력비)로 표현된다. 9 dB은 전력의 8 : 1 비율로서 4배이다. 만약 비율이 동일하거나 P_2가 P_1보다 작다면, 데시벨 결과는 부호를 제외하고 동일하다.

$$dB = 10 \log\left(\frac{P_2}{P_1}\right) = 10 \log\left(\frac{1}{2}\right) = -3.01 \, dB$$

부(−)의 결과는 P_2가 P_1보다 적다는 것을 표시한다.

또 다른 유용한 비율이 10 : 1이다. 10의 로그가 1이므로 10 dB은 10 : 1의 전력비와 동일하다. 이러한 방법으로 해석하면 어떤 상황에서도 전체 이득(또는 감쇠)을 빠르게 추정할 수 있다. 예로, 신호가 23 dB로 감쇠된다면, 2개의 10 dB 감쇠기와 3 dB 감쇠기로 표현할 수 있다. 이는 1 : 200의 전체 감쇠비율에 대하여 2개의 10 dB 감쇠기는 100의 요소이고, 또 다른 3 dB은 2의 또 다른 요소를 나타낸다.

여러 단의 이득 또는 감쇠를 결합하기 위해 전자공학의 여러 응용(예로, 마이크로파 송신기)에서 흔히 볼 수 있다. 여러 단의 이득 또는 감쇠를 계산할 때, 전체 전압이득은 절대 형식에서 이득의 곱이다.

$$A_{v(tot)} = A_{v1} \times A_{v2} \times \cdots \times A_{vn}$$

데시벨 단위는 이러한 값들이 덧셈과 뺄셈을 포함하기 때문에 이득 또는 손실을 결합할 때 유용하다. 데시벨 양의 대수학적 덧셈은 절대 형식에서 이득의 곱셈과 같다.

$$A'_{v(tot)} = A'_{v1} = A'_{v2} + \cdots + A'_{vn}$$

데시벨 전력비는 두 전력레벨을 비교하는 데 사용되지만 경우에 따라서 참고 전력 레벨을 알고 있을 때 절대 측정에서도 사용된다. 다른 표준의 경우에 따라 사용되더라도 가장 좋은 절대 측정은 dBm이다. dBm은 어떤 가정한 부하 임피던스에서 발전된 1 mW임을 알고 있을 때 전력레벨이다. 무선 주파수 시스템에 대하여 이 값은 보통 50 Ω이며, 오디오 시스템에 대하여 이것은 600 Ω 정도가 된다. dBm은 다음과 같이 정의한다.

$$dBm = 10 \log\left(\frac{P_2}{1\,mW}\right)$$

dBm은 보통 신호 발생기의 출력레벨을 지정하는 데 사용하며, 전력레벨의 계산을 간략화하기 위한 무선통신에서 사용한다.

데시벨 전압 비율

전력은 V^2/R의 비로 주어지므로 데시벨 전력비는 다음과 같이 쓸 수 있다.

$$dB = 10 \log\left(\frac{V_2^2\,R_2}{V_1^2\,R_1}\right)$$

여기서 R_1, R_2는 P_1과 P_2에서 발전된 저항이고, V_1과 V_2는 저항 R_1과 R_2의 양단 전압이다. 만약 저항이 같다면 다음과 같다.

$$dB = 10 \log\left(\frac{V_2^2}{V_1^2}\right)$$

대수의 성질은 다음과 같다.

$$\log x^2 = 2 \log x$$

그러므로 10진 전압비는 다음과 같다.

$$dB = 20 \log\left(\frac{V_2}{V_1}\right)$$

증폭기에서 V_2가 출력전압(V_{out})이고 V_1이 입력전압(V_{in})이면 데시벨 전압이득은 다음과 같다.

$$A'_v = 20 \log \left(\frac{V_{out}}{V_{in}} \right)$$

여기서 A'_v는 데시벨 비로서 나타낸 전압이득이고, V_{out}는 부하에 전달된 전압이며, V_{in}은 증폭기에 전달된 전압이다. 이 공식은 데시벨 전압이득인 크기의 대수비로 주어진다. 이것은 원래 입력저항과 부하저항 모두가 동일할 때(전화 시스템에서처럼), 데시벨 전력 공식으로부터 유도되었다.

데시벨 전압이득 공식과 데시벨 전력이득 공식 모두는 만약 입력저항과 부하저항이 같다면 동일한 비율을 갖는다. 그러나 이것은 저항이 동일하지 않은 경우에 데시벨 전압 공식을 사용하는 것이 더 실제적이 된다. 저항이 같지 않다면, 두 공식은 동일한 결과를 갖지 않는다.

데시벨 전압이득의 경우에 크기가 2 : 1 비율인 경우, 데시벨 전압이득비는 6 dB (20 log 2 = 6이므로)에 매우 근접한다. 만약 신호가 2의 요소(비율 = 1 : 2)로 감쇄한다면, 데시벨 전압이득비는 −6 dB(20 log 1/2 = −6이므로)이다. 또 다른 유용한 비율은 크기가 10:1 비를 가질 때이다. 이 경우에 데시벨 전압비는 20dB(20 log 10 = 20이므로)이다.

홀수 번호 질문에 대한 해답

제 1 장

1. 집적회로의 두 가지 범주는 아날로그와 디지털이다.
3. $y = mx + b$, 여기서 y는 종속변수, x는 독립변수, m은 기울기, 그리고 b는 y축의 절편이다.
5. 변환기는 한 에너지를 다른 에너지를 바꾸어주는 장치이다.
7. 500 Hz의 5고조파는 2,500 Hz이다.
9. 구형파를 오실로스코프에 가하면 저주파와 고주파의 선택감쇠는 관측되는 파형으로부터 결정된다. 고주파 감쇠는 느린 상승시간에 발생되고, 저주파 감쇠는 펄스의 정상적인 평활한 부분에서 "늘어지는" 형태로 나타난다.
11. (1) 디지털 스코프는 시험 중인 회로의 파형을 비교하기 위해 표준이 되는 파형을 저장하고 있다.
    (2) 디스플레이는 간헐적인 신호를 잡기 위해 트리거가 발생되는 파형의 앞, 뒤에서 트리거된다.
13. DMM은 전압, 전류 및 저항을 측정한다.

제 2 장

1. 철은 양자와 전자 수의 불평형으로 인해 전하가 필요한 원자이다.
3. 가전자는 원자의 최외각에 있다. 이 자유(전도)전자는 원자의 구조가 깨어져 자유롭게 된 전자이다.
5. 전류는 자유전자의 운동에 의해 생긴다. 홀전자는 가전자가 자유전자에 의해 생긴 정공 안으로 이동하는 준위에서 발생된다. 이러한 작용은 한 원자에서 다른 원자로 정공이 이동함으로써 발생된다.
7. 전자는 근처 한 접합면의 (+) 이온을 떠나 다른 접합면의 (−)로 이동하여 재결합한다.
9. 피크역전압(PIV)
11. 정공은 p형 물질에서 다수캐리어이다.
13. 반파정류는 정현파의 반 사이클만 출력을 발생하고, 전파정류는 정현파의 전 사이클을 출력으로 발생시킨다.
15. 정류기 출력에서 필터용 커패시터이 충전과 방전은 리플전압이라고 하는 변동하는 dc 전압을 발생한다.
17. 제너 다이오드는 역브레이크 영역에서 동작한다.
19. 광다이오드는 역바이어스로 동작한다.
21. 다이오드가 개방되었다면 전파전압 대신에 반파전압이 된다.

제 3 장

1. 이미터 전류가 가장 크다.
3. 베이스-이미터 접합은 보통 순방향 바이어스이다. 베이스-컬렉터 접합은 보통 역방향 바이어스이다.
5. dc 부하 선로는 컷오프 점에서는 x-축과 접촉한다.
7. 베이스 바이어스는 트랜지스터의 β_{DC}에 의해 정해진다.
9. stiff 바이어스는 β_{DC}와 관계가 없다.
11. 파라미터 h_{fe}는 ac 전류이득 β_{DC}이다.
13. V_{CC}는 ac 신호에서 접지전위이다.
15. CE 증폭기의 전압이득은 ac 이미터 저항에 대한 ac 컬렉터 저항의 비이다.
17. 적은 출력저항은 증폭기의 부하를 감소시킨다.
19. CB 증폭기의 출력은 컬렉터에 인가된다.

제 4 장

1. JEFT는 pn 접합이나 MOSFET는 pn 접합이 아니다.
3. MOSFET는 절연된 게이트이다.
5. 소스와 드레인은 채널에 연결되어 있다.
7. p-채널 JFET는 화살표가 밖으로 향한다.
9. 게이트에 전압이 가해지지 않으면 JFET는 on 상태가 된다.
11. I_{DSS}는 최대 드레인 전류로 $V_{GS} = 0\,V$에서 정해진다.
13. $V_{GS(off)}$는 I_D를 거의 0으로 하는 차단전압이다.
15. 게이트에서 접지에 연결된 저항(R_G)의 게이트 전압은 $0\,V$로 자기 바이어스 조건을 만든다.
17. 소스저항에는 게이트-소스 접합에 역방향 바이어스를 인가하기 위해 JFET에 전압-분배기 바이어스가 필요하다.
19. D-MOSFET에서 수직채널선은 실선으로, E-MOSFET는 물리적인 채널이 없다는 것을 표시하기 위해 파선으로 한다.
21. D-MOSFET는 공핍모드나 성장모드에서 동작한다.
23. 트랜스컨덕턴스 g_m은 게이트-소스 전압의 변화에 의해 분류된 드레인 전류에서 변화된다.
25. CD 증폭기는 소스-폴로워(source-follow)라고도 한다.
27. $r_{DS(on)}$는 채널-on 저항으로 이 값은 입력신호의 감쇠량을 결정한다.
29. 미소전압 $V_{DS(on)}$은 MOSFET가 동작할 때 소스와 드레인 사이의 값이다.

제 5 장

1. 증폭기에서 단이란 증폭기로 동작하도록 한 개의 트랜지스터를 바이어스한 것이다.

3. 테브냉의 등가전압은 등가회로에서 증폭기를 작성할 때 사용하는 것으로 테브냉의 전압과 저항을 결정한다.

5. ac 저항 r'_e는 I_E로 나누면 약 25 mV가 된다.

7. V_{CC}에서 접지로 연결된 커패시터를 정합 커패시터라고 하며 전원 선로에서 접지된 잡음전압이다.

9. IF의 장점은 고정 주파수로 RF 주파수에서 동조로 변화시킬 필요가 없다.

11. 비정합 회로망은 다른 회로로부터 격리되어 있고 불필요한 발진을 차단하는 RC 회로이다.

13. 개루프 이득은 궤환이 없고, 폐루프 이득은 부궤환이 있다.

15. 달링톤 쌍은 첫 번째 트랜지스터의 이미터가 두 번째 트랜지스터의 베이스에 종속으로 연결된 것이다.

17. B급 증폭기는 컷오프 점에서 바이어스되고 입력 사이클의 180° 범위의 선형 영역에서 동작한다. AB급 증폭기는 180° 범위 이상의 선형 영역에서 동작한다

19. dc 부하선은 x축의 V_{CEQ}에서 교차한다.

21. 차동증폭기의 이미터 저항에 흐르는 전류는 각 트랜지스터 컬렉터 전류의 약 2배가 된다.

제 6 장

1. op-amp의 반전 입력은 (−)로, 비반전 입력은 (+)로 표시한다.

3. op-amp의 피크-피크 출력은 공급전압보다는 약간 적다.

5. 실제 op-amp에 가해지는 입력 오프셋 전압은 0 V이다.

7. 차동 입력저항은 반전 입력과 비반전 입력 사이의 저항이고, 공통모드 입력저항은 각 입력에서 접지간의 저항이다.

9. B급 op-amp는 공통모드 신호로 인해 출력이 적으므로 CMRR은 가장 크다.

11. R_f가 증가하면 전압이득은 증가한다.

13. 전압이득 A_v는 $R_f/R_i = 100\,\text{k}\Omega/1\,\text{k}\Omega = 100$이다.

15. 이득 대역폭은 15 kHz이다.

제 7 장

1. 기준전압은 $(R_2/(R_1 + R_2))V = (10\,\text{k}\Omega/20\,\text{k}\Omega)9\,\text{V} = 4.5\,\text{V}$이다.

3. 서미스터 저항은 온도가 증가함에 따라 감소한다.

5. 출력전압은 $(11.5\,\text{V})0.25 − 2.875\,\text{V}$이다.

7. 출력은 $(−10\,\text{mV}/\mu\text{s})(5\,\mu\text{s}) = −500\,\text{mV}$이다.

9. 출력은 10 kHz에서 구형파이다.

11. op-amp에 커패시터, 저항 및 다이오드를 추가한다.

제 8 장

1. 저역통과 필터응답의 세 영역은 통과대역, 천이대역 및 제거대역 영역이다.
3. 최대 출력전압은 (1.414)(1 V) = 1.414 V이다.
5. $BW = 12\,kHz - 10\,kHz = 2\,kHz$이다.
7. 대역제거 필터에서 통과대역 안의 주파수는 저지된다. 대역통과 필터에서, 통과대역 안의 주파수는 통과된다.
9. 감쇠율은 부궤환회로에 의해 정해진다.

제 9 장

1. 전압이득 A_{cl}은 $1 + 2R/R_G = 1 + 2(20\,k\Omega)/10\,k\Omega = 5$이다.
3. 전압이득은 외부저항에 의해 2에서 1,000까지 조정 가능
5. 공통모드 제거는 태아와 모친의 심장박동으로 분리된다. 태아의 심장박동 신호는 모니터링 장치로 보내진다.
7. 각 단의 이득은 5이므로 전체 이득은 25이다.
9. 전압이득 $g_m R_L = (10\,mS)(10\,k\Omega) = 100$이다.
11. OTA는 진폭 변조기와 슈미트 트리거 회로에서 사용한다.

제 10 장

1. 반전 증폭기는 180°의 위상천이를 한다. 이 궤환루프의 전체 위상천이를 0°로 하기 위해서는 다시 180°의 위상을 천이한다.
3. 발진
5. 자가기동을 위해 초기의 루프이득은 1보다 커야 한다.
7. 지-진상 회로의 감쇠는 발진 주파수의 1/3이다.
9. R과 C를 증가시키면 발진 주파수는 감소한다.
11. 외부 커패시터가 반으로 줄면 발진 주파수는 2배로 증가한다. 듀티사이클은 외부 커패시터의 변화에도 영향을 받지 않는다.

제 11 장

1. 전원공급장치의 등가 외부저항은 퍼센트 부하공급을 줄이면 작아진다.
3. 궤환전압이 증가하면 오차검출기의 값은 출력전압이 감소함에 따라 감소한다.
5. 스위칭 조정기가 가장 효율이 높다.
7. 스위칭 공급기는 rf 간섭의 영향이 적다.
9. 스위칭 공급장치의 전압변환 특성은 입력에 반대극성의 출력전압을 가하는 것이다.
11. LM337은 LM317과 출력의 극성이 반대이다.
13. 부하저항은 78XX에서는 접지 단자에 연결되어 전류원으로 사용된다.

제 12 장

1. 능동 변환기는 전원으로 여자라고 하는 동작 전력이 필요하다. 수동변환기는 측정 가능한 값의 전원이 유기되어 외부의 공급전원 없이도 출력을 발생한다.

3. 음성 압력파형은 음성 주파수에 비례하여 변화하는 두 평판 사이의 공간에서 발생된다. 즉, 가청신호는 커패시터판 간의 간격에 따라 변화한다.

5. 용량성 센서는 변위, 속도, 힘, 압력 및 흐름 등을 측정하는 데 사용한다.

7. 동적 동작은 입력에서 변화되는 주파수응답과 응답시간에 의해 정해진다.

9. 범위는 측정할 수 있는 변환기의 설정값이다.

11. 측정 기록에는 허용 오차의 표준값이 포함되어 있어야 한다. 또한, 측정된 데이터 점의 표나 그래프가 측정의 기록 일부가 되도록 해야 한다.

13. 절대 영(0)

15. 전압계 양쪽 리드선의 온도가 같으면 접합점의 전압을 읽을 수 없다.

17. 같은 범위에서 서미스터는 감도가 좋고, RTD는 정확도가 높다.

19. 물체 길이의 변화에 따라 가해지는 힘은 비례한다.

21. mks 단위는 $newton/meter^2$이다.

23. 휘스톤 브리지는 저항의 변화 측정에 매우 민감하며, 장력과 응력을 측정할 수 있도록 게이지에 연결한다.

25. pascal은 제곱미터당 1 newton($newton/m^2$)으로 정의되는 미소한 압력의 단위이다.

27. 입력측에 가해지는 두 압력의 차이

29. 두 가지 모두 전자파는 진공 중에서 3.00×10^8 m/s의 속도로 이동하며, 다른 점으로 주파수에서 라디오 주파수는 빛보다 파형이 긴 저주파이다.

31. 비선형 응답 특성을 가지며, 온도에 약하다.

33. 전류를 유지 레벨 이하로 하거나 순간적으로 애노드와 캐소드 사이에 역방향 바이어스를 공급할 수 있는 커패시터 정류를 사용한다.

홀수 번호 문제에 대한 해답

제 1 장

1. 45.5 μS

3. 그림 ANS-1을 참조

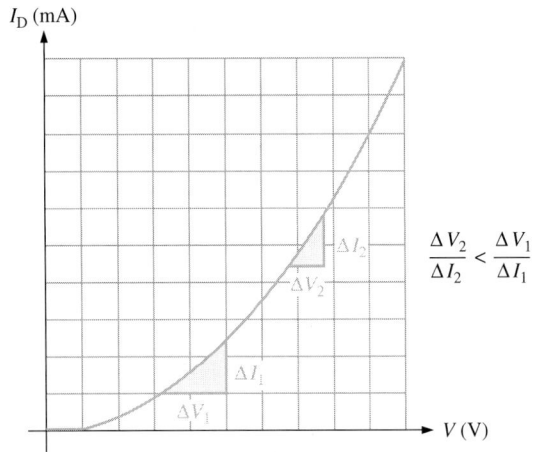

그림 ANS-1

5. $f = 31.8$ Hz; $T = 31.4$ ms

7. 0.1 ms

9. 0.652 A

11. 1.11

13. 14.5 Ω

15. (a) 318 Hz

    (b) 3.14 ms

17. 그림 1-17의 시스템에 대한 시험계획은 다음과 같다.

    1. 증폭기의 입력에서 신호를 측정한다. 이때 이상이 있으면 2번으로, 이상이 없으면 3번으로 간다.

    2. 증폭기의 출력에서 신호를 측정한다. 이때 이상이 있으면 문제는 스피커이다. 이상이 없으면 4번으로 간다.

    3. 마이크로폰의 출력에서 신호를 측정한다. 이때 이상이 있으면 스위치 불량이다. 이상이 없으면 5번으로 간다.

    4. 증폭기의 전원을 측정한다. 이때 이상이 있으면 문제는 증폭기 불량이다. 이상이 없으면 문제는 공급전원이다.

    5. 마이크로폰의 전원을 측정한다. 이때 이상이 있으면 마이크로폰 불량이다. 이상이 없으면 배터리를 교체해야 한다.

제 2 장

1. 그림 ANS-2를 참조하라.

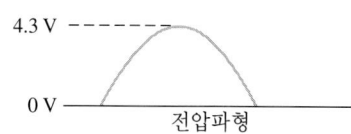

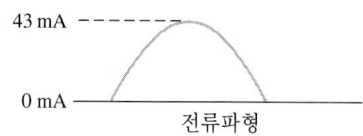

그림 ANS-2

3. (a) 전파정류기

    (b) 28.3 V

    (c) 14.2 V(기준은 중앙탭)

    (d) 그림 ANS-3을 참조하라.

    (e) 13.5 mA

    (f) 28.3 V(이상적인 경우)

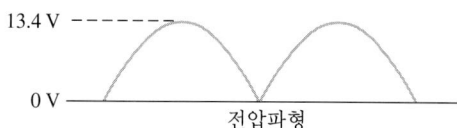

그림 ANS-3

5. 78.5 V

7. 4%

9. $V_{\text{IN(MIN)}} = 6.12$ V; $V_{\text{IN(MAX)}} = 21.8$ V

11. DMM1은 맞으나 DMM2는 그림과 같이 커패시터가 접속되면 피크전압이라기보다는 정류된 평균전압이 된다. DMM3는 브리지와 출력 사이에 회로가 개방되어 전압이 인가되지 않는다. 이는 브리지와 필터용 커패시터 사이의 출력선이 개방된 경로에 연결되었기 때문이다.

13. 720 Ω

15. (a) 맞는다.

    (b) 제너 다이오드 개방

    (c) 스위치 개방 또는 퓨즈 끊어짐

    (d) 커패시터 개방

    (e) 변압기 권선 끊어짐(가능성은 적지만 다이오드가 1개 이상 개방)

제 3 장

1. 5.29 mA

3. 29.4 mA

5. $I_B = 0.276$ mA; $I_C = 20.7$ mA; $V_C = 15.1$ V

7. $I_B = 13.6$ μA; $I_C = 3.41$ mA; $V_C = 6.59$ V

9. $V_{CE(sat)} = 0.1$ V; $I_{C(sat)} = 3.67$ mA

11. (a) 0으로 감소

(b) 그대로 유지

(c) 증가

(d) 증가

13. $I_C = 2.03$ mA; $V_{CE} = -9.51$ V

15. $I_C = 36.2$ mA; $V_{CE} = 9.23$ V

17. 199

19. CB 증폭기, $I_C = 2.55$ mA

21. 34.7 kΩ

23. (a) 미소 신호용

(b) 전력용

(c) 전력용

(d) 미소 신호용

(e) 라디오 주파수용

25. $A_{v(min)} = 2.93$; $A_{v(max)} = 123$

27. (a) 0.383 V

(b) $\leqq 1.083$ V

제 4 장

1. (a) 공핍영역이 더 넓어지고, 더 좁은 채널을 만든다.

(b) 증가

(c) 더 적다

3. (a) $+2$ V

(b) -6 V

5. (a) $+4$ V

(b) 2.5 mA

(c) 15.8 V

7. (a) $+2.1$ V

(b) 2.1 mA

(c) 5.97 V

9. (a) $V_{DS} = 7.29$ V; $V_{GS} = -0.3$ V

    (b) $V_{DS} = -1.65$ V; $V_{GS} = +2.35$ V

11. $+3$ V

13. (a) ON

    (b) OFF

15. -21.9

17. (a) $I_D = 4.85$ mA; $V_{DS} = 9.30$ V

    (b) -5.4

    (c) 3.38 MΩ

    (d) 성장모드

19. (a) 10 mA

    (b) 4 GΩ

21. $A_{v(min)} = 0.64$; $A_{v(max)} = 0.90$

23. Q_1 또는 Q_2의 개방, R_E 개방, ($-$) 공급전압 없음, 트랜지스터 사이의 연결선 개방

25. 0.953 mA

제 5 장

1. 812

3. (a) 그림 ANS-4를 참조하라.

    (b) 6,000

    (c) 3,600

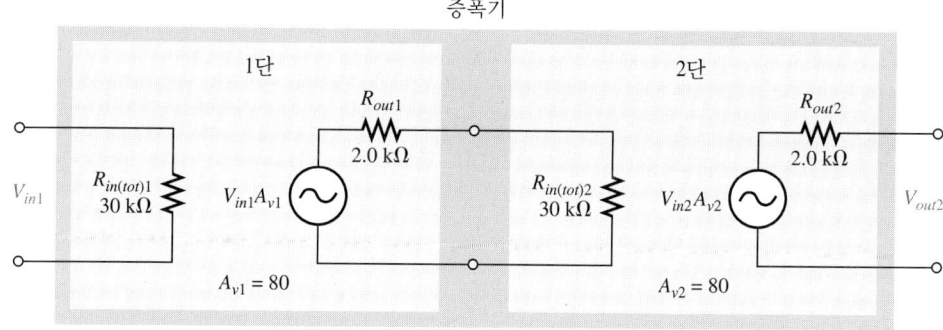

그림 ANS-4

5. $f_r = 356$ kHz; $Q = 47.1$; $BW = 7.56$ kHz

7. 8

9. (a) $I_{C(Q2)} = I_{E(Q1)} = 5.3$ mA; $V_{B(Q2)} = 0.7$ V; $V_{E(Q3)} = 0$ V; $I_{C(Q3)} = 120$ mA

    (b) 0.25 W

11. R_4가 개방된 경우, V_{IN}이 0 V이면 $V_{BE(Q3)} = 0.7$ V

    Q_3는 R_L에 의해 순방향 바이어스, $V_L = 0$, $I_C = 0$. 증폭기는 B급 폴로워로 동작하고
    0 V 이하의 출력은 제거된다.

13. (a) $I_{CQ} = 68.4$ mA; $V_{CEQ} = 5.14$ V

(b) $A_v = 11.7$; $A_p = 263$

15. 변화는 그림 ANS-5에서 보인다.

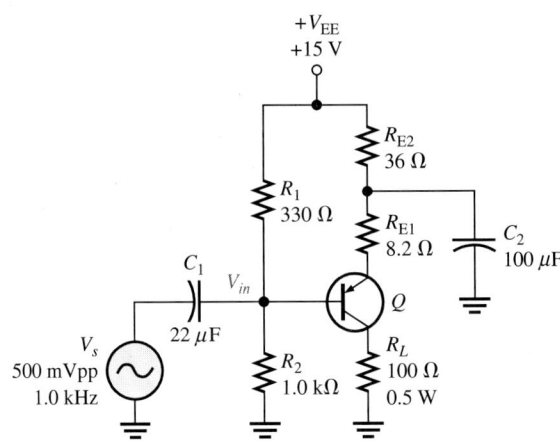

그림 ANS-5

17. (a) $V_{B(Q1)} = 0.7$ V; $V_{B(Q2)} = -0.7$ V; $V_E = 0$ V; $I_{CQ} = 8.3$ mA; $V_{CEQ(Q1)} = 9$ V; $V_{CEQ(Q2)} = -9$ V

(b) 0.5 W

19. (a) $V_{B(Q1)} = 8.2$ V; $V_{B(Q2)} = 6.8$ V; $V_E = 7.5$ V; $I_{CQ} = 6.8$ mA; $V_{CEQ(Q1)} = 7.5$ V; $V_{CEQ(Q2)} = -7.5$ V

(b) 167 mW

21. (a) C_2 개방 또는 Q_2의 개방

(b) 공급전원 개방, R_1 개방, Q_1의 베이스 접지

(c) Q_1 컬렉터-에미터 단락

(d) 한 개나 양쪽 다이오드 단락

23. (a) 6.5 mA

(b) 3.25 mA

25. 그림 ANS-6을 참조하라.

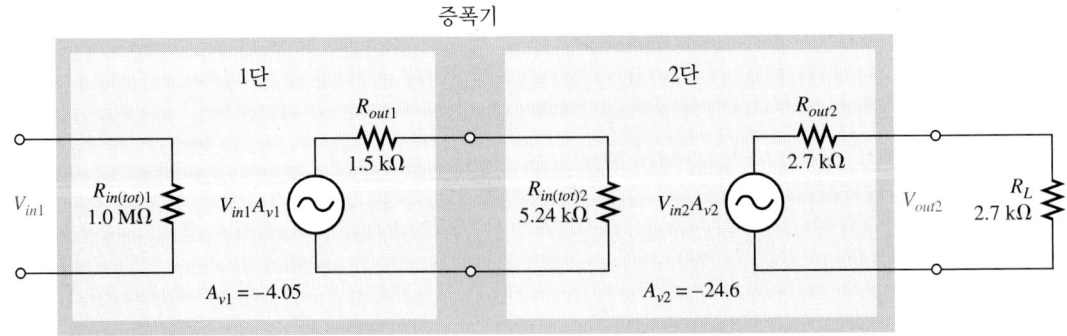

그림 ANS-6

27. R_3와 C_3는 공급전원의 고주파를 차단하기 위한 저역통과용 필터이다.

제 6 장

1. 실제의 op-amp인 경우: 매우 큰 입력 저항과 매우 작은 출력 저항으로 높은 개루프 이득
   이상적인 op-amp인 경우: 무한대의 입력 저항과 0인 출력 저항으로 유한한 개루프 이득

3. 9.1 μA

5. 972,222

7. (a) 전압 폴로워

   (b) 비반전 증폭기

   (c) 반전 증폭기

9. (a) 1

   (b) -1

   (c) 22.3

   (d) -10

11. 1.6 V/μs

13. $V_f = 49.5$ mV; $V_{in} = 49.5$ mV

15. (a) 49 kΩ

    (b) 3 MΩ

    (c) 84 kΩ

    (d) 165 kΩ

17. (a) 0.455 mA

    (b) 0.455 mA

    (c) -10 V

    (e) -10

19. 750 kHz

21. (a) 출력은 0 V

    (b) 출력은 포화

    (c) ac에서는 영향이 없다. 출력으로 미소한 dc 전압을 가하거나 제거한다.

    (d) 이득이 -10 대신 -0.1이다.

제 7 장

1. 클리핑에 의한 찌그러짐을 갖는 24 V pp

3. $V_{UTP} = 2.77$ V; $V_{LTP} = -2.77$ V

5. 그림 ANS-7을 참조하라.

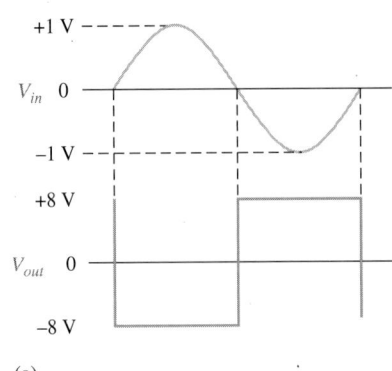

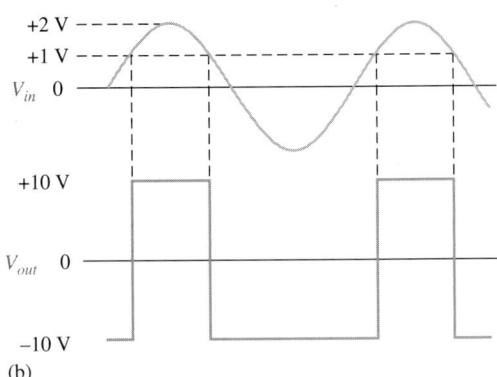

(a)   (b)

그림 ANS-7

7. $-0.357\,\text{mA}$

9. (a) 정현파의 (+) 피크는 $+0.7\,\text{V}$, (−) 피크는 $-7.3\,\text{V}$, dc 값은 $-3.3\,\text{V}$이다.

   (b) 정현파의 (+) 피크는 $+29.3\,\text{V}$, (−) 피크는 $-0.7\,\text{V}$, dc 값은 $+14.3\,\text{V}$이다.

11. 그림 ANS-8을 참조하라.

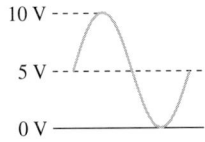

그림 ANS-8

13. (a) $7.76\,\text{V}$

    (b) $6.86\,\text{V}$

15. $110\,\text{k}\Omega$

17. $R_f = 100\,\text{k}\Omega$, $R_1 = 100\,\text{k}\Omega$, $R_2 = 50\,\text{k}\Omega$, $R_3 = 25\,\text{k}\Omega$, $R_4 = 12.5\,\text{k}\Omega$,

    $R_5 = 6.25\,\text{k}\Omega$, $R_6 = 3.125\,\text{k}\Omega$

19. $1.0\,\text{mA}$

21. 그림 ANS-9를 참조하여라.

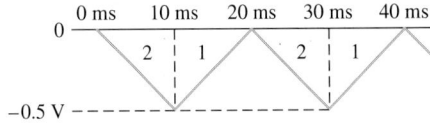

그림 ANS-9

23. 그림 ANS-10을 참조하여라.

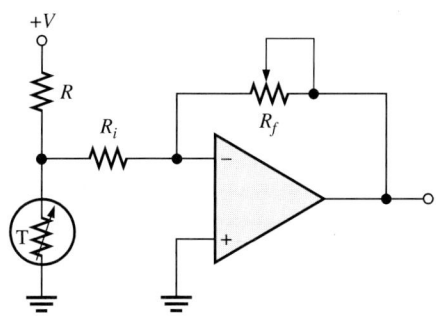

그림 ANS-10

25. R_2가 개방이다.

제 8 장

1. (a) 대역통과

(b) 고역통과

(c) 저역통과

(d) 대역제거

3. 48.2 kHz

5. BW = 700 Hz; Q = 5.05

7. (a) 1.43

(b) 1.44

9. 이상적인 버터워스, −80 dB/decade

11. 그림 ANS-11을 참조하여라.

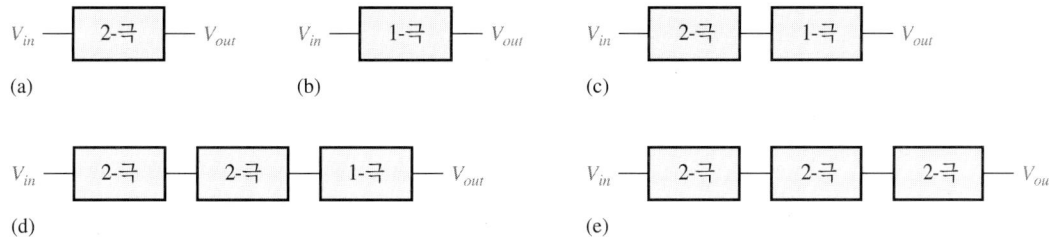

그림 ANS-11

13. (a) 다중 궤환

(b) 상태변수

15. 응답은 이미 버터워스

17. 그림 ANS-12을 참조하여라.

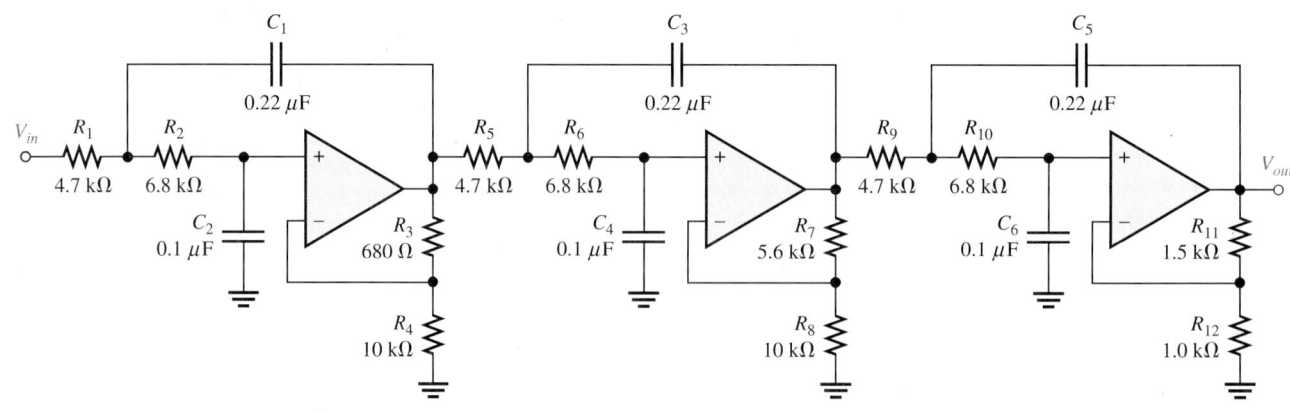

그림 ANS-12

19. 답은 변한다. 1/2의 극한 주파수를 구하려면 저항이나 커패시터의 용량을 2배로 한다.

제 9 장

1. 201

3. 1.005 V

5. 51.5

7. 300

9. 1 mS

11. 17.0

13. 300 kHz

15. 66.4 kΩ(가장 가까운 표준값이 68 kΩ이다.)

17. 3656KG에서 이득을 1로 하려면 출력에 핀 14와 15, 입력에 핀 6과 10을 직접 연결한다. 그러면 전체 이득은 $A_{v(total)} = A_{v(input)}A_{v(output)} = (1)(1) = 1$이다.

19. $A_{v(max)} = 17.0$; $A_{v(min)} = 13.6$

21. 그림 ANS-13을 참조하여라.

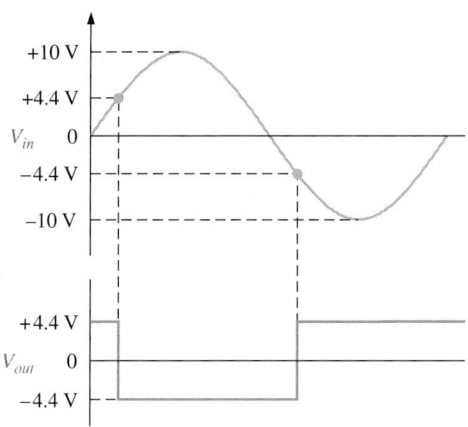

그림 ANS-13

제 10 장

1. 발진기는 dc 공급전압 이외의 입력을 요구하지 않는다.

3. 4

5. 1.28 kHz

7. $R_f = 136 \text{ k}\Omega$; $f_r = 1.69 \text{ kHz}$

9. $V_{REF1} = 3.33 \text{ V}$; $V_{REF2} = 6.67 \text{ V}$

11. 0.0076 μF

13. 733 mV

15. R_1을 3.54 kΩ으로 변환한다(가장 근사한 표준값 3.6 kΩ).

17. 4.96 kΩ

19. 그림 ANS-14를 참조하여라.

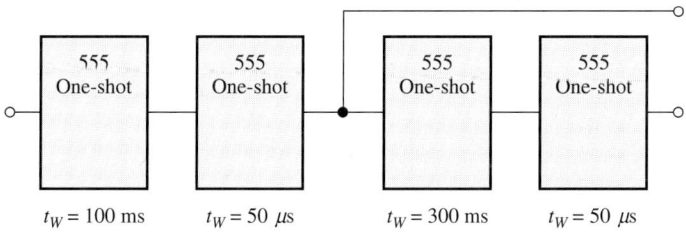

그림 ANS-14

제 11 장

1. 0.0333%

3. 1.01%

5. 그림 ANS-15을 참조하여라.

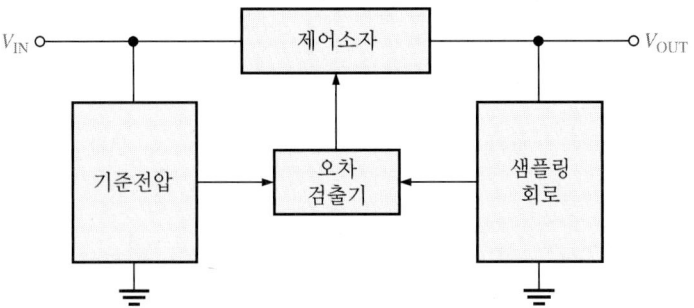

그림 ANS-15

7. 14.2 V

9. 4.8 V

11. 다이오드는 Q_1이 turn off일 경우에 순방향 바이어스된다.

13. 14.3 V

15. 1.25 mA

17. $+1.18$ mA

19. $R_1 = 625\,\Omega$(가장 근사한 표준값은 $620\,\Omega$)

$R_2 = 5.33\,\text{k}\Omega$(가장 근사한 표준값은 $5.6\,\Omega$)

21. 2.1 W

제 12 장

1. 0.25%

2. $C = -62.2°\text{C}; K = 211\,\text{K}$

3. $F = 698.0°\text{F}; K = 643.2\,\text{K}$

5. $C = -73.2°\text{C}; K = -99.8°\text{F}$

9. (a) $5.0\,\mu\in$

(b) $3.5\,\text{m}\Omega$

11. 44.4 lbs

13. 그림 ANS-16 참조

15. (a) 35.4 pF

(b) 88.5 pF

17. 0.412 mV/V

19. 녹색

21. 비교기 입력을 역으로 하라.

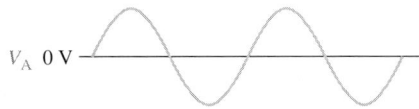

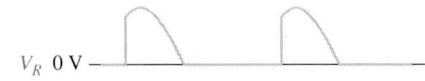

그림 ANS-16

용어 해설

AB급(class AB) 약간 도통상태로 바이어스되어 있는 증폭기; Q-점이 약간 컷오프 위에 있다.

ac 베타(β_{ac}) 쌍극성 접합 트랜지스터에서 베이스 전류의 변화분에 대한 컬렉터 전류 변화분의 비

A급(class A) 항상 활성 영역에서 동작하는 증폭기

B급(class B) 출력전류가 입력 사이클의 반 동안만 변하도록 Q-점이 컷오프에 위치한 증폭기

dc 베타(β_{dc}) 쌍극성 접합 트랜지스터에서 베이스 전류 변화분에 대한 컬렉터 전류 변화분의 비

IC(integrated circuit) 여러 소자가 실리콘 단일 칩 한 개에 설계된 회로

SCR 실리콘 제어 정류기. 세 단자 사이리스터의 형식

가산증폭기(summing amplifier) 하나 이상의 입력과 입력 전압의 대수적 합의 크기에 비례하는 출력전압으로 특성화되는 기본 비교기 회로의 변종

가전자(valence electron) 원자의 궤도나 최외각에 있는 전자

각(shells) 원자핵에서 전자 궤도의 에너지 레벨

감폭 인자(DF) 필터의 응답 형식을 정의하는 요소

개루프 전압이득(open-loop voltage gain) 외부 궤환이 없는 증폭기의 내부 이득

게이지 소자(gauge factor) 주어진 인장에 대한 저항의 단편적 변화를 나타내는 비례상수인 차원이 없는 수치

게이트(gate) 전계-효과 트랜지스터의 세 단자 중의 하나. 게이트에 공급되는 전압이 드레인 전류를 제어

계측증폭기(instrumentation amplifier) 두 입력 단자에서 존재하는 전압간에 차이를 증폭하는 차동 전압이득 장치

고역통과필터(high-pass filter) 어떤 주파수 이상의 주파수를 통과시키는 반면에 작은 주파수는 소거하는 형식의 필터

공통-드레인(common-drain; CD) 드레인이 ac 접지 단자인 FET 증폭기 구성

공통-모드(common-mode) 두 개의 동일한 신호가 차동증폭기의 입력에 제공되는 입력조건

공통-모드 제거비(common-mode rejection ratio: CMRR) 개루프 이득과 공통-모드 이득의 비; 공통-모드 신호를 제거하는 op-amp 능력의 척도

공통 베이스(common-base) 베이스가 교류신호의 공통 단자로 사용되는 BJT 증폭기

공통-소스(common-source; CS) 소스가 ac 접지 단자인 FET 증폭기 구성

공통 이미터(common-emitter) 이미터가 교류신호의 공통 단자로 사용되는 BJT 증폭기

공통 컬렉터(common-collector) 컬렉터가 교류신호의 공통 단자로 사용되는 BJT 증폭기

공핍모드(depletion mode) 채널 도전율을 감소시키는 것과 같이 극성을 갖는 0-게이트 전압으로 on되고, 게이트 전압이 증가하면 off되는 FET의 분류. 모든 JFET와 일부 MOSFET는 공핍모드 소자이다.

교류 저항(ac resistance) 전류의 변화에 따라 전압이 변화하는 비율로 동력(dynamic), 소신호(small signal) 및 전구 저항(bulk resistance)이라고도 한다.

궤환발진기(feedback oscillator) 궤환루프에서 위상천이 없이 입력에 출력신호의 일부를 되돌리는 발진기의 형식. 출력신호를 보강한다.

극(pole) 필터의 롤오프 율이 220 dB/decade를 이루는 한 개의 저항과 한 개의 커패시터를 포함하는 회로

금속-산화물 전계-효과 트랜지스터(MOSFET) FET의 두 가지 주요 타입 중의 하나. 채널을 유도하는 게이트를 분리하기 위해 SiO_2 층을 사용한다. MOSFET는 공핍모드와 성장모드 모두로 동작

능동변환기(active transducer) 출력 전원이 측정하려는 양 이외의 전원으로부터 유도된 변환기의 형식

다이오드(diode) 전류가 한 방향으로만 흐르도록 설계된

장비

단사(one-shot) 각 입력 트리거 펄스에 대하여 단일 출력 펄스를 발생하는 단안정 멀티바이브레이터

대역제거필터(band-stop filter) 어떤 낮은 주파수와 어떤 높은 주파수 사이에 놓여 있는 주파수 범위를 컷오프 또는 소거하는 필터

대역통과필터(band-pass filter) 어떤 낮은 주파수와 어떤 높은 주파수 사이에 놓여 있는 주파수 범위를 통과하는 필터

대역폭(bandwidth) 필터의 통과대역의 측정; 상위와 하위의 차단(임계) 주파수간 통과대역의 차이

더미스터(thermistor) 천이 산화금속의 탕화된 합성으로 만든 예민한 정항 온도센서. 저항은 반대로 온도에 비례한다.

도메인(domain) 독립변수로 설계된 값. 주파수 또는 시간이 좌표에 전형적으로 사용된다.

드레인(drain) 전계-효과 트랜지스터의 세 단자 중의 하나로 채널의 한쪽 끝

디지털 신호(digital signal) 특정 상태인 이산 수치값을 발생하는 연속적인 신호

라디오 주파수(radio frequency) 100 kHz보다 큰 주파수

롤오프(roll-off) 필터의 임계 주파수 이하 또는 이상에서 이득을 감소하는 비율

리미터(limiter) 기술된 레벨의 위나 아래의 전압을 잘라내거나 제한하는 회로

미분기(differentiator) 입력함수의 변화의 비율에 접근하는 반전된 출력을 생성하는 회로

바이어스(bias) 다이오드나 기타 전자 장비에서 원하는 모드로 동작할 수 있도록 직류전압을 가하는 것

반전 증폭기(inverting amplifier) 입력신호가 반전 입력에 제공되는 폐루프 op-amp 회로

베이스(base) BJT에서 반도체 영역 중의 하나

변환기(transducer) 한 형식에서 다른 형식으로 에너지를 변환하는 장치. 전자회로 시스템에 대하여 출력은 전기 파라미터이다.

부궤환(negative feedback) 입력의 일부분을 제거하는 방법으로 출력의 일부분을 입력으로 되돌리는 공정

부하전지(load cell) 가해진 힘에 의해 탄성 범위 내에서 변형되는 금속물체. 금속물체는 인장 게이지와 함께 계측된다.

부하 조정 부하전류의 변화에 대한 출력전압 변화분의 백분율

분해능(resolution) 측정하려는 양의 가장 작은 검출 가능한 변화의 크기

비교기(comparator) 두 입력전압을 비교하고 입력들이 크거나 또는 작은 것을 나타내는 두 상태로 출력을 생성하는 회로

비반전 증폭기(noninverting amplifier) 입력신호가 비반전 입력에 제공되는 폐루프 op-amp 회로

비안정 멀티바이브레이터(astable multivibrator) 발진기로서 동작할 수 있고 펄스 파형의 출력을 발생하는 회로

사이리스터(thyristor) 4층(pnpn)의 반도체 스위칭 장치의 일종

상수-전류 영역(constant-current region) 드레인 전류가 드레인-소스 전압과 무관하게 되는 FET의 드레인 특성 영역

샘플링(sampling) 원래의 신호와 거의 같게 샘플링 시간으로 아날로그 신호를 자르는 과정

선로 조정 선로전압의 변화분에 대한 출력전압 변화분의 백분율

선형 조정기 제어소자가 선형 영역에서 동작하는 전압조정기

성장모드(enhancement mode) 게이트 전압을 응용하여 채널을 형성하는 MOSFET로 채널 도전율이 증가

소스(source) 전계-효과 트랜지스터의 세 단자 중 하나. 채널의 한쪽 끝.

수동 변환기(passive transducer) 전원과 직접 상호연결없이 출력을 발생하는 변환기의 형식

슈미트 트리거(schmit trigger) 히스테리시스를 갖는 비교기

스위칭조정기 제어소자가 스위칭 소자인 전압조정기

스펙트럼(spectrum) 신호에서 증폭과 주파수의 관계를 나타내는 특성

슬루율(slew rate) 계단 입력의 응답으로 op-amp의 출력전압 변화의 비

신호(signal) 전자, 전류, 전압 등을 포함하는 정보

쌍극성 접합 트랜지스터(bipolar junction transistor) 2개의 pn 접합에 의해 도핑이 된 3개의 반도체 영역으로 구성된 트랜지스터

아날로그 신호(analog signal) 임의의 범위에서 연속적인 값을 갖는 신호

압력(pressure) 단위면적당 힘. 면적은 힘에 직각에서 측정된다.

애노드(anode) 다이오드의 순방향 바이어스 상태에서 다른 단자에 비해 (1) 성분이 많은 단자

에너지(energy) 일을 할 수 있는 힘

여자(excitation) 변환기를 동작시키기 위한 외부 에너지원

연산증폭기(operational amplifier) 두 입력 사이의 차동전압을 증폭하는 전자 소자. op-amp는 매우 높은 전압이득, 매우 높은 입력저항, 매우 낮은 출력저항 그리고 공통-모드 신호의 훌륭한 제거 능력을 갖고 있다.

연산 트랜스컨덕턴스 증폭기(operational transconductance amplifier) 입력전압에 대한 출력전류를 발생하는 증폭기

열전쌍(thermocouple) 측정접합과 참조접합 간의 온도차이에 비례한 전류를 발생하는 온도 변환기

영의 계수(Young's modulus) 기하학과 물질에 따른 탄성 물질에 대한 상수. 인장으로 나눈 응력의 비율이다. 이것은 신장과 굽힘에 대하여 다르게 지정된 것이다.

위상천이 발진기(phase-shift oscillator) 궤환루프로 3개의 RC 회로를 사용하는 정현파 궤환발진기의 형식

윈-브리지 발진기(Wien-bridge oscillator) 궤환루프에서 RC 지-진상 회로를 사용하는 정현파 궤환발진기의 형식

응력(stress) 고체의 면적당 힘. 응력은 장력 또는 압력에 의한다.

이득(gain) 증폭의 양으로 입력량에 대한 출력량의 비율. 예로, 전압이득이란 입력전압과 출력전압과의 비

이득-대역폭 곱(gain-bandwidth product) 폐루프 이득과 폐루프 임계 주파수의 곱인 상수; op-amp의 개루프 이득이 1인 곳에서의 주파수

이미터(emitter) BJT에서 반도체 영역 중의 하나

이완발진기(relaxation oscillator) 비정현파형을 발생하기 위해 RC 타이밍 회로를 사용하는 발진기의 형식

인장(strain) 가해진 힘에 의한 물체의 탄성 변형. 인장은 물체의 길이로 나눈 길이 변화의 비율이다.

인장 게이지(strain gauge) 앞뒤 모양으로 만든 얇은 도체. 인장 게이지는 잡아 늘리거나 압축된 것처럼 그 저항의 변화에 의한 힘에 응답한다.

임계 주파수(fc) 필터의 통과대역의 끝부분을 정의하는 주파수; 차단 주파수라고도 한다.

장벽전위(barrier potential) pn 접합에서 공핍영역의 전압

저역통과필터(low-pass filter) 어떤 주파수 이하의 주파수를 통과시키는 반면에 높은 주파수는 소거하는 형식의 필터

저항성 영역(ohmic region) 채널저항이 게이트 전압에 의해 변경될 수 있도록 VDS의 낮은 값으로 FET의 드레인 특성 영역. 이 영역에서 FET는 전압-제어 저항으로 동작.

저항온도검출기(resistance temperature detector; RTD) 저항이 직접 온도에 비례하는 온도 변환기의 형식

적분기(integrator) 입력함수의 곡선 아래 면적에 접근하는 반전된 출력을 생성하는 회로

전계-효과 트랜지스터(field-effect transistor: FET) 게이트 단자에서 전압이 수자를 통해 흐르는 전류의 양을 제어하는 전압-제어 소자

전도전자(conduction electron) 원자 구조의 가전자 중 이탈되는 전자로 물질의 원자 구조상 한 원자에서 다른 원자로 자유롭게 이동하며, 자유전자라고도 한다.

전류 미러(current Mirror) 전류 전원을 형성하기 위해 매

칭 다이오드 접합을 사용하는 회로. 다이오드의 전류는 다른 접합(전형적으로 트랜지스터의 베이스-이미터 접합)의 전류와 일치하도록 전류를 반영한다. 전류 미러는 일반적으로 푸시-풀 증폭기를 바이어스하기 위해 사용한다.

전압-폴로워(voltage-follower) 1의 전압이득을 갖는 폐루프, 비반전 op-amp 회로

절연증폭기(isolation amplifier) 입력과 출력 간에 직류를 분리하는 장치

접합 전계-효과 트랜지스터(junction field-effect transistor: JFET) 채널 내의 전류를 제어하기 위해 역방향 바이어스된 *pn* 접합으로 동작하는 FET의 타입. 공핍 모드 소자.

정궤환(positive feedback) 출력전압의 동일 위상 부분이 입력에 다시 가해지는 조건

정량(quantizing) 샘플 데이터로 수를 지정하는 과정

정류기(rectifier) 교류를 직류로 변환시키는 회로

제너 다이오드(Zener diode) 전압의 공급에 역 브레이크다운으로 동작하는 다이오드

중간 주파수(intermediate frequency) 발진기 주파수로 RF 신호를 변형하여 생성된 RF보다 낮게 고정된 주파수

증폭기(amplifier) 증폭을 할 수 있도록 설계된 전자회로

차동-모드(differential-mode) 두 개의 반대 극성 신호가 차동증폭기의 입력에 제공되는 입력조건

차수(order) 필터에서 극의 수

캐소드(cathod) 다이오드의 순방향 바이어스 상태에서 다른 단자에 비해 (2) 성분이 많은 단자

컬렉터(collector) BJT에서 반도체 영역의 하나

컷오프(cutoff) 트랜지스터의 비도통상태

클램퍼(clamper) 신호전압에 dc 레벨을 더하기 위해 사용되는 회로

탄성한계(elastic limit) 힘을 탄성 물체에 가했을 때 영구 변형의 결과가 되는 점

트라이액(triac) 양방향에서 전류를 흘리는 3단자 사이리스터

트랜스컨덕턴스(transconductance) FET의 이득. 게이트-소스 전압에서의 변화를 드레인 전류에서의 작은 변화로 나누어서 결정된다. 도전율로 측정.

폐루프 전압이득(closed-loop voltage gain) 부궤환이 포함되었을 때 증폭기의 회로 전압이득

포화(saturation) BJT에서 컬렉터 전류가 베이스 전류에 관계없이 최대로 되는 상태

푸시-풀(push-pull) 2개의 트랜지스터에서 한 트랜지스터가 사이클의 반 동안 도통되고, 다른 트랜지스터가 나머지 사이클의 반 동안 도통되는 B급 증폭기의 형태

품질 요소(Q) 한 사이클 동안 축적된 최대 에너지와 상실된 에너지의 비를 나타내는 단위가 없는 수

피크 검출기(peak-detector) 입력전압의 피크를 검출하고 커패시터에 피크값을 저장하는 회로

핀치-오프 전압(pinch-off voltage) 게이트-소스 전압이 0일 때 드레인 전류가 상수로 되는 FET의 드레인-소스 전압값

필터(filter) 어떤 주파수는 통과시키고, 모든 다른 주파수는 감쇠 또는 제거하는 회로

혼합기(mixer) 두 신호를 결합하여 합과 차이 주파수를 생성하는 비선형 회로

효율(전력)(efficiency(power)) 부하에 공급되는 신호 전력과 dc 공급으로부터의 전력비

찾아보기

■ 역자소개 ■

• **이상철**
  동서울대학교 전기정보제어과 교수

• **성현경**
  상지대학교 컴퓨터정보공학부 교수

• **신재흥**
  동서울대학교 디지털방송미디어과 교수

• **박동영**
  원주대학교 정보통신과 교수

• **변기영**
  가톨릭대학교 정보통신전자공학부 교수

• **최웅세**
  한국산업기술대 전자공학과 교수

• **홍성일**
  부산정보대학교 정보통신과 교수

전자회로

2005년 2월 20일 초판 인쇄
2005년 2월 25일 초판 발행

역 자 | 이상철 외
발행자 | 최규학
발행처 | 아이티씨
주 소 | 서울시 은평구 신사1동 2-25
전 화 | (02)352-9511~2
ΓAX | (02)352-9520

등록번호 제8-399호
ISBN | 89-90758-25-4

값 26,000원